U0216727

龙岩市科学技术局基础研究重点项目
“闽西科技发展历史的研究分析”（2013LY48）

龙岩学院奇迈书系出版基金资助出版

闽西科学技术史

主　编：张雪英　苏俊才

厦门大学出版社 XIAMEN UNIVERSITY PRESS
国家一级出版社
全国百佳图书出版单位

《闽西科学技术史》编委会成员

· 奇和洞遗址出土的骨针

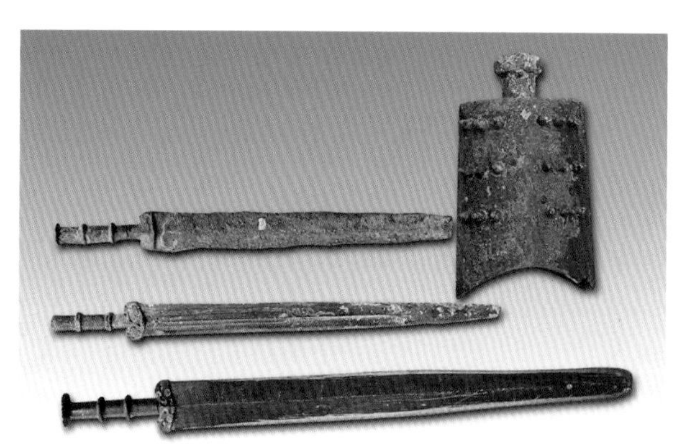

· 武平采集的青铜剑、编钟

· 连城四堡书坊建筑

·近代著名中医胡文虎

·永定客家土楼

· 龙岩中山街旧貌

· 长汀福音医院

· 1959年1月，龙岩地区第一座铁路大桥——雁石溪大桥建成通车

· 1991年11月，坂寮岭隧道的开山炮，象征着龙岩从此走出大山，走向世界

· 1991年10月，项南在长汀县河田水土保持区调研

·2006年1月，龙岩至北京“海西号”旅客列车正式开行

·紫金矿业生产的黄金

· 龙岩市经济技术开发区

· 2014年7月，福建省委书记尤权、省长苏树林参观指导紫荆创业园工作

·2014年11月8日，梁建勇书记视察“11·8”科技展馆

·2015年1月15日，龙岩国家可持续发展实验区验收视频答辩

·2014年5月7日，全市科技大

·2015年1月9日，龙净环保黄炜主持的“电袋复合除尘技术及产业化”项目获2014年度国家科技奖二等奖

·重奖科技人才，努力营造科技创新氛围

序言

傅藏荣

中国科技史源远流长。闽西的科学技术作为中国科技史的重要组成部分,在较长的一段历史时期在某些方面也居于突出地位,它所取得的科学技术成就,为中国乃至世界文明的发展做出了自己的贡献。

目前考古发现表明,闽西最早有人类活动是在旧石器时代晚期距今六七万年前,而原始社会结束的时间在秦汉至魏晋之间,晚于中原文明 1000 多年。与世界各地一样,闽西史前文明时期的技术成就经历了原始社会中的旧石器时代和新石器时代两个历史时期,石器制造、火的利用、制陶技术、原始农业成为原始技术和经验知识发端的主要标志。漳平奇和洞古人类遗址的发现充分证明了这一点。

闽西封建社会发轫于秦汉,在西晋太康三年闽西有了最早的行政建制新罗县后,正式确立。新罗县的设置,开创了闽西行政规划新纪年,标志着闽西彻底进入了文明时代。西晋"五胡乱华",中原板荡,"衣冠南渡,八姓入闽",带来了中原先进的生产方式。闽西山越通过与外地汉人交往,文明程度日益提高,生产方式逐渐改变,由滨海文化族群变为游耕文化族群。唐开元二十四年(736 年),汀州设置。唐代是闽西发展的一个重要时代。唐宋时期,在闽南族群形成的稍后,受中原黄巢起义和五代北方战乱的影响,北方汉人再度南下,最终在赣南闽西山区形成了客家族群,并逐渐迁播,形成了今天闽西汉族为主体(客家族群占多数、闽南族群的福佬人占少数)、夹杂部分畲族的民族构成。宋代以后,闽西人口急剧增加,经济迅速发展,县级行政区划不断增加。宋元之际,北方少数民族入主中原,北方汉人三度南迁,汀州府属各县客家族群日益占据主导地位,"蛮獠"逐渐演化为畲族,完成了由游耕文明进入农耕文明的历史进程。封建社会时期,闽西社会相对稳定,郡县制的建立,为科技的发展创造了有利的条件。依靠精耕细作的小农经济、自给自足的自然经济为基础,闽西农业种植业、水利工程、畜牧水产、矿冶、手工业等领域的科学技术取得了辉煌成就。而土楼建筑、雕版印刷等科技成果,成为闽西影响世界文明进程的佼佼者。但鸦片战争以后,进入近代的闽西社会,科学技术被大量引进,但是由于缺乏自主创新能力,远远落后于时代的发展需要。

中华人民共和国成立以后,中国共产党和人民政府十分重视科技进步和科技人员培养,闽西的科学技术事业得到迅速发展。新中国成立初期,百废待兴。由于当时亟须治理旧社会遗留的农业凋敝、疫病流行等严重问题,所以,农业和医药卫生的科学研究最先得到发展。同时，为迎接国民经济建设高潮的到来，开始组织群众性的科学技术活动和各种资源考察活动。1953年后，根据国家提出的“技术革命”任务和“向科学进军”的号召，龙岩地区相继在1956至1960年间，建立和健全地、县各种科技组织和研究机构。1958年9月，龙岩地区科学技术委员会这一科学技术的办事机构和职能部门的成立，以及一批与国民经济密切相关的科学研究机构的陆续建立，使闽西的科学技术工作获得了长足的进步。但在此后的“大跃进”时期，闽西的科技工作也曾出现脱离实际，违反科学规律的错误。“文化大革命”期间，闽西科学技术事业受到严重摧残，科研工作处于停顿、半停顿状态，大批科研人员被迫离开科研岗位。1978年党的十一届三中全会以后，中央提出科技工作为经济建设服务的方针和一系列有关发展科学技术的政策措施，政府加大了对科技的投入，制定了激励知识分子创新的相关机制，加大对科技体制的改革，从而使科技队伍不断发展壮大，科技成果不断涌现，闽西迎来了科学技术发展的春天。

科学技术的进步与社会历史的发展息息相关。为了使人们更好地了解闽西从古至今在科技方面取得的成就，认识闽西科技发明创造对中国乃至世界文明发展的贡献，特别是认识科技进步在现代化建设中的重大作用，我们组织编纂了《闽西科学技术史》一书。该书以研究闽西科技发展史为线索，范围主要涉及理、工、农、医四大学科门类，同时涉及人文社会科学领域，贯穿了民族学、语言学、社会学、历史学、地理学、考古学、天文学、地质学以及文献资料和实用科技等方面的内容。时间跨度从闽西远古时代直至现在，主要介绍闽西在农业技术、林业技术、禽畜养殖技术、织染技术、建筑技术、交通技术、水利技术、采冶铸造技术、轻工传统制造技术、印刷技术、医药、天文历法等方面的成就，介绍的科技人物包括闽西地域内及在外的闽西籍著名科技人士。

《闽西科学技术史》是一部比较系统、全面介绍闽西科学技术的史书。全书采用编年体和纪事本末体相结合的体例，根据闽西科学技术发展的历史，按时间顺序排列编写；同时按照相关门类适当集中的办法，把各门类发展的历史脉络理清楚，力求反映出各大门类之间的内在联系和发展规律。相信通过这部书的出版，能够使人们提高对科学技术重要性的认识，进而更加关心关注闽西科学技术的发展，更加重视发挥科学技术在推进闽西老区科学发展、跨越发展、加快崛起中的重大作用。

（作者为龙岩市科技局局长）

目　录
Contents

第四章　中华人民共和国成立以后闽西的科学技术/127

第一章　史前时期闽西科学技术

龙岩地处福建省的西部，通称闽西。地域介于武夷山脉南麓和博平岭山脉之间，地势东高西低，北高南低，东西长约 192 公里，南北宽约 182 公里。全境总面积 19050 平方公里，占福建省陆地面积的 15.7%。其中山地面积约 14964 平方公里，丘陵面积约 3101 平方公里，平原面积约 985 平方公里。1949 年 10 月新中国成立前的闽西，包括清代龙岩州的龙岩县、漳平县、宁洋县，以及清代汀州所属的永定县、上杭县、武平县、长汀县、连城县、宁化县、清流县、归化县；新中国成立以后，闽西则是指今天龙岩市所属的新罗区、永定区、上杭县、武平县、长汀县、连城县和漳平市。

龙岩境内地势，武夷山脉南段、玳瑁山、博平岭等山岭沿东北—西南走向，大体呈平行分布。全市平均海拔 652 米，属中亚热带季风气候区，靠近北回归线，气候温和，雨量充沛，冬无严寒，夏无酷暑，年平均气温 18～20℃，年平均降雨量 1600～1700 毫米，无霜期长达 262～317 天。闽西森林资源丰富。从东经 115°51′到 117°45′，从北纬 24°23′到 26°02′，从海拔 63 米的永定峰市河坝谷地，到海拔 1811 米的北部屏障石门山主峰狗子脑，是一片山的浪涛，林的海洋。闽西是福建省最重要的三条大江闽江、九龙江、汀江的发源地，长度在 20 公里以上的河流有 47 条，河流年径流总量 190 亿立方米，其中汀江、九龙江水质好，流量大，发育了多级阶地。优越的自然条件为闽西大地的动植物繁衍提供了良好的条件，成为第四纪时期著名的大熊猫——剑齿象动物群的乐园，也为旧石器时代晚期人类活动提供了沃土。闽西由此产生了最早的科学技术。福建新石器时代的文明之光从这里射出！

闽西的科学和技术并非从来就有，除了极少的交流往来，最主要的还是自身的开端和发展。早在远古时期，人类便开始了认识自然和改造自然的活动，并逐步积累和形成了原始技术，以及关于自然界的知识和原始自然观。虽然原始社会人类改造自然界的能力还很低，关于自然界的知识还十分有限，并且零散、粗浅，其中还不可避免地夹杂着许多谬误，即使如此，今天人类的全部科学技术的发展和取得的成果，无不开始于这一遥远时代关于生产技术、自然知识的长期积累。

人类进化起源于生产劳动，科学知识来源于人类的生产实践和直接对自然现象的观察、理解。人类在不断地改造自然界的过程中认识自然，并积累起自己关于自然界的知识，从而又进一步地提高了人类自身改造自然界的能力，并做出了一系列有重大意义的发明创造。在漫长的原始社会里，严格地说只有原始的、简单的技术，还没有独立的科学。确切地说，史前时期只有技术经验，还没有科学理论，而且技术的进步相当缓慢，科学只是以萌芽状态存在于原始技术和原始观念之中。

因此，与世界各地一样，闽西史前文明时期的技术成就经历了原始社会中的旧石器时代和新石器时代两个历史时期，石器制造、火的利用、制陶技术、原始农业成为原始技术和经验知识发端的主要标志。

原始社会是人类历史发展的第一个阶段，始于人类的出现，终于文明的出现和国家的产生。闽西目前考古发现表明，闽西最早有人类活动在距今六七万年前，而原始社会结束的时间在秦汉至魏晋之间，晚于中原文明2000年左右。

原始时代，人们认为人的灵魂可以离开躯体而存在。祭祀便是这种灵魂观念的派生物。最初的祭祀活动比较简单，也比较野蛮。人们用竹木或泥土塑造神灵偶像，或在石岩上画出日月星辰、野兽等形象，作为崇拜对象的附体，然后在偶像面前供奉献给神灵的食物和其他礼物，并由主持者祈祷，祭祀者则对着神灵唱歌、跳舞。无疑，这些所谓能与"天"沟通、负责祭祀活动的祭司，以及经验丰富的长者，就是史前科技的持有人。

第一节 旧石器时代的科学技术

截至目前，闽西有关旧石器时代的人类活动的考古发现主要有三处。1989年，在福建清流狐狸洞发现的五枚晚期智人牙齿化石，全部出自晚更新世地层，伴生的动物群表明其地质时代为晚更新世晚期。2008年，在宁化老虎洞发现的8颗晚期智人牙齿化石，分属两个不同的个体，其中一颗牙齿化石年代距今四万年。2009年，在武平猪仔笼洞的下洞出土了1颗三万年前的晚期智人牙齿化石；2011年，在猪仔笼洞的上洞出土了3颗六七万年前晚期智人牙齿化石。这些重要发现，在福建省最早的古人类化石点中，具有重要的学术地位。

2009年至2011年由福建省博物院、龙岩市文化广电新闻出版局、漳平市博物馆联合组队，对漳平奇和洞遗址进行了三次抢救性考古发掘，发掘地段主要集中在洞口位置，其洞外水田及北侧两个无名洞也分别作了试掘，均取得了重要收获。特别是2010年12月及2011年1月在遗址T2扩方部位共出土三具人类颅骨和部分肢骨，分别出自③A层和③C层底，前者是一幼年个体颅骨，后者是两具较为完整的成年个体颅骨，这不仅提高了遗址的科学价值，也为探讨新、旧石器转换时期人类体质特征及进化等问题提供了新的资料。这批先祖揭开了闽西人类历史的序幕，也开启了原始科学技术的萌芽。

这一时期，采集和狩猎都有较大发展，人们转入了相对的定居生活。人口逐渐增多，氏族公社成为主要的社会组织形式。旧石器时代，人类使用的工具主要是打制石器。

一、打制石器

旧石器时代晚期，闽西人类的一大科技成就就是使用打制石器，即利用石块打制出石核或行片，加工成一定形状的石器。这种打制石器的制作方法是，先把选择好的石块作为制作石器的原材料，打制成毛坯，然后再进行第二步加工。从石料上打下来的叫石片，剩下的内核称石核。石料上受击力最大的点叫打击点。石片破裂面上形成的半圆形小瘤叫半锥体。半锥体上会有一个疤痕。以小瘤为圆心，会有一圈圈散开的隐约起伏的波状纹，并从打击点处放射出许多小的裂痕。这种人工打制的特征，不仅表现在被打下来的石片上，而且也遗留在剥下石片后的石核上。据此，可以区别人工打制的石器和因自然原因所形成的岩石碎块。为了能够比较容易地打下合适的石片，闽西先民们往往先在作为石料的自然砾石面上打出一个台面。台面和石片破裂面的夹角成为“石片角”。

新中国成立后，闽西开展了20世纪50年代、70年代，21世纪初的三次全国文物普查，龙岩市文化广电新闻出版局组织的专题考古调查，汀江流域考古调查，高速公路、铁路以及大、中型基建的考古调查和抢救性发掘。其中，漳平奇和洞、长汀谢屋后山、上杭城关大雨上等七处旧石器时代遗址，不同程度地采集和出土了一定的打制石器。

漳平奇和洞遗址的旧石器时代文化层(⑥层)，根据北京大学实验室 C^{14} 年代测定结果，其年代距今约17000～13000年。其中出土有砍砸器、尖状器、刮削器、使用石片、石锤等大量打制石器。

其中打制石器包括非工具类和工具类。非工具类有石核、石片、断片等；工具类有石锤、砍砸器、刮削器、尖状器等。打制石器的原料相当复杂，包括岩浆岩中的各种花岗岩，脉岩中的脉石英，沉积岩中的石英岩、石英砂岩、砂岩、细砂岩、粉砂岩、石灰岩等。这些原料中，以采自河滩上磨圆度较高的细砂岩、石英岩和石英砂岩砾石为主，硬度明显大于新石器时代打制石器原料的硬度。石制品类型较少，主要有石核、石片、断片等。

石片，产片均用锤击法和砸击法，多以砾石的自然面作为台面，沿砾石的边缘打片，偶见在破裂面上打片的人工台面，石片角近于垂直或钝角，以中等大小为主，边缘锐利，少数有使用痕迹，长度通常在60～90毫米之间，宽度在40～65毫米之间。有多台面石核16件。

工具类，有石锤、砍砸器、刮削器、尖状器等。重型凸刃砍砸器1件。青灰色宽扁细砂岩，体积较大，原来应是为了产片用的石核，周边可见重复打片、剥落多片的痕迹，最后在一边加以修整形成宽大的凸刃。砍砸器5件。青灰色细砂岩，由宽短石片加工而成，外形长方，从两个长边由腹面向背面打出刃缘，使之成为双刃。单凸刃刮削器1件。脉石英，由砸击石片加工而成，先在左侧缘打出一个大片，再在片疤上进行较细致加工，形成凸的刃缘。尖状器2件。青灰色细砂岩，在端部加工，修理痕迹粗糙，刃部约45°。另外，还有2件刻划石。原料为棕红色砂岩，腹面平，背面略隆起，利用硬质工具在背面

图 1-1　奇和洞遗址出土的砍砸器

细琢出图案。

长汀南山谢屋后山遗址共采集石器、石片、石核和断块等石制品 7 件。长汀河田鱼仔山遗址北坡地表采集到砍砸器等旧石器时代石制品 5 件。长汀策武狗牯山、冯屋背后山、红岭崇山和风雨亭背后山等遗址也发现了一些属于具旧石器时代的人工打制特征的石制品。这几处遗存的石制品以大型为主，原料主要是砂岩和石英岩，打片技术多用锤击法。它们的文化面貌从总体上看，都应属于中国南方砾石工业传统，年代在距今 3 万～2 万年前。

此外，新罗适中龙浦遗址发现石钻、凸刃削刮器、尖状器、石片 4 件；上杭城关大雨上遗址采集标准的砍砸器 1 件；漳平西园红寨山遗址采集标准的砍砸器 2 件。

根据考古调查、发掘资料分析，打制石器的制作方法大致有以下几种：

一是碰砧法。选择好一块较小的石料向另一块作为石砧的较大的自然砾石上碰击，碰下来的石片经过第二步加工即可作为工具使用。用这种方法碰击下来的石片，往往宽度大于长度，台面与石片劈裂面的石片角比较大，常在 110°以上。有的石片劈裂面上的打击点粗大而散漫，半锥体及疤痕往往不太明显。

二是甩击法，也称投击法。把选择好的石料放在地上，然后手握另一块石头摔击放在地上的石料，以此打下所需要的石片。用这种方法打下来的石片，其石片角也较大，但打击点往往不够明显。

三是锤击法。把选择好的一块石料放在地上，然后手握一块石头作为石锤去锤击石料。在锤击时要先在石料上选择一个打击的台面(即自然平面或稍加打击的平面)，然后再选择靠近台面边缘的一个点用力锤击，从石料边缘上敲剥下石片。用这种方法打制的石片，石片面较小，石片劈裂面上的半锥体、锥疤、裂纹等痕迹比较清晰。

四是砸击法，也称两极打击法。把选择好的石料放在另一块作为石砧的大石块上，用一只手扶住，然后用另一只手握着石锤砸击放在石砧的石料。用这种方法砸下来的石片体积小而长。石片的一端或两端因受到重力影响，往往遗留有碎片剥落的痕迹，或者出现稍微内凹或边凹的现象。用这种方法打制的石片也称为“两极石片”。

五是间接打片法。在选择好的一块石料上面放置一根木棒或骨料，然后再用一块石头作为石锤，用力锤击木棒或骨料，把重力传递到石料上，使其剥落下石片。这种石片一般长而窄、两侧近平行。这种石片称为石叶。

用以上五种方法从石料上剥离下来的石片，有些可以直接作为生产工具使用，有些则还需要经过第二步加工才能作为工具使用。第二步加工有锤击法、指垫法和压制法等。锤击法是用石块敲击石片的某一部位，使刃部薄而锋利；指垫法是用一只手的食指衬垫住石片，用另一只手握一件石块作锤，轻轻敲击石片的某一部位，使其成为适用的石器；压制法是把石片放在作为石砧的另一块石头上，然后用木棒或骨头的尖端对准石片的加工部位，用手臂或胸部推压另一端，使之成为适宜使用的工具。其中，间接打片法在闽西打制石器中占有主要地位。

闽西原始人将砾石或石核边缘打成一种形体较大，形状不固定的工具，即"砍砸器"，器身厚重，带有钝厚曲折的刃口，可起到砍劈、锤砸和挖掘等多种作用。同时，他们懂得废物利用，将质地坚硬、无法砸击且较为平坦的石头，用于承受切割、锤击等用途，成为"石砧"。而天然锤状石头，则作为"石锤"使用，在头尾常常可以看见一个以上的锤击面。

闽西原始人将以锤击法为主，敲下来的质地坚硬、较薄的石片，用于制作"刮削器"。刮削器依加工刃口的数量，可分为单边刮削器、两边刮削器和多边刮削器三种，是常见的典型器型。

为了挖掘根茎类植物，闽西远祖挑选出个体较为粗大的巨厚石片制成尖状器，从平坦的一面向背面加工，使背部成棱脊或高背状。根据形状，通常分为厚尖状器、鹤嘴尖状器和三棱大尖状器三种。

人类学家指出，人类的历史是从制造石器开始的。打制石器，成为旧石器时代闽西远祖的生产工具和生活用具，也肯定是防卫敌害和与同类在偶然情况下争夺食物、地盘或异性的武器。闽西科学技术的历史就此揭开了序幕。

二、火的使用

火的发现和使用，是旧石器时代原始人的一项特别重大的成就。毫无疑问，他们经历了一个从利用自然火到人工取火的漫长过程。

虽然闽西没有发现钻燧取火的遗迹，但是在漳平奇和洞遗址的旧石器时代文化层中，随处可见的碳粒和发黑的烧骨，充分说明奇和洞人已经懂得控制性用火，懂得长期保存火种和控制火源，懂得烹饪食物，从而提高身体素质，增强征服自然的能力。

火的发现和利用，对于人类和社会的发展有着巨大意义。正如恩格斯在《反杜林论》中这样评价人类用火："就世界的解放作用而言，摩擦生火第一次使得人类支配了一种自然力，从而最后与动物界分开。"

著名考古学家贾兰坡先生在《人类用火的历史和火在社会发展中的作用》一文中

说:“人类对火的控制,是人类制作第一把石刀之后,人类历史上的第一件大事。这一伟大创造,在人类发展史和人类文明史上,有着极其重大的意义。”

三、采集和渔猎技术的出现

对于闽西旧石器时代晚期的原始人(即晚期智人)来说,最主要的生产活动是采集和渔猎。其中,采集活动是食物的主要来源,由女性来完成。由于植物性的食物在各个季节的丰富程度是不同的,单靠采集显然无法摆脱饥荒的威胁。因此,渔猎虽然是辅助性的活动,却成为一种重要产业,通常由男性负责。

在奇和洞遗址的旧石器时代文化层中,发现了较多的接近石化的果核,说明当时的采集活动较为频繁,且成为食物的主要来源。同时也出土了较多的动物残骨,上面有砍砸、火烧痕迹;出土了少量的陆龟残甲、鱼类残骨和贝类硬壳等,说明奇和洞人已经会捕鱼和狩猎。

此外,根据奇和洞遗址出土的打制石器,我们可以推测出,奇和洞人已经学会了把石器镶嵌或者捆绑在木棒或骨棒上,制成简易的投掷武器、戳击武器,用于捕鱼、狩猎和战争的需要。

四、人工石铺地面

闽西的旧石器时代原始人一般居住在石灰岩洞穴中,虽然不会建造房子,但是,他们已经懂得潮湿的居住环境对人身的影响,懂得就地取材,用石头铺在地面上,垫上落叶、干草,开始了人类最早的室内装修。

图 1-2　奇和洞遗址的人工石铺地面

在奇和洞遗址中，就有这样的旧石器晚期石铺地面——人工活动面，距今约17000～13000年的人工活动面遗迹。从平面分布看，石铺地面主要分布在近洞口处，既能采光与防御，又能遮风挡雨，且石铺地面与岩壁和洞内水沟之间有明显间隔，不易受潮。石铺地面基本上为厚薄比较均匀的单一层次，石头来自不远的奇和溪的鹅卵石和洞顶坍塌的石块，多有磨圆，也有打制石器的形状不规则的残件和胚件。

可以肯定的是，奇和洞遗址内古代人类创造的石铺地面，在我国旧石器考古中属重大发现，对研究末次冰期古代人类生存环境和文化演进，具有极其重大的意义。

第二节　新石器时代的科学技术

新石器时代，在考古学上是石器时代的最后一个阶段，即以使用磨制石器为标志的人类物质文化发展阶段。这个时代在地质年代上已进入全新世，属于石器时代的后期。年代大约从1万年前开始，结束时间从距今5000多年至2000多年不等。

新石器时代包括母系氏族时期和父系氏族时期两个阶段。根据现有的考古资料，基本可以判定，闽西至少在距今8000多年，就已进入了新石器时代。在奇和洞遗址发现了8000多年的新石器时代文化层，成为福建最早的新石器时代文化遗址。中国科学院古脊椎动物和古人类研究所资深研究员尤玉柱认为：福建新石器时代文明之光从这里射出！

闽西新石器时代遗址丰富。据不完全统计，从20世纪30年代厦门大学人类学系教授林惠祥在武平开展考古发掘至今，特别是进入21世纪以来，随着经济的发展，为了配合社会主义基本建设特别是高速公路、铁路建设，在福建博物院的大力支持下，龙岩市开展了一系列考古专题调查和抢救性考古发掘，取得了丰硕成果。第三次全国文物普查记述的新石器时代遗址有百多处，其中经过发掘的有40多处。可惜的是，所有处在重大基建工程段内的文化遗址，在调查和抢救性发掘完毕后，均毁于一旦。这些新石器时代文化面貌多样，内涵丰富，特点鲜明，远的距今8000多年，如奇和洞遗址；但是绝大部分距今3500～2000年，相当于中原地区的商周时期。当中原进入奴隶社会的时候，闽西还处于蛮荒时期。即便在秦汉之际，中原地区已经进入到封建社会，闽西仍然处于石器、陶器与青铜器共用时代，落后于中原近2000年。

闽西的新石器时代文化在发展和扩张中，在内部和赣南、三明、漳州等周边地区彼此发生接触，产生了交流互动。到了商周晚期，特别是春秋战国时期，文化面貌相互交融，有渐趋一致的倾向，共同组成了南蛮的“闽”族文明的源头。

纵观闽西境内的新石器时代，生产力获得了前所未有的发展，重大发明和成就很多，原始的科学技术达到了极高的水平。

一、磨制石器与研磨技术

磨制技术是新石器时代最基本的手工技术，出现于旧石器时代与新石器时代交替之际，其科技结晶就是磨制石器。在新石器时代早期，磨制技术发展为研磨技术，广泛使用在生产生活之中，产生了众多的工艺品。

（一）磨制石器

磨制石器是新石器时代的基本特征之一。磨制石器，指表面磨光的行器，即先将石材胚件通过间接打击法产生石叶，然后通过压制法，修理成适当形状，然后在砺石上研磨加工而成。种类很多，常见的有斧、凿、刀、镰、犁、矛、镞、锄、锛等。精磨的石器有的可呈镜面状。旧石器时代晚期开始出现局部磨光的石器，新石器时代广泛使用通体磨光石器，到了铜器时代仍继续使用，兼有兵器与工具双重职能。囿于矿体的开采、熔炼、铸锻等技术水平，当时的金属工具、武器，不少还是承袭磨制石器形制发展而成的，石器中的斧、锛、铲、刀、镰、镞、矛头等器形，不但是青铜器的祖型，甚至影响到铁器。值得注意的是，金属器产生以后，某些磨制石器又直接因袭青铜器的形制，如钺、戈、剑、斧等，两者相互影响。

奇和洞遗址是福建省最早的新石器时代文化遗址。磨制石器是奇和洞遗址的一大亮点，磨制石器中③A 层多为通体磨制，工艺娴熟，而③B 层因时代较早，工艺明显差于上层，多磨制刃部，少见通身磨制者。出土的磨制石器有石锛、石斧、石刀、石匕、锛坯件等，以及大量的大小石核、大小石片、石砧、石料等非工具类石制品。

通过整理研究发现，磨制石器均采用硬度相对较低的泥质砂岩和粉砂岩为原料，很少采用较坚硬的细砂岩。磨制经三个步骤：先由锤击或砸击法生产出较大的石片，或直接利用较小较扁的石块；随后沿边缘打片形成坯件后在周边进一步修整；最后在磨石（砺石）的平面或挖槽上磨制定型。石锛、石斧和石铲的磨制比较精细，器身大部分都有磨痕。器类有石锛、石斧、石铲、石匕、石网坠、砺石、鱼形胸佩饰件和刻划符号石等。

奇和洞遗址石制品总体面貌是：出土位置相对集中，原料复杂，以灰黑色泥质粉砂岩占多数，较好的石料少，多数质地不均匀，废片较多。分锤击、砸击和磨制三种方法，产出的石片长大于宽和短宽形石片相当，石片边缘少有利用痕迹，定型石器的第二步加工相对较仔细，刃口较长而且锋利。其中打制工具制作的基本要件与旧石器时代大体相仿，由砸击法产生的石片薄且锋利，外形也比较规整，表明奇和洞人已经具备了娴熟的砸击技术。

另外，有段石锛和有肩石斧是闽西新石器时代科学技术的代表，这也是我国东南沿海地区新石器文化的重要特征之一。1937 年 6 月，受武平中学历史老师梁惠溥之邀，厦门大学人类学系林惠祥教授在武平做了七天的田野调查，获石器 84 件、陶片 949 件，年代判断为新石器时代，相当于中原的青铜时期。1938 年 1 月，林惠祥教授带着部分武平文物标本出席在新加坡召开的“远东史前学家第三届大会”，提出：“武平式印纹陶也见于马来半岛的陶器上，有段石锛见于台湾、南洋各地，由此可见武平式文化与台湾、香港、南洋群岛的密切关系”。后来，他在一些著名论文中还推断：“台湾新石器人类应是由大陆东南部迁去”；“在中国大陆东南区即闽、粤、赣一带地方发生，然后向东南传布于台湾、菲律宾以至太平洋三大诸岛”，从而在我国考古领域内，突破以中原为中心的“一元论”模式，成为独立于中原“东南文化区”的理论奠基者。

闽西的原始人磨制技术已经相当娴熟。石锛、石斧、石镞是他们的主要生产工具和武器。他们制作的石锛，长方形，单面刃，有的石锛上端有“段”（即磨去一块），称“有段石锛”，装上木柄可用作砍伐、刨土。石斧，斧体较厚重，一般呈梯形或近似长方形，两面刃，磨制而成，多斜刃或斜弧刃，亦有正弧刃或平刃，用于砍伐。石刀，用料以石英岩和砂岩为主，也有少量的燧石和水晶，形状有长方形、椭圆形、菱形、三角形等，既是劳动工具，也是随身携带的武器。

在长汀策武风雨亭后山遗址采集的石器中，刮削器及砍砸器均用节理面清晰、容易捶击成片且石质脆硬的长石类石料制作，箭镞等锋部锐利的小件器物的制作选料为易于磨制成形的石灰岩，砺石则选用粗砂性砂岩。这表明了该时期的人们已对各种石质的岩性有了理性的认识，石器制作已趋成熟和科学。

在新泉草营山遗址出土两件水晶环，磨制光滑，晶莹剔透，加工工艺之精湛，反映了当时很高的制玉和制石技术，这在本省是首次发现。

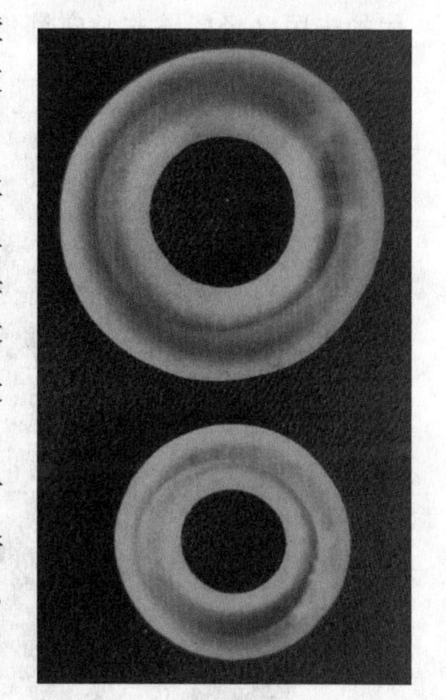
图1-3　连城草营山遗址出土的水晶环

在年代距今3000年左右的新罗区铁山镇龙顶山遗址中，有明确的加工区域、生活区域和墓葬区。特别是这里出土的全国唯一一件石扳指，光洁、厚重，大小适合人的拇指套戴，显示出极其先进的磨制技术；而扳指往往是部落酋长的佩戴物，是权力、地位和身份的象征，说明龙顶山遗址的先民已经有了深刻的等级观念和权力意识。

总的说来，闽西新石器时代的石器科技属于中国南方主工业的范畴，即华南砾石工业传统。虽然受到自然条件的制约，没有出现和发展为光辉的青铜文化和玉石文化，但却有精美的有肩石锛、有段石斧等器物。

（二）研磨技术的广泛使用

新石器时代早期，闽西先人在长期磨制石器的基础上，将磨制技术进一步发展为研磨技术，他们掌握了钻孔技术，不仅会一面直钻，而且能两面对钻。奇和洞人的石器虽然不典型，但遗址的新石器时代早期文化层出土的红砂岩鱼形饰件上，直径只有4毫米的细孔（鱼眼），充分表明奇和洞人的钻孔技术已经达到相当水平。这些新技术的运用，都是以前所没有的，显示出闽西古人类生产技能的提高，也使生活内容更加丰富。

在加工石器的同时，闽西古人类也以人或动物的骨、角、牙，磨制成的各种形状的器具，成为“骨器”，用作人类的生产或生活用品。闽西原始人发达的渔猎经济，为骨制品的应用流行提供了前提和条件。现有的考古资料表明，闽西许多新石器文化制骨工艺发达，骨器种类繁多，制作精致而规整。如奇和洞遗址出土的骨器和装饰品制作十分精美，有骨锥、骨针、鱼钩、骨匕、骨刀和骨片尖刃器等生产生活工具；而骨管饰件等装饰品，还说明奇和洞人已经有了审美观念。特别是奇和洞遗址出土的骨制鱼钩，是同时期遗存中最早最为完整的捕鱼工具，在福建乃至中国的骨器制作史上都占有极其重要的历史地位。

连城新泉草营山遗址出土的2件精美水晶环和新罗铁山龙顶山遗址出土的1件精美石扳指，体积小、重量轻，纹饰简洁，做工精细，就地取材，已经具有研钻、磨减和磨光等较为先进的制玉方法，说明新石器时代中晚期，闽西已经有了先进的制玉工艺。

二、煤的利用与火的广泛使用

继旧石器时代人类掌握控制性用火之后，经过若干年的摸索、尝试，闽西新石器时代的先民已经能够非常熟练地掌握钻燧取火、钻木取火的方法。

图1-4　奇和洞遗址出土的煤矸石

奇和洞遗址的新石器时代地层，出土了众多发黑的伴生动物群烧骨和一些煤矸石、灰烬、烧土，说明奇和洞人已经学会使用煤炭作为燃料。目前古人用煤的历史，可以追溯到距今7000多年前的辽宁沈阳新乐遗址，时代为新石器时代早期。奇和洞遗址的用煤文化层，不是在最早的新石器时代文化层，而是在中上层，距今约7000～5000年前。

我们不难推测，奇和洞人在寻找磨制石器的石材的时候，发现了乌黑发亮的煤块，带回洞内，一不小心被火点燃，从而发现和学会了煤炭资源的特性。

最难能可贵的是，与奇和洞遗址出土煤矸石的同一地层中，清理出灶及灶残留的烧结面、火膛的遗迹，充分说明了奇和洞人用火科技的进步和烹饪厨艺的出现。

另外，在连城县新泉镇北村草营山遗址的新石器时代房屋基址中部，发现成堆的灰烬，灰烬中夹杂较多木炭，时代距今5000年左右或者更早。

可以肯定的是，最迟在新石器时代中期，闽西原始人已经广泛使用火。通过人工取火，闽西先民可以用火加工弓箭、制作陶器，比自己的先辈有着更为广阔的自由活动空间。通过体质人类学的对比研究方法，可以发现，奇和洞遗址出土的新石器时代先民的牙齿，个体一般比此前武平岩前猪仔笼洞人牙化石要小，说明用火技术的进步导致奇和洞人的食物在“量”与“质”上的提升，从而增强了人体的体质。

三、社会经济的技术演进

新石器时代，随着古人征服自然能力的进步，闽西出现多个经济类别，主要有渔猎经济、原始农畜业两大类。这些经济行业中的科学技术，也得到了极大的演进。

（一）渔猎技术的进步

闽西新石器时代的先民继承旧石器时代晚期智人的渔猎技术，并加以发扬光大。

关于捕鱼技术，闽西新石器时代的先民先后发明了鱼钩、渔网等先进的捕鱼科技。从闽西8000年前的奇和洞遗址出土的骨制鱼钩、石网坠，直到3000年前的龙顶山遗址出土的陶、石网坠，充分说明了捕鱼技术的演进。从我国各地的地下考古挖掘来看，最早使用的是兽骨或禽骨劈磨而成的直钩和微弯钩，称之为鱼卡。其两端呈尖状，磨得锋利，中间稍宽，并磨出系绳的沟槽，或钻有穿钓线的小孔。

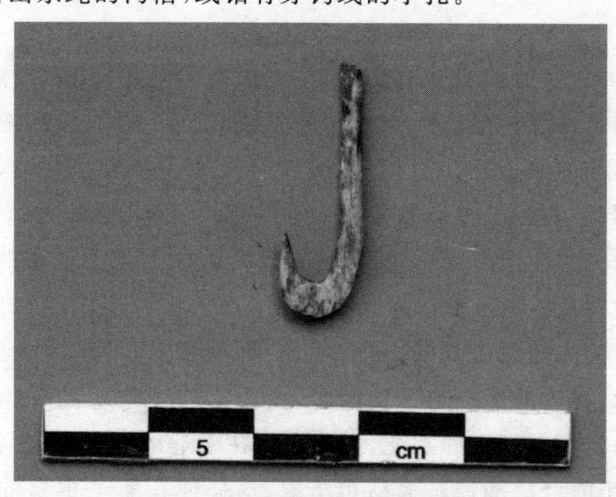

图1-5 奇和洞遗址出土的骨制鱼钩

2010年，奇和洞遗址出土了全省唯一的一件骨制鱼钩，由一根兽骨截断单独磨制而成。这件鱼钩，形状呈典型的大写字母“J”，坚韧锋利；钩身光滑、纤细；龙门宽窄适中；带有锋利的外倒刺，与向内向上竖直的弯钩身呈50度左右钝角。骨头虽然坚硬，但是质地脆弱，如果钻孔，很容易折断。这个鱼钩没有穿孔，钩柄上部似乎有绑捆的痕迹。经进一步研究，发现鱼钩的钩身上和出土的地层边上有若干灰迹，其成分是植物纤维，说明奇和洞人采取了磨制技术，用麻丝（也可以用晒干的动物肠衣）绑住钩柄，做成吊线，进行钓鱼。可见，新石器时代的闽西先人已经会用手绑制、打结，制造细腻的劳动工具，其智商已远远超出其祖先晚期智人。

从直钩到弯钩是钓鱼工具的一大进步，从无倒刺弯钩到有倒刺弯钩又是一大进步。奇和洞人在钓鱼生产实践中，发明的带倒刺的骨制鱼钩已经相当精细而科学，完全适合奇和溪的水域环境和鱼类特点，这是生产上的一大进步。

闽西溪流众多，水产资源丰富。先民从8000多年的奇和洞遗址开始，就已经发明了渔网。闽西的新石器时代遗址中如奇和洞遗址、龙顶山遗址等等，出土了很多石网坠、陶网坠，说明渔网在原始社会是一种广泛使用的渔具。新石器时代早期的奇和洞遗址出土的石网坠，石材为花岗岩等，磨制粗糙，古朴、粗粝；到了新石器时代晚期，龙顶山遗址出土的石网坠，材质为青泥岩，磨制精美，颇有艺术品的韵味。先民一般使用树皮、藤蔓、棉麻纤维系结成网，为了使网下沉到水底，先是使用泥岩磨制成石网坠，系在网的下端。因为石网坠制作耗时，在陶器广泛使用以后，闽西先民又发明了陶网坠。这些石、陶网坠虽然大小不一，但形制基本相同，简单的就在器身中间设一横向凹槽，称为单缢形网坠；复杂的则在两端各设一个竖向凹槽，称为双缢形网坠。这些凹槽也称绳槽，用于把网坠固定在网上。

较之鱼钩，渔网的出现无疑是捕鱼技术的一大进步。闽西史前先民从此可以主动出击，随时随地的捕鱼，甚至还编织较为复杂的网罟来捕捉飞禽、走兽、鱼虫。我们从奇和洞遗址中出土的精美的砂岩鱼形饰件艺术品，可以推测出奇和洞人具有高超的捕鱼技术。

在狩猎方面，因为狩猎和战争的需要，在用火技术进步之后，闽西新石器时代最重要的一项技术发明是弓箭。弓箭标志着闽西先民充分利用了弹性物质的张力，第一次把以往的简单工具改革成了复合工具，比旧式的投掷武器射程更远，命中率更高，而且携带方便。他们用粗树枝或竹子做弓，用细木棍做箭杆，用各种石材磨制成石镞（箭头），用火矫正器身。这在当时，已足以使他们成为闽西大地上真正的王者，实现了一场狩猎技术和军事武器技术的革命。

弓箭作为狩猎的高效率工具的出现，使得新石器时代的闽西先民在狩猎过程中避免与野兽直接接触，有效地保护自己。同时，由于猎获了大量的动物，人们可能在食物充分的条件下不一定把它们立即杀死，而让它们在附近地域生活，等需要的时候再轻易地捕杀，甚至让幼小的食草动物长大后再猎取，这样便积累了更多的动物方面的知识，为动物的驯化和原始家畜饲养业的出现打下了坚实的基础。

恩格斯曾在《家庭私有制和国家的起源》中说道，弓矢对于蒙昧时期，正如铁剑对于野蛮时期和枪炮对于文明时期那样，乃是决定性武器。因此，在闽西的石制品中，石镞所占比例最大。

闽西的石镞一般用硬度较低、质地不纯，且含有泥质成分、硬度通常在4～5的砂岩、细砂岩磨制，通体光滑，大小不一。时代较早、较为原始的，只是前端磨出尖锋，后端磨成扁挺；从整体上观察，镞挺不很分明。时代稍晚、较为先进的，则将镞身磨出三个刃棱，前聚成锋，剖面呈三角形，后端制成比镞体细的圆挺，以便更牢固地插合于箭杆中。三刃的尖锋，自然比原来的圆锥尖的杀伤力更大。当然这一演变经历了漫长的时间，至少在两三千年左右。

我们从奇和洞遗址的考古发掘出的哺乳纲、鸟纲动物的烧骨，以及众多的石片石器等不难看出，闽西先民弓箭的“镞”的发展经历了从骨质到石质、从简单到复杂的过程。最初只是用骨头简单地磨出尖锋和侧刃，慢慢地制成较规整的固定形状，然后磨出与镞身有明显区别的挺部，以增强镞与杆的结合度，最终才用石头进行磨制。奇和洞人由原始的、粗拙的骨镞，经过磨制精细的骨镞，发展为杀伤力较强的骨镞和石镞，从文化层判断，经历了至少3000年的漫长岁月。

长汀河田寮仔岽遗址、长汀策武风雨亭后山遗址是石镞的重要采集和出土地点。特别是长汀策武风雨亭后山遗址所在山体地势险峻，相对于策武盆地周围众多低缓的山包，作为聚落地有诸多不便，且其紧邻汀江，扼要塞，易守难攻。该遗址所出磨制石器中大多为制作精良的石箭镞，另有大量的石箭镞坯件。石锛、石斧等其他器类少见。这一现象可以佐证，在一段时间内，该遗址曾经作为防御营地或狩猎营地。防御营地是部落冲突乃至战争的必备设施，对于研究闽西地区新石器时期社会组织结构及部落、部族向更高阶段发展乃至方国的出现提供了难得的研究材料。

2004年7月，长汀策武风雨亭后山遗址出土了1件完整的铲形石镞，石镞挺长2.1厘米，锋长3.3厘米，刃宽1.5厘米，足以把飞鸟、小兽射晕，从而可以捕获来饲养或者猎取其完整的皮毛。福建博物院考古研究所鉴定后认为：“铲形石镞在闽西肯定是首次发现，在全省也是非常罕见的，它具有民俗学上的意义”。

（二）原始农畜技术的出现

原始农业直接从采集业演化发展而来。远古先民把采集来的野生植物果实用掘杖或石锄播种在先用火烧掉树木荆棘的土地上，到成熟后再来收获，这是对采集生活中积累起来的生物生长过程知识的自觉应用，也是人类在实践中对因果性认识的一个强有力的证明。

奇和洞遗址的新石器时代中期的文化层出土的稻谷颗粒，已经碳化，北京大学用C^{14}测年法测定出时代在距今7000～6000年，说明闽西土著居民的稻作文化可以追溯到奇和洞人。而栽培稻是一种由野生稻向人工栽培稻演化的稻种。

奇和洞遗址地处北纬25°左右，典型的亚热带季风性湿润气候区。周围低山环绕，优良的光、热、水、土环境，成为稻作起源的自然基础。奇和洞遗址出土的众多石锛、石斧、石刀成为当时的生产工具。数千年之内，直到唐代北方先进的农耕文化传入之前，刀耕火种，一直成为闽西土著族群的基本农耕方式；稻饭羹鱼，也是他们的基本生活方式。

在弓箭和网罟出现之后，原始家畜饲养业从狩猎活动发展而来。即在狩猎活动中，将猎获的一些易于驯服的动物饲养起来，并且让其在驯养环境下繁衍生息。奇和洞遗址的新石器时代地层有众多的烧骨，物种有狗、羊、猪、牛等。闽西的其他新石器时代的大型聚落遗址也有一些大型的柱洞群，估计是圈养动物的围栏遗迹。

与采集和渔猎相比，原始农业和原始家畜饲养业的出现是一场产业革命，是人类社会的第一次社会大分工，它表明闽西古人已由单纯依靠自然界现成的赐予，过渡到了通过自己的活动来增加天然物的生产。它使得闽西古人有了比较稳定的食物来源，因此有了相对固定的居住地点——原始村落。同时，由于原始家畜饲养业为农业提供了利用畜力的可能，就为农业的进一步发展创造了新的条件，而农作物也为家畜饲养业提供了必要的饲料，两者相辅相成，共同演进。

四、原始手工业科技的出现

手工业直接起源于原始人制造工具的活动，也是原始科技的重要聚集之处。火的广泛使用，对矿物质属性认识的加深，以及原始农业与原始家畜饲养业的发展，为原始手工业的出现提供了可能。量变引起质变，最终，在新石器时代早期，闽西的原始人发明了陶冶技术，原始陶器得以烧制成功，从而揭开了原始手工业科技的序幕。但只有在农业和原始家畜饲养业发展到能够为人们提供相当充裕的食物来源的情况下，手工业才有可能成为一部分人的专门事业。农业和家畜饲养业相当程度的发展是手工业独立产生的条件；反过来，农业需要新的工具，农产品和畜产品需要加工利用，这又是发展手工业的客观动力。正是在这种情况下，在新石器时代晚期，闽西的原始手工业出现了，大致有制陶、制革、纺织、制石、制玉、冶金等。龙顶山等遗址出土的大量石器，充分说明了制石手工业的进步。

手工业在整个人类社会发展过程中的作用是重大的，它不仅为其他人类社会活动提供了所需的技术、器具和物品，而且本身成了人类智慧和生产经验凝聚和生长的园圃。手工业产生之后，金属的冶铸、生产工具和生活器具的制造、制革等，都逐步成了一部分人专门从事的行业。在农业部落和畜牧部落分离之后，农产品和畜产品的交换便发生了。但只是到农业和手工业分离之后，才出现了以交换为目的的商品生产。这样，也就产生了一个新的社会产业——商业。

（一）制陶技术的出现

制陶是新石器时代的基本特征之一。陶器，是用黏土或陶土经捏制成形后烧制而成的器具。闽西最早的陶器出现于新石器时代早期的奇和洞遗址，时代距今8000多年前。奇和洞遗址的新石器时代早期文化层出土的陶片，基本上是夹砂粗陶，圆底，吸水性强，不见完整器。纹饰有粗绳纹、刻划纹、锥刺纹、附加堆纹、水波纹、锯齿纹、凹弦纹、压印纹等。从出土的陶器特征分析，与台湾新石器时代最早的文化——大坌坑文化出土的陶器具有诸多相似性，是中国迄今所发现的新石器时代遗址中，与台湾地区早期史前遗址在文化面貌、特征等最为相似的一处，年代在距今7000～6000年，为探讨闽台早期文化关系提供极其珍贵的资料。

闽西目前尚未发掘有新石器时代窑址。唯一发现的一座商周时期窑址，坐落在新罗龙门苏坑仑遗址边，可惜该窑址主体区域毁于双永高速公路的建设。仅在2011年3月，龙岩市文物考古工作者对该遗址因电线杆而"侥幸"残留的40平方米的区域进行抢救性考古发掘。发掘出大量的陶器残片，可复原器不下数十个，证明该幸存区域是窑址的废弃坑。

奇和洞遗址周边尚未发现窑址。我们只能根据奇和洞遗址出土的陶器，科学地推测，闽西奇和洞人用黏土与沙、砂砾、打碎的贝壳或打碎的陶器为原料，调和后，手捏成型，圆底，用篝火来烧制成夹砂粗陶。这些原材料成分，使得陶器有一个开放的胚体质地，能够令水及其他挥发性成分可以轻易离开；而黏土中较粗糙的粒子亦会在窑温降低、陶器冷却时，限制陶器坯体内部收缩的作用，减低热应力及破裂的可能，但是胎质粗厚疏松，陶泥既夹炭也夹砂，烧成温度较低，吸水性较强。由于龙窑尚未出现，只能是穴窑或沟窑，即先在地面掘出一个洞（或者是沟），然后在上面铺满柴火等，进行原始的"裸烧"。值得肯定的是，这种方法烧制时间虽然短，但是窑温可以快速达到500℃，最高可达900℃，可以烧制出质量极差的原始粗陶。

闽西陶器的塑形方法最先是手工或手筑，这是最早、最个性化、最直接的塑形方法，又称泥条盘筑法。制作时先把泥料搓成长条，然后按器型的要求从下向上盘筑成型，再用手或简单的工具将里外修饰抹平，使之成设想中的雕塑器型。但是囿于时代局限性，陶器的品种单调，仅有釜、罐、碗等几种。用这种方法制成的陶器，内壁往往留有一圈一圈的泥条盘筑的痕迹，具有很大的随意性、质朴、粗放、自然的特点。

随着陶器制造工艺的长期演化，到新石器时代晚期，发展出慢轮制陶的附加工具，如陶轮、转盘等用于拉坯，陶拍、陶垫等用于塑形，陶刀等用于切割和修整。在新石器时代晚期，龙窑也出现了，闽西的原始人已经广泛使用陶器了。新石器时代晚期以后，直到秦始皇统一南方百越之时，闽西出土的陶器器型多样，火候高，窑温高达1200℃左右，胎质坚硬，在器物表面拍印有各式各样的几何形图案，这是典型的几何印纹陶。从4000多年前的新石器时代晚期开始，一直延续到商周秦汉时期，闽西的文化遗存以几何印纹陶为主要特征，从造型和纹饰上看，都与中国东南地区及岭南一带的印纹陶文化相似。同福建各地的印纹陶遗址一样，闽西百越族群的印纹陶表面印有几何印纹纹样，有的外表还加釉，其烧造比起泥质或夹沙陶器，需要较高的技术。

闽西新石器时代遗址基本上都有陶器的发现。1951年8月，厦门大学人类学系教授林惠祥在龙岩登高山、天马山开展考古调查，采集到陶片272片；1955年12月20日至1956年1月9日，林惠祥教授在长汀河田乌石岽遗址开展考古发掘，获石器1310件，陶壶1件，陶印拍20件，陶纺轮7件，陶片1605片。长汀县策武河梁塘下垅遗址发现的新石器时代晚期4座墓葬，在M1出土完整的陶杯一件，M2出土完整的陶杯、陶豆、陶罐各一件，均为夹砂陶，陶质较软，吸水性强。

图1-6 新罗龙顶山新石器时代墓葬出土的陶罐

陶器是闽西新石器时代至商周时期的古文化遗址的主要出土物之一，器型多样，有尊、罐、豆、釜、钵、罍、鼎、杯、纺轮、网坠、陶拍、支座等。质地为夹砂灰陶、夹砂黑陶、泥质灰陶、印纹硬陶等。陶器纹饰有素面、绳纹、细绳纹、波折绳纹、复线菱形纹、附加堆纹、弦纹、刻划纹、网格纹、双线网格纹、方格纹、水波纹、席纹、条纹、戳点纹等。连城庙前后林山遗址出土的陶鬶在中原和邻近的江西多有发现，在福建却极为零星，此前武夷山市葫芦山遗址曾发现一件，说明当时闽西的土著先民与武夷山山脉西侧地区有了文化上的交流。

值得一提的是，在闽西先民烧造几何形印纹硬陶的发展和终止过程中，也孕育产生了釉陶。2004年夏，在长汀策武风雨亭后山遗址出土少许彩陶片，数量虽少，但意义重大。目前福建省新石器晚期遗址中，斗米山、黄瓜山及昙石山等遗址均是彩陶的主要出土地。闽西地区的彩陶出现在汀江发源地的长汀境内，具有不同寻常的意义，这一发现说明汀江流域新石器时代文化与闽江流域新石器代文化存在相互交流关系。

（二）原始瓷的出现

闽西有大量的高岭土资源。这是一种主要由高岭石组成的黏土。长石经过完全风化之后，生成高岭土、石英和可溶性盐类；再随雨水、河流漂流转移他处并再次沉积，这时石英和可溶性盐类业已分离，即可得高岭土。高岭土是生产瓷器的良好原料。此前，闽西陶器的烧成温度一般在500℃～900℃左右，高者也不过1000℃左右，如果超过就会变形或成熔融状态。而原始瓷器所用的原料则可烧到更高温度，一般要1200℃以上。因此，在窑温足够、制陶技术成熟的基础上，闽西在距今3000年左右，相当于中原的西周初期，出现了原始瓷器，即瓷器的原始阶段制品。这是一种由陶器向瓷器过渡阶段的产物。

釉是一种硅酸盐。将釉的溶液施在原始瓷的素胎上，晾干后，放入窑中，经过高温焙烧，釉会熔融并紧贴胎器表面；温度下降时，形成一个连续的玻璃质层，或者是玻璃体与晶体的混合层。釉的发明和使用，是原始瓷器出现的必备条件。闽西原始瓷器的釉色呈黄绿色或青灰色，主要是石灰釉。

闽西先民用含有较小熔剂的黏土，即现在的高岭土或瓷土，含铁量在2%左右，首先轮制成尊、壶、豆、盘、罐、碗等盛器器形；接着人工在器物表面施以极易风化和剥落的青色或者黄褐色的薄釉；最后经过1200℃左右的高温烧制，原始青瓷便横空出世。这种原始瓷胎质多呈灰白色和灰褐色，并有少量胎质为纯白稍黄；烧结致密，吸水性几乎为零，敲击时发出清脆的金石声；胎釉结合牢固，厚薄均匀；装饰以印纹为主要方法，器表的釉下除少数为素面外，多饰有方格纹、篮纹、叶脉纹、弦纹。和陶器相比，原始瓷器具有坚硬耐用、不易污染、美观高雅等优点，质地上有些类似于印纹硬陶器。

原始瓷器的成型工艺，多采用泥条盘筑法。部分原始瓷的器表也拍印纹饰，有些纹饰与同时期的印纹硬陶器相同。因为经过拍打，器物的内壁上也留下“抵手”，即用手抵住器物内壁而形成的凹窝。闽西原始瓷器有的外壁和内壁都涂釉，有的则是外壁和内壁上部涂釉，内壁下部没有涂釉，釉的厚薄也不均匀，并有流釉现象。

2004年夏，长汀县策武光头岭遗址出土了一件原始青瓷瓮，底部直径达到22厘米，高50厘米左右，腹部最大直径在50至60厘米之间，质地十分精良，制作工艺先进，是目前福建省出土的最大的原始瓷器，制作年代应当在春秋战国时期。

（三）原始纺织技术

纺织是新石器时代的基本特征之一，也是重要的原始手工业之一，其主要工具，早期为磨制骨针，晚期为陶制纺轮。奇和洞遗址出土的骨针，针身尖锐锋利，保存完好，研磨得很光滑，仅针孔残缺，是目前发现的闽西古人类最早期的缝纫编织工具，意味着距今8000多年前，古人就会缝纫。他们用缝缀起来的兽皮，小则掩护身体，大则搭盖住所，抵御风寒。

随着科技的发展，闽西古人认识到植物纤维的用途，原始纺织业得以出现。闽西多处新石器文化遗址中都出土了陶制纺轮，这说明史前的纺织手工业已经出现，并且已经掌握了使用纺轮来进行纺织的技术。

（四）冶炼技术的出现

制陶技术是冶铜炼铁技术的基础。制陶技术的进步，为冶炼技术的出现提供了可能。对于已经掌握制陶技术的闽西古人来说，冶炼铜并不十分困难。人们在烧制陶器的过程中，有很多机会接触到金属矿石，并逐渐学会冶炼它们。而用铜器作为石器、陶器、骨器、木器的补充，无论对生产还是生活来说，都是必要的。

目前,闽西发现的新石器时代晚期青铜器有几处,时代跨度从西周至西汉,历时上千年。

“文化大革命”时期,武平县十方镇集贤村沙墩出土了一件春秋战国青铜剑,长49.5厘米,宽4.5厘米,重700克;剑锋锐利,剑锷残破,剑首稍损,作喇叭状,内饰同心圆篦点纹;剑茎圆形,上有两凸箍,箍上饰纤细勾连蟠虺纹;剑格较宽,两面各饰不同的饕餮纹;剑身隆脊起棱,两刃间距离前后不等,后段宽4.5厘米,前段略有收缩。1982年7月,这把造型精美的青铜剑经鉴定为春秋战国时期的礼仪佩剑,属国家一级文物,是福建省目前出土的春秋战国青铜剑中保存较好、也是最精美的一件。此外,武平城厢乡高陂坑、亭子岗等处也各出土一件春秋战国青铜剑,但均已残破不堪。

20世纪80年代,永定县湖雷出土一件西周铜斧,长11.5厘米,宽7.5厘米,厚1.8厘米,重300.3克。长方形,刃利。同一时期,平川河武平县城段出土一件战国至西汉时期的编钟。

2011年夏,福建博物院、龙岩市文化与出版局联合组织了赣龙铁路复线考古调查队,对长汀河田的赢坪一号遗址、赢坪二号遗址进行抢救性考古发掘,出土了较多的磨制石器、几何印纹陶器、青铜残件以及制作小件青铜器所用的坩埚。这是闽西有据可查的出土青铜器的唯一两处古文化遗址,时代初定为春秋战国时期。经研究,这种青铜器是铜锡合金,熔点为800℃左右,比纯铜低,硬度比纯铜高,易于锻制,适合用来制造武器、工具、生活用具和装饰,但易断裂。此前,闽西相当重要的一处新石器时代晚期的遗址——长汀河田乌石岽遗址,因为水土流失,在裸露区采集到一件青铜箭头,但由于没有明确的出土地层,无法断定具体年代。

在新石器时代晚期,人类已开始使用金、银、铜和陨铁等天然金属。大约在公元前3000年,人类发明了青铜,从此进入了青铜时代,即奴隶社会。铜器时代是青铜器成为主要生产和生活器具的时代,但石器和其他器具并没有被完全取代。

闽西发现的青铜器,由于年代尚未定论,但是青铜冶炼工具的发现,使我们基本可以肯定,应该就是闽越族系在闽西冶炼青铜的杰作。

五、建筑科技的出现

人类出现后,就要有起居场所。建筑物庇护了人类,也带动了科技的发展。继旧石器时代的晚期智人祖先之后,新石器时代的奇和洞人开创了闽西先人建筑科技的新篇章。2009年至2011年连续三期的奇和洞遗址专题考古发掘,在距今8000多年前新石器时代早期文化层出土了人工活动面、房屋基面、灰坑、柱洞等遗迹,采集了多块灰色木骨泥墙块。这一时期,奇和洞人已经会在夯实了的地面上,采用一定距离打桩的办法,以儿臂粗的木柱为支撑柱,木柱之间搭建篱笆。篱笆之间一开始是用树枝或者兽皮经缝制连片后遮风挡雨,后来发展到在篱笆的表面敷上几层厚厚的湿粘泥,再架上柴火将其烤干,以此打造出坚固美观的墙面,成为“木骨泥墙”。他们在房子周边用石头铺成人工活动面，将生产生活垃圾丢弃在固定的地方，这些地方废弃后便形成一个个灰坑。一个新石器时代早期的洞穴居址就此形成。当然，这个时候的房子只是简易的一层地面建筑，但意义重大，开创了人类建房的先河，堪称是闽西土著居民杆栏式建筑的雏形。

2010 年春，由福建博物院和龙岩市文化与出版局组建的双永高速公路考古调查工作队，对新罗区龙顶山等 6 个文化遗址进行了抢救性考古发掘。龙顶山遗址，是一处典型的商周时期的文化遗址，除了出土大量文物外，还发现了商周时期房屋、墓葬、灰坑、柱洞等遗迹。在 10 多个大小不一的灰坑中，出土了较多的红烧土块，上面有泥巴糊在木头骨架上的痕迹。虽然围成一圈的柱洞范围只有 3 平方米的面积，但是大量的红烧土残块、不见明显的人工踩踏面，可以清晰地推测出，这是一处商周时期的闽西土著人的杆栏式单体房屋建筑遗迹，堪称是商周闽西先人的“胶囊公寓”。这些红烧土块就是“木骨泥墙”，是当时杆栏式建筑的必要“肌肉”，可增加建筑的牢固度，兼有防火的功能。在“木骨泥墙”出现之前，古人的房屋都是用树木、茅草等材料，不仅不牢固，还很容易引发火灾。经过不断探索，先人们想出用木头扎成骨架，形成一个“架空层”，再用泥巴包起来。木头相当于现代的钢筋，泥巴则相当于混凝土。

随着原始科技的发展，人类征服自然能力加强，闽西古人开始走出山间洞穴，向平原迁徙，在依山傍水的低矮山包建造了土木混合结构的杆栏式房子。

闽西气候潮湿炎热。新石器时代晚期的闽西先民为了居住地能有良好的通风和防潮性能，与其他地方的百越民族一样，充分利用大自然的馈赠，发明了干栏式建筑。他们用竖立的木桩为基础，其上架设一定年份的竹、木，作为大小龙骨，成为承托楼板悬空的基座，基座上再立木柱和架横梁，构筑成框架状的墙围和屋盖，柱、梁之间或用树皮茅草或用竹条板块或用草拌泥填实，形成一个两层建筑为主，下层放养动物和堆放杂物，上层住人的地面建筑。

干栏式房子的主要功能是使房子与地面隔离而达到有效的防潮，其次还具有有效地利用空间、一房多用的功能。先秦时期，干栏式建筑和住居习俗在闽西大量出现，形成了因应山水环境的建筑文化，以蛇为图腾。

闽西新石器时代晚期，人口不断繁衍，房子不断兴建，最终形成一个个规模不断扩大的原始社会聚落。在这些聚落遗址的外围，挖掘有沟壕，形成一种比较简易的护围设施，后来出现了以夯土版筑或石块垒砌的围墙，形状较为规整，工程规模也比过去大为提高，成为原始的寨堡。寨堡的出现主要是为了加强防御，与原始社会末期频繁的部落冲突和战争密切相关。

2004 年夏，在连城县新泉镇北村的营山遗址中，发掘出一处典型的新石器时代中期的房子 F1，属于地面建筑，年代距今 5000 年左右或者更早，面积约 16 平方米。房子的建筑工序是：先挖一个锅底状基坑，然后填黄砂土形成建筑台基，最后在台基面上置若干呈直线排列的河卵石，等距离打桩，架设篱笆，形成杆栏式建筑。在 F1 的中部还发现成堆的灰烬，灰烬中夹杂较多木炭。同年，在新罗区龙门镇塔前村的后排山遗址中，发掘出时代在新石器晚期至商周时期的生活区，一个地层内就有柱洞 15 个，灰坑 9 个，说明这一聚落的生活区已经达到了一定的规模。

随着科技的发展，闽西古人懂得了将死者掩埋，把一些装饰物品作为随葬品放入墓中，还将墓葬与居住地分开，以避免腐尸的污染与疾病的传播。

从对新罗区龙顶山考古得知，龙顶山遗址是一个典型的聚落遗址，东南部为人民的生活区，有大量的柱洞遗址；中部为生产加工区，有大量的灰坑和石器；西北部为墓葬区，发现了多座竖穴土坑墓葬，其中还有饰云雷纹的精美硬陶器等随葬品。当时这里的经济生活应当以渔猎为主，而且进行了大量的石器制作，甚至与其他部落进行交换。

六、祭祀活动和科学技术的起源

应该说，闽西古人类在意识苏醒之初，相对于生存环境，无疑是弱者。尤其在漫长的旧石器时代，人们对自然环境的控制和利用程度是相当微弱的。但是，人类智商毕竟高于动物，他们在利用原始工具从事采集、狩猎的同时，特别是到了新石器时代，逐步积累了关于自然界事物的知识，如变化莫测的风雨雷电，难以目测的斗转星移，江河湖海的沧海桑田，养育万物的山川荒野，季节变化与动植物的生长衰亡，等等。同时，他们对于人类自身的生老病死，偶然出现的地震、洪水、山崩、天火等自然灾害，采集、捕鱼、狩猎时的机遇，杀死对手以及动物时的兴奋，对部落冲突作战死亡、部落血亲复仇以及人兽尸体的敬畏和恐惧，等等，都成了刚刚从朦胧中苏醒的闽西原始人意识所不能理解的神秘力量。

在这些自然现象中，给闽西原始人以最深刻印象的莫过于人类自身特别是朝夕相处的同类的死亡了。一般的氏族成员或未成年人的去世所引起的只是悲伤和惋惜，而哺育了大量子女并且作为生产指挥者和生活组织者的祖先去世之后，人们除了悲伤之外，还要重新思考自己家族的前途和命运，甚至需要重新安排生活，而这种重新安排最好能得到死去长者灵魂的保佑。此外，当他们去世之后，往日的音容笑貌和遗物遗迹会依然伴随着活人们的生活，活人也会在梦境中与死者相聚，但在现实的世界中却永无相见之日……这样一个个生命的秘密困惑着闽西原始人。他们试图以自己的朴素方式来消除这一困惑：把灵魂理解为同肉体相分离的东西，死亡只是灵魂的一去不返，躯体生命的丧失只是灵魂离去的结果，而不是原因；梦寐则是灵魂暂时离开躯体的现象。同时，由于闽西古人类只能从经验上来认识自身的力量，而不可能从理性上来认识自己的力量，于是，祖先崇拜、原始宗教作为观念形态的产物，自然就产生了，尽管闽西目前没有发现新石器时代的宗教遗迹。

基于这种理解，闽西新石器时代的一些墓葬中，原始人常常把死者生前用过的工具和一些食物作为殉葬品，例如长汀县策武河梁村塘下垅的距今 5000 年前的 4 座新石器时代中晚期墓葬，在 M1 出土完整的陶杯 1 件，M2 出土完整的陶杯、陶豆、陶罐各 1 件；特别是在策武红江村风雨亭后山遗址的③层即商周文化层发现了 1 座商周时期的墓葬，由于南方红壤的腐蚀性，人体骨骸已经荡然无存，随葬品计 10 件，分别是 3 件石镞

(分别在葬人的头部、胸部和臀部)、2件打制石器(垫底),以及2件平底罐和高领罐、圈足豆、釜的口沿各1件,而且这些陶器全都整齐地排列在墓的右边。由此可以推测,闽西原始人已经具有明确的丧葬观念和朦胧的宗教意识,他们相信人死后还会有生活,还需要和活人一样的物品和食物。

图 1-7　龙顶山遗址 M2 及其陪葬品

著名的人类学家弗雷泽认为,先有巫术,再有宗教,最后才有科学技术理论的出现。而英国人类学家马林诺夫斯基则认为,原始人把可以用经验、科学的观察或传说加以处理的简单现象和他们所无法理解、无法控制的神秘莫测的现象,明确地区别开来;前者引向科学技术,后者导致巫术、神话和祭祀等伪科学。

原始时代,人们认为人的灵魂可以离开躯体而存在。祭祀便是这种灵魂观念的派生物。最初的祭祀活动比较简单,也比较野蛮。人们用竹木或泥土塑造出神灵偶像,或在石岩上刻画出动植物甚至是日月星辰等神灵形象,作为崇拜对象的附体;然后在偶像面前陈列献给神灵的食物和其他礼物,并由主持者按着一定的仪式进行祈祷,祭祀活动的随众则对着神灵唱歌、跳舞。早期的祭祀没有固定的场所,随时随地均可祭献,如祭天,或在山上,或在树下,或在水边,或在郊外。随着祭祀观念的发展,祭祀活动日益规范化,逐步出现了固定的场所,修建了神庙或祭坛。

祭坛,按照《礼记·祭法》的说法,"封土为坛",即用土石堆砌成一个高出地面的祭祀台。2004年夏,连城县庙前镇芷民村后林山遗址出土了闽西唯一的一座已经发掘了的祭坛遗址。遗址主体是一处面积约12m²的单体地面建筑。建筑遗迹分为两部分:东部(前部)平面呈半圆形,分布着有等距离排列的垫石和柱洞,地面中部铺有较密集的小砾石;西部(后部)残存高起的土堆,其上散布两堆同属一个陶器个体的碎片。在祭坛遗迹的东侧、东北侧与北侧,分布着多个器物坑,坑直径50～100厘米、深36～54厘米不等，坑内填土中普遍发现有炭粒。从一个保存较好的器物坑看，2件陶器（钵、盘）并非出土于坑底，而是被摆放在近坑口的位置上。由于遗址位于山顶，雨水冲刷较甚，一些器物碎片成堆散布于地表或表土层下。这些碎片大多可以拼对复原，可辨器形有尊、罐、钵、盂、鬶、盘等。纹饰有条纹、网格纹、刻划纹、镂空等。这些陶器烧制火候较高，部分陶器施黑衣。此外，还出土2件石锛。从器物类型及装饰风格来看，推测其年代相当于中原的二里头文化。

此外，2011年春，古田会议纪念馆副研究馆员吴锡超、龙岩市博物馆技师李水常在古田塘背岗遗址的东部因为山体塌方而暴露出来的区域，发现了一座祭坛遗迹，断面为长方形，用大小相当的鹅卵石垒成。因为没有进行发掘，所以我们无法获得更多的信息，也无法推断正面（俯视面）的形状。但是，遗址区域采集了数件砺石、钻孔石器残件等磨制石器，我们基本可以判断该祭坛的年代应当在新石器时代晚期。

《礼记·祭法》认为，根据祭祀对象不同，坛有不同的形状，祭天用圆坛，称“圆丘”；祭地用方坛，称“方丘”。坛的高度和宽度因地点、等级而不相同，通常位于城郊，偶尔也有设于山上的。塘背岗祭坛遗址因为没有发掘，无法判断属性。而后林山祭坛遗址是一座祭天用坛，是福建省首次发现距今4000年多的祭祀遗址，同时说明闽西这一时期已经有了较为成熟的祭祀活动。

我们可以肯定的是，在艰难、险恶的生存环境下，闽西原始人需要一些更深刻的信仰来慰藉他们探索不已的灵魂。原始科学技术并不是在一片广阔而有益于其健康的草原上发芽成长，而是在一片无益于科学技术成长的丛林——巫术、宗教、迷信和神话的包围中蹒跚起步。虽然这片丛林一再对科学技术的幼苗加以摧残，不让它成长，不让它壮大，但科学技术还是以其自身的强大生命力，一路坎坷地走过茹毛饮血、刀耕火种的蛮荒时代，进入到文明社会。

总之，迄今为止的考古学资料表明，闽西史前文明经历了从茹毛饮血的野蛮蒙昧阶段到氏族社会的繁荣和瓦解阶段，经济生活也从居无定所的渔猎生活到刀耕火种、稻饭鱼羹的聚落农耕生活。在长达数万年的漫长岁月里，特别是在旧石器时代与新石器时代交替的中石器时代，以奇和洞人为代表的闽西远祖在原始的技术方面取得了很大的成绩，原始的科学技术开始孕育，闽西古代的传统科学技术在这一时期进行了重要的原始积累。

尽管当时的闽西远祖尚处于蒙昧与野蛮状态，但他们在与自然界的斗争中，以自己的劳动、毅力和智慧，不断地推动着原始科学技术的积累和发展，走过了一条并不浪漫的途径，但却是一条不可替代的必由之路，奠定了后世科学的基础。

量变引起质变。科技种子的不断积累和不断孕育，昭示着在秦汉大统一的封建国家的首次形成之后，在中原文明的强力吸引之下，闽西即将跨越奴隶社会，直接迈进封建社会的门槛。闽西古代传统科学技术即将破土而出，闪耀于世。

第二章　古代闽西科学技术

闽西封建社会发轫于秦汉，在西晋太康三年(282 年)闽西有了最早的行政建制新罗县后，正式确立。这里所说的闽西古代时期，是指闽西的封建社会时期，时代大体上在西晋初年至清代鸦片战争为界。其间由于西汉初期“南海国”的覆亡，越族大多被迁徙至江西北部，闽西地域空虚近 400 年，进入了人口稀少、发展较为缓慢的时期。因此，西汉初年至西晋初年的闽西社会性质与分期问题，学界至今没有定论。

闽越国、东海国、南海国等东越三王国灭亡后，越人大量流徙，深入南方各地，与当地土著人混合交融，形成了后世南方地区复杂多样的族群面貌及文化特征。南海国灭亡之后，不愿北迁之民隐没闽西深山老林，靠耕山为生，世代繁衍，发展成人数众多的土著民族，在三国时被称为“山越”，成为孙吴政权的腑肘之患。而北方曹魏政权也经常利用他们拖孙吴政权的后腿。为此，孙吴政权经常进剿山越。西晋一统神州，鉴于闽西山越人丁衍盛，遂于太康三年(282 年)，析建安郡置晋安郡，辖地包括闽西和闽东南沿海一带，领原丰、侯官、温麻、晋安、新罗、宛平、同安、罗江 8 县，还在龙岩增置苦草镇。新罗县治所在今长汀县境内(一说在上杭县旧县)，这是有史可查在闽西设置最早的县，开创了闽西行政规划新纪年，标志着闽西彻底进入了文明时代。

西晋“五胡乱华”，中原板荡，“衣冠南渡，八姓入闽”，带来了中原先进的生产方式。虽然闽西并非“八姓”聚居地，但是闽西山越通过与外地汉人交往，文明程度日益提高，生产方式逐渐改变，由滨海文化族群变为游耕文化族群，逐渐演化为“蛮獠”，成为闽西山区的主族，也是明清时期“畲民”的先祖。三国至隋，山越反抗不断。魏晋南北朝时期，王朝更迭频繁，无暇对付山越暴乱，在闽西一度废止县治。南安郡增置龙溪县，闽西隶属该县；隋平陈后，把丰州(原晋安郡)改名泉州，废建安、南安两郡为县，闽西划归泉州管辖。隋大业二年(606 年)，泉州改名闽州，次年又改名建安郡，闽西地属建安郡龙溪县。

唐代是闽西发展的一个重要时代。唐高宗总章二年(669 年)，“开漳圣王”陈政、陈元光父子两任岭南行军总管，率领河南中州固始府兵 7000 余人，平定闽西南一带的“蛮獠”叛乱。据不完全统计，这些府兵多携带妻儿举家迁来，在驻地落籍，有姓者可考达 82 姓。在龙岩开基传世至今已达 30 代以上的有陈、吴、谢、郑、曾、蒋、江、黄、刘、苏、尹、汤、方、邓等。这些姓氏与陈氏父子经营漳州、龙岩的关系更为密切，成为闽西早期开发者，也是包括龙岩河洛人在内的闽南族群的重要源流。至唐末五代，闽南族群基本定型。唐开元二十一年(733 年)，福州长史唐循忠在潮州北、广州东、福州西光龙洞，检责得诸州避役百姓共三千余户，于是上表朝廷，建议置州。于是，开元二十四年（736 年），该地正式建州。因境内有长汀溪，而取名汀州，辖地面积 3 万多平方公里，州治在长汀村（今上杭旧县），领有长汀、黄连、新罗 3 县。这是闽西历史上最早出现的州。天宝元年（742 年），汀州曾改称临汀郡，新罗县因县治南有龙岩洞，改称龙岩县，黄连县改称宁化县。唐乾元元年（758 年），临汀郡复称汀州。唐大历四年（769 年），汀州刺史陈剑将州治迁至长汀卧龙山南之白石村，奏析龙岩县湖雷下堡（今永定湖雷），置上杭场，以理铁税。大历十二年（777 年），建州沙县改隶汀州，龙岩县改隶漳州。汀州领长汀、宁化、沙县 3 县和上杭场（包括今上杭、永定 2 县属地），辖地约 3 万平方公里。基本上在唐末，龙岩、漳平已完成汉化的历史进程。

唐宋时期，在闽南族群形成的稍后，受中原黄巢起义和五代北方战乱的影响，北方汉人再度南下，最终在赣南闽西山区形成了客家族群，并逐渐迁播，形成了今天闽西汉族为主体（客家族群占多数、闽南族群的福佬人占少数）、夹杂部分畲族的民族构成。

宋代以后，闽西人口急剧增加，经济迅速发展，县级行政区划不断增加。除了汀州一直是州、郡、路、府所在地之外，五代南唐保大四年（946 年），沙县改隶剑州，原长汀县南安、武平 2 镇合并为武平场，场治在武溪源；宋淳化五年（994 年），升上杭、武平 2 场为县，上杭县治在秋梓堡（今永定高陂北山村），武平县治仍在武溪源，后迁至平川（今武平城关）。宋元之际，北方少数民族入主中原，北方汉人三度南迁，汀州府属各县客家族群日益占据主导地位，“蛮獠”逐渐演化为畲族，完成了由游耕文明进入农耕文明的历史进程。

接着，宋元符元年（1098 年），析长汀东北二团里、宁化县北六团里，置清流县；南宋绍兴三年（1133 年），析长汀莲城堡、六团里等地划置莲城县，治所即今连城县城关，元至正六年（1346 年）改称连城；明成化六年（1471 年），析宁化的柳阳、下觉 2 里，清流归上、归下 2 里，沙县沙阳里、将乐中和里，置归化县；成化十四年（1478 年），析上杭县胜运 2 图，溪南 5 图，太平、金丰、丰田各 4 图，共 5 里、19 图建永定县。至此，汀州府共领长汀、宁化、上杭、武平、清流、连城、归化、永定 8 县。

清雍正十二年（1734 年），升龙岩县为直隶州，下辖原属漳州府的漳平、宁洋 2 县。这是龙岩置州之始，直至清末，龙岩直隶州建置不变。

这一时期，闽西社会相对稳定，郡县制的建立，为科技的发展创造了有利的条件。依靠精耕细作的小农经济、自给自足的自然经济为基础，闽西农业种植业、水利工程、畜牧水产、矿冶、手工业等领域的科学技术取得了辉煌成就。

第一节　古代农畜经济技术的辉煌

农业是一切产业之母，家畜饲养业是十分有益的补充，被称为“副业”。由于闽西古代生产力水平低下，只有重视农业生产，才能保证人们的生产、生活和社会稳定。早在新石器时代中期，闽西就已经出现了原始农业，成为闽西古人抵御自然灾害和赖以生存的根本。历经数千年的发展，进入到封建社会以后，承接史前文明打下的坚实基础，闽西古人的后裔——土著居民的农耕技术得到长足进展；而北方汉人南迁，带来先进的生产方式和农业科技，从而揭开了闽西古代农畜经济技术的辉煌篇章。

一、农业技术的发展

唐代，"开漳圣王"陈氏父子寓兵于农，推行均田制，积极屯田，广收散亡，轻徭薄赋，积极安抚、教化土著，鼓励部下通婚蛮獠，促进民族融合。五代时期闽王王审知实行休养生息政策，宋代地方官普遍重视农业，如南宋绍熙元年（1190年），61岁的朱熹（1130—1200年）受朝廷委派为漳州知府，在龙岩县视察期间，发布了《龙岩县劝谕榜》。因此，宋代以后，闽西社会进入全面繁荣的发展阶段，社会各业都取得了重大的成就，由此确立了闽西自给自足的自然经济。

闽西连城曾经采集到宋代作为陪葬品的一组陶谷仓罐，为冥器，根据现实生活中的谷仓样式制作而成。罐中发现了遗留的谷粒，反映出墓主们在阴间也希望过上丰衣足食的生活的美好愿望。这些谷仓型冥器也是当时闽西社会五谷丰登景象的缩影。

（一）生产工具和耕作技术的进步

农业的发展与农业技术的进步密切相关，而生产工具与耕作技术是最重要的农业科技。

封建社会的重要特征就是铁器的广泛使用。虽然闽越国时期，福建已由青铜时代跃入铁器时代，但是由于闽西远离闽越国统治中心闽东和闽北，基本上没有发现铁器尤其是铁制农具和加工工具。直至汉代，《汉书》才记载闽西"南海国"有铁鼎、铁剪、铁刀。目前，关于汉代铁器的考古发现，仅有数例，具体如下：

汉代铁鼎，长汀县河田镇出土，高14.9厘米，口径16.6厘米，敞口，弧壁，圜底，3柱足，入藏于厦门大学人类博物馆。长汀馆前马坪也出土1件。

汉代铁剪，长汀县河田镇出土，长24厘米，宽5厘米，由一条铁板弯制而成，两尾未分开，属原始型，入藏于厦门大学人类博物馆。长汀县大同镇南里村也出土1件。

汉代铁刀，长汀县河田镇出土，残长28.5厘米，宽3.7厘米，入藏于厦门大学人类博物馆。长汀县大同镇南里村也出土1件。

在"南海国"覆亡之后的400年间，闽西人口稀少、发展缓慢，山越族群回到了粗放式的游耕时代。随着晋代之后中原汉族的多次大量南迁，在改变闽西族群构成的同时，也给闽西带来了先进的生产技术和工具，沿用千百年几乎没什么改进。比如，传统耕作工具有犁、锄、锸、镰、镢、钯等；传统收割机具有镰刀、柴刀、谷桶、连枷、谷箩、谷箕、谷筛、禾箕、风车等；传统排灌工具有戽桶、龙骨水车、竹筒打水车等；传统加工工具有谷砻、脚碓、水碓、米筛、糠筛、簸箕、石磨、木榨等；传统运输以人工肩挑为主，主要工具有谷箩、麻袋、土箕、木桶、扁担、独轮车、牛车和木船等。在闽西,这些工具早些的可以追溯到汉代甚至更早,迟些的在宋代基本成型;起初绝大多数都是在木器上套一个铁制的锋刃,后来木柄铁刃农具逐渐被全铁农具代替。经过几千年的发展和完善,铁制农具逐渐形成了种类繁多、制造简单、小巧灵活、使用方便的完整体系,适合了闽西农业生产环境和农作物的耕种要求,从而使农业生产力发生了质的飞跃。这既说明了闽西传统农业生产工具的技术进步,同时也导致了近现代以来农业技术的迟滞与落后。而山越族群的后裔也在宋末大规模接受汉族先进生产技术后,才彻底告别粗放式的游耕生活,进入到精耕细作的农耕时期。

闽西传统农耕经济中,耕作的畜力主要是牛,部分地方还有马。牛耕是农业发展史上的一次革命。"犁春牛"民俗活动流传于连城县新泉镇一带,明代传入,已有500多年历史。每年的"立春"前后3天举行的"犁春牛"民俗活动,生动地反映了闽西传统农耕经济中牛作为主要畜力的特征。

隋、唐、宋、元的近800年间,经济重心从北方转移到南方,中国南方水田技术配套技术形成。从耕作方式上看,以家庭为生产单位,"男耕女织"式的小农经济就成为当时社会的主要生产方式。闽西也不例外。

水田专用农具的发明与普及,使得闽西在宋代进入了水田精耕细作的形成时期。随着农具的不断改进,特别是铁器的使用和牛耕的推广,耕地面积和农业产量大幅度增长,土地占用关系也在不断变化,明朝开始逐渐出现人多地少的矛盾。

明、清时期,闽西各县乡村的耕地有官田、屯田、民田之分,以民田比重为最大。官田,即历代封官赐田,又分为官田、学田和官租田。屯田创于明初,为明清两朝军队的经费来源,属县卫管辖,由农民义务耕种,后因管理不善,被变卖或侵占。明万历七年(1579年),有屯田2888亩。清雍正十三年(1735年),改归州县管辖,解除卫官苛役。清乾隆二十年(1755年),有屯田3600亩,屯丁156人。民田,原为农民自耕地,允许买卖,后来大部分为地主豪绅占有,租佃给农民耕种。明万历四十八年(1620年),永定县有民田8.7万亩,占总耕地面积的85%。

明清时期闽西人多地少的矛盾,迫使农业生产向进一步精耕细作化发展。国外域外的许多作物被引进,对农作物结构发生重大影响。闽西形成了以种植水稻、甘薯等粮食作物为主,兼顾其他生产,如养殖业、园艺业、家庭手工业等多种经营和多熟种植的农业生产的主要方式。最迟在明代,《龙岩县志》记载了明嘉靖三十七年(1558年),闽西已有一年两熟的记载。

(二)对梯田技术的改造创新

唐宋之际,闽西客家祖地基本形成,尤其是经过两宋期间的休养生息,人口迅速增加,而可拓殖之平地越来越少,为此,闽西的汉人特别是客家人便以分殖的方式,渐渐地向纵贯闽西南北的武夷山南麓、玳瑁山、博平岭的溪谷上游和高海拔的山地拓殖。先是山脚低缓地带,次为中倾斜度的山麓,最后是陡急的山腰,平坦的大面积的稻作水田也随着海拔度的增高，逐渐成为绕山而转的带状梯田或旱地。应该说，中国的梯田在秦汉之际就已经出现，客家先民在中原一马平川之地不太需要培育梯田，但是，闽西山多地少的自然环境，迫使闽西的畲族人、客家人和河洛人也创造出了闽西成熟的梯田文化，并通过文化接触和移民接触为华南地区周边的其他族群所接受，甚至传播到四川盆地的边缘山地。这种梯田是在坡地上分段沿等高线建造的阶梯式农田，通风透光条件较好，能够治理坡耕地水土流失，蓄水、保土、增产作用十分显著，有利于作物生长和营养物质的积累。

图 2-1　武平梯田

闽西人因地制宜，按田面坡度不同创造出水平梯田、坡式梯田及其组合复式梯田等。闽西人在自然坡地、高差基本相同的地方，规划出水平梯田，同时在上一阶梯田与下一阶梯田之间保留与水平梯田宽度相当的距离，上一阶梯田即成为下一级水平梯田的集水区。水平梯田上种作物，坡地上种草、集水。在集水不便的旱地，闽西人沿山丘坡面地埂修出阶梯状且地块内呈斜坡的旱耕梯田，即坡式梯田；或者因山就势、因地制宜，在山丘坡面上开辟形成了坡式梯田、隔坡梯田等多种形式组合而成的复式梯田，实现了利用土地资源的最大限度利用，节省了工程投资，提高了水土保持效益。

闽西对梯田改造技术的传播与创新是有目共睹的。在长期的拓殖中，闽西汉族特别是客家人慢慢地摸索出了削山筑田、改造土壤、培育抗寒良种、筑陂引水、堆制肥料、开掘深圳消除山洪甚至打桩防崩等特有的农作技术。为了减少坡耕地水土流失，闽西人还在适当位置垒石筑埂;在没有石头的地方,便培育了长满茅草甚至是种桑植果的土埂边墙,形成地块雏形,并逐步使地埂加高,地块内坡度逐步减小,从而增加地表径流的下渗量,减少地面冲刷,使得梯田"台阶"内的土壤能够保存雨水,确保植物得到足够的水分。梯田修成后,闽西人还配合深翻、增施有机肥料、种植适当的先锋作物等农业耕作措施,加速了土壤熟化,提高了土壤肥力。

层层相叠而上的梯田,成了闽西山地特有的一种文化景观。日本学者林浩认为,客家民系的梯田文化,大致起源于唐朝后期,成熟于南宋时期。在闽西汀江流域的汀州一带,由于入宋之后战争难民的涌入,大面积的中海拔度山地又提供了绝好的自然生态环境,使得闽西一带的梯田发育得更加成熟。北宋著名诗人黄庭坚称赞宋元丰时期的汀州知府陈轩:"平生所闻陈汀州,蝗不入境屡丰收"。由此可见,北宋时期客家地区的耕地已得到很大的拓展,收获也十分喜人。清朝康熙年间,福建侯官人陈梦雷编辑的大型类书《古今图书集成·艺术曲·农部》称,当时闽北、闽西、闽南一线山区多梯田,"田尽而地,地尽而山,虽土浅水寒,山岚蔽日,而人力所致,雨露所养,无不少获"。关于长汀梯田,清光绪《长汀县志》记载道:"壤狭田少,山麓皆治为陇田,昔人所谓磳田也,今俗谓之梯田。"

鉴于客家高度的垦殖技术和梯田文化,清雍正十三年(1735 年)四川巡抚杨馝上奏疏说,四川多山区,层峦叠嶂之间也多可耕地,必须广招在四川的福建、广东农民,凿引泉源,设堰分流,才能确保灌溉有保障,旱涝无患。由此可见,闽西梯田因对发展山地经济起到了极大的促进作用,而被封建王朝和社会大众所接受和推广。

(三)农作物的引种与培育

闽西农业资源丰富,自然条件优越,农业生产历史悠久,传统农业发展的一个显著特征就是农作物的引种推广与培育创新。早在原始社会时期,闽西原始居民就培植了水稻;汉族南迁之前,山越土著持续而缓慢地改进了物种。

唐开元二十四年(736 年),汀州建立,逐步形成具有地方特色的区域性农业,谷类有秔(粳)稻、糯稻、粟、豆、菽,水稻广泛采用育秧移植栽培,粮食作物和经济作物迅速引入、培育并传播。

表 2-1 古代闽西部分粮食、经济作物引种一览表

类别	名称	栽培(引种)时间	分布区域	备注
粮食作物	水稻	宋代	闽西	土产秔(粳)、糯稻,引进"占城稻"
	籼稻	明代	闽西	
	甘薯	明万历年间	闽西	第二大粮食作物
	小麦	明洪武年间	范围不广	春小麦为主
	大麦	明洪武年间	范围不广	分为二棱、四棱、六棱 3 种

续表

类别	名称	栽培(引种)时间	分布区域	备注
经济作物	大豆	宋朝	长汀	分为黄豆、黑豆、青豆3种
	油菜	元代	闽西	载于明朝《永乐大典》
	花生	明万历年间	新罗、永定、长汀	
	烟草	明万历年间	永定居多	有晒烟和烤烟
	甘蔗	元明之际	闽西	果蔗少，糖蔗多
	西瓜	明朝后期	闽西	

水稻是闽西主要粮食作物。关于闽西本土有秔(粳)糯稻，《汀州府志》记载道："早稻春种夏收，晚稻则早稻既获再插，至十月收者，米皆有赤、白二色。宋马益诗'两熟潮田天下无'，盖谓此也。一大冬稻，春种冬收，有寄种，与早稻同种，与晚稻同收，则岁只一熟矣。"北宋中期，闽西引进"占城"稻，有早、晚两熟之分，水稻产量明显增加。明代引进籼稻。作为栽培稻的一个亚种，籼稻最先由野生稻驯化而成，与粳稻相比，分蘖力较强；叶片较宽，叶色淡绿，叶面茸毛较多；谷粒细长，稃毛短少，成熟时易落粒，出米率稍低；蒸煮的米饭黏性较弱，胀性大；比较耐热和耐强光，耐寒性弱，也有早、晚两熟之分。

宋朝时闽西已有大豆种植，有黄豆、黑豆、青豆3种。春、秋两季均有栽培，种植方式有单种、间套种，有的还利用田埂种豆。长汀县是闽西大豆主产区，占全区种植面积的46.62%左右，传统品种有高脚红花青、大青豆及闽西繁育的汀豆1号等。后者是闽西特产"长汀豆腐干"的优质原料。

明朝洪武年间，闽西引进了小(大)麦栽培，传统种植为穴播，株行距0.4×1尺，火烧土盖种。

宋代以后，闽西种植业取得了显著成就。明朝"地理大发现"后，从外地引进玉米、甘薯、烟草、玉蜀黍、麦、棉、马铃薯、花生、向日葵等作物；清代不断推广，特别是康乾盛世的约一个半世纪中，开始探索多熟制和发展经济作物。

明万历年间(1573—1620年)，原产于南美洲的番薯，又称甘薯、地瓜、金薯，由菲律宾吕宋一带引种入闽，不久即传入闽西。甘薯的种植面积、总产仅次于水稻，为闽西第二大类粮食作物。闽西客家人培养出甘薯加温、酿热、露地三种育苗方式，但多半采取在冬季将薯种贮藏在靠山边的土洞里，春天取出带芽薯块，插于菜地育苗。清朝乾隆年间编撰的《汀州府志》中对甘薯传入及其生态习性、品种、口味、食法等做了说明："番薯，一名甘薯。明万历年间闽人得之外国。瘠土砂砾之地皆可种，其味甘甜，有红白两种，生食熟食晒干麻粉皆宜，亦可酿酒，闽地粮糗半资于此。"清朝初年，客家人倒迁江西、四川，闽西客家移民带入了番薯物种。清朝雍正年间，四川成都府对此已有文献记载。

岭南热带地区是甘蔗的起源地之一。早在战国时代楚国已用柘(蔗)浆作为调味品。闽西族群中,龙岩河洛族群最早引种与改良甘蔗,再传给了客家民系。大约在明代万历年间,以汀州人为主体的闽粤客家人倒迁移到赣南,使赣南的甘蔗种植业迅速发展起来。清康熙年间,汀州移民曾达一将甘蔗种带到四川内江地区种植。同时,他还带来了福建的制糖工具和技术工人,在内江龙门镇梁家坝开设糖坊,从事制糖业。由于曾达一所设糖坊需要大量甘蔗,而种植甘蔗获利又高于种粮所得,蔗种亦易于繁殖,故不少农民改种甘蔗。甘蔗的种植由内江迅速扩大到资中、资阳、隆昌等地,沱江流域一带兴起了一股种蔗热。糖坊也随之相继在各处兴建。由此可知,不仅甘蔗栽培技术本身,还有以甘蔗为中心引出的一系列文化科技,如制糖技术,再以蔗糖深加工制作糖果及其他甜食技术,亦随着闽西客家移民传播到外地。

烟草原产地为南美洲,16世纪后由西班牙人传入欧洲,然后又由葡萄牙人传入亚洲。闽西汀州府大约于清康熙年间由漳州府移民传入烟草这种能获得高额利润的新型经济作物。在永定、上杭一带,烟草几乎代替了水稻而成为最重要的作物,十之七、八的耕地都用于种植烟草。汀州知府王廷抡在康熙三十八年成书的《临汀考言》中写道:"自康熙三十四五年间漳民流寓于汀州,遂以种烟为业。因其所获之利息数倍于稼穑,汀民皆效尤。迩年以来,八邑之膏腴田土,种烟者十居其三四。"不过,烟草传入闽西可能在明末。到清代,汀州府各县均产烟草,其中又以永定、上杭最多。永定由于"膏田种烟,利倍于谷","所以永民多籍此以致实厚焉"。烟草也为永定赢得了全国屈指可数的烟草种植、制作产地的盛名。今天幸存的雄厚壮美的永定土楼,大多与烟草业有很大的关系。烟草传入江西、四川也大多与闽粤客家移民有关。由于高盈利的刺激,烟草随客家移民移入四川之后,迅速在原住民和其他移民中扩展开来。

宋元时期是福建茶文化发展的高峰期,闽西也不另外。元天历二年(1329年),漳平双洋中村、吾祠厚德村就开始种茶。清初,永定客家人李乾祥最早将安溪茶种移植台湾。如今,桃园、苗栗一带,每至采茶季节,年青姑娘一边采茶,一边唱山歌,保存了浓郁的客家民系风韵。

南宋时期,漳平永福就开始种植兰花,成为享誉全国的"花乡"。永福兰花在南宋时便被列为朝廷的贡品。

清朝乾隆十七年(1752年),闽西已有松菇、茅菇、朱菇、鸡肉菇、香菇等产品,但都属野生。后来开始人工培育香菇,以砍花生产为主。

闽西客家人接受周边先进的农业科技的过程,并非原封不动的受入,更多的是受入之后再加以主动的创新。甘蔗、烟草、番薯、蓝靛,在客家地区,其品种、性能、用途、栽种技术、供求规律、食用价值等经济文化要素,均有不同程度的升华。如烟草在永定,其品种、质量都比传入地的福佬、广府地区好得多;而番薯传入后,连同闽西的其他农作物及土特产,经客家人加工之后,发展为名扬四海的"汀州八大干",现代人往往称之为"闽西八大干"。我们可以对比宋朝《临汀志》与清朝《汀州府志》记载的闽西农作物物种,了解闽西农业种植业科技的发展壮大。

表 2-2　宋《临汀志》与清《汀州府志》记载闽西农作物物种对比表

类别	宋《临汀志》	清《汀州府志》
谷之属	秔、糯、粟、麻、豆、菽	粳稻、糯稻、麦、黍、稷、粟、菽、麻
蔬之属	无	芥、萝卜、胡萝卜、菠菱、苦荬、莙荙、苋、茼蒿、白菜、油菜、蕹菜、芥蓝、莴苣、葵菜、茄、匏、芋、茱萸、番薯、枸杞菜、芹、蕨、蔊菜、笋、茭笋、香蕈、姜、葱、韭、薤、蒜、荞、胡荽、葫芦瓜、西瓜、冬瓜、丝瓜、王瓜、苦瓜、甜瓜、金瓜、土瓜、稍瓜、雪瓜、带豆、油菜头
花之属	碧桃、蒨桃、闪烁桃、红梅、黄香梅、海棠、酴醿、蔷薇、杕棠、郁李、玉堂春、长春、惜春、玉蝴蝶、锦带、踯躅、山茶、薝卜、素馨、茉莉、萱草、含笑、四月菊、石竹、朱槿、山丹、麝香、滴滴金、金线莲、宝相、白鹤、玉簪、柚、麝香、萱草	梅、兰、树兰、玉兰、木笔、岩桂、酴醿、山茶、山丹、茉莉、素馨、瑞香、萱、玉簪、剪春罗、月桂、滴滴金、紫罗伞、玉楼春、夜合、含笑、木槿、杜鹃、珍珠、凤尾、御带、半丈红、鹰爪、罂粟、御仙、宝相、玉屑、锦竹、金灯、指甲、鹤顶红、胜春、海棠、菊、木芙蓉、绣球、蔷薇、玫瑰、紫薇、紫荆、金钱、金凤、老少年、长春、凌霄、豆蔻、蜀葵、水红花、赪桐、玉蝴蝶、鸡冠、燕子花、芭蕉、美人蕉、百合、剪秋纱、虎刺、水仙
竹之属	苦竹、筀竹、筋竹、甜竹、淡竹、紫竹、赤竹、黄竹、斑竹、江南竹、慈竹	慈竹、筀竹、箭竹、苦竹、紫竹、凤尾竹、观音竹、人面竹、含竹、猫竹、黄竹、江南竹、斑竹、苦油竹、石竹、筋竹、定光杖竹、箬竹、车竿竹
果之属	桃、李、杏、梨、柿、枣、栗、橘、柑、橙、莲、梅、芡、藕、菱、樱桃、林檎、枇杷、石榴、金橘、香橼、甘蔗、楂子、杨梅、茨菰、凫茈、土瓜、葛、葡萄、水精、马脑、银杏	梅、桃、李、杨梅、栗、梨、香橼、葡萄、枇杷、菱、柯子、枣、柑、橙、柚、橘、柿、椑、橄榄、莲、石榴、查子、鸡头、木瓜、甘蔗、杨桃、银杏、落花生
畜之属	牛、马、骡、驴、羊、犬、彘、鸡、鹅、鸭	马、牛、羊、猪、犬、猫、鸡、鹅、鸭、鸽

(四)畲族农耕和蓝靛种植技术的推广

闽西山越的后裔畲民在垦荒造田、扩大耕地的同时,还大量学习南迁汉族的先进生产技术,改良水稻等农作物品种。梯田种稻,天寒水冷一年一熟。而山地种番薯,可济半年粮,是畲民不可缺少的粮食作物。此外,畲民还根据山区特点,种些芋头、瓜菜,既当饭又当菜;还经营一些经济作物,如蓝靛、茶叶、杉、竹,经营一些副业,如狩猎、采薪、制造筐篚、收酿蜂蜜、纺织麻布、饲养禽畜;有的继承祖传秘方、秘术为他人采药治病。

蓝靛,叶大丛生,茎短有节,可用土覆盖茎的方式培育种苗,是早年畲区种植的主要经济作物,常常被用作医药和染料。畲民所制蓝靛染料与蓝布,量多质佳。明清时期,"福建菁"名闻全国,菁民遍布八闽,畲族中不乏种植加工菁靛者。明朝弘治《八闽通志》称,福建蓝靛染色冠绝天下,而闽西汀州畲区菁民,"刀耕火耨,艺蓝为生,编至各邑结寮而居”。

由于千余年的汉族与土著杂居，特别是唐代在闽粤赣边之地的畲族区域设置郡县之后，汉族文化对畲族的影响日渐扩大，随着封建化程度的增强，畲汉杂居，交往和通婚的过程长久持续，畲汉文化交流融合，特别是客家人与畲族的互动关系最为密切。畲族种植蓝靛技术深刻地影响着客家的传统经济、社会和文化生活。例如，客家妇女服饰重鲜艳蓝色，这与当地出产靛青有关。

明清之际，闽西客家人倒迁，同时也造成了蓝靛种植、印染技术的传播。江西泰和县在汀州客家人传入种植蓝靛技术之后，整个县很快就普遍种植，没出几年，出产的蓝靛与汀州几无差别，商贩纷纷前来贩销。汀州客家人在将蓝靛种植技术传入赣中地区的同时或前后，也将这一新作物的种植传入了赣南。明末至清代，汀州客家人还将蓝靛的种植区扩大到了赣西北、赣东北和浙南地区，从而形成中国靛业的主要产区。

据有关资料记载，在明朝中叶以后，江南的苏州、松江、常州、镇江等地因为棉布生产而成为全国纺织业中心的同时，一大批闽西人则在毗邻的闽东、浙南山区发展了蓝靛专业种植区，实行大规模的雇佣劳动制。蓝靛是棉布的染料。因此，闽西人建立的蓝靛专业种植区与江南棉布业不仅产业上有分工，而且在地域上也有分工。当时闽西人在富春江上游山区发展的蓝靛专业区是由长期在本地寓居的汀州客家人向当地土著租山，然后再招募闽西各县的农民作为蓝靛生产的雇佣工人，进行专业化种植蓝靛。这些汀州人，被称为“寮主”，雇工被称为“菁民”。明代浙江义乌知县熊人霖在《防菁议》中认为，这些“菁民”其实就是畲民，是来自汀州的贫民，每年数百为群，赤手至浙江各地，依靠“寮主”为生，或者当年打短期工，或者连干多年打长工。这种雇佣劳动队伍，在16世纪的中国是极为罕见的。闽西人在闽东、浙南创立蓝靛专业区，代表了16世纪中国参与“资本主义萌芽”性质的经济活动、走向世界和发展商品经济的最高水平。

1840年鸦片战争以后，中国逐渐沦为半殖民地半封建社会。随着东南沿海门户的开放，西方帝国主义列强不断向倾销商品，破坏了闽西长期形成的自然经济。“洋靛”、“洋布”输入，使得种植生产靛青的农民失去了收入来源，蓝靛种植也走向衰落。

（五）农业经验的民间总结和区系特征的自然形成

闽西的畲族和汉族人民在长期的农耕活动中，掌握积累了丰富的农业生产和气象知识，形成了农业生产经验的民间总结。

明代就传诵有“地力常新壮”的歌谣，民间有“冬至前犁金，冬至后犁银”的农谚。这一时期，闽西已经十分盛行采用冬耕翻土晒白、薰土、割青下田、增施有机肥料、施用石灰等热性肥料、水旱轮作、间套种、兴修小型农田水利等办法，培肥地力，改良土壤。为了培肥地力，改良土壤，闽西人形成了积、造、堆、沤有机肥和施用有机肥的传统习惯，种类主要有厩肥、堆肥、饼肥、秸秆、家灰肥等。

畲族及其先民善于总结农业生产经验。畲族《节气歌》说：“正月雨水共立春，阳鸟岗头来报春，做客人姐回家转，做田郎仔叫耕春。二月惊蛰春分到，蛇虫蚁仔尽出头，蝉仔变身四山叫，鸟仔成双喊做巢。三月谷雨清明晴，山林树叶片片青，娘那背仔郎担种，娘那撒种郎犁田。四月立夏小满天，阳鸟朗朗叫天晴，麦那割了做田活，禾莸插落满洋青。五月芒种夏至中，日长夜短水成汤，苎布衫子着身上，割菅裹粽分郎尝。六月小暑大暑天，一年田活去一半，手掏耙子去耘草，草那耘了禾转青。七月处暑共立秋，坝头无水要去修，修大门前荫大糯，糯谷开花郎来匀。八月白露秋分时，夜来眠床要盖被，稻怕中秋午时风，午时出稻朗花期。九月寒露连霜降，稻那割了谷上仓，重阳上山去聊歌，贤娘做糍喷喷香。十月小雪共立冬，过了立冬满洋空，大仓小斗都贮满，砻米炊酒等落春。十一月大雪冬至中，露水落地变成霜，女人勤力织丝苎，灶前烘火熬过冬。十二月时节大小寒，长年无吃祭灶瞑，年近月满回家转，家家理事做无闲。”而《农事歌》也有“惊蛰锄田，清明浸种，小满布田”之说。此外，《做田看气象歌》、《十二月做田歌》、《二十四节气歌》、《做田歌》、《十二月生产》等，都是畲族人民长期农业生产劳动经验的结晶。

闽西的先民也总结出许多农业生产最基本的准则。如“早霞不出门，晚霞行千里”，指早霞天雨，晚霞天晴；“懵懵懂懂，惊蛰浸种”，指惊蛰节气时可以备好谷种了；“雷打秋，对半收”，指立秋日遇雷，收获不佳；“清明断霜，谷雨断寒”，指清明后没有霜了，谷雨后不再寒了；“二月初二，百样种子可落地”，指古历二月二日后，一切种子均可播种了；“立春晴一日，耕田不费力”，指立春天晴，以后雨水多。此外，“初一落雨初二散，初三落雨透月半；十六落雨无定规，十七落雨透月尾”，“清明前后，种瓜种豆”，“不怕五月五日雨，只怕五月五日风”，“人怕老来穷，禾怕寒露风”，“雷打冬，十栏猪子九栏空”，“六月立秋秋后莳，七月立秋秋前莳”，“春天一锄头，冬天三碗头”，等等，均是农业生产经验的科学总结。

这些农业经验的自然积累，反映在农业生产中，就自然形成了闽西区域性的农业生产特征。

在西北部低中山丘陵平地，主要从事粮、林、果、茶、牧、渔经济活动。这里大部分位于汀江中上游，小部分属于闽江沙溪流域。土地、耕地、人口数及粮食总产居各分区之首，复种指数较高、农作物种类较多，较多发展粮食作物和果、茶等经济作物。但气温较低，热量较少，“三寒”威胁较大；水土流失面积大，这是影响该区农业发展的重要因素。

在中部中低山，主要从事林、粮、牧、果经济活动。这里地处玳瑁山区。气候温凉，山地土壤肥沃、草山、草坡多，较多发展林业，温带落叶果树和草食动物。但该区水田潜育型面积大，冷、烂、锈、毒田制约粮食单产提高。

在东南部中低山丘陵平地，主要从事经济作物、粮、林、牧、渔经济活动。这里地处博平岭山地，南亚热带北缘，气候条件好，耕地土壤以黄泥田，灰泥田为主，较多发展粮食作物和经济作物。但该区耕地少，人口多，三熟制面积少，果树发展也不快。

在西南部低山丘陵平地，主要从事粮、烟、林、牧、果、渔经济活动。这里位于汀江下游，中山河、金丰溪流域。地貌以低山为主，地形开阔，光照充足，热量资源丰富，盛产优质烤烟，是全国著名的优质烟基地之一，而且水果、原始家畜饲养业较发达，人多地少，较多发展劳动密集型的多种经营。但局部地区水土流失严重。

纵观闽西古代传统农业取得的卓越成就，离不开闽西长期稳定的政治和社会局面，离不开封建王朝的积极倡导，离不开闽西先民对先进农业生产科技、先进物种的传入与创新。

二、林业科技的出现

历史上，闽西森林资源丰富。但封建社会时期，林业尚未成为一个产业，而是农业的补充。志书记载，闽西人早在唐代前期的公元704年，就发明了用飞籽封育马尾松林和用杉木萌芽条造林的人工造林技术。现存于武平县永平乡唐屋村山下自然村的4株巨杉，胸径均124厘米以上，即为建村时所植，至今仍然郁郁葱葱，已有千年历史。宋代之后，果树种植技术成熟，《临汀志》记载此时的“果之属”种类有“桃、李、杏、梨、柿、枣、栗、橘、柑、橙、莲、梅、芡、藕、菱、樱桃、林檎、枇杷、石榴、金橘、香橼、甘蔗、楂子、杨梅、茨菰、凫茈、土瓜、葛、葡萄、水精、马脑、银杏”等数十种，后来还逐渐引入其他树种。

明弘治、正德年间(1488—1521年)，上杭陆续开始义务植树活动；崇祯十五年(1642年)农历九月初九日，永定凤城吴氏在北门山植松，知县伍耀孙还赠诗一首。明、清时期，民间多有乡规民约禁山护林，规定杉、竹、茶林为私人所有，族有林为宗族所有，寺庙林为主持者所有，风水林、柴山、桥会山为本村村民共有，他人不得侵犯。清嘉庆七年(1802年)，长汀县宣城百丈村与兰屋村树立两块禁山石碑，碑文规定，“立禁山林松杉竹木，春冬两笋、薯、姜、芋菜，果木、杂物等事。如有违犯者罚猪肉廿五公斤，通报者得赏钱伍百文。”

闽西人还积极创新，引入或者开发出一系列林木使用技术。

闽西毛竹分布十分广泛。明清时期，闽西毛竹利用技术已经十分先进。竹笋被制作成笋干，特别是漳平的白笋干久负盛名，清朝乾隆年间产品即已远销海外；以毛竹为原料加工制成的土纸久负盛名，远销海内外，成为闽西重要物产之一；竹兜(竹根)、笋壳用于生产工艺品；竹尾(枝杈)用于制作马鞭、扫把；竹子废料作食用菌(如木耳、竹荪)的培养基。

明代，闽西油茶誉满全省，以连城所产质量为上等。清朝嘉庆至道光年间(1796—1850年)，有广东梅县松口区农民，来漳平南洋开山种茶，食茶以油茶为主，带动周围村庄，使之成为油茶、茶叶基地。

闽西一向就有松菇、茅菇、朱菇、鸡肉菇等产品，但都属野生。清朝乾隆年间，浙江省龙泉、庆元县等地菇农将菇类培植技术传入闽西后，闽西人开拓创新，以砍花生产的方式，培育出人工香菇。漳平象湖一带的香菇十分有名。

三、养殖技术的进步

闽西养殖业从原始家畜饲养业演化而来，历史悠久。由于闽西地处东南丘陵，处于亚热带季风性湿热气候区，光热资源、水资源、动植物资源相当丰富，为动物的放牧、圈养和渔业经济提供了非常有利的条件。闽西因此出现了发达的养殖科技。

（一）畜牧技术的进步

闽西早在新石器时代就出现了圈养猪的技术，后来陆续引进或者培育出猪、牛、兔、羊、鸡、鸭、鹅等9类17种。唐末，北方汉人南迁，带来了河田鸡的祖型鸡种，并加以培育。由于闽西山区交通不便，畜禽品种同外界交流少，有较高的纯种性和适应性，逐步形成较优良的地方畜禽良种，著名的有漳平槐猪、上杭官庄花猪、龙岩山麻鸭、连城白鸭、长汀河田鸡、武平象洞鸡等6个良种，其中前5个良种于1985年列入《福建省家畜家禽品种志和图谱》，占全省地方畜禽良种的20%。简要介绍如下：

漳平槐猪，系小型早熟脂肪型猪种，主产于漳平、龙岩、上杭、永定，分布于长汀、连城、武平以及闽西邻近的山区各县。槐猪全身毛黑而粗硬，头短而宽，额部有明显的横行皱纹，体躯短，胸宽而深，背宽而凹，腹大下垂。后来，上杭槐猪几经培育，质量越来越高，名气越来越大，现已成为国家地理标志。

上杭官庄花猪，主产于上杭县官庄，集中产区分布在上杭的才溪、通贤、南阳、旧县，武平的武东、中堡，长汀的濯田、宣成，连城的新泉、庙前等4个县15个乡镇。官庄花猪除头、臀部黑色外，其余均为白色，在黑、白两色交界处有一条灰色晕带，嘴短额宽，有菱形皱纹，四肢矮短、胸深，背宽平，臀部丰满。而武平中山花猪则由广东黄陂花猪和武平中山本地黑猪杂交改良培育而成，十分出名。

龙岩山麻鸭，系小型优良蛋用型鸭种，主产于龙岩龙门，分布于漳平、上杭及其他县。公鸭头中等大，颈秀长、胸较浅，躯干长方形，喙青黄色，嘴米黑色，蹠蹼为橙红色，爪黑色，头及颈上部羽毛为孔雀绿，还有一条白颈环，前胸羽毛赤棕色，尾羽及性羽全为黑色；母鸭羽毛色有浅麻、褐麻、杂麻之分。山麻鸭具有小型早熟、产蛋率高、觅食力强等优点，适宜山区梯田、沿海江河、湖泊放牧。

连城白鸭，饲养历史悠久，主产于连城县的城郊、文亨、北团等地，分布于清流、宁化等县。据《连城县志》记载，清道光年间（1821—1850年），连城白鸭被列为珍品、贡品。鸭种全身羽毛全白，嘴青铜色，蹠蹼浅褐色，有"铜嘴铁脚"之称。老母鸭可入药，具有滋阴降火和止血痢之功效，属于蛋、肉兼用型地方优良鸭种。成年公鸭尾端有3～5根卷曲的性羽，鸭的体躯细长，结构紧凑、结实、小巧玲珑，颈细长，胸浅窄，腹钝圆稍垂，腿强壮有力，善跑健游，宜山区梯田放牧。

长汀河田鸡，主产于长汀县河田、南山和连城县宣和等地，体型有大架子和小架子之分。主要外貌特征是"三黄、三黑、三叉红"，即喙黄、脚黄、羽毛黄；主翼羽、尾羽、镰羽均为黑色；公鸡冠体后端分裂三片以上，带有缺口。河田鸡耐粗放养，适应性强，肉细嫩，肉色鲜嫩、味美、含蛋白质高，是畅销名贵鸡种。

武平象洞鸡，主产于武平象洞，也分布在武平的十方、岩前和上杭的10多个乡镇。象洞鸡颔下长有放射性胡须，俗称"胡子鸡"，喙、脚、被毛浅黄色，又称"三黄胡须鸡"，体大丰满，耐粗放养，觅食力强，肉质鲜美。

另外，闽西还形成了“小猪游，大猪囚”的传统养猪方法，但由于饲养管理粗放，饲养时间长，各种流行性病害无法控制，养猪业落后。

耕牛是农业生产的主要畜力，有黄牛、水牛两种。黄牛主要分布于上杭、长汀、武平、连城等县。农民历来把耕牛视为“农家宝”，历代执政者多鼓励农民饲养耕牛，用于农业生产。

（二）水产养殖技术的出现

闽西境内溪河纵横，主要分属汀江、九龙江、闽江三大水系。江河淡水鱼类共80多种，其中经济鱼类约20种，汀江主要经济鱼类，有草鱼、鲮鱼、扁圆吻鲴、黑棘倒刺鲃、鲤、鲫、马口鱼等10余种。九龙江上游主要经济鱼类，有鲤、鲫、银鲴、黑棘倒刺鲃、台湾铲颌鱼、大眼华鳊、赤眼鳟等10余种。由于古代闽西生态保护极好，区内河水含沙量少，水质清新，各江河平均水温大于15℃的鱼类适温期，长达275～309天，含氧量丰富，有利于鱼类和饵料生物的生长繁殖。历史上，汀江和九龙江均发现有鲮鱼等鱼类的天然产卵场。这些都为闽西水产养殖技术的出现与发展提供了良好的自然条件。

闽西最早的山塘水库与湖库养鱼技术出现于宋代。武平岩前蛟湖，为宋初定光大师所凿，面积达200多亩，总径流量达0.2立方米/秒，深1～5米，pH值7～7.3，冬季水温15～17℃，是闽西最早的人工湖，盛产鱼虾，尤以名贵鱼类月鳢著称。闽西早在明朝弘治十年(1497年)，就开始了池塘饲养圆吻鲴，至今已有500多年历史。

利用稻田水面养鱼，既可获得鱼产品，又可利用鱼吃掉稻田中的害虫和杂草，排泄粪肥，翻动泥土促进肥料分解，为水稻生长创造良好条件，还可使水稻增产。南宋末年，连城文川、文亨、塘前等乡村，出现了稻田养鱼技术。明朝洪武年间，长汀官场、湖口一带“一稻一鱼”有了较大的发展。早期稻田主要养“禾花鲤”，随后逐渐发展为以草鱼为主，也养殖鲫、鲢、鳙、鲮等鱼。闽西人们养鱼前将稻田堤埂加宽、加高，并拍打结实；同时挖鱼沟、鱼溜或鱼坑，并设置鱼栅。放养时间一般在插秧后7～10天。同时，他们注意后期保养，在防止大雨时逃鱼的前提下尽量保持较高水层；在烤田、耘草时，充分考虑到鱼类生长的要求，分片间隔实施，实现了立体养殖的目的，亩产一般百来斤。

明代，长汀河田出现了温泉养鱼的技术，以鲤为主，俗称“温水鱼”，肉嫩味美，享有美誉。此外，上杭中都、漳平官田、连城文亨等地利用房前屋后边角地，挖筑小塘，大搞家庭养鱼。闽西部分地方出现了家庭观赏鱼类养殖，有金鱼品种10多种，种苗大多来自杭州、福州及漳州。

总的说来，闽西历史上，自然形成了几个畜牧水产养殖的区域分布，如以博平岭、玳瑁山、武夷山南段山区稻田和家庭养鱼、淡水珍稀动物养殖发展区，是龙岩地区的主要林产地，也是棘胸蛙、鳖、龟等淡水珍稀动物的主要产区。但是，闽西农村畜牧水产业处于家庭零星饲养的自然经济状态，未能形成商品性生产。

第二节　古代工程技术的进步

随着人们改造客观自然界的活动的增强，古代闽西承袭史前文明，应用长期积累的科学知识和利用技术发展的研究成果于社会生产实践，在水利建设、道路交通、建筑技艺等领域，出现了一大批实用性、可行性、经济性极强的工程实用技术，展现出它的广阔前景。

一、水利工程技术的出现

水是农业的基础和命脉，也是人类生存和发展的重要源泉。闽西地处亚热带季风性湿润气候区，境内山高林密，河流广布，汀江、九龙江水系横贯其间，集水面积50平方公里以上的溪河有110条，全区水力资源丰富。

在以农业为主导经济的闽西传统社会中，水利对社会的政治生态和自然生态环境的影响极大。水利之所以重要，不仅因为它是社会生产力的一个基本方面，而且也是农业发展水平和抵御自然灾害能力的一个主要标尺。早在新石器时代，闽西奇和洞人就在奇和洞内设计了泄洪沟，开始治理水害。当时，奇和洞前的平地较现在低，奇和溪尚未下切，我们可以相信，当时就出现了原始人工灌溉技术，以弥补天然降水之不足，其方法和技术也由简而繁。最初的灌溉方法应该是依靠人力提水，原始的汲水工具是瓮、罐之类的陶制容器，这在奇和洞遗址考古发掘出的陶器中屡见不鲜。当农业有所发展、种植面积扩大以后，仅靠人工汲水就不能满足生产发展的需要，于是开沟引水灌田应运而生。

宋代以前，闽西农业排灌系统是十分低级和局部的，农业生产主要还是靠天吃饭。宋代以后，灌溉工具的进步，成为推动农业生产发展的重要因素。传统排灌机具、提水工具有戽桶、龙骨水车、竹筒打水车等。唐朝时北方创制了新型灌溉工具——筒车，也被南迁汉人引入闽西。水利设施和灌溉工具，有效地保证了农业生产的命脉，同时扩大了耕地面积，也使粮食和经济作物产量大幅度提高。然而，由于封建时代闽西没有专门的水利机构，生产生活能源主要是碳薪林，因此存在一定的水土流失，部分长期无法治理。

（一）堤坝渠堰等大型水利工程的兴建

农业生产的发展离不开水利工程的兴建。宋代以来，统治者虽然没有进行有计划的水利建设，但是在地方官的倡导和重视下，闽西官民结合，筑坝开渠，兴建了许多水利工程，现存的灌溉工程，按照年代顺序，主要有：

长汀县大同镇师福村定光陂，建于宋淳化年间（990—994年），南北走向，长约100

米，上底宽0.7米，下底宽约3.5米，高2米，在汀江河床宽阔、水流较缓处，修筑三角捺刀形土石混合陂坝，刀形尖刃处为三道溢水渠道和涵洞，斜拦汀江河，灌溉两岸农田800余亩。经多次维修，虽历经汀江千年洪流，至今仍造福一方，充分体现了北宋客家先辈的勤劳与智慧。

长汀县河田芦竹村大官陂，建于宋代，陂高1.5米，长32米，占地面积200平方米，南北走向拦截刘源河，灌溉范围纵深约10华里，水流充沛。

上杭县临城城西村梁陂，建于宋代，明嘉靖年间重修，南北走向，长14米，宽2米，陂高2.2米，口宽2米，深0.4米，占地面积50平方米，梁陂主体及两侧陂岸用条石筑成。

上杭县旧县全坊村穿石珑渠，为引水渠，建于宋代，为全坊村谢氏开基始祖谢荣盛率族人凿通石山而成的引水洞，南北走向，长约50米，洞口宽1.3米，高1.5米，水渠源头砌陂，沿山体砌石渠约1000米至全坊村。

上杭县稔田官村刘公陂，建于明朝永乐年间。明洪武年间，上杭刘秀实在卸任江西饶州知府后，告老返乡，在官田上游筑陂圳，引水灌田500多亩，深受乡民爱戴。

上杭县稔田丰朗村调和坝，建于明代，自东北向西南走向，山石砌筑，长71米，宽5米，高3米，堤坝北侧刻有清康熙五十五年(1716年)关于禁止漂木保护古陂的碑一通，现仍然用于丰朗村引水发电、灌溉。

新罗区曹溪崎濑汤侯渠，明朝永乐二十一年(1423年)龙岩县知县汤少华倡建此渠而得名，新中国成立后改名为解放渠。

上杭县湖洋九里圳，建于清乾隆十六年(1715年)，西东走向，原为石砌水圳，全长达4800米，新中国成立后多次维修，现仍在使用。

上杭县蓝溪黄潭村黄潭陂，建于清代，南北走向，新中国成立后在原基础上加高堤坝，长100米，宽6米，堤高1米。

连城县莲峰南前村邓公陂，为了引文川河水用于县城生产生活，清嘉庆十二年(1807年)连城知县邓万皆倡导在文川河上修建，称“邓公陂”。坝长46米，高3.5米，占地面积约200平方米，原为三合土心墙坝，新中国成立后重修，用块石和水泥砂浆修筑，并开辟了从南尾到城北的沟圳3公里。

长汀县馆前陈莲村海螺陂，建于清光绪年间，南北走向，长约40米，槽呈U形，高约4米，陂身用块石砌筑。左边有泄洪道，水流向下倾泻，轰然有声，灌溉面积800多亩。

对于水利设施，封建王朝都比较重视，时常组织疏浚、巡查和保护。原立于漳平市溪南镇上坂村、现存于菁城街道福满东巷的上坂护坡碑，为清嘉庆十八年(1813年)立，高1.18米，宽0.6米。碑文共262字，是漳平知县张东铭示谕民众保护陂圳水利工程的告示。

闽西还有众多散见于各种志书或者只留下遗迹的灌溉工程。宋代胡太初修、赵与沐纂的《临汀志》记载了宁化大陂，“其在县东百二十里，居民障溪以成，自闲迄今为利者，曰大陂”；记载长汀河田大陂，“障刘源溪水，又曰中陂，障黄坑涧水，抱山数曲，三水合流出河田市心，疏为数十圳，分溉民田，皆成膏沃，不减白渠之利”。此外，元朝建有长汀河田郑公陂、连城龙爪陂；明清时期有龙岩的谢洋陂、官陂、东津陂，长汀的童坊大田陂、曹屋陂，永定的杭陂，上杭的大陂，武平的太平陂，连城的王城陂等。这些工程多为民间自发募工建造，也有少数官、绅倡导修筑，群众出力兴建。

闽西还修建了一批防洪工程，主要是起防冲刷、防坍塌作用的河堤、护岸。明朝嘉靖年间(1522—1566 年)建造的龙岩汤堤，明天启年间(1621—1627 年)建造的长汀冠公堤，明朝崇祯年间(1628—1644 年)建造的上杭赖溪堤，都是以防洪水冲击河岸、危及田垣的堤岸工程，并无防淹作用。

由于古代没有水泥，因此，这些水利工程均用巨石辅以三合土筑成。石材往往是当地的花岗岩或者麻石，不用石灰岩。而三合土，则是一种利用石灰、黏土、砂子三种材料和水拌合的建材，夯压捶实后，既可作为黏合剂，又可作为防渗体，在闽西的水利工程和农村生产生活中广泛应用。三合土不仅历史悠久，而且有着传统的习惯和精湛的制作工艺。在公元 5 世纪的中国南北朝时期，北方汉族发明了“三合土”的建筑材料，它由石灰、黏土和细砂所组成。唐宋之际，南迁汉人将三合土技术带到闽西，开始大量使用。他们将这三种原料按一定的比例混合后，用竹片或木槌不断地炼打、翻动，然后堆放停置一段时间使其融合、老化。特别是石灰和黏土都有一个从生到熟的演化过程。停置时间的长短掌握在混合物未硬化之前，几天十几天不等，然后再次炼打、翻动。这样的炼打次数越多、越久，则效果越好。而它的干湿度掌握在用手捏可以成团状，用手揉又会散开为适。闽西人用这种“三合土”夯打楼房建筑、堤坝渠堰等大型水利工程的墙基，既可以承载巨大的压力，又可以防止洪水、山水的冲刷和浸泡，而且有着坚不可摧的防御功能。只是这种“三合土”成本高，制作也麻烦，时间又长，若无举族之力，则难以完成。

(二)池塘井泉的广泛使用

在没有溪流、水渠的内地或者较高处，闽西人们兴建了大量的池塘井泉，用之于生产生活。闽西现存最早的池塘建筑，为上杭县中都镇仙村古塘，建于宋代，占地面积 4000 平方米，猪腰形状，塘堤坝用山石砌筑，东侧设一出水口，西侧设一入水口。塘长 80 米，宽 53 米，水容量 8000 立方米，堤坝距水面 1.8 米，正常水深 1 至 3 米。

原始社会，中国就出现了井。在凿井技术未发明之前，先民只有近河、湖而居，年年雨季还要受其威胁。凿井技术的发明，大大拓展了古代先民的生存空间。目前，闽西现存最早的井是唐开元年间开凿的东门八卦龙泉，位于长汀县汀州镇东门社区，系县级文物保护单位，井深 16 米，口径 1.7 米，上宽下窄，每层用八块石板垒砌成八卦形；与地面的阳塔对比，犹如一座倒置地底的八角宝塔，故被称为“阴塔”，形制极为罕见，至今井水清澈，终年不枯。

入宋之后，井的开凿大大增加，现存 6 眼。长汀县汀州西门社区的府学阴塔，为县级文物保护单位，占地面积 35 平方米。井圆形，砖砌，深 13.5 米。井栏用条石镂空雕成。清嘉庆年间(1796—1820年)在井旁东墙嵌“府学阴塔”碑一通,高0.7米,宽0.9米。1986年建阴塔亭,将碑立于亭中。

长汀县濯田陈屋村老街古井,占地面积8平方米。井为圆形,直径0.9米,深7.5米。井内壁用河卵石砌成,后代维修时用砖砌壁。井栏厚0.2米,高0.1米。井水甘甜清澈,为周边居民生产生活所用。

长汀县童坊胡岭村纱帽井,直径0.8米,深5米,水面至井口高0.5米,井栏用整石修成弧形(前有缺口,朝东南),其后又立有二块弧形石,整体似一顶乌纱帽。井水甘甜,四时不涸。

新罗区四口井,位于现在新罗区政府大院内,原为宋代龙岩学宫内建筑之一,建于宋淳化年间(990—994年),明代以后称四口井。

永定区高陂北山村的井楼下古井,圆形,石砌,外径1.1米,内径0.85米。井栏高0.58米,由六块弧形青石围砌而成,外围用寸板铁条围箍。井壁由河卵石堆砌。井栏顶至水面2.1米,井内水深约8米,此井原由肖姓人挖掘,约800年前张姓到此开基至今一直使用。

永定区坎市龙井窠龙井,方形,长2.9米,宽2.5米,井深1.2米,水深0.85米。井沿由石条围筑,井壁为河卵石堆砌,如今附近居民仍在饮用。

上杭县中都仙村仙姑井,建于南宋绍兴十六年(1146年),半月形,占地面积40平方米,口径1.2米,井口距水面0.25米,水深1.2米,井沿条石筑成,井壁鹅卵石砌筑。

明清时期,客家地区的井栏一般用条石或者砖砌筑,井坪一般用鹅卵石筑成石坝,井台用石块铺筑,井壁用青砖、鹅卵石砌筑或者用三合土围筑,井台用石板铺筑。兹以武平明代武平中山卫为例。

明清两朝是闽西井的使用大发展时期。方形、圆形、各种多边形的井,或者独处,或者三三两两结伴而居,遍布闽西各地。

明代,龙岩县城有上中下三井,上井源出石址,中井出城址,下井在清高山西麓,今街心花园附近。明万历十七年(1589年),龙岩知县吴守忠在下井立碑,亲题“新罗第一泉”。旧“龙岩八景”之一的双井流泉,就是指上下二井。

据民国《武平县志》记载,明朝有三十五姓军籍调驻武所,形成了独特的军家方言。由于中山河较低,城区位置较高,为了守卫需要,驻军及其家属在方圆数里的新老城区开凿了众多水井,用于屯田灌溉和生活饮用,现存12眼,这一奇观在全国各地乡镇绝无仅有。具体详见表2-3。

表2-3 明代武平中山卫城区圆形水井分布情况表

名称	位置	大小	备注
老城南门井	老城村南门路15号	内径0.69米,外径0.73米,井深7米	红紫石井栏,三层叠放,上层缺损,石砌井壁

续表

名称	位置	大小	备注
上庙坊井	城中村上庙坊自然村	内径 0.6 米，外径 0.76 米，深 5 米	井栏由一整块青麻石打磨而成，东侧有一豁口，井壁用砾石叠砌
迎恩门外井	老城村老城自然村	内径 0.72 米，外径 0.9 米，深 4 米	井栏红砂岩质，井壁用砾石叠砌
老城龙屋井	老城村老城自然村	内径 0.52 米，外径 0.68 米，井深 6.85 米	原有井栏已毁，残高 0.48 米。后打磨了一整块红砂岩质的井栏，已严重磨损。井壁用青砖叠砌，井台为红砂岩石条铺砌
老城古泉井	老城村老城自然村	泉水从一个宽 0.1 米、高 0.8 米，呈拱券形状的泉眼流淌出来，汇聚成约 0.6 平方米的水池	砖砌券顶，高 2.1 米，宽 1.35 米。水池长 1.3 米，宽 1.2 米
朝阳门 1 号井	新城村朝阳门自然村	内径 0.9 米，外径 1.1 米，深 4 米	井栏由一整块青麻石打磨而成，井壁用砾石叠砌
朝阳门 2 号井	新城村朝阳门自然村	内径 0.6 米，外径 0.8 米，深 8 米	井栏青麻石质，井壁用砾石叠砌
朝阳门 3 号井	新城村朝阳门自然村	内径 0.56 米，外径 0.76 米，深 5 米	井栏井栏红砂岩质，井壁用砾石叠砌
朝阳门 4 号井	新城村朝阳门自然村	内径 0.46 米，外径 0.68 米，深 4 米	井栏青麻石质，井壁用砾石叠砌，井台成方形，为红紫花岗岩条石铺砌
下庙坊 1 号井	新城村下庙坊自然村	内径 0.5 米，外径 0.65 米，深 4 米	井栏由一整块红砂岩打磨而成，井壁用砾石叠砌
下庙坊 2 号井	新城村下庙坊自然村	内径 1.1 米，外径 1.3 米，深 5 米	井栏由青麻石打磨后拼接而成，井壁用砾石叠砌
红岭上古井	新城村红岭上自然村	口径 0.47 米，外径 0.52 米，深 5.5 米	井壁用鹅卵石砌成。井栏沙砾岩质，高 0.45 米，有一豁口

二、交通工程技术的进步

原始社会不存在交通工程一事。进入文明时代以后，因为政治、经济特别是军事上的需要，人们逢山开路，遇水搭桥，交通日益成为一门技术工程，出现在世人眼前。秦始皇统一中国以后，规定“车同轨、书同文”，闽西的水陆交通开始出现，交通技术得以萌芽。

（一）陆路交通技术的出现

闽西与粤东、赣南相邻，全境山脉连绵，溪壑纵横，径途迤逦，崎岖险阻，古时交通全赖徒步肩挑。西汉中叶，闽越国的东越王余善反汉，汉武帝于元封元年（前110年）四路发兵征讨，其中第三路兵马由禁卫军北军中尉王温舒率领，从虔化（今江西宁都境）进入闽西，开辟了历史上第一条从中原至闽西的军事交通线。平东越王后，武帝迫迁闽越人到江、淮一带，于是又开辟从闽西经闽北至江浙的通路。西晋永嘉二至五年（308—311年），黄河流域兵荒马乱，中原人民纷纷南迁，民间道路又进一步发展。这时闽西通中原的道路，主要有2条：一是从新罗县西出隘岭或西北出篁竺岭，至江西瑞金，再沿赣江经虔州（赣州）、洪州（南昌），达长江流域；二是从新罗县北出九龙滩（清流境）入沙溪，沿沙村（沙县）、延平（南平）、建安（建瓯），通江浙。唐宋之际是闽西古代道路发展的鼎盛时期，初步形成了以汀州府治为中心的四通八达的驿道网。这种驿道是古代时代闽西陆地交通的主通道，同时也是重要的军事设施之一，主要用于转输军用粮草物资、传递军令军情。现存的驿道，宽一般在2米以上，地面大多铺设夯土，把土夯实，有的还用黏土，用石头的很少，不分路基路面；在山地上下坡，则铺设条石，以防滑跌。

唐垂拱三年（687年），漳州刺史陈元光重视发展交通，其中陆路西出漳州府翻越林田岭，抵苦草镇（即龙岩），而通闽西各地。唐开元初，左拾遗张九龄奉诏重修虔州至大庾的岭南古道，闽西便前接豫章（江西），后连东粤（两广）。唐末黄巢起义后，河南寿州镇使王绪率王审知等进兵闽西，转漳、泉而至福州；宋末右丞相文天祥率勤王兵抗元，退入闽西而转粤东；清代太平天国部将石国宗等在闽西持续转战，均推动了闽西道路的发展。明清以来，又出现由官绅倡募、群众集资修路筑桥的义举，更使官方的驿道和民间的乡村道交叉衔接。但是闽西古道多依崖壑或临溪谷，蜿蜒起伏，崎岖不平，又因历久失修，所以绝大部分“依山多崩，旁溪多缺”。

唐代开始，驿运制度逐渐健全，在州、县治所在地和主要交通枢纽点，设“驿”、“公馆”，驿下设“铺”。清光绪三十二年（1906年）设邮传部后，驿运制度随之废止。闽西驿制始于唐开元年间（713—714年），其时汀州设有成功、温泉、双溪、上洪驿，汀州所辖的新罗县在下湖雷（今永定下湖雷村）设龙岩驿。宋淳熙年间（1174—1189年），只在汀州城东2.5公里设临汀驿。宋嘉定五年（1212年），龙岩建驻车驿。元沿袭宋驿制。明代驿制有所发展。汀州有临汀、馆前驿站。龙岩驻车驿移登途（今龙岩市溪南）。明嘉靖三十五年（1556年），设适中驿。上杭有平西、兰田驿。全区共计6个驿站。武平、连城、永定、漳平、宁洋有铺无驿。清代驿铺有调整。汀州增设三州驿，上杭兰田、龙岩适中驿站裁撤。

闽西现存的古驿道主要有：

迳背古驿道，位于长汀县河田镇迳背村茜坑，建于宋代，是古代迳背村经策武南溪、

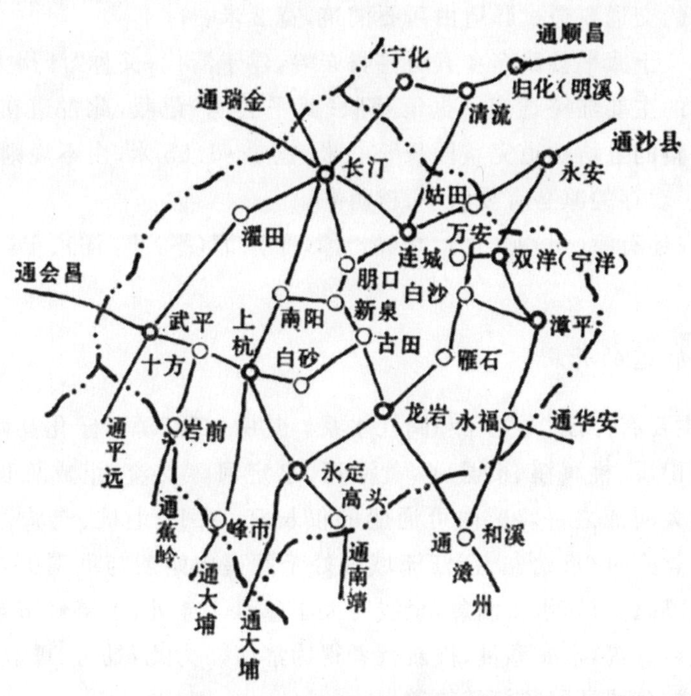

图 2-2　清末闽西主要驿道示意图

李田至汀城的商业道路,大鹅卵石砌成的路面,宽 1 米,全长 20 公里,东西走向,保存完好,至今仍可使用。

庵杰古栈道,位于长汀县庵杰乡上赤村赤凹背自然村狗子岭山,建于宋代,是长汀县经庵杰通往江西石城、治平的主要通道,路面由河卵石铺砌而成,西南东北走向,路面宽 0.6～1 米,全程 60 公里,至今仍可使用。

天邻山古驿道,位于长汀县大同镇天邻村中山自然村下山桥,建于明代,是古代长汀通往江西省瑞金境内的道路,鹅卵石路面蜿蜒前伸,宽 2 米,保存较好的有 4 公里。

长坝古驿道,位于长汀县童坊镇长坝村黄坑肚里,建于明代,是长汀通往连城的交通要道,往东翻过虎麻岽入连城,往西经龟岭、罗坑到汀州城,路面用石头砌成,东西走向,宽 2 米,长 80 公里,近年来基本无人行走,遂成为山间路。

大雪岭驿道,位于长汀县馆前镇复兴村大雪岭南坡,建于明代,是长汀至宁化的交通要道,全长 50 公里,南北走向,路面由块石砌成,大雪岭段宽 0.8 米。

芹草洋古驿道,位于漳平市拱桥镇上界村芹草洋自村,建于明代,为清末之前漳平通往龙岩、永福的驿道。驿道原设有溜马场、武馆、圩场等,现仅存古驿道和溜马场遗址。驿道由青石铺筑,残长 300 米,宽 1 米不等。

半岭亭古驿道,位于漳平市双洋镇坑源村半岭亭,建于明代,为明清时期永安通往宁洋(今双洋)的交通要道。驿道由河石铺筑,宽 2～3 米,两旁有茂密竹林。驿道左侧一石壁上阴刻楷书:“界碑,下去坑源路界,上去晋坑坪路界。乾隆二十三年三月”。

天台山古驿道,位于新罗区赤水镇香寮村天台山,建于明代,为明清时期宁洋县(今双洋)通往永安的交通要道。驿道由河石铺筑,宽 2 米。

五坊古道,位于武平县武东乡五坊村腾岽岭,建于清代,又称“汀州大道”,是武平通往上杭、汀州府的主要陆路通道。据清朝版《武平县志》记载,此古道在武平境内长 30 公里,现存最完整的五坊古道完整段长 500 米,宽 1～1.55 米,由不规则的块石砌成,沿途有凉亭数个。现存的凉亭有晏然亭、越荫亭。

龙岩州境内还有漳(州)龙(岩)、龙(岩)漳(平)、漳(平)宁(洋)、宁(洋)永(安)等古驿道。

(二)水路航道的开辟

闽西境内主要有汀江、九龙江和闽江水系。其中,汀江源于宁化县西部邻近长汀县的赖家山,汇濯田溪、桃澜溪、旧县河、黄潭河、永定河等支流,组成总长 702 公里的水系,是福建省四大河流之一。区内可通船的仅长汀、武平、上杭、连城、永定等县境,长 467.5 公里,占全长的 66.6%。汀江流域因处于武夷山南麓与玳瑁山之间,沿岸多山,地形复杂,河道滩礁交错,水流湍急,全线有大小急滩 144 处,下游峰市至石市段的棉花滩,水流穿越礁岩直泻,水文紊乱,被航行者视为禁区。为此,勤劳、勇敢、智慧的闽西人以接力棒的形式,分段开辟了汀江航道。

南宋嘉定六年(1213 年),汀州知府赵崇模为改陆运漳盐为水运潮盐,开辟上杭至峰市段航道。南宋端平三年(1236 年),著名法医鼻祖、长汀知县宋慈又开辟长汀至回龙段航道,开创汀江与韩江联航,使潮盐从回龙驳运至长汀。

火药运用于航道疏浚,充分显示了高科技的威力。明朝嘉靖三十年(1551 年),汀州知府陈洪范用火药炸开上杭官庄的回龙滩,使得汀江河道变得开阔,水势平缓,形成了汀江航道的“黄金段”,使得上杭汀江全境通航河道达 70%。从长汀县城到上杭县城的载重船只,仅需要 2 天半时间,最盛时个体船只达到“上有三千、下有八百”的规模。汀江航道的开辟,彻底改变了闽西的经济格局,也奠定了闽西人食盐从漳盐变为潮盐的历史格局。但因下游的棉花滩尚未治理,而使船运阻隔,客货运输必须在峰市进行陆运转驳。

此外,在明代,汀江的重要支流旧县河开始实现木船运货,最多时达 150 多艘。到清朝时,每年还运送大量土纸和其他货物到广东。新中国成立后,由于航道拦河筑坝,修建电站,河床上升,河道堵塞,逐渐结束了水上运输。

九龙江也是福建省四大河流之一,分西、北两溪,西溪源于龙岩适中,但不能通航。北溪源于龙岩小池。首段称“龙川”(也称雁石溪),汇藿溪、双洋溪、新桥溪、拱桥溪、溪南溪等支流,组成总长 471 公里的水系。九龙江水系的航运开拓于唐垂拱三年(687 年)建漳州时,刺史陈元光遣部属刘珠华、刘珠成、刘珠福三兄弟,沿北溪上溯,疏浚河道,兴修水利,从此可通舟楫。但区内可通航河段仅龙岩、漳平两地部分河道共 328.5 公里,占全长的 69.75%。北溪穿流于玳瑁山与博平岭山脉之间,沿岸多狭谷,河床沙石冲积,暗礁错落。从发源地至雁石段的 50 公里中,仅龙岩至津头的 10 公里,可通行小木船,

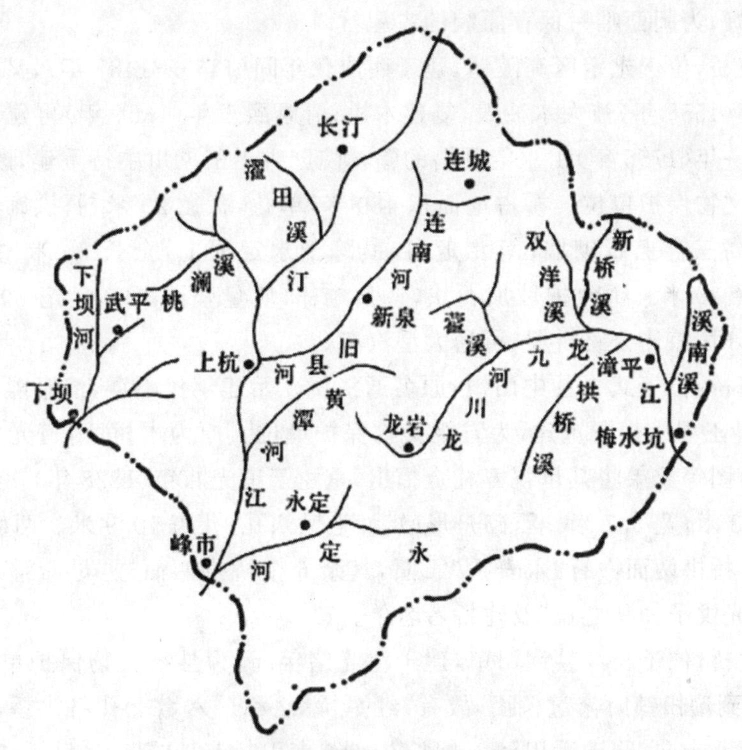

图 2-3　明清时期闽西水路交通示意图

而从雁石起才可通大木船,但经华安的岭兜时,又以水流落差过大,客货运输必须对驳。

此外,下坝河水系在武平县西南部,由下坝、中赤两河汇合而成,流至广东蕉岭石窟河后,汇入广东长潭河——梅江,在武平境内共 38 公里。下坝素有武平"南大门"之称,明朝中叶以前,下坝河可以通航至潮州、汕头,上、下船只最盛时为素有"日上三百,日下二百"之说。但在明正德十二年(1517 年)南赣韶汀巡抚王守仁为平定闽粤赣边境农民起义,拦堵下坝河子口以上河道 7 处,从此船运中断,只能流放排筏。

(三)桥涵码头的兴建

桥梁是建筑科技与造型艺术的结合体。闽西古代陆路交通,遇江河水深面宽处多为摆渡,溪涧水浅者则叠石而过,狭谷、崖地则架简易木桥。此后,随着交通工程技术的发展,主要通道才逐渐架设结构较复杂的木桥或石拱桥。据考证,长汀丽春门外的惠政桥建于五代,其余建于南宋的有 15 座,建于明代的有 56 座,建于清代的有 91 座。到 20 世纪 20 年代通公路前后,全区共有大小桥梁 594 座。其中较典型的有:

上杭驷马桥,位于上杭县临城镇,建于南宋乾道三年(1167 年),明隆庆六年(1572 年)由周存礼主持重修。全以条石砌成,桥长 31 米,高 5.6 米,立柱 40 支,架以木梁,盖屋 9 间,建筑精美。除木屋已废外,其余基本完好,现仍为上杭风景点之一。

连城永隆屋桥,位于连城县莒溪镇,建于明洪武二十年(1387 年)。桥长百米,高 4 米,5 孔,桥面宽 6 米,桥基铺鹅卵石,墩砌条石,梁横竖架木七八层,桥面再建木屋,质量优良，迄今完好，为闽西唯一保存原貌的古屋桥。

永定高陂桥，位于永定区高陂镇，建于明成化年间（1465—1487年），又名深渡桥，明嘉靖三十七年（1558年）被大水冲毁，复建木桥；清康熙三年（1664年）再建石桥，七年后毁；乾隆二十一年（1756年）由永定县籍的翰林院庶吉士王见川主持重建，改为石砌高桥至今，为省级文物保护单位。桥占地面积480米，单孔，孔径20米，石拱廊桥，现廊屋已毁，仅剩1米高三合土石砌墙；南北走向，横跨于永定河上，全长60米，宽7.5米，高16.45米，跨径20米。桥台护坡加石块，造型雄伟，质量坚固。20世纪30年代龙岩—峰市公路通车时，兼作公路桥梁，可通大型汽车。

武平永安桥，位于武平县中山镇，原名通济桥。始建年代不详，清康熙后期（1708—1722年），邑绅王穆堂捐资重建，为省级文物保护单位。原为木桥，清道光年间毁，后王穆堂曾孙王启图等兄弟将其母祝寿礼金捐出，重建于道光八年（1828年）。桥石砌，南北走向，全长113米，宽3.7米。石砌舟形墩，计七墩八孔，孔跨10.9米。两侧石栏高0.7米。中间2个桥拱两面嵌有“永安桥”石匾，其余6个桥拱两面嵌“母命继志”石匾。每匾均镌刻“道光戊子仲秋之吉”及建桥者名单。

长汀永济桥，位于长汀县濯田镇，建于清光绪年间，为县级文物保护单位。20世纪30年代，红军到濯田镇时修过桥面，故有“红军桥”之称。六墩七孔石拱桥，桥面铺设石板，舟形墩，南北走向，跨于濯田河。桥长91米（南引桥长11米、北引桥长7.6米），桥宽3.6米，高8米。尚存望柱57个。该桥是长汀县境内跨度最长、保存传统工艺最为完整的石拱桥。

闽西汀江、九龙江等水路交通的发展，造就了众多大大小小的航运码头。这是闽西古代航运技术的结晶，也是发达的航运业的体现。历史上，闽西的航运码头主要有汀江水系的长汀水东桥、五通桥、赤岭、水口、羊牯，上杭的回龙、石下、东门（潭头）、南门（临江）、南蛇渡，永定的坎市、抚市、湖雷、凤城（城关）、芦下坝、峰市，武平的店下，亭头，连城的朋口、新泉等；九龙江水系的龙岩雁石、涂潭、万安、白沙，漳平的西园、菁城（城关）、芦芝、梅水坑；下坝河水系的武平下坝。但是，这些码头大多依岸坡地的地形而设，货场狭小，设施简陋，不便于船舶停靠。现举上杭县古代部分汀江码头如下：

水西渡大码头，位于临城镇水西渡村，建于明代，石砌码头，南北走向，占地面积200平方米。驳岸用块石叠砌，高3米，左右两翼用条石铺砌对称的台阶，由北向南约28米，宽2米，驳岸最高处5米。

九洲码头，位于临城镇九洲村，建于清代，石砌码头，东西走向，占地面积276平方米，驳岸用块石叠砌，高约5米，左右两翼条石铺砌对称的台阶，由东而西长约20米，宽13.8米，驳岸最高处5米，后接石铺通道，上接九洲村。

水埔码头，位于湖洋乡水埔村，建于清代，坐西向东，占地面积300平方米，东靠汀江，驳岸用块石叠砌，高3.5米，左右两翼条石铺砌对称的台阶，左右各16级，由西北而东南长25米，宽6.6米，平台后接石铺通道，砌21级。

上埔码头，位于湖洋乡上埔村，建于清代，坐西南朝东北，占地面积300平方米，北靠汀江，驳岸用块石叠砌，高2.3米，左右两翼条石铺砌对称的台阶，由西北而东南长约40米，宽6米，驳岸最高处5米，后接石铺通道。

三、卓越的建筑技术

建筑是科技和艺术的结晶，蕴含着丰富的科学规律、风水理念和美学法则。闽西古代建筑分为民间与官方两种流派。

民间建筑中，山越土著族群延续原始社会的杆栏式建筑风格，没有地基，以柱子支撑建筑，楼分两层或三层，楼上住人，楼下堆放杂物或圈养牲畜。汉族族群如客家、河洛人居住大型楼屋组合，其平面有圆有方，中心部位一般是单层建筑厅堂，周围大多围成四、五层楼房，防御性很强，以客家土楼为代表。

官方建筑主要是城池建筑，运用制式砖瓦建成一批府城、州城和县城，具有坚固性、安全性、封闭性和强烈的军事性。城内是一个自给自足的小社会，外有壕沟，内凿水井，备有粮仓，如遇战乱、匪盗，城门一关，自成一体，被围数月也粮水不断。

自近现代特别是民国时期以来，西方多元的建筑文化汹涌而来，闽西的传统建筑风格受到强烈的冲击，可以说近现代是闽西建筑风格的转型时期。通过对西方建筑风格的克隆、变异与融合，传统的土木体系与西方的混凝土结构相融合，儒家思想影响的院落布局与西方的独立别墅相融合，闽西建筑风格逐渐多元化。

(一)族群建筑技艺的融合

如前所述，闽西早在新石器时代就已经产生杆栏式建筑，这是闽西土著族群的主要建筑形式。唐代以后，随着汀州府的建立，北方汉族先进的建筑技术陆续引进。特别是官府推广使用砖瓦建屋，替代过去常用的茅草竹木，不仅令建筑更加坚固，形式更加丰富，也大大降低了火灾的发生率，此后，闽西杆栏式建筑发生了巨大变化。出于对健康、卫生、清洁的要求，土著族群开始人畜分居，牲畜另外搭屋圈养，杆栏式建筑技艺融入某些乡土建筑形式中，如客家宗祠建筑，采用土木、砖木结构后，除柱、梁、檩、椽、楼板、护栏等均采用木构件，下层依然保留檐廊通道的制式。不管变化怎样，杆栏式立柱，保留檐廊通道，梯、栏、梁、檩、椽等，完全符合杆栏式建筑的特点。

土著族群建筑善于使用原木，汉族有着先进的建桥理念。闽西风雨桥，堪称是闽西土著族群与汉族族群建筑技艺的完美融合。

闽西风雨桥最早出现于唐代，但现存的主要是明清时期所建，大多是由石桥墩、木结构的桥身、长廊、亭阁组成；小型的风雨桥多为竹木结构，直接横跨在河上，没有桥墩。

以福佬人和客家人为主体闽西汉族族群在形成的过程中，传承汉族先进文化，融合少数民族文化，在闽西山区溪涧山谷之地建造了比比皆是的风雨桥。闽西风雨桥一般以杉木为主要建筑材料，整座建筑不用一钉一铆，只在梁柱上凿通无数大小不一的孔眼，以榫卯衔接，横穿直套，纵横交错，棚顶都严实地的盖有坚硬的瓦片，外露的木质表面都涂有防腐桐油。风雨桥桥面铺板，两旁设置桥栏、长凳，形成长廊式通道。石桥墩上建塔、亭、屋等，有多层，每层飞檐翘角，雕龙画凤。桥头一般立有块状岩石阴刻的功德碑，镌刻捐资、献工、献料者姓名。闽西风雨桥风格独特，技巧高超，结构精密，其坚固程度不亚于铁、石桥，可延续数百年而不损。

闽西有众多风雨桥，著名的有连城云龙桥等。云龙桥位于连城县罗坊村，始建于清康熙年间，桥头不远处是一座天后宫，桥尾临悬崖峭壁；桥墩用坚硬的花岗岩条石砌筑；桥身用均等粗细的圆杉木纵横交叠，下窄上宽；桥面用鹅卵石铺砌。从内部看去，整个长廊为穿斗式木结构，128 根木柱分四排支撑屋顶；桥两边有木栏杆，上面覆盖两层的雨檐，既防雨又通风透光。桥中间有一个二层的小阁楼，称为魁星阁，一层供奉文昌帝君，二层阁楼内供奉掌管功名科举的魁星，常年香火不断。桥的两端各有一个牌楼，飞檐翘角，各挂有一方“云龙桥”匾额。

与其他桥梁不同的是，闽西风雨桥不仅是沟通河两岸的一个工具，更是闽西汉族的建筑文化、宗教文化与畲族建筑文化融合的重要象征，成为闽西村落的一道靓丽风景线。

（二）生土夯筑技艺与土楼世界文化遗产

夯土通常是一层层夯实，结构紧密，一般比生土还要坚硬，最明显的特点是能分层，上下层之间的平面，即夯面上可以看出夯窝，夯窝面上往往有细砂粒。考古材料证实，商、周、秦、汉时期，重要建筑的高大台基都是夯土筑成，宫殿台榭也是以土台作为建筑基底，是北方汉族的优秀建筑技艺。唐末北方汉族南迁，带来了先进的夯土建筑。闽西地处东南丘陵，多红壤，具黏性，夯土建筑取材方便，建造简单，所需成本少，生土夯筑成为客家人的典型建筑技艺，并得以发扬光大。闽西夯土建筑的辉煌体现在闽西比比皆是的土楼、九厅十八井和土塔。其中，前两者与赣南、粤东的围龙屋并称为客家三大典型民居建筑。

客家土楼最早出现于宋代。依托明清两朝发达的条丝烟业，客家人发家致富后，兴建土楼之风达到高潮。2009 年夏季，福建省考古队对永定县龙安寨遗址进行了科学的考古发掘，揭露出两期相互叠压的遗址和地层堆积，出土了北宋时期的近百件陶、瓷器等生活用品，证明了龙安寨是生土夯筑而成的方形土楼，将闽西客家土楼的历史推进了 1000 年。

土楼夯筑时，先在墙基挖出又深又大的墙沟，埋入大石为基，然后用石块和灰浆砌筑起墙基，接着就用夹墙板夯筑墙壁。土墙原料以当地黏质红土为主，掺入适量的小石子和石灰，反复捣碎、拌匀，做成俗称的“熟土”。一些关键部位还要掺入适量糯米饭、红糖，以增加其黏性。夯筑时，要往土墙中间埋入杉木枝条或竹片为“墙骨”，以增加其拉力。因此，土楼具有良好的防震、防火、防盗、防风、抗震能力，形制有方楼、圆楼、五凤楼、走马楼等。

方楼最早出现，先夯筑一个正方形或接近正方形的高大围墙，再沿此墙扩展，叠造多个相同建造样式的楼层，最高可达六层，最后使用木楼板与木栋梁，加上瓦片屋顶，配以敞开的天井与回廊，成为土楼中最为普遍的方楼。府第式方楼是其中的佼佼者，又称“三堂屋”。

圆形土楼，又称环形楼，旧时称圆寨，数量仅次于方楼，面积最为庞大，也最为出名。通常底层为餐厅、厨房，第二层为仓库，三层楼以上才为住家卧房。其中每一个小家庭或个人的房间都是独立的，而以一圈圈的公用走廊连系各个房间。圆土楼极少一环，更多的是两环以上、多环同心，外高内低，楼内有楼，环环相套。环形楼中，承启楼年代最久、环数最多，振成楼最为富丽堂皇，永福楼直径最长，如升楼直径最短。

五凤楼又名大夫第、五凤楼、府第式、宫殿式或笔架楼，屋脊飞檐多为 5 层叠，犹如展翅的凤凰，故名。其形制与殿堂式围屋和府第式方楼相似，内设厅堂、横屋，前低后高，逐级升高，后侧主楼最高，顶瓦呈层叠式。著名的有永定福裕楼等。

由方形楼演变而成的走马楼形式有一字形、曲尺形、凹字形和回字形，大多倚山而筑，错落有致，以两层楼为多数，一层为卧室、仓库，二楼的外部以木料架设一条外伸悬空的走廊，具有“杆栏式”民居因素。

客家土楼具有坚固性、物理性、防御性、经济性功能，堪称世界奇葩。

客家土楼具有良好的坚固性。客家土楼，特别是圆寨的坚固性最好。圆筒状结构能够均匀地传递各类荷载，同时外墙底部最厚，往上渐薄并略微内倾，形成极佳的预应力向心状态，在一般的地震作用或地基不均匀下陷的情况下，土楼整体不会发生破坏性变形。而由于土墙内部埋有竹片木条等水平拉结性筋骨，即便因暂时受力过大而产生裂缝，整体结构并无危险。土楼最大的危险之一是水袭，但绝大多数土楼的应对做法是用大块卵石筑基，其高度设计在最大洪水线以上。土墙在石基以上夯筑，墙顶则设出挑达 3 米左右的大屋檐，以确保雨水被甩出墙外。

客家土楼具有奇妙的物理性。客家土楼的墙体厚达 1.5 米左右，从而热天可以防止酷暑进入，冷天可以隔绝寒风侵袭，楼内形成一个夏凉冬暖的小气候。十分奇妙的是，厚实土墙具有其他任何墙体无法相媲美的含蓄作用。在闽、粤、赣三省交界地区，年降雨量多达 1800 毫米，并且往往骤晴骤雨，土楼内外干湿度变化太大。在这种气候条件下，厚土保持着适宜人体的湿度。环境太干时，它能够自然释放水分；环境太湿时，能够吸收水分，这种调节作用显然十分益于居民健康。

客家土楼具有突出的防御性。客家土楼的厚墙是最重要的特征之一，是中国传统住宅内向性的极端表现。以常见的 4 层土楼为例，底层和二层均不辟外窗，三层开一条窄缝，四层大窗，有时四层加设挑台。土墙的薄弱点是入口，加强措施是在硬木厚门上包贴铁皮，门后用横杠抵固，门上置防火水柜。这些全部出于防御要求。在客家人中间，流传着很多在敌人久攻之下，大楼安然无恙的故事。

客家土楼具有充分的经济性。客家土楼的主要建筑材料是黄土和杉木。在客家人聚居的闽、粤、赣三省交界地区，这两种材料取之不尽。特别是黄土，它取自山坡，因而不存在破坏耕地问题。旧楼若须拆除重建则墙土可以重复使用，或用于农作物肥料。

一般来说，由于屋架通风较畅，木构件受白蚁侵袭或受潮湿润糟朽的情形并不严重，旧料可以二次使用，土楼的施工技术较易掌握，可以完全人力操作，无须特殊设备。通常建楼时间安排在干燥少雨的冬季，此时正当农闲，族人可以大量参与工程，大大降低建筑费用。

2008年，在加拿大魁北克市举行的第32届世界遗产大会上，福建土楼被正式列入世界文化遗产名录。土楼建造技艺也被列为国家级非物质文化遗产。

与土楼相比，闽西还有更接近北方庭院建筑的大型建筑九厅十八井。它采用中轴线对称布局，与土楼一样采用夯土墙作为建筑真正的承重结构，是厅与庭院相结合而构建的大型民居建筑。九厅指门楼、下、中、上、楼上、楼下、左花、右花、天厅等九个正向大厅，十八井包括五进厅的五井、横屋两直各五井、楼背厅三井。九和十八，只是一个表多数的词，不一定就只是九个厅十八个天井，往往很多民居都有超过九厅十八井的格局。与土楼强调平等、淡化等级辈分的居住模式不同，九厅十八井式建筑十分强调“先后有序、主次有别”的传统观念，纵主横次，厅、厢配套；主体、附房分离；上厅供祭祀、族长议事，中厅接官议政，偏厅接客会友。闽西典型的九厅十八井建筑有培田官厅、长汀大夫第、四堡子仁屋等。培田官厅是吴氏宗族接官迎宾之所，建于明代，为五进后楼阁式九厅十八井建筑，门前有照墙、月塘；正门左右石狮雄踞、旗杆高耸；正厅天井砌接官甬道，厅内置“三泰阶”，分五品上下；左右窗屏雀替雕花，梁间镏金镂空雕刻；厅后还有楼阁。

闽西著名的夯土建筑还有土塔。一般说来，由于塔高大而纤细，且容易受到风吹、日晒、雨淋、雷击等自然因素的影响，夯土本身的力学性质并不适合建筑高塔。因此，土塔一般在北方气候干冷之地。但是，闽西潮湿多雨之地，偏偏就有多座土塔，如文明塔、文峰塔，名噪业界，比砖木结构的明代龙岩县龙门塔等，毫不逊色。

文明塔，又称长塔，位于新罗区适中镇仁和村安杉自然村西1.8公里的龙岩、永定、南靖三县交界大山之巅的方塘坪，建于南宋绍兴年间(1131—1162年)。建筑坐西朝东，八角空心楼阁式三合土夯筑，9层，隔层拱门同位，通高23.26米，占地面积49.99平方米。底层内直径4.91米，底墙厚1.64米，周长25.73米，朝东三合土门券顶为朱熹手书“文明塔”，是全国现存罕见的大型单体土塔，同济大学、东南大学的建筑学教授称之为“中华第一土塔”。2009年11月，文明塔被福建省人民政府公布为第七批省级文物保护单位。

文峰塔，位于武平县十方镇鲜南村园丁自然村，建于明成化年间(1465—1487年)。坐西朝东，六角七层，楼阁式砖土结构，下半部为夯土建筑，上半部为青砖垒砌。门洞朝东，高15米，目前仅存13米，塔刹已毁。在楼阁的第二层，开有六个小窗，高不到半米；塔的底边长3.2米，墙厚0.7米，塔的内径4.3米。在门洞前原有石碑、石像、石狮等，现仅存若干石基座。

必须指出的是，闽西的土塔在建成之初，往往高大、挺拔，但由于雨水冲刷、侵蚀，因而保留下来的土塔数量很少，且顶部大多被侵蚀磨平。

(三)古代城池建设

闽西的行政设置起步较晚。唐开元二十四年(736年),置汀州,辖长汀、黄连、新罗3县。天宝元年(742年),新罗改龙岩县,唐大历四年(769年),汀州开始筑土城,到明成化十四年(1478年),汀州府辖长汀、宁化、上杭、武平、清流、连城、归化、永定8县,龙岩、漳平隶属漳州。闽西所辖县建置后,陆续开始城区建设。起初,各县治都是筑土为堡,随着经济发展,改土墙而筑砖墙,加固城池。

汀州府城在唐大历四年(769年),汀州刺史陈剑将州治从东坊口大丘头(距城关约5里)迁移至今址,于卧龙山之阳筑土城;大中初年,刺史刘岐创敌楼一百七十九间。宋治平三年(1066年),郡守刘均扩城,城墙周长5里254步(折合2906米),基宽3丈,高1.8丈,城壕3条、深1.5丈,辟城门六处,东为"济川",西为"秋成",南为"颁条"、"鄞江",东南为"通远",东北为"兴贤"。明洪武四年(1371年)重修,并将城墙包以砖石,封闭"颁条门","济川门"改为"丽春门","秋成门"改为"通津门","通远门"改为"镇南门","鄞江门"改为"广储门","兴贤门"改为"朝天门";弘治十一年(1499年),建"广储门"和"丽春门"两门楼;嘉靖年间内筑县城;崇祯九年(1635年)重修,将城墙增高加厚,并筑"宝珠门"和"惠吉门"。清顺治以后,疏浚壕沟,多次重修。

随着经济的发展和建筑技艺的进步,闽西城池逐渐改土城为砖石为主的坚固城池。南宋乾道七年(1171年),上杭建县署及寺庙、祠堂,广泛使用的石灰、砖、瓦,工艺精细,质地优良,历经数百年风雨侵蚀,至今大多完好无损。明成化八年(1472年),上杭扩大城垣周长达1424.6丈(折合4748.6米),城池临江而筑,高大坚固,故有"铁上杭"之称。明洪武二十八年(1395年),武平县修筑城墙,已使用陶、砖、石板等材料,结构坚固。直到明崇祯年间(1628—1644年),龙岩县、永定县、上杭县、武平县、汀州府、连城县、漳平县等今天龙岩市辖区内的古代7县,城池周长合计为6510.2丈(折合21700米),城池面积5.29平方公里。

明代,砖瓦窑遍布乡村,均为手工制作,以耕牛炼土,木模成型,以柴草焙烧而成,其所制砖瓦皆青色,坚固耐用,质地优良,成为建城的优质建材。明嘉靖年间(1522—1566年),紫石、青石也已广泛开采,并应用于建桥梁,作坊表,砌阶庭,铺街道等。明嘉靖后期,建筑上已用砂、石灰、黏土按3∶2∶1的比例,制成三合土,用于砌墙、铺设地板,并用石灰与纸浆混合粉刷墙壁。

目前尚存的闽西古代城池建筑遗址,主要有:

三元阁城楼,位于长汀县汀州镇西门社区兆征路中街,建于唐代,为省级文物保护单位。城楼由广储门及城楼组成,占地面积186.34平方米。三重并进,总长8.6米,门拱高3.4米,有城墙垛口。城楼砖木结构。城门总面宽10.7米,总进深10.7米,城基用石条堆砌,城门用青砖斗拱。两层楼阁,双檐歇山顶,青瓦屋面,穿斗抬梁式木构架。一楼面阔三间,二楼面阔一间,并有四面回廊。

图 2-4　汀州三元阁

汀州古城墙，位于长汀县汀州镇西门社区、东门社区。始建于唐代，宋代扩建，并辟六门，明洪武四年（1371 年）又开五门，以砖石围砌城垒，创 1 处总铺，81 处窝铺，1195 垛女墙，814 处箭眼。明崇祯四年（1631 年），郡县合一，城墙扩建，形成“佛挂珠”的建筑格局。最高处海拔 438 米，最低处海拔 308 米，总长近 5 公里，并有 10 个城门。民国时期，由于铺设城内街道所需，大部分城墙拆除，现保留古城墙 2331 米。

上杭故城，位于上杭县临江镇镇南居委会。宋乾道三年（1167 年）县治由钟寮场迁移，旧称郭坊，时属来苏里。宋端平元年（1234 年）始筑城垣，后毁于火。元至正年间（1341—1368 年）扩城池开七门，明成化二年（1466 年）扩建，东、西、南、北开四大城门，临江开三个水门，有“铁上杭”之称。城内外原有近百处古代建筑，今尚存孔庙、流芳坊和城墙等。

龙安寨遗址，位于永定区城郊乡古二村，建于宋代。遗址位于古二村旁孤立山冈上，为宋代防御和居住合二为一的寨堡。东西走向，呈长条形，占地面积 4700 平方米。北临永定河，南邻广东大埔入闽古道，是控扼水陆两路的交通要冲。寨址内遗迹有残墙（高 0.5～1.5 米）、护坡、道路、灰坑，烽火台等。2009 年 6 月，福建省考古队对其试掘，出土各时期各类陶片、瓷片共计 222 片。该遗址是闽西目前发现年代最早、沿用时间最长的古寨堡遗址。

第三节　古代发达的手工业科技

从唐至清，闽西只有传统的家庭手工业，以采矿、冶炼、竹木加工、食品加工、陶器、酿酒、烟丝、造纸、五金、织布、榨油、制糖、制茶等零星分散的手工作坊为主，均属私营或个体经营的性质。

明清以后，闽西由于人口膨胀，耕地缺乏，粮食不足，人们必须在农业之外寻求发展，闽西的社会经济结构遂由小农经济为主转为以资源加工的手工业生产、转口贸易为主的社会经济。其中资源加工的手工业生产主要有矿冶业、蓝靛业、竹木业、烟草业、造纸业、印书业等，这些都是历史上闽西人经营的主要行业；而转口贸易则主要是依靠通往潮汕地区的汀江、韩江航运在潮州和赣州之间充当中介商，输出资源加工的手工业品，交换潮州的食盐和海产、赣州的粮食和布匹。由此，也带动了手工业科技的发展。

一、矿产开采与冶炼

闽西矿产资源丰富，金、铜、铁、煤、石灰岩、高岭土等是本区优势矿产，开采历史悠久。三国时期，被道教尊称为“葛仙公”、“太极仙翁”的江苏丹阳县句容乡人士葛玄（164—244年），传说曾云游到武平灵洞山炼丹。南宋《临汀志》已有武平“葛玄炼丹井”的记载。清代《汀州府志》也记载，武平“灵洞山，在县西十里，为洞天之一，有仙人跨马石、蛟池、汤泉、石龟诸胜，大洞二十六，小洞二十八；下有灵洞院、洞元观，俱废；又有三石井，旧传为葛洪炼丹处”。“葛仙翁炼丹井，在灵洞山。”“炼丹灶，在丰山下”。可以说，早在闽西步入封建社会，陶瓷器的烧制和矿产开采与冶炼技术就得到发展。

（一）民用陶瓷的兴盛

进入文明时代以后，闽西本土制陶技术在北方先进制陶技术的影响下，进步神速，出现了飞转的陶轮车、风箱等先进的工具。通过陶轮车，可以把陶土球放在转盘中心上，以脚力推动进行拉坯、成型，从而实现了陶器的大量生产。而风箱的出现和龙窑的大规模利用，使得烧制温度可以显著提升，为优质陶器和瓷器的烧制提供了可能。

闽西虽然在商周时期出现了原始瓷，但是真正大规模生产瓷器，还是在唐末北方汉族南迁之后开始的，出现了手工制作、煅烧的瓷碗。闽西有着丰富的高岭土资源。而瓷器的胎料必须是瓷土，瓷土的成分主要是高岭土，并含有瓷石、高岭土、石英石、莫来石等组成。这种瓷器的白色瓷胎经过1200℃～1400℃的高温焙烧，瓷器表面所施的釉，在高温之下和瓷器一起烧成玻璃质釉，胎釉结合牢固，厚薄均匀，叩之能发出清脆悦耳的金属声。

到了宋朝，闽西的烧瓷技术已达到相当先进的水平，完全盖过了陶器的辉煌。此后,闽西的陶瓷器重点便落在瓷器上。连城陶瓷业从南宋景炎二年(1277 年)开始便有煅烧陶瓷日用器皿的历史。清康熙《连城县志·窑冶》中就有“瓦缸瓷器窑贰座(隔川)、瓦碗盘碟窑肆容(南顺、姑田里)、铁炉叁座(姑田里)”的记载。我们从《龙岩市第三次全国文物普查发现的民用窑址一览表》就可以看到,闽西发现的宋代以后的瓦窑有 1 处,陶窑有 3 处,瓷窑有 21 处,瓷器处于绝对优势地位。闽西的窑址主要为龙窑,个别为馒头窑。

表 2-4　龙岩市第三次全国文物普查发现的民用窑址一览表

类别	名称	地点	时间	备注
陶窑	古竹制陶作坊	永定区古竹乡古竹村	清康熙年间,目前仍在使用。	工序为取土、发酵、洗泥、配土、灌浆入模、成形、修整、晾干、过浆上釉、烧制成品等
	丘坑窑	武平县十方镇丘坑村	清代	为延绵数里的窑址群
	南山窑	新罗区红坊镇船巷村	清末	古竹制陶作坊传人所建
瓷窑	郭畲瓷窑址	新罗区白沙镇郭畲村	清代	
	坂溪胶东坂窑址	新罗区适中镇坂溪村	清代	
	坂溪窑头碗窑址	新罗区适中镇坂溪村	清代	
	淑雅窑址	永定区湖雷镇淑雅村	明初	又称碗窑下一号窑址
	小坪水窑址	永定区湖雷镇淑雅村	明初	又称碗窑下二号窑址
	黄天崇窑址	永定区下洋镇中川村	明代	
	豪坑瓷窑址	上杭县南阳镇豪坑村	宋代	县级文物保护单位
	湖洋寨背窑址	上杭县湖洋乡寨背村	明代	
	蛟洋邹坑窑址	上杭县蛟洋乡邹坑村	明代	
	佛坑瓷窑址	上杭县下都乡佛坑村	清代	
	范家瓷窑址	上杭县泮境乡泮境村	清道光十八年(1838 年)	
	大布瓷窑址	武平县岩前镇大布村	宋代	
	碗寮坑窑址	武平县中山镇上峰村	清代	
	鸡骨山瓷窑址	武平县南山镇南山村	明—清	
	下窑瓷窑址	武平县南山镇南山村	明—清	
	黄沙窑址	连城县塘前乡张地村	明代	
	黄沙窑址	连城县塘前乡张地村	明代	
	瑶下瓷窑址	连城县新泉镇新泉村	清代	
	东山后青瓷窑址	漳平市双洋镇东洋村	宋—元、清	

续表

类别	名称	地点	时间	备注
瓷窑	西山鳌头窑址	漳平市永福镇西山村	宋代、明—清	
	龙车窑址	漳平市永福镇龙车村	元—明	
	西坑窑址	漳平市灵地乡西坑村	明代	
瓦窑	隔口瓦窑遗址	新罗区铁山镇隔口村	清代	圆形窑井,一次可烧制十多万片青瓦

为了更好地说明闽西这些窑址的科技文化内涵,我们举例如下:

瓦窑1处。

隔口瓦窑遗址,位于新罗区铁山镇隔口行政村4组,大约建于清代,窑口坐西北朝东南,窑身为石砌,建筑占地面积为20.8平方米,中轴线自东南向西北依次为土坪、窑口、窑道、窑厅。窑口为砖砌拱形,窑口高1.2米,宽0.7米,窑道宽0.7米,深4.9米,青砖铺砌,窑通高7米,窑顶部有涤烟道,窑顶左边有一口能烧十多万片青瓦的圆形窑井。

陶窑3处。

古竹制陶作坊,位于永定区古竹乡古竹村,建于清康熙年间(1661—1722年)。其创建人为苏氏12世仰泉公,由山东迁四川后移居古竹开基创业,现27世传人苏文彬仍在生产。窑口自东向西,占地面积1300平方米。土木结构。窑身长24米,宽1.6米,长1.7米,砖砌。其工序为取土、发酵、洗泥、配土、灌浆入模、成形、修整、晾干、过浆上釉、烧制成品。产品有缸、坛、钵、壶等大小品种100余个。该作坊为永定区域为数不多的仍在使用的制陶作坊。苏氏后裔还在清嘉庆、道光年间移居今新罗区红坊镇船巷村,建造了南山窑,分布在村南北两侧山坡,2011年双永高速公路建设时拆迁被毁。龙岩市文化与出版局组织文物考古专家对该窑址进行了抢救性考古发掘。

丘坑窑,位于武平县十方镇丘坑村仁放坑自然村,建于清代,分布极广,延续山沟至村口数里之长。分布面积6万平方米,共发现6个龙窑和6个作坊间,窑的年代越往里越古老。窑室从旁边开洞进入,为阶梯状龙窑,保存完整。地表可见散落的陶片。采集的窑具有匣钵、垫饼等,主要器形有罐、碗、油灯、壶、瓮等。釉色为青釉。

瓷窑21处,这里仅举数例。

豪坑瓷窑址,位于上杭县南阳镇豪坑村,建于宋代,为县级文物保护单位。1984年发现。坐东向西,占地面积200平方米。在南西山脚及溪岸有厚约0.2米的瓷片堆积,可辨器形有高足杯,碗等,施豆釉、青釉,瓷胎洁白。

大布瓷窑址,位于武平县岩前镇大布村老屋下自然村,年代为宋代,1988年1月发现。分布面积1200平方米。采集有瓷盘、碗、碟、盂等残片。釉色多为影青和白釉,胎质白、细密,素面为多,器物下部及圈足无釉。有刻划纹。

东山后青瓷窑址,位于漳平市双洋镇东洋村东山后自然村,年代为宋—元,2009年4月第三次全国文物普查发现。窑址面积500平方米,分布于黑峰炉等处。断面上露出瓷片堆积层。地表采集有青瓷片、酱釉瓷片、匣钵、模具等。瓷片可辨器形有碗、罐、瓶、碟等。瓷片纹饰有刻划、冰裂纹等。附近的蛤蟆石山山脚下亦有同类遗址发现。

西山鳌头窑址，位于漳平市永福镇西山村鳌头自然村，年代为宋代、明—清。1988年第二次全国文物普查发现。窑址占地面积5平方公里，分布于塘坑头、石鼓仑、平坑、上玉盂、东山寨、岭脚、古井潭、洋坑隔、内洋头等处。窑址上随处可见瓷器残片、匣钵、磨具等，断面上露出瓷片堆积层。在古井潭露出龙窑1处，残长18米。采集有影青瓷片、青花瓷片和匣钵、模具等。瓷片可辨器形有碗、盘、碟、杯、罐、瓶、执壶、托盏、盂、炉、盆等。影青瓷片纹饰有刻划、印花、冰裂纹等。青花瓷片纹饰有花卉、吉祥语文字等。

龙车窑址，位于漳平市永福镇龙车村，年代为元—明，2009年12月第三次全国文物普查发现。窑址占地面积200平方米，为青白釉瓷系。窑址上有瓷片堆积层和散落的瓷器残件，长30米，宽20米。采集有青白釉瓷，可辨器形有碗、盘、碟等。

湖洋寨背窑址，位于上杭县湖洋乡寨背村，年代为明代，1987年发现。窑址由南至北依山而建，窑头朝南，占地面积5000平方米，保存龙窑，砖券构顶。高1.9米。窑壁残长32米，相距0.8米开有宽0.5米的窑口，产品以青花瓷日用器皿为主，器形有罐、砵、盅等。周边建有七间作坊。

这一时期，闽西出现了陶器艺术的杰作——童祖宠的副榜炉。

童祖宠，清康熙四十二年(1703年)生于上杭县峰市(现为永定区峰市镇)。他幼时天资聪明，才思敏捷，自以为功名唾手可得。雍正十年(1732年)，他赴省城福州参加乡试落榜，仅被录为副贡，因此灰心仕途，羞见家乡父老，到鼓山涌泉寺出家为僧。在寺中，他常与其他僧人一起，抬着笨重的风炉煲开水，因制炉的黄土中需拌进马粪，方能烧制成功，故使用它煲开水时，臭气难闻。他便用谷皮灰替代马粪拌土，以避其臭，同时改进炉型，减轻重量，几经试验，终于获得成功。10年后，他还俗回乡，继续改进风炉制作工艺。初取田中坂土为原料，从款式上加以改进，烧制成瓦青色的耐火、通风的风炉。后又感到颜色不美观，改用山上黄土为原料，采取阴火烧制，炉体呈现鲜亮的橘红色，色泽光洁，光彩照人，大受欢迎。后来，他又改进造型，制出金鼎炉、四方炉、腰鼓炉、西瓜炉、桶子炉等等，式样美观。各种型号的风炉，均前有炉门，上有炉盖。需炉火旺时，可打开进风炉门，需用文火时，可关上风门；不用火时则加盖，火即熄灭而余炭不化为灰烬，能节约用炭。在宴席上可煮菜、温酒，既方便又清洁。于是峰市风炉，行销各地，供不应求，甚至还被华侨携至泰国、新加坡等地。因此种风炉为童祖宠这位副贡所创制，所以人称“峰市副榜炉”，成为清代贡品。

(二)金属矿的开采与冶炼

唐宋两朝，闽西道释并行，流传日广，主要的宗教活动之一就是“纳汞炼丹”。唐大历四年(769年)，汀州刺史陈剑以“理铁税”为由，奏表朝廷设置“上杭场”。这些都说明，至少在唐代，闽西就有铁矿开采和冶炼活动。武平县万安乡石壁下村出土的唐代铁鼎，高20厘米，口径21厘米，敞口，双立耳，弧壁，圜底，3柱足，技术工艺已经相当成熟。连城县庙前镇吕坊村出土的唐代咸通十五年(874年)的铜钟,上有"赖铤等敬赠"字样,高29厘米,钮高5厘米,口径18.5厘米,重4250克,形似宝塔,表面刻方格纹,铸铭文。龙岩江山乡铜钵村保存的南唐张碟等施资铸铜钟,高78厘米,口径44厘米,上端周长118厘米,下端周长142厘米,重75千克,铸有铭文,个体较大,形制特殊,为毗邻汀州北域的建州沙县所铸造,福建省罕见。

北宋《元丰九域志》记载,长汀已有银场1处、铁场1处,宁化有银场4处,龙岩有大济、宝兴2处银场,上杭有1处金场。《文献通考》、《宋会要辑稿·食货》及《宋书·食货志》等典籍均记载,闽西所产金、银、铜、铅、铁五项金属,在整个福建路名列前茅,并且金的采冶在福建唯汀州才有。当时,北宋金年产量是1048两,闽西53两,产量占全国的5.22%。

清代《汀州府志》记载,上杭紫金山矿床,"在县北平安里,邑主山也。山势巑岏,丹碧如画。宋康定间,常产金,因名。上有三池,名曰胆水。上、下二池,有泉涌出,中一池蓄上池之流。宋时,县治密迩其地,池水色赤味苦,取浸生铁,可炼成铜"。具体情况是,宋康定元年(1040年),上杭紫金山开始采金;皇祐年间(1049年),向朝廷交纳贡金167两(折合5219克),至1987年仍可辨认出900年前的采金洞口有81处之多。

关于冶铜技术,《宋会要辑稿·食货·铜坑》更是详细地记载:闽西上杭有胆水浸铜的炼铜方法,其金山(今紫金山)有上、中、下三池胆水。这是一种含硫酸铜的矿泉,其浸铜方法是把生铁薄片置于胆水槽内排成鱼鳞状,几天后铁化为硫酸铁溶液,铜便沉淀下来,如赤煤一样在铁片表面,然后捞出铁片刮下"赤煤",并将它锻炼三次,便成为赤铜。这种冶炼取铜法,又叫淋铜法。这说明在北宋期间,闽西就有先进的金银开采和金银铜的冶炼技术。

这一时期,闽西出现了一位在中国冶炼史上有突出贡献的科技奇才——王捷。

王捷,又名王中正,字平叔,北宋咸平年间(998—1003年)在茅山学成炼金术,相传在长汀县西鸡笼山修道。据沈括《梦溪笔谈》卷二十记载,王捷炼金的主要原料是"铁",可谓是"点铁成金"。北宋大中祥符年间(1008—1016年),他将所煅黄金4900两、白银12740两进贡朝廷,后被宋真宗召于龙图阁,特授"许州参军",以功升为"光禄大夫",死后谥"富国先生",塑像进入"景灵宫",享受殊荣。现为长汀八景之一的"霹坜丹灶",即为王捷炼丹旧址。

在志书上记载的能够冶炼金银的道士还有两人。梁载,自号野人,北宋天圣(1023—1032年)时人,在长汀开元观坚持修炼,终于练成化钱法术,热衷扶贫济困。黄升(约1012—1098年),字正道,北宋后期长汀人,与四川云游而来的蔡道人交情甚厚,能够运真气炼口中汞成白金。他们都会道教的"炼金术",这与当时汀州府的采炼金银业的兴盛及其采炼技术的先进,无疑有必然的联系。

汀州府冶铁,主要在长汀、上杭、宁化三县。北宋康定元年(1040年),龙岩与上杭交界处天池塘一带,即有铁矿开采,供上杭古田制锅之用。南宋时期,上杭古田白眉山已经有开炉炼铁,铸造兵器和农具,随后在上巫坑、李下坑、五龙村、竹岭村、步云大岭下和蛟洋黄地，先后建炉炼铁。

宋代，闽西进行采矿、冶炼活动的地方还有两处。长汀县七宝山设有上宝场，开采银、锡矿，并能熔销银锭，冶炼金属，还锻铸了汀州府城天庆观和开元寺的铜像、铜钟、铁钟。在今连城县，南宋景炎二年(1277年)就有开采黏土焙制砖、瓦，开采石灰石焙烧石灰；南宋末年，莒溪铁山罗地已有开采铁矿炼铁的活动。

宋代反映闽西冶炼技术发达的重要文物有3件，都在武平县出土。宋仿古青铜鼎，高14.9厘米，口径17.5厘米，腹深8厘米，足高7厘米；直口，双立耳，弧壁，圜底，三扁足，素面。宋仿古青铜编钟，宽13.4厘米，厚0.5厘米，重1.855千克；饰乳钉36枚，分2排12组，每组3枚。宋带柄四枚四灵铜镜，长13.8厘米，柄长6.5厘米，柄宽1.6厘米，镜面直径7.3厘米，背面铸有四方印纹与龙纹。

明清时期，闽西的采矿、冶炼技术更加先进，行业得到进一步发展。

明成化年间(1465—1487年)，汀州府有冶炼铸造工场，铸造的府学大成殿四纹夔龙炉、府衙铜钟等，都很精美。明嘉靖三十六年(1557年)，龙岩东宝山、颜畲山发现了与银铜矿共生的铅锌矿，并进行开采冶炼；同年秋季，广东矿徒骆宗万一行到龙岩强行开采颜畲山铅矿，被知县汤相派兵驱走。明嘉靖三十七年(1558年)，龙岩的万安和龙门赤水等地，也出现铁矿开采和冶炼业。明嘉靖年间(1522—1566年)，永定抚市在含银量较高的锰矿中提炼银，现仍可见残存矿渣和采矿老洞。明嘉靖年间，连城庙前珠地已有开采铅锌矿，并炼共生之银；明末清初，陈、邓、王三姓接着在此开采铅锌矿提炼白银。明末清初，连城罗坊坪上村遗有炼银遗址，清乾隆《连城县志》有“姑田炼铁炉3座”之记载。连城县赖源乡丘家山夫人庵遗址出土的明万历四十年(1613年)铁钟，通高72厘米，钮高12厘米，口径33.5厘米，重50千克；铸铭文，饰龙纹，为王家畲刘玉泉等铸造，生动地说明了明代闽西金属冶炼技艺之高超。

清康熙二十八年(1689年)，龙岩的象山、三坑、榴杭等地，开采铁矿和炼铁业日盛。到1920年，月产生铁60余吨，尤以三坑铁矿开采和冶炼的历史悠久，延续至今已300余年。清道光年间，龙岩县西园炉仔自然村黄常青开设逢源铁厂，炼铁铸锅；清道光七年(1827年)，上杭竹岭村建炉12座，日产铁千斤。此时的冶铁业，都以喇叭炉冶炼，以木炭为燃料，用木制风箱鼓风，效率很低，产量亦微。

闽西现存的明清时期金属矿冶遗址，主要有三处。

上杭县古田镇大源村寨背头自然村的明代铜锌矿洞遗址，矿洞分布在寨背头的悬崖峭壁上，洞口狭小，隐蔽，洞深浅不一，数量为20个左右。

上杭县步云乡古炉村发现了横跨明清两朝的冶铁遗址，遗址处于南北走向的高山山腰间，西北两山峡谷间盛产铁矿，在文化堆积层的下层发现少许黑色铁渣及矿石，北侧500米另有黑色铁渣大量堆积。

上杭县步云乡云辉村炉下自然村发现了横跨明清两朝的冶铁遗址，遗址面积200平方米，依山挖洞，鹅卵石砌成圆口灶形，高1.5米，内径1.2米，内呈黑色烧结状。遗址上残存石构房基、木炭、矿石及炉筒。遗址南侧5米处有一口长方形水池，池子四周方石砌成。

(三)非金属矿的开采与运用

闽西非金属矿的开采,历史悠久,技术落后。

煤矿资源丰富,主要分布在龙岩、永定。早在史前文明时代,奇和洞人在煤矿矿脉捡拾到煤块,无意识间用于烧火。北宋康定年间(1040—1041年),闽西永定等地开始就有煤的开采,到明、清渐盛。清嘉庆元年(1796年),永定高陂富岭树有“不得在此挖煤”的石碑。清乾隆年间(1736—1795年),武平岩前也有个体户手工采煤。此时,龙岩、永定、漳平等产煤县,有部分农村居民自行采掘煤炭,除自用外,有的加工成煤球或原块煤出售,零星供应城区。但是,闽西古代民用燃料主要还是柴草、木炭。

此外,闽西高岭土的开采可以追溯到唐宋时代,连城李屋坑等地用高岭土,生产陶瓷器,历代不衰,已有一千多年历史。石灰石的开采可以追溯到明成化七年(1471年),漳平县隔顶一带的村民开采石灰岩,烧制石灰。乌硝的开采可以追溯到宋代。明嘉靖三十七年(1558年),龙岩县江山已开采辉绿岩并用于建筑,这种辉绿岩,呈墨绿色或灰黑色,细粒而匀称,被称为“青石”。

不可否认,宋元时期,闽西的冶炼技术先进,部分矿产品名列全省甚至全国的前茅,从而带动了手工作坊的兴盛。但是,闽西的采矿业和冶炼业的生产组织方式均以民间手工作坊为主,冶炼产品主要以生产用具为大宗,并在小范围内进行商品交换,以换回家庭所需用品,属于低层次的矿业开发,发展极为缓慢。

二、土法造纸与雕版印刷技艺

造纸和印刷技艺,是一对孪生姐妹,都起源于中国。中国造纸业起源于东汉,隋朝时期印刷技艺也得以出现。闽西竹木资源丰富,唐末五代,闽西人就懂得利用嫩竹造纸,并运用于印刷业中。

(一)发达的土法造纸

宋代以后,广大农村利用山区丰富的竹林资源,普遍发展手工土法造纸,造纸作坊散布城乡,成为汀州百姓一项主要的经济来源。宋人苏易简的《纸谱》记载,各地造纸,“蜀人以麻,闽人以嫩竹,北人以桑皮,剡溪以藤,海人以苔,浙人以麦麸稻秆,吴人以茧,楚人以楮。”这里的“闽人”,自然包括汀州府和后来的龙岩州。正因为如此,宋临汀郡守胡太初在奏札中说,临汀郡“以片纸交易,收者获产,而出者挂税自如”,并在其修《临汀志》“土产·货之属”中正式列入“纸”的物产。

明清时期,闽西发展为全国有名的竹纸产区。这时候的土法造纸,已有一整套完整的工艺流程,具体是:每年的农历五月左右,砍来刚散叶的嫩竹,用蔑刀剃枝,划破,劈成大约1.5米长左右的竹条并扎成捆,按一定比例(通常是10∶1)将竹条和生石灰一起放入池中加水沤制;沤制两个月左右,放去石灰水,去渣,加水,反复搅拌清洗,再将竹条放置在发酵坪上,用草垫或其他物品盖上进行发酵;过两三个月后竹条充分腐烂,将发酵后的竹条放在碾盘上,均匀铺开,通过畜力(一般是牛)拖着石碾子,在碾盘上将竹料来回反复碾压成粉末状;将碾压好的竹料倒入舀料池中,用拱盘反复搅拌,或用器械将竹料打烂搅碎,捞出粗料,就可进行舀纸;舀纸用的是帘床,一边舀一边加入用猕猴桃藤、枞树根等泡制的滑水,利于凝结,帘子放在床架上,在槽子里左右晃动一两次,帘子上就有了纸浆;提出帘床,将帘子翻转放在事先准备好的木板上,轻揭帘子,一张舀制的草纸就出现了;再用滚筒压榨舀制的草纸,除去水分,然后一层一层地分离揭开,烘烤、晒干,就形成了草纸;最后将成品打包整理,便可使用或上市。

清代,闽西手工造纸以长汀、上杭、连城等县为主产区,最高年份产量达 3.8 万吨,槽户有 2.96 万户,从业者 14.6 万人。土纸品种有节包、斗方、八刀连、粉连、毛边、玉扣、宣纸等,主要供包装、卫生、书写和加工鞭炮、迷信品。著名的有,连城的京庄奏本纸在明末清初就进了京城,成为御用奏本纸;连城宣和用竹丝漂料制造的连史纸,姑田的宣纸、玉版纸、漂贡纸,远销东南亚;长汀玉扣纸远销日本、印度。

闽西发达的手工土法造纸,为木刻印刷技术的兴盛打下了坚实的基础。目前,闽西以嫩竹造纸的技术仍为当地民间所继承,永定、连城、上杭等地一些山区造纸就一直延续以破小满时节嫩竹做原料的习惯,正如农谚所谓:“竹麻不吃小满水”。

(二)发达的雕版印刷技艺

印刷术是我国古代汉族劳动人民的四大发明之一,经过雕版印刷和活字印刷两个阶段的发展。雕版印刷始于隋朝,经宋仁宗时代的毕昇发展、完善,产生了活字印刷,并由蒙古人传至了欧洲,所以后人称毕昇为印刷术的始祖。

从目前所能找到的资料来看,闽西的雕版印刷技术是唐末北方汉族南迁带来的,基本上与手工土法造纸同步,这在全国算是较早的。但是,印刷业真正成为一种产业,应该在宋代。最早版印的书籍为宋代州官鲍瀚之重印的中国古代数学精华典籍《算经十书》,明代已编入《永乐大典》,这是官刻版印书,清杨澜著的《临汀汇考》也记载有宋人陈日华在临汀郡刻印《集要方》的记述。南宋绍兴十二年(1142 年),汀州刻有贾昌朝撰选的《群经音辩》7 卷。

闽西当时的雕版印刷的大致过程是:将书稿的写样写好后,使有字的一面贴在板上,即可刻字,刻工用不同形式的刻刀将木版上的反体字墨迹刻成凸起的阳文,同时将木版上其余空白部分剔除,使之凹陷。板面所刻出的字约凸出版面 1~2 毫米。用热水冲洗雕好的板,洗去木屑等,刻板过程就完成了。印刷时,用圆柱形平底刷蘸墨汁,均匀刷于板面上,再小心把纸覆盖在板面上,用刷子轻轻刷纸,纸上便印出文字或图画的正像。将纸从印版上揭起,阴干,印制过程就完成了。一个熟练的印工一天可印一二千张,一块印版可连印万次。刻板的过程有点像刻印章的过程,只不过刻的字多了。印的过程与印章相反。印章是印在上,纸在下。印刷是纸在上,雕版在下。雕版印刷的过程，有点像拓印，但是雕版上的字是阳文反字，而一般碑石的字是阴文正字。此外，拓印的墨施在纸上，雕版印刷的墨施在版上。由此可见，雕版印刷既继承了印章、拓印、印染等的技术，又有技术创新。

明清时期，闽西造纸业的生产和营销区域不断扩大，这就直接促进了以四堡雕版印刷业为代表的闽西印刷业的大发展。纸张是印刷书籍最重要和最基本的原料，随着生产的发展，四堡对纸的需求不断增加，而长汀、连城本身就是产纸大县。其中连城姑田、曲溪等地的纸质最为上乘，乡谚有“金姑田、银曲溪”之说。汀州府连城县四堡遂与直隶北京、湖北汉口、江西许湾（一说浒湾）一起，并列为中国四大雕版印刷基地。

明正德三年（1508 年），邹学圣辞去杭州太守一职，回归故里连城四堡时，带回杭州的元宵灯艺和印刷术，并开设书坊。其子邹希孟、邹振孟继承父业，“广置书田”。后其堂侄邹葆初在广东兴宁刊刻经书出售，因镌版印书致富，使很多人步其后尘。

清乾隆、嘉庆、道光年间，四堡雕版印刷业发展到鼎盛时期，从事雕版印刷的男女老少约占当时人口的 60％，比较著名的书坊有雾阁、翼经堂、林兰堂、万竹楼、德文堂等 20 余家，先后印有《五经清疏》、《唐诗》、《古文袖珍》、《古本绣像金瓶梅》、《人家日用》、《三字经》、《弟子规》、《增广贤文》、《幼学琼林故事》、《千家诗》等历代名家诗词、曲文等。由于所刻之书纸质地好，装帧考究，字形秀丽，校勘精详，驰名遐迩。尽管价格高昂，销路却广泛，当时江西许湾书商就派人在四堡坐地购书。清光绪四年出版的《临汀汇考》载：“长汀四堡乡（四堡于 1951 年划归连城县管辖），皆以书籍为业，家有藏版，岁一刷印，贩行远近，虽未必及建安之盛行，而经生应用典籍以及课其应试之文，一一皆备。城市有店，乡以肩担，不但便于艺林，抑且家为恒产，富埒多藏。食旧德、服先畴，莫大乎是，胜牵车服贾多矣。”

四堡雕版印刷技艺比宋代更加先进，工序更加复杂，大致可分为 6 道工序，即伐木制版、编辑写样、雕刻雕版、调墨备纸、印刷分页、装订裁边等，细分则可分为 20 多道工序，以分工流水作业的方式操作，有文化者从事编辑写样，刻工从事雕刻，普通男工从事调墨、裁纸、搬运等，妇女负责印刷、切边、装订、包扎等。其中，雕刻雕版是最繁杂、最精细、最艰难也是最耗时的工艺。

雕刻时，先要选好材料，材料的选择很重要，其材质要求质硬，纤维细密，这样的木质刻成的雕版不会开裂，且经久耐用。胚版必须选用梨木、枣木、楮木等硬质木材做成，且不能有节疤。木材选好后，要晒干，再把晒干的木材锯成比书的版本略大尺度，厚度为 1.5 厘米的木块板，刨光六面。板块做好后，把板块放在要写样的宣纸上，在宣纸上描下板的外围长宽。接着就是设计版面和写样，在宣纸描下的方框内用细小的笔墨写上要雕刻的边框、书口、鱼尾、象鼻及文字内容等；写完后，把写好的样反盖到板块上，再在纸的背面用少许水濡湿宣纸，用软物在上面压印，字就会印到板块上，这样就可以在板块上雕刻了。

雕刻要用各种形状的凿刀，刀口有方形的、斜角的、弧口的等，按字的笔画而定。把版上没有墨的地方凿空，使字或画线凸出来，凿时要略斜着凿，使笔画上小下大成梯形状，这样刻出的版才耐用，也才美观。雕刻要集中精力，不能刻错，一旦刻错，就要把错处挖去，再填补上与原板相平的小块，要填补的不着痕迹，用胶固牢，然后再重刻，因此就较麻烦了。版印多次后会磨损，因此用到一定时间后还要修版，印出的字或图案才不会模糊。四堡雕版的刻字大多以仿宋体字和楷书体字较为普遍，也有少量刻行书和草书的。

刻好的版要有序排列在版架上，每一块版都要放置在固定的位置上，不可混乱。印刷时，先按书籍版本的大小裁好纸张，把印纸固定在特制印刷桌上，把版固定，印好的纸放入桌框内，印完一头后再掉转印另一头，一叠印好后收起放置好，再换上一叠继续印，按预定要印的本数把每一版印足数量，然后有序排列叠放。装订时，先把印好的纸页裁分叠放，再按书页序号分拣成册，成册的书页用线装订成本。最后是裁边，裁边时，把一叠书层放到切书架内，榨紧螺旋固定，再把切书刀调到适合的位置，从上往下切割，使书在同一个平面切齐，这样，切好的书才会显得美观齐整。2008 年 2 月，四堡雕版技艺被国家文化部列为第二批国家级非物质文化遗产保护项目。

四堡印刷的书籍种类繁多，据统计有 9 大类 1000 余种。而印刷上的一些独特方式及罕见现象则颇具版本学的研究价值。如袖珍小书《论语》，长仅 7.5 厘米，宽 5 厘米，最多的一页印有 260 余字，字虽小却清晰可认，据说是专供当时科举考试时作弊使用的，因书小易于藏掖携带，不易被监考官发现。更奇特的是一本书同刊两部小说——《三国演义》与《水浒》，上半页刊《三国演义》，下半页刊《水浒》，中间用墨线分开，在同一本书中可同时读两部小说，这在印刷史上可谓绝无仅有。还有连环画《梁山伯与祝英台》，以及连史套印的《西厢记》，黑字，红圈点等，都是古籍中少见的珍品。

四堡书籍声誉极高，有“独占江南，发贩半天下”之誉，是古籍雕版印刷史上的一颗明珠。兴盛时期，其坊刻规模极为宏大。坊刻店铺无数，刻书品种齐全、印量巨大，外省各地办店甚众，发行范围广大，销售网络遍布了清朝 13 个省 150 多个县市以及部分东南亚国家和地区。

遗憾的是，和手工土法造纸一样，闽西的雕版印刷行业也只停留在手工工场阶段，手工作坊生产没有发展为工匠们联合起来的工厂化的生产；而其技术体系也一直仅限于工艺和经验阶段，没有总结上升为现代的科学技术体系。在历经清中期百年的鼎盛后，近现代受到西方帝国主义的产品倾销的冲击，每况愈下，二十世纪二三十年代机器印刷业的兴起，雕版印刷业也走到了它的尽头。

三、传统纺织技术的引进

汀州府在唐代就已出现个体手工裁缝技术。元代，上海松江府因为黄道婆传授先进的纺织技术以及推广先进的纺织工具，并在明朝中叶以后，江南的苏州、松江、常州、镇江等地因为棉布生产而成为全国纺织业中心。与此同时，因为蓝靛是棉布的染料，一大批闽西人则在毗邻的闽东、浙南山区发展了蓝靛专业种植区，实行大规模的雇佣劳动制。这样，纺织工具如搅车、弹棉弓、纺车、织机等，和"错纱配色，综线挈花"等织造技术，就在明中后期传入闽西。

明清时期，闽西地区蓝靛种植有一定规模。大多种苎葛、蕉、麻、木棉等，以此为原料，织成夏布、棉布，织布业盛极一时。

清朝中叶，《汀州府志》记载，上杭县"庐丰乡东溪村（今丰济村）包姓妇女多以手工纺织土布为业；稍后，包育亨从广东兴宁购回'木兰机'一架，聘请兴宁技师传授工艺，并招徕邻居到家学习；随后，包姓人家仿制木机，形成主要家庭副业"。我们也可以从清《汀州府志》记载的闽西纺织类物产中，一窥闽西纺织技术的引进与传播。

表 2-5 宋《临汀志》与清《汀州府志》记载的闽西纺织类物产对比表

类别	宋《临汀志》	清《汀州府志》
帛之属	绫土、䌷土、布、苎、葛、蕉、麻、綦花、吉贝	丝、䌷、苎布、麻布、绸布、葛布、蕉布

四、农副产品干制技术的独特贡献

经过长期的生产实践，到明清时期，闽西人们出于对农产品、水产品、动物肉类进行更好地储藏、运输或某种特殊功用的需要，利用自然热源太阳的热量和风力，甚至人工加热等方法，将新鲜的动植物食品原料，通过脱水、干燥等技术，抑制细菌繁殖和酶分解，制成干制品。这种干制加工，成为传统食品加工中保藏性最好的加工方法，品种和工艺一直流传至今，是宝贵的科学技术财富的一部分。

闽西对干制技术的独特贡献，体现在汀州府的"闽西八大干"（长汀豆腐干、连城地瓜干、上杭萝卜干、永定菜干、武平猪胆干、宁化老鼠干、清流笋干、明溪肉脯干）和龙岩州的漳平笋干、龙岩米粉干。

长汀豆腐始于唐朝开元年间，距今近 1300 年的历史。而长汀豆腐干至少在明代就已经大量生产制作，居闽西八大干之首。长汀豆腐干的具体工艺程序包括：备料（优质黄豆加以适量甘草、茴香、肉桂、公丁、香苏、白糖、酱油、食盐及药材等）、磨浆（先将黄豆洗净，用清水浸泡一昼夜，然后磨成浆，滤渣后备用）、煮浆（将磨好的生豆浆上锅煮好后，再添加适量的水，以降低豆浆浓度和减慢凝固速度，使蛋白质凝固物网络的形成变慢，减少水分和可溶物的包裹，以利压榨时水分排出畅通）、凝固（浆的温度小降之后，用卤水点浆，要勤搅，浆温再次下降到一定温度后上包）、划脑（上包前要把豆腐划碎，既有利于打破网络放出包水，又能使豆腐脑均匀地摊在包布上）、上包[先将包布铺在一定规格的格板，再将豆腐脑加在包布上，一层豆腐脑一层布地叠加，每批厚薄要一致，然后将包布包扎紧，重物加压成型，一段时间（通常为 1 小时）后拆下包布，用刀将豆腐干按格子印割开，放在清水中浸泡半小时后取出晾干]、浸泡（把晾凉的豆腐干置于盐水缸内浸泡半天后捞出，沥去水分）、煮干（将豆腐干放在特殊原料制成的卤水中煮半小时，捞出烘、晾干即可）。长汀豆腐干产品呈正方形，酱色半透明状，柔韧性强，香、甜、咸、甘四味具备，制作精细，风味独特，令人回味无穷。

闽西各县均有地瓜干，其中连城地瓜干最有名，这与其独特的原料和制作方法有关。连城地瓜干专门选用连城隔田、隔川、揭乐、大坪、李屋、洪山等地培植的红心地瓜制作而成，所以又称红心地瓜干。制作方法一般是将整块地瓜蒸熟去皮，然后压制、烘烤，制成之后可保存几年不坏。这种地瓜干保留着自然的色泽和品质，颜色黄中透红，味道清香甜美，质地松软耐嚼，而且还有很高的葡萄糖和维生素 A、B 含量，成为清代贡品。

上杭萝卜干早在明朝初期就享有盛名，距今已有 600 多年的历史。上杭是闽西的萝卜主要产地之一，所产萝卜有红有白，具有鲜嫩、清脆、甘甜等特点。萝卜干制作一般是在冬至前后进行，要经过"晒、腌、藏"三道工序。先将萝卜拔出洗净，稍晾干后切片放进大木桶，一层萝卜一层盐，装满后上盖，再压上大石块，一周后取出晾晒，搓去水分，再晾晒，直至挤不出水为止。然后将木桶里的盐水过滤煮开，倒入萝卜干浸泡，趁热再揉擦一次，又挤去盐水再晒干，等到变为金黄色后，将萝卜干装入干净的陶瓮内压实，用黄泥封口，半年之后取出。由此加工而成的萝卜干色泽金黄，皮嫩肉脆，甘香味美，畅销闽粤。

永定菜干技术始于明朝后期，至今已有 400 多年历史，品种有甜菜干和酸菜干两种。甜菜干颜色乌黑油亮，味道香甜鲜美。制作时先将新鲜芥菜洗净，晒 1～2 天，至菜叶晒软，然后用蒸笼熏蒸，蒸后再晒，晒后又蒸，如此反复三次以上，即所谓的"三蒸三晒"。有些加工精细的要七蒸七晒。酸菜干颜色黄褐，味道酸中带甜。制作时先将鲜芥菜洗净，然后晒软切碎，加盐揉搓入瓮内，使之发酵发酸，待一周左右取出焖煮晒干，再用蒸笼熏蒸，蒸后晒干，晒后再蒸，蒸晒两次以上后收藏。永定菜干配肉炒、炖、蒸、煮皆味美可口，不仅省内外闻名，在南洋华侨中也颇有影响。

武平猪胆干诞生于清朝后期。它的制作考究，原料缺乏，工序颇多，季节性强，要经过洗料、配料、腌制、晾晒、压扁、整形、检验七道工序。选择新鲜呈深褐色的"糯米猪肝"，整个浸泡在一定浓度的食盐水中，加上适当的五香粉、高粱酒、八角茴香等配料，待胆汁渗透肝脏之后，捞起吊晒，每隔 2～3 天整形一次，然后再用温炭火烤熟。这样制成的猪胆干色泽紫褐，香而微甜，且有生津健胃、清凉解毒的功能。

宁化老鼠干实为田鼠干，系由人工捕捉的田鼠加工制成。宁化属山区农业县，田野宽广，故田鼠多。每年冬季，是宁化农民捕鼠的最好时机，特别是立冬后为捕鼠的旺季。捕鼠方法简便，多数使用竹筒捕鼠器。田鼠干的加工制作方法首先是去毛，把捕获的老鼠或架于锅内热水蒸，或放入炽热柴灰里焐，只要火候掌握适宜，便可把鼠毛拔得一干二净。其次是剖腹去其肠肚，用水洗干净。最后用谷壳或米糠熏烤，待烤成酱黄色即可。田鼠干不但美味可口，而且含蛋白质高，营养丰富，尤有补肾之功，对尿频或小孩尿床症具有显著疗效，具有一定的药用价值。

清流笋干，用刚出土的春笋干制成，称为"闽笋尖"，色泽金黄，呈半透明状，以嫩甜清脆著名，明清两朝被列为贡品。许多名菜如"烩三丝"、"御炉肉"，都不可缺少清流笋干。

明溪肉脯干是用精瘦牛肉浸腌于特制的酱油中，加以丁香、茴香、桂皮、糖等配料，经一周左右，再挂在通风处晾干，然后放入烤房熏烤而成。制成后色、香、味俱佳，既有韧性又易嚼松，入口香甜，令人回味无穷。

漳平是著名的"闽笋"之乡，很早以来，"闽笋"被列为十番素物、百味山珍。漳平笋干和清流笋干一样，均以闽笋为原料，通过去壳、蒸煮、压片、烘干、整形等工艺制取。制成后，漳平笋干色泽金黄，呈半透明状，片宽节短，肉厚脆嫩，香气郁郁，称为"玉兰片"，是"八闽山珍"之一，在国内外名菜佐料中久负盛名。

龙岩米粉干选用优质大米，以传统的手工工艺精制而成，以苏坂云潭米粉最为出名。龙岩米粉干制作要经过选原料、泡润米、粉碎搅拌、压条、蒸熟、出条、成品、晾干等工序。这种米粉干色白质韧，一煮即熟，经久不糊，润滑可口。享誉八闽的龙岩清汤粉，就是以苏坂新鲜米粉为主料。

五、其他手工业科技的发展

农业经济的发展，带动了与之相关的经济林、刻书业、蓝靛染布业的发展。这样，在16世纪之后，闽西农民卷入了商品性农业和手工业生产，商品经济获得了前所未有的大发展。手工业科技也快速发展。我们通过宋《临汀志》与清《汀州府志》关于闽西手工业物产对比的记载，就可以看出闽西手工业科技的发展情况。

表 2-6　宋《临汀志》与清《汀州府志》记载的闽西手工业物产对比表

类别	宋《临汀志》	清《汀州府志》
货之属	金、银、铜、铁、蜡、蜜、糖、蕈、靛、纸、红椒	铁、蓝靛、蜜、糖、茶、蜡、纸、油、香、漆、红曲、纸帐、苎、竹丝器、枕、扇、竹锁、瓷、薯榔

闽西卷烟技术始于明万历年间（1573—1620年）。永定一带农户在种植外地传入烟草的同时，利用晒烟具有色、香、味俱佳的特色，凭简单工具，手工操作，制作"条丝烟"，在本县和毗邻地区行销。到清代，永定产制"条丝烟"的手工业坊遍布城乡，以抚市鹊坪、社前、抚溪等地为盛，几乎每座楼房都有三五户人家从事"条丝烟"生产，有的还雇佣工人制作。不少人集资设厂，或在外地开设烟庄烟行。乾隆帝巡视江南时，在长沙品尝到永定"条丝烟"，特赐为"烟魁"，后定为贡品。

明嘉靖年间（1522—1566年），漳平县民间就出现了土法生产蔗糖——红糖的技术。粮食加工沿用古老的土砻脱壳，或水碓舂米。油脂加工只有土榨油坊，加工工具是硬木制成的木榨机，方法有压榨、锤榨两种。

闽西古代化工技术，主要是用于烟花爆竹业。民间生产的土硝，主要用于制造火药、爆竹、礼炮和焰火等。明嘉靖年间，上杭已用火药炸开官庄回龙滩，疏浚汀江航道。民间所制的鸟枪、土铳等均用土硝作为火药。

闽西的手工机械技术还有作坊式的私营铁工场、铁匠铺、铜匠铺和银匠铺，专门打制犁、耙、刀、矛等生产生活农具，以及铜器及金银首饰等，大多起源于宋代。清乾隆年间(1736—1795年)，长汀张彪铁铺专门打制各种利器兵刃，并用铁片和铁丝锻打焊接成屏风。此外，闽西比较著名的乡土手工技术还有石灰焙烧、打锡、木器制作、竹艺、藤棕草编、剪纸、刺绣、印花靛染、皮枕、油纸伞色纸、麦芽糖等等。

第四节　古代医疗卫生科技

闽西的医疗技术最早可以追溯到史前时期。当时，他们治疗疾病的办法，在巫师举行祷告仪式的同时，也有使用草药治疗。虽然古代医巫不分，但是那时候的“巫”与现在的巫婆神汉不可同日而语，二者表现形式相似，实质不同。这种“巫”，必须有特殊的心理品质，即暗示性强，能专心致志，容易入静；在祭祀仪式中，要扫除设坐，斋戒沐浴，手足不动，澄神净虑，酣歌恒舞，制造一种庄严肃穆的气氛。巫医其实是当时知识、医疗技术的真正持有者。

一、畲族传统医疗技术

进入文明时代以后，闽西土著的后裔山越——畲族传承先辈医疗技术，在巫与医已经分离的同时，逐渐形成了土著族群医疗科技。特别是畲族，形成于元明时期，随着时间的推移，逐步形成了具有本民族特色的畲族医药。

闽西畲族长期居住在山区，村落分散，人口稀少，交通不便，经济落后，生活困难，营养缺乏，体质较差，疫疠流行严重。常见的疾病主要有疟疾、结核病、丝虫病、地方性甲状腺肿等。在这种特定的历史条件和特殊的地理环境中，畲族家家户户都自备一些草药，自用或互相馈赠；不少畲民学会一些防病治病技艺，世代相传，其中技术水平稍高者便成为民间医生。畲医为人治病多数使用自采的青草药，或用针灸、拔火罐、抓痧、祝由等疗法配合治疗，一般都能收到较好疗效。

畲族崇尚“六神”(由心、肝、肺、脾、肾、胆六脏的神来主宰)，认为“六神”受损害就会得“六神病”(也称“六辰病”、“六时病”)，一般症状为每天定时畏冷，甚至寒战，但不发烧，逐渐寒战进而疲乏无力、精神萎靡、厌怠等症状加剧。因此，“六神病”需及时采用“六神药”治疗，即根据不同时辰，不同部位，不同症状，辨证施治。若医治不及时或治疗失当，就会危及生命。对痧症的认识，畲医认为痧症有实无虚，发病原因复杂，由风、湿、火三气相搏而生，或受风寒、暑湿、气血、食积、痰饮等痧邪趁机而入，一年四季均可发生，夏秋湿热气盛，人过度疲劳或贪酒色而易感痧邪故较常见，春冬有因粪秽所触而发，有因饥饱劳瘁而生，有因食热酒热汤而得，有因染疫气而患等。因此，痧症及时治疗一般可愈，但遇危症，治不得法或失治，亦致死亡。

畲医对人体内外伤有独特的认识。他们认为，凡机体某部位受到外界突然的强力打击（跌、打、扭、压等）而致局部筋骨或软组织受到损伤称为“伤”，不仅在局部出现疼痛，还可引起全身变化，若治疗延误或失当，重者可致死亡；若加上受到风湿寒邪的袭击，就会转化为风伤，因而对“伤”特别重视，把机体的碰撞或疼痛都说是“伤”，甚至连风湿性关节炎也认为是“风伤”。畲族还把“伤”与时辰连在一起，认为人体有十二处气血调和往来之处，按照十二时辰（或六时）与二十四节气（四季）的变化，周而复始地循环。若某一处气血受伤，就会造成血脉不畅，致成“穴伤”，或称“内伤”。同一位置受伤的时间与季节不同，出现的症状与治法、用药也不同。他们把受伤部位与时辰紧连一起，认为血脉某时辰行到某脏器时受伤则不治，产生了“十二时辰不治说”。

根据伤势，畲医将伤分为两类。一是将伤分为内外伤两种，再根据症状分为若干种。内伤指受伤后引起气血、经络、脏腑病变，气血阻滞或凝结，包括伤脑（类似脑震荡）、伤气（类似气胸等症）、伤血（类似内脏破裂）、气血两伤、伤筋（类似韧带断裂或挫裂）。外伤指身体外部的皮、肉、筋、骨损伤，包括开放性骨折、皮肉破裂等。二是根据受伤的部位、症状，将伤分为外伤（皮肤或浅层组织受伤而出现皮下瘀血）、创伤（跌伤或弹击、刀砍等外伤）、骨折（柳枝样骨折、开放性骨折等）、内伤（内脏损伤）、穴伤（俗指点穴产生气血循行紊乱或阻滞）、食伤（暴饮暴食而引起积滞不化、疳积等）六种，各种伤症都有具体症状与体征，比较明确。

畲医医治小儿风症也有独到之处。小儿风症的含义是广泛的，认为“病痉”与津液气血有关，男妇皆有，如过汗变痉，风病误下变痉，疮家误汗变痉，产后汗多遇风变痉，跌扑破伤冒风变痉，表虚不任风寒变痉，失血过多变痉等等。而小儿初生，阴气未足，性禀纯阳，身内易致生热，热盛则生风生痰；小儿腠理不密，更易感寒邪，寒邪中人，必先入太阳经，太阳之脉，起于目内眦，上额交巅，所以病则筋脉牵强，遂有抽掣搐弱，故一般临床上对频繁抽风和意识不清的都叫“惊风”，分为急慢二型，有“急惊属实，慢惊属虚”的说法，发病主要原因是外感时邪，内蒸痰热及久吐久泻，脾虚肝盛等，小儿风症分 72 种，阳风、阴风、半阴半阳风各 24 种。患者临床表现象现代医学的“流脑”、“乙脑”等脑髓病变者，畲医也认为属“风症”，也用治疗风症的中草药治疗，但剂量较大，临床上也有疗效。

畲医对疾病有独特的分类法与命名法，将疾病分为寒、风、气、血症和杂症五大类，每类又根据症状分为 72 种。对疾病的命名或根据病变部位（如长在腹部的疖肿称肚疔，长在项部的疖肿称项虎等）、季节时期不同而命名（如暑痧、寒痧、风痧等），或仿动物的形态特征（如蛇痧、家痧、兔痧等），或根据患者病痛发出的声音（如鸭痧、狗痧、蜜蜂痧等），或根据患者发病时的体征（如反弓痧、羊舌痧等），或根据患者自觉症状（如穿心痧、蚂蚁痧等），或根据治疗方法特点而命名，形象通俗，容易记忆，自成体系，富有特色。

遵循“寒者热之，热者寒之”的基本法则，畲医用药药品以植物约为主的自然药物，且鲜品居多，常用单味，也用复方。用药讲求新鲜，过年药一般不用；以原生物为主；少数经过特别的加工炮制，常以鸡、鸭、猪脚、猪肚、猪心肺、猪肉、糯米酒、红刺、红糖或白糖、蜂蜜等佐之，注重以脏补脏，讲究煮药方法，重视服药时间与忌口，用药剂量都比较大,常用畲药有300多种。

畲医注重养生之道,认为动者不衰,乐者长寿,修身养性,听天由命,相信“竹子树木日晒雨淋长得快,镰革(镰刀)常磨勤使才会利”,这与“流水不腐,户枢不蠹”一脉相承。因此,畲族通过图腾信仰的各种祭祀活动和传统的民族节日,以千姿百态的畲族民间音乐舞蹈、独树一帜的畲家武术、妙趣横生的民族游戏等,娱以解乏,达到强身健体、益寿延年的养身之道。

畲医针刺疗法与中医的针灸不尽相同,注重部位,多用银制三棱针,有挑针与刺针之分,挑针又有轻挑与重挑之分:轻挑医者斜握银针,针尖露出半米粒,在表皮上重压上挑,以不出血为度(有时也有出现小血丝);重挑在表皮上挑出血丝,有的挑后还要从针口中挤出血珠。畲医认为人体生病是因体内气血不调,轻针调其气血,放血去掉瘀血,使血脉流通。针刺多采用重针,一般不留针。灸法所用艾绒一般自制,每次用量都比较大,多用隔姜或隔盐灸,一次仅1～2束,也有直接灸,多数用于慢性病,灸后易形成瘢痕,故也称瘢痕灸。

闽西适宜的气候条件非常有利于药用植物的生长。畲族人民为求生存与繁衍,在长期与疾病的斗争中,运用各种适合当时社会环境、地理气候特点和生产生活习惯的医疗方法,总结长年累月防病治疗的经验,逐步形成了具有民族特色的畲族医药,它与中医药渊源相通,关系密切,是祖国医药学宝库中的一个组成部分。

但是,由于受历史因素和地理环境的制约,特别是明清以后,随着汉族在闽西日益居于优势族群地位,畲族日益被同化,反映在医疗科技上,就是中医日益占主导,畲医融入中医之中,长期在民间流传,无人问津,致使不少宝贵医疗经验失传。

二、中医的引进与发展

三国时期,被道教尊称为“葛仙公”、“太极仙翁”的江苏丹阳句容人葛玄(164—244年),传说曾云游到武平灵洞山炼丹,丹丸用于医疗治病。南宋《临汀志》记载此时武平灵洞山上有葛玄炼丹井等古迹,证实了与道教关系密切的北方汉族炼丹术开始传入闽西。

西晋以后,北方汉族开始南迁,中医理论、望闻问切的四症法、针灸、拔罐、中草药等汉族中医科技陆续引进,并得到发展。据成书于南宋开庆元年(1259年),为福建仅存三部宋修方志之一的《临汀志》记载,定光佛郑自严在闽西留下了除蛟伏虎、疏通航道、活泉涌水、祈雨求阳、赐嗣送子、筑陂止水、治病救人等传奇故事。清代开发永定东华山的著名道士黄华音,早年向沈龙湖学道,后建庵于虎患不息的东华山,日以《黄庭经》自课,为乡民儿童诊治麻痘惊风。

总的说来,北方汉族南迁特别是客家民系形成之后,外地云游而来的道士和闽西外出修炼成道者,在传入道教的同时,宗教活动也得到开展,其中就有修身养性、修炼内外功、纳汞炼丹、展施幻术、行医活人等。

与宗教活动中行医治病并行的是，正统的中医行业在闽西逐渐发展起来，明、清时期出现了不少名医，开展了中医活动。他们擅长医治内科杂症，多崇经方，重调理脾胃，以温补养阴为主；至清末，因时疫流行，侧重时方，偏寒凉者居多。但是，许多治疗经验或者记载不详，或者大多失传，实属可惜。

明正统年间（1436—1449年），漳平陈景贤“以医衔领著，上京考试，中选医学训科之职”。万历年间（1573—1619年），漳平又有陈瑞珀、陈瑞琥任太医院吏目、医官。万历二十六年（1598年），朝廷派“中使”前往药都江西樟树买名贵药材，乘机勒索，从而发生“抗勒索”事件，不少药行、号店倒闭，药商离樟四处出走，部分药商、药贩、药师、药工纷纷来上杭、长汀、武平、连城、永定、龙岩等城乡集市圩场，行医卖药，摆摊设点，开设药铺，问症发药。

值得一提的是，明代晚期的著名僧人德宏（原姓名、籍贯、生卒年均不详），为闽西名医，悉心研究祖国医学，颇有成就，医术精湛，医德高尚。明天启年间（1621—1627年），他任皇家太医，为避宦官魏忠贤奸党迫害，埋名隐姓，流落江湖行医度日。明亡后，他在长汀华严寺出家，法名德宏，后来在汀设“华严堂药房”，热情为百姓治病，遇见病家贫穷，则施药济治。他研制的中成药惊风化痰丸、灵宝金痧丸，治四时感冒、急慢惊风、小儿吐乳、塞凝气滞、伤寒痰堵等，疗效显著，相传十余代，驰名于闽、浙、赣、粤等省，备受民间欢迎，被赞为“济世之圣药，育婴之至宝”，远销至港、澳及南洋各地，享誉海内外。

清代，闽西中医科技延续发展态势。乾隆三十五年（1770年），江西樟树的黄仁寿、余蔼园、黄凌云、黄德基合股，在上杭城区办“春生堂”中药店。乾隆四十年（1775年），江西樟树的黄海明、黄荣春也在上杭合办“全生堂”中药店。嘉庆初年（1796年），连城谢廷飏赴汀州府试，考取医学第一，送部奖博士。嘉庆、道光年间（1796—1850年），上杭县湖洋人邱正元融《易经》八卦原理于拳术中，创“八手法”，并演变至384式，全身筋骨一肢一节无所不至，用于武术健身。清末，长汀举人黄元英，随身带厘戥，常以经方重剂，挽救垂危病人，著有《医鼎》、《医鼎阶》传世。

清代出现了中医传奇人物——“万应茶饼”创始人卢福山。

卢福山，字曾雄，汀州府永定县金丰陈东（今岐岭乡陈东村）人，生卒年月不详，约于清乾隆、嘉庆年间在世。他12岁往漳州学医，寓居漳州60年。清嘉庆年间，卢福山根据中药学原理和30多年临床经验，选用砂仁、豆蔻、白蔻、檀香、木香、枳壳、山楂、肉桂等30多种地道中药材，经过传统中药制剂工艺技术，配制而成了著名的“万应茶饼”，并在漳州设药坊投入生产，为世人治病，行销甚广。卢福山去世后，其后代卢宏汉、卢斗山等继承遗业，不断发展，后将药坊迁至广东省大埔县扩大经营，将卢氏药店命名为“采善堂”，所产茶饼称“采善堂万应茶饼”。道光元年（1821年），永定泰溪翰林巫宜福回乡省亲，卢福山之子卢宏汉专程拜访，赠以“采善堂万应茶饼”。巫翰林将茶饼带回任所，遇上北京城疫病流行，巫氏即以茶饼施治，效验神速，治愈病人甚多。200多年临床应用证明，“采善堂”万应茶对胃肠积热引起的腹痛、腹泻、痞满、便秘等消化道疾病，对伤风感冒和中暑所致的发热、恶寒、呕吐、泄泻等外感疾病，对饮酒过量所致的恶心闷乱及外出水土不和、晕车、晕船诸多病症，具有显著的疗效。“万应茶”以其精良的配方，确切的疗效，无任何毒副作用和悠久的历史，成为居家旅行的常备药物，成为闽西传统医疗科技的杰出代表，被誉为“客家瑰宝”，销路遍及闽、粤、湘、赣等省及东南亚各国。

闽西客家人在频繁迁徙、艰辛劳作中，容易“上火”。为防止“六淫”致病，他们经常采集清热解毒的青草药制成药饮，从而产生了擂茶。制作擂茶时，擂者坐下，双腿夹住一个陶制的擂钵，抓一把绿茶放入钵内，握一根半米长的擂棍，频频舂捣、旋转，边擂边不断地给擂钵内添些芝麻、花生仁、草药，待钵中的东西捣成碎泥，茶便擂好了。擂茶既可作药，有解毒的功效，又能解渴充饥，是绝佳的保健饮品，堪称是客家人的杰作、传统医疗科技的奇葩。

总的说来，闽西在历代封建王朝的统治下，农业生产水平较低，经济落后，群众生活贫困，加上灾害频繁，而卫生医疗条件很差，缺医少药的情况严重，传染病流行，地方病无法防治，致使人民健康水平很低。

三、中医对外传播

闽西客家族群不是中医理论的创立者，但客家族群在中医的长期实践中，丰富和发展了中医的理论，特别是在向世界各地传播中医方面做出了杰出的贡献。清朝中期的汀州府客家名医黄会友、朱氏三兄弟就是其中的杰出代表。

清康熙年间，上杭县著名医师黄会友有祖传高超的补唇技术，善治兔唇。康熙二十七年(1688 年)十一月中旬，琉球王国朝贡使毛起龙等在进京途中，在福州柔远驿暂住。随船的水手那岑，天生缺唇，其妻弟那雄，数次往来中国，通华语，了解到黄会友在福州南台潭尾居住，补唇技术高超。次年(1689 年)二月，那岑经黄医师诊治，4 日后痊愈。消息经前批贡使传到琉球，恰好琉球王的世孙尚益(后为琉球王国尚益王)患有兔唇，于是，琉球王即命副通事魏士哲，前往福州拜黄会友为师，学习治疗医术。几经波折，魏士哲得到黄会友真传，掌握了这门补唇医术，并于康熙二十八年(1689 年)十一月二十日，入住琉球储内府，经三昼夜疗治，终于补好了尚益的缺唇，而且痊愈无痕。这一事件，彻底轰动了整个琉球王国。康熙二十九年庚午(1690 年)九月，日本御奉行村尾源左卫门听到魏士哲能治兔唇，特地到琉球，见魏士哲为一缺唇男疗治，数日痊愈，大为叹服，特请魏士哲到日本隆摩藩传授医术给藩医道与，并授给道与传书一卷。这样，补唇医术又从琉球传至日本。

朱氏兄弟三人出生在汀州府长汀县的医学世家。老大朱佩章，1662 年生；老二朱子章，1673 年生；老三朱来章，1679 年生。他们自幼习医，至康熙末年，医术已十分出名。清初，中国东南沿海各省与江户时代的日本贸易频繁，中国商船一年四季往来于日本通商口岸长崎。其时，日本德川幕府一直想通过华商招聘中国良医前往日本。汀州朱氏一家因行医兼经商，家境逐渐殷富，朱氏兄弟遂产生了去海外一展身手的念头。

康熙六十年(1721 年)七月十六日，朱氏兄弟通过在广东经商的亲戚，乘广东船主吴克修的商船抵达长崎，同时携带其徒弟、助手沈士义、德荣和阿庆等人，首先下榻于官府专为华商修建的"唐馆"。由于是受幕府聘请，为工作方便起见，他们从九月十六日起迁入唐馆大通事彭城藤右卫门的私宅。老大朱佩章在日本主要以儒士身份出现，没有从事医学活动。老二、老三作为"町医"与外界接触，他们的医务活动十分成功，治愈大量患者，包括长崎最高长官。当局挽留他们驻日近两年半之久，且奖励贸易"信牌"，允许以后持牌前来贸易。雍正元年(1723 年)十二月二十一日，老二、老三乘商船从长崎返回中国。

雍正三年(1725 年)二月五日，朱子章、朱来章携家人朱允光、朱允传、朱双玉及助手，持贸易"信牌"再次来长崎。此行除行医外，兼有商业活动。四月，他们将 76 种中国书籍作为商品出售，其中包括《本草纲目》、《本草备要》、《医统正脉》、《药性赋》、《元亨疗马经》、《医宗必读》、《张氏医通》、《集验良方》、《医方捷径》、《景岳全书》，以及抄本疗马书等众多医学典籍，都是当时日本最需要的医学畅销书。

朱子章、朱来章在诊病之余，常常与日本医生切磋医术，有时甚至最高统治者德川吉宗都直接向他们提出医学问题。如日本享保十一年(1726 年)要求他们解决有关痧症治疗、人参种植、吐剂用法、橘柑橙柚形性及鳢鱼形态等一连串问题，二人均不厌其详地答复。同年四月左右，幕府将军请朱来章与日本医生一道，将 192 种动植物标出日文、汉名、别名、俗名及中国文献出处。这是日本学界一项大规模的考证和鉴定工作，有着重大的科学意义。

朱氏三兄弟的医术受到日本患者和医界的高度评价，特别是老二朱子章，被当时日本宫廷称赞为"18 世纪旅日中国人中最杰出的人"。幕府首脑德川吉宗对他们也很重视，向各藩发出通告，凡医界想与中国医生切磋医术者，均可直接与其往来。因此，朱子章、朱来章每日除了在诊所为长崎及外地患者诊治疾病外，还要当面答复日本医生的咨询，档期都排得很满。朱子章因此积劳成疾，于雍正四年(1726 年)三月二日突然患急病客死长崎，享年仅五十三岁，他生前的医学研究和治疗经验也来不及整理成书，令人扼腕叹息。

幸运的是，朱来章留下了较为系统的作品，其中最重要的是《朱来章治验》。此写本共 20 页，现藏日本内阁文库，实际上是他在长崎行医时写下的医案，其中记载经他治愈的日本患者姓名、性别、病历、诊治要点、处方及疗效等。在每一案例中，他都从理论上阐明所用疗法及处方的所以然之理。幕府医官栗本瑞见一边学习交流，一边就医案写出评语，再由朱来章逐条对每一案例做出总结。因而，此写本不但记录了朱来章在长崎行医治病的成功经验和理论观点，而且还有日本名医的讨论，是一件佐证中日交流史的珍贵资料。

朱氏三兄弟的医学理论、治疗技术、行医理念对日本医界有着巨大的参考价值，他们留给日本的中国医学典籍对日本汉方医学发展贡献尤大。他们不愧是中医科技的传播者、中日医学交流的先行者！

第五节　古代闽西科技人物

宋元以后,闽西儒学兴盛,经济、社会、教育、文化、科技全面发展,各行各业涌现出卓越的代表。这些代表植根于社会大众的科技实践,开拓创新,成为当时科技的集大成者,照亮了闽西历史的天空,推动了闽西文明的进步。这些科技人物大部分是闽西土生土长的,也有小部分是在闽西从事科技等活动的外籍精英。

表 2-7　古代闽西部分著名科技人物一览表

类别	姓名	时代	籍贯	主要科技活动	备注
航海	王景弘	明代	漳平	以正使太监身份协同郑和率领船队七下西洋、率领船队首次登上台湾岛	大航海家
军事	刘国轩	清代	长汀	中国将火器用于海战第一人,辅助郑成功收复台湾的最大功臣;将客家水稻种植、水利技术传播到天津	郑氏台湾武平侯、清天津卫左都督总兵
科技	胡焯猷	清代	永定	最早将大陆科技文化传播到台湾	朝廷钦点“文开淡北”
农业	朱　熹	宋代	福建尤溪	在龙岩县劝课农桑,发布《龙岩县劝谕榜》	理学大师
地理	徐霞客	明代	江苏江阴	由永安经宁洋达漳平,行经建溪和宁洋溪,得出了“程愈迫,则流愈急”的科学结论	大旅行家
水利	郑自严	北宋	泉州同安	在长汀修筑定光陂,在武平开凿蛟湖	人称“定光佛”
	谢荣盛	宋代	上杭	在上杭兴建穿石珑引水渠	平民
	刘秀实	明代	上杭	在上杭兴建刘公陂	江西饶州知府
	汤少华	明朝	不详	倡建龙岩汤侯渠	龙岩县知县
	邓万皆	清代	不详	倡建连城邓公陂	连城县知县
冶炼	葛　玄	三国	江苏丹阳	到武平灵洞山炼丹	道教称为“太极仙翁”
	王　捷	北宋	长汀	在长汀冶炼金银	许州参军光禄大夫
	梁　载	北宋	不详	在长汀炼成化钱法术	道士
	黄　升	北宋	长汀	运真气炼口中汞成白金	道士

续表

类别	姓名	时代	籍贯	主要科技活动	备注
陶瓷	苏仰泉	清代	永定	兴建规模宏大的古竹制陶作坊	历经 300 多年而不衰
	童祖宠	清代	永定	风炉(副榜炉)创始人	乡试副贡
雕版印刷	邹学圣家族	明代	连城	带回杭州的元宵灯艺和印刷术,开设书坊	杭州太守
纺织	包育亨	清朝	上杭	购回并仿制纺织机,传授纺织工艺	平民
交通	王温舒	西汉	不详	开辟了历史上第一条从中原经江西宁都至闽西的军事交通线	禁卫军北军中尉
	陈政、陈元光父子	唐代	河南	开辟漳州府翻越林田岭抵苦草镇(即龙岩)的陆路交通线;疏浚九龙江龙岩段河道;推行北方先进农业生产技术,积极屯田	漳州刺史,史称"开漳圣王"
	赵崇模	南宋	不详	开辟上杭至永定峰市段航道	汀州知府
	宋　慈	南宋	福建南平	开辟长汀至上杭回龙段航道,开创汀江与韩江联航先河	著名法医鼻祖、长汀知县
	陈洪范	明朝	不详	用火药炸开上杭官庄的回龙滩,形成了汀江航道的"黄金段"	汀州知府
城池	陈　剑	唐代	不详	将州治移至今址,于卧龙山之阳筑土城,开创汀州府城先河	汀州刺史
	刘　岐	唐代	不详	创敌楼一百七十九间,使汀州府城成为坚固军事堡垒	汀州刺史
	刘　均	北宋	不详	扩城,辟六处城门,奠定汀州府城格局	临汀郡守
医疗卫生	葛　玄	三国	江苏丹阳	到武平灵洞山炼丹,用于治病救人	道教"太极仙翁"
	郑自严	北宋	泉州同安	治病救人,活人无数	人称"定光佛"
	陈景贤	明代	漳平	上京考试,高中选医学训科一职	
	陈瑞珀、陈瑞琥兄弟	明代	漳平	任太医院吏目、医官	
	僧德宏	明代	不详	原为皇家太医,在长汀设"华严堂药房",研制中成药惊风化痰丸、灵宝金痧丸	被赞为"济世之圣药,育婴之至宝"

续表

类别	姓名	时代	籍贯	主要科技活动	备注
医疗卫生	黄会友	清代	上杭	其祖传高超的补唇技术，先后传播到琉球、日本，医好了琉球琉球王国尚益王的兔唇	
	黄华音	清代	不详	在永定为乡民儿童诊治麻痘惊风	道士
	陈匹荀	清代	漳平	善治疑难杂症，有医作《陈匹荀验方集》传世	被誉为“妙手神医”
	李绍芝	清代	漳平	精于岐黄，行医于闽西南及赣南，声誉颇著	雍正朝太医院内侍大夫
	卢福山家族	清代	永定	“万应茶饼”创始人	
	朱佩章、朱子章、朱来章三兄弟	清代	长汀	赴日本传播中医，传世有《朱来章治验》	朱子章被称为“18世纪旅日中国人中最杰出的人”
	邱正元	清代	上杭	创“八手法”，用于武术健身	武术家
	黄元英	清代	长汀	著有《医鼎》、《医鼎阶》	中医名家
	谢廷飏	清代	连城	汀州府试医学第一，送部奖博士	
	黄仁寿 余蔼园 黄凌云 黄德基	清代	江西	在上杭城区办“春生堂”中药店	
	黄海明 黄荣春	清代	江西	在上杭合办“全生堂”中药店	

第三章　近现代闽西科学技术

1840年鸦片战争以后，西方列强用大炮轰开了中国的大门，中国从此进入了半殖民地半封建社会，直至中华人民共和国成立，史称近现代时期。近现代闽西包括汀州府属8个县和龙岩州属3个县，面积与闽西苏维埃区域大体相当，为3.2万平方公里。土地革命战争时期，平和、南靖部分地区曾为闽西革命根据地的组成部分。

鸦片战争爆发后，资本主义侵略势力同样渗透到偏僻的闽西山区。西方列强为了攫取最大利润，疯狂地进行经济掠夺。由于帝国主义对闽西的商品倾销和原料掠夺，导致闽西烟、纸、布等手工业和农业进一步破产，洋布战胜土布，洋纸打倒土纸，洋烟排挤了条丝烟。破产的农民和手工业者，铤而走险，上山为匪。流氓无产者占闽西全区总人口的25%。

与此同时，连绵不断的军阀混战给闽西人民带来了无穷无尽的灾难。1913年，北洋军阀李厚基入主福建，开始了在福建长达14年的黑暗统治。驻扎在闽西各县的军阀是李凤翔部陆军第三师，辖有曹万顺的第五旅和杜起云的第六旅；陆军第一师张毅的一部也驻守龙岩。各部军阀因其经济、政治背景的不同形成各派，为了争夺地盘，钩心斗角，连年混战，1922年至1925年间，闽西大小军阀混战竟达30多次。

20世纪初，中国民族资本主义趁着西方帝国主义国家爆发第一次世界大战的良机，迅速发展，近现代科技也加速引进与发展。1917年，俄国爆发了"十月"革命，建立了世界上第一个无产阶级专政的社会主义国家，开创了人类历史的新纪元，唤起了被压迫民族的觉醒。1919年5月4日，北京爆发了反帝、反封建的伟大的"五四"运动。"五四"运动很快波及闽西，龙岩青年学生纷纷响应，举行罢课，游行示威，此时的新文化运动也迅速波及闽西山乡，一时间许多进步书报纷纷传入，青年学生和知识界争相传读，接受新思潮蔚然成风，为传播革命思想起到了启蒙作用。

新文化运动和"五四"运动对闽西产生了积极影响。它激励一部分进步的知识青年自觉地学习马列主义，接受新知识，特别是民主和科学两面旗帜的树立，使闽西许多方面都发生了翻天覆地的变化。进入近现代的闽西社会，科学技术被大量引进，科学技术有了一定的发展。但是由于缺乏自主创新能力，此时的科技创新远远落后于时代的发展需要。

第一节　近现代农林科技的推广和应用

农业以及作为附属的林业，一直是古代闽西地区的传统产业。自古以来，人们日出而作，日落而息，人身对土地的依附关系表现得十分强烈。只是明清以后，这种依附关系略有松弛，人们可以有更多的时间从事非农林业的生产或经营，如采矿业、手工业和其他转运贸易业。1840 年以后，一方面是西方殖民者的侵略，另一方面是西学东渐，随着科学技术的发展，近现代农林科技得到推广和应用。

一、农业科技的出现

近现代闽西的农业生产受封建土地制度的束缚，生产水平很低。长期以来，广大农村保持着水稻占 80%，甘薯杂粮占 18%，经济作物占 2%的单一粮食生产格局，难以自保温饱，长期只能勉强维持简单再生产，年复一年，根本无力改变生产条件。

闽西 69.8%的耕地是梯田、山垄田，田丘小、土质瘠瘦，大部分是“望天田”，水利设施落后，在闽西 188.93 万亩水田中，有效灌溉面积仅占 36%，64%的耕地需受大自然制约，风调雨顺多收，灾年减收，农业生产极不稳定。到 1949 年，农业生产水平依然很低。由于山区交通闭塞，科技落后，丰富的森林资源和矿产资源未被人们重视和开发，没有开展多种经营，因而农村经济萧条，农业总产值一直很低。1949 年闽西农业总产值仅 1.39 亿元，人均产值才 128 元，农民根本没有扩大农业投资的能力。虽然如此，农业科技仍然得到缓慢进展。

(一)土地所有制的变化

清末民国时期，传统的官田逐渐被废除。民国初年，军阀混战，屯田被地方当局变卖，成为私有财产。至 1929 年土地革命以前，占农村人口不到 10%的地主、富农，却占有 70%～80%的土地，占农村人口 90%的雇农、贫农、中农及其他劳动群众，只占有 20%～30%的土地。

第二次国内革命战争时期，在中共闽西党组织和苏维埃政府的领导下，出现了分田分地真忙的景象。按照当时闽西苏区形成的“田地以乡为单位，按男女老幼、依原耕形势将他们在本乡田地总合起来，抽多补少，平均分配”和“抽肥补瘦”等土地分配原则，闽西有 50 多个区、600 多个乡废除了封建土地所有制，使 80 多万无地少地的贫雇农分到耕地和其他生产资料，实现了“耕者有其田”，从而发展了农业生产。

1934 年秋，红军主力战略转移北上抗日后，国民党地方当局纠集地主武装对苏区人民进行反攻倒算，许多贫苦农民又失去了土地。但由于闽西地区长期保留有共产党地方武装，坚持游击斗争至 1949 年全境解放，最终保留了龙岩、上杭、永定等县 15 万人口地区土地革命时期分得的20万亩土地的革命果实。

据1935年统计，闽西耕地面积有230.9万亩。其中，水田116.4万亩，旱地114.5万亩。1946年，耕地减少为219.57万亩，人均占有耕地2.1亩，水田与旱地比为1∶0.98，农作物播种总面积253.3万亩。1949年，闽西耕地面积为233.78万亩，总人口达到108.87万人，其中农业人口98.69万人，劳动力54万人，每个劳力负担耕地4.3亩。

(二)农业工作机构和科技研究

清末至民国，闽西州府级没有设立专职农业管理机构。1931年，民国政府才开始在武平县政府内首设建设科，内置农业技师数名，分管农业行政、技术指导等业务。

在农业科技研究和推广方面，武平县于1935年划县城东门外地块创办苗圃，从事路树培育，1940年改为县农场，作为农村生产科技机构，1943年又改为农业推广所，设技术推广员、助理员各2名，从事良种繁育、病虫害防治等农林技术工作；长汀县于1936年创办苗圃作为农业科研业务机构，专门从事农业科研与技术推广，1940年福建省在长汀河田设土壤保肥试验区，开展治理水土流失研究。1945年，龙岩、长汀、连城、武平、上杭等县都设立了农业推广所。1946年8月，龙岩、长汀、永定、上杭、武平、漳平、连城等7县，陆续建立农事试验场。

在农业科技人才培训方面，长汀县于1924年在苍玉洞创办蚕业学校。武平县于1925年设蚕业班。1937年，为避免抗日战争战火的破坏，晋江民生农校迁往上杭茶地，1938年改为私立上杭力行农校，不久停办。龙岩县于1941年创办龙岩初级农业职业学校。1942年福建省龙岩高级农业职业学校在龙岩县大同乡后孟村创建。但是，由于经济困难，经费缺乏，这些农业工作、科研机构举步维艰。

(三)农作物物种的引种和推广

近现代闽西农业内部结构一直保持农业种植业占50%以上的比例。但民国时期的农业结构比例大体是：农业占78%，林业占2.4%，牧业占6.8%，副业占12.6%，渔业占0.2%。到1949年闽西粮食总产(含大豆，下同)仅26.87万吨，亩产88千克，人均占有粮食247千克。

粮食作物在传统作物的基础上，引进外来优势种，培育本地种，成效比较显著。其中水稻种植技术悠久，但属于劳动密集型的粗耕粗作。闽西水田绝大多数为一年一熟制，少量为一年两熟制，山区基本上以种单季稻为主，南部有部分地区种双季连作稻或双季间作稻。1949年，闽西有单季稻170.61万亩，双季间作、连作或稻杂两熟制面积52.74万亩，分别占水田面积的75.12%和23.18%，复种指数为142%。播种育秧采用清水浸种，选择避风向阳秧田，整平地，以7～8尺为一畦，踩脚印为走道，水播水育，亩播种子100多千克。种植高秆品种，都是稀植，一般株行距1～1.5尺。沿用自流串灌办法。民国期间，种植的品种主要有蚁米、红脚赤、红脚白、芒禾、大叶早、赤糯、长糯、圆糯、细谷子、早赤、大叶白、白米、花禾、大秆白、红脚变、大叶禾、花罗粘、冷水白、八十日早、金包铁、高脚锤、红米入坑马、红矮赤子等 800 余个，种植分散，且多属高秆类型，易倒伏，产量不稳。20 世纪 30 年代永定从漳州南靖引入正铁禾（又名铁禾、铁木香、白尾雕）这一迟熟晚籼，具有产量高、耐肥、不易落粒、米质良好等综合优良性状，比一般老品种增产 20%左右。40 年代，漳平从漳州南靖引入过山香（又名白鲜种）迟熟晚籼，因米质好，香味浓郁，民间有“山前煮饭山后香，一家煮饭百家香”之说，并因此而命名。

经济作物作为粮食作物的补充，品种比明清时期要多。主要有：

烤烟。主要生产地在永定。永定区的晒黄烟（条烟丝），在清宣统二年（1910 年）和 1914 年，曾分别在南洋勤业会和巴拿马赛烟会上获奖，历史上有“烟魁”之称，曾畅销东南亚各国。1946 年引进特字 401、特字 400 号试种成功。1949 年，种植晒烟面积 9349 万亩，产量 574.4 吨；烤烟面积仅 4 亩，产量 150 公斤。

茶叶。闽西野生茶树资源丰富。茶树栽培品种以实生菜茶为主，茶树随坡丛栽稀植，主要品种有联山大叶种、斜背菜茶等，亩栽 500～800 丛，粗耕粗管，产量低。但是，在栽培品种和采制工艺上，各县都有其独到之处，如在栽培品种上，有永定的“灌洋茶”、武平的“高布茶”、龙岩的“斜背茶”、连城的“赖源茶”等，在采制工艺上，各地都形成独特的品质和风格。但生产历来以漳平为最多。清同治、光绪年间，漳平吾祠、新桥一带，茶寮达百多个，以产炒绿、乌龙为主，除销本地外，还销往广东和东南亚。从整体来说，这一时期闽西茶叶生产发展仍十分缓慢，长期停留在小农生产阶段。到 1936 年，闽西茶叶面积曾发展到 1.94 万亩，总产 220 吨。而到 1949 年，茶叶面积回落到 3453 亩，产量 63.85 吨，大片茶园荒芜。

（四）农业生产技术的改良应用

民国以后，随着科学技术的传播，人们开始探索出一套比较成熟的农业改良与应用技术，并逐渐走向科学化。

施肥技术方面。闽西传统的施肥技术，以农家肥作基肥和追肥，采用泼肥、撒施、点施（塞兜）等方法。这一时期的肥料，主要为绿肥，多采摘野生绿草和树叶用于肥田，如菖藤、布荆、蕨类、臭菊、辣蓼草、盐肤木、胡枝子、芒萁草、苦楝、枫叶等。肥、食两用作物有蚕豆、豌豆等。

闽西在历史上就有利用资源优势，广泛施放石灰，用于对中和土壤酸性，提高土温，加速有机质分解，防除病虫害等，均有发挥一定的作用。20 世纪 30 年代，曾有少量进口硫酸铵，作为化肥使用。但抗日战争期间货源断绝。40 年代，国内著名土壤学家宋达泉、俞震豫、沈梓培、席承藩等，先后在龙岩、永定进行土壤专题考察，留下了土壤调查篇章。长汀河田设立土壤保肥试验区开始对土壤保肥的研究，连城县在民国时期就开始施用少量化肥（肥田粉）。

据《龙岩县志》记载，1944 年，龙岩“本县农家对于堆肥、绿肥及磷肥之施用甚少，在此肥料缺乏之时，实应加以提倡。农家对各种作物施用之肥料，多沿用社会习惯。其施用种类及分量，因农家经济不同，颇有出入。但大部分农家施肥量，均感不足”。可见，国民党地方当局相关机构对水稻及农作物施用的肥料、分量、时间、方法等作过具体的研究。从下列龙岩县公布的各种主要作物施用肥料概况表，可以一窥民国时期农业科技的状况。

表 3-1 1944 年龙岩县各种主要作物施用肥料概况表

作物	次数	施肥名称	施用分量（单位：市斤/亩）		施用时间	施用方法
			最多	最少		
早稻	第一次	烧土及草灰	500	300	插秧后约经两星期	用人粪尿搅拌烧土及草灰，再经阳光晒干。先将稻田除草，中耕后用手施于稻秧之根部
		人粪尿	350	200		
	第二次	人粪尿	500	300	距第一次施肥后三星期	施用方法与第一次相同。亦有不用烧土，专用人粪尿施于秧之根旁
		烧土及草灰	350	200		
早季稻	第一次	烟草	12	7	插秧后两星期	先将烟草搓成索状，剪断约长一寸先塞于秧根部，再用人粪尿搅拌烧土，施法与早稻施法相同
		人粪尿	500	300		
		烧土及草灰	350	250		
	第二次	人粪尿	500	300	距第一次施肥后三星期	将人粪尿与烧土及草灰搅拌，经日晒干，用手塞下秧根
		烧土及草灰	350	250		
晚稻	第一次	烟草	15	10	插秧后三天	先将烟叶搓成索状，剪断长一寸大。如大拇指，塞于秧苗之根部
	第二次	烟草	14	8	插秧后半个月	与早稻第一次施肥法同
		人粪尿	550	350		
		烧土及草灰	300	200		
晚稻	第三次	烧土及草灰	550	350	距第二次施肥后半个月	施法与早稻第一次施肥相同
		人粪尿	350	250		
番薯	第一次	人粪尿	200	100	在插条时	将人粪尿与烧土及草灰搅拌，经日晒干，先将薯条插入，上盖肥料
		烧土及草灰	300	200		
	第二次	人尿	350	250	插条后两星期	施用时，每百斤人尿冲水二百市斤，再用小尿筒施于薯苗根部
	第三次	人尿	400	300	距第一次施肥后约经四、五星期	施法与第一次相同

续表

作物	次数	施肥名称	施用分量（单位：市斤/亩）		施用时间	施用方法
			最多	最少		
小麦	第一次	人粪（大肥）	600	450	在播种时	在未播种前先开穴，施下大肥，插下麦种，再盖烧土及草灰
		烧土及草灰	300	250		
	第二次	人尿	600	400	在小麦出苗四星期	尿水各半，对冲用小尿筒施浇，每小筒可施七八株
	第三次	人尿	600	400	距第一次施肥后，约经四、五星期	与第一次施法同
油菜	第一次	人粪尿	200	100	油菜出苗后一星期	人尿每百斤冲水二百市斤，喷于菜苗上
	第二次	人粪尿	200	150	出苗后五星期	每百市斤人尿冲水百五十斤，用小尿筒施用，每小筒可施九至十株

耕作技术方面。闽西农田耕作长期沿用传统的人力和畜力。畜力主要是黄牛和水牛。至全国解放前夕，闽西有耕牛7.47万头。山区以黄牛为主，分布在上杭、武平、连城、长汀等县较多；水牛分布在漳平、龙岩、永定等县较多。每头役牛平均负担30亩耕地。耕牛的使役年龄为3～12岁，黄牛日耕田0.8～1.0亩，水牛日耕田1.5～2.5亩。1头耕牛一年内排泄粪尿达1万多公斤，相当于119.3公斤硫酸铵、101.25公斤过磷酸钙、204.4斤硫酸钾，成为绿肥的有益补充。传统耕作农具有锄头、铁耙、铁锹、镐头、田铲、田刀、水犁、田耙、辘轴、秧盆、粪箕等。

农田灌溉方法。闽西农田普遍是利用积水成塘蓄水灌溉，利用风力和水力提水灌溉，如水车、木戽等，逐步发展到建造引水渠道，修筑陂圳等小型农田水利设施。由于经济落后，大部分水利工程设施简陋，易遭水毁，而且规模小，使用效果差，抵御灾害能力弱，大面积灌溉用水得不到解决，基本上靠天吃饭。到1949年，在226万亩水田中，有效灌溉面积仅80.97万亩，占全区耕地的36%。新中国成立前，由于土地私有，农业生产物质基础薄弱，农田治理仅搞一些开沟排涝、石砌田坎等规模很小的工程，粮食亩产一直徘徊于100公斤左右，中低产田面积占70%以上。

（五）病虫害及其防治

民国时期，闽西稻瘟病偶有发生；螟虫则经常发生，有三化螟、二化螟、大螟，其中低海拔地区以三化螟为主，中山地区以二化螟为主；稻瘿蚊常见于山区、半山区农田中，多则达10多万亩。

小麦病虫害以赤霉病、锈病为主，其次散黑穗病、黏虫、麦蚜、叶蝉等时有发生。甘薯病虫害以甘薯瘟、小象鼻虫、软腐病为主，其次有疮痂病、蔓割病、黑斑病、丛枝病、卷叶蛾、斜纹夜蛾、旋花天蛾等。大豆病虫害常见的有造桥虫、小夜蛾、银纹夜蛾、大豆尺蠖及锈病、斑枯病等。油菜病虫害以菌核病、霜霉病、潜叶蝇、蚜虫发生面较广，危害较大。花生病虫害以青枯病、褐斑病、黑斑病为主，其次是锈病、蚜虫等。甘蔗病虫害以蔗螟为主，常见有黄螟、二点螟和大螟。其次，有吹绵介壳虫、棉蚜、煤烟病及冬季贮藏期的风犁病等。烟草病虫害以黑茎病、病毒病、白粉病、青枯病、炭疽病、烟青虫等发生较普遍。西瓜病虫害以炭疽病威胁大。柑橘有红蜘蛛、锈壁虱、矢尖蚧、天牛、吸果夜蛾、疮痂病、炭疽病、溃疡病、黄龙病等为主要病虫。茶叶病虫害以小绿叶蝉危害甚烈，其次有轮斑病等。蔬菜常发病虫有白菜软腐病、瓜类炭疽病、甘蓝黑斑病、葱尖霜霉病、马铃薯晚疫病、薯芋疮痂病、菜蚜、菜青虫等。

这一时期，由于民不聊生，地方当局没有病虫害测报组织，也无化学农药，防治病虫害主要采用人工和民间土法防治为主，不少农民还求神拜佛以求治理。

在农业防治上，一般采用选育和利用抗病品种、改进耕作制度、稻草回田、轮作倒茬、调节播种期等方法，防、避病虫害。产烟区有使用烟叶浸田习惯，用于防治螟虫、稻瘿蚊、食根金花虫等。1944 年版的《龙岩县志》载："烟草含有尼古丁，对于防治螟虫颇有功能，现施用烟草之田地，多无螟害"。而防除草害，则只有人工除草。

二、林业科技的起步

在封建社会，闽西的林业属于农业的补充，政府一直没有设立林业机构。民国时期，国民党政府在龙岩专区及各县设立建设科，兼管林业事务。但是，民国政府从未建设形成规模效益的造林、育林，仅限于群众自发零星营造，加上连年战乱和山林火灾的破坏，森林资源消耗多、增长少。土地革命时期，苏维埃政府内设山林矿产管理局，兼管林业工作。

山林分布方面。民国时期，集体山林主要是族有林、村风景林、祖宗风水林、桥会山、柴山等名义上为某村或某宗族所有，实为富豪、地主所把持。国民党政府曾划过少量山林归国有，供驻军之需，无经营性质，共 38784.84 亩，占山地面积的 1.17%。1929 年，中国工农红军入闽，建立苏维埃政权，1930 年通过《闽西第二次工农兵代表大会决议案》，将所有山林归属苏维埃政府，分给农民耕管，有经营权、种植权、开垦权，但无私人所有权，且不会耕山者不分。1934 年，红军主力北上以后，苏维埃政府分配的山林一部分被地主、豪绅夺回，只有上杭、龙岩等县 60 多个革命基点村，仍保持苏维埃分田、分山的状况。这些，标志着林业已经从农业中脱离出来，近现代林业科技开始起步。

清宣统年间（1909—1911 年），永定县有 10 余家商行曾组织"华实园"，开垦水田，办林场、苗圃。民国时期，上杭蛟洋华氏宗族也成立"裕源公司"，长汀绅士组织"振兴植物研究会"。永定坎市富豪卢实秋创办"丰大农场"，从事人工林造林活动。

民国十三年(1924年),国民党当局创办武平县苗圃,培育桉树苗木。民国十六年,因经费不足停办;民国二十四年重办县苗圃,民国二十七年改为县农场;民国三十二年,又改为县农业技术推广所,有山林、农田共1412亩;1949年10月,武平县人民政府接收县农业推广所,改名为武平县地方国营农场。此外,上杭、长汀、连城、漳平也设有苗圃,收购过油桐、油茶、板栗等经济树种的种子,也繁育少量插条和分根苗木。1940年,长汀河田水土保持试验站建立,有育苗活动,但属于试验性质。

这一时期,人工造林多限于采集杉木萌芽插杉、挖取野生苗,或用种子直播造林。如武平北部有成片人工杉木林,汀江流域有人工毛竹林,各地农户多有油茶、油桐、板栗等经济林。

采集松脂方面。闽西群众有采脂的习惯,但未掌握科学的利用技术,仅用简单的工具割破松树皮,让少量松脂沿树干流至地面装具,资源浪费严重。

林业病虫害防治方面。竹蝗是历史上为害时间最长的森林害虫。1854、1881、1913和1941年,长汀的后坪山、上杭的老鸦山、龙岩与连城交界的百金山,就有竹蝗发生,零星小片,自发自灭。除竹蝗外,闽西还有马尾松毛虫、竹毒蛾、松叶蜂、樟毛虫,板栗毛虫、杉梢卷叶蛾、竹小蜂、白蚁、油茶兰翅天牛、金龟子、柳杉毛虫、松梢螟、竹笋夜蛾、竹笋泉蝇、竹螟虫、黄檀粉蚧、赤桉白蚂蚁、毛竹绿刺蛾、黄檀小卷叶蛾、刺蛾、杉木叶枯病、湿地松枯梢病、松落针病、松赤枯病、毛竹枯梢病、杉木炭疽病等病虫害,在个别年份呈零星发生。地方政府面对林业病虫害,普遍束手无策,任其自生自灭。

三、水产养殖技术的进步

闽西境内溪河纵横,主要分属汀江、九龙江、闽江三大水系,区内河水含沙量少,水质清新,各江河平均水温大于15℃的鱼类适温期,长达275～309天,含氧量丰富,有利于鱼类和饵料生物的生长繁殖。江河淡水鱼类共80多种,其中经济鱼类约20种,汀江主要经济鱼类,有草鱼、鲮鱼、扁圆吻鲴、黑棘倒刺鲃、鲤、鲫、马口鱼等10余种。九龙江上游主要经济鱼类,有鲤、鲫、银鲴、黑棘倒刺鲃、台湾铲颌鱼、大眼华鳊、赤眼鳟等10余种。汀江和九龙江均发现有鲮鱼等鱼类的天然产卵场。闽西有淡水鱼类共计18科、115种,约占福建淡水鱼类的60%。1925年,瑞典学者伦达尔(H. Rendahl)在连城发现福建纹胸鮡新种,1926年又著文记述采自长汀新桥的另一鱼类新种,命名为黑脊倒刺鲃,系本区名贵鱼类之一。

相比古代,这一时期闽西的水产养殖技术进步较大。

鱼类养殖,主要在鱼塘。这一时期的鱼塘少数为乡村共有,多数为中、富农私有。乡村共有的鱼塘,一般按族房轮流放养或合资共营,亦有私人投放;属私产的,一般由私人自养或合股投资,少数转租。鱼类,除鲤、鲫等鱼苗可自然繁殖外,家鱼苗主要来源于江西九江,一般靠渔农挑运,于每年农历四五月间集资前往江西九江及广东潮汕一带挑运鱼苗。鱼苗采用鱼篓加水装运,每篓装苗千把条,运输死亡率一般为20%～30%,严重的达80%。

闽西养殖的水生经济动物,常见品种有11科、17种。两栖类有青蛙、虎纹蛙、牛蛙、棘胸蛙;爬行类有龟、鳖;甲壳类有沼虾、螃蟹;贝类有田螺、螺蛳、河蚬、河蚌等。其中,龟、鳖、棘胸蛙系水产珍品。龙岩州是棘胸蛙及鳖主产地,天然产量约占闽西的一半。

闽西种植的水生经济植物,包括双子叶植物如荷、菱等,单子叶植物如茭白、芦苇、席草、荸荠、慈菇等。

这一时期,在博平岭、玳瑁山、武夷山南段,存在山区稻田和家庭养鱼、淡水珍稀动物养殖。这一区域多位于闽西的东北靠西边缘山区,和中北部的部分山区,海拔较高,温水性鱼类生长期相对短一旬以上。这里交通比较不方便,人口比较少。区内没有鱼苗鱼种场,苗种全靠外调,成活率低。养鱼水域条件特差,多数池塘为低产塘。由于养殖者文化素质差,技术水平低,养鱼效益不高,却是棘胸蛙、鳖、龟等淡水珍稀动物的主要产区。

在汀江、九龙江北溪河谷盆地,形成了池塘精养的习惯。这一区多数是汀江、九龙江北溪河谷沿岸地区,地势比较开阔平坦,海拔较低,水资源丰富,气候温和,年平均气温18.8～20.4℃,温水性鱼类生长期平均在291天以上,多数地方鱼类越冬期和夏天高温抑长期仅几天,且交通发达,是经济、科技的活跃地区。渔区群众有较高的养鱼技术,分布较多的养鱼专业户、重点户和高产塘。

这一时期,由于牧渔业生产资料多属私人所有,封建王朝和国民党政府没有设立疫病防治机构或组织,养殖鱼类很少发病,只是“雨晴无时鲩易瘟”(即患肠炎病),易发暑天反水病(即泛池)。

第二节 近现代工程技术的兴起

西方工业革命以来,特别是电气革命的出现,蒸汽机、内燃机运用于工程技术之中,近现代交通和工程机械也开始出现。1840年以后,西方殖民者的侵略给中华民族带来深刻的灾难。为挽救民族危亡,中国有识之士引进“西学”以实现“师夷长技以制夷”,因此闽西的近现代工程技术也顺势得以引进和运用。

一、水利技术的出现

闽西山高林密,溪河广布,汀江、九龙江水系横贯其间,集水面积50平方公里以上的溪河有110条。全区水力资源丰富,地下水和地热资源较丰富,开采价值较高。但是,直到20世纪40年代,近现代水利技术如水电站的建设、水土流失的治理,才逐渐起步。

（一）水利的建设与利用

闽西水利资源丰富，但是历代从未进行有计划的水利建设，农田灌溉方式简陋，水利设施只有陂、圳、高车（槔车）、竹枧、水塘、戽斗、戽桶等简易灌溉工程和工具，灌溉面积小，抗灾能力低，农业生产水平低下。1949年，闽西有2/3的耕地仍属"望天田"，早季靠春、夏雨水耕作，晚季只能种植旱作物。丰富的水利资源未能开发利用，广大农村根本谈不上利用水电生产和照明。

引水工程。1949年，今龙岩地域内有效灌溉面积80.97万亩中，绝大部分靠引水工程灌溉。其中灌溉千亩以上的工程12处，灌溉百亩以上的近1300处，小型引水工程有上万处。民国时期建造的较大工程，有长汀濯田千工陂等。

蓄水工程。仅有一些积水塘用于积水灌溉。龙岩县月山乡有苏厝塘、杨厝塘、红鲲塘，3塘面积约10余亩，灌田数百亩；长汀县青岩鲜水塘，灌田数十亩；上杭县开塘蓄水灌田的，有古田白莲塘、庐丰仙水塘、珊瑚璞树塘，水深数丈，这些水塘现已不见踪迹。

新中国成立前，全区水利资源的应用，除结构简陋的槔车和水碓等提水、动力器具外，直到20世纪40年代才开始运用于发电，仅建造了3座总容量为49.5千瓦的微型电站。到1949年，全区水电站年发电量23.77万千瓦时。

水电站。1935年，龙岩县龙门湖邦人张焕成在家乡湖洋浦上溪建"巨轮水力电化厂"，引龙门溪水，带动30千瓦直流发电机发电，供龙门街道沿途亲友照明，同时以食盐为原料，生产氯酸钾；抗日战争胜利后，利用电力发展碾米磨粉制面；新中国成立后，改为地方国营龙门水电厂，兼制水泥，是全区历史上第一座水电站。1945年，漳平县永福乡修建蓝田水电站，装机11千瓦，每日仅供数小时照明；新中国成立后，电机烧毁停产，1952年修复，1953年并入漳平县电厂为分厂。1945年，龙岩县龙门塔前村罗德森、罗天明等人集资，在湖邦枫榔修建装机8.5千瓦的水电站，因有巨轮水力发电厂供应照明，所以改制卷烟。新中国成立后，改为龙岩县造纸厂。但是，这些电站多因技术水平低、选址不当、仓促建站、质量太差、容量过小等原因，以后均被淘汰。

（二）水土流失治理技术

闽西以低山、丘陵为主，河谷盆地交错，地形复杂，土壤多由花岗岩、变质岩和砂砾岩、紫色粉砂岩发育而成。花岗岩分布广，易于风化，断裂破碎深度大，风化后渗透性差，潜伏着水土流失的危机。土壤类型以红壤为主，保水保肥力差，抗蚀能力低。加上全区处于海洋性季风气候区，温暖湿润，雨量集中在季节的3—6月，占年降雨量的50%～60%，大于50毫米的日暴雨量，有50%集中在5—6月。而冬季雨量少，12月雨量仅占全年雨量2%左右，旱情严重，有的年份达几个月不下雨，致使母岩风化十分强烈，不利的地质地貌与高温多雨的气候互相作用，容易造成水土流失。历史上，长汀、连城两县，因为人多地少，缺乏煤炭资源，被迫乱砍滥伐森林。特别是长汀河田，水土流失最为严重，类型以水蚀为主。

河田，原名“柳村”，在清朝道光年间(1821—1850年)，是个山清水秀、土地肥沃的村庄，境内森林茂盛，柳树成荫。到清末民初，由于连续发生数次森林大砍伐，植被遭受破坏，水土流失逐年加剧。每当山洪暴发，泥沙滚滚，冲堤毁田，“河”与“田”连成一片，河面比田高，人们就把“柳村”称为“河田”。1912和1916年，河田曾因林权纠纷，发生两次大规模互相抢伐林木；1934年前后，国民党当局对苏区实行第五次“围剿”，大量砍伐林木充做“军资”，致使苍翠山林变成淡草迹地。1941年10月，据福建省研究院调查记录，当时河田的四周山岭尽是一片红色，很少看到树木，只有杂生的几株马尾松和木柯，切沟密布，山面支离破碎，不闻虫声，不见鼠迹，飞鸟也不栖息。河田全境3/5为丘陵，已全部被侵蚀，耕地面积约六七千亩，1/3化作荒地。

闽西其他各县也存在不同程度的水土流失情况。其中，长汀、连城两县，属严重水土流失区；武平、上杭、永定等县，属一般水土流失区；龙岩、漳平属无明显流失区。连城县文亨一带，山地植被遭破坏后，表土被冲刷殆尽，紫色的山坡光秃裸露，寸草不生。永定县从20世纪30年代开始，林木遭受过度砍伐，造成山体崩塌，良田被淹，溪河淤塞，土壤侵蚀面积占全县总面积的1/4。龙岩县境东北部的荒丘，在40年代也开始显示水蚀现象。

水土流失造成的危害是明显的。由于植被遭破坏，水土流失，地力衰竭，“旱、瘠”矛盾突出，造成生态环境恶化，自然灾害频繁；同时，水土流失侵蚀山地，冲刷耕地，大量泥沙冲入溪河、渠道，使渠道淤塞，河床抬高，影响交通和工程效益。如长汀河田，裸露山地的地表极端温度高达76.6℃，4年生马尾松高仅0.47厘米，植被盖度小于5%，地表失去保护，雨溅水冲，表土流失殆尽，土壤异常贫瘠，造成生态失调，旱涝灾害频繁。

为了加强对水利事业的管理，民国时期，各县政府的建设科主管水利事业，但水利兴建的具体事项，均由倡导人或受益地区代表组成水利协会筹办。20世纪40年代，较大工程由华北水利委员会或第七区水利工程处承担。1941年6月，福建省政府建设厅在长汀设立农田水利工程处，办理闽西各县农田水利工程的设计与兴建事项。

对水土流失的研究和治理，始于20世纪40年代。1940年12月，国民党当局所属的福建省科学研究院，为了承担福建省经济建设计划中有关荒山利用、农田土壤改良和土壤冲刷的防治研究，特在长汀河田设置了一个以研究防止土壤冲刷为主的研究机构，定名为福建省科学研究院土壤保肥试验区，直属于研究院，有编制20多人，试验场地和苗圃4000多亩。这是全国最早的3个水土保持科研机构之一。首任主任夏之骅，1941年9月至1947年7月由张木匋接任。鉴于试验区主要工作为水土保持试验研究，1944年后由福建省科学研究院决定将土壤保肥试验区改名为水土保持实验区。1945年抗战胜利，研究院随福建省政府由永安迁回福州，但水土保持实验区仍留在河田，而由福建省政府报请国民政府农林部接办。农林部于1947年8月正式接办，并决定与广东东江流域的水土保持研究机构合作，改名为农林部东江水土保持实验区，由肖泰良任主任，直至1949年全国解放。

为了更好地开展水土保持工作，1946年8月27日，河田水土保持实验区特地向福建省科学研究院呈报了招聘各种人才的代电。由于国内的各种环境因素制约，河田水土保持工作举步维艰，技术力量只有聘请的技工 18 人，且多为本地农民。张木匋等人采取了工程措施、生物措施，开展水土保持和科学研究工作，取得不俗的成绩，这在 1947 年 1 月 14 日福建省政府致农林部的函中有所体现：

该区自成立以来，关于工程之措施，系先从事于构植柴排、建筑坊坝、开辟梯田、深耕植树，流沙得以阻遏，绿田不致湮灭，径流因而控制，旱干转滋润湿。然后又从事于搜罗草本密栽地面，选择果木加肥种植：前者使地面被覆植物逐渐恢复，后者藉以示范乡民从而仿效。截至目前，总计筑成柴排四百余座，坊坝四千余座，开辟梯田达十平方市里，栽布牧草约略相等。此外，关于学术方面亦有足述者，如：河田荒山荒地雨水流失量与泥沙流失量之试验，河田荒山切沟处理对于控制径流之试验，河田各种土壤对于雨水渗透率之测量，河田荒地栽培果品之方法，改良河田土壤新植物之发现，河田荒山植物生长之观察等等，均有详细记载，可供参考。

长汀河田土壤保肥试验区在治理长汀水土流失主要采取的措施有：

一是封禁治理。划定从河田大路口至蔡坊村 15 公里沿线 3 公里内之山地，为封禁区。禁止割草伐木，曾取得一定成效，因未能坚持而失败。

二是示范推广。土壤保肥试验区设有化验室、土壤标本室、测候室、种子室等，在河田划出 10 平方公里范围的山地、荒坡及田地为试验区，先后进行气象、水文观测，开展坡面工程、田地土壤保肥与改良、防止沙冲刷、保土植物、保护荒山草木等试验研究工作，取得一定成效。

三是综合治理。在长汀河田水土流失区的山坡地，筛选了 30 余种、10 万余株乔灌木和绿肥植物作先锋植物，并砌石坊 90 余座，土坝 4000 余座，拦沙堤 67 米，排水沟 36 条，开水平梯田 30 余亩，进行综合治理。

但是，上述试验研究因受当时抗战旷日持久的影响，加上经济困难，物价猛涨，生活条件恶化，科技人员离开，不少项目最终未能完成。

二、交通工程技术的出现

闽西历史上被称为“鸟道蚕丝，几不容趾”，仅有的几条通向区外的山道也是“依山多崩，临溪多截”。因此，交通不便，信息闭塞。进入近现代以来，特别是辛亥革命以后，发展实业经济的势头日益高涨，西方先进的科学技术不断向闽西内地传播，信息的快速传递和商品转运贸易的繁盛，改进旧有的封闭落后的道路交通成为当地群众的迫切愿望。闽西的交通开始了艰难的近现代化的历程，公路和航空都获得了一定程度的发展。但是，由于闽西各地经济政治发展的严重不平衡，决定了各地交通发展的不平衡，龙岩、长汀作为州府所在，近现代交通发展较快。总的来说，近现代交通工程技术的出现，促进了经济发展，改变了闽西人们的出行方式，一定程度上转变了人们的思想观念；加强了闽西与外部的联系，丰富了人们的生活。

(一)公路工程技术的进步

闽西最早的公路建设始于20世纪20年代。1920年,北洋军阀政府龙岩县官商共同组建公路筹备处,开筑龙岩南门外溪南坊经莲花山至崎濑,长15公里的闽西第一条草创路基。此后,著名的公路交通工程技术专家、汀漳龙工务总局工程科长王弼卿来龙岩,兼任岩永公路局局长,经过数年陆续施工,增筑了西兴桥至龙门硿长6公里,东门外至津头长13公里的路基,极大地拓展了龙岩城的城市面积。同时,长汀县驻军李凤翔也组织公路局,以萧树棠为局长,把省道附加粮捐作为经费,开筑城内水东桥至西门长约1公里的公路。

这一时期,闽西永定籍著名的公路交通工程技术专家王弼卿在闽西公路建设史上写下了浓墨重彩的一笔。王弼卿,字翼云,永定高陂人,清光绪二十一年(1895年)生。他少年时,就读于广州岭南大学附中,后入北方路矿学堂(即唐山交通大学前身)土木工程系学习,精数理,善英文,通经史,好诗词,毕业后执教于永定县中学。1918年,援闽粤军总司令陈炯明率部进驻漳州,在闽南兴建公路,王弼卿应汀漳龙工务总局局长周醒南之聘,任该局工程科长,兼汀漳龙公路工程学校教员。在此期间,主持设计和开筑漳州经石码至浮宫全省第一条公路,设计了漳龙汀公路并开筑从漳州至宝林的路段;开筑漳州至九龙岭(通汕头)、漳州至江东桥(通厦门),以及漳州附近的其他短途公路,共长约180余公里。在公路修筑过程中,他又设计和兴建了各线的桥梁涵道,其中,九龙江西溪芗江上的中山桥(古桥),全长426.72米、桥面净宽5.4米,利用江面的3个沙洲筑路堤,以古桥的坚实石墩为桥基,上覆钢筋混凝土桥面,全桥分为4段22孔,为当时闽南第一座用古桥改建成的公路大桥。南靖县的宝林桥,桥长173.34米,全部钢筋混凝土结构,为全省最早兴建成的永久公路大桥。1923年,王弼卿以汀漳龙工务总局名义发函呼吁闽西南各界兴建公路,并在上报的《全闽公路工程进行报告书》中,建议在福建全省修筑闽东、闽南、闽西、闽北和闽中5大公路干线,并详细列出各线的起止、路线、里程等,为国民党福建省政府后来拟订"三纵线、四横线"全省修路规划提供了蓝本。最后,经南京国民政府交通部审定实施,形成福建省的5条国道、18条省道的公路交通格局。

1927年起,国民政府将公路建设纳入国家建设规划阶段,闽西公路建设也进入了发展较快的时期。1927年,龙岩、长汀分别为军阀陈国辉、郭凤鸣部所控制,他们以"筑路"为名,派工派款,从中勒索。陈国辉在龙岩、漳平经过公路局,将龙岩县原有路基整修,把岩城公路崎濑段伸至莒舟、龙门硿段伸至永定坎市、津头段伸至厦老,并增筑月山至白土;开筑漳平县城关至进庄公路。1928秋,驻长汀的福建省防军混成旅旅长郭凤鸣,设汀州公路局,以郑碧山为局长,征收盐税以充经费,实行兵工筑路,将公路自西门延伸至古城。到1929年,闽西已筑公路长约90公里。1931年,漳龙区公路分局执行福建省筑路规划,派出两个工程处,分别对龙岩至漳平、峰市的公路进行施工。中央苏区形成后,国民党蒋介石策划"围剿"中央苏区,以筑路应服从军事需要为由,调粤军独立第一师从广东蕉岭向上杭、武平筑路。1932年9月,蒋介石又调十九路军进驻福建,在漳州成立漳龙军事公路工程处，命令在漳州至水潮施工的省公路工程处漳龙路工程处，加紧向和溪方向赶筑；调派岩平路工程处转至莒舟，向适中方向赶筑；并派军事工程部队6000人，组成3个大队，分头配合，1933年5月漳州至龙岩公路全线竣工并通车。十九路军继续向连城、长汀筑路的时候，1933年11月"福建事变"爆发，十九路军公开宣布并与红军签订抗日反蒋协定，筑路施工也至龙岩的小池而止。1934年1月，"福建事变"失败，为了"围剿"中央苏区，国民党东路军第九师以军事工程部队配合民工，继续赶筑龙岩—连城—长汀公路。1934年10月在中央红军撤出松毛岭战斗后，国民党东路军将龙连汀路先通连城，年底通至长汀，1935年2月又将公路伸延至江西瑞金。1935年一年间，在苏区沦陷之后，又有延沙永路从永安起伸延，6月至文亨接通朋连线；新杭路由粤军独一师军事工程部队从上杭起配合，7月至新泉接通龙连汀线；上杭经中都至峰市路，由杭峰路工程处施工，10月筑通。龙峰路由东路军第十师军事工程部队配合，也于1935年底通至峰市对岸的河头城。此外，高梧至回龙路，是驻武平的省保安十四团强征民工自行开筑，但只筑至千家村为止。这时期，闽西共筑公路约500公里。

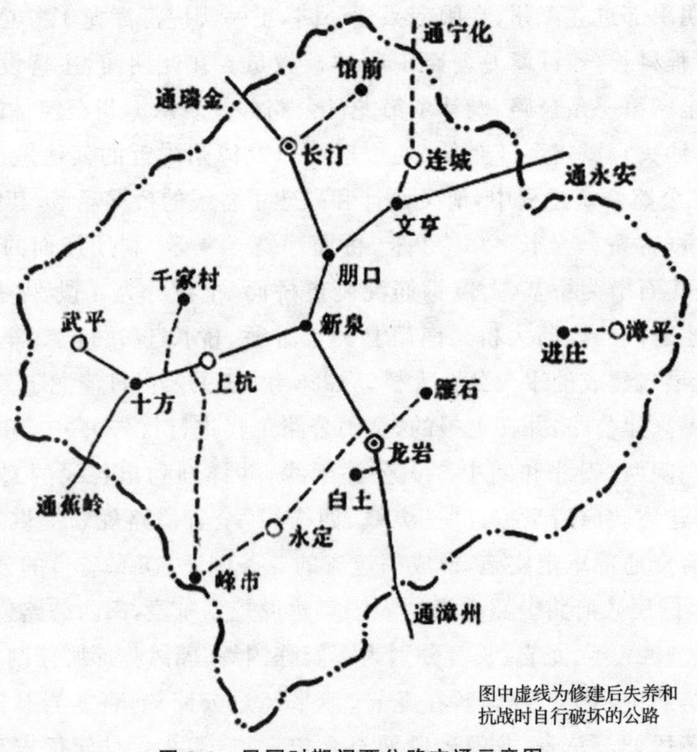

图3-1　民国时期闽西公路交通示意图

中国共产党及其领导下的苏维埃政府，为了粉碎国民党军队的"围剿"，为了改善运输、促进经济发展，也高度重视交通的发展。1933年11月12日，中华苏维埃临时中央政府发出第18号训令，动员苏区群众修筑22条干路和县、乡之间的支路，要求一等干路宽度不小于1.67米，二等干路不小于1.3米，县支路不小于1米，区支路不小于0.83米，乡支路不小于0.67米。所规划的干路中，跨入闽西的有8条：瑞金—古城—汀州—

河田—红坊（涂坊）—新泉；汀州—石城—赤水—广昌—甘竹；汀州—童坊—连城；汀州—宁化—安远—建宁；河田—水口—回龙—千家村；红坊（涂坊）—南阳—旧县—永定；�门岭—罗塘—东留；田村—兴国—古龙岗—博生（宁都）—石城—宁化—清流。由于国民党军队对中央苏区的“围剿”，以及红军反“围剿”战争失利，被迫进行长征，这些筑路计划未能全部实现。

1937年，抗日战争全面爆发，沿海地区相继沦陷，福建省政府内迁永安，闽西成为交通要地。为了便于运输军用物资和粮食，福建省公路总工程处把原有干线做局部整修，同时成立连石路（连城至石牛）、宁石路（宁化至石牛）、汀石路（长汀至石牛）三个工程处。1939年3月，连城经石牛至宁化路通车，长汀至石牛段因工程艰巨，经费不济，筑至馆前而停工。这时，国民党当局为防范日军入侵，下令将龙峰路、杭峰路、漳龙路自行破坏，后来为了盐运，又把漳龙路的龙岩至坂寮段修复。而高梧至千家村段因质量差，水毁后报废。抗战胜利后，交通中心转移到沿海地区，闽西公路忽视养护，加上国民党军队溃退时的破坏，到1949年10月前后，新筑的公路11条、726公里，可以勉强通车的，仅剩5小段、177公里。

民国时期，修筑公路多未按照工程的标准测量、设计与施工。尤其是在赶筑军事公路时，更是抢时间，限期完成。施工中又经常变更原来的设计，施工人员认为可以通车即算完工。在路线选择方面，若遇浩大的开山工程则以绕道、架桥代替，新筑的公路线型与质量都极低劣。而经费来源，大都以官府倡导、民间集资的形式，如收取盐税、粮捐作为主要经费，并动用兵工筑路。

民国时期，公路桥梁除少部分利用坚固的古桥外，其余都架简易木桥。抗战时期，闽西成为交通要地，车流量大增，有的桥梁做了加固、改建，或改以石台墩木桥面，还有几座因洪水期多漂木，则改建成钢筋混凝土的漫水桥。上杭石圳潭因河道宽，原来的木桥受水毁后，改为摆渡。抗战胜利后，交通中心转移，国民党当局忽视交通建设，不少公路桥梁年久失修或遭受水毁，造成支线公路阻塞，干线公路也得平整河床，车辆才勉强涉水通行。加以国民党军队溃退台湾时，又将龙连汀线上的上杭古田枣树桥等破坏，所以到1949年，闽西只剩桥梁95座、1867.04米。

与国民政府建设公路相配套的是，为了适应军阀混战和“围剿”苏区红军的需要，闽西各地在重要交通线上开始筑修碉堡。20年代末30年代初，国民党当局为镇压农民暴动和“围剿”红军，在各险要隘口，各乡镇广筑碉堡（炮楼），仅龙岩15个乡、111个保就建碉堡183座，每保至少建1座，最多建8座，其中美和乡10个保建碉堡51座。1935年，国民党驻军在闽西境内构筑了连城大河祠至龙岩白沙乡碉堡线、龙岩至坎市碉堡线以及龙岩至漳州公路碉堡线。1948年2月，福建省保安司令部还派员到各地勘察地形及督建碉堡。新中国成立后，各地碉堡陆续被拆除。

总的说来，民国时期，闽西当局修通公路的出发点，不论是军事需要还是发展经济需要，客观上还是初步改变了千百年来闽西落后的交通状况，为经济社会发展奠定了一些基础。

(二)现代航空技术的引进

20世纪初,飞机的设计制造和航空技术发展突飞猛进,并很快用于军事和民事。20世纪30年代,国民党驻军先后在龙岩、永定、长汀等地兴建军用机场。这些机场,除龙岩、永定机场因不适用,兴建后即报废外,长汀机场在40年代曾兼办空运业务。

1931年,国民党军第四十九师的杨逢年在龙岩东门外平等乡的春牛亭附近,兴建小型机场,因毗邻东宫山,飞机起降不便而报废。1932年,国民党十九路军进驻龙岩,在其隔河的对面(现龙岩火车站)征地400亩,再建机场,也因地形狭小,且处于东宝山麓,不利于飞行而报废。

与龙岩初辟机场同时,永定驻军国民党军第四十九师分别在永定城关南门坝和坎市与抚市交界的大洋段,开辟了两个机场,都因地形过小,未使用而报废。

1934年冬,中央苏区沦陷,国民党东路军第九师李延年部进驻长汀,在城郊"印堂上"征地400亩,以军事工程部队兴建机场。1936年,又由设于长汀的第七行政督察署再征地600亩,拓宽改建,筑有飞机跑道800米,并由地方管理。1939年9月,为抗日战争的需要,国民革命军南昌空军第12总队第99站接管该机场,延长跑道为1000米,同时进行加固。1941年,美国空军援华抗日,该机场再次征地作大规模扩建,跑道又延长至1500米、宽40米,并建立飞机库。这时的机场,除了重型轰炸机外,其余各种机型均可起降。1944年,机场正式投入使用。1945年1月,南昌空军第12总队迁长汀;2月,美国第十四航空队(飞虎队)队长陈纳德来长汀,将该机场收归驻昆明的美国航空总队管理。长汀军用机场成为抗战时期国民政府的重要空军基地之一。

(三)交通运输工具的进步

在公路建设、航空技术进步的同时,交通运输工具也发生重大变化。

闽西是山区,人力挑担是最古老的一种运输方法,历代相传,一直到新中国成立前。武平县的挑担人从广东将盐挑到江西瑞金、会昌等地,又将瑞金、会昌的大米挑往广东。

清末民初,武平、上杭、连城等地最先出现鸡公车、板车、人力三轮车运载货物。人力三轮车负重一二百公斤,由一名壮劳力推进。到30年代,长汀发展到180辆,为抗战运送军需及民用米盐。

民国时期公路开通之后,公路运输就成为主要的运输方式了。公路运输具有机动灵活、直达门户的特点,是整个交通运输的重要组成部分。一些乡村为解决肩挑背负的笨重体力运输,以牛力牵引四轮平板车运输。1928年,驻龙岩军阀陈国辉首次从厦门购进英国产雪佛兰客车20辆、货车9辆。这种客车可坐4至5人,货车可载货1至2吨,标志着主要依靠肩挑手提的运输方式行将退出历史舞台。后来,陆续引进英国、美国生产的雪佛兰、福特、道奇等车型,用于客运和货运。1933年5月,漳龙公路通车,闽西开始有汽车运输。当时,有商营汽车公司5家,拥有客、货车辆40余辆;个体商车也有28辆。此后因路权管理变动,以及国民党当局"剿共"和抗战军事需要,经常"征车"和"封车”,使商营运输业先后停业或倒闭。抗战时期,福建各方车辆来闽西避难,私营汽车运输业又发展起来,常驻车辆达 80 余辆。抗战胜利后,各方车辆离去。解放战争后期,国民党军队劫车撤退,到临近解放时,闽西仅存汽车 25 辆。

船舶运输的工具主要是木船,运输线主要有汀江水系、九龙江水系和武平中山河、连城新泉河等。20 世纪 30 年代,中央苏区军民为了粉碎国民党军的经济封锁,组织水上运输船只 4700 艘、船工 2 万余人,进行军需民用物资的运输,对反封锁斗争起了积极作用。到 1949 年,闽西仍有木船 998 艘,船工 3200 余人,完成客运量 4300 人,货运量 5.24 万吨。

三、市政建设工程技术的出现

进入热兵器时代以后,闽西各州府县城城垣的防卫功能逐渐消失。因此,在民国时期,闽西地方当局出于发展交通和城乡经济的目的,开始拆毁城墙。1924 年,长汀县开始了闽西最早的拆城行动,拆卸城砖,修筑街路。随后,龙岩、连城相继拆除大部分城墙,但城市建设发展十分缓慢。

1927 年,地方军阀陈国辉占据龙岩,成立岩平宁工务总局,规划改造城区街道,拆城墙,辟马路,兴建中山街,其中西门至南门为中山中路,西兴桥至西门为中山西路、南门至东门为中山东路,街宽 3.6 丈(合 12 米),三合土路面。街两边建统一模式的廊柱骑楼,楼房 2~3 层。环城有五权路、北平路、平等路,支路有中山北路、三民路、西安路、建国路。这些路为泥沙路面,宽 5~11 米不等。改造后的龙岩城区形成二竖四横路网。饮用水源方面,龙岩城区及近郊居民多饮用井水,少数饮用溪水。龙岩城区有上井、中井、下井、兴文(四口井)、朝阳(报恩寺前)、潭边(石埕巷蔡厝门口)等公用古井;城郊丰溪两岸,有罗经(西桥村)、八卦(隔后村)等公用古井;居民大厝及部分商店还有自备井。

到 1949 年,闽西所属的 7 个县城城区总面积仅有 5.29 平方公里,街道 46 条,巷道 195 条。其中,街道最宽的 9 米,最窄的 3 米,巷道路宽在 3 米以下。

各县县城,基本上以一条主街道为轴线,两边开市设店,连巷道通民居。街巷路面多为河卵石或泥结路面,主街道为三合土路面。各县城楼悬挂燃用茶油、桐油的风灯;街市唯有大商店、酒肆或客栈门前自备风灯或烛芯灯笼照明。同时,各县城区街巷设有“天灯”,由沿街商店或附近居民轮流添油燃烧,较少雇请专人管理。1927 年后,长汀、上杭县建成小型火电厂,城区大街设电灯。1937 年,龙岩城区中山路开始设直流电路灯,但不足百盏,仅限于下午 6 时至午夜 12 时供电照明。

在市政建造设计方面,清末,闽西仍有“土家会”、“木厂”等行会组织。泥木工匠在一定的区域从事建筑劳动,向行会交纳抽头,形成一支工兴则聚,工成则散,没有固定组织的建筑队伍。1929 年红军入闽后,各县组织泥工、木工,成立建筑工会。1934 年红军长征后,建筑工会组织解散。

这一时期,闽西各县均无专业设计人员和组织机构,公私建房多由能工巧匠或承建人自行设计,公私房屋都是平房或低层楼房,土木结构居多,砖木结构较少,设计简单。1927 年,岩平宁工务总局绘制龙岩县中山路临街建筑立面图,印发各户,统一格调和层高、尺度,建砖拱式骑楼人行道,屋顶筑女儿墙,使街道店房整齐。各县城的主要街道,由当地政府规定统一格式,建造店房。部分乡镇圩场、街市,也仿照城区店房模式建造。

施工技术上,各县建筑施工方法和材料各具特色。永定、武平、上杭建房以生土夯筑墙体为主,连城、长汀以木结构为多,龙岩房屋墙基多用河卵石、三合土灰浆砌筑,漳平等地常有空斗砖墙砌筑。建筑施工都是手工操作,材料运输靠手提肩挑,泥工、木工的操作工具古老、工效较低,泥工的操作工具主要是夯棒、锄头、锹镐、灰匙、抹刀、木制水平尺、曲尺、线车、铁锤、手锯、手刨、手凿、手钻、墨斗、角尺等,这些传统的简易工具,劳动强度大,工效较低。

第三节 机器工业的出现与传统手工业科技的传承

随着民族资本的形成,民国时期先进的生产技术被陆续引进,但在沿袭使用传统手工业科技的同时,也出现了部分创新。第二次国内革命战争时期,闽西苏维埃政府制定《合作社条约》,对手工业经营者实行免税政策,除军工技术外,其他手工业及其技术得到蓬勃发展。但是在这一时期,闽西工业生产基本处于手工业生产阶段,真正称得上机器大工业的,仅有 4 个私营电厂。

一、矿产开采与冶炼技术

进入半殖民地半封建社会以后,随着西学东渐,特别是受洋务运动的影响,闽西近现代采矿技术开始出现。到了民国初期和 20 世纪 30 年代,由于西方先进科技的引进和基础设施的改善,加上中国经济重心的南移,闽西采矿业发展更为迅猛,出台了许多发展矿业的政策和措施,加大了矿产资源的勘探和开掘力度,开放了境内的采矿权、矿沙收购权和运销权。国民政府还对民间小资本经营的矿业予以优惠,为矿业发展提供借贷资金等。这些政策和措施的实行,推动了闽西矿业,特别是煤、铁矿业的发展,也对闽西近现代经济的变迁起着较为重要的推动作用。

(一)矿产的开采

古代闽西就有煤炭的开采。进入近现代以后,龙岩州东肖社在清咸丰三年(1853年)即开有小煤矿。清光绪元年(1875 年),龙岩小池赖邦山开设煤矿。宣统年间(1909—1911 年),龙岩平寨坊灌水窑、溪南、牛坑一带已有乡民打洞采煤。民国四年(1915 年),商民陈资铿在雁石鸡心歧开办水龙潭煤矿,有工人 40 余人,自矿山到河畔架设轻便铁路 6 公里,有运煤船 20 余艘。到 1916 年,龙岩的坑炳、凤山岐、溪南、牛坑及苏坂一带，也相继开办有小煤矿，用土法挖掘，各乡都有，但产出不多，每洞每日生产，仅足供给本土燃烧，而每洞容纳工人，最多不过二三十人而已，可考者有48处，各矿日产量不过几吨。除龙岩苏坂水龙潭煤矿矿商林资铿正式领照开采外，其余均为乡民自行开采。龙岩城区内的煤矿资源，均属于民国时期地质学者侯德封、王曰伦、张兆谨等发现的“翠屏山组”。

永定县煤矿资源十分丰富，煤田主要分布在东北部的高陂、坎市和抚市一带。民国年间，日本人来煤区踏勘，将永定煤田划为坎市、孔夫、西陂梯子岭、铜锣坪、抚溪等5个矿区，并对煤层分布储量做了简单论述。

武平县煤炭资源丰富，但限于资本与迷信风水，多未发掘。已发掘的有十方叶坑头、岩前李坊及青子等数处。但都用手工开采，出量不多，没有运销境外。

此外，民国时期漳平县的双洋、赤水等地均有煤炭开采。

总的说来，民国时期，民间采煤均为季节性土法开采，产量很低，技术落后，多手工操作，产品不多，且主要用于家用燃烧炭，没有外运，更谈不上工业用煤。就产业性质言，属于初期发育阶段，到1949年，闽西原煤产量仅6700吨。

铁矿：早在清咸丰三年(1853年)，龙岩赤水开采过铁矿。

石灰石矿：清道光十五年(1835年)，龙岩有人以石灰岩烧制石灰。民国时期，在龙岩大同、铜钵、小池，永定铜锣坪、虎岗、湖坑，上杭吊钟岩，长汀翠峰、石人，武平岩前、十方和漳平隔顶、罗山等地，均有采石点。采出的石灰岩，多用于烧制石灰，供本地建房、造纸、肥田及杂用，销往外地的不多，仅有少量运销闽南一带，开采量无完整记载。

高岭土：在民国时期，永定高陂、龙岩苏坂、漳平永福、上杭泮坑、长汀河田等地均已开采，并兴办了陶瓷业。

膨润土：1944年，福建地质土壤调查所唐贵智首先在连城朋口正式发现。但长期以来，膨润土仅为人们少量开采，作烧瓷配料和洗衣去污之用。

硫铁矿：1920年，龙岩已有人用硫铁矿石提炼硫黄，但长期以来均限于小规模开采和土法炼硫。

钨矿：在1945年，龙岩、连城、长汀等县均发现，但无人开采。

煤、铁等矿产的开采为闽西冶炼业的发展奠定了重要的前提。

(二)铁的开采及冶炼

闽西近现代冶炼业的发轫始于清末民国时期。

光绪年间，黄寿邻在龙岩赤水村开设金生锅炉作坊，铸造铁锅。而在岩城周边的三坑、留坑、后田等处设有铁炉，民国初期月产生铁60余吨，到1943年，龙岩县内铁矿开采仅剩大池望山一处，沿用旧法，产量不多，全部运往仁和墟(适中)铸造釜锅，年产五六千口。

永定县的冶铁业十分发达，工艺先进，所铸鉎铁胜过洋铁。民国《永定县志》记载，“第一区阜坊乡之池溪、三坝铁苗甚旺，(民国)三十年前(1941年)已经开采、镕冶。第二区仙溪近年发现铁苗，乡人集股开采，聘外县工师镕炼，所出銑铁甚佳。再加炼治之熟铁亦适用，嗣因工食腾贵，旋作旋辍，产额甚微，查本铁坚韧，原胜洋铁，当此洋铁绝迹，倘得官厅贷资保护赓续采炼，当可畅销获利也”。

上杭县在清宣统年间稔田也产铁。民国十五年(1926 年)，蛟洋傅柏翠在上巫坑办厂炼铁，所制刀矛以支持蛟洋暴动，后由张南星接办铸造厂，为古田锅厂的前身。同一时期，白砂洋乾村人丘彩荣亦设铁厂。

《武平县志》记载，“和平之银砂坑有锅厂 1 所，万安镇有锅厂 2 家，但每因銑砂缺乏，或木炭不继，往往停工。牛子岌有锅厂一所，其铁砂原料取给于吉径坑。岩前之将军地有锅厂二家，铸成锅头，供梅县、蕉岭及本地之用”。

长汀县冶铁业在近现代十分兴盛。民国初年，濯田山田村大坪哩铁铺及横田村隆腊铁铺冶铁生炼铸锅，日可炼铁千余斤。民国三十一年(1942 年)三洲炽昌铁厂(凹下铁厂)有炼铁炉 3 座，每次炼铁千余斤，售于三洲、河田及城区锻打农具。当时城区有铸锅 2 座专铸民用铁锅。

漳平县在民国时期有西园炉仔自然村黄维瑞开办合昌炉，炼铁铸锅。

连城、宁化、清流、明溪等县的矿业和冶铁业在近现代也有一定的发展。但就矿业和冶铁业的发展规模看，以冶铁为特征的冶炼业发育比较成熟，其主要产品多为铁锅和从事农事活动所需的犁、耙、镰刀、铁链、锄头、田刀、斧、凿等，产品除满足本地群众需求外，还有剩余产品外销。

二、电力科技的引进

19 世纪 70 年代，电力的发明和应用掀起了第二次工业化高潮。电力作为机器大生产的主要动力能源，彻底地改变了人们的生活。到 20 世纪初期，世界的电力，主要依靠水力发电和火力发电，闽西也不例外。

闽西的火力发电，始于民国十四年(1925 年)。是年，上杭国民党驻军第 3 师第 5 旅旅长曹万顺，倡导兴办上杭福曜电灯公司。该公司由工商业者及其他社会人士集股开办，用 23850 银元购得英国军舰上拆下的 5 千瓦发电设备，高薪聘请上海技师安装，以木炭为动力原料，为全区机械电力工业的开端。上海技师离开上杭后，技术力量久缺，设备维修不周，事故障碍屡发，供电极不正常，导致连年亏损，几度陷入困境。

1927 年，驻长汀县的军阀郭凤鸣、卢泽霖等，在桥下坝玉皇阁以官商合办的形式，创办汀州电灯公司，置有木炭动力机、木炭煤气机、24 千瓦发动机各 1 台及相应配电装置。当时长汀县城有 2000 余盏电灯，各级机关和商店主要依靠这个电力照明。长汀苏区建立后，1931 年冬，中华苏维埃共和国中央临时政府将汀州电灯公司的机器拆迁至江西瑞金重装，并开工生产发电。1944 年，长汀方杨、驻军头目卢新铭等，创办长汀光明电灯股份有限公司，拥有 40 千瓦和 45 千瓦发电机各 1 台。

龙岩电力始于民国二十四年(1935 年)，龙岩县商会张景松牵头，在县城创办龙岩电气公司,后迁至东肖,更名白土电力厂。民国二十七年(1938年),军阀张贞把漳州电厂的原商办龙溪电灯公司的2台(共80千瓦)发电机组运来龙岩,成立龙岩电厂。民国三十一年(1942年),龙岩西城人郭涌潮在罗桥建一座约10千瓦的水力发电厂。1943年,龙岩湖邦人张焕成在家乡创办巨轮水力发电厂,装机容量30千瓦,既发电又以食盐为原料,生产氯酸钾,为闽西最早的小型水电站。1945年,罗凤岐集资在雁石北河开办雁腾电厂。这一时期,整个龙岩县的发电量,总计23万千瓦时。

漳平县的电力始于1945年刘子熙等人在漳平办的青年电厂;同年,陈文成邀股集资,在永福创办永福水电站。1949年9月17日,漳平县人民政府接管漳平青年电厂,改名为漳平电厂,开始形成第一批国营工业。

由此可见,近现代闽西的电力工业是十分落后的。闽西7县仅4个县城有小型发电厂,且只供夜间照明;只有2处小水电,装机40千瓦。电力的薄弱基础,无法为闽西近现代工商业的发展增添更多后劲。但电力作为先进的科学技术传入闽西,又为发展科技本身助力。

三、邮电通信技术的兴起

在中国古代,人们很早就使用通信方法互相联系。在奴隶社会的鼎盛时期,周朝幽王就利用烽火传递信息,其后又出现传递政府文书的邮驿站。唐代的邮驿组织已达到了很高水平,全国连成网的水、陆驿站有1639个,邮运规定严格的时刻表,违反时刻表要受到严厉处罚;开元年间(713—741年),汀州和新罗县始有邮驿专为官府递送军情、文书。民间通信则是托人捎带或雇人递送。在宋代,发展了急递邮驿。元代沿袭宋代的办法,在各州县广泛设置"急递铺",一铺接一铺不停地传递,规定一昼夜要走400公里。随着商业经济的发展,明清时期,闽西的驿传邮政制度已经成熟。

进入近现代以后,西方先进的邮电通信技术,如电报、电话等陆续引进,虽然发展缓慢,但是毕竟加快了人们的生活节奏,推动了经济文化交流和发展,促进了信息的交流,开阔了人们的视野,改变了人们的思想观念,提高了人们的生活质量。

邮电通信技术包括邮政和电信两类,广义上说,属于交通范畴。这里单独析出,因其属于人之外的"物象"的交通。

(一)近现代邮政的兴起

邮政,是指传递实物信息的业务,包括传递函件或包件、邮汇、报刊发行、邮务物品销售、邮政储蓄及其他邮政业务。封建社会时期,与官方通过邮驿制定专送军情、文书相对应的是,民间通信则是托人捎带或雇人递送,到清道光年间(1821—1850年),发展为民办或商行代理的民信局(批信局)。在戊戌变法的影响下,光绪三十年(1904年)11月14日,在龙岩城内上井设邮政代办所。这是闽西设立现代邮政通信机构的开端。1905年4月17日,该所改为邮局。同年6月12日,汀州开设邮局。光绪三十二年

(1906年),上杭、永定、连城、漳平等县邮政局相继开办。这些邮局初属厦门,宣统二年(1910年)归省统辖。1911年,闽西有邮局6所,邮政代办所21处。但由于不办电信业务,拍发电报和电话都要到邻近的漳州、厦门办理。

1914年,闽西有龙岩、适中、上杭、长汀、坎市、峰市、漳平、连城8个邮局,27个代办所。1922年后,龙岩邮局的邮界,自南靖水潮、和溪、漳平永福,至上杭蛟洋、古田和连城庙前、新泉、乐江。1942年,闽西有二等邮局7个,三等邮局10个,设龙岩邮段,辖有闽西7县和泰宁、将乐、明溪、清流等县范围的25个局及所属代办所,并设巡视员负责区内邮政业务的监督检查,地区领域通信管理具备了雏形。到1949年8月31日,闽西计有二等邮局14个,邮政代办所201处。以上各邮政局均直属福建省邮政管理局管辖,为一级独立机构。

关于函件业务,龙岩县在清光绪三十年(1904年)11月设邮政代办所。清光绪三十一年(1905年)4月,龙岩人林经创办了龙岩州邮局。民国后,龙岩县城及适中各设二等局1所;并在墟市较为繁盛之龙门、白土、雁石、白沙、大池、小池等地,各设有代办所;人口密集之厦老、曹溪、铜砵、铁石洋等村落,则设有邮柜。龙岩县的邮递网络密布各重要乡镇,对于文化传播及沟通民间经济消息起了重要作用。

其余各县情况分别是:

长汀县,清光绪三十一年(1905年)二月,长汀设邮局办,为二等四级局,并在古城、新桥、童坊、馆前、河田、濯田、水口7处设有代办所。太平桥、南山坝、钟屋村、三洲、四都5处设有信柜。其递期为二种,古城、新桥、童坊、馆前、河田、太平桥、南山坝、钟屋等处,均逐日递达,其余为间日。

永定县,清光绪二十八年(1902年),永定设立邮政代办所,开始向社会办理邮政业务。光绪三十二年(1906年)在峰市上街开设峰市邮局(二等局)。民国二年(1913年),坎市邮政代办所升为三等局(后升为二等),民国七年(1918年),永定邮政代办所为三等邮局,此后,湖雷、下洋邮政代办所均升为二等邮局。至此,民国时期,永定有邮政局5个。

上杭县,清光绪三十一年(1905年)始设邮政代办所,次年改为二等邮政局,并先后在蓝家渡、丰稔、中都、回龙、白砂、古田等18处设有邮政代办所和信柜。民国二年(1913年),峰市二等邮局归上杭管辖。民国十三年(1924年),蓝家渡邮政代办所升格为三等邮局,当时上杭局与蓝家渡局互不隶属,同受省邮政局管理督导。十七年(1928年),上杭局列为二等四级局,蓝家渡局为三等四级局。民国二十六年(1937年),上杭邮局调为二等邮局,蓝家渡邮局为三等邮局,设立邮政代办所9处,还有信柜18处。

武平县,清光绪二十五年(1899年)八月,废除递铺,在县城南门街设立邮柜。三十一年(1905年)七月,改为邮政代办所,隶属厦门邮政总局。宣统三年(1911年)增设岩前代办所。民国二十四年(1935年),改设三等邮局,设代办所于下坝,武所(中山)、万成(中赤)设信柜。民国三十年(1941年),岩前代办所升为三等邮政局。

连城县,邮局初创于清光绪三十二年(1906年),开办民间信函、汇兑、包裹业务,初隶厦门邮政总局管辖。宣统二年(1910 年),改隶福州邮政总局。光绪三十四年(1908 年)新泉代办所成立,1915 年升为三等乙级邮局。

漳平县,清光绪三十年(1904 年)12 月,始设邮政代办所,邮境隶属厦门邮政总局管辖。次年,先后在永福、宁洋设立邮政代办所,分隶福州、厦门邮政总局管辖。光绪三十二年(1906 年)9 月,漳平邮政代办所升格为局。宣统二年(1910 年),原属厦门管辖的漳平邮局、宁洋邮政代办所同时划归为福州邮政总局管辖。

这些县的邮政局和代办所,均陆续开设了收寄信函、明信片、印刷品业务。

关于包件业务,清光绪三十二年(1906 年)十二月,龙岩、长汀、漳平开始收寄小件包裹。1920 年,开办土特产烟丝、烟纸、笋干及日用品等包件的收寄。1935 年 4 月,开办保价包裹、快递包裹、航空包裹、国际包裹业务,限重由 20 公斤增至 30 公斤。

关于汇兑业务,清光绪三十二年(1906 年),龙岩、长汀、上杭、连城、峰市均列为乙类汇兑局,开发普通汇票、定额汇票、小额汇票。1914 年,开办汇兑业务的有龙岩、漳平、长汀、连城、上杭、峰市等局。1932 年,龙岩、长汀、连城、上杭、永定等局,开办电报汇款业务。1944 年,龙岩、长汀、上杭、连城、峰市、永定开办电报转汇业务。

这一时期,运邮和投递人员以油纸为防雨设备,扁担、绳索为工具,绿色布背心为标志,分为步班邮路、汽车邮路、水运邮路,甚至还有航空邮路等。

在 1937 年以前,漳州—龙岩、龙岩—长汀,设有日夜兼程步班邮路线,加备防兽铃与照明马灯。邮政内部的业务处理,全靠手工操作。直到新中国成立前夕,闽西有邮路 1116 公里。

(二)近现代电信的引入

电信,是指用各种电传设备传输电信号来传递信息的业务,包括电报、电传、电话、电话机安装、电信物品销售及其他电信业务。闽西电信事业,发轫于民国时期。

1913 年,架设了龙岩至漳州军用电报线,长 120 条公里,1919 年电报线增长至 440 条公里。1914 年 11 月,龙岩初设电报局,隶属于闽浙电政局,开始办理电报业务;1915—1917 年,改属福建省电政监督处;1927 年 6 月 1 日改为福建电政(信)管理局;1945 年 2 月,归江西南丰第二区电信管理局管辖。1946—1949 年 8 月,闽西电信归广州第六区电信管理局管辖,设有龙岩、长汀、连城、上杭、永定、朋口 6 个电信局,武平、漳平、永定坎市、连城姑田 4 个电信代办所。

这一时期,闽西有线电报电路以幻象线、单铁钱为主,报话双用线为辅组成电报通信电路。龙岩—朋口设有专用单条铁线的电报电路,供连城、长汀、永安与龙岩间轮流通报。1914 年,闽西使用的是莫尔斯电报机,以纸条点划符号传输电报,实行简单人工操作。1947 年,龙岩—福州开始装设单工半自动韦氏电报机,区内各局莫尔斯机改为蜂鸣音响机。到 1949 年,闽西共有 6 条电报电路。

关于有线电报,龙岩、上杭、长汀三县于 1914 年开办电报业务,初办以军政为主,兼有少量商电,业务清淡,入不敷出达 4 年之久。1917 年各电报局开始办理邮转电报。连城和永定先后于1933和1934年开办电报业务。1942年,闽西开办新闻电报业务。1945年,东南各省与重庆间有线电报电路受阻,5—8月间长汀—重庆利用民航空运积压的电报。直至新中国成立前夕,漳平、武平还只有代办电报业务。

在有线电话方面,地方电信(县电话总机)由地方集资兴办。连城最早兴办县内电话,民国七年(1918年)架设军用电话,是境内有电话之始。民国十三年(1924年),姑田纸业商人创办连城—姑田—朋口的连城电话线路,沟通城乡电话通讯。民国十六年(1927年)被国民党当局收为官办,直属政府管辖。民国二十二年(1933年),连城县与朋口同时设电报局。民国二十年(1939年)朋口为长汀、龙岩、永安、连城长途电话、电报调度接转点,是闽西长途电话的中枢。

1934年,龙岩电信局始设15瓦特功率的无线电台。1935年,省交通厅建立电话局网后,各县均设电话室,其电话总机由地方政府自行管理。其中长汀县电话总机一度升为省属电话分局,上杭县为支局,归长汀分局管辖。1939年开通长途电话。抗日战争期间,电信网络、设备、业务略有发展,但设备简陋落后。1946年撤销长汀分局和上杭支局,其电话总机仍归县政府管理。到1949年,闽西有县总机7个,各县有主要乡镇小总机或分机通达乡和重要机关用户。1949年8月国民党军队溃退,破坏龙岩至漳州沿途电线杆600多根,闽西电话通信中断。

这一时期,邮政和电信分设,分别隶属于交通部、省邮政管理局及有关电信管理局,邮电通信的人、财、物集中于部、省二级,基层局只是经营业务。邮电通信人员进出均严格控制,业务人员由统考招收,注重人员素质,而且相对稳定。部分乡邮投递人员则就地临时雇用,试用几年后才正式录用。到1949年底,闽西共有邮电职工271人,长途电话线528对公里,县内电话线726公里,邮件只能通达县城和沿邮线的201个圩场,电话只通到县城和4个乡镇,县内电话仅通达114个用户,且不对民众开放。

纵观闽西的电信事业,在民国年间还仅仅是起步阶段,技术落后,设备简单,质量较差。但是,电信作为近现代传入的科学技术,这一简捷、方便、灵活的通信方式一旦出现,立即受到了闽西民众的欢迎,成为闽西完成近现代化历程不可或缺的基础设施。

(三)苏区邮电通信科技

与国民党统治区相对应的是闽西苏区。在苏维埃邮政建立前,闽西革命根据地就已有人民群众的通信队伍。城乡相隔二三公里就有一个通信站,他们不计报酬,一得到消息,立即递转、报告苏维埃政府,并通报近邻的苏维埃政府或群众团体。龙岩、永定两县交通局,就在如此灵敏周密的岗哨通信网的基础上,建立以县城为中心的通向境内各区、乡的传输信息网络。

闽西各级苏维埃政府建立后,非常重视邮电通信事业,政府内设邮政机构。1929年的上杭古田邮政代办所,办理收、投经转信件、报纸业务,又有一条步班邮路运转信报,代办所实为小邮局。红四军入闽之后,毛泽东、朱德意识到邮电通信对革命的重要性,1929年4月,责成红四军政治部发布并张贴“保护邮局”的标语口号,广为宣传;1929年

5月22日，朱德军长在上杭古田至龙岩小池行军途中，应乡邮员张集轩请求，从随身的日记簿上撕下一张纸，急书"所有书报信件已经检查，沿途友军准予通过为荷，此致，22/5朱德"的手令；1929年7月11日，红四军副官处致信上杭古田革命委员会，建议免除乡邮员张集轩的岗哨守卫任务，让其专心致力邮递；1929年12月31日，红四军军长朱德、政委毛泽东联合签署了"保护邮局，照常转递"的命令。

1930年3月，闽西苏维埃政府成立以后，在各县交通局的基础上，龙岩成立闽西交通总局，属闽西苏维埃政府文化建设委员会领导，局长卢宝清，下辖11个县交通局。1930年12月15日，国民党军队杨逢年旅进犯龙岩，闽西交通总局随闽西苏维埃政府转移到永定虎岗，龙岩县交通局撤退到龙岩小池。1931年10月25日，闽西交通总局迁移长汀，并于1932年3月18日改组为福建省交通总局。1932年5月1日，在福建交通总局基础上，组建中华苏维埃共和国福建省邮务管理局。

为加强对闽西交通总局的管理，1930年5月16日，闽西苏维埃政府规定各部门办事细则，指出：闽西交通总局，应加紧整顿邮务；废除民国旧币，改用大洋；改民国纪元为公元；苏区境内互寄信件，不再使用民国邮票、邮戳。同年6月25日，闽西苏维埃政府文化建设委员会派谢仰堂巡视文化建设及邮务工作后，赤色邮政步入正常的业务活动，开辟4条干线邮路，即龙岩—长汀—瑞金，龙岩—上杭—武平，龙岩—湖雷—永定，龙岩—漳平—宁洋。在闽西苏维埃政府转移长汀后，开辟以兆征（汀州城）为中心的6条干线邮路，即兆征—石城—广昌—甘竹，兆征—古城—瑞金，兆征—宁化—建宁，兆征—童坊—连城，兆征—南阳—旧县—永定，兆征—新泉—古田—龙岩（小池）。

闽西交通总局成立后，仿照国民政府中华邮政的做法，规定邮路，定期传递信报，发行赤色邮政邮票，对外经营业务；规定办公费用的预算和结算办法，以及费用的开支标准，各县交通局每月1日前将上月开支造表交由闽西交通总局汇总，转报闽西苏维埃政府文化建设委员会审核。闽西苏区各级政府同时保护国民政府的中华邮政，允许并存，规定苏区境内信件贴用赤色邮花，苏区寄国民党统治区邮件贴中华邮政邮票。永定县苏维埃政府交通分局为打破国民党的军事"会剿"，使苏区邮政畅通无阻，在各区苏政府设立交通站，区苏政府下设交通处，永定峰市还成为苏区时期闽西乃至赣南联络外界的"地下钢铁交通站"。

闽西交通总局经营的业务，主要有信函、汇款、包裹、印刷品等。信函（每件重20克），本埠邮资铜板2片（闽西方言铜板单位称"片"）、外埠4片。红军与其家属通信，免费邮寄（赤色邮花未发行前，以交通局印章代戳、代资）。汇款暂收银元，将寄款妥装信封内专投（类似今天的保价信）。包裹费以等值的赤色邮花贴在包裹上，同时还办理印刷品业务。所贴邮花是龙岩人张廷竹设计的赤色邮花，有3种，图案由五角星、镰刀、铁锤组成。面值2片，黄棕色，4片，浅棕色，镰锤倒置（赤色邮花镰、锤倒置，含有悼念列宁逝世之意）。由上而下有"赤色邮政"、"闽西交通总局"字样。另有4片绿色一种，五角星略小，镰锤正向，由上而下有"闽西交通总局"、"赤色邮花"字样，1930年6—9月由龙岩东碧斋印书馆（今中山东路40号）手工石版承印。1932年5月中华苏维埃邮政邮票发行,闽西赤色邮花停止发行使用。

1932—1934年,中华苏维埃邮政总局发行了长汀人黄亚光设计的苏维埃邮票。这套邮票品种多,印刷比较精美,还有齿孔。票面上体现了当时工农兵群众的意愿:"把我们的铁锤镰刀和红旗竖立在邮票里,传播全中国、全世界!"

中华苏维埃邮政经营的业务,较闽西交通总局齐全,计有信函(平信、普通快信、特别快信、普通挂号、双挂号、红军免费信件)、印刷品(稿件、新闻纸、书本,在封皮右上方剪角为标志)、汇兑、包裹等。

在电信方面,闽西苏维埃政府文化建设委员会设电话处,负责闽西电话线路管理及规划维护工作。上杭苏家坡是闽西电话中心,设电话总机,龙岩、兰溪、新泉、白砂、涂坊、湖雷设分机。苏区电话线路除利用各县原有电报、电话线路外,苏区各级政府还自筹线料,新架设505公里干线。闽西苏区的4条主要电话干线是:苏家坡—龙岩—红坊—永定湖雷,苏家坡—上杭白砂—兰溪,苏家坡—古田—新泉—涂坊,长汀—瑞金。而长汀—瑞金,瑞金—会昌,瑞金—于都,均为中央苏区长途电话主要干线,各县设有支线电路。长汀与龙岩的电话,经长汀—涂坊,而后由涂坊—苏家坡接通龙岩。

1930—1934年,闽西(后福建省)苏维埃政府创建的邮电通信网,开创了人民邮电通信事业的先河。

四、先进印刷工艺的引进

进入二十世纪初期以后,随着生产力的发展和西方先进技术的引进,四堡雕版印刷业在清道光年间继续维持了一段时期的辉煌后,便进入它的衰败时期。这不仅因为处于偏僻山坳的四堡交通不便,资金不足,技术力量薄弱,信息不灵和官府的敲诈勒索等原因,更主要的是此时西方先进的印刷技术,如石印工艺、铅印工艺的引入,在我国印刷业中掀起了一场革命。戊戌维新后废除八股,普及国民教育,需要大量的学习课本,家庭作坊式的手工业因经济总量的规模小,无法与机器工场所具备的实力抗争,在咸丰、同治以后更加一蹶不振,偶尔有起家的,多半也是节省持家所致,而致富规模远不及前人。到光绪年间(1875—1908年),连城四堡仅有马屋、雾阁几家书坊勉强经营,到1942年,四堡书坊全部倒闭。这样,维持了二三百年的四堡雕版印刷业终于歇业。以四堡雕版印刷业的衰败为标志,闽西的机器印刷业开始兴起。

连城县,有城关商人谢跃生在1918年创办维新书局,开始采用石印、铅字排版印刷工艺,印刷小学课本等出售,开创了闽西铅字印刷业的先河。

龙岩县,城区在民国初期出现有少数私营石版印刷工场;1935年后,有私人合办的振成、大川、尚文等印刷社,有职工26人,采用脚踏印刷机印制。

永定县,有一台圆盘小印机和一台私人所有的石印,仅有两名生产工人。

上杭县,城关人李梦兰在清光绪年间开设活字版印刷作坊"兰滋轩",光绪十四年(1888年),其子李晓东继承父业,扩大经营范围,为上杭、武平、连城等地顾客承印各种经书、谱牒、帖柬等，业务极其兴旺；1912年，上杭有3家企业置有石印，开始石版印刷；1933年，铅字印刷传入上杭后，刻字活版印刷停业。

武平县，有万安谢顺英等人在1929年合股购置手摇石印机，在城关开设武平民文印务社，印刷《闽西新闻》和《武平醒报》等；1936年冬，上杭县人在武平城关开设武平开文印务局，开始用铅字排版，后设有四开平台机和十开圆盘机各1台，采用铅字排版、脚踏印刷。

长汀县，毛铭新印刷所在1921年最早使用五彩石印及四开铅印机、八开圆盘铅印机等印制。

漳平县，有龙岩人在1933年来漳平城关创办祥珍号纸制品店，用木刻手工印刷小学生描红簿、旧式账本、信封等。1934年，林岱震承接祥珍纸制品店，改为龙川文具店，林增才在1938年用石版印刷，经营印刷广告、商标、毕业证书及账簿等。

但是，直到20世纪30年代，长汀、上杭、龙岩、连城、武平等县，还是以石版和木刻的手工印刷为主。龙岩铅字印刷业于40年代初开始出现。此后，振成印刷社、尚文印刷社、大亿印刷社、龙岩县印刷社等都采用铅字印刷机和制版设备。1949年9月，在振成印刷社和龙岩县印刷社的基础上组建《新闽西报》社印刷厂，印刷报纸、各种单据、文化用品等。

这一时期，出现了闽西近现代印刷史上的突出贡献人物毛钟铭。毛钟铭，原名炳耀，字日晖，清光绪二十七年(1901年)出生于长汀城关，13岁当学徒。1921年，毛钟铭在大哥毛焕章创办的毛铭新印刷所里从事印刷业，接受新思潮新文化较快。1926年10月，国民革命军进驻长汀，毛钟铭和张赤男等毅然加入北伐军，抵武汉后，在国民党中央联席会议秘书长吴玉章领导下工作。1927年4月国民党右派"四·一二"政变，毛钟铭被迫返汀重操毛铭新印刷所。9月，"八·一"南昌起义军进驻长汀，毛钟铭找到吴玉章，被委派为秘书厅总务科长，主要负责部队后勤供给工作。1929年3月，红四军攻克长汀，红四军前委书记、党代表毛泽东在辛耕别墅听取了中共长汀临时县委书记段奋夫介绍毛铭新印刷所及毛钟铭情况后，说："印刷所有共产党员，印刷设备有石印、铅印，条件很好，应该为革命发挥作用，我们很多宣传品正需要大量印刷。"汇报会上，毛泽东当即指定由毛钟铭专门负责此项工作。毛钟铭接受毛泽东交代的任务后，即率毛铭新印刷所职工为红军在17天之内赶印了《中共六大决议案》、《十大政纲》、《红四军司令部布告》、《告商人、知识分子书》、《告绿林兄弟书》等大量文件、布告。1931年11月，中华苏维埃共和国第一次工农兵代表大会在瑞金召开，毛钟铭参加大会筹备工作，为大会承印大会日刊和各种文件、决议案。为适应革命根据地各项建设的需要，毛钟铭想方设法，通过原有的商业渠道，从白区秘密采购印刷设备，协助指导在瑞金先后办起了临时中央政府印刷厂、中央革命军事委员会印刷厂和中央财政部印刷厂，印制了大量马克思、列宁像，印刷了《红色中华报》、《红星报》、《青年实话》等报刊，还印制了苏区钞票、经济建设公债券和11种邮票等。

机器印刷业的兴起，意味着雕版印刷业的终结。其生产经营方式也早已跳出了封建社会时期作坊式手工业的模式，成为近现代工业的重要组成部分，也为现代印刷业的革命奠定了基础。

五、传统手工业科技的传承

随着闽西经济的发展和教育事业的兴起，科学技术被广泛应用于农业、手工业和其他社会产业中，为解放发展生产力起到了推动作用。特别是五四运动后，提倡民主与科学，新文化运动轰轰烈烈，成为倡导科学旗帜的灵魂。传统手工业得到外来科技的刺激，在继承的基础上得到创新与弘扬。

手工造纸。民国初年，纸业生产趋于旺盛，1919—1921年，连城仅宣纸年产量就达65吨；长汀纸业年营业额达200余万银元，70%的人口直接或间接以纸业生产为经济来源；上杭有槽户8000余户，从业者4万余人，年产9200吨。1938年，中国工业合作协会东南办事处的新西兰人路易·艾黎在长汀、连城建立工业合作协会事务所，并在长汀南山、涂坊等地办起13个纸业社。随着厦门大学内迁长汀，用纸的需求量增多，促进了纸业的技术改良。1940年，制成8种应用于书写和印刷的改良纸以及专供印刷《闽西日报》用的大报纸。闽西手工纸品种有高级白纸大连、连史、玉版、手本、京庄、宣纸等60种；文化用纸有玉扣、毛边、改良、小贝、贡川、调沙等16种；粗料纸有节包、大包、中包、八刀薄连、六刀连、黄表等十几种。其中，连城连史纸以"百年不褪色，千年不变黄"饮誉中外。

机械技术日益精湛。清咸丰年间(1851—1861年)，漳平有游今山铁匠铺。清末民初，永定湖坑、洪坑村所产"昕"字号烟刀，远销日本及东南亚。1927年，上杭傅柏翠在蛟洋上巫坑开厂炼铁，制造刀、矛，支持"蛟洋暴动"；该厂后来由张南星接办，改为铸造厂，为今古田铸锅厂的前身。同时，白砂洋乾村人邱彩荣也设铁厂，都是手工操作，产量甚低。1939年，长汀工业合作协会事务所建立汀州城区机械社，主要生产切面机、火锅、熨斗等。1943年，民国政府的汉阳兵工厂一部分迁来长汀河田洋坊，时有职工1000余名，主要生产捷克式轻机枪。1947年，龙岩办私营泉华汽车保修厂，专门修理、保养汽车。

化工研发也在进步。清咸丰七年(1857年)，太平天国一部攻打上杭城时，在上杭东门外阴开地道，以棺材装火药轰崩城垣十余丈。第二次国内革命战争时期，工农武装所用鸟枪、土铳均使用土硝制的火药。近现代以来，以土硝作原料生产烟花爆竹者较多。武平县烟花爆竹生产主要在十方高梧、彭寨和城厢赖屋凹等地。民国初期长汀城礼炮生产仅王氏一家。1922年，连城隔川陈姓鞭炮生产户十数家迁长汀，长汀爆竹生产始具规模。1942年，龙岩西城人郭湧潮集资数千银元，创办力行电化厂，生产漂白粉、苛性钠，还电解食盐生产氯酸钾，作火柴的重要化工原料；因电力不足，他又在罗桥建一座约10千瓦的水力发电站，以增产氯酸钾。1945年，龙岩龙门湖洋浦上溪边建立巨轮水力电化厂，既发电，也以食盐为原料生产氯酸钾，每月产量300公斤，销往漳州、厦门、长汀等地，还以手工生产肥皂、土烧碱、蜡烛等。

陶瓷技术的改进。闽西陶瓷业历史悠久。清道光三十年(1850年),连城范姓人到上杭,先后在湖洋乡的上迳村和泮境乡建窑烧瓷,产销两旺,经久不衰;1931年,湖洋上迳业主范振光聘请广东技师试制全釉彩瓷成功,改变过去只烧粗瓷、品种单一的状况。1935年,全县陶瓷副业收入2万银元。这一时期,连城的陶瓷烧制技术代表了闽西的最高水平。1939年,江西曹明鸾在连城李屋坑建起一条龙窑,生产细瓷餐具、茶具和少量美术瓷雕。1940年,华侨周仰云等人办起连城李屋坑陶瓷厂,生产日用细瓷和美术雕塑瓷。1944年,周蔚文等人集资兴办连城改良瓷厂。

砖瓦焙制是闽西传统产业之一,但均为民间私人作坊,均为手工筑窑制坯,柴草烧燃,生产效益不高。长汀县砖瓦炼制户遍布全县,尤以任屋一带居多。1935年,上杭县砖瓦窑遍布农村,生产过程全靠手工,能容纳大量劳力,成为农村主要副业之一。武平县各乡也都烧砖瓦。

石灰焙烧发展迅速。焙烧石灰只需用石灰石、白云石、白垩、贝壳等碳酸钙含量高的原料,经900～1100℃煅烧而成。闽西石灰石资源丰富,明清时期就大量出现生石灰。民国时期将块状生石灰用适量水熟化而得到了熟石灰。旧时闽西地区制纸的原料竹麻,就要用石灰淹浸烂熟;而建筑尤需石灰。又由于其原料分布广,生产工艺简单,成本低廉,因此,石灰炼制亦成为闽西地区的重要副业。上杭县的石灰业十分繁盛,1935年全县产石灰1500吨,价值2万银元。武平县的石灰,都为人工采石烧成,特别是在岩前者峰下、猪仔洞下、磨刀径等处,开采石灰石方式多种多样;焙烧的方法,有用煤炭的,如叶坑头;有用木炭的,如吉湖。

手工纺织作坊也进一步发展。闽西有丰富的苎麻,传统上,多使用手工自织布。1840年鸦片战争爆发后,洋布逐渐占领了闽西布匹市场。近现代以来,随着商品流通领域的扩大,外地产的棉花、棉纱也相继流入闽西。进口布匹主要来自厦门、汕头等地口岸。20世纪初,龙岩、长汀等县开始出现手工纺织作坊。长汀县,1921年前,有公立工艺传习所、锦云织布公司;1926年有汀州国货工厂以及私人组织不下十数家,提倡妇女手工;1936年恢复开工的,仅城内广丰昌布号,及私立兴华工织补习学校,机织供不应求。上杭县的纺织业先行一步,清光绪年间庐丰已有人仿制木机织布,形成主要家庭副业后,技术被传入城内;清宣统元年(1909年),城关设立"工艺传习所",招生80余人,聘广东梅县技师教习,6个月结业后办起机织厂;1938年,县妇女会和商会在城关合办"妇女职业学校",1939年5月合办丰记布庄,均为木机织布企业。龙岩县的织布业则比较稳定,民国时代,少数家庭使用木制手摇纺纱机、脚踏织布机,加工土布、毛巾、线带等,原料主要来自外地;1945年后,有私营纺织社,小批量生产棉布,另有私营染房20户。1949年,城区有华光染织厂、庆丰棉纺厂、挺余布厂、朱兴义布厂等8家,从业人员200多人,年产棉布7.50万米。汀州府重要县域宁化的织布业发展较早。清光绪年间编修的《临汀汇考》记载:"苎布,宁化四乡皆有,乡无不绩(织)之妇,惟泉上有细等纱縠者";"葛,引蔓缠绕之草,绩(织)以为布……今宁化有之,名蕉麻"。民国时期,宁化县的禾口、陂下、官坑、大路等地有手工织夏布,宁化城关有用木机织白棉布和毛巾。闽西近现代织布业,已经呈现出近现代工业的端倪,表现为生产机器更加先进,普遍使用纺机、织机;产品更加多样,如白布、夏布、雪花布、蚊帐布、带子等;入股资金更加雄厚,参与人员更加广泛。但是因为地理位置偏僻,资源依靠外运,技术相对比较落后,故无法形成龙头产业,行业时兴时毁。

烟丝是闽西地区的大宗土特产。卷烟业也成为闽西工业的支柱产业。近现代以来,品种得到改良,加工技术得以改进,永定条丝烟分别于宣统二年(1910年)和1914年在南洋劝业会和巴拿马赛烟会上获得优质奖。龙岩的烟丝生产则有烟纸业和卷烟业的社会分工。烟纸行业的兴起,带动了卷烟业的规模化生产,龙岩此后相继建立了一批卷烟厂,这些厂有明确的厂名、商标,有严密的生产组织流程,产品打进福州、浙江、江西等周边地区,为当地经济获取了高额税收。这种社会分工,绝非昔日作坊式的烟刀生产可以比拟,而是充满了机器生产的现代工业色彩。

酿酒是闽西传统手工业,历史悠久。长汀县酿酒始于唐代,久负盛名的有塘背老酒、隔冬酒、红娘酒。民国时期县城有酒店作坊20余家,酿造各种米酒,久盛不衰。沉缸酒酿制工艺起于清代嘉庆年间(1796—1820年),1912年龙岩人李炳旺经过技术改良,正式酿制成百年老字号沉缸酒。1935年,上杭县有粮油加工作坊(店)305间,酒铺95间,豆腐作坊111处。其余县也有用糯米酿酒的传统,多为自用,少量赠送亲友或出售。

制茶。清光绪二十年(1894年),漳平双洋有上杭人陈长泰、陈长济兄弟来此经营泰昌茶庄。民国时期,漳平县城人邓科从龙岩恒圃茶庄引进技术,设精制茶叶分圃。

糕饼、糖果、饮料生产。闽西糕饼业遍布城乡。新中国成立前,长汀县有私人开设的糕点作坊10多家,最著名的为嘉禾饼家、绿宝饼家、钟悦兴和邓阳春饼店,花色品种繁多,但均是小本经营,产品仅销本地。

豆制品加工。以豆腐、酱油最为普遍,各县城乡皆有生产。长汀所产豆腐干最为出名,为“汀州八干”之一。清光绪元年(1875年),上杭兰溪人伍益美开设的酱油作坊生产伍益美酱油,于1939年获得汕头中华国货展览优等奖,并选送巴拿马国际博览会展出。新中国成立前,豆制品作坊均由私人经营。

碾米。闽西在尚无机械加工粮食之时,粮食加工沿用古老的土砻脱壳,或水碓舂米,劳动强度大,产量低。1916年,漳平县李希顺办嘉禾碾米厂,购买10匹马力煤气机1台,碾米机1台,才开始出现动力加工机械设备。40年代,龙岩县有6家,漳平县有2家,长汀县有4家私人碾米厂,连同长汀县田赋处官办米厂,共13家。这些厂一般只有1砻1机,进料、分谷、提筛等,仍为手工操作。

制粉干。近现代以来,闽西地区的农户有以大米为原料加工成粉丝、粉条的传统,加工精细,性韧耐煮,煮后仍保持成条,不糊不烂,甜香可口,成为红白喜事和逢年过节的主要食品。武平万安、长汀新桥、龙岩苏坂云潭的粉干特别出名,成为当地农村的副业。粉干在农忙不能做,米贵不能做,关系粮食,因此获利甚微。同时,闽西种植小麦很少,苏维埃政府也因为粮食吃紧,严厉控制制粉业的发展。新中国成立前,少量食用粉的制取，主要采用古老的石磨加工，以水力、畜力、人力为动力，一个磨坊一天一夜只能磨小麦70公斤左右。

土法榨油，包括茶油、花生油、桐油、菜油、麻油等。民国时期，闽西各县均有此类手工业，油脂加工只有土榨油坊，且多利用硬木制成的木榨机、水力舂碓、人力绞盘榨油。方法有压榨、锤榨两种。闽西油菜、油茶产量不多，榨油厂规模均较小，秋冬开工，春季停产，故获利微薄。

照相。清代后期，连城人李国旺投师香港英人学习照相技艺，回连城后，在连城东街开设双明李照相馆，后改名"明鉴轩"。1915年，从山东历城学习照相技术回来的长汀金石书画家张一琴，在长汀城关水东街开设照相馆。1916年，龙岩东门外首设陈登科照相馆；1919年，日本人山村厚光在龙岩城塔巷，开设西医诊所兼营照相，带来东洋摄影技术。1921年后，武平县城关的宝光和上杭县城关的留芳阁照相馆相继开业。

竹木工艺。竹制品有竹桌、竹床、竹沙发椅、竹凳、竹箕、竹帘、竹梯、竹筒、竹篮、竹篓、竹茶叶罐、笔筒等。木藤制品则更多，如床、橱、桌、椅、尿桶、尿勺、水车、风车、砻、脚盆、竹甑、锅盖、水桶等。制作这些竹木制品的手工业者很多。清末民初，漳平唐永魁用细如鬓丝的麻竹二黄篾编制青丝竹篮，几经改革，现已发展有圆柱形、腰子形、桃形的单层、多层、套叠3类和上油、素篾、银朱漆面等规格的手提竹篮。1942年，其作品在日本参加工艺美术展览获奖。这些竹木工艺，有的从外地传来，有的是民间祖传，在闽西近现代史上经过技术革新，产品更加丰富，工艺更加精细，有的还外销出口。

肖像画。民间常请画工绘制祖先衣冠像，称"传真"或"追影"画。上杭兰溪廖瑞兴十代家传画肖像画。早期肖像画，用宣纸彩绘，后有在瓷板上绘单色瓷画。民国时期，"传真"以炭粉擦笔画像为主。

版画。明清两朝连城四堡的雕版插图颇为精美。民俗常用的木版年画，以龙岩黄门前的四色套印《和合仙》、《狮头》、《虎》、《门神》等"门神版"为佳，其他各县的均为单色门神、灶君、神纸等品种。长汀的冥钞在金银箔上套印朱色图文，也别具一格。此外，长汀有用铸铁制作的"铁花画"传世。

神像。多为木质圆雕造像。以长汀、永定、上杭艺匠较有名声。清光绪年间永定人苏昌友因塑漳州知府泥像，名扬漳厦。

家具。民间崇尚红地漆金的镂空雕花家具，因而金漆木雕名匠辈出，精品很多。著名工匠有清道光年间在漳平开业的徐裕卿。

纸扎。常用于民间节日、习俗活动中，如龙灯、船灯、鱼灯、马灯、各式花灯、走马灯、舞灯用的狮头、鸟兽头等套头和面具，以及各种丧葬冥器、偶人等，制作以长汀、连城、龙岩画铺的工艺为精。长汀郭蔚藩于抗日战争时期带回潮州彩扎技艺，开业生产，用泥塑人头、纸扎身躯、绸缎衣衫，配以通芯草制作的花草虫鸟，扎成《水淹金山》、《西厢记》和《三国演义》中的人物群像。

剪纸。分为刺绣花和吉祥花。刺绣花专用于美化服饰和生活用品。民间剪纸在各县均有流传，各有特色，但以长汀、龙岩、连城为精巧。

刻纸。用刀镂刻的抬阁、船灯、龙灯、各式花灯、星角灯等灯彩,丧事冥器花馆,以及用作压胜的门彩,红黄色纸镂刻的“门帘纸”,流行于客家地区;刻有“西”字衬贴银箔的五色“锦”,工艺精细,是龙岩一带惯用的样式;连城善用金、银衬贴,别具风采。

总的说来,近现代以来,由于闽西特殊的地理环境,加上战事频繁,闽西少数科技人员和能工巧匠的有些发明创造得不到社会扶持,因而科技成果的转化推广十分缓慢。即使已经转化的科技成果,也发展不平衡,在推广应用方面步履维艰。

六、苏区军工技术

闽西革命根据地地处以农业经济为主体的偏僻山区,工业基础十分薄弱,仅有一些手工作坊。根据地建立后,苏维埃政府重视建立和发展苏区工业生产。由于处在激烈的军事斗争环境,苏区工业建设首先是发展军事工业。

(一)苏区兵工厂的建立

中共闽西党组织从掌握军队的那一天起,就重视发展军事工业,兴办了一系列兵工厂,从事枪炮制造及维修,使军工技术得到一定程度的发展。

闽西苏区创建初期,创办了一些以打造土枪、土炮和大刀、长矛一类武器为主的小型兵工厂。1930 年 8 月,中共闽西特委成立的闽西红军兵工厂,是闽西苏区规模最大的军工厂,厂址设在龙岩东肖田螺形陈氏宗祠,同年 12 月迁至永定虎岗大竹园,改名闽粤赣军区兵工厂,由红军后勤部长兼军械处长毛泽民负责。1932 年 4 月,该厂迁至长汀四都,后又奉中共福建省委命令,迁到上杭南阳茶树下,改名为“福建兵工厂”,厂长祝良臣,有职工 140 余人,主要是修造三棱刺刀、枪托、毛瑟枪、子弹、手榴弹、地雷等。年底,又迁至江西苏区,与“江西修械所”合并为“中央兵工厂”。

从闽西兵工厂到中央兵工厂,由开始时的“斧头+铁锤”的修械小组,发展到修械所,又由修械所发展到修械处,最后发展成兵工厂,经历了从无到有,由少到多,由修理到制造的发展过程,这是中共最早独立创办大型综合性兵工厂的开端,被后世誉为“人民兵工的始祖”、“国防工业的摇篮”。

闽西兵工厂麻雀虽小,五脏俱全,分设了枪炮、弹药两大部门,实行流水线作业,分工负责,各司其职,密切配合。枪炮部门又分制造(主要是制造枪炮的零部件)、木壳(专门制造各种枪支的木托和木壳)、牛皮(专门负责制革和缝制各种军械用具,如皮带、炮盒、马鞍等)、刺刀(专门打制刺刀)等小部门。弹药部门设有炸弹(主要任务是制造马尾炸弹,另外也制造一些地雷和火药)、子弹(大部分是女工人)等小部门。1932 年 4 月初,红一军团攻下了国民党军钟绍奎所部的巢穴武平岩前,缴获其兵工厂的机器设备。4 月 20 日,红军又攻克福建的重镇漳州,缴获了国民党军卢兴邦部和张贞部的修械厂的两部机床、一个 30 马力的发电机、一批汽油和其他一些修械材料。这些均被运送到了苏区兵工厂,使兵工厂的设备得到大大改善。

随着机器设备的增加、人数的增多，兵工厂逐渐拆分，发展成枪炮厂、杂械厂、弹药厂等。枪炮厂内有修理、机器、机枪等部门；杂械厂内有红铁、刺刀、木壳、牛皮等部门；弹药厂内有子弹、炸弹等部门。兵工厂是在极其艰难的环境下建立起来的，为中央苏区的红军制造和修理了大量的弹药和武器，有力地支援了革命战争。

除了上述大型兵工厂外，闽西地方红军和苏维埃政府也举办了一些小型的兵工厂，如 1928 年在永定县金砂乡秀山村高源山上创办的金砂红军临时兵工厂，1929—1930 年期间在龙岩县江山乡山塘村创办的乡苏维埃兵工厂，1930 年在上杭县通贤乡障云村创办的障云山兵工厂等，在革命战争年代均发挥过一定的作用。第五次反“围剿”战争失败后，中央苏区红军被迫于 1934 年 10 月进行战略转移，闽西的各个兵工厂也随之或者突围北上，或者转入地下活动，或者开展游击战争，同时带走了好的维修机器，填埋了坏的和没有装好的机器，烧毁了兵工厂厂房。至此，兵工厂完成了它的历史使命。

(二)其他军事工业

闽西各级红色政权建立之后，没收了数量不多的军阀官僚的工厂，逐步建立一批小规模的公营企业，除了闽西红军兵工厂，还有长汀红军被服厂、汀州弹棉厂、中华织布厂、长汀印刷厂、中华商业公司造纸厂、红军斗笠厂等。由于革命形势的需要，这些企业的出发点都是服务于军事需要，具有典型的军工企业性质，产生了早期的军工科技。当时，仅长汀一县的手工业、公营工业就占整个中央苏区的一半，被誉为中央苏区的“红色小上海”。中共苏区中央局负责人周恩来曾经称赞道：“汀州的繁盛，简直为全国苏区之冠。”

红军被服厂有新式缝纫机，工人实行两班制，每班 8 小时，日夜赶制军装。1929 年，建厂头两个月，就为入闽红军提供了 7 万套军装和其他军用品。

中华织布厂于 1931 年 10 月在长汀城关新丰街许家祠兴建。有木织布机 40 多台，后来发展到 400 多工人，熟练工人每日能织 3 匹布、80 支纱布。生产灰斜布、绑腿布、纱布、十大白柳条布、格子布、蚊帐布等军需民用产品，第一次就为红军提供 4000 套军装的布料。1934 年 10 月，红军长征，中华织布厂被迫下马，青壮年男职工大部分参加红军，女职工和老弱病残者流散长汀，从事个体纺织。

红军斗笠厂创办时，仅有 30 人左右，后来发展到 200 人。原来生产的斗笠是尖顶的，中华苏维埃共和国临时中央政府主席毛泽东在长汀调研后，进行了改革创新，将尖顶改成圆顶，这样既便于红军使用又易于保管，深受红军指战员和苏区百姓的喜爱。工人昼夜奋战，月产斗笠 2 万多顶，方便了红军行军打仗。

1932 年，中华苏维埃银行在长汀设福建省分行，并在长汀南门街锁龙宫前周汇川屋(今长汀县和平路 48 号)设熔银厂，将省分行收兑来的金银首饰和青黄铜件，熔炼成金条、银块、铜块，供江西瑞金中华苏维埃造币厂铸币用。

苏区时期，各种手工业生产合作社的工人努力生产各种日常生活必需品，基本实现自给。造纸、织布、炼铁、铸锅、石灰、农具、刨烟、熬樟油、木器、篾器、煤炭等手工业工人在苏维埃政权领导下，纷纷组织生产合作社，在创新军工技术的同时，保障了苏区的物资供应和出口。

第四节　近现代医疗技术

闽西属山区，进入近现代以后，由于政治黑暗，经济落后，群众生活贫困，加上灾害频繁，卫生医疗条件极差，缺医少药情况严重，传染病流行，地方病无法防治，致使人民健康水平很低，特别是妇幼保健工作极差。民国期间，孕妇多在家临盆，临盆时或蹲或跪，由产婆接生，产妇、婴儿因难产、感染，死者甚多。1949 年，孕产妇死亡率为150/100000，婴儿死亡率 20%。因此，这一时期闽西人的平均预期寿命，只有 35 岁左右。能够引以为豪的是，在中医式微的同时，西医得以引进，苏区红色医疗事业快速发展起来，有效地提高了闽西人民的生活质量。

一、本土医疗技术由盛转衰

闽西本土医疗主要是中医和畲医。中医中药在闽西的运用已经有几千年的历史，无论是在治病、防病还是养生上，都被证明是确实可行的。在西医未传入之前，中医中药治疗疾病，挽救了无数人的生命。但是到了近现代，随着西方自然科学和哲学的进入，西方医学的思维方式和研究方法带给中医的不仅是重大的机遇，更是严峻的考验和挑战。随着科学进步和人们思维观念的不断更新，中医是否科学，中医究竟是否有效，这些都受到了严重的质疑，甚至有的学者提出废除中医。1929 年，中华民国政府通过了《废除旧医以扫除卫生事业之障碍案》，提出逐步消灭中医的多条具体办法，如：处置现有旧医；对已登记的旧医实行补充教育；不准中医诊治法定传染病和出具死亡诊断书；禁止新闻杂志进行非科学医学之宣传；禁止成立旧医学校等。由此，闽西本土传统医疗科技日益式微。

这时的权贵普遍崇尚西医，歧视中医。1936 年，长汀县政府奉命对社会医药事业予以整顿，规定中医均应具有合格资历，并领有部颁医师执照方准开业。当时长汀县中医仅有 1 人合格准予开业，其余中医均被取缔。闽西其他县也排斥中医，致使中医队伍日益衰落。

本土医疗技术的式微，还体现在当时对传染病的束手无策上。当时，疫病流行，特别是恶性传染病如鼠疫、天花等，较为猖獗。从清光绪十四年（1888 年），漳平永福发现了漳州传入的首例鼠疫病人起，至新中国成立期间永定县高陂最后一例女性患者陈四娘止，鼠疫在闽西流行 75 次，漳平、龙岩、永定、连城 4 县的 558 个村镇均有发现，患病人数 22941 人，死亡 19982 人，病死率达 87.10%。永定县因疫情无法控制，死亡人数不断增加，人们外逃，致使城镇街市长草，田园荒芜。而龙岩县在 1875—1938 年间，死于鼠疫的就达2780人。1935年5月，龙岩县鼠疫大流行，国民党绥靖第二区司令李默庵派工兵修筑惠民坝，引水入城疏沟驱鼠防病；同年8月，国民党中央卫生署派杨永年来岩指导防治，12月1日设立福建省第一个鼠疫防治机构——龙岩鼠疫区防疫所，负责指导闽西各县防治鼠疫。政府也责成县警察局和县卫生院负责食品卫生监督，发放卫生合格开业执照，但是收效甚微。

除了上述恶性传染病，丝虫病和疟疾也广泛流行。对丝虫病和疟疾，中医尚可救治，而对麻风病则无法可治，有的病人惨遭活埋。民国期间，武平县民主乡的福坦寺山上一次集体活埋18人；中山断尾塔下一次集体活埋15人。

民国时期，闽西各县曾设有公立区卫生所和县卫生院分院，但时办时撤，或并或分，难以统计，村卫生所则基本不存在，全区中、西药皆由私商经营。私人诊所多为个体开业，多设于县城和集镇。20世纪40年代，县城部分中学设医疗室。

虽然这一时期中医逐渐地衰落，但是两位名震中外的大中医包识生和胡文虎的出现，使得人们对中医的重要性和科学性有了新的认识。

包识生，字德逮，名一虚，清同治十三年(1874年)出生于上杭县庐丰乡医业世家。其父包育华为该县名医，兄弟究生、仰山、德崇均行医为业。包识生幼承家学，潜心钻研祖国医学遗产，尤其对东汉时期我国著名医学家张仲景所创六经辨证论治的理论，做了较深的研究。经过十年临床实践，深得医治伤寒等症的精髓，写成《伤寒论章节》一书，纠正了以前一些医家的谬误，引起医学界的重视。后来他到潮州、汕头行医，名声渐著。1912年包识生赴上海，他目睹西方帝国主义借传教、办医，对我国进行文化侵略，北洋政府极力摧残祖国医学的行径，立志振兴祖国的医学。1914年，北洋政府提出废止中医中药，不准成立中医、中药学校之议案，引起全国中医药界的强烈反对。包识生与神州医学会会长余伯陶等联络全国各省中医团体，组织“医药救亡请愿团”赴京向北洋政府国务院递交呈文，坚决反对歧视中医中药政策，迫使北洋政府撤销该案。1915年，包识生团结中医界同行，在上海成立“神州医学总会”，创办“神州医药专门学校”，自任教务长，主讲“伤寒论”等课程，还设立“神州医院”，作为学生实习的场所。1923年，他又主编《神州医药学报》，大力弘扬祖国医学。1933年在上海去世。包识生在沪20余年，一面行医济世，一面培养造就中医人才。他所培养的学生当中，有一批后来成了国内当代著名中医专家，如上海浦东人秦伯未，中华人民共和国成立后，曾担任卫生部中医顾问；江苏镇江人章次公，新中国成立后曾任北京医院中医科主任；江西婺源人程门雪，新中国成立后曾任上海中医学院院长，他们都为发展祖国的医学做出了显著的成绩。他的儿子包天白，继承家学，亦精医术，曾执教中国医学院、上海中医学校多年。包识生一生，勤于学术研究，著述不辍，有《包氏医宗》四集传世，得到中医界好评和重视。

另一个就是著名的胡文虎家族，在海外传播中医的客家杰出世家。胡文虎，原籍永定县下洋镇中川村。其父胡子钦，清咸丰十一年(1861年)到缅甸仰光开办“永安堂国药行”，行医济世。光绪八年(1882年)生胡文虎，排行第二。胡文虎10岁时，其父将他送回下洋读私塾，4年后返仰光。光绪三十四年，其父在仰光病逝，胡文虎与弟胡文豹继承父业，悉心钻研中医中药，同时认真学习西方医药的先进科学。几年后，他在深入研究祖国传统医学和印度、缅甸古方的基础上，采用西方先进的制药技术，研制成万金油、八卦丹、清快水、头痛粉、止痛散等虎标系列成药。这些成药功效显著，服用方便，易于随身携带，价格廉宜，便逐渐在东南亚各地畅销。1921年，胡文虎又到泰国曼谷开设永安堂药行分行；1926年，再将永安堂药行总行从仰光迁到当时已成为世界海洋交通中心之一的新加坡，把永安堂仰光分行老店交给弟弟胡文豹经营。胡文虎到新加坡后，新建永安堂制药总厂，雇佣600多工人，其中技术人员和管理职员30多人，年产万金油1000万打、八卦丹300万打、头痛粉600万打、清快水60万打、止痛散500万打，年营业额达1000多万叻币，成为东南亚首屈一指的华侨实业家。其时，第一次世界经济危机从英国爆发后正波及全球，各国普遍出现生产萎缩，经济萧条，失业猛增状况。劳动大众患病请不起医生，住不进医院，用不起价格昂贵的西药，永安堂虎标成药对各种常见病、多发病适应广，疗效快，价格廉宜，不用医生上门，病家即能自医，因而在世界各国销路畅开。1932年，虎标万金油已在全世界95%的国家注册，有65个国家和地区设立了销售网点，年销售量多达200亿盒。虎标良药至今还为世界各地所使用。

另外，民国初期，从江西省传入的真空祖师道（民间称拜祖师），在连城的北团、溪尾、朋口、凉屋山等地流行。道首黄筱明（又名混一子）对静功及《易经》颇有研究。1924年黄筱明将其一生练功方法写成《文川混一子静坐无为法》一书，对强身健体、驱邪祛病颇有益处。

二、西医科技的引进

清光绪初年，西医传入闽西。英籍医生丰约翰随牧师在永定设长老会，带西药在会内施医。光绪二十五年（1899年），基督教伦敦教会陆医生到长汀传教兼施医药。光绪二十三年至民国十二年（1897—1923年），教会为便于传教，先后派遣英籍医生亚盛顿、丰约翰等，美籍医生夏礼文、德籍教士许明文等，相继在闽西长汀、龙岩和上杭创办福音医院、龙岩爱华医院、上杭贫民医院。教会办医先从接种牛痘开始，然后逐步扩大医疗业务，服务对象主要是教会教友和上层有钱者，但规模小。至20世纪30年代闽西全区教会医院和个体开业西医人员，不足百人。

清光绪三十四年（1908年），英国基督教伦敦公会在长汀县城东后巷创办亚盛顿医馆，1925年改称汀州福音医院。1927年，南昌起义部队的部分伤员就是在此治疗的。1932年，中华苏维埃共和国临时中央政府主席毛泽东也在福音医院疗养过。后福音医院改名为中央红色医院，由院长傅连暲捐献并搬至江西瑞金。1947年2月，汀州福音医院复办。

1919年，美国俄亥俄州基督教归正公会在龙岩县西宫巷翁家花园创办“爱华医院”（现龙岩市第一医院的前身）。开办时有简易病床数张，1名牧师，2名医生，施医兼传教。1924年冬，爱华医院迁至龙岩县北门虎岭山麓，新建院舍，人员增至20余人，病床

图 3-2 长汀福音医院

20 余张，设内、外、妇产、小儿科，全院建筑面积 2700 平方米。1929 年 5 月，中国工农红军第四军进驻龙岩，爱华医院停办。1939 年 2 月，爱华医院复办。复办后，病床最多时达 63 张，职工 28 人。1947 年添置一台 30 毫安 X 光机。

当时，闽西医药卫生状况十分落后，医药卫生人员非常缺乏，全区除少数几家教会医院能做一些简单的小手术外，其余皆以简单的诊疗技术治疗疾病。医疗技术较好的龙岩爱华医院和长汀福音医院，仅能做阑尾切除等小手术。爱华医院化验室可开展血、尿、粪三大常规检验。连城县在民国 9 年(1920 年)始有一家西药店；抗战前夕，县城有了一个能做小手术的卫生院。抗战时期，中正医院内迁长汀，也为闽西西医引进起到了示范和推动作用。1946 年，闽西各县公立卫生院有医护员工 88 人，其中医师 4 人，护士 12 人，助产士 11 人，技佐 6 人，药剂员 5 人，其他医技人员 33 人。另有附属卫生所 3 所，员工 9 人。1940 年龙岩爱华医院先后有 13 名护士。这一时期，个体开业西医不多，发展比较快的龙岩县，至新中国成立前夕只有 61 人，农村绝大部分乡镇，没有西医西药。

三、苏区红色医疗科技的蓬勃发展

闽西苏区是在经济文化落后的地区创建的，苏区初创时，这里的群众文化水平低，卫生观念淡薄，卫生状况极为恶劣，加上国民党的经济封锁，缺医少药的情况十分严重，对红军战斗力和工农群众的生命健康造成了巨大威胁。发展苏区医疗卫生科技，培养医疗卫生科技人才，成为摆在中共地方党组织和苏维埃政府面前的重大课题。

闽西苏区通过自主培养医疗技术人员与争取、团结旧医疗技术人员相结合，来满足医疗卫生队伍建设的人员需求。当时，闽西苏区医疗卫生人员的来源主要有：中央派到苏区的、同情革命投奔红军的、用重金聘请的、从俘虏人员中留下的，这些都是当时医疗卫生队伍的技术骨干，但人数极少，根本不能满足救助需求。为解决这一问题，苏区领导人毛泽东明确提出要发展医药学教育，培养大批自己的医疗卫生人才，并将建设较好的红军医院，兴办根据地的医疗卫生事业列为党的工作的重要内容。因此，红军和地方苏维埃政府通过创办医院、卫生学校、办培训班等多种形式，大力培养医疗卫生人员。

在建医院方面主要有：1929 年 6 月，红四军在上杭蛟洋建立了后方医院，1930 年春迁移至龙岩小池，更名为闽西红军医院。1931 年红军医院从龙岩小池迁至上杭溪口大洋坝复兴楼，设了中、西、内、外等医科室，并附设有制药厂，罗化成任院长，同年 10 月，医院迁往白砂赖坑。1932 年 3 月，医务人员随红军转移，医院停办。1929 年 12 月，古田会议期间，红四军军医处在古田吉兴堂开设红军军医处。1932 年，福建省军区在长汀四都设立福建军区后方医院，有百余名男女看护员。1933 年秋，福建省军区在上杭南阳黄腊坑设立后方留守点，闽西医院第三分院设于此地，后改为第二分院，内设护士院、医疗室、手术室、中西药室、伤员房、病员房及传染病房。

在办校、办培训班方面主要有：1931 年，上杭才溪区苏维埃政府和福建省军区后方医院协同举办两期看护人员学习班，共培训百余名看护人员。1932 年 2 月，临时中央政府内务人民委员会和长汀县苏维埃政府在长汀万寿宫联合举办中央红色看护学校，首期招生 60 名，学制六个月，毕业后分配到红军部队服务。1931 年到 1933 年，傅连暲在长汀福音医院开设了中央红色护士学校，将中央红色看护学校升格为中央红色医务学校，培训护士、为红军采办药品、医疗器械等。1933 年福音医院更名为“中央红色医院”，并迁往江西瑞金。而中央红色医务学校则于 1933 年 10 月迁往瑞金，组建了新的中国工农红军军医学校。中国工农红军卫生学校是中央苏区时期最重要的一所医务学校，是中国共产党领导下开展医学教育的一面旗帜。据统计，截至 1934 年 10 月，红军卫生学校共培养了军医班学生 181 人，药剂班学生 75 人，看护班学生 300 人，研究班学生 7 人，保健班学生 123 人，共有 686 名毕业学员被分配到各战斗部队和根据地工作，大大缓解了红军部队和工农群众求医救治的困难。

团结、教育、改造旧医疗技术人员，是闽西苏区解决缺医问题的另一办法。当时，改造基督教徒、著名医生傅连暲，就是一个成功的例子。傅连暲，字日新，1894 年生于汀州城，少年考入基督教会兴办的福音医院附设之亚盛顿医馆，学习西医，成为基督教徒。1915 年冬毕业后，被聘为留院医生，再被聘为汀属各县旅行医生，到汀属各县行医，以医术高明、医德高尚，渐负盛名，不久被推举为汀州红十字会主任医师。1920 年后，又兼任亚盛顿医馆教员。1925 年“五卅”惨案爆发，福音医院英国院长慑于汀州反帝国主义运动的声威，逃离汀州。在汀州各县民众的拥戴下，傅连暲出任福音医院院长。1927 年 8

月，周恩来、贺龙等率领南昌起义军南下，傅连暲腾出福音医院病床，发动汀城所有医务人员成立“合组医院”为起义军300余名伤病员治疗。起义军营长陈赓腿部负重伤，按常规应进行截肢，傅连暲出于对这位青年营长的同情和爱护，决然采取保守疗法，避免截肢，经过精心治疗，终于将他的伤腿治愈。其余多数伤病员，也在他的医治下短期内康复归队。1929年3月，红四军首次入闽，时值汀州城天花流行，红军中出现天花病人，傅连暲征得朱德军长同意，及时为红军普种牛痘，预防了天花病在红军中蔓延。后来，傅连暲根据毛泽东的建议，在福音医院内创办了工农红军看护学校、中央红色医务学校，并亲自讲授药物学、诊断学、急救学等课程，为红军培养了大批医生、护士。1933年初，傅连暲将整个福音医院和自己的全部家产献给工农革命事业，把福音医院从汀州迁往瑞金杨岗下，创立中央红色医院，他被任命为院长。《红色中华》报为此表彰他为“苏区第一个模范”。1934年9月，毛泽东在于都患急性疟疾，一连3天不进饮食。傅连暲闻讯后，星夜赶往于都抢救，使毛泽东转危为安。10月，主力红军被迫撤离中央苏区，开始长征。傅连暲随部队出发，一路上他克服重重困难，为伤病员急救医伤，为周恩来、朱德等领导人治病保健。在保障红军胜利到达陕北的征途上，他尽到了医生最大的职责。新中国成立后，傅连暲被授予中将军衔。

中国共产党在红军中高度重视医疗卫生科技。1927—1930年是红军卫生工作创始的起步阶段。1933年中央革命军事委员会颁发了红军各级卫生机构的编制，各军团和军区也分别设立了后方医院和野战医院，红军医疗卫生管理组织体系基本完善起来，保障了红军指战员的战斗力和根据地的生存与发展。

中国共产党和苏维埃中央政府不仅颁布了保障人民生命健康，开展卫生防疫运动的法规条例，组织了系统广泛的行政管理机构和医疗卫生防疫体系，还实施了进行卫生防疫运动的具体措施。

尽管苏区经济相当困难，苏维埃政府还是尽其所能积极救治患者。对于疫区，苏维埃中央政府内务部负责购买相应药品，如碘酒、沙丸、人丹、奎宁丸等，由政府派遣卫生运动指导员携带前往疫区，结合当地医疗力量进行诊治；对于非疫区，则由省苏维埃和各县苏维埃卫生部负责购买临时应用的中西药品，交给各指导员下乡时使用。苏维埃中央政府还要求基层政府组织临时治疗站，对患病群众实行免费医疗；红军系统的医疗单位除了完成分内的任务外，也要主动为广大群众治病。

为防止流行疾病蔓延，苏维埃政府借鉴红军的经验，在《苏维埃区暂行防疫条例》规定：“(1)发现了传染病(霍乱、痢疾、伤寒、天花、发疹窒扶斯、猩红热、白喉、鼠疫、流行性脑脊髓膜炎)就要向上级及邻区报告，在报告上应写明病状、病名等项。(2)传染病人必须与家里人隔离另住一个地方，他用的衣服、器具非经煮沸消毒不能使用。(3)该地方如果传染得十分厉害，一定要在周围五六里之间断绝交通，离该地五六里之外尚不能开大会及当街等事，总之不要多人集合在一处，以免传染。”苏维埃中央政府内务部颁布的《防疫简则》里，指示各地要多设种痘所，要求苏区无论男女1～20岁，在可能的范围内，每年都应种牛痘以预防天花，注射防疫血清以预防霍乱和瘟疫。在条件允许的地区可以利用金鸡纳霜和中药常山、小柴胡汤来预防和治疗疟疾，发动群众养猫及堵塞鼠洞、消灭蚊蝇以预防鼠疫和其他疾病。

为更全面地了解各种疾病，以达到更好的治疗，苏维埃中央政府对卫生部门规定了严格的定期检查制度，要求地方每一个月须将当地发现的各种病症统计一次，上个月和下个月相对照考察病是否减少或增多，把当地因病死亡的人每月统计一次，并须把病症及老年、幼年、壮年分别记载下来，每到月终除由各县区及城市苏维埃卫生部检阅一次工作外，各卫生运动指导员应向中央政府内务部卫生科报告一个月内的工作情形，这些制度有效地扼制了疫病的蔓延。

卫生防疫事关人民健康，为使苏区每一个人都动员起来，自觉地投入到卫生防疫运动之中，1932 年 1 月 12 日，中央政府人民委员会决定在苏维埃区域内普遍开展以预防常见病、流行病为主要内容的卫生防疫运动，主要内容包括：一是凡居民所在地的所有圩场、村落、街道、天井、店铺、住室及公共场所，每半月大扫除一次；潴留污水的水道、水池、沟渠要开通；尘土脏物应集中圩场、村落以外之地进行焚烧。二是在个人卫生预防方面，要求家庭用具及衣褥要洗涤干净，在日光下曝晒消毒；每个人要理发、刷牙、洗澡。三是在食物卫生预防方面，要求各地挖井吃洁水，井口必须高于地面 1 尺；河水必须疏通，不准将污物及死物抛弃河中；一切食物煮熟后吃，不可与传染病人同食等。在各级苏维埃政府领导下，各苏区兴起了轰轰烈烈的广泛深入的群众性卫生防疫运动。

苏区的群众卫生防疫运动一项重要内容就是宣传普及医学卫生知识，《卫生运动纲要》要求各级卫生运动委员会推动俱乐部、夜学、小学、识字班、工会、雇农工会、贫农团、少先队、赤卫军、妇女代表会和儿童团等机关及团体，利用各种机会，对苏区群众宣传，使人人明白疾病发生的原因和讲卫生的好处。苏区各地的卫生防病教育，浅显易懂，深入人心，如《卫生歌》："要同疾病作斗争，大家就要讲卫生。假使卫生不讲究，灵丹妙药也闲情，病痛多哩真辛苦。"这些对于推动群众自觉开展卫生运动起到积极的促进作用。

此外，苏维埃政府创办了《健康报》、《红色卫生》等刊物，大量刊载有关的评论、消息、卫生简讯和卫生知识，推动苏区的卫生防疫运动。这些宣传教育活动，改变了群众迷信落后的思想观念，使他们明白了讲卫生的道理，了解了讲卫生的好处，掌握了讲卫生的方法，为苏区群众卫生防疫运动奠定了基础。

中国共产党在苏区的医疗卫生实践，无疑为后来各个时期的医疗卫生科技的发展打下了坚实的基础。

第五节　近现代科技教育

1898 年的"百日维新"运动虽然失败了，但是，教育的观念深入人心。在维新运动的改革浪潮中入塾读书，在辛亥革命的隆隆炮声中走出学堂，闽西一大批优秀科技人物的求学经历与清末废科举、兴学堂的教育大变革相始终。

1905年中国历史上正式、专门的中央教育行政机构——学部成立，明确了编译教科书的宗旨。1908年以后，中国近现代教育进入了一个新的阶段，这个新的阶段以美国退还部分庚子赔款吸引中国留学生为肇端，进而推动中国教育形成了多元化的新局面。清末民初，全国兴起一股不可逆转的兴学堂、倡实学的教育改革浪潮，同时伴随着一场国人编译新式教科书的热潮，科技知识成为教育的最主要内容。

一、新式科技教育体系

迫于形势压力，清政府对教育进行了一系列改革，1905年末颁布新学制——即著名的“癸卯学制”，废除科举制，在全国范围内推广新式学堂，西学逐渐成为学校教育的主要内容。

闽西的新式教育与清末兴学浪潮步履一致。早在1903年，龙岩县就将1504年创办的武安社学改办为武安坊小学堂，实行新式教育，为闽西小学教育之开端。随后，闽西各县相继举办公私立小学堂。1905年，丘逢甲又在上杭县创办民立师范讲习所；接着，上杭县官立师范讲习所也创办起来。

据统计，清末兴学期间，闽西为了培养小学堂师资，创办师范讲习所（校）4所，分别是：清光绪三十一年（1905年），上杭设民立师范讲习所；光绪三十二年（1906年），龙岩州中学堂附设师范讲习所，永定华侨独资创办永定师范学校；光绪三十四年（1908年），连城县开办连城县立师范学校。同时，闽西各县相继开办公、私立小学堂68所，其中龙岩23所，武平9所，永定14所，长汀8所，上杭9所，漳平3所，连城2所，另有中学堂3所。

1911年辛亥革命后，闽西的新学迅速发展，中小学校有所增加。1912年，民国临时政府教育部颁布了著名的《壬子学制》，规定了“初等小学四年，为义务教育”。虽然，这是一种有偿的强迫教育，但是毕竟促使闽西教育事业保持继续发展的态势，因此自1911年至1938年，闽西先后设高等、初等小学403所，其中公立139所，由政府拨款办1年与2年制短期小学109所。到1936年，闽西先后举办上杭县立中学、连城县立中学，长汀和上杭联办长杭中学，长汀复办初级中学。1942年秋，福建省教育厅在连城姑田创办连城高级工业职业学校，设有造纸科2个班，学生40人。

同时，在此期间，闽西办有师范学校11所。主要是：1919年，长汀县创办公立汀州师范学校；1923年，漳平创办永福师范讲习所；1925年，汀州创办长汀女子师范学校；1928年，长汀新桥创办乡村师范学校；1932年，福建省国民政府在龙岩九中创办省立龙岩乡村师范学校。这些新办的师范学校，由于办学经费、校舍、师资等困难，多数仅办二三年就停办。只有龙岩、长汀2所师范作为福建省的重点学校，充实教学设备，增拨经费，坚持办学至1949年冬。新中国成立前闽西师范毕业生2315人，专职从事科技的人员仅有95人。

与学校改革相对应，教材也在与时俱进，科技文化逐渐成为教育的主要内容，小学、

中学略有区别,具体如下:

根据清末《癸卯学制》规定,闽西初等小学堂必修学科为修身、读经、讲经、中国文学、算术、历史、地理、格致、体操等9科,另设图画、手工两科为随意科。高等小学堂必修科为修身、读经、讲经、中国文学、算术、中国历史、地理、格致、图画、体操等10科,另设手工、商业、农业等科为随意科。

民国初期根据《壬子学制》规定,闽西初等小学课程设修身、国文、算术、手工、图画、唱歌、体操等7科,女生加授缝纫课。高等小学课程设修身、国文、算术、中国历史、地理、理科、手工、图画、唱歌、体操等10科,男生加授农业课,女生增教缝纫课。视地情,农业课可改授商业课或英语课。

1912年,根据教育部颁布的《中学实施规则》,闽西龙岩、上杭、永定、连城、长汀等5所中学课程设修身、国文、外语、历史、地理、数学、博物、物理、化学、法制、经济、图画、手工、乐歌、体操等15科。统一采用国民政府教育出版社编印的教材。

1922年,教育部指令取消读经课,改授公民课。1924年,闽西高级小学改格致课为博物课,增设英语课。1925年,推行"四二"分段学制,改博物课为自然课。1929年,教育部颁布《小学课程暂行标准》,小学设党义课。1932年,根据《小学课程标准》规定,闽西109所小学课程设国语、算术、公民、社会、卫生、自然、劳作、美术、体育、音乐等10科。自四年级起加授珠算。1947年,小学增设童子军训练。

1929年,国民政府教育部颁布《中学课程暂行标准》。1937—1943年,闽西17所中学的课程设置为:初中开设国文、英文、代数、平面几何、物理、化学、植物、历史、地理、公民、体育、音乐、美术等13科,高中开设国文、英文、代数、立体几何、三角、物理、化学、生物、历史、地理、公民、体育等12科,统一采用国家教育出版社的课本。1939年,教育部颁布《培育纲要》,初中设童子军课,高中实行军训;建立训导制度,以控制学生所谓"越轨"思想。

1911年辛亥革命期间创办的和声小学(即现古田会议会址),门楼的对联"学术仿西欧开弟子新智识,文章宗北郭振先生旧家风"反映了当时学习西方先进科学技术的同时,不忘民族传统文化的客家先进办学理念。新式学堂提倡民主、科学的新教育,打开了众多年轻学子的眼界,促使其更多地关注社会和时局,思考自己的人生道路。因此,清末民初全国出现轰轰烈烈的留学热潮,也自然波及闽西。闽西的一些先进分子或热血青年纷纷出海求学,探索救国救民之路。如邓子恢(龙岩)、傅柏翠(上杭)、郑超麟(漳平)、江庸(长汀)、刘克谟(武平)、肖其章(武平)、沈毅民(连城)等,分别于清末或民国初期负笈东瀛,刻苦攻读,宣传革命道理,成为闽西历史上较早"睁眼看世界的人"。

此外,有一批闽西人出国留学,有的成为著名的专家学者。他们回国后,兢兢业业,发挥自己所学之长,积极投身家乡的社会改革,启发民智,在闽西的近现代化过程中起到了不可忽视的作用。

武平的赖其芳(1899—1986年),1921年毕业于北京国立工业专门学校,攻读应用化学,获工学士学位。1924年赴美国伊利诺斯大学求学,后转入衣阿华州州立学院陶瓷工程系学习，1926年以《物美价廉的搪瓷适于中国制造》的毕业论文，获该院硕士学位。接着进俄亥俄州立大学陶瓷工程系钻研机制陶瓷课程及边缘学科，同年9月，在匹兹堡大学化学系跟随美国著名玻璃专家瑞尔威孟教授研究玻璃工艺学。1928年以《铍玻璃之制造》论文，获博士学位，成为近现代中国屈指可数的化工专家之一。

连城的吴暾(1900—1988年)，1919年秋由粤军总司令陈炯明保送，从福州工业学校赴法勤工俭学。1922年秋考取法国18所国立大学之一的林尼大学，后来又到巴黎大学学习，获两校毕业文凭。1924年考取里昂中法大学，后又进入里昂中央工艺学院学习，获得电机工程师资格，最后进入相当于研究生院的巴黎电工学院学习，取得无线电工程师资格。1931年回国，录用于中央交通部，委任为上海国际无线电台工程师，是我国无线电事业的开拓者之一。

1919年五四运动后，邓子恢、张鼎丞、郭滴人、陈明、阮山等闽西一批进步青年知识分子，组织进步团体，出版革命刊物，创办平民学校，积极传播马列主义、民主与进步思想、科学技术知识，自觉地将教育作为宣传与动员民众参与革命战争的重要方式，为发展苏区教育打下了良好的思想基础。

1927年春，共产党员林心尧等人在上杭创办了汀属八县社会运动人员养成所，学员为当时汀属八县的青年积极分子，这些学员后来成为各地革命的组织者和领导者，为发展苏区教育打下了良好的组织基础。

民国时期，特别是抗日战争以后，1937年11月厦门大学内迁长汀，校本部设于长汀县文庙，给长汀带来大批知识分子，一时科技文化活动异常活跃，仅由厦门大学专家开办的学术讲座就有20余次。校长萨本栋还亲自在长汀讲课。

图3-3　长汀国立厦门大学旧址

不过,上述这些看似红火的各式教育,因为体制机制落后等原因,留给闽西的仍然是高达 90%以上的文盲,而"劳动妇女可以说整个的都是文盲"的状况,除了印证阶级社会中教育的阶级属性外,也反映出近现代中国的新式教育仍与广大劳动群众基本无缘。尤其是与苏区时期社会教育遍地开花,不少乡在群众中的扫盲率高达 90%,普通教育高、初级劳动小学星罗棋布,一部分乡村的适龄儿童入学率已达 60%的景况相比,半封建半殖民地的社会教育制度造成的落后与尴尬可见一斑。

二、苏区科技教育

1930 年 3 月,以闽西苏维埃政府成立为标志,闽西革命根据地基本形成。闽西苏维埃政府内设文化部,开始了人民教育的伟大实践。苏区教育事业始终围绕党的中心任务而开展。1934 年 1 月,毛泽东在第二次全国苏维埃代表大会上说:"苏维埃文化建设的中心任务是什么?是厉行全部的义务教育,是发展广泛的社会教育,是努力扫除文盲,是创造大批领导斗争的高级干部。"而教育的中心内容,除了政治课,就是学习科学技术知识,参加社会劳动。

(一)苏区科技教育从娃娃抓起

闽西苏区普遍实施初等义务教育。闽西苏维埃政府规定,凡 6～14 岁男女儿童都可以免费入学,接受小学教育。闽西苏区小学初称列宁小学,1930 年 8 月统称劳动小学,分为高级、初级两类。

1929 年 10 月,毛泽东指导中共闽西特委在苏家坡树槐堂创办了"平民小学",并亲自编写教材为小学生讲课。此后,闽西的许多乡村也跟着办起了平民小学。1930 年 8 月 2 日,闽西苏维埃政府文化委员会召开第八次会议,制定《闽西苏维埃政府目前文化工作总计划》,规定了各县、区乡劳动小学的三条设置原则。

此后,按照中央人民教育委员部规定,闽西苏区劳动小学课程开设国语、算术、体育、音乐、形工、常识、自然、园艺、地理、社会进化史、政治、共产主义浅说、生理卫生、速记术等 14 门学科。

(二)编制教材贯穿科技内容

各级苏维埃政府十分重视教材建设,苏维埃中央和省级教育部门设有编审机构,专门负责教材编审工作。1930 年 3 月,闽西第一次工农兵代表大会通过决议,明确提出"废止国民党党化课本,另由闽西文化委员会编制新课本,或由县政府编制,经闽西政府批准"。随后,闽西苏维埃政府文委会成立了教材编审委员会,编辑劳动小学、平民夜校教材。

1932 年 5 月 28 日福建省苏维埃政府文化部的《特别通讯第二号——征求课目教材及优待办法》说:"本部为着发展社会教育,提高工农政治文化水平,领导群众参加革命战争，及实施儿童教育起见，特着手编辑各种教材、剧本、音乐、歌谣等书籍，以供给全省工农群众的需要。"同时征求"学校教材：初级（四年）列宁小学常识、卫生、唱歌、革命故事，高级列宁小学自然、卫生、地理、唱歌"。

从闽西遗留的部分苏区红色档案，可以看出闽西苏区教育是相当地重视科学技术知识的普及。如，针对儿童的科技教材有长汀下平原区第一劳动高级小学编印的《自然课本》第一册、永定县第三区高级劳动小学校编印的《地理课本》第一册；针对成人的科技教材有宁化县教育训练干部编印的《理化常识课本》、福建省苏区教育部翻印的《地理常识》；针对特种行业的科技教材有长汀看护学校编印的《生理卫生常识》、上杭列宁师范学校翻印的《社会进化史》课本；针对红军的科技教材有中国工农红军总政治部编印的《步兵教程》、工农红军学校教育处编印的《连队训教练前编》讲义、红军军医学校翻印《生理学》讲义，等等。其中，翻印的《生理学》讲义，全书就分有内脏生理学、感觉生理学、神经生理学等几个部分。

（三）科学技术教育与社会实践相结合

苏维埃政权教育的一个重要特点，就是教育和实践相结合。为了贯彻教育与生产劳动相结合的方针，大多数苏区小学各年级都安排了劳作课。有些职业学校和专业学校实行半农（工）半读。各级各类学校都注意结合生产劳动和日常生活进行教学。在教学方法上，尽可能联系本地区的农业生产和手工业生产，联系日常生活。由于当时教学仪器和直观教具很少，有些课就利用自然环境和生产现场进行教学。许多学校组织师生修建校舍，开办园圃，经营畜牧场和作坊。

把教育与生产劳动相结合，结束了旧中国几千年来教育与生产劳动相脱节、脑力劳动者与体力劳动者相对立的旧历史，开辟了教育与生产劳动、社会实践相结合，较好地把学生培养成为既能脑力劳动、又能体力劳动的新一代苏区建设者。

（四）红军军校的科技教育

红军的兵源主要是来自农民，文化素质较差。要使红四军成为一支新型的人民军队，首要任务就是要全面开展政治思想和科技文化教育。

1930 年 1 月上旬，在红四军随营学校的基础上创办了闽西红军学校，首期招生 200 人，学员在校期间，学习课目主要是军事技术。1930 年底，闽西红军学校改为彭杨军事政治学校第三分校，学校先后搬迁到永定虎岗汉楷楼"新屋"、汀州罗公庙。1931 年 11 月 25 日，中革军委将彭杨军事政治学校第三分校、红一方面军教导总队和红三军团随营学校等三所红军干部学校合并组建为"中央军事政治学校"，1932 年 2 月又改名为中国工农红军学校，简称"红校"，校址设在瑞金县城上阳杨氏宗祠。"红校"共办六期，培训了 10000 多名军政干部。1933 年 10 月，中革军委又将中国工农红军学校整编为中国工农红军大学等五所军事院校。其中，中央工农红军大学简称"红大"，是中央苏区红军的最高军事学府。

苏区时期，比较著名的红军学校还有瑞金叶坪红军无线电学校、长汀福建军区随营学校、瑞金红军第一步兵学校、瑞金红军特科学校等。

（五）闽西最早开展红军医校教育

为了适应战争的需要，同时兼顾苏区建设，党和苏维埃政府在地方上建立医务学校，作为红军军事学校的补充，开创了中国共产党领导开展医学教育的新纪元。

1932 年 2 月 1 日，临时中央政府内务人民委员会与长汀县苏维埃政府在长汀万寿宫联合创办了中央红色看护学校，首期招生 60 名，学习 6 个月。不久，中央红色看护学校升格为中央红色医务学校。1933 年初学校迁往瑞金，10 月与中国工农红军卫生学校合并，仍取名为中国工农红军卫生学校，成为中国医科大学的前身。中国工农红军卫生学校是中央苏区时期最重要的一所医务学校，是中国共产党领导下开展医学教育的一面旗帜。

苏区的文化教育事业的发展，极大地改变了苏区军民文盲和半文盲的状态，为革命事业培养了大批军事人才、革命干部、文化事业的骨干力量以及生产建设的生力军，对苏区社会的变革产生了积极的影响。

第六节 近现代闽西科技人物

1840 年以后，西方列强用大炮轰开了中国的大门，中国从此进入了半殖民地半封建社会，闽西也进入了近现代历史时期。近现代历史既是闽西的苦难史，也是闽西优秀儿女的不懈奋斗史、抗争史，其中就包括了他们在闽西的科技活动。

民国时期，西学东渐，新文化运动和“五四”运动对闽西产生了积极的、深远的影响。民主和科学两面旗帜的树立，使得闽西社会发生了翻天覆地的变化，近现代科学技术被大量引进。

但是，由于闽西特殊的地理环境，加上近现代战争频繁，闽西较大的科技活动基本都有外地精英的影子，本土的少数科技人员和能工巧匠的发明创造得不到社会扶持，缺乏自主创新能力，发展不平衡，科技成果的转化推广十分缓慢。即使已经转化的科技成果，在推广应用方面依然步履维艰，远远落后于时代的发展需要。表 3-2 充分说明了这一点。

表 3-2 近现代闽西部分科技人物一览表

类别	姓名	时代	籍贯	主要科技活动	备注
水土保持	夏之骅	民国	安徽六安	长汀河田土壤保肥试验区首任主任、研究员	水保专家
	张木匋	民国	湖南醴陵	长汀河田土壤保肥试验区第二任主任、研究员	水保专家

续表

类别	姓名	时代	籍贯	主要科技活动	备注
林业	卢实秋	清末	永定	创办“丰大农场”，从事人工林造林活动	实业家
国土资源	宋达泉、俞震豫、沈梓培、席承藩	民国	浙江绍兴、浙江龙游、浙江绍兴、山西文水	20世纪40年代在龙岩、永定进行土壤专题考察	土壤学家
军事	石国宗	清末	广西贵县	1857年，率领太平天国一部攻打上杭，在东门外阴开地道，以棺材装火药轰崩城垣十余丈	
电力	张焕成	民国	龙岩	1935年，在龙门建“巨轮水力电化厂”，带动30千瓦直流发电机发电，为闽西历史上第一座水电站	实业家
	罗德森 罗天明	民国	龙岩	1935年在龙门修建装机8.5千瓦的水电站	实业家
	郭湧潮	民国	龙岩	1942年在罗桥建一座约10千瓦的水力发电站	实业家
电力	曹万顺	民国	河北藁城	1925年倡导兴办上杭福曜电灯公司，以木炭为动力原料，为闽西机械电力工业的开端	任驻上杭县的闽西军第3师第5旅旅长
	张景松	民国	龙岩	1935年在龙岩创办龙岩电气公司，后迁至东肖，更名白土电力厂	实业家
	张　贞	民国	福建诏安	1938年把漳州电厂的原商办龙溪电灯公司的2台(共80千瓦)发电机组运来龙岩，成立龙岩电厂	漳州军阀
	刘子熙	民国	漳平	1945年在漳平创办青年电厂	实业家
	陈文成	民国	漳平	1945年在漳平创办永福水电站	实业家
化工	张焕成	民国	龙岩	在龙门以食盐为原料，生产氯酸钾	实业家
	郭湧潮	民国	龙岩	1942年创办力行电化厂，生产漂白粉、苛性钠，还电解食盐生产氯酸钾，作火柴的重要化工原料	实业家
生物	伦达尔(H. Rendahl)	民国	瑞典	1925年在连城发现福建纹胸鮡新种，1926年又著文记述采自长汀新桥的另一鱼类新种，命名为黑脊倒刺鲃	

续表

类别	姓名	时代	籍贯	主要科技活动	备注
矿冶	黄寿邻	清末	龙岩	在龙岩赤水开设金生锅炉作坊,铸造铁锅	
	傅柏翠	民国	上杭	1926年,在蛟洋上巫坑办厂炼铁,并制刀矛以支持蛟洋暴动	
	丘彩荣	民国	上杭	创办铁厂	
	黄维瑞	民国	漳平	在西园炉仔自然村开办合昌炉,炼铁铸锅	
地质	侯德封、王曰伦、张兆谨	民国	河北高阳、山东泰安、山东聊城	开展地质调查,发现了龙岩"翠屏山组"煤炭	地质学者
	唐贵智	民国	越南	1944年,在连城朋口正式发现膨润土	归侨,福建地质土壤调查所研究员
印刷	谢跃生	民国	连城	1918年创办维新书局,采用石印、铅字排版印刷工艺,开创闽西铅字印刷业的先河	
	李梦兰	清末	上杭	在上杭县开设活字版印刷作坊"兰滋轩"	
	谢顺英	民国	武平	在1929年合股购置手摇石印机,在城关开设武平民文印务社	
	毛焕章、毛钟铭	民国	长汀	1921年创办毛铭新印刷所,最早使用五彩石印及四开铅印机、八开圆盘铅印机等印制	
工业	毛泽东	民国	湖南湘潭	闽西军事科技和工业主要创始人,发展苏区邮政、教育,改良闽西尖顶斗笠为圆顶,等等	党政军和共和国的主要缔造者
	毛泽民	民国	湖南湘潭	1930年12月以红军后勤部长兼军械处长一职,兼任闽粤赣军区兵工厂厂长	著名烈士
	祝良臣	民国	不详	1932年4月,任福建兵工厂厂长,主要修理、制造三棱刺刀、枪托、毛瑟枪、子弹、手榴弹、地雷等	
	李希顺	民国	漳平	1916年购买10匹马力煤气机和碾米机各1台,创办嘉禾碾米厂,开闽西动力加工机械设备之开端	实业家
	郭凤鸣、卢泽霖	民国	长汀	1927年在长汀创办汀州电灯公司,置有木炭动力机、木炭煤气机、24千瓦发动机各1台及相应配电装置	长汀军阀
	路易·艾黎	民国	新西兰	1938年,在长汀、连城建立工业合作协会事务所,并在长汀南山、涂坊等地办起13个纸业社	中国工业合作协会东南办事处代表

续表

类别	姓名	时代	籍贯	主要科技活动	备注
工业	方　杨	民国	长汀	1944年与长汀驻军卢新铭联合创办长汀光明电灯股份有限公司，拥有40千瓦和45千瓦发电机各1台	实业家
陶瓷	范振光	民国	上杭	1931年成功烧制全釉彩瓷	
	曹明鸾	民国	江西庐江	1939年在连城李屋坑建起一条龙窑，生产细瓷餐具、茶具和少量美术瓷雕	
	周仰云	民国	连城	1940年办起连城李屋坑陶瓷厂，生产日用细瓷和美术雕塑瓷	华侨
	周蔚文	民国	连城	1944年兴办连城改良瓷厂	
邮政	林　经	清末	龙岩	1905年创办龙岩州邮局	
	张廷竹	民国	龙岩	设计五角星、镰刀、铁锤等图案组成的赤色邮花	
	黄亚光	民国	长汀	设计苏维埃邮票、纸币，由中华苏维埃邮政总局、闽西工农银行发行	
交通	陈国辉	民国	福建南安	成立岩平宁工务总局，规划改造龙岩城区街道，兴建中山街和出城公路，首次从厦门购进20辆英国产雪佛兰客车、货车9辆	国民党军阀
	陈资铿	民国	龙岩	1915年，在雁石开办煤矿，架设轻便铁路6公里	
	王弼卿	民国	永定	以汀漳龙工务总局工程科长兼任岩永公路局局长，在岩城开筑公路，1923年成文《全闽公路工程进行报告书》，为全省修路规划提供了蓝本	著名的公路交通工程技术专家
	郑碧山	民国	龙岩	征收盐税以充经费，实行兵工筑路，将公路自西门延伸至古城	汀州公路局局长
	杨逢年	民国	福建龙海	1931年在龙岩东门外兴建小型机场，在永定城关南门坝、坎市大洋段开辟两个机场，都因地形过小，未使用而报废	国民党军第四十九师某旅旅长
	李延年	民国	山东乐安	1934年冬在长汀城郊征地400亩，以军事工程部队兴建机场	国民党东路军第九师师长

续表

类别	姓名	时代	籍贯	主要科技活动	备注
医药卫生	包识生	清末	上杭	擅长医治伤寒等症，著有《伤寒论章节》；1914 年联络组织“医药救亡请愿团”赴京请愿，坚决反对歧视中医中药政策；1915 年在上海成立“神州医学总会”，创办“神州医药专门学校”，主讲“伤寒论”等课程，设立“神州医院”；1923 年主编《神州医药学报》	著名中医
	胡文虎家族	清末民初	永定	采用西方先进制药技术，研制成万金油、八卦丹、清快水、头痛粉、止痛散等虎标系列成药；1932 年，虎标万金油已在全世界 95％的国家注册，有 65 个国家和地区设立了销售网点，年销售量多达 200 亿盒	客家侨领
	黄筱明	民国	连城	1924 年将其一生练功方法写成《文川混一子静坐无为法》一书	闽西真空祖师道道首
	亚盛顿、丰约翰、夏礼文、许明文	清末民初	英国、美国、德国	1897—1923 年，相继创办长汀福音医院、龙岩爱华医院和上杭贫民医院	传教士
	罗化成	民国	上杭	1931 年出任闽西红军医院院长，设了中、西、内、外等医科室，并附设有制药厂	著名烈士
	傅连暲	民国	长汀	福音医院院长，红军卫生事业创始人。在红四军首次入闽期间，为红军普种牛痘，预防天花病蔓延；在福音医院内创办了工农红军看护学校、中央红色医务学校，亲自讲授药物学、诊断学、急救学等课程，为红军培养了大批医生、护士。1933 年初，把福音医院从汀州迁往瑞金杨岗下，创立中央红色医院，被任命为院长。《红色中华》报表彰其为“苏区第一个模范”	开国中将
	李默庵	民国	湖南长沙	1935 年 5 月派工兵修筑惠民坝，引水入龙岩城疏沟驱鼠防病	国民党第二绥靖区司令
	杨永年	民国	辽宁凤城	1935 年 8 月指导防治，12 月起为福建省第一个鼠疫防治机构龙岩鼠疫区防疫所负责人	南京中央卫生实验所所长、医学博士

续表

类别	姓名	时代	籍贯	主要科技活动	备注
手工业	李炳旺	民国	龙岩	1912年正式酿制成百年老字号沉缸酒	
	伍益美	清末民初	上杭	开设酱油作坊生产伍益美酱油，1939年获得汕头中华国货展览优等奖，并选送巴拿马国际博览会展出	实业家
	李国旺	清末	连城	在香港学习照相技艺，回到连城开设"明鉴轩"照相馆	
	邓　科	民国	漳平	从龙岩恒圃茶庄引进技术，设立精制茶叶分圃	
	张一琴	民国	长汀	1915年，从山东历城学习照相技术回来，在长汀开设照相馆	金石书画家
	陈登科	民国	龙岩	1916年在龙岩东门外首设照相馆	
	山村厚光	民国	日本	1919年在龙岩开设西医诊所兼营照相，带来东洋摄影技术	
	唐永魁	民国	漳平	用细如鬃丝的麻竹二黄篾编制工艺品，1942年参加日本工艺美术展览并获奖	
	廖瑞兴	民国	上杭	十代家传画像，擅长宣纸彩绘、单色瓷画、炭粉擦笔画像	
	苏昌友	清末	永定	擅长泥塑，名扬漳厦	
	郭蔚藩	民国	长汀	引入潮州彩扎技艺，用泥塑人头、纸扎身躯、绸缎衣衫，配以通芯草制作的花草虫鸟，扎成人物群像	
教育	丘逢甲	清末	台湾苗栗	1905年，在上杭创办民立师范讲习所	教育学家
	陈祖康	民国	漳平	1925年获得法兰西西方工学院土木工程师职称	
	赖其芳	民国	武平	美国俄亥俄州立大学陶瓷工程系博士，近现代中国屈指可数的化工专家之一	
	吴　暾	民国	连城	法国里昂中央工艺学院电机工程师，巴黎电工学院无线电工程师。1931年回国任上海国际无线电台工程师，是我国无线电事业的开拓者之一	

续表

类别	姓名	时代	籍贯	主要科技活动	备注
教育	谭熙林、邓子恢	民国	湖南长沙、福建龙岩	1930年1月，闽西苏维埃政府在红四军随营学校的基础上创办了闽西红军学校，首期招生200人。二人分别任校长、政委	老一辈无产阶级革命家
	萧劲光、张鼎丞	民国	湖南长沙、福建永定	1930年底，分别任彭杨军事政治学校第三分校校长、政委	老一辈无产阶级革命家
	萨本栋	民国	福建闽侯	1937年11月厦门大学内迁长汀，亲自开始学术讲座	厦大校长、物理学家、教育家

第四章　中华人民共和国成立以后闽西的科学技术

1949年10月，闽西各县相继解放后，在龙岩县城设立第八行政督察专员公署(后分别改为龙岩行政督察专员公署、龙岩专区专员公署)，龙岩专区管辖龙岩、长汀、永定、上杭、武平、漳平、连城等7个县。1956年6月，原属永安专区管辖的永安、宁化、清流、宁洋4县划归龙岩专区管辖，7月，宁洋县撤销。1962年1月，永安、宁化、清流3县又划归三明专区管辖，本区辖县仍为7个。1970年7月，龙岩专区改称为龙岩地区。1997年5月，龙岩撤地设市，管辖范围不变。

中华人民共和国成立以后，中国共产党和人民政府十分重视科技进步和科技人员培养，闽西的科学技术事业得到迅速发展。新中国成立初期，闽西科学技术工作主要是贯彻党的知识分子政策，组织队伍，接收与改建科研机构，研究解决当时国计民生急待解决的科技问题。由于当时亟须治理旧社会遗留的农业凋敝、疫病流行等严重问题，所以，农业和医药卫生的科学研究最先得到发展。同时，为迎接国民经济建设高潮的到来，开始组织群众性的科学技术活动和各种资源考察活动。1958年9月，龙岩专区科学技术委员会成立，成为同级党委领导科学技术的办事机构，又是同级政府主管科学技术工作的职能部门。同时，陆续建立一批与国民经济密切相关的科学研究机构，开辟一些新技术领域的研究。在1958—1959年的“大跃进”期间，闽西的科技工作也曾出现脱离实际，追求高精尖以及高指标、瞎指挥、浮夸等违反科学规律的错误。1960年，中共龙岩地委召开了全区上千人的技术革新、技术革命代表大会，并举办了展览会，展出新产品、新工具、新技术3500余项。1961年，贯彻中共中央批转的《关于自然科学研究机构当前工作的十四条意见》，纠正“左”的错误。“文化大革命”期间，闽西科学技术事业受到严重摧残，科研工作处于停顿、半停顿状态，大批科研人员被迫离开科研岗位。

1978年，中共十一届三中全会以后，提出科技工作为经济建设服务的方针和一系列有关发展科学技术的方针、政策，中共龙岩地委决定重建科技管理机构，提出抓重点、抓特色、因地制宜地发展科学技术的方针，龙岩科技工作出现了新局面。在1978年全国科学大会和福建省科学大会首次对新中国成立以来的科技成果评奖会上，龙岩地区共获得科技成果奖42项，其中，获全国科学大会奖3项，获得福建省科学大会奖39项。这些成果，绝大部分在生产上应用，并获得比较明显的经济效益和社会效益。1987年，中共龙岩地委认真贯彻全省科技工作会议精神，确立科技工作必须进入经济建设主战场的指导思想，号召科技人员主动地面向经济建设，为经济建设服务。

20 世纪 80 年代以后，龙岩科技战线在改革开放中开始了一场重大的变革。科技管理部门从微观控制转向加强宏观决策的研究和管理。科研机构改变自我封闭的模式，加强了同经济部门的横向联系。科研机构按照深化改革的要求，进行多种转轨变型模式的探索，有的进入大中型企业，有的发展成为行业技术开发中心或服务中心，有的发展成为科研生产型企业。科研机构改革的逐步推开和深化，增强了科技机构自我发展的能力和自动为经济建设服务的活力，同时，也推进了技术市场的开拓，使之成为科技与经济结合的重要桥梁和纽带。学会、协会、研究会等群众科技团体也突破原来的活动方式和活动内容，更多地组织综合性、大规模的学术讨论和科学考察，对内提供决策性咨询服务，对外开展国际科技交流。科学普及工作着眼于强化企业的技术吸收和技术开发能力，加强农村劳动力转向的技术普及和技术培训工作。这以后，“面向经济建设主战场、发展高新技术及其产业、加强基础性研究”3 个层次的科技工作已逐步推开，“重点科研”、“星火”、“火炬”、“科技成果推广”、“软科学研究”等科技计划开始组织实施。

第一节　基础科学研究

基础科学研究(基础研究)是指认识自然现象、揭示自然规律，获取新知识、新原理、新方法的研究活动。新中国成立前，龙岩地区科技人员甚少，也较少开展科研活动。新中国成立后，随着经济建设和各项事业的发展，科技人员逐步增加，科学研究也从自发性、低层次向有计划、高层次迈进。闽西的基础研究经历了从无到有的历程，其中在某些科学前沿领域实现了零的突破。

一、地质、地貌调查

为了摸清龙岩市的地质发展和地貌状况，1957 年，福建师范学院地理系赵昭昞、席廷山等参加中国科学院地貌区划队，对福建省地貌进行踏勘，为 1958 年编制出版的《中国地貌区划》中的“浙闽山地丘陵”副区提供依据。1962 年，赵昭昞、吴幼恭等到闽西南地区进行地貌调查，编制出《闽西南地貌区划》。20 世纪 70 年代，福建师范大学地理系开设环境地学课程，并开展环境保护的科学研究和咨询活动，承担龙岩王庄煤矿、龙岩高岭土矿等建设项目环境影响报告书的编制。

通过多次调研，基本摸清龙岩市的地质发展和地貌状况。其中，龙岩市的地质发展，经历了多次地质构造运动，形成多种构造体系。控制本区山脉走向和河谷分布的主要构造体系有华夏系、新华夏系和南岭东西构造带。龙岩市地势东高西低，北高南低。境内武夷山脉南段、玳瑁山、博平岭等山岭沿东北—西南走向，大体呈平行分布，控制全区地势。全市土地面积 19050 平方公里，占全省陆地面积 15.7%，居全省设区市第三位。低山、中山面积占全区总面积 78.56%。由于流水切割强烈，以致地形破碎，岭谷相间，丘陵、河谷平地交错分布。全市平均海拔 652 米，千米以上山峰 571 座。最高峰为玳瑁山区的狗子脑主峰，海拔 1811 米，最低点位于永定区峰市的汀江出境处，海拔 69 米。

二、国土资源规划

龙岩市的国土资源规划从 1993 年开始，各地在深化土地使用制度改革中，认真贯彻落实行署《关于加强城市县城规划区土地管理暂行规定》，对城镇土地实行统一规划、统一征地、统一开发、统一出让、统一管理，制定了城镇土地基准地价和土地统征、预征的具体办法和配套文件。各级政府对土地一级市场实行垄断，切实加强土地资产管理，地区和各县(市)均组建成立了地产公司(或土地开发公司)，编制为地、县(市)土地管理局的科、股级事业单位，为政府垄断土地一级市场、出让土地提供地块。同时，加强土地价格的评估和管理，地区和永定县成立了地价评估事务所。通过实施土地“五统一”管理，政府在土地一级市场中的主体地位得到加强，国家土地所有权在经济上得以实现，充分发挥了土地资产的作用，为政府增加了财政收入。在建设用地管理中，各级土地管理部门坚持计划用地制度，严格审批各项建设用地，坚持审批用地与服务相结合，搞好批前、批中、批后服务，实行建设用地全程管理，做到规范化、制度化。

与此同时，地区和县(市)级土地利用总体规划编制工作全面开展。经国家、省土地管理局组织的鉴定和验收，认为龙岩地区土地利用总体规划达到同类研究国内领先水平，永定县土地利用总体规划达到同类研究国内先进水平，均获福建省土地利用科技成果一等奖，还分别获全区土地利用优秀成果一等奖、二等奖。其他各县(市)完成了 3～4 个专题的研究。

但是经过几年的实施，土地规划方面仍存在不少问题，龙岩市政府于 1997 年 8 月下旬，批转《市土地管理局关于开展 1996—2010 年土地利用规划修订工作的意见》，批准通过《龙岩市土地利用总体规划工作方案和技术方案》，确定资料收集范围，制定市、县、乡三级规划进度表、定期汇报和经验交流制度。

乡(镇)级规划于 1996 年全面推开，是全省最早推开、完成任务最好的地级市。1999 年 12 月 1 日，《龙岩市 1997—2010 年土地利用总体规划》经省政府批准实施。《规划》是本市土地利用和管理的依据，具有法定效力。市域范围内一切建设、土地开发等土地利用活动都必须符合《规划》的要求。2000 年，市、县(市、区)新一轮土地利用总体规划全部获得福建省政府批准，并开始实施。134 个乡(镇)级规划亦如期完成。规划主要内容包括：根据 1996 年土地资源详查变更数据，对土地利用现状、开发利用潜力进行分析；根据全市国民经济和社会发展需求，确定全市土地利用目标；对规划期内各类用地供需趋势进行预测；通过综合平衡，确定土地利用结构和各县用地指标，并把指标分解到县(市、区)和大的用地单位；调整土地利用分区，确定分区土地用途管制规则及相关政策；制定实施规划的政策与措施；开展土地利用现状及潜力分析、土地供需趋势预测、基本农田保护、城镇体系建设用地、中心城区土地利用等专题研究。

经济要发展，土地规划必需科学、合理。1998年5月13日，龙岩市土地管理局顺利通过省土地局、省建委等6个单位联合评审验收，成为全省率先完成此项工作任务的地(市)。此后，全市7县(市、区)和134个乡级土地利用总体规划也如期完成并通过专家评审。同时，加强了对建设项目用地前期管理，健全和完善用地审批制度、审批用地预报制度和项目用地"三到场"和跟踪反馈制度，积极引导非农业建设向"三荒"地转移，并在全省推行"用地指标—计划立项—规划选址—土地审批"制度，对不符合土地利用总体规划、没有附具同级土地管理部门预审意见和取得用地计划指标的建设项目用地一律不予受理。

三、动植物资源及分类

闽西属于山区，为亚热带地区，气候温和，森林茂密，动植物种类繁多。为了摸清全省及龙岩境内动植物种类及其分布状况，从1951年开始，何景通过研究，将福建沿海50公里以内划为亚热带植物区，闽赣交界地区划入华中与温带南部过渡地带，闽北划入华中植物区，其余大部分地区为南温带照叶林区。1955年，何景又将亚热带植物区向内地延伸至100公里。1981年，厦门大学曾文彬进行福建植物区系的研究，认为福建现代亚热带植物区系的形成与地质和地理的演变密切相关，是中国现代亚热带植物区系的发源地之一。1955年，福建省进行植物资源普查，有厦门大学、福建师范学院、福建农学院、复旦大学等6个单位800余人参加，共采得标本5万多份。福建省科委、省科协还分别于1979年、1987年组织力量对武夷山、梅花山的植物资源进行科学考察。

龙岩市的森林动物较集中地分布于玳瑁山区的森林里，但武夷山脉南段的林区也发现有国家重点保护的野生动物。调查显示，龙岩市森林兽类有70多种。如华南虎、云豹、金钱豹、石豹、黑熊、大灵猫(九节狸)、山灵猫、豪猪、山羊、山兔、山羚、山麂、猕猴、苏门羚、山獐、梅花鹿、野牛、水獭、野猪、穿山甲、豺、狼、狐狸、鹿、狗獾、猪獾、豹猫、竹鼠、飞鼠、松鼠等。森林鸟类有300多种。如鹧鸪、竹鸡、角雉、白颈长尾雉、红胸田鸡、游隼、斑鸠、大杜鹃、林黑鹰、猫头鹰、啄木鸟、小云雀、喜鹊、鹦鹉(八哥)、家燕、石燕、伯劳、画眉、鸳鸯、柳鹰、山雀、乌鸦等。爬行类有50多种。如眼镜蛇、银环蛇、蟒蛇、青竹蛇、蜥蜴、石龙子等。两栖类有100多种。如蛙、蟾、龟、鳖等。

龙岩市有属国家重点保护的野生动物30多种。其中一级保护动物有云豹、金钱豹、梅花鹿、虎(华南虎)、蟒、黄腹角雉、白颈长尾雉、黑麂、苏门羚、中华秋沙鸭、金斑啄凤蝶等；二级保护动物有黑熊、大灵猫、小灵猫、金猫、鹦鹉、穿山甲、水獭、猕猴、短尾猴、鸳鸯、猫头鹰、虎纹蛙、雀鹰、苍鹰、啄木鸟、棘胸蛙、丽棘蜥、雕鸮、鸮、草鸮、白鹇、毛冠鹿等。

龙岩市常见的天然经济鱼类的鳗鲡、鲤鱼、鲫鱼、鳜鱼、鲶鱼、鳡鱼、斑鳢、黄鳝、泥鳅、鲮鱼、倒刺鲃、扁圆吻鲴、黄颡鱼、红鳍鲌、赤眼鳟、厚唇鱼等16种以上。野生水生动物还有：两栖类的棘胸蛙、小鲵、蝾螈、青蛙，爬行类的鳖、龟，甲壳类的虾、蟹，腹足类的田螺、环棱螺，瓣腮类的河蚌、蚬。

龙岩市的植物资源有：维管束植物 231 科，868 属，2543 种（包括亚种、变种），其中：蕨类植物 42 科，85 属，217 种；裸子植物 10 科，25 属，47 种；被子植物 179 科，756 属，2279 种。本市和全国对比，约占全国总科数的 65%，总属数的 28%，总种数的 11%。本市维管束植物中，木本植物的种数占全国种数的 13%，为福建省木本植物资源最丰富的地区之一。

四、梅花山科学考察

福建梅花山，地处龙岩市、上杭县、连城县的结合部，为玳瑁山的主体部位。它东西宽 20 公里，南北长 19 公里，总面积 33.25 万亩。这里地处中亚热带南缘，气候具有从中亚热带向南亚热带过渡的特点，是福建三大水系闽江、汀江、九龙江的发源地，被称为“八闽母亲山”。1985 年 4 月，由福建省批准建立闽西梅花山自然保护区。1988 年 5 月，经国务院批准升格，改名为福建梅花山自然保护区，成为国家森林和野生动物保护区。

由于梅花山地理位置和气候环境独特，有闽西“天然空调”之称，是闽西生物多样性最为丰富的地区，蕴藏着极为丰富的野生动植物资源，荟萃许多珍贵的生物物种和新种，被中外生态学专家誉为“北回归线荒漠带上的绿色翡翠”、“野生动物避难所”、“生物物种基因库”。为了保护梅花山珍贵的动植物资源，龙岩市林业部门多次组织科学考察活动。通过调查，在 20 世纪 90 年代基本摸清了梅花山的动植物资源状况。其中，森林覆盖率达 89%，保存有大量的珍稀植物资源。福建省记载的“杉木王”20 株，这里即有 6 株。珍稀名贵古树 15 种，珍贵药材 9 种，珍稀花卉 10 余种。保护区内，有兽类 55 种，鸟类 73 种，爬行动物 50 多种，两栖动物 178 种。经过中外专家调查论证，被国际自然资源保护联盟列在世界十大濒危物种之首、我国特有的华南虎，仍在这里生存繁衍，被专家确认为是“华南虎现存数量最多、活动最频繁的区域”，被称作是“华南虎的故乡”、“华南虎最理想的栖息地”。经调查发现这里国家保护的野生动物，一类的有华南虎、云豹、金钱豹、黄腹角雉、白颈长尾雉、金斑喙凤蝶等；二类的有短尾猴、猕猴、穿山甲、草鸮、蟒蛇等。此外，新发现的珍稀动物有：长臂金龟、中国宽尾凤蝶、棕脊蛇、福建丽蚊蛇、福建后棱蛇。

进入 21 世纪以后，神奇神秘的梅花山仍有许多重大发现。其中，2002 年 10 月，梅花山自然保护区马家坪管理站工作人员在深入区内山场圆树凹、大山坑巡山护林时，发现此处有大量国家一级保护植物物种钟萼木，枝头挂满红色蒴果。钟萼木称作伯乐树，为单种科植物，是第三纪古热带植物区系的孑遗种，福建省的连城、罗源、延平、武夷山等地曾有分布，但数量极少。在梅花山保护区发现有如此大量分布，实属罕见。它对于研究被子植物的系统发育和研究梅花山区的古地理、古气候具有重要的科学价值。10

月下旬，罗胜村护林员在区内芜塘山场巡山护林时，发现有十七八只的猕猴群。猕猴是国家二级保护动物。这是自梅花山成立自然保护区以来，罗胜村首次发现猴群，使全区已发现的猴群总数达12群。

2003年9月中旬，上杭县古田镇石笋村生态林护林员在该村小坑炉山场巡山护林时，发现一个约有20只的猕猴群，其中一只全身白色，体形较大。早在1989年5月，科学考察队对梅花山自然保护区进行综合考察时，曾在上杭县步云乡桂和村与连城县庙前镇马家坪村交界的中门溪山林中发现一群猴子，其中有一只白猴。此次的发现，证实了梅花山自然保护区确有白化猕猴存在。白化猕猴是由基因突变而成，它的存在为梅花山的猕猴种群增添一个新的品种。

第二节　农业科学技术

农业科学技术，主要就是用于农业生产方面的科学技术及专门针对农村生活方面和一些简单的农产品加工技术，包括种植、养殖、化肥农药的用法、各种生产资料的鉴别、高效农业生产模式等几个方面。中华人民共和国成立后，闽西的农业科技显示出活力，为了更有效进行农业生产，党和政府高度重视并加大对农业资源的调查和农业区划的开发，同时对物种资源和耕作制度进行了改革，对农作物品种也进行了改良，还加大力度改进耕作栽培技术，加大对农业机具研制与农机技术的推广，从而达到增产增收。

一、作物耕作制度的改革

龙岩是一个以山地、丘陵为主的地方，自古以来经济就以农业为主。明嘉靖三十七年(1558年)《龙岩县志》中有一年两熟的记载。但新中国成立前，全区水田绝大多数为一年一熟制，少量为一年两熟制，山区基本上以种单季稻为主，南部有部分地区种双季连作稻或双季间作稻。1949年，全区有单季稻170.61万亩，双季间作、连作或稻杂两熟制面积52.74万亩，分别占水田面积的75.12%和23.18%，复种指数为142%。

中华人民共和国成立后，随着农业生产条件的改善和科学种田水平的提高，从1955年开始，龙岩地区对水稻耕作进行“单季稻改双季稻、间作稻改连作稻、旱地改水田”改制。1963年，全区单季稻改双季稻25.75万亩，改制率为19.10%；间作稻改连作稻17.2万亩，改制率为35.63%。全区稻谷面积229.48万亩，其中双季早稻和双季晚稻各29.13万亩，均占12.69%；间作早稻和间作晚稻各31.07万亩，均占13.54%；单季早稻49.24万亩，占21.46%；中稻35.06万亩，占15.28%；单季晚稻24.78万亩，占10.8%。进入20世纪70年代，水稻耕作栽培进一步推广双季稻和三熟制。但在水稻改制过程中，也有一些地方不注意客观条件，盲目发展双季稻和三熟制，致使季节、茬口、肥料、劳力紧张，尤其是海拔500米以上的山垄田，种植双季稻很难避过秋寒，造成两季不如一季、三熟不如两熟的结果。1978 年后，从实际出发，因地制宜，调整作物布局，使全区单季稻、双季稻结构比例相对趋向合理。1987 年，全区共有单季稻 41.83 万亩，双季稻 139 万亩，分别占水田面积 188.93 万亩的 22.13%和 73.54%。全区复种指数为 192.34%，低于同期全省 197.2%的平均水平。县(市)间复种指数差别很大，高的长汀县达 214.8%，低的漳平县仅有 160.1%。同时，龙岩地区仍有 70%的秋冬闲田，尚未利用。

经过 30 多年耕作制度改革，龙岩地区基本上形成以河谷盆地为区域的双季稻为主的一年两熟或一年三熟制，中、高海拔山区以单双混作或以单季稻为主的一年一熟至两熟制。全区三熟制约占水田 15%，两熟制占 65%，一熟制占 20%。

旱作物主要有大小麦、玉米、甘薯、大豆、花生、蔬菜等，根据作物特点，有间种、套种、轮作等形式，多属一年一熟，少数为一年两熟。1978 年后，大面积推广间套种，主要有甘薯套种玉米，甘薯套种花生或大豆，果园套种花生、大豆、甘薯、绿肥等。1987 年，全区甘薯套种秋大豆 7956 亩，甘薯套种玉米 2 万亩，果园套种绿肥等作物 3.1 万亩。

二、农业资源调查与农业区划研究开发

龙岩是农业资源优越的黄金宝地。地貌特征为“八山一水一分田”，有耕地 245 万亩，人均 0.84 亩。龙岩处于中亚热带向南亚热带过渡地带，年均气温 19.6℃，年均降水量 1741 毫米。境内海拔高差大，从 69 米到 1811 米，垂直气候差异明显，东南部一些低海拔地区具有南亚热带气候特征，北部、中部山区有暖温带气候特点、日夜温差大。全市森林覆盖率高达 74%，在大陆地区名列前茅，生态条件优越，具有发展绿色农产品的得天独厚的自然条件。

1958 年 12 月，福建省农业厅土地利用局组织开展全省第一次土壤普查。同年，省农业厅经作局牵头，对全省果树资源进行调查。1961 年，省农垦厅和专区勘测队以及有关单位 80 多人，对全省荒山荒地进行踏勘普查，查明全省有荒地 215.4 万亩。

1978 年 3 月，全国科学大会通过的《1978—1985 年全国科学技术发展规划纲要(草案)》，将农业自然资源调查和农业区划研究，列为重点科学技术研究项目的第一项。1979 年 2 月，国务院决定设立全国农业自然资源和农业区划委员会。在全国农业自然资源调查和农业区划第一次工作会议后，1979 年 5 月，福建省革命委员会批准成立福建省农业自然资源调查、农业区划和土壤普查委员会(1981 年 8 月更名为福建省农业区划委员会)。1980 年 8 月，省人民政府批准成立福建省自然资源调查、农业区划研究所。1985 年，省农业厅土地管理局开展全省土地利用现状概查。

龙岩市各县综合农业区划工作从 1982 年以后开始。每县均抽调科技人员 200 人以上，既进行系统、全面的资料、数据收集整理和分析，又深入实地开展野外和社会调查，既有定性、定向分析，又有定位定量的研究，各县基本完成综合农业区划和地貌、农业气候、水利、农机化、农业经济调查、土壤普查、粮油作物、耕作制度、林业、渔业、畜牧

业、茶叶、乡镇企业、果树等10多个专业区划，形成了成果报告，同时还绘制行政区划图、地貌类型及区划图、人口分布图、气候资源及区划图、水资源及区划图、土壤分布图、森林资源及区划图、畜牧业资源及区划图、乡镇企业分布图、农业机械化区划图和综合农业区划图等。各县的综合农业区划经过缩写，汇编为《福建省农业资源与区划》(县级卷)，1990年由福建省科学技术出版社出版。

在全省农业资源调查的基础上，1986年省农业区划委员会办公室进行全省农业资源与区划数据汇总，建立一套省、地、县、乡四级数据库，获得农业资源与社会经济方面的数据约290万个。省气象区划办于1988年建立全省农业气象数据库，收集从1951年到1980年，共30年、85个气象要素的资料。

龙岩的农业区划工作，从1980年开始。经过9年努力，先后完成县(市)和地区两级的农业资源调查和农业区划阶段性任务：一是对全区的农业资源进行比较全面系统调查，从宏观上、总体上基本上摸清了家底；二是在资源调查的基础上，开展综合研究，进行农业分区，为合理调整农业的结构与布局，开发利用和保护自然资源提供科学依据；三是农业区划成果的运用，已在规划指导农业生产建设，促进农业区域开发和综合开发，加速农业发展等方面发挥作用。

本次农业区划工作从本区实际出发，主要遵循5条分区原则：发展农业的自然资源、自然条件的相对一致性；农业社会经济条件、农业生产水平的相对类似性；农业发展方向、途径、措施的相对统一性；保持乡(镇)行政区界线的相对完整性；每个分区为一片的相对连续性。

在这些原则下，采用复合命名法，按“地理方位＋地貌特征＋生产主导部门”命名：

Ⅰ、西北部低中山丘陵平地粮、林、果、茶、牧、渔区(第一区)

Ⅱ、中部中低山林、粮、牧、果区(第二区)

Ⅲ、东南部中低山丘陵平地经作、粮、林、牧、渔区(第三区)

Ⅳ、西南部低山丘陵平地粮、烟、林、牧、果、渔区(第四区)

分区特点：

Ⅰ(第一区)：本分区大部分位于汀江中上游，小部分属于闽江沙溪流域。土地、耕地、人口数及粮食总产居各分区之首，复种指数较高、农作物种类较多，宜于发展粮食作物和果、茶等经济作物。但气温较低，热量较少，“三寒”威胁较大；水土流失面积大，这是影响该区农业发展的重要因素。

Ⅱ(第二区)：本分区地处玳瑁山区，是国家级梅花山自然保护区的重要地段。气候温凉，山地土壤肥沃，草山、草坡多，宜于大力发展林业、温带落叶果树和草食动物。但该区水田潜育型面积大，冷烂锈毒田制约粮食单产提高。

Ⅲ(第三区)：本分区地处博平岭山地，南亚热带北缘，气候条件好，耕地土壤以黄泥田、灰泥田为主，利于发展粮食作物和经济作物。但该区耕地少，人口多，三熟制面积少，果树发展也不快。

Ⅳ(第四区)：本分区位于汀江下游，中山河、金丰溪流域。地貌以低山为主，地形开阔,光照充足,热量资源丰富,盛产优质烤烟,是全国著名的优质烟基地之一,而且水果、畜牧业较发达,人多地少,宜于发展劳动密集型的多种经营。但局部地区水土流失严重,亟待治理。

表 4-1 龙岩地区综合农业分区范围表

分区代号、名称	乡镇名
Ⅰ区 西北部低中山丘陵平地粮、林、果、茶、牧、渔区	长汀:河田、馆前、汀州镇、大同、策武、古城、铁长、庵杰、新桥、童坊、南山、涂坊、宣成、濯田、四都、红山、三洲乡 连城:莲峰、庙前镇、文川、四堡、北团、罗坊、文亨、朋口、宣和、新泉乡 武平:永平、桃溪、湘店、中堡、大禾乡 上杭:才溪、通贤、南阳、官庄、珊瑚、旧县乡
Ⅱ区 中部中低山林、粮、牧、果区	漳平:赤水、双洋乡 龙岩:万安、白沙、江山乡 上杭:古田镇、步云、蛟洋、白砂、泮境、茶地、溪口、太拔乡 连城:姑田镇、李屋、曲溪、赖源、莒溪、塘前乡
Ⅲ区 东南部中低山丘陵平地经作、粮、林、牧、渔区	漳平:菁城、新桥、永福镇、灵地、吾祠、象湖、溪南、南洋、和平、西园、芦芝、桂林、拱桥、官田乡 龙岩:东肖、龙门、雁石镇、东城、中城、南城、西城办事处、苏坂、岩山、铁山、西陂、曹溪、适中、红坊、大池、小池乡 永定:坎市镇、高陂、虎岗、抚市乡
Ⅳ区 西南部低山丘陵平地粮、烟、林、牧、果、渔区	永定:凤城、下洋镇、城郊、金砂、西溪、湖雷、洪山、峰市、仙师、岐岭、古竹、湖坑、大溪、湖山、堂堡、合溪乡 上杭:临江、蓝溪镇、临城、庐丰、稔田、湖洋、中都、下都乡 武平:平川、岩前、十方镇、城厢、万安、东留、中山、民主、下坝、中赤、象洞、武东乡

在农业综合开发项目中,国家立项农业综合开发项目,主要实行山、水、田、林、路综合治理,粮、林、果、牧、渔综合开发。本区从 1990 年开始在武平县东留、象洞、武东、城厢,上杭县蛟洋、白砂、南阳、通贤、才溪、稔田、中都,连城县林坊、隔川、揭乐、莲峰、文亨、北团,长汀县童坊,永定县仙师等 19 个乡(镇)、107 个行政村实施该项目开发。第一期 1990—1992 年度任务全面完成。1994 年 6 月,本区第二期 1993 年度开发项目通过省组织检查验收。1994 年,武平县的十方、永平,上杭县的古田、官庄,长汀的策武,永定县的湖坑、下洋等 7 个乡(镇)农业综合开发项目扩初设计,于同年 9 月获批准实施。年度计划总投资 932 万元,设计任务为:改造中低产田 4.26 万亩,开荒造田 750 亩,造林种果 2.18 万亩,畜禽养殖 6.75 万头(只),水产养殖 150 亩。到年底,完成计划工程量 70%。国家农业综合开发开始延伸到加工工业。武平、连城、上杭、长汀等 4 县香菇加工保鲜厂和龙岩地区食用菌菌种生产试验中心共 5 个项目,于 1994 年批准列入国家投资的“龙头”企业项目,除长汀县外,已提前一年建成投产。

山地综合开发是本区的特点。1999 年掀起了全市第二轮山地综合开发,此次开发呈现了新特点：一是筹资渠道广。除各级财政、金融部门投入的贴息贷款外，还吸引外资、引导个私企业投资，鼓励干部、职工集资及吸纳社会闲散资金搞开发。全市共筹集资金1000余万元。二是全员参与。各县(市、区)政府出台优惠政策扶持山地综合开发。上杭县对新植果园连片50亩以上，每亩给予3年贴息贷款200元，科技人员和干部创办、领办、承包开发50亩以上果园，除享受政府规定的资金扶持外，5年可享受原单位一切待遇，5年后除工资外其他待遇保持不变，连城县对连片改造果园100亩以上，每亩给予贴息补助50元等，形成外商、个体经营者、干部职工等共同参与山地综合开发的大好局面。三是连片规模开发。市里重点抓好新罗白沙，永定峰市，长汀濯田、河田，上杭才溪、蛟洋，武平武东，漳平西园，连城文亨等9个千亩以上连片开发示范乡(镇)。四是因地制宜，大力发展名优特新品种。新罗区重点发展柚子、芦柑、特早温蜜、枇杷；永定县重点发展红柿、枇杷、龙眼；上杭县重点发展杭梅、柚子、脐橙；武平县重点发展优质枇杷、特早温蜜、早熟梨；长汀县重点发展早熟梨、板栗、杨梅；连城县重点发展特早温蜜、水蜜桃、早熟梨；漳平市重点发展特早温蜜、少核芦柑、一点红水蜜桃、龙眼。五是统一苗木生产经营管理。建立8个苗木繁育中心，确认16个市级采穗园，各县(市、区)都建立果树新良种引进试验观察圃，促进新良种开发，坚决杜绝假、劣、病、残、次苗木。六是高标准建园。推广小平台预留草带建园法，开天窗修剪，疏花疏果、果实套袋、营养诊断与配方施肥及省力化栽培新技术，推广果园草生栽培，果—牧—沼、果园种套养等模式。七是果园体制落实，按“统一规划、统一品种、集中连片开发、分户经营管理或承包经营”原则，落实果园体制，避免造成“运动山”。

2001年，龙岩市农业开发办通过制定目标管理责任制，规定每位干部完成1项以上农业开发项目，科级及中级职称以上干部完成2项以上农业开发项目，落实项目开发绩效挂钩奖惩机制，项目开发任务完成情况与干部年度考核评优挂钩，加大项目开发力度。全年共完成农业项目开发任务19个，比上年多完成5个。其中波尔羊引进繁殖、宝顺预混合饲料生产、红柚繁育、火龙果种植等4个项目落实业主并开始实施，为本市农业结构调整，农民增收起到积极的推进作用。

三、种植作物品种改良与耕作栽培制作技术

龙岩市种植作物包括粮油作物和经济作物。其中粮油作物主要有水稻、大(小)麦、高粱、玉米、粟等禾谷类作物，甘薯、马铃薯等薯类作物；大豆、蚕豆、豌豆、绿豆等豆类作物，油菜、花生、芝麻等油类作物。经济作物品种很多，资源丰富，历史悠久。主要有烟草、蔬菜、甘蔗、甜菜、西瓜、麻类、棉花等。下面重点介绍：

(一)水稻

1. 育种

闽西从宋代开始就种有秔(粳)糯稻，并引进“占城”稻。明代种有籼稻，有早、晚两

熟之分。中华人民共和国成立后，进行了土地改革，农民积极开荒造田，扩大水稻种植面积，同时进行耕作制度、栽培技术改革。1957年，全区水稻总播种面积扩大到292.83万亩，比1949年增加38.5万亩，其中双季早稻面积148万亩，亩产从1949年的94.5公斤提高到1957年的128.5公斤，稻谷总产达37.67万吨，比1949年增长56.8%，年平均增长5.8%。到2013年，全市稻谷播种面积223.77万亩，产量93.62万吨。

从1964年开始，陆续引进推广矮脚南特、珍珠矮等矮秆高产良种。1966年，“文化大革命”开始，农业部门陷入瘫痪状态，本区稻谷生产又出现倒退。1968年，水稻亩产比1965年减14公斤，总产下降13.5%。1969年后，全区农村基层组织职能得到恢复，广大群众大搞农田基本建设，化肥施用量逐年增加，同时，在栽培措施上进行了一系列改革，改单季稻为双季稻，改间作稻为连作稻。实行卷秧化、密植化、矮秆化，水稻产量大幅度提高。1981年后，普遍实行以家庭联产承包责任制为核心的农村经济改革，在技术上着重抓籼型杂交水稻的推广及配套高产栽培技术，以红410、77—175等一批常规良种，取代老品种，并抓稻瘟病、纹枯病、稻飞虱、螟虫的发生规律及防治对策研究，推广新农药，使全区水稻生产大幅度增长。1998年，全市备种以汕优82、汕优89、汕优016、福优77、汕优46、汕优多系一号、特优898、汕优669等一批优良新品种(组合)为主，基本上淘汰旧的老化品种(组合)，良种覆盖率达96%以上。2003年选育的3个杂交稻组合、2个亲本水稻新品种特优898、特优158、福优158、福优158、龙恢158获得国家品种权保护，可直接进行成果转化。

2003年8月22日，云南、江西、福建三省农业专家在云南省永胜县涛源乡对龙岩市农科所蓝华雄等人共同培育的“杂交水稻特优898超高产展示”项目进行现场验收。与会专家听取项目组负责人的介绍，实地考察展示现场，一致认为：杂交水稻特优898田间生长整齐、优势明显，具有茎秆粗壮、剑叶直立、不老衰、抗逆性强、品质优、有效穗多、结实率高等优势性状。专家组在现场随机选择王勇户种植的1.03亩特优898水稻展示田进行实割测产，实收湿谷1354.4公斤，晒干扬净后称得干谷重1266.4公斤，亩产为1233.1公斤，刷新了2001年福建省三明市农科所选育的II优明86在该地超级稻展示丰产田创下的亩产1196.5公斤的世界纪录。

2009年2月2日，龙岩市推荐的Ⅱ优596、广优2643、嘉糯1优3号等3个水稻新品种在福建省农作物品种审定委员会六届二次主任委员会会议上获得通过审定。

2011年，杂交稻新组合选育“福龙两优863”两系杂交稻新组合通过福建省品种审定，稻米品质达优Ⅲ级，适宜龙岩中、晚稻推广应用。选育出福龙两优3381、福龙两优364、福龙两优8号、福龙两优611、福龙两优9388、福龙两优29等15个杂交稻苗头新组合，推荐2个苗头新组合参加国家区域试验，13个苗头新组合参加省区域试验。育成福龙两优3388等10个后续杂交稻苗头新组合，计划利用2年时间逐步推向全国各地参加区域试验。光温敏雄性核不育系选育育成福龙S20等3个育性稳定、配合力强、特色优势性状明显的光温敏雄性核不育系，并配组出强优势新组合，2012年小批量生产种子，2013年推向各省参加区域试验。福龙S2获得农业部植物新品种权保护。

2. 耕作

本区水稻栽种历史悠久,但粗耕粗作。中华人民共和国成立后,水稻耕作进行了一系列改革,栽培技术水平不断提高。

播种育秧:过去用清水浸种,选择避风向阳秧田,整平地,以7～8尺为一畦,踩脚印为走道,水播水育,亩播种子100多公斤。20世纪50年代,推广盐泥水选种,石灰水浸种,推行新式秧田,畦宽4尺,沟宽1尺左右,分畦播种,水播水育。60年代,推广西力生或赛力散等药剂浸种,对育秧技术实行"三改",即改大秧板为合式秧田,改密播为稀播,改水育秧为湿润育秧,亩播种子50公斤左右。但这一新技术并没有完全被广大农民接受。1970年开始,推广蒸气催芽和"5406"菌种催芽,进行温室育秧和卷秧办法,对加速育秧、防止低温烂秧、保证及时抢插,有一定的效果。由于这种办法播种量过大,秧苗细弱无分蘖,带土移栽,插后坐苗返青慢,影响穗头,产量低,逐渐被淘汰。1976年,为了解决双季晚稻产量不高不稳的问题,从培育晚稻老壮秧入手,采取"两塅育秧"办法,延长晚秧秧龄,以弥补晚稻生长季节的不足。但"两塅育秧"花工多,推广不开。1980年后,推广抗菌剂"402"浸种,早稻采取薄膜覆盖加湿润育秧办法,做到稀播种,育壮秧,常规稻种子亩播30～40公斤,杂优种子亩播10～15公斤。早稻减少烂种、烂秧,提高成秧率,晚稻培育有80%适龄多蘖矮壮秧,效果良好。

针对各类中低产田冷、烂、锈、渍、沙、瘦等低产因素,因地制宜地实行种改(推广杂交水稻)、肥改(黄泥田、沙质田种植绿肥,推广稻草回田,客土改沙培肥地力、改良土壤)、水改(冷烂田推广垅畦栽或工程改造)和稀播培育壮秧,推广综合防治病虫等栽培技术,实行高产栽培模式等生物、化学、工程改造相结合的综合配套增产措施,促进了中低产田攻关和"吨粮田"开发的进展,涌现出一大批高产典型。中低产田攻关项目,1988年获省政府"粮食丰收奖"二等奖。

栽植:历史上种植高秆品种,都是稀植,一般株行距1～1.5尺。1955年开始,推广密植,对增产有一定成效,但由于1958年栽插水稻受"越密越好"的瞎指挥影响,部分地区出现不顾本区实际情况,密植规格强求一律,甚至强行搞"移苗并坵"等,造成减产。20世纪60年代推广矮秆品种,株行距7×8寸或8×8寸,丛插10本,亩插万丛左右。70年代,进一步推广浅插、密植,株行距5×6寸或6×6寸,有的搞"双龙出海",丛插7～9本,亩插1.5万～2万丛。1972年,在推广单季稻改双季稻时,有的地方4月上旬盲目移栽小苗,栽下后遇霜冻。漳平县吾祠乡3000亩早稻,栽后秧苗有30%被冻死,最后翻犁重插1000多亩。80年代,推广以叶龄定秧龄,适龄移栽,适当密植成为广大农民自觉行动。移栽结束期,早稻控制在"谷雨"前后,晚稻控制在8月1日前后,适时早插,赢得了两季主动。1995年,水稻种植采用旱育稀植技术,该技术有效地解决了本区山区早春低温阴雨寡照造成的烂种烂秧现象的问题,达到低耗高效的目的,还具有省秧地、省薄膜、省工、省力的效果。全年全区旱育秧栽培面积73.02万亩,遍布全区128个乡(镇)。

抛秧新技术作为十大粮食增产新技术的重要措施。龙岩市委、市政府非常重视,于1997年连续在上杭、长汀县召开3次有县长、分管副县长、农业局长、农技站长和部分乡

(镇)农业技术员参加的高规格会议,定出目标,明确任务,从经费上给予支持,把抛秧栽培技术再一次推向高潮。农技人员严格操作规程,狠抓示范片,以点带面,增强示范的辐射作用,进一步激发了群众应用新技术的积极性。市农业局与上杭联办秧盘厂,引进新农药、新化肥,加强田间指导,提高抛秧技术的经济效益,有力地推进抛秧面积的推广。

双季稻"免耕栽培技术研究与示范推广"课题2010年通过省、市专家评审,认为技术成果总体水平达国内先进,其中双季稻免耕方式研究成果及免耕栽培施肥方法研究成果居国内领先。在稳定粮食播种面积的基础上,推广"五新"技术,以水稻超高产集成技术为依托,努力提高粮食单产。

灌溉:近代时期沿用自流串灌办法,20世纪50年代后期开始,逐步改串灌为轮灌。70年代,推广"前浅、中搁、后湿润"的管水技术。80年代,推广浅水插秧、寸水返青、浅水促蘖、搁田控苗、活水壮苞、间歇壮秆防病、跑马水增粒重等技术。

中华人民共和国成立以来,为保证水稻避"三寒",安全齐穗过关,1980年调整插期,制定一整套栽培技术。根据种植业区划成果,划分为南部农业区、汀江中游农业区、武夷山南段农业区、玳瑁山农业区及博平岭农业区。依海拔高度、活动积温差异,趋利避害,分类指导。特别是对杂交水稻摸索出成功的管理经验,即因地制宜地选用适合当地、具有多抗性、优势强、品质好的组合;培育适龄多蘖壮秧,发挥"秧好半年粮"的优势;合理密植,插足基本苗,争取足穗、大穗;根据"前期促早发、中期稳得住、后期不早衰"的原则,进行科学肥水管理;做好病虫综合防治,使本区杂交水稻生产水平进入规范化、模式化的新阶段。1987年,全区推广双季、双高产模式,栽培4.5万亩,亩产886公斤,平均亩增97.6公斤。

永定湖雷、下洋、岐岭,上杭兰溪、稔田,武平岩前、十方等乡(镇)积极推进农业结构调整,优化种植模式,把传统的"冬烟—稻—稻"种植模式改为"春烟(套种西瓜)—稻—菜"等高优种植模式。改制后,由于符合烤烟生产的适种季节,保证充足的温光条件,烟叶的质量和产量大大提高。同时,水稻可选用迟熟品种,稻谷的品质和产量也得到提高。此外,还可间、套种植一至两季的经济作物,提高单位土地的产出率和经济效益。

2009年,粮食生产全面推广超级稻、优质稻、抛秧、旱育秧、脱毒甘薯、脱毒马铃薯、免耕栽培、杂优新组合等"五新"技术。水稻高产创建活动示范推广Ⅱ优航2号、Ⅱ优航1号、特优航1号、D优527、Ⅱ优明86、准两优527、Ⅱ优162、两优培九、国稻1号、D优202、甬优6号等农业部门认定的超级稻品种及特优627、D奇宝优527、Ⅱ优673、Ⅱ优617、Ⅱ优3301等高产品种以及以"五改"为中心的高产集成技术,实现良田良制、良种良法、农机农艺的有机结合。

(二)甘薯

明万历年间(1573—1620年),甘薯由菲律宾吕宋一带引种入闽,不久即传入本区。甘薯的种植面积、总产,仅次于水稻,为龙岩地区第二大类粮食作物。

龙岩市的甘薯育种主要是在原龙岩农校教员、龙岩市农科所副研究员朱天亮主持下进行的，成果较多，其中在省内外大面积推广的有："龙岩7-3"、"龙岩8-6"、"岩齿红"、"大南伏"等，累计种植面积1000万亩以上。有的被列为全国性代表品种，有的成为向外有条件交换的品种，有的是国家保密不得外引的珍贵品种，创造了显著的经济效益。"大南伏"、"岩高糖"、"岩高粉"等3个品种，被中国农科院品种资源所列为国家珍贵品种。

甘薯传统的育苗方式，有加温、酿热、露地三类，但多半采取在冬季将薯种贮藏在靠山边的土洞里，春取带芽薯块，插于菜地育苗。大田管理采取小畦、稀植、少施肥、粗耕粗作、广种薄收。20世纪60年代后，推行甘薯"五改"措施，即改劣种为良种，实行温床育苗；改迟插为早插；改老化苗为嫩壮顶苗；改小畦稀植为大畦合理密植，改少施肥为增施基肥和有机夹边肥，或碳铵包心肥，产量明显提高。1972年，大面积推广薄膜育苗，促进快长多发。但是，随着旱地改水田的面积逐年扩大，以及甘薯作为充饥度荒的时代已经过去，甘薯种植面积也逐年锐减。由1958年的49.35万亩，减少到1987年的11.84万亩，单产仅167公斤(折干谷)。

2003年，市农科所育成的甘薯新品种龙薯9号全年示范推广20万亩，通过省品种委员会的新品种审定，龙薯10号、龙薯11号参加省品种区试都名列前茅。2009年，甘薯高产创建活动重点示范推广金山630、龙岩7-3等优良品种及规范化的甘薯种苗培育技术、绿色高产栽培技术。2011年，建立5个现代农业产业技术体系示范基地，研发甘薯一季薯教育科技干产量超吨技术研发集成及示范和甘薯丘陵薄地薯干产量倍增技术。项目的实施为服务甘薯产业的发展提供重要的技术支撑。

(三)小(大)麦

始种于明洪武年间(1368—1398年)。本区历来以种植春小麦为主。大麦有二棱、四棱、六棱之分。

传统种植为穴播，株行距0.4×1尺，火烧土盖种。20世纪60年代，推广宽幅条播，亩播种量从过去2～2.5公斤，提高到4～6公斤。1974年，推广大畦坂田播种，亩播种量提高到6～7.5公斤。为了培育冬前壮苗，合理密植，浇施化肥、促控管理先进经验，地区农业局在龙岩县小洋大队搞小麦创高产样板，180多亩小麦平均亩产210.5公斤。由于大小麦需肥量大，抽穗期又值春雨季节，容易诱发赤霉病，产量低，经济效益差，以致种植面积越来越少。历史最高年是1960年，面积达20.36万亩；1987年仅有0.53万亩，单产49公斤。种小麦最多的是上杭旧县乡，每年稳定在3000亩左右。

(四)大豆

本区宋朝已有大豆种植，有黄豆、黑豆、青豆3种。春、秋两季均有栽培，种植方式有单种、间套种，有的还利用田埂种豆。

长汀县是本区大豆主产区，占全区种植面积的46.62%左右，传统品种有高脚红花青、大青豆及本区繁育的汀豆1号等。后者是闽西特产“长汀豆腐干”的优质原料。

（五）油菜

本区种植油菜历史悠久，明朝《永乐大典》就有文字记载。本区油菜栽培，传统分为直播和育苗移栽。20世纪50年代，以白菜型和芥菜型品种为主，一般采取穴播，株行距1尺。这些品种具有早熟、耐瘠、耐寒等特点，但粒小、抗病性差、产量低。60年代，引进甘兰品种胜利油菜，株行距缩小到7～8寸，产量虽然比老品种增产30%～50%，但由于需肥量大，生育期长，栽培技术跟不上，一直推广不开。

1978年冬，龙岩地区农业局在永定县抚市乡搞4200多亩丰产样板田，创平均亩产60公斤记录，但油菜成熟季节，经常阴雨连绵，导致病害重，单产低，效益差。1986年，长汀县从福建省农科院引进低芥酸油菜优良品种福油1号、2号，经过试种获得成功，平均亩产60.4公斤，比白菜型油菜亩增21.3公斤。

（六）花生

本区花生始种于明万历年间（1573—1620年），主要分布在今龙岩市和永定、长汀等县。本区有春花生和秋花生两种。1955年，推广点播，穴距为1尺。1963年，引入直立型花生品种，穴距5～6寸。20世纪80年代，推广穴距4～5寸，每穴2～3粒。在此期间，抓了花生高产栽培技术：第一，选用疏枝中熟的大果品种；第二，创造良好的土壤条件，选择土层较松的沙质地；第三，整好地、施足肥；第四，采用地膜覆盖技术。花生单产逐年提高，面积逐年扩大。到2013年，全市花生播种面积9.99万亩，产量达1.92万吨。

图4-1　龙岩咸酥花生

（七）菌草栽培食用菌

1997年在连城、上杭等县、乡（镇）试点，取得成效。菌草栽培食用菌技术为福建农大闽西籍高级农艺师林占喜首创。本市以连城县林坊、宣和、朋口、莲峰、隔川，长汀县古城、策武，武平县东留、中山，上杭县湖洋，漳平市溪南，永定县金沙，新罗区苏坂等13个乡（镇）为栽培试点。试点乡（镇）500多户农户于上年接种菌草花菇130多万袋，品种为LC6581，成菌率高达95%以上，于年底完成整个生产周期，产鲜菇1900吨，创产值近1000多万元。由于该技术引进时间紧，栽培品种单一，同时对该菌株特性不甚了解，各试点未达到预定的效益。但菌草技术是食用菌生产发展的方向，菌草技术的引进与推广，为食用菌生产的持续发展提供可靠的新途径，可从根本上解决食用菌生产中的菌林矛盾。通过对龙岩市食用菌办2001年10月从漳州市引进的珍稀食用菌新品种——金福菇的生理特性、培养料配方、栽培工艺、"爱迪康108"有效微生物活菌剂—EM(食用菌专用型)的应用等方面的试验研究,2002年10月在龙岩市食用菌科技服务中心示范基地成功长出子实体,宣告引种成功。该菇子实体肥硕嫩白,有独特香味,味道鲜美(烹调时无需加任何佐料),鲜菇耐贮,适宜鲜销也适宜干制,是一种较为珍贵的珍稀菌类。全国仅有深圳等地市场有少量鲜品上市,鲜菇售价高,产品需求量大。

图4-2 武平电脑控温食用菌生产基地

"覆土地栽香菇高产栽培技术研究"经省、市科委组织专家鉴定认为:技术达国内先进水平,规模和经济效益达国内领先水平。2001年2月,获福建省2000年度科技进步三等奖、龙岩市人民政府2000年度科技进步一等奖。此项技术受到国家、省、市领导及专家的重视和认可,成为香菇栽培的三大模式之一。

(八)烟草

本区烟草有晒烟和烤烟。种植晒烟始于明万历年间(1573—1620年),迄今已有400多年历史。1946年,永定籍的科学家卢衍豪从南京寄回美国特字400号烤烟种子,在坎市镇新山庵试种。次年,卢屏民从昆明引回401种子,在坎市镇至善亭试种,都获得成功。以永定烤烟为代表的闽西烤烟,向以优质著称。1956年,经国家轻工业部工业原料烟草研究所化验鉴定认为,永定烤烟含糖量高达34.8%,含尼古丁仅1%,内在质量超过当时全国最好的玉溪烟,名列全国第一。1957年,永定烤烟被定为全国3大烟草类型之一的清香型主要代表。为了发挥这一优势,政府加强对烤烟生产领导和物质支持,促进烤烟生产迅速发展。1964年,永定烤烟在全国烤烟质量的5个单项评比中,获色泽、香气、包装规格、等级合格率等4个第一。1968年,龙岩地区农科所温锡鉴等,开始以“400”、“401”为亲本系统选育或杂交成烤烟新品种，逐步接替原品种，其中有“闽烟二号”烤烟等4个烤烟品种获福建省科技成果奖。1979年，永定县被列为全国41个优质烤烟基地县之一。1980年，福建省又增加上杭、龙岩、武平等3个县，为优质烤烟基地县。1981年，全区烤烟面积突破11万亩。1982年，永定金黄二级烟叶送国家轻工业部烟草研究所化验和评级，其含糖量、烟碱量、糖碱比等项目，均可与美国同类产品媲美，并优于韩国的同类产品。1985年，上杭县也被列为全国烤烟出口基地之一。永定县从1984—1987年，连续4年被评为全国烤烟先进县，1987年荣获金质奖。发展烤烟生产和卷烟加工，已成为本区经济的重要支柱之一。

为使烤烟产量、质量、效益更上一个台阶，农业部门在烤烟生产中推广了K326、G80等外引优良新品种及其配套栽培、烘烤技术。本区从1986年开始引种G_{80}、K326等外引品种，1986—1990年针对外引品种播栽期、施肥、早花处理、烟叶烘烤等技术进行全面研究，并形成规范，此项科技成果获1992年度福建省科技进步星火二等奖。营养袋假植培育壮苗是在原有假植苗基础上发展起来的一项新技术，1990年形成了营养袋假植培育壮苗的技术规范，1992年推广营养袋育苗面积13.48万亩，占实种面积的35.1%。从1986年开始，随着烤烟种植品种的更换、栽培水平的提高，原有的“闭窗变黄、开窗定色”、“开窗烘烤”等方法已不适应，因此研究出与G80、K326相配套的“两长一短”烘烤技术，1992年普及率达100%。到2013年，全市烟叶种植面积已达29.50万亩，产量4.20万吨。

（九）蔬菜

20世纪50年代初至中期，蔬菜生产有一定发展，栽培品种有40～50个。但生产仍处于自然经济状态，主要是个体生产，自由种植，满足自食，少量上市。60年代初—70年代末，随着工业和城市建设发展，蔬菜生产由个体种植过渡到生产队集体种植为主的大规模商品菜生产，各县相继建立蔬菜基地，开设蔬菜商店，而且转向以高产品种为主，商品化生产程度逐渐提高。为了发展生产，先后采取“以粮换菜”和“统购包销”等产销政策，蔬菜种植面积不断扩大，品种逐年增加。1980年后，随着农村联产承包责任制的落实，蔬菜经营由国家“统购、包销”到放开经营，重视引进新品种，推广新技术，促进蔬菜生产迅速发展。1986年，国家为了扶持生产，全区用于蔬菜种植的政策性补贴人民币15.2万元，菜粮450万公斤。1987年，全区蔬菜面积达26.5万亩，比1949年增加4.5倍，总产量66.25万吨，比1949年增加21.8倍。其中城区商品菜面积8000余亩，栽培品种达200多个，年提供城乡每个居民鲜菜70公斤左右。

2000年，为加强专用型马铃薯新品种引进选育工作，本市与四川省农科院、福建省农科院及吉林省蔬菜花卉研究院合作，引进马铃薯杂交后代低代品系种质资源，在新罗区江山乡前村对63个后代品系进行加代繁殖及抗病性筛选，筛选出苗头品系2个。加大蔬菜新品种引进力度，结合茄果类蔬菜新品种选育及安全高效栽培技术研究项目，引进66个国内外蔬菜新品种在上杭古田和步云、新罗小池和江山等地试种，筛选出适宜龙岩种植的蔬菜新品种8个。开展"苦瓜新品种闽研2号及嫁接育苗技术示范推广"、"闽西反季节蔬菜集成技术示范推广"和"蔬菜工厂化育苗基地建设"等项目研究工作，示范推广番茄嫁接苗30万株及大白菜标准化种苗20万株。到2013年，全市蔬菜种植面积已达113.19万亩，产量188.71万吨。

（十）甘蔗

本区甘蔗有果蔗和糖蔗，栽培历史有700多年，历史上以栽培糖蔗较多，但发展缓慢。1966年，"文化大革命"开始，甘蔗生产受到限制。1971年，随着工业用糖和民用食糖的需要，各级政府加强对甘蔗生产的领导，推动甘蔗生产的发展，主产地是长汀县、漳平县。1976年后，实行蔗、粮挂钩政策，每吨原料甘蔗奖售原粮100公斤，由于没有很好执行，甘蔗亩产只有2500公斤左右，产量低，每亩净产值只有110元。1982年以后，大部分蔗区改种果蔗。

（十一）西瓜

本区种植西瓜有400多年历史，由于一直沿用农家老品种，产量低，品质差，生产长期得不到发展，到1975年，全区西瓜面积仅有1090亩。1976年后，推广了湘蜜、浙蜜1号、建杂1号、新澄杂交一代和新红宝、金钟冠龙等优良品种，西瓜生产有较大发展。1987年，种植面积达7033亩，产量7245吨，平均亩产1030公斤。种植西瓜较多的，有龙岩市和长汀、武平、连城等县。

为有效地改善西瓜单一品种，2000年从台湾、日本等地引进洋香瓜、小西瓜、网纹甜瓜、苦瓜、彩色椒等新品种87个，在新罗苏坂、永定湖雷、武平中堡等地试种，从中筛选金姑娘洋香瓜、黑美人小西瓜、京研彩椒等35个优良品种进行示范推广。

（十二）中药材

近代时期，以野生药材为主，人工栽培药材极少。中华人民共和国成立后，药材生产逐步发展。本区种植的中药材，主要品种有：茯苓、乌梅、射干、巴戟天、瓜蒌、白术、厚朴、吴茱萸、黄檗、杜仲、三七、郁金、荆芥、银花、栀子、莲藕、肉桂、元参、川楝子、枳壳、干姜、女贞子、罗汉果等。名优中药材有：上杭乌梅，永定巴戟天，龙岩绞股蓝，漳平永福荆芥、茯苓等。2000年后，加快名贵中药材铁皮石斛兰组培技术研究，培育出组培种苗5万株，移植2万株组培苗在新罗区江山基地种植，人工种植取得成功，为特色名贵中药材铁皮石斛开发利用奠定基础。开展名贵中药材金线莲组培技术研究。引进金线莲种源，培育出福建金线莲和台湾金线莲组培种苗1000多株。如今，种植金线莲已成为武平等县的重要产业。

（十三）花卉

近代时期，龙岩地区仅有少数农户在庭院、房前屋后零星种植花卉。新中国成立后，花卉有较大发展，特别是1978年后，花卉业迅速发展。主产地是漳平县永福镇。永福镇素有“花乡”之称，永福兰花从南宋时被列为朝廷的贡品。新中国成立后，朱德曾派人到永福引种素心兰花。据调查，该镇境内有花卉100多类、1100个品种，其中以生产茶花、兰花、瑞香为主，野生花卉杜鹃资源也相当丰富。1984年，是永福镇花卉发展最快的1年，花农达2771户，栽种面积1256.6亩，花卉收入达427.1万元，畅销全国26个省、市、自治区，及香港、澳门等地区。1985年1月14日，福建省人民政府决定永福镇为本省栽培茶花、瑞香重要基地，亦为全国著名的花卉产地之一。

进入20世纪90年代后，花卉业获得大发展。如今，花卉苗木是龙岩市的优势特色产业之一。到2012年，全市花卉苗木种植面积10.25万亩，2011年产值24亿元、销售额13.5亿元，形成了国兰、杜鹃花、蝴蝶兰、富贵籽四大优特盆花，成为福建省重要的盆栽花卉生产区。

（十四）茶树种植

近代时期，以本地实生菜茶为主，茶树随坡丛栽稀植，亩栽500～800丛，粗耕粗管，产量低。20世纪70年代，引进新品种，推行梯层条栽密植，采取幼龄茶树定剪，投产茶园隔年浅剪技术，并且对低产茶园实行改造，采取改土、改园、改种补植，重剪或台割更生办法，变低产为高产。80年代，从抓商品基地建设入手，建立高产示范茶园，为茶叶大面积丰产树立样板。2000年从省茶科所等地引进丹桂、黄观音、春兰等茶叶新品种8个，在小池云顶园试种。

图4-3 武平绿茶基地

进入21世纪以来，龙岩市把茶产业作为优先发展的农业产业，从2007年开始连续四年每年拨出200万元资金扶持茶产业发展，同时实施茶技人员“绿色证书”培训工程，各地也纷纷出台扶持茶产业发展的相关优惠政策，通过抓示范、建基地、树品牌、促流通，使茶产业整体水平有较大提升。从2008年开始，龙岩市组织实施“一村一品”茶产业发展示范工程，确定了30个茶叶专业村，连续3年每年给予3万～8万元的资金补助，重点实施规模茶园水利设施建设、标准化茶园建设，无公害、绿色茶叶开发，农民专业合作组织建设和市场开发等；组织实施茶产业基地建设示范项目，对连片开发100亩以上的茶园每亩补助100元。与此同时,龙岩市在稳步发展漳平水仙和武平绿茶的基础上,重点引进推广铁观音、金观音、丹桂、软枝乌龙、台茶12号等乌龙茶品种,初步形成了漳平水仙茶(饼)、武平绿茶、高山铁观音、台式乌龙茶、保健茶五大产品生产格局。

2009年,龙岩市茶叶面积达18.5万亩,有421个茶场的茶叶面积达到100亩以上,其总面积达8.08万亩;有省级茶叶龙头企业3家,市级24家;有2种茶叶产品获"省优质农产品"称号,12种茶叶产品获"绿色食品"标志,10个茶叶商标获市级知名商标。2008年全市茶叶总产量达1.01万吨,名优茶率为40%。

(十五)其他果树的栽培

近代时期,沿用传统栽培方式,多为实生树苗零星穴植,房前屋后自然生长,不下基肥,少施追肥。20世纪60年代,推广嫁接苗。70年代,推行提前整地改土、深翻筑梯,平台种植。80年代,从抓育苗基地入手,建立育苗基地30个,每年培育柑橘、桃、李、梅等果苗约300万株。果园管理上,采取合理整形修剪,加强肥培管理措施。栽后逐年扩穴改土,套种绿肥,增施有机肥,看苗增施化肥,施足抽梢壮果肥,根外追肥和控梢保果技术,培育良好树冠,结果母枝和强大根系提高了坐果率。在建设高产果园的同时,对低产果园进一步改造,促进平衡发展。

龙岩市农业部门高度重视引进优良品种并进行示范推广。1998年,引进了果树中的稻叶、市文特早熟温蜜、玉露水蜜桃等优良品种和永定红柿、杭梅、桂花柚等本地优良品种;对落叶果树品种进行调整,引进西子绿、早酥、金水二号等南方优质早熟梨系列,引进果树中的东魁杨梅、早钟六号枇杷,同时,积极推广实用技术,主要推广果树高接换种、"开天窗"、简易修剪、疏果、环扎、环剥等技术;大力推广柑橘营养诊断与配方施肥新技术;推广植物动力2003、信叶植物营养液等叶面肥和有机肥应用;同年全市引进克新二号马铃薯20吨,中薯三号脱毒马铃薯600公斤,福油四号油菜1160公斤、台湾甜豌豆70公斤。市农业局还与农科所合作推广甘薯脱毒技术,在连城、永定、新罗、上杭等县(市、区)试种,晚季供应脱毒苗5200多株,平均亩产3824.6公斤,亩增257.4公斤。1999年,以"两秧两稻两薯一包衣"为重点的新技术综合组装配套措施落实,取得明显效果。2000年,从中国柑橘研究所等地引进诺瓦、黩科特、塔罗科血橙新系、彭祖寿柑等柑橘良种15个;从中国农科院果树所引进七月酥、早美酥等南方优质早熟梨品种4个,在连城、新罗等地进行试验示范,并建立市园艺良种繁育中心,培育名优特新种苗10余万株;引进茶树菇白色变种、白灵菇、秀珍菇、虎奶菇等珍稀食用菌5种,在新罗区等地试验、示范。2000年3月,龙岩市农业局从中国农业科学院郑州果树所引进S-65油桃在连城县柑橘场试种,2002年开始结果,表现为极早熟(5月初),中等大,近圆形,果形端正,色泽艳丽,平均单果重89.6克,果肉白色,肉质细脆,香气浓,可溶性固形物达12%~13%,在常温下果实可贮放7~10天,品质优良。当年在全省早熟桃果实鉴评中获第二名。该品种树势旺,萌芽力、成枝力强,坐果率高,投产早,丰产性好,不易裂果,不易感染疮痂病、褐腐病,对低温要求不严格,适宜在市北部中海拔地区推广种植。

2003年引进国内外蔬菜、水稻、甘薯、果树、花卉、马铃薯等农作物品种近500个，通过试种、筛选、利用、改造，为龙岩市良种更新和超高育种进一步奠定基础，产生良好的社会效益。全年有5个在研项目分别通过省级、市级课题验收或阶段验收，有6项科研成果分别获省、市科技进步奖。

四、畜禽水产资源与养殖技术

龙岩市的畜禽产品资源丰富，可以分本地产品和引进产品。本地产品主要有猪、牛、兔、羊、鸡、鸭、鹅等9类17种，比较具有地方特色的品种如下：漳平槐猪，主产于漳平、龙岩、上杭、永定等县(市)，分布于长汀、连城、武平以及闽西邻近的山区各县；上杭官庄花猪，主产于上杭县官庄乡。集中产区分布在上杭的才溪、通贤、南阳、旧县，武平的武东、中堡，长汀的濯田、宣成，连城的新泉、庙前等4个县15个乡；河田鸡，主产于长汀县河田、南山和连城县宣和，分布于全区各县，集中产区分布在长汀、连城、上杭、武平县；连城白鸭，主产于连城县的城郊、文亨、北团等乡(镇)，分布于清流、宁化等县；此外，还有象洞鸡、山麻鸭、中山花猪、本地耕牛，等等。中华人民共和国成立后，引进猪、牛、羊、兔、鹿、鸡、鸭、鹅、鸽、鹌鹑、珍珠鸡等国内外畜禽优良品种共11类75种，进行饲养、示范和推广，开展经济杂交，对改良当地畜禽品种，提高生产性能起了积极作用。引进的优良品种中，以猪、鸡最多，效益也最显著。

1982年，龙岩地区家畜育种站关奇勋、陈森太经过多年的努力和资料积累，基本摸清了以槐猪、官庄花猪、河田鸡、山麻鸭、连城白鸭、象洞鸡等为主的六大地方育畜禽良种的主产地、产区、分布范围、数量及其特征特性。同时，提出了以后的利用改良、提高的措施和途径。其中槐猪于1976年已被列入《中国猪种》一书，连城白鸭于1980年8月在北戴河全国地方种鸭品评会上，被列为全国优良种鸭之一，并与官庄花猪、山麻鸭和河田鸡等于1984年列入《福建省家畜家禽品种志和图谱》。本项调查成果，获1987年龙岩地区科技进步三等奖。

(一)养猪

近代时期，全区养猪生产向来采用“小猪游，大猪囚”的传统养猪方法，由于饲养管理粗放，饲养时间长，各种流行性病害无法控制，养猪业落后。

中华人民共和国成立以后，党和政府对发展养猪事业十分重视。20世纪80年代初，广大牧医科技人员积极推广改熟饲为生干或生湿料养猪，改单一料为喂配(混)合饲料，养猪生产效能大为提高，使养猪料肉比由6：1～7：1，降至3.5：1～4：1，节省了大量饲料。养一头90公斤的大猪，出栏由8～10个月缩短为5～6个月，既节省大量饲料，又提高了猪的出栏率，增加养猪户的经济收入。龙岩市种畜场从1992年4月开展猪胚胎移植，经多次试验，1994年2月20日第41号杂交母猪产下7头健壮仔猪，其供体母猪为长白纯种猪，用长白公猪与之配种，然后将受孕胚胎移植给杂交母猪。在福建

省，牛、羊、兔的胚胎移植已获成功，而猪胚胎移植成功尚属首次。上杭槐猪被列入国家畜禽种质资源保护品种名录。

从20世纪90年代开始，龙岩市以养猪业为主导产业的畜牧业得到快速发展，并成为全市农村经济支柱产业。养猪业以平均每5年翻一番的增长速度快速发展。1990年全市出栏生猪82.5万头，至1996年翻了一番，达164.4万头；到2001年又翻了一番，达328.5万头。2005年出栏生猪为509.6万头，占全省生猪出栏24%。

由于生猪养殖的数量不断地增长，而养殖业污染也随之而来，影响到我市人们的生存环境。需要尽快改进养殖模式，保护生态环境。市直相关部门推广“猪—沼—草(林、果、鱼)”等种养结合的生态养殖模式，因地制宜推广生物发酵床零排放、科佳生物治理、固液分离和干清粪等新技术，发展有机肥厂等，全力推进重点流域养殖业污染综合整治和减排工作，养殖业污染治理工作取得较好成效。

控制猪病流行是发展生猪养殖的重中之重。2005年，针对龙岩市生猪产业的快速发展及目前猪病流行状况，龙岩学院生物科学与工程系为更好地服务地方经济建设，经过三年的认真实施，基本完成“猪瘟、猪伪狂犬病和猪繁殖呼吸综合症快速诊断技术的研究”的科研项目。该项目应用免疫血清学和分子生物学技术，建立猪瘟、猪伪狂犬病和猪繁殖呼吸综合症的免疫监测和快速诊断技术。该项目的完成，进一步提高了猪瘟、猪伪狂犬病、猪繁殖呼吸综合症等疾病的诊断技术，缩短了诊断时间，较大幅度降低了生猪的死亡率，提高了出栏率，创造了很大的经济效益和社会效益，达到了国内同类研究的先进水平。

(二)养牛

农民历来把耕牛视为“农家宝”，历代执政者多鼓励农民发展耕牛生产。1979—1982年，曾在武平、上杭等县开展对本地黄牛、水牛杂交改良试点工作。龙岩市家畜育种站分别引进海福特、西门塔尔、安格斯、辛地红、夏洛来等国外良种牛冷冻颗粒精液，对本地黄牛进行人工冷配。经几年摸索，与配母牛的受胎率高达50.24%。杂种犊牛初生重一般12～14公斤，最大21.25公斤，而本地牛初生重一般10公斤以下。杂种牛的杂种优势表现在生长快，平均日增重0.46～0.58公斤，屠宰率高，肉的品质细嫩味美，使役性比当地牛提高50%以上。因此，武平、上杭两县的杂种牛，倍受广东客商的青睐，均以优惠价向当地养牛户收购。

此外，1958年，武平县工商联合会引进一批荷兰黑白花奶牛；1964年，漳平、连城、永定3县良种场，共引进荷兰黑白花牛12头；1965年，龙岩地区农校引进更赛牛、科斯特罗姆奶牛数头；1975年，龙岩东宝山创办全区最大的奶牛场，其品种均从北京调入中国黑白花奶牛。1979年，饲养量达82头，平均日产鲜奶5～10公斤；1984年后，永定、长汀等县专业户，相继从晋江、厦门等地购进中国黑白花奶牛饲养。由于饲养奶牛用精饲料比重大，饲料价格涨落不定，加上产乳性能未充分发挥，因此生产成本较高，大部分奶牛场亏本。

为提高养殖技术,获取更大的经济效益,1996年6月26日,龙岩市举办"EM"应用技术培训班,邀请中国农业大学李维炯等2位教授授课,来自全区各地的140个学员参加培训。"EM"("EM"是英文"Effective Microoganisms"的缩写,意即有效微生物群),是20世纪90年代出现的具有广泛用途的生物技术,是日本琉球大学比嘉照夫教授经过30年研制出来的。这种菌剂是由光合菌群、放线菌群、酵母菌群、乳酸菌群等80多种有益微生物复合培养而成,它在农业、畜牧、环境保护等方面有广泛的用途。龙岩市董邦养牛中心示范场在全区首次使用"EM"技术,获得较好的经济效益。将1‰浓度的"EM"液与饲料搅和,长期喂牛可增重10%,也可以用1‰浓度的"EM"液喷洒畜禽舍环境,可使畜禽舍消除臭味,减少苍蝇、降低传染病的发病率。

龙岩市董邦、东宝山养牛场及各县于1996年应用牛复合"舐砖"技术。牛复合"舐砖"是将牛生长所需的各种添加剂、尿素、糖蜜混合做成方砖状、供牛每日舐食。这是牛、羊肥育的配套技术,节粮、成本低、效益好、使用方便、增重明显。根据福建农业大学动物科学院邹霞青教授在龙岩董邦养牛中心示范场所做的试验,喂"舐砖"的试验牛,比不加"舐砖"的日增重提高37.5%,成本降低7%,节约混合料34.1%。

(三)养兔

为促进养兔业的发展,1982年,武平县畜牧部门曾引进新西兰兔23只,后又相继引进日本大耳兔、青紫兰、獭兔等,分别同当地肉兔杂交改良。杂交一代兔生命力强,体形硕大,日增重快。1984年,杂种一代兔饲养量达450只。1987年后,永定畜牧部门曾往江苏、本省罗源县等地,引进大批良种繁衍;龙岩市雁石镇华雁养兔专业户,在龙岩地区有关部门的帮助下,建立起哈白兔种兔场,引进哈白种兔150只左右;长汀县畜牧部门前往哈尔滨调回优良哈白兔100余对。

"通贤乌兔"学名为"闽西南黑兔",其以个体小,耳朵小而短,无肉髯,通体乌黑、皮滑、肉嫩、结实、无腥膻味、口感好而闻名,被国家农业部认定为"地方资源遗传品种"。进入21世纪以来,"通贤乌兔"产业发展迅猛,仅2010年初到2011年底两年间新建规模养殖场(种兔200只以上)200多个,2011年新增种兔6万多只,出栏肉兔70多万只,年产值达6000多万元。

(四)养鸡

为了适应传统商品养鸡生产的需要,龙岩市家畜育种站重点抓各县(市)种鸡配套繁育体系建设。20世纪80年代初,在龙岩、长汀建立河田鸡保种场,在武平县建立象洞鸡保种场,借以保存地方优良鸡种基因库。上杭县家畜育种站引进罗斯父母代鸡2400只,成活率93%。地区种畜场、龙岩市畜牧水产局、西郊等种鸡场,均分别引进、饲养红波罗父母代肉鸡或蛋鸡,合计5000余只,年提供种苗70万只以上。到1987年,全区养鸡达445.7万只,比1949年增长3.8倍。

(五)养鸭

农村养鸭一般以自由放养为主,公社化后,社队限制私人养鸭。自1984年后,龙岩地区、各县畜牧部门大力推广圈养山麻鸭新技术,由放牧型改为圈养型,并喂以配(混)合饲料,鸭群平均产蛋率83.90%,比放牧时的平均产蛋率67.12%提高16.78个百分点,年提供蛋20.17公斤。龙岩市山麻鸭场通过"山麻鸭高产系选育"和"鸭全价饲料配方试验研究及中试"项目启动,成为南方7省良种山麻鸭的繁殖基地,该场引进省农科院的科研成果"白羽番"和新建的酱鸭加工生产线,带动龙岩市养鸭的产业化发展。20世纪80年代后,各县城郊才陆续兴起养鹅,龙岩、武平等县(市)且有烤鹅专业户,江西亦有大量菜鹅贩抵龙岩市场销售。鹅以青饲料为主,适宜于在荒山、河滩放牧,节省精饲料,生长迅速,市价便宜,羽绒值钱,鹅肉经烤制调味,方便食用,故逐步得到发展。龙岩市老区建设办公室在西陂乡赤坑水库建鹅种场,并从辽宁引进成年豁鹅600余只,帮助贫困地区脱贫致富。到1987年,全区养鹅数达1万余只,提高34.47%。

畜牧业推广瘦肉型猪、良种鸡、机械化蛋鸡生产线、配合饲料、仔猪窝边防等新技术是从1998年开始,新技术的使用有效地使肉禽蛋畜牧业生产持续高速增长。

(六)水产业

水产业方面,特色水产养殖有新发展,鳜鱼、冷水鱼养殖、全雄黄颡鱼和中科3号异育银鲫等名优新品种推广养殖成效显著。

龙岩市境内溪河纵横,主要分属汀江、九龙江、闽江三大水系,正常水位的溪河增养殖面积近18万亩,约占全区总增养殖水面81.7%。江河淡水鱼类共80多种,其中经济鱼类约20种,汀江和九龙江均发现有鲮鱼等鱼类的天然产卵场。

全区淡水鱼类18科、115种,占福建淡水鱼类的58.4%。水生经济动物常见品种有11科、17种。两栖类有青蛙、虎纹蛙、牛蛙、棘胸蛙;爬行类有乌龟、鳖;甲壳类有沼虾、螃蟹;贝类有田螺、螺蛳、河蚬、河蚌等。漳平、龙岩是棘胸蛙及鳖主产地,天然产量占全区50%以上。

全区鱼苗繁殖,有自然繁殖和人工繁殖两种常见方式。鲤、鲫、鲮、鲴、团头鲂在繁殖产卵时,通常在江湖、池塘、水库中都能自然产卵,尤以鲤、鲫鱼每年清明节后,当水温上升到18℃以上时,开始产卵繁殖;罗非鱼每年也可自然繁殖4～6次。人工繁殖适于草、鲢等四大家鱼及革胡子鲶等鱼类,每年4月底、5月初开始进行人工繁殖。选择个体健壮的成熟亲鱼,按比例进行雌雄配组,注射一定剂量的催产激素,待亲鱼发情产卵后,收集受精卵放在环道或其他容器中孵化,刚孵出的鱼苗为水花。苗种培育分鱼苗培育、夏花培育和鱼种培育三个阶段。鱼苗培育于每年5～6月开始,清塘消毒后10天左右放入鱼花,泼豆浆喂食,适当施肥调节水质,经10余天即培育成夏花。夏花培育在6～8月,投喂米糠、麦皮等精料为主,辅以施肥,经1个月饲养,即转入鱼种阶段培育。鱼种阶段,依不同生长阶段,调节日投饵量,适时冲注新水,搞好鱼病防治。永定湖雷有百户农民以育种为业，连城文亨等乡搞坑塘式稻田培育鱼种者众多。

龙岩市湖泊养鱼有300多年历史。武平蛟湖是宋朝时建成的人工湖，面积200多亩，盛产鱼，仅名贵鱼类月鳢，即年产500公斤。1957年，在上杭庐丰青年水库首先投鱼库养。此后，各水库也投鱼库养。但由于区内水库、山塘水质多偏酸，放养规格小，粗放粗养，单产低。1988年3月，地、县有关人员前往北京参观海子水库机械化网箱养鱼，并引进成套机械化网箱养鱼设备。5月下旬，在连城石门岩水库正式投产500平方米。经3个多月精养，折亩获罗非鱼15000公斤。在省、地、县三级财政的支持下，全区筹集了近百万元网箱养鱼资金。同时，渔业生产推广单性罗非鱼及高产养成技术，使池塘精养、水库网箱养鱼水平大大提高了一步。

连城文川、文亨、塘前等乡村，稻田养鱼始于南宋末年(1279年)，距今已有700多年历史。长汀官场、湖口一带"一稻一鱼"，在明初也已得到发展。早期稻田主要养"禾花鲤"，随后逐渐发展为以草鱼为主，亩产一般几斤至几十斤。由于水稻烤田，施用化肥，喷洒农药，造成鱼稻矛盾，稻田养鱼受到限制。"文化大革命"期间，稻田养鱼几乎绝迹。1978年后，稻田养鱼又得到发展，从稻鱼轮作发展到稻鱼兼作；从单一放养到多品种混养；从只养成鱼发展到培育鱼种；从沟溜式养殖发展到坑塘式稻田养鱼，特别是坑塘式稻田养鱼为本区首创。1981年，全区稻田养鱼仅2500亩。1984年，连城县文亨乡退休干部吴昌盛，在0.65亩稻田出水口，挖了5厘小坑塘，放养大规格鱼种并套养小鱼种，实行多品种混养。经地、县水产部门联合验收，共捕鲜鱼70公斤，折亩产108公斤，亩纯收入237元。同时，养鱼稻田每亩比1983年增收干谷近50公斤，成功地解决了鱼稻矛盾，开创了省内坑塘式稻田养鱼先例。1985年，推广坑塘式稻田养鱼9462亩。1986年3月，全省第二次稻田养鱼现场会在连城召开，农牧渔业部下达本区"大面积稻田养鱼高产技术推广"项目，结果全区稻田养鱼猛增到22853亩。其中，坑塘式稻田养鱼，由1983年的381亩，发展到1986年的14742亩。养鱼种平均亩净产值154元，养成鱼平均亩产鲜鱼52.2公斤，净产值140.53元。高的亩产鱼82.7公斤，亩净产值207.74元。同时，有些养鱼户在稻田坑塘上搭棚，塘埂上种瓜套豆遮阴，使鱼安全度夏，又可增加收入。1987年，该项目获龙岩地区科技进步二等奖。1987年3月，由连城县水产技术站起草的省级地方标准《坑塘式稻田养鱼技术规程》，经省水产厅、省标准计量局审定发布实施。2000年11月5—7日，全省稻田水产养殖现场会在连城县召开，与会代表参观了莲峰镇、隔川乡等千亩连片稻田养鱼高产示范现场，一致认为，发展"一稻一渔"稻田生态种养，可以获得高产高效，实现稻鱼双丰收，是促进大田农业结构优化和渔业可持续发展的好形式，是农村经济发展的新增长点和促进农民增收的新亮点。

为提高水产养殖技术，1989—1990年，地区水产技术推广站等主持承担了地区科技计划项目"雄性罗非鱼制种及养成技术"课题，通过技术引进和示范推广，并结合福建省星火计划"雄性罗非鱼优质高产养殖技术开发"项目的实施，全区生产雄性罗非鱼苗250万尾，培育雄性罗非鱼越冬种180万尾，推广全雄性罗非鱼池塘养殖1630亩，增产优质罗非鱼560吨，增加产值340万元。其中龙岩市水技站的单、双季试验示范塘，平均单产分别达到1025公斤和1078公斤，在本区首次实现了亩产吨鱼，取得了显著的经济效益和社会效益，获得省水产技术推广二等奖。1995年，龙岩地区和龙岩市(现新罗区)水产部门与万安溪水电站联合，首次从本省泰宁金湖引进太湖银鱼受精卵30万粒投放万安溪水库，移植获得成功。龙岩市前进生物技术应用研究所在西陂镇陈陂村试养螺旋藻获得成功，其产品畅销60多个国家和地区。连城县承担省科委下达的“罗氏沼虾养殖推广”星火计划项目。通过采取技术指导、虾池规划、品种引进、饲料制作、产品销售“五统一”措施，取得了良好成效。全县养殖面积达100亩。

科研成果的转化，明显带来经济效益。1996年，地区科委与省海洋研究所共同承担的“斑节对虾淡水养殖技术开发研究”课题取得良好进展，经厦门大学、省水产研究所专家现场验收，平均亩产达60公斤，表明斑节对虾在本区淡水驯化养殖大有发展前景。

龙岩市渔业部门积极推进养殖品种结构调整，以增加农民收入。连城县对池塘养鱼和稻田养鱼进行养殖品种结构调整，开展稻田养蟹、池塘鱼鳝混养，池塘张挂网箱养鳝，池塘、稻田鱼鳅混养等模式的试养工作，其中池塘挂网箱养鳝鱼和池塘、稻田养鱼的鱼鳅混养获得成功。漳平市从武汉引进鲫鱼新品种——“中科3号”异育银鲫水花苗60万尾，推广池塘混养20公顷。武平县中山渔业协会从广东引进具有较快生长速度、较高抗寒力、较高出肉率，肉质鲜美的罗非鱼新种星州红鱼夏花苗种50万尾，后备亲鱼300余组，供应给养殖户。

为规范水产养殖方式，各地充分利用《棉花滩水库2011—2020年渔业发展规划》颁布实施为契机，合理调整养殖方式，实施“以渔治水，以水护渔”，在全市大中型水库大力推广以放流增殖为主，网箱养殖为辅，结合休闲旅游的保水渔业和生态品牌渔业。建立以养殖生产标准化、集约化和科学化为核心的连城松洋千亩标准化池塘健康养殖示范园区、武平千亩丘陵山凹生态养殖区和漳平九龙江无公害毛蟹增殖区。2011年底，首次实施九龙江北溪(龙岩段)以鱼控藻放流增殖计划。此次大规模增殖放流活动由龙岩市及新罗区、漳平市渔业、环保、水利等部门共同配合完成。

水产养殖与水产种质资源的保护是相辅相成的，为更好地保护水产种质资源，2011年12月8日，龙岩市申报的“汀江大刺鳅国家级水产种质资源保护区”获农业部批准为国家级水产种质资源保护区(第五批，全国62家，其中福建省3家)，这是近10多年来龙岩水生野生动物保护工作的重大突破。

此外，还有其他养鱼方式，有温泉养鱼、流水养鱼、家庭养鱼、江河增殖等。2009年，武平县当地农(渔)户大规模利用丘陵山垭荒芜地、沼泽地和单季低产农田开发水面发展水产养殖，县畜牧兽医水产局把这种养鱼的特点和方式进行全面总结，将此类养殖模式定义为“丘陵山垭节水环保渔业”。

五、林业资源调查规划与培育加工技术

龙岩的森林资源丰富，但近代时期，森林资源一直没有清查，全区林木蓄积量没有

任何数据。中华人民共和国成立后至 2013 年，全市先后进行过多次全面调查，基本上摸清了各时期森林资源状况和变化趋势。

表 4-2　龙岩市 1986 年至 2013 年森林资源调查统计表

年份	林业用地（万亩）	有林地（万亩）	森林覆盖率（%）	活立木总蓄积（万立方米）	调查方法
1986	2360.47	1769.55	62.65	7278.85	森林资源二类调查、小班调查加样地调查
1996	2389.23	2221.59	77.9	6795.21	森林资源二类调查、小班调查加样地调查
2002	2386.85	2222.78	77.9	7181.51	森林资源二类调查
2006	2390.88	2219.42	77.7	7949.54	森林资源二类调查
2010	2385.52	2212.75	77.4	8913.21	森林资源二类调查
2013	2364.66	2178.74	76.22	13393.54	森林资源一类调查、小班调查

根据全国第八次森林资源清查（即森林资源一类调查）及小班调查，截至 2013 年底，龙岩市林业用地面积 2364.66 万亩。其中有林地面积 2178.74 万亩，占林业用地面积的 92.14%；疏林地面积为 15.27 万亩，占 0.58%；灌木林地 21.79 万亩，占 0.83%；未成造 117.62 万亩，占 4.46%；无林地 29.93 万亩，占 1.14%；苗圃地 1.31 万亩，占 0.05%。森林覆盖率为 76.22%。

全市活立木总蓄积量 13393.54 万立方米，其中林分蓄积 11710.97 万立方米，占活立木总蓄积的 87.5%；疏林地 59.82 万立方米，占 0.5%，散生木 1605.48 万立方米，占 12.0%。

表 4-3　2013 年龙岩市森林资源分布表

县（市、区）	有林地（万亩）	森林覆盖率（%）	活立木总蓄积（万立方米）
龙岩市	2178.74	76.22	13393.54
新罗区	311.17	77.61	2249.97
永定县	203.19	71.97	1196.40
上杭县	268.11	73.40	1830.89
武平县	268.53	73.50	2136.07
长汀县	286.94	78.51	1953.05
连城县	247.24	80.03	1945.83
漳平市	291.22	77.61	2081.32

其中全市用材林面积为 1197.60 万亩，蓄积量为 7399.71 万立方米，分别占有林地

面积、总蓄积量的54.97%和55.25%。

防护林主要为水土保持林和水源涵养林,面积为453.12万亩,蓄积量为2793.09万立方米,分别占有林地面积、总蓄积量的20.80%和20.85%。

特用林主要为自然保护区林和风景林,面积为157.02万亩,蓄积量为1494.85万立方米,分别占有林地面积、总蓄积量的7.21%和11.16%。

薪炭林面积为3.87万亩,蓄积量为23.32万立方米,分别占有林地面积、总蓄积量的0.18%和0.17%。

经济林包括果树林、油料林、生产工业原料和药材的特种经济林,以及茶叶、桑树等,面积为71.54万亩,占有林地面积的3.28%。

竹林包括毛竹林和其他具有工艺价值的杂竹林,面积为295.58亩,占有林地的13.57%,其中毛竹林占竹林面积的97.92%,主要分布在新罗区、上杭县、长汀县、连城县、漳平市等地,全市毛竹总根数为3.92亿根,其中毛竹3.73亿根,立竹根数为龙岩市最多,占全区的95.15%。

20世纪90年代后,龙岩地区加大了对林业的规划、投入,把科技兴林作为林业发展的第一动力,加强了林业的科研工作,使科技成果有效地转化。

1994年,龙岩地区重点加强了速生优质树种的引进和推广,此后建立了9个共450亩的速生泡桐造林推广示范点和18亩泡桐育苗试验基地,引进C001、C020杏仁白花泡桐和本地泡桐4个品种大苗4500株,根茎1.72万条,造林和育苗都获成功,造林成活率达95.8%,当年平均抽高2.27米;根茎育苗成活率达85.7%,平均苗高3.2米,胸径3.9厘米。此外,还承担了省林业厅蓝桉、直杆桉、巨桉的造林推广示范项目,在漳平、禾坑采育场等4个点种植400亩,长势良好。引种速生优质树种的成功,为优化林种、树种结构打下良好的基础。为了筛选最佳的马尾松种源,地区林业种苗站选择了《马尾松种源区内林分遗传变异及其阶段选择的研究》的课题,经6年试验,于1994年底通过省鉴定,得到专家们的好评。该研究成果达"国内同类研究领先水平"。

全市把科技兴林作为林业发展的第一动力,在大力推广实用技术、加快科研成果转化为生产力的同时,也加强了林业科研工作,并取得可喜成绩。1995年有6项获地区以上科技进步奖。地区林业种苗站经6年试验,完成"马尾松种源区内林分遗传变异及其阶段选择的研究",通过林分选择,子代测定,从13片天然采种林分中筛选出4片遗传增益达42%的优良林分3200亩,每年可为全省提供上万斤马尾松良种。该成果经专家鉴定为国内领先水平。完成长汀县200亩杉木二代种子园嫁接工作,为杉木良种实现自给奠定了基础;开展了"闽西松种子制标及开发利用"研究,为采种规范化、种子质量标准化提供科学的依据。全区林化企业技术改造也取得新成绩,长汀林化厂投资280万元建设的1000吨浅色僻香改性树脂生产线试产成功;武平林化厂年产1000吨聚合松香生产线、上杭林化厂年产3000吨松香基树脂和松油醇生产线顺利通过验收。1997年6项科研成果获得1997年省科技进步三等奖。其中,市林科所、省林木种苗总站、福建林学院联合完成的"火炬松引种家系遗传测定技术研究",市林科所的"马尾松造纸林速生丰产栽培技术综合研究”，市林科所与龙岩翠屏山煤矿联合完成的“无土煤石千石山绿化技术研究”，武平县科委与武平县林化厂联合完成的“水合异龙脑脱氢后处理工艺研究”，武平县纤维板厂与武平县科委联合完成的“防粘技术在纤维板生产中的应用”，市林委与福建林学院共同完成的“闽西社会林业发展研究”等，分别获市科技进步一、二等奖。2008年，南京林业大学“喷蒸—真空热压工艺制造厚中纤板”专利技术在龙岩紫金集团永定紫金木业有限公司合作运用。在当年“6·18”成果交易会上，技术对接取得实效。如：在人造板生产企业推广应用新技术、新工艺、新设备，节能降耗工作成效显著，主要是：通过木芯再旋、锯边条再利用、砂光粉尘回用、干燥机和热压机冷凝水回用、树皮和碎料等作为锅炉燃料、利用太阳能干燥单板和竹帘等节能降耗措施，人造加工企业资源综合利用率达到90%以上，许多企业单位产品煤、电消耗达到国内先进水平。2009年，由福建正和竹纺有限公司自主研发的“竹原纤维工业化加工生产技术”通过省经贸委组织的专家鉴定，达到国内领先水平。永定紫金人造板与南京林业大学合作，应用南京林业大学“喷蒸—真空热压工艺制造厚中纤板”专利技术，产业化生产厚型中纤板。长汀荣华碳业应用河南林学院“化学法制造活性炭炭活化”新技术，降低制造成本和原材料消耗。

为减少对森林资源的砍伐力度，保护生态环境，2010年，市林产工业加大森林资源培育力度，发展花、竹两大产业，逐年减少林木采伐量，科学合理开发利用森林资源，提升木产品的市场竞争力。漳平木村林产有限公司成为全国最大户外木制品生产出口基地之一，取得国际森林认证中心FSC认证，被允许在产品上粘贴具有环保标志的FSC标签，并进行FSC认证木材加工和销售。2011年3月初，漳平五一国有林场通过了森林认证，成为全市首家通过认证的森林经营单位，使该场林木产品获得进入国际市场的准入资格，极大地提升该场林木产品的市场竞争力，同时也极大地缓解龙岩市及周边地区木材出口加工企业的原材料供应紧张，促进木材出口加工企业的发展壮大。

龙岩历届党委、政府高度重视生态建设，一方面抓增绿，大种阔叶树，加快森林生态修复，造林绿化从以山上为主向山上山下并重转变；另一方面抓护绿，加强森林防火、防病虫害、防盗工作，提高森林资源综合利用率；同时，深化集体林权制度改革，切实落实“谁造谁有，合造共有”、“谁治理，谁受益”的林业政策，充分调动群众和企业、社会各界造林积极性。2013年以来，大力开展“生态建设年”活动，实施林业生态“六大工程”，这些为长期保持森林覆盖率居全省首位提供有力保障。到目前为止，龙岩市已成为我国南方重点集体林区、福建省三大林区之一。

六、水资源与水利工程

龙岩市水力资源丰富。境内溪河较多，从水流的归属情况看，分别属于汀江、九龙江北溪、闽江沙溪、梅江水系。全市集水面积达到或超过50平方公里的溪河，共有110条。汀江水系是本市最主要的水系之一，在龙岩境内的集水面积为9659.60平方公里，占全市土地面积的50.7%。九龙江北溪水系在本区境内的集水面积5771.03平方公里，占全市土地面积的30.3%。闽江沙溪水系在本区境内的集水面积为1594.38平方公里，占全市土地面积的8.4%。集水面积300平方公里以上的溪河有：北团溪、文川溪、姑田溪等3条。梅江水系武平县梁野山以南基本上属梅江水系集水范围。还有永定区洪山乡上径一小片，也属此水系范围。集水面积1460.60平方公里（其中永定洪山上径28.7平方公里），占全市土地面积的7.6%。地下水资源也相当丰富，主要有松散岩类孔隙水、碎屑岩类孔隙裂隙水、碳酸盐岩类裂隙溶洞水、基岩裂隙水等类型。地下热水资源丰富，龙岩属全国6个地热带之一的东南沿海地热带。经地质部门探明的出露温泉有32处，热水钻孔3个。以上35处地下热水的流量共计159升/秒。此外，尚有探明了的热水区3处。

在中华人民共和国成立后，龙岩的水利事业得到较快发展，修建了大量农田水利工程。1949年，全区有效灌溉面积80.97万亩中，绝大部分靠引水工程灌溉。其中灌溉千亩以上的工程12处，灌溉百亩以上的近1300处，小型引水工程有上万处。

从1950年开始，我区首先整治历代遗留下来未完工或失效荒废的引水工程。全区第一个恢复修建的，是永定大排长圳，原建于清宣统三年（1911年），1928年被洪水冲毁，此后20余年，当地群众屡次提议修建未成。1950年2月，龙岩专署派长汀水利工程队前往测量、设计，3月下旬开工，到6月2日即完工放水，恢复了灌溉效益。龙岩小洋渠隧洞工程，自1928年起断断续续兴工3次未通。新中国成立后，龙岩军事管制委员会派员组织继续施工，1950年底建成通水。永定大岗上水圳长2.5公里，崩毁60年未修。1951年冬，由人民政府组织受益户出工抢修，10天即告修复。龙岩小池卓兴乡水圳，因要从南山乡地界开渠引水，引起两乡纠纷，诉讼100余年，未能修通。1952年，由当地人民政府进行调解，两天内即建成通水。

全区首次新建的较大工程，为龙岩东坑渠，有完整的设计资料、施工组织和技术指导，并沿用招标方式分段发包、分期施工，进展顺利。1951年5月第一期工程动工，1952年3月全部工程按时完成，受益农田达2875亩。1953年后，先后修建和新建了汤侯渠、千工陂、长福陂、五乡圳、武溪渠、石固坡陂、北新大圳、青草盂大圳、桂林圳等较大引水工程，这些工程成为龙岩东肖、曹溪、青草盂、雁石，长汀濯田，永定高陂，连城北团，武平中山等有名旱区的骨干工程。同时，以溪河为单位，对临时性简陋的拦河坝多、布局不合理的现象进行改造，集数坝为一坝，提高了灌溉效益和抗旱能力。到20世纪60年代中期，全区具有引水灌溉条件的地方，基本上都实现了引水灌溉，并逐年进行渠道部分的整修加固和防渗处理。

随着农村水电站的发展，引水工程由引水灌溉发展到引水发电，工程规模也随之增大。蓄水工程增多后，长距离引水渠道也有所增加。蓄水工程的渠道，多在高山峻岭中沿高坡而行，而且具有间歇性输水的特点，增加了渠道设计、施工和维护的难度。因此，引水工程的设计、施工水平，也有了提高和发展。建坝型式与取水方式，已由传统的木框坝、干砌石坝、浆砌石坝、浆包干石坝，发展到20世纪60年代建成的龙岩营边水轮泵站的圆筒坝、连城鹭鹚潭引水的空腹坝，70 年代建成的龙岩东风渠滤水坝，80 年代长汀洋哩陂滤水暗坝等。渠道水流量由灌溉渠道最大 1.3 立方米/秒，发展到动力渠道 32 立方米/秒以上（芦下坝水电站）。引水渠道的附属建筑物，也由木质、砌石、肥梁、胖墩发展到高排架、大跨度、薄壳轻型。黄岗水库龙岩渠道的南阳倒虹吸工程，因地制宜、结构新颖，曾在 1981 年 12 月全国农田水利配套建筑物研究班做了专题介绍。

图 4-4　1954 年 5 月，龙岩地区第一个大型水利工程——汤侯渠落成

新中国成立前，区内仅有一些积水塘用于积水灌溉。1954 年，在连城隔川建成区内第一座水库——小峡水库，土坝高 12.6 米，蓄水 12 万立方米。1956—1959 年间动工兴建“小Ⅱ型”（库容为 10 万～100 万立方米）以上水库 41 座。由于技术力量跟不上，除雇用水利助手外，1956 年还先后结合 16 处山、围塘等示范工程，“以工地为学校，以工程为教材”，训练农民技术员 2676 名，负责指导各地小型蓄水工程（山、围塘）的兴建。到 1987 年，全区共有大小水库 175 座，总库容 2.5 亿立方米（不含纯发电的水库），灌溉 19.52 万亩。蓄水工程的兴建，使一些不能用引水或其他设施解决灌溉问题的上杭庐丰、连城城关等重旱区，面貌发生了变化。1988 年以来，省地正常资金每年安排 300 万元左右，5 年共计安排 1486 万元。同时国家还安排本地区专项资金 450 万元、农业综合开发资金 1000 万元，用于农田水利基本建设，促进了本区水利事业的发展。1989、1991 年，先后完成了漳平大坂、永定灌洋基建中型水库 2 座；完成“小Ⅰ型”灌溉水库 4 座，完成“小Ⅱ型”水库 15 座，新增有效总库容 3342 万立方米。1988 年开始，本区试验性地开发了数片低压管道输水项目，取得了经验。

在水库建设中，工程技术也有明显进步。初期，大坝都是单纯的均质土坝，土源不多就不建库。随着技术水平不断提高，坝型逐步发展为多样化。除均质坝外，全区还有黏土心墙坝（赖溪水库）、土石混合坝（黄岗水库）、黏土斜墙堆石坝（小坝水库）、钢性斜墙堆石坝（大石岩、赤水水库）、砌石重力坝（石门岩水库）、砌石宽缝重力坝（溪源水库）、砌石空腹坝（蕉坑水电站）、砌石拱坝（上寨、黄竹水库）、砌石双曲拱坝（陂下、寨角、上地水库）、连拱坝（狮象坛水电站）、混凝土宽缝重力坝（矶头水电站）等坝型。水库溢流方式，也有一般的宽顶堰发展到多种形式的侧堰泄洪、竖井泄洪等。

提水灌溉工具的改进。近代时期，区内无以机电为动力的提水灌溉工具。水低田高，提水灌溉较普遍用桲车。新中国成立后，区内建成的提水工程，有机械提水（机灌站）、电动提水（电灌站）、水轮泵提水（水轮泵站）和机电井，以电动提水最为普遍。区内第一座提水灌溉工程，是龙岩雁石镇河南抽水机站，1954 年 6 月 18 日动工，9 月 14 日建成。

在服务社会、改善民生的过程中,龙岩市还兴建了各种水利工程。主要有:

(一)节水工程

1979年,在龙岩城关镇溪南大队(即南城溪南村),建成全区第一个喷灌工程,并以此为样板,开办培训班。该工程喷灌蔬菜地130亩,后因土地被征用而废弃。

1981年12月,连城柑场建成600亩固定喷灌工程后,1982年喷灌区亩产柑橘625公斤,非喷灌区亩产500公斤,增产25%。1983年秋旱,增产更为明显,增长70.3%,平均单果比非喷灌区重47克,果质也有所提高。

到1987年,全区已建成的喷灌工程,可灌溉7236亩,主要是茶园、柑橘园。此后,农业节水工程建设大力推进。从1991年开始组织实施渠道防渗标准化建设,逐步形成了以渠道防渗为主,辅以管、喷灌等节水形式的具有龙岩特色的节水灌溉模式。截至2010年底,全市已实施节水灌溉面积1043.25千亩,其中渠道防渗面积963.75千亩,发展低压管灌27.15千亩,喷灌15.9千亩,微灌0.9千亩,其他措施35.85千亩,年可节约水量2.0亿立方米。

(二)人、畜饮水工程

全区农村人、畜饮水情况虽然较好,但也有高山居民点或易旱地区人、畜饮水极为困难。有些地区水源含氟量高,不宜饮用。据1983年不完全统计,全区有386个村、镇,25万人口,9万头牲畜,经常发生饮水困难,或饮水源不符合卫生要求。

1981年,在龙岩万安乡松洋村,建成全区第一个人畜饮水工程,全村1104人受益,另有受益牲畜300余头。到1987年,全区建成人、畜饮水工程33处,其中降氟工程6处,解决了32个村、3.1万余人的饮水问题,另有近1.5万头牲畜受益。1999年,确定全市未通水的63个老区革命基点行政村、27个少数民族行政村,列入省水电厅建设计划。2008年,全市实施7县(市、区)13个乡(镇)国债农村饮水安全工程,解决漳平市26个行政村通水,开展新农村2个综合试验区、10个试点村100个自然村饮水安全项目建设。农村饮水安全工程受益人口15万人。

(三)渍害田改造工程

水利系统承担作物亩产200公斤以下的各类因渍害引起低产的耕地改造。20世纪50年代,就有改造冷水田、烂泥田、串灌田的“三改”任务,由于治理工程的标准偏低,效果不大,或者寿命不长。80年代,重新提出渍害低产田的治理任务,全区属山垄盆地渍害低产田24.99万亩。到1987年已初步治理3500亩,由国家补助18.9万元。

1984年,永定仙师乡九坑村对250亩低产田进行改造,工程总投资2.23万元,共整修排洪沟6.11公里,铺设暗涵80余米,降低了地下水位,解决了冷、烂、锈的问题。改造后的1985年,总产120.5吨,比改造前增产37.7%。

(四)防洪工程

龙岩地区内防洪工程,主要是起防冲、防塌作用的河堤、护岸。全区现有的防洪工程大部分是这类工程,防淹的防洪堤,较大的有龙岩厦老防洪堤、长汀河田的河田防洪堤、八十里河防洪堤、永定高陂北山防洪堤。厦老防洪堤全长4800米,大部分为土堤,建于1966年。长汀河田的防洪堤总长9000米,主要是河沙堆垒成堤,再护以木桩防冲,不能经久,需经常加固。两座河堤共保护耕地6000余亩、人口10000口。永定北山防洪堤长3000米,全为石堤,保护耕地4000亩、人口7000口。

为加强水利管理,1994年,本区积极推广应用新技术、新材料、新工艺、新产品,全面开展应用砼U型渠槽搞好渠道标准化建设,发展节水型水利工程,提高水的利用系数,扩大灌溉,达到省工、节资、提高工效,实现科技兴水。同时,采用土工膜、高压喷浆和化学灌浆,进行水库的除险加固,取得了突破性进展,确保本区全年不决一堤,不垮一坝。具有国际领先水平的碾压混凝土薄拱坝溪柄一级水电站工程于1993年7月开始"三通一平",12月正式动工兴建。电站的整个工程建设实施由清华大学水利水电工程所承担科研技术、设计指导及施工监理工作。该工程主要采用新工艺、新材料、新设计方法建造碾压混凝土薄拱坝,坝高62米,装机2000千瓦,投资2052万元,是国家科委、水利部、能源部"八五"重点攻关科技项目。

龙岩地区有史以来已建投资规模最大的水电工程——龙岩万安溪水电站,于1995年11月29日正式通过竣工验收。于2009年获批开工,总投资1.75亿元的省、市重点建设项目——何家陂水库,已完成坝体施工,并实现下闸蓄水。何家陂水库位于龙门溪上游的小池镇何家陂村,水库设计总库容2162万立方米,以防洪、灌溉、工业供水为主,兼具改善区域水环境,日供水3.8万吨,灌溉面积约1万亩,是一座具有多年调节能力的多功能、公益性的中型水库。

七、农业机具研制与农机技术推广

中华人民共和国成立之前,龙岩地区的农具十分落后。新中国成立后,人民政府十分重视农具改良,1954年推广水田深耕犁,据测比深耕前每亩可增产粮食20公斤以上。1959年,地、县成立工具改革办公室,下设推广队,发动农村能工巧匠革新小农具。到1961年底,全区共改良和创制半机械化、机械化农机具68万件,其中插秧机13715台、脱粒机3972台、收割器28281件。此外,还有绳索牵引机、手摇地瓜切丝片机和其他农副产品加工机械等62万多件。此后,深耕犁、脚踏脱粒机、碾米机、磨粉机、饲料粉碎机、手推胶轮车在全区全面推广使用,改变了长期延续的浅耕粗作和农运靠肩挑的落后状况。

20世纪50年代末和60年代初,龙岩地区引进一批大中型拖拉机和配套农具,集中在龙岩、长汀、永定、上杭等县,并先后成立县办国营拖拉机试验站。试验站贯彻"以农田作业为主、综合利用"的方针，为广大农村社队代耕、代加工、代运输等。同时，在龙岩铁山公社和长汀河田公社平整土地6000多亩，为机械耕作做出示范样板。1964年，农机工作推行"单机核算"、"四大"(计划、任务、劳动、财务)管理和确保"三高"(完好率、出勤率、班次时间利用率)的经验，农机事业进一步发展。1965年，龙岩、长汀、永定县3个拖拉机站，机耕作业总量达84234标亩。

(一)农机化试点

1966年，手扶拖拉机较大量投放社队后，龙岩市在龙岩曹溪，上杭古田、中都，武平东留和连城北团等公社，办起农机化试点，取得了三级(公社、生产大队、生产队)经营，集体办农机化的经验，由点到面逐步推开。在执行安全生产第一的前提下，普遍推行"五定一奖"，即以人定机、以机定任务、以任务定消耗、以消耗定成本、以成本额标定上交金额，对安全无事故和超上缴金额的给予奖励的管理办法，促进了农机务农。手扶拖拉机在春、夏机耕作业中，对紫云英、稻草回田和短途农运，发挥了很大作用。70年代，机耕面积稳步上升，1979年机耕作面积达到94.19万亩。但由于拖拉机型号不能完全适应本区地貌条件所形成的耕作类型，在一些山区机耕难以进行，而转向运输。插秧机械由于不适应农艺上大面积推广水稻小本种植技术，而中止使用。

20世纪70年代，农村经济体制以集体经营为主，国家对农机具的研究、试验、推广，以及社队农机修造厂的建设，都投入大量资金，各种新机具相继产生。1976、1978年，先后2次在上杭县召开农机化现场会，推广球肥深施、喷灌机、机动收割机、烘干机等，有力地促进了上述农机具的广泛使用。1980年，全区农机总动力17.51万千瓦，其中耕作机械9.53万千瓦，排灌机械1.36万千瓦，运输机械1.28万千瓦，加工机械4.55万千瓦，分别是1970年的15.6倍、16.6倍、4.3倍、26.3倍和17.3倍。

(二)农机化推广

1981年，农村实行联产承包责任制后，农机经营坚持国家、集体、合作(联产)和农户个人多种形式并存的方针。1985年，户营农机15613户，户营农业机械总值5282.91万元，占全区农业机械总值的74%。但是，农业机械分散经营后，由于缺乏有效的宏观指导，拖拉机增长与农机具的配套不够协调；农业生产规模变化后，统和分的关系处理不好。经营农机从事农田作业效益低，机械耕作面积下降，从1980年的99.15万亩，下降到1985年的56.03万亩，下降率为15%。另外，相当一部分农机具超期使用，急需更新换代。1986年，推广食用菌机械化生产技术和设备，促进了全区食用菌生产的发展。随着农村商品生产的发展和流通领域的扩大，利用供应柴油与农机管理相结合的办法，加强宏观指导，农机化进一步回升、发展。1987年，农机总动力39.52万千瓦，比1980年增加15.69万千瓦，平均年增7.5%；机耕面积占耕地面积比，从1985年的64.70%上升到1987年的75.83%；从事农机的机手迅速增加，大、中、小型拖拉机驾驶员18136人，汽车司机2288人，内燃机手1949人，分别是1980年的1.2倍、20倍和1.8倍。

20 世纪 80 年代，农技推广的主要项目有中低产田配套技术协作攻关、稻萍鱼体系丰产栽培、配方施肥、土壤识别与优化配方施肥、垄畦栽培、中低产田工程改造及粮食工程、果茶工程等 10 余个。针对本区田块小、高差大、种植品种不一的实际问题，1993 年着重推广了适宜山区特点的新型农机具，具有拆装、调整方便，操作灵活、轻便，性能好、效率高等优点。地区农机总站引进的三园盘驱动犁耕机械和果园小耕耘机等，解决了田块小而分散的机耕问题；漳平市重点推广的龙江-5 型耕整机，适用于联产承包责任制后出现的插花地、关门地和山区高差地、边远地的耕作。当年全区共引进龙江-5 型等耕整机 128 台套，完成犁耕面积 4.08 万亩。全区还引进 22 台套龙江-120 型、农友(江)-90 型、龙江-140 型收获机械，1993 年机收 918 亩，机脱 3.03 万吨。农机总站和农科所联合在曹溪镇石粉村搞的 20 亩水稻种植机械化与栽培技术课题进行试验(机耕、编织布育秧、机插、机植保、机割、机脱、机运等环节)，通过了地区科委组织的 5 个单位的农业技术专家的现场验收。该项目试验示范片水稻综合机械化程度已达 95%以上。

为加大农机具的推广、提高耕作效率，农机部门大力推广应用适用、适宜的新型农机具。1995 年，全区新引进园盘驱动犁 28 台、农友-6 型耕整机 12 台套，增氧机 70 多台。长汀县引进果园喷灌机械，地区农机总站投入 2 万元首次从上海引进潜水自走式鱼塘清淤机等。这些新技术的引进，提高了生产率，降低了劳动强度，对农业和养殖业发展起了推动作用。农机技术推广取得新进展，推广工作已从单一的农田作业机械往水产养殖、食品、食用菌生产加工、农副产品加工机械领域发展。1996 年，上杭县采用 3 个“一点”办法[县政府、烟草部门和乡(镇)各补助一点]，引进推广三圆盘驱动犁 80 台(全区引进 91 台)，分放 20 个乡(镇)促进冬种(烟菜地)冬翻土面积扩大。全区还引进稻草回田旋耕耙 10 台、BS-305 型水稻机动割禾器 30 台(首次引进)，产地四川的微型耕作机、浙江金华的果茶园高压喷雾机 5 台和移动式喷灌机等一批高效实用的新农机具，分别在漳平永福镇、官田乡，上杭南阳镇，龙岩红坊镇，武平良种场，长汀河田镇五坊村等地进行适应性试验和演示。农机部门还采取送教下乡，传技术上门的办法培养新机手。新机具的引进、推广大大地减轻了劳动强度，提高了劳动生产率。全市各级农机管理部门紧紧围绕农业产业结构调整需要，重点推广适合本市种植地瓜、烤烟、花生、蔬菜等农业生产作业的小型耕作机具。

中农机械制造有限公司抓住连城县发展地瓜干产业的契机，2009 年，实时研制生产出 4U-500 型地瓜收获机，并获试验成功。2012 年，依托长汀县清荣农机专业合作社，建成全省首家工厂化育秧中心，引进钵形毯状秧苗机插技术，在长汀县河田镇进行试验，经测产亩增产量 24.5 公斤。

为大力推广农业技术，龙岩地区建立一套完善的农技推广体系。1970 年前，农业技术推广体系由地、县、公社、大队、小队 5 级组成，分别在地、县、乡三级建立农业技术推广站。1975 年后，在县、社、大队、小队建立四级农业科学实验网。即在县设立农科所，公社设农科站，大队设农科队，生产队设农科组，使之成为上下连线、左右连片的体系。通过试验、示范、推广，推动群众性科学实验活动。当时，全区建立 7 个县农科所，114 个农科站，1213 个农科队，9162 个农科组；拥有试验地 4538 亩，参加活动人数达 7.09 万人，其中农技骨干队伍 3.3 万人。1981 年，农村推行家庭联产承包责任制后，四级农科网在村以下断线。为了适应千家万户的农业技术服务对象，1984 年开始在县一级建立以县农业技术推广中心为枢纽，乡设农技服务站、村设农技员、村民小组设科技示范户为网络的体系，推动农业科技普及工作。1987 年，全区聘请农民技术员 1176 人。

随着时间的推移，农技部门已无力承担技术的更新和人员的培训。于是，2011 年，市、县两级农机部门依托农机化培训学校、拖拉机驾驶培训机构、农机生产企业和农机经销企业技术力量，采取举办培训班、召开现场会、送教下乡等多种形式，开展农机化实用技术培训和宣传普及工作。

第三节　矿产与能源科学技术

闽西的矿产资源相当丰富，早在古代，闽西的土著居民就在本土开采了金、铜、铁、煤、石灰岩、高岭土等。到明清时，闽西的采矿、冶炼技术得到长足的进步。新中国成立后，党和政府加大了对矿产资源的勘查，不断改进开采技术，使得闽西的矿产资源得到合理、高效的开采和利用。同时加大了水力资源的开发，应用于工农业生产和百姓的日常生活。矿产资源的开采为闽西的经济发展做出了重大的贡献，但是过度、无序的开采，造成了环境的污染，为此，新能源的研究、应用就成为历史的必然。

一、地质矿产勘查与开采加工技术

龙岩市是福建省重要的矿产地，已发现各类矿产 64 种，其中金属矿 18 种，非金属矿 40 种，能源矿产 3 种，其他矿产 3 种。已查明资源储量的矿产 33 种，探明大型矿床 11 处、中型矿产 44 处，已探明资源储量居全省首位的有煤、金、铜、铁、高岭土等 16 种矿产，矿产潜在价值逾千亿元。上杭紫金山金铜矿、龙岩马坑铁矿、东宫下优质高岭土矿等大型、特大型矿床在省内外占有重要位置，马坑铁矿是华东第一大铁矿；紫金山铜矿是全国第二大铜矿；东宫下高岭土矿是全国四大优质高岭土矿之一。另有新罗区、永定区是全国重点产煤县。同时，水力资源丰富，水能理论蕴藏量 214.5 万千瓦，可开发量 188.1 万千瓦。

（一）地质勘查工作

龙岩市的地质调查始于 1911 年，1955 年以前多为小范围或单项质调查，1955 年以后则以地质勘探队正规勘查为主，国家先后投入了大量的资金和地质勘查技术力量，开展了系统的基础地质调查和矿产资源勘查工作。1994 年，地质部门对本区金、银、铜、铁、煤、石灰石等矿产开展地质找矿工作。省地质八队在中寮铜矿区和莒溪银多金属矿

图 4-5 1958 年，华东第一大铁矿——马坑铁矿开始开采

区进行地质普查；121 煤田地质队在永定东中、昌福山、陕头和龙岩陈山开展地质普查找煤；冶金地质三队在龙岩的龙康、下甲寻找铁矿、锰矿；核工业部 295 地质队在上杭碧田铜矿区和武平陈埔多金属矿区开展地质普查，并在上杭溪口一带进行化学找矿。这些矿区的地质工作大部分将继续进行。提交的地质报告经省矿产储量管理委员会(简称省储委)或省行业主管部门批准储量的有 3 个矿区。1996 年，省第八地质大队通过对龙岩市二迭系下统童子岩组、下统翠屏山组地层的普查，发现一层呈层状、连续性好，厚度为 2～3 米的硬质高岭土矿，这在省内发现还是首次。

在区域基础地质调查工作的开展方面，系统地收集了测区内的地质资料，发现了一系列矿点或矿化点，不仅为地质矿产勘查直接提供了基地，而且为成矿规律研究、探索找矿方向和矿产资源潜力预测提供了地质依据，还为其他基础设施建设提供了可靠的基础地质资料。

矿产资源勘查工作成效明显，已发现 64 种矿产，其中已有 35 种矿产进行过普查—勘探工作，它们是烟煤、无烟煤、铁、锰、铜、金、银、铅、锌、钼、锡、钨、铀、铌、钽、稀土、石英、钾长石、白云母、沸石、硅灰石、石膏、水晶、磷、萤石、石墨、花岗石材、石灰石、高岭土、膨润土、白云岩、硫铁矿、水泥用黏土、砖瓦用黏土及矿泉水等，有 33 种矿产探明了资源储量。基础地质调查中发现的 616 处矿产地中，已有 334 处进行了普查—勘探工作，其中勘探的 76 处、详查的 36 处、普查的 222 处，有些已开发利用，成为我市重要的矿产地。

20 世纪 90 年代，随着地勘队伍的转轨改制，国家只拨付公益性地质调查项目资金，而商业性地质勘查工作则刚起步，注入资金有限，导致地质勘查工作滞后。但 2004 年以来，由于矿业经济的好转，矿产品需求的增长和价格的上涨激活了商业性地质勘查工作。商业性矿产资源勘查作为公益性地质矿产调查的补充是必要的，要积极引导并鼓励开展以市场需求为导向、以经济效益为目标的商业性矿产资源勘查活动。但是，要禁止在禁采区内从事商业性地质勘查工作。主要鼓励商业矿产资源勘查政策有：

(1)重点鼓励勘查铜、金、银、铅、锌、铁、锰及高效益的非金属矿等国家、省内资源供应不足的重要矿种，增加工业储量。

(2)鼓励在革命老区等经济欠发达且具有资源潜力的地区开展适应市场需求的矿产资源勘查。

(3)鼓励矿山企业在矿区外围及深部开展矿产资源勘查，扩大远景，减缓产量递减，如煤、铁、锰、石灰石矿。

(4)加强地质资料的二次开发。以先进成矿理论为指导，利用计算机技术对已有的地质、物探、遥感资料进行综合整理、分析与研究，为进一步开展矿产资源勘查提供找矿远景区及靶区。

(5)实施矿业扶贫工程，加快山区的开放开发。

截至2005年2月，龙岩市已立项商业性勘查项目198个，其中：全市持证铁矿探矿权56个，持证煤炭探矿权46个，持证锰矿探矿权34个，持证铅锌探矿权27个，持证铜矿探矿权22个，持证金矿探矿权7个，持证石灰石探矿权6个，通过勘查力争各矿种的资源储量有所增加。

上述项目主要在2005年和“十一五”期间开展工作，有力地促进龙岩市矿业经济的可持续发展。

(二)开采加工技术

1. 开采技术

(1)采煤技术。

1960年前，多数小煤窑开采浅部，以掘代采，采掘不分。采煤工艺是：人工手镐刨煤或手扶钢钎打眼—装药爆破落煤—铁锹装煤—人工背煤、肩挑煤或板车拉煤—留煤柱或木支柱支撑顶板。

1962—1978年，各矿区合理部署采区巷道，推广壁式采煤，因地制宜选用不同采煤方法。采煤工艺：电煤钻打眼—爆破落煤—手工装煤—链板机运输—木支柱—机械回柱放顶。1983年，省煤研所与永定矿务局共同完成中深孔爆破采煤试验。它适用于急倾斜煤层开采，也可用于回收煤柱和边角煤。

(2)井巷掘进与支护技术。

井巷掘进。20世纪50年代，小煤窑无动力设备，井巷掘进以手工作业为主。20世纪60年代，正规设计基建矿井，配备动力和压风设备，逐步实现机械化打眼、通风和运输。1962年，省重工业厅研究所矿冶室，在龙岩坑炳试验倒楔式锚杆。1963年8月，省重工业厅煤炭局在漳平煤矿召开掘进工作现场会，推广掘进工作面正规循环作业。20世纪70年代，井巷掘进中使用耙斗(或铲斗)装岩机，取代掘进中最笨重的体力劳动。掘进中全面推广激光导向、湿式凿岩、光面爆破、锚喷支护、综合防尘、正规循环作业等配套经验，做到一次成巷，从而初步形成掘进工艺中钻眼、装岩、通风、运输、支护相配套的普通掘进机械化作业线。1986年，全省煤炭工作会议确定推广光爆锚喷、支护、多台风钻作业、耙斗装岩机械化作业线、综合防尘、岩石电钻、球齿、钻头、高效节能局扇、塑料无缝导风筒等新技术25项。

福建省121煤田地质勘探队于2000年使用绳索取芯金刚石钻进工艺技术居全国煤田地质系统首位。本年进尺8177米钻月效率由使用前203米增加到600米，增长1.95倍。煤芯采取率98%，重量采取率88%，特机孔率达100%，有效地解决了钻探施工中硬(硬岩)、塌(坍塌)、漏(漏失)三大难关，缩短了勘探周期。在云南曲靖老矿区粉煤取芯和煤成气施工中，利用该项技术，解决了该矿区粉煤取芯的技术难关。各项指标均达到国家要求，被当地同行称之为“神钻”。

井巷支护。20世纪60年代，以省内盛产的松木支护为主。20世纪70年代，开始采用水泥棚支架，料石砌支护、水泥混凝土砌。20世纪80年代，各矿井大幅度减少传统木支护，因地制宜采用多种支护方式，开拓巷道普遍采用光爆锚喷支护。同时也发展型钢支护。1986年，漳平煤矿在文宾山中部采区410轴部一巷试用U25型钢可缩性拱形支架，共架设300架，支护巷道长度240米，取得良好的支护效果和经济效益，并在全矿推广。苏邦煤矿在苏一井采区半煤岩巷道支设矿用工字钢梯形棚843架，支护巷道约900米，减少过去用木支护要大修、换棚、套棚，且可回收复用支护材料。

坑木的腐烂失效是煤炭系统长期存在的技术难题。1986年，省煤炭总公司组织有关单位引进鹰潭防腐厂研制的CCA防腐技术。龙岩、永安、永定等3个矿务局相继建成防腐厂。

(3)矿井通风。

20世纪60年代以前，各矿井多以自然通风为主，粉尘浓度高。1965年，煤炭系统鉴于漳平煤矿、省建井公司先后检查发现严重的矽尘危害，在天湖山煤矿召开现场会，交流推广该矿7个掘进面实现综合防尘，粉尘浓度全部降低到符合国家标准的经验。

20世纪80年代，省属矿和县办矿生产矿井都装备主扇风机，建立防尘供水系统，全面实现机械化通风。针对煤矿边远采区通风难问题，永定矿务局加强与福州大学的合作研究，研究出的矿井可控循环通风系统取得成功，并于1996年7月，通过省级鉴定。这一科研成果由永定矿务局在瓦窑坪矿区试验运用，不仅解决矿井边远采区通风问题，而且缩短开拓工期，节省投资，使回采工作面的有效风量提高53%，安全效果好。该研究成果对低瓦斯和煤层自燃发火倾向性弱的矿井也有重要的推广应用价值。

(4)矿井防水和排水。

20世纪50年代，小煤窑土法开采浅部煤多以平峒开拓，开采上山煤，矿井排水以水沟自流排水为主；局部斜井或下山开采，用简陋设备排水。1960年，省燃料局还总结推广手摇抽水机。

20世纪60年代，漳平煤矿4号井均设计矿井排水系统。在井底车场设有水仓、水泵房，用水泵通过管道排至地面实现机械化排水；井下所采用排水设备多为卧式电动离心式水泵，当扬程低时采用单级水泵，扬程高时采用多级水泵。

1980 年,连城西山庙前煤矿试验成功水泵远距离自动控制。

(5)矿井运输和提升。

20 世纪 50 年代,小煤窑开采过程的运输,依靠肩挑、手拉板车、或人推木轨小矿车等。1960 年 3 月,省燃料局在煤炭系统总结推广竹滑道、溜槽、简易架空索道、土绞车等运输技术。

20 世纪 60 年代,矿井开拓有了总体部署:井下巷道的坡度按设计质量要求施工。巷道铺设轻便轨道,大巷用一吨矿车,采区巷道用 0.5 吨 U 型、V 型矿车,主要靠人推车,少数用 2.5 吨电瓶车牵引。1964 年,苏邦煤矿革新改进西二煤台的自行滑行道,年节约劳力 1000 个。20 世纪 70 年代,矿井运输逐步实现机械化。大巷采区巷道均铺设轨道,用 1 吨矿车、7～10 吨架线式电机车牵引,采区运输用 2.5 吨电瓶车牵引,有的矿井顺槽和采面配备 13 型、17 型可弯曲链板机。

1973 年,永定、龙岩等矿务局和漳平煤矿分别制造使用固定式高频振动、自动高频振动、自动移位风动、气腿式风动、电渗法、平板电动、螺旋截盘式等多种类型矿车清扫机。

20 世纪 50 年代,小煤窑开拓的斜升是靠肩挑或土绞车提升。20 世纪 60 年代,正规建设矿井都设计装备绞车,实现机械化提升。

(6)矿井通信。

1986 年之前,省煤炭工业主管部门与各矿区的调度通信,一靠电报,二靠长途电话。矿区内采用磁石式交换机。1987 年以来,龙岩矿务局率先实现矿务局机关片程控电话通信(空分式)。永定矿区实现矿区内部无线电通信。苏邦煤矿机关片采用程控电话通信(空分式)。永定矿务局启用荷兰引进的程控电话通信(数字程控)250 门。

1990 年,省煤炭总公司所在地福州与永定、漳平、龙岩、苏邦等 7 个矿区,先后使用程控直拨电话通信。

(7)井下照明。

福建小煤窑土法开采阶段,井下多是煤油灯、电石灯、明火照明。20 世纪 60 年代,井下使用白炽灯照明,均不符合井下防爆要求。20 世纪 70 年代,设计建设新井,井下大巷和主要峒室普遍装备防爆灯和防爆荧光灯照明,井下采掘各工种工人普遍使用矿灯照明。1990 年,省属矿务局(矿)开始逐步更换使用 KJ13S 碱性矿灯。

2. 无烟煤加工利用

(1)煤炭筛分与洗选。

20 世纪 50—60 年代,龙岩的大部分煤炭,只经过简易的人工拣矸和固定筛筛选后销售。龙岩矿务局的坑柄煤矿等少部分煤质较好的煤矿,用人工拣块煤出售。20 世纪 70 年代起,几个主要矿区的筛选厂先后投入生产,总能力达 435 万吨/年。20 世纪 80 年代末,永定矿务局从比利时引进帕纳比洗煤设备。

筛选。20 世纪 70 年代中期,永定、龙岩、苏邦等 5 个局矿建成筛选厂,采用＋50 毫米筛选工艺,用皮带手选,总能力年处理原煤 435 万吨。

洗煤。1989年8月，永定矿务局从比利时王国布莱姆公司引进帕纳比选煤机。该机为可移动式，入洗能力80～120吨/时，于1991年9月投入生产。

(2)煤炭深加工。

1988年，永定矿务局利用该局煤质好的优势，建起生产能力1000吨/年的型煤加工厂，试制成功烧烤炭、上点火蜂窝煤、火锅煤、温灸药炭等型煤系列产品。其中温灸药炭在全国新产品、新技术展示会上获得优秀奖，烧烤炭少量出口美国。

3. 矿产品深加工制造业

龙岩市矿产资源比较丰富，矿产的勘探与开采，带动了矿产品深加工制造业的发展，出现了以紫金矿业、龙岩高岭土、马坑矿业为代表的一批矿产品资源开采、加工企业。这些企业通过实施科技项目，开展技术创新，在矿产品深加工方面取得了一系列先进技术成果，提高了矿产品的附加值，促进了地方经济的发展。

紫金矿业在短短的十几年时间里，通过科技创新体系建设，高速发展为国际矿业界有较大影响的大型矿业企业，国家级重点高新技术企业。紫金矿业集团股份有限公司以紫金矿冶设计研究院、紫金设计院、博士后工作站为基础，以获得国家批准的国家级企业技术中心为契机，大力开展科技创新，在科研领域取得了一个个重量级的科技成果。公司先后承担了多项国家级、省级科研攻关项目，已独立完成各种类型科技项目350项，与其他单位合作完成6项，其中重大矿产资源综合利用技术开发项目15项；通过科研攻关，公司掌握了100多项专有技术，其中申报国家专利15项，拥有专利权术9项，其中发明专利5项；成果分别获得部级科技进步奖特等奖1项、一等奖4项、二等奖1项、三等奖3项。在有色金属地质、采选、冶炼、环保、资源综合利用等方面，公司多项技术达到国内国际领先水平，如在露天矿陡帮开采技术、堆浸选冶技术、生物提铜技术、黄铜矿酸性热压/常压预氧化、难处理金矿热压/常压化学催化氧化预处理等湿法冶金工艺技术的研究和应用方面取得了重大成果，处于国内领先地位，为我国低品位、难处理金矿资源的综合利用和产业升级做出了重大贡献。

二、水力、火力发电与施工技术

龙岩全市水力资源丰富。据初步普查，集水面积50平方公里以上溪河的水力理论蕴存量169.05万千瓦，可开发建设百千瓦以上的水电站约800处，可装机124.33万千瓦，占理论蕴存量的73.5%，为全省可开发水电装机的13%，年可发电41.7亿千瓦时。

河川水力资源，以汀江水系最多，理论蕴存量达404.05千瓦，可开发87.87万千瓦，占全区的70.7%；九龙江北溪水系次之，达58.92万千瓦，可开发33.15万千瓦，占全区的26.7%；闽江沙溪水系最少，仅6.08万千瓦，可开发3.30万千瓦，占全市的2%。

水力资源在各县的分布是，以永定区最多，可开发66.42万千瓦，占全市的53.4%；新罗区、上杭县次之，分别可开发21.62万千瓦和15.50万千瓦；漳平9.40万千瓦；长汀、武平、连城县最少，可开发量分别为4.96、3.33和3.10万千瓦。

近代时期,全市水力资源的应用,除结构简陋的棹车和水碓等提水、动力器具外,直到20世纪40年代才开始运用于发电,仅建造了3座总容量51.5千瓦的微型电站。新中国成立后,随着工农业生产的发展,逐步开发利用水力优势,1951年龙岩县龙门镇塔前村群众自发集资,改造村口的水车带动3千瓦发电机,当年建成,电力仅1.5千瓦,向全村40多户村民供电照明,兼营碾米加工,为新中国成立后群众自发建造的第一座水电站。

1956年,地、县水利部门派员参加中央在永春县举办的南方八省水电建设技术培训班学习,并选择长汀县四都、永定县大溪、上杭县白砂、武平县象洞、漳平县双洋和连城县姑田等6处试点,建造16千瓦的小水电站,开始有组织的群众性开发建设。其中,连城县姑田水电站于1957年建成。

1958年"大跃进"期间,由于"左"倾错误的影响,在试点未取得成果、规划未进行、技术力量奇缺的情况下,开展"千站万马力"的建站运动。全民动手,修建了大量微型水力站和水电站。当时为解决器材匮乏,推行"破除迷信,自力更生,土洋结合,就地取材,因陋就简,以木代铁"的做法,大量制造使用"木水轮机"(直径最大达1.2米)、"木机坑"、"竹压力管"及至"木主轴"、"牛皮传动带"等"土设备"。全区实际完工水电站6座,装机80千瓦,动力站200座,1415千瓦;还开工124座、计划装机3226千瓦水电站和161座、1483千瓦动力站,以后还继续修建了大量微型电站。这些电站多因技术水平低,选址不当,仓促建站,质量太差,容量过小等原因,实际出力平均只达47.8%,以后逐渐被淘汰。只有永定县城关水电站(装机125+124千瓦)建成正常运行。

在此期间,省、地还组织力量对永定棉花滩水电站(装机120万千瓦)、上杭矶头水电厂(装机19500千瓦)和龙岩雁石水电站(装机6000千瓦)3座重点工程,着手勘察设计工作。其中,中央列项的棉花滩水电站,于1958年11月动工。苏联水工、地质、施工专家多人赴现场指导,永定县组织了2087人的木炭、土箕、砖瓦等专业技工上场。地区项目雁石水电站成立筹建指挥部,两站都招收大批工人外送培训,后因国民经济调整,于1960年停建。

中华人民共和国成立后利用水力发电大致经历试点整顿(1963年以前)、重点发展(1964—1977年)和农村电气化建设(1978年以后)3个阶段,走过曲折起伏的艰辛历程,装机从小到大,不断发展。

近代时期,地方电网处于一片空白。20世纪50—60年代初,水电建设刚起步,容量小,数量少,缺乏电网建设的基础。20世纪70年代,随着重点电站建成,国家开始投资建设电网,但由于投资大,受行政区划制约及地方财力不足等原因,电网建设发展缓慢。20世纪80年代,进入农村电气化建设时期,开始与电站建设协调发展。到1987年的38年间,地方电网从无到有,建设变电设备容量12.62万千伏安,形成以省网为依托的分层次供电网络。与省网配合,全区127个乡、镇通上了电;1715个村,通电的有1560个,占91%;户供电面达89.73%。

随着水电的不断开发,施工技术也不断得到改进。

开始阶段，主要建造水头6米以下，径流开发的微型电站。到1959年底，全区共建成水电站装机28台，总容量371.9千瓦。其中，永定城关□下水电站，是当时全省水头最高(92米)、全区容量最大(249千瓦)的水电站。该站采用木质压力管，总长200米，总投资20.万元。1960年，地区召开木制压力管制作安装现场会，省、地水电工程技术人员60多人参加。1961年，水电部刘澜波副部长，由刘永生副省长、水电厅王炎厅长陪同，前来视察，对其制作安装质量优良、安全运行可靠，给予很高评价，并在郑州召开的全国小水电会上做了介绍。该站投产后安全运行16年，1974年因木管腐烂改装钢管，1987年又着手挖潜扩增装机2台、800千瓦。

在1959—1961年三年困难时期及随后国民经济调整期间，水电建设主要是巩固成果，纠正前段建设中缺乏严谨科学态度、技术标准过低和盲目发展的倾向，开展以提高发电为中心的整顿、巩固工作。对条件尚好的电站，采取改装铁质水轮机、加装发电机或加工设备，改造水工建筑物等措施，进行整顿、改造。由于先天严重不足，基础过差，经整顿的18座设计装机338千瓦的水电站，实际出力只从原来的128.42千瓦，提高到192.94千瓦，仅为设计容量的57%。同时，各县为了解决生产发展对用电的急切需要，开始建造公社级40千瓦、县级100千瓦的“骨干电站”。但因“困难时期”资金不足，放慢建设，实际上只建成武平县民主公社寨下村办电站(2×75千瓦)和长汀县大同莲花水库电站(2×55千瓦)2座。

1965年调整国民经济的任务基本完成后，进入新的发展时期，提出了“电力是工业先行”的口号，全区重点水电工程陆续被批准上马。省项目上杭矶头水电厂(装机19500千瓦)、永定芦下坝水电厂(装机17500千瓦)及以后的县项目连城县水电站(装机6400千瓦)，相继开工。经过多年建设，于1973年、1974和1975年分别建成，总容量达38900千瓦，联入省网运行，从此地方电网有了较大的电源站。

各县也结合水利建设的提水工程，建造了一批骨干电站，容量较大的有地属黄岗水库电站(600千瓦)；县属的龙岩县红岩水电站(600千瓦)，长汀县溪源水库电站(400千瓦)，上杭县兰溪湖里电灌站(1000千瓦)、迴龙水轮泵站(625千瓦)，武平县龙潭一级(2000千瓦)和二级电站(2520千瓦)，漳平县新桥水电站(两级装机424千瓦，原后福水电站的104千瓦进口机组迁装于此)和文星水电站(1200千瓦)，连城县东风电灌站(320千瓦)。乡、村属的有上杭古田苏加陂1号电站(600千瓦)和峰燕岩电灌站(525千瓦)，永定县下洋办汤池角电站(645千瓦)，湖坑乡中金渠电站(800千瓦)等，增加了地方电网的电源。这阶段建成电站的容量，全区年均递增5000千瓦，数量和规模都是新中国成立以来所未有的，是全区水电建设的重点发展阶段。

1978年后，新建电站的容量不断扩大，总装机1000千瓦以上的电站，有龙岩九曲岭水电站(6400千瓦)，永定县狮象潭水电站(2400千瓦)、下洋百丈寨水电站(设计装机2400千瓦，当时实际装机1600千瓦)，上杭县雁子滩水电站(2100千瓦)、石铭水电站(1280千瓦)和梅花山二级(枣树桥)水电站(设计装机4800千瓦，当时实际装机1600千瓦)，漳平县鹭鹚潭水电站(960千瓦)、车碑水电站(1000千瓦)，连城县北团蕉坑水电站

(1260千瓦)等。同时,注重对老站挖潜,扩大容量、增加装机和建造有调节性能的水库电站,有地属芦下坝水电厂着手改回原设计装机,可增加容量4500千瓦;永定县村联办的下洋沿东水电站,扩增装机400千瓦,汤池角电站扩装一台320千瓦;长汀溪源水库电站增装225千瓦等。对综合利用水能,着重开发引、蓄水利工程结合发电,全区建有54座水库电站,容量32115千瓦;长汀县28座水库,有17座综合利用,装机5475千瓦,其中新建陂下水库电站装机3000千瓦;永定田龙水库配套了两级电站,装机4台、700千瓦,黄岗水库永定渠道在永定桥装机2台、640千瓦;武平六甲水库配套装机800千瓦。新建的电站都按电网规划,配套建设输变电设施。这时期,全区水电站建设面广,标准高,配套齐,速度快,质量也好,年均递增6000千瓦;全区水电建设发展,开始进入健康发展的新阶段。

1995年11月正式通过竣工验收的万安溪水电站位于龙岩市万安乡(现新罗区万安镇)溪口附近,是福建省九龙江北溪支流万安溪梯级开发的第一级水电站。坝址以上流域面积667平方公里,总库容2.289亿立方米,调节库容1.68亿立方米,为多年调节水库。装机容量为45兆瓦,多年平均发电量1.357亿千万时。枢纽主要建筑物由拦河坝、溢洪道、引水隧洞、厂房及升压开关站组成。拦河坝为混凝土面板堆石坝,最大坝高93.8米。溢洪道布置在三捷坑垭口处,设2扇弧形钢闸门,引水隧洞的进水口为深孔岸塔式进水口,隧洞长约577米。厂房布置在大拐弯峡谷出口左岸河边,为顺河向布置的地面式厂房,安装3台HLD87-LJ-150型立式水轮发电机组。

龙岩万安溪水电厂面板堆石坝达国际先进水平。1996年5月,该项目由福建省水利水电勘测设计研究院、福建省万安溪水电厂有限公司、中国水利水电科学研究院、水利水电第十二工程局共同完成,7月24日经电力工业部科学技术司鉴定,混凝土面板堆石坝新技术的开发,在万安溪水电厂工程建设中得到应用与推广,使该项成果达到国际先进水平。万安溪水电厂面板堆石坝面板总面积1.93万平方米,均采用三复合外加剂,掺粉煤代替部分水泥和细砂、优化混凝土配比,提高了抗裂性能;同时采用坚硬花岗岩机轧碎石掺25%风化花岗岩粗沙组成垫层料,施工时不易分离,便于整平坡面,减少混凝土超填量;施工中采用混凝土膨胀剂,使趾板连续浇筑长度达30米,未发现裂缝;在施工过程中,采用火成岩堆石料、过渡料爆破开采和填筑碾压的技术经验,确保万安溪水电厂面板坝高质量的快速完成施工。

闽西最大的水电建设项目棉花滩水电站位于永定区境内的汀江干流棉花滩峡谷河段中部。工程总投资40亿元,是国家"九五"重点项目。主要由拦河主坝、副坝、泄洪建筑物、左岸输水发电系统、开关站等建筑物组成。碾压混凝土重力坝,最大坝高111米,总库容20.35亿立方米,电站装机60万千瓦。棉花滩水电站年发电量15.2亿千瓦时,工程以发电为主,兼有防洪、航运、水产养殖功能。工程于1998年4月开工,当年就实现了大江截流;1999年9月创造了仅用16.5个月地下厂房开挖的全国最新纪录;2000年12月18日实现了大坝下闸蓄水;2001年4月,开工仅3年时间首台机组就投产发电;同年12月,4台机组全部建成投产;随后于2002年8月通过国家电力公司的检查验收，在全国所有的水电站建设工程中第一个获得了国家电力公司颁发的“基建移交生产达标投产工程”称号。创造了水电站建设工程中投资省、质量高、进度快三项先进纪录。

图 4-6　装机 60 万千瓦的棉花滩水电站

龙岩市的火力发电始于 1925 年。到 1949 年，全区总装机容量为 365 千瓦，年发电量 23 万千瓦时。

中华人民共和国成立后，龙岩电厂、漳平电厂、漳平青年电厂、长汀光明电灯公司、上杭福曜电灯公司，都改为国营或公私合营企业。1951 年，永定县购买 1 台 24 千瓦的柴油发电机。1953 年，龙岩在东街水门建一电厂，安装 1 台 180 千瓦柴油发电机，后又在溪南建电厂，装机 250 千瓦。直到 1956 年，龙岩城才开始日夜供电。1959 年，溪南电厂虽然又增加 2 台 200 千瓦的柴油发电机，但还是不能适应经济建设的需要。“大跃进”时期，先后在连城庙前、漳平芦芝、龙岩曹溪兴建火力发电厂。庙前电厂设计装机 2×750 千瓦，1958 年底动工，20 世纪 60 年代初缓建，1966 年随着经济的恢复而复建，于 1970 年正式发电。后来，由于闽西南电网建成，庙前电厂于 1980 年停止发电，只搞供电，设备封存。漳平电厂于 1959 年 3 月，由省人民政府拨款 500 万元动工兴建，装机容量为 2×1500 千瓦，1960 年正式发电，为龙岩地区当时最大的火力发电厂。1960 年后，由于漳平化肥厂投产，以及潘洛铁矿、漳平煤矿、苏邦煤矿生产规模扩大，电力紧张，水利电力部于 1966 年调第 7 列车发电站（装机容量 2500 千瓦）到漳平，与漳平电厂并网，缓解了用电矛盾（该站于 1979 年调江苏镇江）。与此同时，根据省人民政府和龙岩地区第二个五年计划的安排，原拟在龙岩曹溪乡中粉村兴建 1 座装机 2.4 万千瓦的火力发电厂，并于 1958 年 11 月动工，后因遇经济困难，变动计划。直到 1962 年 11 月 1 号机组 3000 千瓦发电，1970 年 2 号机组 6000 千瓦发电。

1966 年后，龙岩地区被列为福建的“小三线”建设重点。这时上海 2 个纺织厂迁来龙岩，同时新建水泥厂，扩建煤矿等，用电量增加。经省人民政府批准，在龙岩铁山新建

1座2.4万千瓦的火电厂，于1970年9月动工，装机2×1.2万千瓦。1973年5月1号机组发电，1975年2号机组发电。1974年，中粉厂与铁山电厂合并为龙岩电厂，总装机容量达到3.3万千瓦。

1978年后，由于经济建设进入新的发展时期，工业用电猛增。为了解决厦门经济特区、漳州地区、鹰厦铁路电气化和本区的用电需要，经国家计委批准，在漳平顶郊兴建福建省漳平火电厂，并被列为福建省“七五”期间的重点应急电源工程。第一期工程20万千瓦，于1985年4月破土动工，工程总投资2.06亿元，安装2台国产10万千瓦汽轮发电机组，1986年11月正式发电。

龙岩坑口火电厂一期工程是福建省“十五”重点项目，由福建省煤炭集团公司控股建设。该项目从2003年12月底开工建设，一期工程装机规模为4×135兆瓦，于2006年9月建成投产。坑口火电厂二期工程装机规模2×300兆瓦，总投资44.53亿元，是福建省“十一五”重点能源建设项目中第一个竣工投产的“上大压小”项目，标志着总装机规模1140兆瓦的全国最大循环流化床锅炉基地诞生。

图4-7 装机90万千瓦的龙岩坑口火电厂

三、新能源开发与节能技术

能源是国家经济增长和社会发展的重要基础。能源问题已经成为制约经济和社会发展的重要因素，必须从战略和全局的高度，充分认识做好能源工作的重要性，高度重视能源安全，实现社会的可持续发展。龙岩市正处在工业化的重要发展阶段，对能源需求巨大。节能降耗，是调整经济结构、转变经济增长方式，实现又好又快发展的重要抓手。经过多年的发展，龙岩市在新能源和节能技术开发取得了较大的发展。

(一)新能源开发

龙岩市新能源技术的开发主要在废动植物油、工业废油和重油的循环利用、太阳能技术开发和新能源汽车开发等方面,出现了以龙岩卓越新能源股份有限公司、福建卫东新能源有限公司为龙头的产业集群。

1. 生物柴油领域

龙岩卓越新能源股份有限公司创立于 2001 年 11 月,是一家从事研发、生产、经营新能源产品和新兴油脂化工产品的知识型、开拓型民营高科技企业。公司自成立以来全力投入到利用废动植物油生产生物柴油的研究开发事业中,并成功开发了利用废动植物油生产生物柴油专有独特工艺技术,该项目于 2004 年被国家科技部列入国家科技攻关计划,解决了我国目前以废动植物油生产生物柴油存在的流程长、成本高、残留游离酸高因而难以实现产业化的关键技术问题,为我国生物柴油的产业化发展提供了技术支撑。公司拥有先进的生产设备、完善的检测手段,建立了健全的质量保证体系并通过了 ISO9001:2000 质量管理体系认证。公司研制开发的生物柴油产品,于 2002 年 9 月通过省级鉴定,鉴定认为“产品填补国内空白,技术达到国际先进水平”。该产品质量指标完全符合美国 B100 生物柴油标准,可以替代 0 号柴油在内燃机中使用。2003 年 4 月,产品荣获国家科技部、税务总局、商务部、质量监督检验检疫总局和环保总局等五部局颁发的《国家重点新产品证书》。该公司于 2003 年被福建省科技厅认定为高新技术企业、2005 年被国家科技部认定为国家重点高新技术企业。2005 年 6 月被确认为国家级高新技术企业。2005 年,该公司生产生物柴油 2 万吨,直接消耗“地沟油”2.2 万吨,生产总值突破亿元,创税利 3500 万元。

图 4-8　龙岩首家在英国伦敦上市的公司——卓越新能源有限公司

福建龙岩力浩新能源有限公司是一家集生产、销售、储备于一体的省重点项目企业，公司地处海峡西岸经济区——福建省龙岩市龙雁工业集中区，占地面积300亩，总投资约8亿元，采用国内一流生产装置及先进工艺技术。该公司充分利用汽车、船舶及其他工业废油、重油为主要原料，引进国内自主研发的专利技术，采用先进的生产工艺，生产汽油、燃料柴油和改性沥青。

2. 太阳能

福建清大奥普新能源有限公司成立于2009年8月，是龙岩市政府与清大奥普（北京）太阳能科技有限公司签约的技术支持对接项目。公司占地面积35亩，厂房建筑面积1万多平方米，总投资5000万元。主要产品是全玻璃真空太阳能集热管和不结垢太阳能热水器，目前是闽、赣最大生产基地，是南方太阳能热水器行业的主要生产企业，产品多项功能在节能、环保领域处于行业先进水平，获得广大用户好评，市场占有率达到20％以上，清大奥普太阳能热水器已列入福建省第三批节能产品政府采购清单目录。

龙岩市鑫珍金能源科技有限公司成立于2009年4月，位于福建省武平县十方工业园区，拥有标准化的厂房及先进的生产设备，是一家集研发、制造、销售与服务为一体的高新技术企业。公司主要生产和经营各种型号的太阳能光伏产品、太阳能照明系列产品、太阳能供热设备。公司在大规模开展国内城乡道路亮化工程设计施工和产品销售的同时，积极拓展国际市场，目前产品已经远销越南、泰国等东南亚国家。

3. 新能源汽车

福建卫东新能源有限公司由福建卫东投资集团于2010年12月创建，是一家集镍氢动力电池及电池系统的研发、生产和销售于一体的高新技术企业。公司采用了中南大学具有国际先进水平的“电动车用超高功率长寿命镍氢电池项目”技术，引进日本最先进的自动化生产设备和TS16949质量管理体系，掌握并拥有高能量长寿命镍氢电池的设计、生产的全部核心技术。产品大类主要分为功率型电池、能量型电池和电池管理系统，目前已经形成了车用动力电源系统，矿用高能量本安型电源系统、超大容量储能电源系统三大产品体系，产品顺利通过国家汽车质量监督检测中心（襄樊）和北方汽车质量监督检验鉴定试验所等不同权威机构的检测并已投入实际使用。产品可广泛应用于新能源汽车、储能电站、矿用电源、移动基站等领域。

（二）节能技术开发

龙岩市节能技术开发主要体现在光电信息产业，德泓（福建）光电科技有限公司、福建省长天节能照明有限公司等企业重视技术研发和科技创新，实施人才强企和科技强企战略，取得了明显的成效。

1. 德泓（福建）光电科技有限公司

德泓（福建）光电科技有限公司位于永定工业园区，成立于2006年，是一家以研发、生产和销售LED照明产品为主的高新科技企业。公司于2008年投产，紧紧抓住国家扶持新兴产业的有利时机，逆势而上，取得了跨越式的发展。该公司系永定县第一家获得国家"高新技术企业"和"省级企业技术中心"认定的企业。2011年，公司被认定为福建省创新型试点企业和龙岩市知识产权试点单位。该公司成功打造了CCFL、CFL、LED三大照明产品系列的光电产业链，有多项产品获得省级以上的奖励。

2. 福建省长天节能照明有限公司

福建省长天节能照明有限公司，位于福建龙州工业园高新技术区，是一家拥有自主知识产权，集研发、生产和销售于一体的大陆、港、台合资科技型高新企业。在中国、美国、韩国、台湾等地取得了多项高新技术专利。公司拥有自己的现代化照明研究实验室，具有一批在照明领域造诣深厚的高级工程技术人员，在香港总部佳景灯饰工程公司资深专家的主持下，公司研制开发的大功率、全电压、高功率因数电子镇流器和大功率节能灯已经达到国际领先水平。

第四节　工业科技与新技术应用

闽西的工业科技始于史前时期，兴盛于封建社会，主要涉及的种类有民用陶瓷、土法造纸、雕版印刷技艺、传统纺织技术、农副产品干制技术等，到了近代以来，由于战乱，闽西的工业发展显得比较迟缓。新中国成立后，特别是改革开放后，在党的领导下，闽西的工业又得以快速发展，工业科技含量不断增多，新技术也不断应用于工农业生产等。

一、轻工业生产工艺及技术改造

轻工业是以提供生活消费品为主的工业，它与重工业是相对而言的。闽西的轻工业主要有染织、造纸、酿酒、卷烟、建材等。

(一)生产工艺

1. 染织方面

1978年龙岩染织厂江福年等根据活性染料的拨染性能，创出了活性染料印花浅雕新工艺，采用该工艺的产品具有印花花型轮廓清晰、层次交融、色泽丰富协调、格局新颖、立体感强等特点，此产品畅销国内外。1979年和1980年国家召开全国床单、毛巾质量评比，该厂采用浅雕工艺生产的被单、毛巾均连续被评为全国优良产品。采用浅雕工艺每副床单花样可节约105元，每副毛巾花样可节约30元。与此同时，该厂李传通根据硫化染料不溶于水，可溶于硫化钠等溶液的性质，试验成功硫化藏青染色新工艺。采用该工艺后，产品色光鲜艳，色泽丰满，各项色牢度符合产品要求，质量稳定，每年可节约染料3万元，节约热能6千万焦耳，提高台班产量15.83%。

龙岩佳丽纺织装饰用品公司原有常温平幅染色机，不能生产化纤和涤棉中深色产品，品种开发受到限制。后投资249.59万元，引进意大利高温高压染色机和光电自动整纬机，于1997年9月安装完毕，年生产能力400吨。该项目建成投产，解决了化纤、涤棉染色和纬弧、纬斜等问题，对开发产品、提高产品质量起到了关键作用。当年投产当年收益，床上绗缝套件系列产品品种比增65%。公司投资80万元，引进电脑分色系统装置高新技术，于1997年10月投入使用，使产品的花型设计、创作、描稿、分色、制版等由手工劳动转变为电脑自动完成。过去开发一个花型，采用手工操作需要10～15天，现用电脑自动分色只要2～3天时间，大大缩短了产品设计周期，加快产品开发步伐。特别是电脑分色系统装置能设计手工无法制作的精度高、难度大的产品，对提高产品质量和档次，增强市场竞争能力起重要作用。

龙岩毛巾厂漂染车间及毛巾后整理二期配套技改项目，完成投资215万元，新增染纱机、浆纱机、松纱机、烘燥机6台，蒸化机、染色联合机、高速包缝机3台，提花龙头、自动换梭织机32台，年新增漂染纱能力175吨，提高了产品质量和档次。

全市纺织行业于1997年进行了改组、联合、承包和股份合作制改革，由于加快调整产品结构，开发新产品，拓展新市场，实施名牌战略，从而使全年开发新产品7个，新品种35个，新花型新款式180个，创省优产品4个，中国家纺名牌产品2个系列。重视科技进步，引进高新技术，加速技术改造。组织职工培训，提高职工队伍素质。同时，加强和改善企业内部管理，充分发挥职工的积极性和创造性，深入开展高效、优质、低耗活动，实现减员增效、质优增效、降耗增效。妥善分流和安置下岗人员970多名，促进改革、发展和保持稳定。

纺织行业科技创新取得佳绩。2010年，海华纺织公司与西安工程大学对接的国家专利"双梭口双气流通道喷气引纬系统技术"成果，填补国内空白；与陕西长岭纺织机电科技公司对接的"棉花异纤微尘分离技术"达到国际领先水平。龙岩成冠化纤公司的"竹原纤维开发与应用"重大专项实施方案已形成。

福建佳丽斯家纺有限公司继2011年4月13日公司的印染生产线及配套锅炉全部关停之后，7月1日公司污水处理站关停完毕。

2. 造纸方面

1986—1987年，龙岩地区造纸厂吴胜钊、阙初元等5人，通过改变纸浆配方以及采用二级蒸煮和三段漂白新工艺，试制成功80克/平方米扑克芯纸、90克/平方米扑克面纸，这是国内首家采用松木、杂木、杂竹等纤维原料替代进口木浆生产的扑克纸，具有强度高、耐折度好等主要特点，经省内外用户使用，证明产品性能达到国内同类产品的先进水平。1986至1987年10月共生产5516吨，实现利润209.8万元，同时节约进口纸浆300吨，节约外汇150万美元。该项目获龙岩地区1986—1987年科技进步二等奖。

龙岩市造纸实业公司新闻纸生产线于1997年7月3日投料联动试产成功。此后，公司组织力量对设备进行反复整改、调试，使其更趋完善。8月18日，第二次投料试产高级新闻纸又获成功。产品经闽西日报社印刷厂试印，完全能适应高速彩印且效果较好，各项指标明显优于其他国产新闻纸，接近加拿大ACI公司生产的高级新闻纸各项质量指标。

龙岩市兴发纸厂研制开发的787卷筒双胶纸于1998年11月通过省级新产品鉴定，达国内领先水平，填补了省内空白。该厂顺应市场发展趋势和市场需求变化，于1997年12月成立由孙仁火、游仁村、张美群、卢群英、郑克洲等5位同志组成的研制小组，经过1年的反复试制，开发取得成功。

3. 酿酒方面

1986—1987年，龙岩市酒厂颜敬与中科院福建物构所李镇钦等5人，利用电催化方法，完成了黄酒人工老熟新技术的中间试验。将沉缸酒的新酒，采用理化的方法，在一定温度下进行处理，再选择适量的自然老熟缸酒进行勾兑，其风味、色泽和各项理化指标及氨基酸含量等，与自然陈酿多年出厂的沉缸酒接近，从而大大缩短陈酿时间，1987年销售黄酒164吨，实现利润75万元。这年该厂与上海中医学院陈锦华、苏迈华等4人，在上海中医学院的指导下，根据中医理论，参考国外有关资料，又研制成功养生酒和古兰延寿酒新产品，具有滋阴养血、补中益气之功效；色、香、味可与沉缸酒媲美，获地区1986—1987年科技进步二等奖，1988年获中国营养品研交会高级滋补酒银质奖。

4. 卷烟方面

在原有的基础上，龙岩卷烟厂不断地推进企业的技术创新工作，1998年完成了制丝一车间片烟线改造、贮丝房和卷包一车间空调改造、照明改造，制丝车间风送改垂直提升输送改造以及卷包一车间集中装封箱机改造，卷包车间滤棒自动输送改造。

图4-9　1952年1月，龙岩地区第一个国营卷烟厂——龙岩卷烟厂成立

精品“七匹狼”卷烟专用生产线技改项目是龙岩市政府“十一五”期间“10＋3”产业

的重点工程之一，也是福建中烟“十一五”规划重点项目之一，项目于2008年8月开工建设，2009年12月投入试生产。2011年12月16日，通过专家和有关部门的认真评审，龙岩烟草工业有限责任公司精品“七匹狼”卷烟专用生产线技改项目总体顺利竣工验收，并颁发了合格证。

图4-10 龙岩市烟草工业有限公司制丝生产线和技术中心

科技是烟草行业发展的生命线。2009年，“环保型烤烟育苗基质及其制备方法”获国家发明专利。“烟草包衣种子容器育苗播种器”获国家实用新型专利。公司自主培育的F1-38新品系通过全国农业评审。深入开展特色清香型品种选育和良种良法配套研究工作，推广种植F1-35、CB-1、C2、红大等品种2000多公顷。

5. 建材行业

1998年，本市建材行业重点抓好发展新型建材和开发建材新产品工作。其中，龙岩万利非金属材料厂“年产100万平方米外墙砖生产线技改项目”于9月建成投产，产品前景看好；龙岩天宇水泥有限公司“应用高效选粉机闭路粉磨系统”技改项目已投入使用，总投资618.28万元；龙岩东辰建材有限公司塑钢门窗生产线已扩展至年产5万平方米规模；九州龙岩高岭土公司的年产6万吨高岭土深加工生产线已批复立项；竹地板生产线和陶粒生产线也已相继投产。

1988—1992年，龙岩地区轻工业在技改、新产品开发方面取得显著成绩，涌现一批初具规模的企业和名优产品。在36家轻工企业中，有龙岩沉缸酒厂、地区造纸厂两家技改项目投产达标后，跨入省级轻工中型企业；地区味精厂、地区印刷厂、龙岩市造纸厂、永定啤酒厂、永定酒厂、长汀火柴厂、上杭造纸厂等9家企业产值分别达1000万元以上，税利达100万元以上。在轻工产品中，涌现一批名优产品，其中龙岩新罗泉沉缸酒自1963年以来蝉联16次国家名优产品奖；龙岩凤凰味精、清水笋罐头、东宝凸版纸和扑克芯纸、白云卷烟纸、永定中华米特酿、长汀和平火柴7种产品获省优产品称号；永定夏仙啤酒质量达A级标准，获得国际标准证书和轻工部优质保健品奖；凤凰味精

1991 年又获国家轻贸部出口优质产品奖。

(二)技术改造

技术改造是轻工业获得生存的重要前提。1993 年龙岩、永定两个啤酒厂的啤酒产量由万吨扩改 3 万吨工程做到当年建设,当年投产发挥效益,成为龙岩地区轻工的税利大户。龙岩沉缸酒厂及时调整产品结构,实现黄酒、啤酒结合,避免了原来单纯生产黄酒因市场变化和粮食提价出现的企业危机。1993 年,二轻工业完成技改投资 574 万元,比上年增长 29.8%。连城塑料制品厂利用外资引进 EPS 餐具生产线、龙岩自行车配件厂利用轮胎翻新厂的场地厂房扩大生产能力,长汀皮塑料厂扩大出口皮鞋生产能力等项目均建成投产。此外,连城塑料彩印厂引进具有 20 世纪 90 年代国际先进水平的塑料薄膜六色纸塑凹印机,1997 年 5 月,连城塑料彩印厂引进美国多层共挤高阻隔流延膜生产线成功投产。当年产量 450 吨,新增产值 560 万元。产品在省内、广东、上海等地试销,深受用户好评,市场前景广阔,将成为该厂的新经济增长点。地区印刷厂合资引进具有 20 世纪 90 年代技术水平的法国六色凹印机和德国五色胶印机,龙岩和永定啤酒厂"一扩三"工程,上杭和长汀造纸厂年产 5000 吨工业用纸和纸版生产线,长汀酒厂年产 1000 吨 D—VC 异坏血酸钠生产线,永定酒厂米酒"三扩七"工程,以上这些项目大大地提高了轻工、二轻企业生产工艺技术水平,增强了发展后劲。上杭县造纸厂用木浆纤维和废纸纤维按一定比例抄造而成的"高速纺 FDY 用纱管纸",1995 年 12 月 21 日,通过由省轻工厅主持的"福建省新产品投产技术鉴定",评为第一类新产品,属国内首创。

为了挽救濒临破产的龙岩味精,龙华公司总厂花大力气于 1999 年,针对龙岩味精厂工艺落后、生产水平低的状况,加强工艺技术创新,大胆采用新工艺,引进先进技术,对糖化、发酵、提取进行工艺技术改进,使糖化得率、提取得率达到全国同行业先进水平,生产成本吨味精下降 1000 元左右。还针对味精厂设备陈旧,前后工序生产能力不配套,制约味精厂上规模、出效益的状况,着手进行以实现年产 5000 吨为目标的技术改造,投入 30 多万元对 10 吨沸腾炉实施技术改造、发酵车间空气系统改造等 6 个项目的技术改造。

至 2011 年底,全市纺织企业已有省级技术中心 2 个,市级技术中心 8 个,龙岩成冠化纤公司生产的差别化短纤获全省第四批高新技术认定。

二、化学工业生产及自动化

化学工业是从 19 世纪初开始形成,并发展较快的一个工业部门。化学工业是属于知识和资金密集型的行业。随着科学技术的发展,它由最初只生产纯碱、硫酸等少数几种无机产品和主要从植物中提取茜素制成染料的有机产品,逐步发展为一个多行业、多品种的生产部门,出现了一大批综合利用资源和规模大型化的化工企业。化学工业门类繁多,包括酸、碱、化肥、农药、有机原料、塑料、合成橡胶、合成纤维、染料、涂料、医药、感光材料、合成洗涤剂、炸药、橡胶等。

图 4-11　1996 年,龙岩地区第一座化肥厂——漳平化肥厂建成投产

龙岩的化学工业生产起步的比较晚。1978 年,连城县林产化工厂陈汉清等,在省中心检验所和南京林产化工研究所的指导下,以脂松香和歧化松香为原料,成功地完成了松香腈的中间试验,得率达到 76.5%～79.17%,含腈量稳定在 95%以上,为全国生产松香腈的唯一厂家。1979—1981 年,该厂陈汉清及农械厂颜其雄、陈春茂等 5 人,又在南京林产化工研究所周维纯的指导下,自行设计生产松香胺的全套中试设备,并以歧化松香腈(或脂化松香腈)为原料,以钨酸铵为催化剂,加氢经过高压反应制成松香胺,该产品含胺量≥90%,最高达 94.3%,质量指标达国际同类产品水平。该厂生产的松胺环氧乙烷加成物,作为石油管道的缓蚀剂和水质稳定剂,经山东胜利油田试用,效果良好,1981 年通过省级鉴定。该厂的松香腈研制与推广应用获地区 1979—1985 年科技进步三等奖。

长汀县科技实验站上官以斌等 3 人于 1979 年 6 月至 1982 年 8 月,以重松节油为原料,制成 LO 萜烯树脂,主要技术指标达国内同类产品先进水平,不仅为增粘材料、绝缘材料开辟了新的原料,且为重松节油的利用开辟了新途径,提高了重油的使用价值和经济价值,填补了省内空白,并在省内部分地区推广应用,形成年产 700 吨的生产能力。该技术获龙岩地区 1979—1985 年科技进步二等奖。

漳平硫酸厂陈侯生从 1982 年 5 月至 1984 年 7 月,采用国内较先进的普钙生产技术,研制成功磷肥湿法生产工艺流程系统装置。实现磷肥的湿法生产,具有工艺流程及布局合理,无酸雾、粉尘及氟气污染等优点,与干法生产相比,其开车率、转化率均有提高,矿电煤消耗及车间经费明显减少,生产每顿磷肥可节约成本 21.82 元。1985 年生产磷肥 3.5 万吨,合计节约 76.37 万元。1987 年获龙岩地区 1979—1985 年科技进步三等奖。

漳平化肥厂陈实水、温应育于1984年，采取增加二、三级缸体组件，同时对主机的曲轴组件，十字头组件等进行更新，并增加水冷器等辅助设备，将L3.3～13/320六级氮氢压缩机，改造成为L3.3～17/32七级氮氢压缩机，为国家节约投资45万元。这3台设备投产后，每年净增产值达300万元，获地区1979—1985年科技进步二等奖。次年，漳平硫酸厂黄烟成，把原硫酸生产温法排渣改为干法排渣，成功地改进了硫酸生产排渣工程，这为省内首创。该技术具有占地少、能耗少、投资省、易上马、零部件使用寿命较长以及减少污水排放量由160万吨减至16吨等优势，获龙岩地区1975—1985年科技进步一等奖。

龙岩地区林业局张明金、郑俊周等人于1987年4月，通过调查研究，在吸收和采用国内外先进技术标准的基础上，结合生产实际，编制省地方标准《脂松香综合标准》。该综合标准于1987年4月通过省级审定，是国内首创新项目。该标准在全区实施1年多来，松脂增产11333吨，松香增产7538吨，新增税利429万元，松香优质品率上升5.02%，取得了显著的经济效益。该项目获龙岩地区1986—1987年科技进步一等奖和福建省1989年科技进步三等奖。

连城县造漆厂为改变低档产品占大头、原有油漆产品已不能满足社会需求的状况，5年共开发中高档新产品12项，其中属国内首创者2项：C13-1水性铁红醇酸底漆、水性醇酸铁红烘干底漆；国内先进水平6项：SO1-1双组分聚氨酯清漆、344-9猪油改性醇酸树脂漆、SO4-1各色聚氨酯磁漆、9012原子灰、BA915丙烯酸氨基烘漆、特快干氨基烘干漆；国内平均水平4项：707稀土催干剂、凹板塑料油墨、铁红环氧酯漆、CO3-913玉米油醇酸调和漆。产值、产量、销售收入和利税一直处于全省同行业领先地位，1989年率先进入省级先进企业行列。

从1992年至1994年的两年时间里，化学工业处于低谷时期。1995年是一个转折点。微电子技术在化工企业也得到较普遍的应用，龙岩市合成氨厂、永定化肥厂、武平合成氨厂、连城合成氨厂积极采用微电子技术，对造气、锅炉、变换等工段进行改造，用微机控制工艺参数；龙岩市化工厂用微机技术控制洗盐。连城县合成氨厂在全国率先采用“新型孔板波纹规整填料改造Φ450mm铜洗塔”。此成果的核心是运用孔板波纹填料代替原Dg38mm鲍尔环，塔内关键配件做适当的改进，使合成氨生产能力提高30%～50%。1997年至1999年全化工行业多数产品市场不景气，特别是碳铵、烧碱出现产品销售不畅，使企业的经济效益明显下降和生产能力无法发挥。

为彻底解决硫铁矿制硫酸工艺对环境污染的影响，1999年1月，福建省金鑫粉末公司漳平硫酸厂投资880万元，建成硫黄制酸生产线项目，于1999年11月投入生产，一次开发成功，运行平稳。基本保持原有年产5.5万吨制酸能力，至年底已产酸9515吨，达到预期目的。上杭县金鑫实业总公司“与碳铵联产年产1000吨三聚氰胺项目”于1998年2月立项，由陈进松、李华员、兰发其等6人组成课题组，经一年左右的研制开发，于1999年3月投入生产。1999年12月经省科委、省经委组织专家鉴定，三聚氰胺产品被评为省级新产品，填补本省空白。与碳铵联产的三聚氰胺工艺被评为新工艺。

龙岩氯碱化工有限公司 5000 吨/年 ADC 发泡剂生产线技改投入运行，除 ADC 发泡剂产量翻番外，带动烧碱、盐酸等主导产品大幅增长。连城百花化学股份有限公司的年产万吨油脂扩改项目投入运行，产品增幅近 90%。

三、机械制造工业生产及技术

机械制造工业指从事各种动力机械、起重运输机械、农业机械、冶金矿山机械、化工机械、纺织机械、机床、工具、仪器、仪表及其他机械设备等生产的行业。机械制造工业为整个国民经济提供技术装备，其发展水平是国家工业化程度的主要标志之一，是国家重要的支柱产业。

闽西的机械制造工业的出现以 1975 年自行设计试制成功与上海-45 型拖拉机相配套的 LXC-1.4 型悬拉式铲运机为标志。

1975 年，地区拖拉机厂江宗瑶等，为了满足农村平整土地和改造荒坡的需要，在综合国内同类产品优点的基础上，自行设计试制成功与上海-45 型拖拉机相配套的 LXC-1.4 型悬拉式铲运机，其工作宽度为 1350 毫米，铲土深 30～70 毫米，土斗容积 0.7 立方米，油耗 3.33 公斤/小时，适用于运土距离 30～200 米。与此同时，还设计试制成功与铲运机相配套的 ISP-1.8 型悬拉式松平两用机，其铲刀最大入井深度为 10 厘米，松土齿最大入土深度为 15 厘米。这些机械设备，在 70 年代大搞农田土地平整时期，都起到一定的作用。1979—1980 年，张高锋等 5 人，研制成功变速箱专用生产线，该线由三面铣、双面铣、多轴镗和多轴钻等 8 台专机组成，全长 45 米。使用该生产线，平面铣削每 30 分钟 1 件，20 轴镗每分钟 1 件，比普通机床提高工效 5～30 倍。1983—1986 年，使用该生产线生产变速箱体 5200 多件，及其零件万余件，创造价值 30 多万元，取得了较好的经济效益，同时，为本区农用车的大批量生产做出重大的贡献。针对手扶拖拉机存在爬坡能力低、适应性小、驾驶条件差、不够安全等弱点，为满足农村运输的需要，赖拱秀等 5 人，于 1983 年自行设计、研制成功 7Y-A 型农用运输车，该车分手起动、电起动和电起动兼液压自卸 3 种类型，载重 1 吨，最高车速 25.6 公里/小里，最大爬坡 20°，最大制动距离 6 米，最小转弯半径 5.3 米，配用动力为 S195D，油耗 6 公斤/吨公里，1984 年生产 6000 多辆，总产值 500 多万元，纯利 20 余万元。同年全国从 73 个厂家中挑选 4 家生产的农用车在北京展出，该车为其中之一。1987 年该厂曾木生等 5 人，又对该车原设计做了重大改进，研制成功龙马牌 76-IB 型农用车，其重要性能指标达国内同类产品的先进水平，1987 年共生产 3011 台，创产值 2296 万元，实现税利 250 万元，取得较好的经济、社会效益，获地区 1986—1987 年科技进步一等奖。

龙岩地区水泵厂田本仁、张海平等人，根据本省沿海地区抗旱急需，在吸取上海及北方同类产品特点的基础上，通过水力模型及加工工艺的改进，于 1978 年研制成功 MT10-10×6 型深井泵。该泵结构合理，水力功能先进，效率达 63.7，超过全国井泵行业制定的指标和达到 1978 年在北京举办的 12 国农机展览会上丹麦同类产品的水平，获省1978年科学大会科技成果奖。张海平等5人在总结老产品优缺点的基础上，通过采用国际先进标准研制成功节能产品IS50-32-200、IS65-50-160和IS80-50-200水泵以及高效水力模型，其效率超过JB3559-84《单级离心水泵效率》的规定值，并达到同类产品当时国际先进水平。其中IS65-50-160泵和IS80-50-200泵，比对应的BA泵单机年运行节电分别为2280千瓦时和3040千瓦时。该系列泵"三化"程度高，其3个水力模型已在全行业推广，据统计已发展180家，至少年产10万台泵，1年可为社会节约电2.6亿千瓦时，IS65-50-160水泵1985年获部优称号，获龙岩地区1979—1985年科技进步一等奖。罗伯达等5人，通过铸造模型及工艺的改进，试验成功窄流道不锈钢叶轮普通砂型整体铸造新工艺，其技术特色是改前、后盖板分开铸造为普通砂型整体铸造，本项目制定的工艺操作规程，由于选择恰当的工艺参数、合适的砂芯结构及配方以及理想的耐高温涂料，因而解决了砂芯的刚性强度、出气发气、耐高温性、溃散清砂性以及流道粘砂等问题。该工艺是国内铸造工艺上的一大突破，获地区1979—1985年科技进步二等奖。陈克荣等根据离心式的原理通过材质选优和加工刀具的改进以及加工量的准确控制于1986年，研制成功Y型离心油泵，其中包括20个品种。该泵结构合理，"三化"(标准化、规范化、通用化)程度高，各项性能参数比国内同类产品均有提高，达到国内先进水平。由于对原有的水力模型进行了修改，提高了泵的效率和汽蚀性能，与全国同行业比，平均效率提高4%，单台可节约电能10千瓦。1986—1989年共生产909台，净增产值604万元，利润77.92万元，获得龙岩地区1988—1989年科技进步二等奖。

龙岩地区粮油机修厂刘萍等于1979年3月，采用光电控制，研制成功闽LJZ-36A型光控胶砻，降低了劳动强度，提高了效率，经实测该机产量、脱壳率、谷皮分离及电耗等效果，均达到省内同行先进水平。张天昌等5人利用稻谷和糙米比重、摩擦分数不同的原理，采用鳞凸点分离板于1987年研制成功MGCZ-115型重力谷糙分离机，解决了传统筛孔分离法难于解决的问题，从而提高了分离效率。采用该机后，由于减少回砻、回流量，提高了产量和出品率，每台每年可增产大米2万斤，1987年创产值30万元，实现利税5.6万元，获龙岩地区1986—1987年科技进步一等奖。

龙岩空气净化设备厂1985年开始引进美国GE公司电除尘生产技术及检测仪器，投资1050万元，其中用汇74万美元，建成电除尘器电源和本体生产线，于1991年12月投产。应用引进技术为永安火电厂生产20万千瓦发电机组配套的电除尘设备，各项性能均达到国际水平。同时，开发出具有国际水平的微机控制、脉冲供电电源新产品和电磁振打本体新产品。1997年龙净集团公司通过ISO-9001质量体系认证，产品设计和各项管理工作严格按ISO-9001国际标准运作，龙净牌BE型电除尘器产品获福建省名牌产品称号。龙净集团公司为厦门嵩屿电厂2×30万千瓦发电机组配套的2BE221/2-4电除尘器新产品1月18日通过省级鉴定。2BE221/2-4电除尘器是龙净集团公司引进消化美国通用电气公司(GE)全套电除尘器设计技术，根据中国的国情，把宽间距技术、材料国产化应用及核心技术的开发与创新贯穿于设计生产中而研制的高新技术产品。鉴定意见认为，达到当前顶部振打清灰式电除尘器国际先进水平，被确认为国家级新产品。完成 IPC 智能电除尘器控制系统的开发和 DDJX 低压集控系统开发工作,试制出样机,投入现场试运行。IPC 智能电除尘器控制系统受到用户欢迎,增加了产品市场份额。12 月,省经贸委等 5 个单位正式批准龙净集团公司技术中心为省级企业技术中心。

1998 年,龙净集团环星公司研制的机立窑用 HL 系列电除尘器通过市级验收认证。机立窑用 HL 系列电除尘器作为一种新型的纯静(干法)板线立式电除尘,在立窑煅烧的情况下,均能稳定运行,其结构形式独特,抗结露,耐腐蚀,配套电源控制技术先进,性能卓越而且操作简单,除尘效率达 97.4%,烟尘排放浓度为 33.6 毫克/立方米,低于 150 毫克/立方米的国际标准,已向全国推广使用。龙岩绿世界净化设备厂研制的 SDG 型湿法静电除尘器,是国内独家集湿法与静电为一体的除尘设备,广泛应用于工业窑炉的烟尘治理,经省级鉴定和认证,属国内首创,性能达到国际先进水平。1998 年 12 月 10 日,省科委在本市举行的全省科技成果重点推广项目会上专门推广该项产品。

福建龙净股份有限公司企业技术中心充分发挥人才和技术优势,不断创新,1999 年,成功地研制出具有高科技含量的智能电除尘器控制系统(简称 IPC 系统)。3 月 30 日,IPC 系统通过省科委组织的技术鉴定,性能达到当时同类产品国际先进水平。IPC 系统实现电除尘器闭环式智能自动控制,比常规控制节约能耗 50%以上,同时具有网络通信功能,可使用户获得适时方便的远程服务,从而确保电除尘控制设备产品的市场占有率超过 30%,在国内同类产品市场中雄居榜首。2000 年,公司更名为福建龙净环保股份有限公司,按照现代企业制度规范运作,生产较大幅度增长,主要产品 BE 型电除尘器产量 32055 吨,比上年增长 26.58%,引进湿法脱硫技术国产化项目开发建设,股票成功上市。2001 年 10 月 18 日与德国鲁奇能捷比晓夫公司正式签署烟气脱硫技术许可证和合作协议,标志着“龙净”环保正式进入中国的烟气脱硫市场,成为国内第一家同时拥有石灰石/石膏湿法和循环流化床干法脱硫技术的企业。随着公司的迅速发展,技术创新和管理创新工作已成为决定公司发展战略能否实现及提高龙净环保核心竞争力的关键。12 月 31 日,GGAJ02K 型高压静电除尘用整流设备新产品通过省级鉴定,该产品技术处于国内领先,达到当前国际先进水平。“龙净”高压静电除尘用整流设备商标被认定为 2001 福建省著名商标。公司初步建立包括经济责任制体系、ISO 质量管理体系、内部市场链体系、招投标体系在内的具有龙净特色的内部管理模式基本框架。4 月,在省内首家获得 ISO2000 版认证通过。公司开发的 GGAJ02K 型高压静电除尘用整流设备被评为龙岩市 2002 年度科技进步一等奖。2010 年公司在干法脱硫方面再创佳绩。干法脱硫事业部坚持技高一筹战略,在干法电石渣吸收剂技术、脱硫脱硝一体化技术、脱硫灰商品化利用、CAD 三维设计等多项开发课题取得成果。4 月,龙净自主开发的“塔内氧化—钙基强碱—石膏湿法烟气脱硫装置”通过省级技术鉴定,该产品在技术上具有创新性,综合性能达到国际先进水平,为二氧化硫治理提供一种经济可靠的新型脱硫技术。8 月,龙净公司自主开发的电袋除尘器通过电力规划设计总院技术评审,专家组一致认为龙净设计制造完成的华电新乡电厂 66 万千瓦机组电袋复合除尘器项目是迄今为止世界上成功投运的最大型电袋除尘器,总体技术达到国内领先水平,设备大型化达到国际领先。9月，龙净自主开发的“IPEC电除尘器节能优化控制系统”通过省级新产品技术鉴定，专家组认为该产品整体技术达到国际先进水平，部分核心技术处于国际领先。此外，龙净通过独占许可方式引进美国能源与环境研究中心嵌入式电袋除尘器技术，并进行引进技术的二次创新研发，为电袋除尘器打入美国市场打下基础。

由龙净环保承接的全国最大旋转炉窑福建龙麟集团有限公司二期三线6000吨/天配套脱硝项目和福建安砂水泥厂脱硝项目，分别于2012年5月和6月上旬完成调试及项目验收。龙麟6000吨/天脱硝项目经福建省环境监测中心站测试，氮氧化合物出口排放为185毫克每标准立方米，远低于当前国家排放标准，脱硝效率高达66%。2012年福建省环保厅22号文件对率先建成投运SNCR脱硝装置的龙麟集团、安砂福建水泥，以及提供新型干法水泥窑脱硝技术支持的龙净环保予以通报表扬。SNCR脱硝技术研发圆满成功，在水泥行业烟气脱硝技术领域，龙净环保走在国内前列。

龙岩油泵油嘴厂和上杭县油泵油嘴厂分别于1989年和1990年完成关键设备4台中孔座面磨床和1台全自动珩磨机的引进工作，为提高产品质量和成品合格率发挥了重要的作用。1994年龙岩油泵油嘴厂为提高产品档次，购买BJ-130汽车零部件样品进行测绘和研制，开发出BJ-130串联式制动总泵、BJ-130离合器操纵主缸和工作缸新产品，并形成月产2000套生产能力，试制出NJ-130离合器工作缸和BJ-212前轮制动轮缸样品。

在机械工业方面，全区重视并积极推进企业科技进步工作，全年完成新产品开发11项，其中达国际水平的1项，属国内首创的2项，其余8项均为国内先进水平。龙岩机械电子工业公司开发的GGAJ02H型高压硅整流设备(达国际水平)和GJX03型单片机控制高压硅整流设备(20世纪90年代国内领先水平)自动化程度高，可靠性高，性能优越，可广泛应用于电力、冶金、建材、化工、轻工等行业的除尘、除雾、脱水、杂质分离及回收稀有金属和其他工业原材料。该公司与厦门嵩屿电场一期工程配套的电除尘设备已交付安装。1994年，龙岩机械电子工业公司共生产高压硅整流设备528套，低压操作系统434台，电除尘本体4234吨，分别比1993年增长31%、12%、96%。龙岩水泵厂1994年通过省级鉴定新产品9种，其中50AYL$_{\mathrm{I\,II\,III}}$60等7种型号离心油泵是Y型油泵的替代更新产品，属国内领先水平，采用电子计算机优化设计高效节能水力模型，效率比Y型油泵平均提高3%；TYZ50-60C和TYZ150-150型等2种特种化工泵，属国内首创，填补了国内空白，可替代进口产品，适用于输送各种油类和耐腐蚀介质。

长汀水泵厂于1995年开发出150HW-5型混流泵新产品。此产品主要是与省船舶研究院的X项目配套，同时可广泛应用于养殖业和农业领域，产品采用机械密封，具有不滴漏、体积小、重量轻、使用方便等特点，填补省内空白。

福建龙马集团公司把新产品开发当作培植新的经济增长点，增强企业发展后劲的重要措施。拖拉机厂为适应市场需求，努力增加产品品种，1994年研制出LM6600型19座中巴运输车、FL2310K型12-16座农用厢式车和省位型FL2815加强型运输车。龙岩油泵油嘴厂为提高产品档次，购买BJ-130汽车零部件样品进行测绘和研制，开发出 BJ-130 串联式制动总泵、BJ-130 离合器操纵主缸和工作缸新产品，并形成月产 2000 套生产能力，试制出 NJ-130 离合器工作缸和 BJ-212 前轮制动轮缸样品。开发了属国内首创的 LM2005E3 排座农用车和仿柳微装 380、480 柴油动力的新型农用车，大大地增强龙马牌农用车产品市场竞争力。为促进企业产品结构优化，福建龙马集团公司与建设部长沙建设机械研究院确定技术合作关系，采用 BJ1041 及 NKR55ILA-R 等汽车底盘，联合开发环境卫生专用改装车系列产品，10 月中旬，试制出第一辆龙马牌 FLZ5040GSL 型扫路车。龙马集团公司成为全国同行业中产品结构比较合理、品种较为齐全的农用车生产企业。1994 年福建龙马集团为提高产品档次，购买 BJ-130 汽车零部件样品进行测绘和研制，开发出 BJ-130 串联式制动总泵、BJ-130 离合器操纵主缸和工作缸新产品，并形成月产 2000 套生产能力，试制出 NJ-130 离合器工作缸和 BJ-212 前轮制动轮缸样品。1997 年，龙马牌农用运输车被评为“福建省名牌产品”。在开发能力提高的战役中，龙马集团公司根据市场需求，不失时机地进行产品结构调整和新产品的开发，3 月 21 日，通过省级鉴定的 LM-12CZ 型和 LM-12Z 型农用车是针对南方贫困山区市场需求开发的新产品，深受山区和贫困地区农民的青睐。针对北方市场开发 FL1505I 型、FL1505IP 型、FL1505IAW 型、LM2310BM 型和 LM2310E 型“台风车”系列产品，7 月底，陆续投放北方市场，深受北方用户欢迎。

图 4-12　龙马专用车辆制造有限公司

福建龙马集团公司把产品视为企业的生命，1999 年，公司共投入 200 多万元资金用于新产品开发，由企业技术中心组织实施，下设研究所，专门进行产品设计和试制，全年共开发新产品 22 项。福建牌 1020C、1020CIS、1031C、1031CP、1031CS、1032C、1032CP、1032CS、1032CIP、1032CIS 等 10 种型号轻型载货汽车新产品通过国家海南汽车试验场的试验和省级技术鉴定，产品达到国内同类机型先进水平。福建牌 6730、6730A、6790、6600A、6601、6601A、6601B 等 7 种型号新型中巴客车和新开发的汽车改装产品福建牌 5061ZYS 型压缩式垃圾转运车通过省级鉴定，性能达到国内先进水平。18 个型号汽车系列新产品均上列国家目录。龙马牌 LM2310ⅡBP、LM2310ⅡBW、LM2310ⅡE 等 3 种型号农用运输车和龙马牌 LM-20CZ 小型拖拉机变型运输机新产品相继通过省级鉴定，投入批量生产，产品性能均达到国内先进水平。龙马集团公司采取“借鸡下蛋”的办法，引进非公有制经济成分，参与冲压、焊装和涂装三大工艺技改项目投资，参与经营，加快技术改造项目实施进度。10 月，由私营经济投资 2000 余万元的 6 万辆农用运输车涂装生产线建成投产，提高涂装工艺的装备技术水平，使产品外观质量进一步提高。

新龙马中重型载货汽车于 2011 年 9 月 5 日成功下线。新龙马中重型载货汽车引进一汽的新技术、采用新的工艺，涵盖了工程自卸车、牵引车、平板载货车等三大系列产品。在整车性能、安全性能、能耗标准、寿命标准方面均达到国内中、重型载货汽车领先水平。11 月 7 日，福建新龙马汽车股份有限公司年产 30 万台发动机新建项目举行隆重奠基仪式，项目引进省外先进发动机工厂的技术经验合作建设，解决福建汽车发动机长期依靠省外配套现况，填补福建汽车工业发动机工厂空白。新龙马 15 万辆汽车扩建项目落成暨新车下线活动在新龙马高陂厂区总装车间举行。在新龙马微车成功下线之际，新龙马 30 万台发动机项目于 2012 年 12 月 18 日正式动工。该项目总投资 15 亿元，占地 20 公顷，于 2013 年年底建成投产。项目引进柳州五菱汽车工业有限公司发动机技术，生产具有国内先进水平的 NLM469 系列发动机，填补了福建设计、制造汽车发动机空白，提高福建省汽车在国内外市场的综合竞争力。

福建省闽西天龙变压器有限公司（原闽西变压器厂）主要生产电力变压器产品。1996 年，在沈阳变压器研究所的协助下，成功地试制出研究所最新设计的节能型油浸式电力变压器新产品。这种新产品采用新材料，应用新工艺，产品的电气性能和可靠性较之老式的 S_9 型变压器产品大大提高，而且可降低原材料成本 10%，有更好的经济效益。

龙岩工程机械厂于 1996 年 12 月 30 日开发的龙工牌 ZL30D 轮式装载机新产品通过省级鉴定，产品达国际水平。该新产品采用 CAD 辅助优化设计，起点高；动力匹配合理，整机性能良好；卸高度和卸载距离达到 ZL40 机水平；采用长轴距布局，稳定性好，可靠性高；采用全液压转向，具有良好的转向性能和通过性能；采用国际先进车架结构形式，受力合理、刚性好、强度高、维修方便。产品经鉴定后投入批量生产。龙岩工程机械（集团）公司于 2000 年在上海建立分公司，新的装载机生产线建成投产，装载机生产能力达到年产 5000 台，比原来提高 1.5 倍，产品销售量在全国同行业中排列第三名。福建龙工集团公司面对激烈的市场竞争，不断推出新产品，第三代产品 ZL50F、ZL50G 新颖的流线型外观设计申请国家专利（专利号 03327537.8）；ZL30F 装载机经局部改进，进一步提高产品的品质及性能，从而增加市场占有份额。此外，借鉴国内外同类产品先进技术，自行研制出 ZL50 驱动桥及变速箱、YZJ16 压路机新产品，增强企业发展后劲。

龙工（福建）挖掘机项目生产的第一台挖掘机于 2011 年 11 月 8 日正式下线，项目总投资 35 亿元，设计年产能 1.5 万台挖掘机。该项目的顺利投产，实现了百亿车间的历史性突破，标志着龙岩打造千亿级机械产业集群、建设世界级工程机械产业基地迈出了十分重要的一步。

图 4-13　中国机械制造业的龙头企业——龙工集团

龙岩液压有限公司于1997年采用CAD技术设计产品，完善检测手段，液压油缸产品在国内同行业中唯一被中国质量协会用户委员会评为“最满意产品”。

福建金鑫粉末冶金股份有限公司抓住钨制品国际市场价格上扬的机遇，对现有生产线进行技术改造，2000年总投资350万元的年产400吨高纯仲钨酸铵（APT）技术改造项目建成投产，APT产品生产能力提高50%，增产扩销，增加产品国际市场份额，年出口创汇678万美元。

2009年，龙岩华洁环卫机械有限公司申报的“LHJ100A-4集箱式垂直垃圾压缩机”、福建丰力机械科技有限公司申报的“JLM系列旋风剪搓磨”和龙岩市亿丰粉碎机械有限公司申报的“YFM168型超细粉碎机”等3个项目被列入科技部2009年第一批创新基金项目。

四、冶金工业生产及技术

冶金工业是指对金属矿物进行勘探、开采、精选、冶炼以及成材的工业部门。包括黑色冶金工业（即钢铁工业）和有色冶金工业两大类。冶金工业是重要的原材料工业部门，为国民经济各部门提供金属材料，也是经济发展的物质基础。闽西矿产资源十分丰富，其冶金工业，特别是钢铁工业的开采、冶炼等成果显著，在金、铜矿的开采、冶炼方面异军突起。

在钢铁工业开采、冶炼方面，为了提高铁矿的开采产量和冶炼质量，1977年8月，龙岩特钢厂阙树祥、曾协水通过改造成球机原材料配比等办法，改造球团矿取得了显著的成效。1979年与1977年对比，球团产量由1259吨提高到8356吨，成品率由50%提高到85%，氧化铁从20%下降到3%以下，高炉利用系数由0.95提高到1.54，生铁合格率由80.3%提高到94.8%，吨铁成本由392.44元下降到325.78元，从而使该厂由多年巨大亏损转为盈余。

龙岩马坑钢铁厂王建华等4人于1986年1—6月，通过矿热炉的扩大改造，利用本地电力、矿产资源，试制成功锰硅合金并投入生产，产品属省内首创，质量稳定且符合国家GB4008-83要求，达国内同类产品先进水平。从1985年7月至1986年6月，试产1年来，总产1459.2吨，产值145.92万元，实现税利23.16万元，创造了较好的经济效益。同时为本区矿产资源的深度加工开辟了新的途径。1986年2月获福建省冶金工业总公司"开发新产品先进单位"奖，并获龙岩地区1979—1985年科技进步二等奖。

1988—1992年全区共完成技术改造投资1亿元，建立起一批骨干项目：龙岩钢铁厂120立方米高炉，24平方米烧结系统及1号、2号、4号、5号高炉扩容改造，轧钢、炼钢系统改造，高炉喷煤工程；闽沪铁合金厂6000千伏安矿热电炉；长汀稀土材料厂年产50吨混合稀土分离生产线；潘洛铁矿地下开采工程。这些项目的建成投产，使全区冶金工业后劲大大增强。

在粉末冶金方面，龙岩地区粉末冶金厂吴世赐工程师于1979年，用重力做功和采用永久磁场代替电磁场试制成功CDZ型重力式磁选机，造价、体积、自重和单产电耗均减少95%以上，生产率提高30%。在此期间，该厂洪道成等人采用电溶造液——草酸铵法生产氧化新工艺，克服旧的硝酸溶解工艺所存在的污染环境、生产不安全等许多缺点，生产每吨节约4600元。庄锵志等4人，为了提高产品质量和降低生产成本，针对原有烧结炉所存在的缺点，采用先进的网带结构，于1984—1985年，自行设计制造成功网带式铜基粉末冶金烧结炉，把原来的两道工序合为一道，提高效率3～5倍。该设备还用网带作产品进料载体，用液氨分解气体作保护气体。由于采用了新工艺，整个烧结工艺由原来的12道减少到2道，合格率提高5%～15%，烧结铜基产品每吨可节约1900元，按年产50吨计每年可节约10万元以上，获龙岩地区1979—1985年科技进步三等奖。吴世赐、陈文顿等以本厂企业标准为基础，于1986年5月，制定出《FDBIJD1436-86雾化青铜粉》省地方标准，填补了国内铜基粉末冶金材料标准的空白，是国内较为先进的地方标准。通过该标准的贯彻实施，不仅保证了制品的良好性能，为产品创优奠定了基础，而且使该厂年增效益10万元，获地区1986—1987年科技进步二等奖。1986年该厂引进核工业部第五研究所钨湿法冶炼新技术，并投入425万元建成生产线，于1990年年底投产，年产高纯仲钨酸铵300吨，产品打入国际市场。1992年，企业依靠自己的力量，大胆对生产线的关键工序萃取塔重新设计、安装、调试，获得成功，从而使产量由原设计年产300吨提高到500吨。龙岩市液压件厂从长江液压件厂引进深孔镗新工艺，使液压油缸产品质量稳定。

在宝石的冶炼技术方面，产品质量达到了国内同类产品的先进水平。1986年，龙岩龙晶宝石股份有限公司郭月鸿，利用氧化锆和钇、铈、镨、钕等单稀土，试制成各种宝石。1987年开展提高立方氧化锆质量的研究，使产品质量达国内同类产品先进水平，并使每炉晶体产量由0.5公斤增加到1.7～2公斤，生产每公斤可得利润250～300元，经加工为成品后,每公斤可得纯利 1000 元以上。

从 1994 年开始至 1998 年,由于受市场疲软的影响,本区冶金工业已连续 3 年在低谷中徘徊,全区冶金工业出现困难,除龙钢集团、闽沪铁合金厂、上杭紫金矿业集团外,各企业产值、产量均有所下降,效益滑坡。

从 1998 年开始,全市冶金工业又呈现了一派新景象。其中,紫金山金矿三期、四期技改已经全面完成,铜矿总体开发规划通过省级评审,生物提铜工业试验厂基建工程正式动工。紫金山金矿已成为全国第一大黄金矿山,"紫金山金矿成矿地质研究及资源评价"项目获得国家经贸委黄金科技成果特等奖;"载金炭无氰解吸电积设备及工艺研究"项目获市科技进步一等奖;金锭产品质量达到国际水平,获准使用"采用国际标准产品"标志。"黄金生产废水废气零排放技术应用"及"固定床甲醇氨氧化法生产氰化钠"被列入 2000 年度国家科技成果推广项目。经省科委确认为"福建省高新技术企业",获"龙岩市技术创新先进企业"称号。紫金公司黄金冶炼厂迁入新厂房,并顺利通过 ISO9002 认证,成为国内同行业首家同时获得金锭生产质量体系和产品 A_U-1 质量 ISO-9002 国际标准认证的企业。紫金股份有限公司技术开发中心被定为省级中心。

此外,紫金矿业集团还实施完成堆浸炭浆提金工艺(国内首创)、高压无氰解析电积黄金冶炼技术(国内先进)等科研攻关和金矿废水零排放环保治理,旧县坝上 4800 千瓦(3×1600)电站等重要技改工程。金岩稀土开发有限公司在永定仙师实施"原地浸析"采矿新方法开采稀土矿初步获得成功,填补了省内空白。金矿含金固体废弃物利用项目已正式实施,列入国家"十五"科技攻关项目的紫金山铜矿"生物冶金及工程化"项目已全面启动,生产电解铜 630 吨。"紫金山金矿低品位物料综合利用研究"项目获中国黄金协会科技一等奖;"采空区处理研究"项目获得省科技进步三等奖、市科技一等奖;"纳米金溶胶"项目已申请国家专利;紫金牌 Au-1 金锭产品被省政府授予"福建省名牌产品";该公司还荣获龙岩市"经济技术创新明星企业"称号,"生物提铜技术攻关"项目、"提高电气运行功率因素"合理化建议获得龙岩市"经济技术创新成果"奖。

福建紫金矿业股份有限公司与马鞍山矿山研究院合作研究的"紫金山金矿露天采场陡帮开采与边坡稳定性研究"项目(主要完成人员:陈景河、罗映南、李如忠、陈家洪等 15 人)荣获中国黄金协会 2003 年度科学技术一等奖。该研究成果独创了剥离的与生产剥离的建矿模式。采用陡帮开采技术,以国家建设标准 1/8 的基建投资,两年完成 600 万吨、5 年达采剥总量 3800 万吨/年的大型露天矿,为中国露天矿建设闯出了一条投资省、达产快、效益高的建矿新路子。紫金矿业集团股份有限公司采用生物提铜新工艺,利用细菌作用进行提铜,可大幅度降低生产成本,环境保护工作也将得到很大的改善。

2009 年 7 月 14 日,福建紫金铜业有限公司试制出 10 微米紫铜箔,实现国内铜板带生产设备的重大突破,为该公司产品进入国际市场战略:海西百亿铜产业发展奠定重要基石。10 月 16 日,龙岩市首家"院士专家企业工作站"在紫金矿业集团股份有限公司矿冶设计研究院揭牌成立,这是该公司继设立全国黄金行业首家博士后科研工作站之后推进科技兴企战略的又一重要举措。2010 年"低品位、难处理黄金资源综合利用国家重点实验室"获国家科技部批准建设，填补中国黄金行业在企业国家重点实验室建设的空白。"低品位硫化铜矿生物提铜大规模产业化应用关键技术"获得2010年福建省科技进步一等奖。

紫金铜业20万吨铜冶炼项目于2011年底顺利投产，首批阳极铜质量完全合格。此外，项目在安全、节能、环保等方面达到国内外同行业先进水平。紫金铜业积极发展循环经济，开创了企业"强强联合"，"矿（山）冶（金）结合"、"冶（金）化（工）结合"、"化（工）建（材）"耦生共合、梯度使用新发展模式，将成为国内瞩目的高技术高起点的循环经济典范。

同时，紫金矿业"国家重点实验室"正式挂牌成立。2011年2月，该公司"低品位难处理黄金资源综合利用实验室"列入全国第二批建设56个企业国家重点实验室，实现省、市企业国家重点实验室零的突破。

紫金矿业坚持靠科技创新促进企业发展，累计投入研发经费20多亿元，承担20多项国家级、省级科研攻关项目，掌握了150多项专有或专利技术。依托紫金矿业建设的"低品位难处理黄金资源综合利用国家重点实验室"主要工业经济致力于浮选新技术、新型选冶药剂分子设计、生物预氧化、压力预氧化、选冶过程模拟与优化、含氰含砷废水综合利用、含砷废渣稳定化处理等技术开发，以提高中国黄金资源利用率与保障程度，促进黄金行业的技术、装备的整体提高，提升中国黄金产业的综合利用水平与国际竞争力，推动龙岩市乃至福建省经济与社会发展及科技进步。

稀土矿产的开采是龙岩21世纪的新兴工业。2008年，长汀金龙稀土有限公司采用国际先进的"模糊萃取工艺"、"非皂化技术"、"稀土贮氢合金速凝薄片技术"和"三室连续式真空退火炉"等技术与设备，新建年分离稀土2000吨、年产稀土金属2000吨项目。2012年，稀土材料向高端突破。金龙稀土公司年产1000吨荧光粉项目引进日本三菱化学荧光粉生产技术，生产品质世界一流的三基色荧光粉，直接进入包括背光源（如CCFL、PDP）荧光粉在内的高端市场；年产6000吨磁性材料生产线项目（一期3000吨）引进当今世界最先进的MAGR1SE技术，产品可用于短缺的直流变频空调、电动汽车电机市场的高档稀土永磁材料。

五、新技术应用

世界知识产权组织在1977年版的《供发展中国家使用的许可证贸易手册》中，给技术下的定义是："技术是一种制造一种产品的系统知识，所采用的一种工艺或提供的一项服务，不论这种知识是否反映在一项发明、一项外形设计、一项实用新型或者一种植物新品种，或者反映在技术情报或技能中，或者反映在专家为设计、安装、开办或维修一个工厂或为管理一个工商业企业或其活动而提供的服务或协助等方面。"这是至今为止国际上给技术所下的最为全面和完整的定义。实际上知识产权组织把世界上所有能带来经济效益的科学知识都定义为技术。

根据生产行业的不同,技术可分为农业技术、工业技术、通讯技术、交通运输技术等。根据生产内容的不同,技术可分为电子信息技术、生物技术、制药技术、材料技术、先进制造与自动化技术、能源与节能技术、环境保护技术、农业技术。

所谓的新技术是区别于原有的技术,它是与现代化紧密相连的。闽西的新技术始于20世纪70年代。

在无线电技术方面,1973—1977年间,龙岩地区无线电厂陈仁河、王树程、郑长明等6人,采用先进的技术、工艺及元器件,通过认真的设计、计算,经过反复的试验,先后研制成功JGF-200型晶体管高压发生器、JGX5/100局部尘源控制设备和GGAJ(02)0.2/60型自动控制高压整流设备等新产品,均获省1978年科学大会奖,这是本区电子工业早期在省内首创的新产品。其中,超高压静电局部尘源控制设备,目前已广泛使用在冶金、建材、粮食等部门生产场的下料口、传送带等处,是净化空气、消除公害、保护环境、发展综合利用等方面行之有效的设备。

1978年9月,龙岩师范大专班郑庆升、陈泉来等人,采用全板沉积铜感观落样有选择地复镀加厚的半加成法和紫光选择金属沉积法的全加成法,与印刷电路工艺相比,有缩短工艺流程和工时,减少污染,没有侧蚀现象,适合印刷高密度、高清度电路等优点,因此其成本可降低35%,节约铜可达50%左右,而且易实现机械化、自动化,为电子印刷电路技术提供了一个较好的工艺,1982年获福建省科技成果三等奖。

在空气净化设备技术改良上,1981—1983年,龙岩地区空气净化设备厂赖良智等5人,在冶金部安全技术研究所协助下,在逻辑设计和负压料位检测等方面进行创新,与各种除尘器配套,实现阴极振打,卸灰、输灰绝缘子加热装署等的自动控制,研制成功DDX分列电除尘器低压操作自动控制系统,该系统自动化程度高,运行稳定可靠。1984年,该系统与除尘器相配套生产了400多台,产值320万元,利润60多万元,并在第六个五年计划国家重点建设项目中,发挥了很大的作用,获地区1979—1985年科技进步二等奖。1982年2月,龙岩空气净化设备厂陈焕其,通过调查研究,在收集大量有关技术数据的基础上,参照部颁标准,结合生产实际,制定出福建省企业标准闽Q/JB785-82《GGAJ02系列高压硅整流设备》,该项目属国内先进水平。在冶金、建材、石油、化工等部门,用于除尘、除焦油、脱水及其他高压直流电源,有显著的经济、社会效益。该项目获龙岩地区1979—1985年科技进步二等奖。

新技术出现后,它的价值直接体现在为现实服务方面。推广应用电子技术大部分以水泥厂居多,也有水电站、煤矿、化肥厂等企业。

在水泥行业应用电子技术的有:龙岩玉鹭水泥厂的"水泥生产微机控制系统",投资137万元;龙岩小池水泥厂的"水泥微机控制系统",投资85万元;龙岩三力水泥厂的"生料配料微机控制系统",投资48.3万元;龙岩市适中中心水泥厂的"水泥生料配料计算机控制系统",投资49万元;漳平市新安水泥熟料厂的"SHZ—Ⅲ磨机负荷控制",投资8.7万元和"SPB—Ⅱ水泥配料微机控制系统",投资45.5万元;武平县跃进水泥厂的"生料配料预加水成球"和"水泥包装微机控制系统",投资65万元;长汀联兴水泥厂的

"生料配料预加水成球"和"水泥包装微机控制系统"投资95万元；长汀南山水泥厂的"生料配比、水泥包装微机控制系统"，投资100万元；长汀县泰山水泥厂的"生料配比预加水成球微机控制系统"，投资31万元；长汀县水泥厂的"生料、熟料、偏火、水泥包装等过程微机控制系统"，投资39万元。

在电子技术的投入与研发方面取得了成效：漳平新桥水电站的"四合一微机控制"，投资45万元；永定杏坑煤台中转站的"煤台微机控制自动计量数据处理系统"，投资24.67万元；连城合成氨厂的"造气微机集成油压控制系统"，投资45万元。1997年，龙净集团电源研究所完成智能型电除尘控制系统的研制工作。龙岩天宏计算机研究所完成化工行业的配料系统微机控制项目的研究开发。化工企业使用微机控制后，减轻工人劳动强度，降低生产成本，提高了经济效益。龙岩市电子技术研究所完成防汛指挥通信系统安装、调试工作。龙岩科发电子技术研究所进一步扩大"恒压供水装置系统"的应用。龙岩市电子器材公司完成市第一医院程控交换机院内电话网的装调工作。龙岩万华计算机有限公司完成建筑CAD软件系统的开发，并广泛应用于建筑设计部门。龙岩市电子技术研究所设计安装的龙岩电力宾馆KTV电脑自动点唱及收款系统，简化操作程序，快捷方便，在全市为首次实施应用。

应用电子技术改造传统产业等方面取得了新突破。龙岩市计算机应用开发中心高级工程师周任银负责研制的"松香生产全过程微机控制系统"，在云南省景谷松香厂实施，对年产万吨松香的工业锅炉、溶解、澄清、连续蒸馏塔全部采用微机控制，操作简便、安全，减轻了劳动强度，提高了管理水平，产品质量得到保证，提高了经济效益，使设备检修率降低85%，综合耗能降低15%，特级松香油由原来的51.5%提高到97%，生产能力由上年的8200吨提高到11000吨。

龙岩无线电三厂研制开发FRC系列交直流变压测量仪，DsC系列电子水处理仪和WsM-160直流脉冲氩弧焊机等产品，被省电子厅评为"八五"期间技术开发先进单位，并获省技术监督科技进步二等奖。JCF系列直流变压发生器产品标准获得省技术监督科技进步二等奖。

"九五"期间，紫金山金矿低品位物料综合利用技术研究被列入1999年福建省重大科技项目计划，通过研究，成功解决了堆浸条件下不能回收粗粒金和细粒粉矿影响渗透两大技术难题，缩短浸堆时间三分之一，提高了资源回收率，选矿成本降低15%，年新增利润3000万元。该项目的实施，使得紫金矿业股份有限公司在金矿资源综合开发利用方面居国内领先水平，使紫金山金矿可供开采利用的储量由5.45吨增加到150吨以上，成为特大型金矿，为紫金矿业股份有限公司提供了持续发展的物质基础。

自1995年以来，利用新技术开发的产品有：合成式多频道电视接收传输机、电脑自动油试验机、微型烟尘净化器、汽车电器控制盒、智能复费率电度表、广谱报警器。龙岩西安电子电器厂研制的"安达DKH型汽车电器控制盒"、龙岩永丰电子仪表厂的"复费率三相电能表"及上杭光华照明有限公司的"电子节能灯"，经鉴定，都达到国内同类产品的先进水平。由龙净企业集团公司引进美国技术研制的300兆瓦机组BE型电除尘器为厦门嵩屿电厂 2×300 兆瓦机组配套成功，并通过省机械厅组织的专家鉴定委员会的技术鉴定，认为产品已达到当前同类电除尘器的国际先进水平。这标志着龙净企业集团公司已能为大型机组配套成套电除尘器技术，更增强市场竞争力。

表 4-4 截至 2005 年龙岩市高新技术企业

序号	单位名称	备注
1	福建龙净环保股份有限公司	国家级高企
2	紫金矿业集团股份有限公司	国家级高企
3	龙岩卓越新能源发展有限公司	国家级高企
4	福建卫东环保科技有限公司	
5	福建三华彩印有限公司	
6	福建天泉药业股份有限公司	
7	龙岩市华锐硬质合金工具有限公司	
8	福建龙湖环保科技有限公司	
9	福建龙岩工程机械(集团)有限公司	
10	福建省武平县林产化工厂	
11	福建龙岩三德水泥建材工业有限公司	2005 年未年审被撤销
12	福建金鑫粉末冶金股份有限公司	2003 年未年审被撤销

第五节 公用工程科学技术

城市市政基础设施是建设城市物质文明和精神文明的重要保证，是城市发展的基础，是保障城市可持续发展的一个关键性的设施。它主要由交通、给水、排水、燃气、环卫、供电、通信、防灾等各项工程系统构成。新中国成立以来，闽西的公用工程得到不断的发展，人们的生活水平发生了很大的变化。

一、交通工程及机场建设

闽西地处福建山区，自古以来交通十分落后。到 1949 年 10 月前后，新筑的公路 11 条、726 公里，可以勉强通车的，仅剩 5 小段、177 公里。

新中国成立初，为了迅速恢复交通，龙岩专署于 1949 年 11 月 1 日成立闽西交通管理处，并在龙岩、长汀、上杭设 3 个分处，组织工程技术人员并发动群众抢修干线公路。到年底，修通了厦隘线、建朋线、龙峰线，共 482 公里。1950 年 6 月起，先后有华东公路修建指挥所福建分所第十二工程处，省公路局漳龙路测量队和第三筑路大队的第四工程队，专区公路修建委员会，省公路修建指挥部第三测量队的一、三、五、六工务段，交通部第三工程局第三工程处的第二测量队，省第三公路工程局三处的一、三工程队等单位，对各线公路分别进行抢修、整修、改建，使路况不断提高。

1956 年 4—6 月，专署交通局和各县交通局(科)相继成立，拉开了全区县乡公路建设的序幕。6 月，龙岩至漳平公路建成，实现了全区县县通汽车的规划。1957 年 7 月，第一条民办公助的漳平至永福公路建成。当年，全区通车公路共 775 公里，超过民国时期筑路的总长。

山区人民长期苦于交通不便，渴望进一步发展交通事业。1958 年，贯彻“全党全民办交通”的方针，全区掀起了筑路的热潮。当年发动民工 400 万人次，筑路 1020 公里。次年，在农村劳力尚且紧缺的情况下，仍然每天动员 11 万人筑路(最多时每天达 14 万人)。筑路资金除国家拨给的基建款外，主要靠人民公社就地筹集，1958—1960 年 3 年间，全区新筑公路 2346 公里，但因受当时瞎指挥、浮夸风的影响，只有专业工程队配合施工的 800 余公里可以通车。1961 年 4 月，召开全区交通工作会议，总结经验教训，贯彻中央“调整、巩固、充实、提高”的方针，于 9 月间处理了无偿“平调”修理的 1380 公里公路，共退赔 161.92 万元。这些新筑公路的路基，虽一时不能通车，但也为日后地方公路的发展打下了基础。

1962 年起，除对已建公路作有计划的整修、改建外，还增建干线水漳(闽东水口至漳平，本区路段自半华至漳平)、杭永(上杭至永定)、武禾(武平至与江西会昌交界的禾仓坑)等干线公路。到 1965 年，全区通车公路总长达 1896 公里。

“文化大革命”初期，交通建设事业遭受严重破坏，公路管理机构瘫痪，筑路计划停顿，公路失养，永定富岭、上杭大岭下等公路桥梁被破坏，漳平卓宅大桥施工棚被烧毁。直至 1973 年管理机构稳定后，各项工作才得以恢复，筑路计划继续实施，干线开始铺设黑色油路，桥涵也作永久性改建。到 1976 年，全区通车公路增至 3136 公里。

1994 年至 1999 年，龙岩地区交通事业围绕加快公路基础建设步伐，取得较快发展。

在国道、省道的扩建改造方面：为加强公路的养护、管理工作，龙岩市公路局 2011 年组织编写《龙岩市公路局小修养护标准化技术指南》，建立养护巡查机制，规范日常保养及小修养护管理。制定《龙岩市公路局养护工程管理办法》和《养护工程管理评分标准》，推进养护工程施工管理标准化、内业管理规范化。加快养护设施建设，完成 G205 线上杭水西渡共建型服务区建设，实施完成 G205 线排水系统整治工程，组建龙岩市公路局公路养护中心，推进公路应用技术和信息化建设。实施完成国省干线钢筋砼防撞墙 33 公里，灾害防治工程 10 处，危桥改造 4 座，提高公路防毁抗灾能力。

高速公路的建设是交通事业的一项质的飞跃。1996 年 8 月，漳龙高速公路作为龙岩老区第一条高速公路开工建设，2000 年 1 月新祠至龙门段建成通车，龙岩市在全省山区市率先实现高速公路零的突破。2004 年 12 月 28 日，漳龙高速公路全线建成通车，从此，龙岩老区正式开启了高速时代，高速公路发展进入快车道，2007 年全长 136 公里的龙长高速公路建成，2010 年全长 155 公里的永武高速公路建成，到 2012 年 9 月 28 日全长为 161 公里的莆永高速龙岩段全线通车为止，龙岩市高速公路通车里程达 550 公里，成为全省继厦门、莆田之后第三个实现“县县通高速”的设区市。

图 4-14 1991 年 11 月，坂寮岭隧道的开山炮，象征着龙岩从此走出大山，走向世界

铁路建设方面：龙岩市境内 1958 年始有铁路，即鹰厦线从城口至梅水坑过境铁路 73.9 公里；2005 年 10 月 1 日起开通了龙岩至北京的“海西号”快速旅客列车；2006 年 12 月 25 日开工建设了龙厦铁路，龙厦铁路西起赣龙铁路龙岩站，途经闽南金三角，利用厦深铁路引入厦门市，全长 171 公里，新建线路约 111 公里(其他 60 公里计入新建厦深铁路)，新建的龙厦铁路将龙岩至厦门间铁路运距缩短 61 公里，设计时速 200 公里，双线电气化。

图 4-15 1959 年 1 月，龙岩地区第一座铁路大桥——雁石溪大桥建成通车

机场建设方面:20 世纪 30 年代,国民党驻军先后在龙岩、永定、长汀等地兴建过军用机场,长汀机场成为抗战时期的重要空军基地之一,在 40 年代曾兼办空运业务,这些机场后因不适用均废弃。中华人民共和国成立后,国家于 1955 年在连城县文亨乡兴建连城军用机场,1956 年竣工并开始使用。在 20 世纪 80 年代也试办民航客班,但都未能形成开办空运的条件。2000 年 6 月经国务院和中央军事委员会批准,同意空军连城机场实行军民合用,由地方政府按 4C 级标准建立民用航站,设计年旅客吞吐量 14 万人次,货邮 800 吨。此举开创了中国民用机场建设及运营管理的新模式。2003 年 7 月,龙岩冠豸山机场有限公司成立。机场扩建工程于 2002 年 5 月 1 日正式动工建设,2004 年 4 月 14 日通过民航华东地区管理局行业验收,2004 年 4 月 25 日正式通航,成为华东地区第 36 个民用运输机场。

图 4-16 2004 年 4 月,龙岩冠豸山机场正式通航

龙岩地区的交通管理各机构,积极承担了省、县交通工程的勘察设计和施工等重要工作,为闽西的交通事业发展做出了重要贡献。1977 年地区林业工程公司、省林业勘察设计院邱录森、肖宗杰等,在认真总结山区复杂地形公路工程设计施工技术经验的基础上,经过实地认真地勘察设计,于 1979 年 11 月建成连城县曲溪至东溪段公路。该公路是开发闽西北部林区的主要干线,全长 20.88 公里,其中有石拱桥 3 座、66.2 米,石拱涵 29 道、372.3 米,石盖涵 84 座、588 米,挡土墙 5859 立方米,总计土石方 42.7 万立方米,总造价 130.58 万元。由于施工中科学地创用落地拱(半山桥)和台阶式叠坡施工工艺,大大地减少了砌筑工程量,使工程造价比预算降低了 13%。1979 年 12 月,林业部组织质量检查,总得分 93.3%,居全国首位。1980 年获林业部优质工程一等奖。1982 年林业部又委托省对该工程进行质量复查,仍无发现任何工程质量问题,1983 年获国家质量审定委员会国家优质工程银质奖、省科技成果三等奖。

1978 年,闽西交通工程公司的林敦荣在公司承担厦门港外铁路海滩软土地段施工中,根据海滩软土基含水量大、压缩性能高、抗震能力强度低等特点,在每日受到两次海潮影响的海滩软土上,以采用两面砌石,中间大量填土、沙井、砂垫层反压护道加固施工的基础上，创造了“全断面阶梯式”及“4-4-3”填土的施工新工艺，从而保证了铁路工程的顺利施工。该成果1987年获省建工系统科技进步三等奖。1985年闽西交通工程公司采用“分段式”拱架新工艺，代替传统的“满膛式”拱架工艺，在上杭成功地修建了全区最长最大的石拱桥——上杭东门大桥（净跨3×60、全长305米），该工艺不仅节省材料，施工简便，拱架不易产生整体变形，而且卸拱方便。

1981—1982年，地区林业工程公司、省林业勘察设计院江朝文、周海华等，在认真总结拱桥设计、施工经验的基础上，自行设计、施工成功漳平下林双曲拱大桥。全桥分三孔，净跨30米，全长111.2米，矢跨比为1∶8，其主拱圈为等截面悬链线钢筋混凝土双典拱，腹孔24个，总造价21.8万元。该桥外形美观，结构合理，坚实牢固，经8年使用、外运木材上百万立方米，未出现裂缝、沉降或变形等任何问题。获林业部“1986年度林业基本建设优质工程三等奖”。

1984年闽西交通工程公司采用“分段式”拱架新工艺，代替传统的“满膛式”拱架工艺，在上杭成功地修建了全区最长的石拱桥——上杭东门大桥（净跨3×60、全长305米），该工艺不仅节省材料、施工简便、拱架不易产生整体变形，而且御拱方便。

二、电信设备及应用技术

近现代时期，龙岩地区的电信网络、设施简陋落后。1949年8月，长途电话线路遭国民党军队破坏，对外省的通信中断。新中国成立后，经过3年恢复整修，“第一个五年”计划实施，初步建成以龙岩为中心的长途通信网，以及市内电话和农村电话网络。1958—1979年，进行技术改造，设备更新，实现电话线路载波化和电话自动化。

1979年后，在改革、开放政策的推动下，加强通信基础建设，使用微波电子技术，区内各县采用纵横制自动电话。1989年，全区才实现电话自动化。1988—1992年，是本区邮电事业迅猛发展的5年。全面实现电话程控化，相继开通彩色可视电话、无线寻呼电话、移动电话；邮政通信中特快专递、快件分别猛增3.25倍和15.94倍，邮政储蓄余额猛增8.86倍，为全区改革开放奠定了良好基础。

1993年12月8日，本区移动电话交换系统开通，结束了“大哥大”寄户沿海交换局的历史。市内电话无须再拨长途区号，区内通话可随时使用“大哥大”，并已实现省内和香港等地的自动漫游。移动电话交换系统的开通是闽西电信事业迅速发展的又一体现。

1994年分组交换、DDN网、长途数字微波1920CH投入生产使用，并开通双三次群光端机设备，顺利实现本地电话网联网升7位，统一使用地级长途区号“0597”。全区无线寻呼联网升7位，实现本区自动漫游通信。龙岩微波局安装德国西门子公司1920CH数字微波设备并开通，使龙岩长途数字电路并入全省四次群数字微波大环网。1995年，龙岩地区数字移动电话顺利开通，它标志着龙岩地区“全球通”、“大哥大”、寻呼机三位一体移动通信网建成投入使用，移动通信达到世界先进水平。首期新建GSM数字移动电话系统，是引进芬兰诺基亚公司设备，共6个载频48个信道，可容纳近千个用户。无线寻呼增频、联网实现全省漫游。便携电话首期工程于2000年在新罗区城区顺利实现开通放号。

电信设备方面，1950年，受帝国主义经济封锁，电话送话器的炭砂奇缺，影响正常通信，龙岩电信局长途电话机线员李炳根利用地产块煤，经历5个月反复试验，终于1951年2月7日成功地炼出炭砂，被省政府、省邮电局评为先进生产者。

龙岩在1958年开始装载波通信设备，1961年设置增音机，初步实现通信现代化。1970年，龙岩电信局设半自动化共电式电话总机100门。1979年，漳平率先装置纵横制自动电话总机400门，1984—1987年，龙岩局先后与福州、厦门、香港装置半自动拨号电话设备，加速了与国际、港澳地区的长途电话接续，但仍不适应对外开放形势的需求。

1988年，漳平、连城、长汀、永定、上杭、武平6县先后实现电话自动化。1989年4月，龙岩开通程控长途电信设备。自此，全区长途电话纳入全国大、中城市自动电话大网，与世界158个国家和地区接通直拨电话。

农话电缆铺设始于1965年。1975年，漳平、武平、永定、连城自行生产农话水泥电杆和水泥帮桩，以替代木杆。到1987年，连城—赖源乡装置无线特高频收发讯机一部，为全区首创。漳平—永福领先实现电话自动拨号。

在电报设施方面，到1949年，全区共有6条电报电路。新中国成立后，电报网路设备不断更新。1960年，龙岩对原有电报设备进行改进，将民国时期的莫尔斯机改装为波纹收报机，龙岩电信局用韦氏电报机发报至县局，全区实现电报操作半自动化。1963年，龙岩首先采用载波(载报)电路和电传机、自动发报机，从而进入电报操作自动化阶段。1976年，全区开始以电传电报为主，收发报跨入字码传递阶段，通信技术向前推进一步。1978年后，还开放传真和用户电报。1987年，全区有报路48条，是1949年的8倍。但农村仍处在落后的人工话传电报通信状况。

光缆施工技术的改进，有效地提高了铺设的效率。1997年12月19日下午，新罗区龙门光缆施工工地，首次采用“气吹法”敷设光缆，三明、漳州、厦门以及广东梅州等地的邮电同行派员前来现场观摩。“气吹法”改变以往采用人工穿放或者把塑料管纵向剖开后将光缆套进去的方法，将光缆通过放缆机插入预埋在地下的塑料管后，由专用的空压机给放缆机每分钟输送10.7立方米的气流量，将光缆送入管道。“吹”放光缆一般每分钟可前进40米，最快可达60～80米。

网上应用系统的开通有效地提高了百姓的生活质量。1999年开通“龙岩热线”站点，提供FTP(文件传输)服务，使信源用户可以直接上网随时更新主页，同时提供虚拟主机服务，促进信源用户的发展。开通网上应用系统，包括网上寻呼、虚拟传真机、E-MAIL(电子信箱)与传真互转、网上秘书等网上新功能，为用户提供周到、便捷的服务。开通远程教育系统，使用户可以通过网络上大学。至2001年底，龙岩市区已基本实现光缆到路边、光缆到大楼、光缆到小区；在宽带核心网络方面，建成ATM多媒体通信网；在接入层方面，按千兆到小区、百兆到大楼、十兆到桌面的标准，建设覆盖全市的宽带高速综合业务接入网，实现在龙岩市新罗城区全面开通电信宽带。

随着闽西通讯事业的迅速发展，各通讯公司也纷纷开展了通讯业务，进行科技创新，服务社会。

(1)中国联通龙岩分公司。截至2001年底，中国联通龙岩分公司GSM和CDMA网络均实现对各县(市、区)城区及主要乡(镇)的全面覆盖，其中新罗区达到乡乡覆盖，高速公路及主要公路沿线、旅游景点实现基本覆盖。2002年，在联通总部的统一部署下，龙岩联通从2001年5月开始建设龙岩CDMA网络，经过半年时间的建设，建成覆盖全市的CDMA网络。CDMA网络是经国务院授权由中国联通独家建设、经营的新一代移动通信网络。该网络具有绿色环保、通话清晰、接通率高、保密性强、能平滑向3G时代过渡等优点。同年6月14日凌晨，龙岩联通顺利完成CDMAIS-95A网络至CDMA1X网络交换及无线系统的升级工作，标志着正式放号经营刚刚2个月的CDMA网络正式跨入2.5G通信时代。2.5G是介于第二代数字移动通信(2G)以及第三代移动通信(3G)之间的过渡技术。在2.5G阶段，CDMA1X在传输速率、新业务承载方面具有明显的技术优势，可提供更多中高速率的新业务。从2.5G向3G技术体制过渡上，此番升级的CDMA1X系统可实现向CDMA3X的平滑过渡。

(2)龙岩移动通信。龙岩移动通信分公司于2000年年底开始引入移动通信2.5代GPRS设备。GPRS采用欧洲电信标准化组织制订的国际标准，标准化程度高，并具有严密、完整和公开等特点。GPRS是在GSM系统基础上发展起来的分组交换数据承载和传输业务，是2.5代的网络产品，更是第二代向第三代网络演进的一个非常重要、不可或缺的步骤和里程碑。GPRS的传输速率已经达到40KB，最高速率可达到每秒115KB。除了速度上的优势，GPRS还有“永远在线”的特点，用户随时可与网络保持联系。GPRS用户上网完全按照实际流量收费，收费更合理。依靠GPRS的技术优势，使得服务内容越来越丰富多彩，用户除了可以使用所有原有的WAP上面的信息与娱乐服务以外，可以通过GPRS手机连接笔记本或电脑等设备进行互联网浏览。还可以通过GPRS手机直接收发邮件、享受网上聊天、网上会议、移动炒股、移动商务、移动娱乐、网上购物等服务。龙岩移动围绕“无线城市智慧生活”，大力发展移动互联网、物联网应用，不断丰富电子政务、数字民生、信息产业、网络文化等内容，初步建成了包括无线政务、无线民生、无线产业等七大板块、80多个栏目的城市信息化综合应用平台。在政务应用方面，建设覆盖市县两级党委、人大、政府、政协“四套班子”各部门和各乡(镇)的龙岩市协同办公系统。该系统已在市直机关单位率先启用，收文基本实现电子化。

(3)龙岩市电信分公司。2002年11月5日，龙岩市电信分公司宽带互联网龙岩出口带宽提速17倍扩容工程顺利完成。至此，市电信分公司拥有出口带宽达2.5G以上的数据传输骨干网——宽带IP网和宽带ATM网，具备“ADSL网络快车”、“LAN宽带通”、“WLAN天翼通”等多种宽带接入手段。此次扩容工程还对龙岩其他县(市)网络进行优化和调整，各县(市)宽带交换机中继与龙岩市区的中心节点相联提速13倍。市电信宽带互联网出口带宽的提速，使龙岩语音通信、数据通信、图像通信、远程教学、远程医疗、远程视频会议系统等业务发展拥有带宽高、延迟短、无通信瓶颈和通信质量、通信效率有保证的网络支持，为全市宽带用户提供一个可运营、可管理、可监控的技术支撑平台。

电信分公司投资120万元的联网型VESDA早期烟感报警系统正式投入使用，在全省电信系统属第一家。该系统为澳大利亚维真公司产品，属防火探测系统中世界领先的主动抽气激光型早期空气采样烟雾探测系统，其火警阀值可达0.2%OBS/M(传统烟雾型探测系统火警阀值为3%～5%OBS/M)，可非常快捷地探测出空气中含有的烟雾粒子的浓度并在火灾初起阶段(临界点前30分钟)给出现场和远端报警信息，为消除火灾隐患和扑灭初起火灾赢得宝贵时间。

2009年4月16日，电信分公司率先在龙岩开通3G网络，首期推出的无线宽带、手机影视、爱音乐、综合办公、移动全球眼等应用业务，涵盖人们生活、娱乐、工作等多个方面，成功启动WCMDA-3G网络的试商用。

电信分公司重视科技创新，并取得明显的成效。2011年中国电信龙岩分公司成功签约新罗区治安高清监控、上杭紫金山环保E通、新罗区教育局校园监控及视频会议系统、龙工监控等7个信息化项目。3月，中国电信龙岩分公司与龙岩市公安局新罗分局成功签约龙岩中心城市社会治安动态高清监控系统工程项目，双方共建城市社会治安动态高清监控项目，新增高清版全球眼200路，实现城市治安监控从传统的画面监控上升到高清抓拍与处理的大幅提升。同月，上杭分公司与紫金集团下属紫金山金铜矿区成功签约矿山行业全国首个企业端“环保e通”综合应用平台项目。该平台以物联网技术应用为切入点，整合中国电信“环保e通”综合平台，实现多终端实时了解监测点“水质数据叠加视频图像”动态信息的功能，不仅能通过天翼3G移动终端及时调用现场采集的实时监控数据及视频信息，还能对监控数据与视频信息进行整合，在监控视频画面中，查看实时的监控数据。利用该平台能全天候、全方位监控区内的排污情况，及时了解各项污染指标数据，提升远程监控的自动化和现代化管理水平，完全符合环保在线监测工作的要求，有效解决了2010年紫金山“7月3日”污染事件发生后对环保监控的迫切需要。

三、广播电视及传输技术

1951年上半年，龙岩建成本区第一座收音站。永定、上杭、长汀、连城于同年下半年各建成1座。各县收音站只有收音机、留声机、少量唱片、1部扩大机、一二只高音喇叭，在城关收转中央人民广播电台新闻节目。1956年开始，各县收音站改为人民广播站。1958年全区建起社办广播站24个。各县利用电话线路，定时向农村开放广播，广播时不通电话。1970年全区建起社办广播后，由省广播局拨款，兴建各县广播站，购置广播设备，架设广播线路，发展农户喇叭。各县贯彻以“县广播站为中心，以公社广播放大站为基础，以专线传输为主”的方针，解决广播与电话同线的矛盾。至1977年，形成了一个独立的、较为完整的有线广播体系。1978年开始，有线广播“以专线传输为主，并与多种传输手段相结合”，向高质量、多功能方向方展。1988年前，龙岩、上杭、武平、漳平、连城等县先后成立广播电视局，全区七县市均设有广播站（台）。1987年统计，120个乡镇设广播站，185个村设广播室，约1000个村通广播，入户率达50％以上，共有183部扩大机，功率59.9千瓦，广播专线7123.8杆公里，广播喇叭10.66万只。

龙岩的广播事业单位积极地为龙岩的经济、社会发展做出了贡献。1965年，福建省广播事业局在龙岩曹溪乡浮蔡村的旧祠堂里，建立653台（番号），拥有3部1千瓦广播发射机，并于当年国庆节正式开播。1977年改称601台，新建机房，增加2部10千瓦的中波发射机，功率由原来的5.8千瓦增加到25.6千瓦。1983年再行扩建，增加4部1千瓦的中波发射机，进行无馈线系统改造，发射功率增加到29.4千瓦，成为龙岩地区中波主干台。1975年，漳平、永定、上杭、长汀各筹建1千瓦的中波转播台。1977年竣工，均于当年下半年试播。龙岩601台、漳平602台、永定603台、上杭604台、长汀605台，原属省广播事业局领导和管理。1978年4月，管理权限下放，龙岩601台由龙岩地委宣传部领导，其余各台由各县宣传部领导，全区5座中波转播台，承担着转播中央人民广播电台和福建人民广播电台的任务。1987年统计，全区有无线广播中波台5座，发射机19部，功率27.4千瓦，覆盖人口108.2万人，覆盖率50％。

由于本区群众居住分散，电视覆盖主要靠大量的小功率电视差转台来承担。这些台接收高山骨干电视转播台的信号，再行转播。1976年4月，地区在龙岩与漳平交界的红尖山建立电视差转台，在龙岩高亭山进行二级差转，试播福建电视台节目。1983年底，接通了从长泰县吴田山到红尖山的微波电路，提高了龙岩电视信号质量，使龙岩可以收看到中央电视台第一套节目和福建电视台第一套节目。同年，红尖山电视转播台发射功率扩大到300瓦，并向漳平、永定两县提供质量较好的福建电视台第一套电视节目，1984年，地区建立龙岩西湖山电视差转台，次年开通了红尖山至西湖山的微波线路，传送中央电视台第一套节目和福建电视台第一套节目。龙岩地区双吉山电视转播台于1986年底建成试播，向上杭、连城、长汀、武平传送福建电视台节目，并使龙岩、漳平、永定、连城、上杭可以收看到中央电视台第一、第二套节目和福建电视台第一套节目，长汀、武平可以收看到中央电视台第一、二套节目。1985年7月中央电视台节目采用卫星方式向全国传送。1986年，在连城县建立第一座卫星地面接收站。1987年，全区7县市电视转播台都建立了6米的卫星地面接收站，电视转播台（含差转台）150座，发射机209部，功率5.84千瓦，覆盖人口177.85万人，覆盖率70.61％，拥有电视机约13万台。

1988—1992年，是本区广播电视事业从巩固基础到快速发展、成效显著的时期。4年中，全区共筹资5000余万元（其中地区财政投入700多万元）用于广播电视事业，使本区广播电视系统工作有了长足进步。至1992年年底，全区地、县（市）均成立广播电视局；龙岩、漳平、连城3县（市）完成广播站改广播电台的任务；农村广播通村率上升到87％以上，喇叭入户率恢复发展到近40％；建成漳平市人民广播电台（立体声调频台）、漳平电视台、龙岩电视台、闽西人民广播电台（立体声调频台）和全省首家广播电视微波双向传送网路；新建电视转播台（点）162座、卫星地面接收站193座，电视人口综合覆盖率达87%，高于本省平均水平。全区各县（市）城区可收看4套以上电视节目，乡（镇）所在地可收看3套以上电视节目，形成了以农村广播网为基础，中波广播、调频广播、无线电视、有线电视、微波、音像市场等多种宣传手段相结合的广播电视宣传体系，使本区广播电视事业跨入了全省先进行列。

龙岩地区广播电视微波双向传送网路，是本省同行业建成的第一家，在全国也只有少数几个地方达到这种规模。该网路投入使用后，向各县（市）传送高质量的福建电视台一、二套和龙岩电视台、闽西人民广播电台的广播电视节目信号，回传各县（市）上送的广播电视新闻稿件，较好地解决了龙岩电视台、闽西人民广播电台新闻传送的时效性问题；可为党委、政府和各部门召开跨县（市）的全区性微波电视会议提供服务；并可开发图文传真、业务电话服务项目等；使全区各县（市）都能收看到两套质量较高的省台电视节目和龙岩电视台节目，改变了本区一些边远县看不到或看不好省台电视节目的状况。1993年，广播电视综合功能跃居全省首位。1996年9月28日，本区开通第一条从龙岩有线电视台至铁山镇全长7公里的双向光缆线路，标志着本区有线电视从传统的电缆传输迈入先进的光缆传输方式。

1999年，本市广播电视部门按照“着眼长远，加快建设，形成适应时代要求的广播、电视、信息三位一体的光纤网络”的要求，高起点、高标准建设广播电视传输网络，实现70%的乡（镇）通广电光缆。2001年，网络多功能开发迈出新步。一张采用A/B双平台传输体制构建的宽带综合业务信息网投入规划建设。2001年11月，正式启动龙岩中心城市广电宽带数据网建设，累计发展用户约6000户。龙岩电视台开发的“基于双Raid5三网结合地市县新闻快速制作系统”获市科技进步一等奖。2008年，实施完成“迎奥运”广播电视村村通工程。采取以无线数字覆盖为主，光缆联网和高山台覆盖为辅的技术方案，在实现广播电视基本覆盖基础上努力提升广播电视综合覆盖水平。2010年，在基本完成市、县城市有线数字电视整体转换基础上，开展农村有线数字电视转换，已完成有线数字电视整体转换21.49万户，制定有线数字电视网络双向化改造技术规划，并成功启动高清数字电视业务试运行。

四、建筑设计及施工技术

新中国成立前，龙岩各县的公私房屋都是平房或低层楼房，土木结构居多，砖木结构较少，设计简单。各县均无专业设计人员和组织机构，公私建房多由能工巧匠或承建人自行设计。新中国成立后，龙岩地区及各县建筑企业先后配备设计人员，始有正式设计队伍。随着经济建设发展，砖木结构的建筑渐多。20世纪70年代后期，随着建筑科学的进步，设计式样、设计结构、建筑用途都起变革，砖混、钢混结构的多层建筑逐步增加，建筑设计都必须兼顾到通风、采光、设施配套等方面，房屋建筑由一楼一基础发展到“一基础托几层”；外墙装饰由清水墙发展到水刷石、干粘石、彩色喷涂、贴瓷砖、贴马赛克、贴大理石；内墙装饰由石灰浆刷白、纸筋石灰粉墙，发展到彩色油漆、涂料、塑料壁纸；地板楼地面由三合土、青砖发展到水泥砂浆、水磨石、彩色瓷砖、大理石；天棚由钉木板发展到石膏板、钙塑板；屋顶由木结构坡屋面盖小青瓦，发展到钢筋混凝土平屋顶加防水隔热层。住宅设计要求水电到户，前有生活阳台，后有服务阳台，客厅、卧室、厨房、卫生间配套。

在施工技术方面，明清时期，龙岩各地皆有建筑施工的能工巧匠，施工技艺代代相传。各县建筑施工方法和材料各具特色，永定、武平、上杭建房以生土夯筑墙体为主，连城、长汀以木结构为多，龙岩房屋墙基多用鹅卵石、三合灰浆砌筑，漳平等地常有空斗砖墙砌筑。新中国成立后，施工技艺不断更新，代之以适应新型建筑材料为主的建筑施工技艺。传统的河卵石砌筑墙体，由于负重大，占用体积多、施工周期长、花工费料多而被摒弃，更新为砖混、钢混、框架结构，双坡瓦屋面渐被钢筋混凝土屋面加隔热层所代替。三合土地面多发展为水泥地面，也有少数铺以水泥花格砖、地板砖、瓷砖。苇竹抹泥墙体、空斗砖砌筑等多已淘汰，传统的灰塑长翅角、山墙歇顶的装饰，木结构的垂长柱、柱饰、斗拱、梁架等花饰，柱基刻石、镂花窗、门饰等技艺，皆因造价昂贵，不甚实用而消失。

1994年，本区建筑施工中，着重推广PVC排水管、黏土空心砖、混凝土掺粉煤灰，钢筋竖向焊接、滑模施工等新材料、新技术。1995年，龙岩地区急救中心大楼落成，该大楼在施工中，主体工程全面推广砼掺粉煤灰和减水剂、砼快速测定法新技术，保证了工程质量和施工进度。2011年8月，福建省第一家干混砂浆生产线——龙岩益生宜居砂浆科技有限公司正式投产，标志着龙岩市率先在全省实现预拌砂浆应用“零”的突破。

五、环境保护与水土保持

新中国成立初期，龙岩社会经济不发达，森林、矿山资源开发甚微，生态环境基本上平衡。20世纪50年代中期，煤、铁、石灰石等资源逐步开发，轻、重工业开始发展。工业“三废”没有及时处理，大气、水体逐渐受到不同程度的污染，生态逐渐失去平衡。在“大跃进”和“文化大革命”期间，大量林木遭砍伐，植被受损；农业生产中化肥、农药的广泛使用，使生态环境遭到严重破坏，全区地面水的水流量日益减少，自净能力降低，大气、水污染日益严重；水源枯竭、土地抛荒等问题，也陆续发生。尤其以龙岩、永定、漳平、连城等地工矿区最为严重。20世纪70年代末，某些地方开始出现污染纠纷，引起各级政府的重视。80年代后，采矿、冶炼、建材、轻纺等工业进一步发展，环境污染治理问题进一步摆上各级政府的议事日程，使环境保护机构逐步得到加强。1992年是本区水泥生产大发展的一年。根据物料衡算，水泥厂通过各种途径向外界排放的粉尘污染物约占水泥产量的15%。龙岩市区周围、上杭古田、龙岩适中、武平岩前等水泥厂集中的地区，污染相当严重。

为加大对环境的治理，各地先后成立了相关的机构和出台了环保政策。

环境保护机构的成立：20世纪70年代末，地、县先后设立环境保护专职机构，附设在各级建委办公。1985年，地区成立环境保护委员会，1986年恢复地区环境保护办公室，独立办公，健全环境保护监测站，后又增设排污收费管理所、环保科研所、环境工程开发公司。于1988年调整、充实了环境保护委员会，统筹全区环保工作。随之，地区环保办改为环保局，并相继成立了地区环境科学研究所、环境工程开发公司、闽西环境宣传教育中心，创办《闽西环境报》，闽西大学开办环保专业，从而形成比较完善的环保执法、监督以及协调发展、服务经济的职能体系。1990年，各县(市)环境保护办公室也随之改名，环境保护工作列为各级政府领导任期目标责任制的重要内容之一。

环境保护措施的实施：1977年，龙岩地区成立龙岩地区环境保护监测站，开始建立酸碱度、悬浮物、硬度、化学耗氧量、铜、铅、酚、氰化物、氟、石油类、硫化物、六六六、滴滴涕等18个监测项目。1982年，对水、气、声等环境要素，进行定时、定点的监测，对象是九龙江水系的龙岩、漳平段，以及汀江水系的长汀、上杭和永定段。九龙江水系龙岩段，布设8个断面；漳平段布设3个断面。每年的5、9、12月各水系进行两次取样分析。1985年，又对武平中山河、城关(平川镇)段进行点监测，共设参照、控制等功能性质的断面3个。同年，对连城文川溪、城关镇，也进行布点监测。在进水和出水处共设两个断面，以反映城关段地表河流受污染的情况和变化趋势。

1984年5月，《水污染防治法》公布后，各县(市)积极开展废水治理工作。1981—1987年，全区各县(市)平均处理率25%。与此同时，各企业也加大了治理力度。龙岩市合成氨厂投资47万元，兴建废水处理工程。龙门造纸厂关闭有光纸生产线，改用商品浆生产卷烟纸，并兴建白水回收塔。地区染织厂投资207万元，建污水处理工程。龙岩风动厂投资215万元，建电镀废水处理工程。到1987年，全部工业废水年排放量下降3180.85万吨，处理率50%。龙岩市人民政府制定《龙津河管理条例》，保护龙津河水质。1985年3月，建立丰溪、龙门溪、雁石溪地表水保护区，富溪为城区供水补给水源区。

1997年，漳平电厂3#、4#炉烟尘以及兴发纸厂黑液、长汀联兴水泥厂立窑粉尘等重点工业污染源相继得到治理，达标排放；一批污染严重的小企业、水泥土窑及年产不及4.4万吨的立窑水泥生产线于年底前一律关停；列为环保工作重中之重的水泥业粉尘治理，实现城市建成区内达标排放；1998年，本市环境科研、监测、设计均取得很好成绩。市环境科研设计院共承担环境影响报告书(表)51个，编制完成漳平垃圾厂等7个项目的环境影响报告书；设计完成连城氨厂等11个项目的废水治理工程。完成“SBR—混凝法处理造纸废水的试验研究”科研课题，通过省环保局组织的专家鉴定，获省“八五”环保科技成果四等奖。设计院编制完成的《福建麒麟(集团)水泥股份有限公司改扩建日产600吨水泥熟料干法回转窑生产线环境影响报告书》获福建省首届优秀环境影响报告书三等奖。2000年，龙岩市环境科研设计院获得环评乙级、建筑工程乙级、市政工程丙级资格，环境工程乙级通过年检转正，成为龙岩市唯一一家拥有多项综合资质、等级较高的科研设计院。

为加强环境管理，1989年龙岩地区环境保护局开始推行环保目标责任制。这标志着环境管理开始转入定量化。责任制规定各级行政首长对当地环境质量负责，企业领导人对本单位污染防治负责，并确定环保目标任务，列入政绩考核内容。龙岩、漳平、长汀参加全省城市(县城)环境综合整治的试点。1992年环保部门对新上的水泥项目，实行地、县(市)两级审批制度，简化手续，重点放在选址上，建设前先做环境影响评价。在永定东兴水泥工业区、武平岩前建材工业区等水泥厂集中地，采用区域评价，制约污染，防止出现新的环境问题。1994年，地区环境部门严把新扩建项目的审批关，首先，重点放在选址定点和环境影响评价。其次，加强环保“三同时”检查，重点放在大、中型项目和环境敏感区。最后，实施环保设施的竣工验收监测和运转率的检查，对合格者发给证书，不合格者限期整改，同时加倍征收排污费。本年，评审、验收的重大环保项目有：省“八五”攻关项目、省环科所与地区环境监测站联合承担的“煤矸石和稀土矿渣植被恢复试验研究”(阶段验收)，杭州环保所承担的“永定矿务局马东矿井水处理自动监控系统”，铁道部第四勘测设计院编制的《龙梅铁路环境影响报告书》。2011年，实施中心城市“优二进三”，加快企业搬迁和技术改进；完成国控、省控重点大气污染企业安装粉尘、烟尘在线监测监控设施，加强对重点大气污染企业的监控；加强机动车尾气排放检测环保年检以及开展机动车环保标志核发工作，全面推进机动车尾气减排。

环境要保护好，规划必先行。1991年，地区环保局编制完成《龙岩地区环境保护“八五”计划和十年规划(1990—2000年)》，其计划指标和主要措施作为制定国民经济和社会发展计划的前提和依据。城市、县城环境规划，由省环保局1989年下达编制任务。规划在城市性质确定了的基础上对环境保护目标和主要指标做出相应规定，作为制定县(市)经济发展和社会进步计划的依据。地区环科所1990年首先完成龙岩市城市环境规划，并通过省级鉴定，达到国内先进水平。漳平、长汀环境规划也于1990年完成，均已获省政府批准实施。永定、上杭于1991年完成，武平、连城于1992年规划完毕。其中永定县城环境规划通过省级鉴定，达到省内先进水平。1994年，完成《龙岩地区环境保护规划》。《规划》从区域经济的角度、大环境的观点，把社会经济发展与人口、资源、环境组成一个大系统，提出了工业污染防治规划，九龙江、汀江环保规划，农村生态保护和乡镇工业污染防治规划，工业卫星城镇环保规划等。1997年编制完成龙岩市《跨世纪绿色工程规划》和《污染物排放总量分配研究》，大力推行环保目标责任制，促进全市环保事业全面发展。1997年9月，龙岩市出台《龙岩市建设项目环境管理审批权限的暂行规定》，12月底，市政府颁布《龙岩市区环境噪声污染管理》、《龙岩市区饮用水源保护区管理》、《龙岩市区烟尘控制区管理》等3个暂行规定，为环境立法打下基础。

水土保持是造福子孙后代的伟大工程。本区水土保持工作认真贯彻“预防为主，全面规划，综合防治，因地制宜，加强管理，注重效益”的方针，在控制人为造成新的水土流失，加快治理步伐，推广科研成果等方面取得新进展。为有效控制人为造成新的水土流失，1989年地区成立“水土保持监察站”，永定、龙岩分别成立水土保持“矿区监察站”、“矿区管理站”，长汀、连城县成立“水土保持监督站”。全区先后配备乡(镇)水土保持兼(专)职检查员130人，由省政府统一颁发行政执法检查证和标志牌，初步形成地、县、乡三级监督网络。1991年6月29日《中华人民共和国水土保持法》颁布后，全区开展了行政执法乡(镇)试点工作，通过检查验收，上杭的蓝溪镇、永定的高陂镇、长汀的河田镇、连城的文亨乡基本达到各项行政执法指标。

加快治理步伐，实行项目管理，取得显著成效。1988年以来，全区坚持以小流域为单元，以流失班为对象，以植物措施、工程措施与农业技术措施相结合的办法，进行集中、连续、综合治理，严格实行项目管理制度，做到申报手续完备，图文表资料齐全，收到很好的治理效果。国家增加水土保持资金投入，先后在长汀、龙岩、连城、上杭、武平、永定投入以工代赈物资折款(包括地方配套资金)458.64万元，加快了水土流失治理步伐。水利部农水司于1989年7月在长汀县主持召开"全国六省水土保持以工代赈工作会议"，这是新中国成立后在本区召开的首次全国性水土保持会议。治理水土流失与开发性治理、发展商品生产结合起来，各县在每年治理经费中均安排一定比例用于开发性生产，果园内全面套种西瓜、印度豇豆、烤烟等，实行"长短结合，以短养长"，取得良好的经济效益。2000年，省委、省政府以长汀县严重水土流失区为重点，在长汀县李田河、朱溪河、南安溪和连城县赤岭溪4条小流域实施了水土流失综合治理。根据省政府《九龙江流域水污染与生态破坏综合整治方案》总体要求，重点对九龙江上游龙津河进行整治，查出污染源，依法查处无证开采矿点，对水保措施不完善的生产项目，限期履行法律责任，对历史遗留的水土流失问题，积极向上级争取资金进行治理。2009年，停止在九龙江流域审批造纸、制革、电镀、漂染行业和以排放氨氮、总磷为主要污染物的工业项目。2010年3月底，中心城市18家水泥污染企业全部关闭。及时有效处置7月3日上杭紫金山铜矿湿法厂溶液池突发渗漏事故，在全市开展为期2个月的环境安全大检查和重金属污染企业专项检查。棉花滩库区进行坡改梯综合治理，使库区山地果园水土流失得到有效治理，生态环境得到改善，库区移民的生产耕作条件得到提升。长汀开发新能源树种——光皮权。长汀县制订并实施2010—2017年汀江源水土保持生态建设项目，项目分为小流域综合治理、坡耕地综合治理工程、崩岗综合治理、治理成果管护四类工程，涉及全县12个乡(镇)，以汀中丘陵强烈水土流失区为重点。2011年，新罗区葫芦溪、武平县平川河、漳平市九鹏溪(南洋段)流域水土流失综合治理及长汀崩岗治理、永定棉花滩库区坡改梯综合治理试点工程等5个2010年度国债项目和长汀郑坊河、连城上黄坑、永定龙寨溪、上杭安乡溪小流域等4个国家水土保持重点工程的目标任务全面完成，完成水土流失治理面积2.55万公顷。龙岩市水土流失治理工作走在全国前列，得到时任国家副主席习近平的重要批示，成为中国水土流失治理的典型，南方水土流失治理的一面旗帜。

为加强对生猪养殖业污染整治，2008年，市政府下达《2008年九龙江、闽江、汀江流域水环境综合整治工作计划》，按照短期治标、长远治本，分步实施、重点推进的总体原则，全力组织开展生猪养殖业污染整治，严格控制工业企业污染物排放，加快推进生产生活污水、垃圾治理，强化流域生态保护，有效保障饮用水源水质。2009年全市累计关闭拆除生猪养殖场11388户。在禁养殖区外规模化养殖场治理方面，推进治理达标和零排放工程，4253户基本达到治理验收条件并通过当地乡镇及县级畜牧、环保部门的初步验收。2011年推广先进适用生猪养殖治理技术，实施"科佳"、"阿科蔓"、"派泥尔"、"海荣"等新治理新技术应用，实施生物发酵床技术。全面推广生猪养殖干清粪，从源头上控制养殖业污染物排放。

水土保持科研工作有新进展。1988—1992年来，长汀县水土保持站先后开展"水土流失预测预报研究"等8个课题研究。其中"黑荆病害研究"获省科技进步三等奖。"河田侵蚀区板栗品种选优试验"已通过专家评审，获得好评。1988年9月，"长汀河田极强度水土流失区第一期工程草灌乔综合治理鉴定会"在长汀举行，与会代表对治理河田流失所取得的显著生态效益、社会效益和经济效益做了充分肯定，给予很高评价。该成果获1990年度省科技进步二等奖。1988年地区水保办公室完成《龙岩地区水土保持区划》，获省农业区划委优秀科技成果三等奖。各县也先后完成了县级水土保持区划，为有关领导和部门决策提供了科学依据。1990年10月下旬召开"长汀县河田水土保持站建站50周年学术研讨会"，台湾省水土保持专家廖绵浚博士、林渊霖先生应邀到会并做学术报告，这是海峡两岸水土保持专家首次进行正式学术交流。5年中，水土保持科研获省、地、县科技成果奖励的有16项，有955人参加各级学术研讨会，发表论文34篇。1997年9月，全省"治理水土流失，建设生态农业现场经验交流会"在长汀县召开，进一步推动了水土保持工作的开展。1998年，长汀水土保持站开展"河田水土流失区生态经济开发模式研究"，"河田水土流失区优良经济林果品种选育及丰产技术研究"，"稀土矿区植被恢复模式研究"及"类芦绿化技术与开发利用"等课题的试验、示范、推广。山地开发把园艺、水土保持技术结合起来，土壤侵蚀量仅是对照(原侵蚀地)的9%～17%；开采稀土必须以水土保持为先，对废弃土堆处理不当，土壤侵蚀模数可高达5万吨/平方公里·年，从而为水土流失预防和治理提出科学依据。2003年1月，水利部在龙岩市召开全国岩质边坡快速植被恢复新技术培训会议。高岭土公司、紫金山矿区、赣龙铁路等先后开展喷混植生新技术，总面积达5万平方米。

加强环境监测建设。1995年先后投入200万元建立全区环境监测网络，使监测工作逐步走上规范化、科学化、标准化轨道。地区站全年环境要素常规监测全面完成，共取得3900个有效数据，并建立了电子信箱传输系统，及时报道监测情况。2011年，九龙江雁石、顶坊等2座水质自动监测站建成投入使用，动工新建汀江回龙、南蛇渡2座水质自动监测站。完成21家沿江沿河各级电站最小下泄流量在线监控装置安装和与省、市监控平台联网工作。

环保设备制造业。龙岩是我省环保设备研发制造最集聚的地区，目前已形成了以龙净环保为龙头，卫东环保、龙湖环保、闽泰、百林、五环等几十家除尘设备、机械电子加工企业协作配套，以环保设备制造为主的环保特色产业基地。据不完全统计，龙岩市现有环保产业企事业单位80余家，其中企业60多家，科研院所等事业单位16家。2005年，全市环保产业规模以上企业环保产品产值近22亿元。目前，龙岩市环保产业链不断延长，已从原有的大气污染治理延伸到环境服务、生态污染治理领域。

脱身于国营龙岩无线电厂的龙净环保，1992年与龙岩空气净化设备厂合并，整合了电子、机械行业资源，成立了龙岩机械电子工业公司。1998年，改制成立了福建龙净股份有限公司，2000年12月上市，成为全国大气污染治理行业的首家上市公司。目前龙净环保是国内唯一的机电一体化专业设计制造除尘设备、烟气脱硫系统等大型环保产品的企业，同时也是全国最大的环保产品研发基地，其主导产品烟气净化设备国内市场占有率达25%以上，居全国同行业第一。1997年，龙净环保成立省级技术中心。2004年，成立国家级技术中心。龙净环保通过艰苦攻坚和科技创新，填补了国内外一个个技术空白，仅2005年，龙净就申请国家专利21项，公司产品先后荣获国家级科技进步奖及部、省级科技进步成果奖等六十多项，技术水平达到当前国际先进水平并居国内大气污染治理技术领域领先地位，成为具有国际一流水平的大型环保企业。如在BE型电除尘器国产化研制和推广的过程中，龙净人对多项关键技术进行专利技术的改进创新，获得了国家科技进步三等奖；公司自主研发的高频电源技术，成为我国电除尘器供电技术的一项重要突破，并使中国成为国际上掌握该项技术的少数国家之一；从德国引进的干法烟气脱硫技术，经过消化吸收再出创新，在国际上率先在30万千瓦机组上成功应用干法脱硫技术，在产品大型化研究方面取得了重大的突破，创造了世界第一，该项技术总体技术水平达到了国际先进，部分技术国际领先；由龙净环保开发的电袋复合式除尘器被列为“十五”国家科技攻关项目和福建省科技攻关重大项目，这是龙净第一个在国内将电除尘技术和袋式除尘器技术进行集成创新的成果，获得了9项国家专利，该技术可使工业粉尘排放浓度达到当前欧美发达国家最严格的排放标准要求，为我国工业污染控制提供了最先进可靠的技术装备保障。

同时，龙岩市的其他环保设备制造企业也在科技创新方面取得了巨大的进步。如福建卫东环保科技股份有限公司通过自主研发，拥有8项国家专利，多项产品达国际水平，产值实现连续翻番；福建龙马专用车辆制造有限公司采用多项自主研发技术，成功开发了“福龙马”牌系列道路清扫车、高压清洗车、清洗扫路车、压缩式垃圾车和垃圾处理设备等产品，成为国内最大的环卫专用车辆生产企业之一，成为龙岩市环保产业的又一亮点。

六、气象观测与地震监测

闽西地处近海，又是山区腹地，地形复杂，常有区域性气象灾害发生：降雪冻害、冷春和倒春寒对春播的危害、冰雹灾害、暴雨洪涝灾害、干旱、地震等，灾害对农业生产、林业生产、水电生产及人们的生活造成严重的影响，特别是1996年“8·8”特大暴雨，造成本区特大洪涝灾害，损失严重。

闽西气象现代化建设发展速度居全省前列。至1994年，全区配置微机13台，实现县县有微机。地区气象局还建成一套以省台系统（STYS）及省气候中心为依托的开放性综合系统。其系统配设9600兆赫的调制解调器、打印机、大屏幕及配套软件，形成一套气候资料、气象服务、农业气象数值处理为一体的服务体系。1995年,全区气象部门均已配齐电脑设备,可以随时收取世界各地的气象信息,应用电脑筛选处理进行统计分析,使长、中、短期天气预报水平有明显提高。在气象预测方面,当年又购置新的气象仪器和微机,实现省、地、县微机联网,可随时互调4大类、23种气象信息,为各级气象部门制作预报提供大量资料依据,并且还为今后气象预报提供当地领导决策服务联网终端打好基础。7月建成气象二级基地的小子系统——闪电定位,该设备可以时刻测定在方圆500公里以内所发生的雷暴系统和移动方向,为短时天气预报提供依据。1996年连城县电磁波仪于年底安装试记,初步形成全区地震宏观观察网。1998年6月26日,中国气象局批复,把新一代天气雷达布设在龙岩市的红尖山上。它的建成,大大提高对闽西灾害性天气(冰雹、雷雨大风、暴雨、台风等)的监测和预报能力,发挥"千里眼"的作用。新一代天气雷达的数据采集系统RDA和产品生成系统RPG安装在红尖山雷达阵地。RDA主要完成天线扫描、发射、接收、信号处理、地物杂波抑制、数据存档等功能;RPG主要负责从RDA接收基本数据并产生各类气象产品。通过无频通讯在市气象局防灾业务大楼内对雷达进行监控,并将雷达数据传输到市气象局的主要用户系统PUP。它可以自动形成和显示丰富多彩的天气产品,极大地提高强对流天气超级单体、雷暴、风切变、下击暴流、龙卷、锋面、湍流、暴雨、冰雹等重大灾害性天气的检测和预报能力。为领导指挥防灾减灾提供准确、有效的决策依据。

随着本区气象现代化设施的建立,气象观测在经济建设中不断发挥积极作用。如1996年,闽西发生"8·8"特大洪涝灾害,各级气象部门认真及时做好气象预报与服务工作,为地、县领导指挥抗灾提供参谋作用。1996年8月7—9日,受9610号热带风暴影响,龙岩地区出现历史上罕见的特大暴雨。面对这次突发性强、时间短、局地性明显的灾害,地区气象局向行署专员等领导提供信息与建议达17次,向行署办等单位提供信息与建议48次,向各县气象局及兄弟台站联络达180次,主动为用户提供服务达70多次,为外界服务总次数达279次。

1997年第10号热带风暴、第14号台风和8月10—11日的全市性暴雨天气过程,是本年影响本市最严重的3次灾害性天气过程,市气象局均提前4～5天,准确、及时向地方领导汇报,积极做好防灾减灾,把台风和暴雨所造成的损失减少到最低限度。同年5月龙岩地区撤地设市以后,市气象局增加收取有关的气象信息,加强天气会商,为各项活动和重点工程提供准确的天气预报。如,全力以赴为棉花滩水电站上马、梅坎铁路建设及漳平300万吨水泥厂项目论证做好气象服务工作;在漳平市垃圾填埋场的论证会上,提出可靠的气候依据,改动有关数据,为此节约建设经费10万元。市气象局还为重点用户提供准确的预报服务。7月下旬,溪柄电站的二级站正处施工的紧张阶段,市气象局为该电站计算第10号热带风暴在其集水面积内的过程雨量,为施工安全提供准确的数据,确保施工安全。

2001年7月6—13日,中国气象局重点工程办组织雷达专家和技术人员对龙岩新一代天气雷达进行现场测试,验收小组一致认为:龙岩新一代天气雷达系统各项技术指标基本达到合同规定要求；架设安装精度能够满足业务运行要求。系统通过现场测试验收，转入试运行阶段。龙岩新一代多普勒天气雷达(CINRAD/SA)的建设，是中国气象局国家重点工程建设项目，是福建省中尺度灾害性天气预警系统二期建设的关键性项目，是中国第一部建立在高山上的新型天气雷达。其监测特殊天气现象的能力比原有常规天气雷达系统大大增强，可对半径460千米范围的雷暴、暴雨、龙卷风、冰雹、台风等重大灾害性天气进行监测和预报。CINRAD/SA系统是一个复杂的大型综合系统，对机房环境、防雷、通信、供电、安全监控等配套设施的技术要求很高。课题组经过三年(1998年7月至2000年12月)的努力，重点对雷达的站址环境、电磁场环境、防雷技术、通信技术、供电系统及雷达站建设中的其他技术难点进行了系统、全面、深入的研究。在雷达站址环境研究上，在国内首先提出天气雷达频率分析的计算方法，可为全国新一代天气雷达建设中雷达工作频率的选择提供依据。在深入研究本地雷电活动基本规律基础上，根据本站地质结构的特点，在防雷工程设计上采取小尺度空间屏蔽网、全线路的屏蔽处理、优化均压地网和电源系统三至四级保护等新技术、新方法，有效地解决了高山雷达站的雷电防护问题，整个接地系统测试为 $K_{地}=2\Omega$，为高山CINRAD/SA的正常工作，提供了有力保障，达到了国内高山防雷技术的领先水平。在高山通信系统的研究上，利用稳定可靠的微波光纤宽带传输系统新技术，实现市局与高山雷达站的远程宽带通信，应用智能HUB集线器V2051转换接口，2M信道传输雷达信息；另外2M采用V2020型PCM智能基群设备集气象卫星小站(VSAT)、市内程控电话于一体，实现市局与雷达站之间的实时监控图像、高山气象自动站资料、油机遥控及其他资料的双向传输，实现资料共享，经测试传输信号误码率为0，真正实现了高山CINRAD/SA系统的“三遥”功能，是目前国内新一代天气雷达系统建设中的首创。在高山供电环境研究上，采取了先进的、创新的、消除市电谐波，提高了市电能质量，以及确保雷达连续不间断运行的综合措施，使各项技术指标达到规定要求。通过对“新一代多普勒天气雷达系统高山站环境研究”项目的研究，使环境条件最差的站址建成目前国内复杂山区净空条件、环境条件最好的高山天气雷达站，确保新一代天气雷达的正常运行，充分发挥CINRAD/SA系统在灾害性天气中预警监测作用，为全省及邻近地区的防灾减灾工作提供帮助。

2002年1月，龙岩市率先在全省气象部门开通市(县)气象宽带专网，网络主干线速率龙岩市气象局和漳平市气象局达100兆，其他各县支干线达2兆，从而实现天气预报信息、地面观测实时资料、办公管理信息资料和Internet资料的共享，使各县(市)局的预报实时信息量达到原来省级台的水平，基本实现办公自动化。

市气象部门于2004年建成市—县之间的宽带网络，市局入口10兆，各县局入口2兆。利用该专线网络在全省气象部门率先建成了市—县可视会商系统。该系统以软件方式实现多点对多点的实时视频会商，画面传输清晰、声音传输流畅，操作便捷，交互性强。该系统已投入业务使用。可视会商系统的使用提高了各县局的气象预报与服务水平；解决了以往市县之间、县与县之间远程会议、远程培训、业务交流等方面的障碍，在特殊情况下还可以实现无线网络通信。

龙岩市气象局组织编制的“龙岩市城乡防灾减灾气象预警系统”规划方案于2005年通过省、市专家的评审，其中“龙岩生态城市气象综合监测基地”和L波段可移动式高空探测雷达建设已经开始实施。11月25日，“利用中国首台高山CINRAD/SA确立灾害性天气预测报的体系研究”课题项目通过省科技厅的验收鉴定。该项目重点是利用高山CINRAD/SA提供的丰富资料信息，突出对高山CINRAD/SA数字化产品与数值预报模式结合的开发应用，研制出以高山CINRAD/SA为基础的预报业务系统，开发具有定时、定点、定量化的灾害性天气实时监测预报系统。

全市地面测报业务升级工作于2007年1月1日顺利完成，市气象局地面测报业务由气候站升级为一级站，永定县局由气候站升级为国家观象台。L波段移动探空雷达4月起正式投入业务运行，5月通过系统软件的升级改造实现数据采集和整理自动化，同时数据的时空密度大大提高，使更多的高空探测信息上传，进一步提高了大气监测自动化的建设效益，增强了闽西气象的综合探测能力和对灾害性天气的预测预警能力。4月23日，“龙岩短时灾害性天气预警系统”通过由福建省科技厅、福建省气象局和龙岩市科技局等单位领导和专家组成的专家组的评审。专家一致认为，该项目成果总体上达到国内同类技术的先进水平，其中在预警范围可视化选定、预警信息自动快捷发布方面达到国内同类技术的领先水平。该科研成果作为防灾抗灾工作的一个创新举措，已在漳州、三明、南平及部分省外地市气象部门推广应用。12月，开通LED无线气象信息预警显示系统。为进一步完善农村、广大山区及重点区域的气象预警预报信息发布机制，已在全市各乡(镇)、广大农村、边远山区和地质灾害重点防范区布设无线气象信息电子显示屏。通过无线通信，主动实时地发送各类灾害性天气的监测预警信息并进行自动报警提醒，确保广大人民群众在第一时间获得气象灾害预警信息，提高人民群众的抗灾自救能力。

龙岩东、西两侧分别处于政和至广东海丰、陆丰，邵武至广东河源这两条南北走向新华夏系构造带中段，前一个构造带穿过漳平市。而武平、长汀处于后一个构造带边缘。由于地质构造复杂，岩性比较破碎，应力不易积累，往往发生小震群。

龙岩地震台于1972年1月投入监视观测，各县相继建立20多个地震测报组。市地震局、龙岩地震台利用数字地震仪、地倾斜、地磁、电磁波等观测手段，从2003年开始，开展地震监测预报工作，从而有效地减少了灾害造成的损失。如2003年，漳平大深与安溪交界处先后发生几十次地震，龙岩大池、雁石等地发生几次地震。其中，大深、大池等地震感明显。市地震台及时组织人员到当地了解掌握情况，进行指导、宣传，提高震灾防范意识，并及时将地震活动情况向市政府报告，震区群众生产、生活稳定。在2006年度，棉花滩库区专用地震监测台网建设工作在省地震局的直接领导、组织下顺利进行，2008年，全市地震测报机构得到加强，133个乡(镇)都设置地震助理员，并建立地震科普知识宣传网、宏观异常速报网、地震灾情速报网，即“三网一员”网络体系。当年，龙岩地震台还利用数字地震仪、垂直摆地倾斜仪、FHD和GM3地磁观测仪开展地震监测预报工作。

第六节　医药卫生科学技术

新中国成立前，龙岩地区医药卫生状况十分落后，医药卫生人员非常缺乏，全区除少数几家教会医院能做一些简单的小手术外，其余皆以简单的诊疗技术治疗疾病。新中国成立后，由于政府对医药卫生的重视，医疗卫生部门着力于本区常见病、多发病的诊疗和中草药资源的开发研究。改革开放以来，龙岩的医药卫生事业及科学技术取得突飞猛进的发展。到2013年末，全市共有各类卫生机构(包括门诊部、卫生所、医务室、诊所)555个，其中医院37个，卫生院115个，社区卫生服务中心(站)33个；全市共有卫生机构床位15711张，其中医院和卫生院床位14425张。全市卫生机构人员总数18276人，其中卫生技术人员16085人，其中执业(助理)医师4880人，注册护士7273人；全市村卫生室2623个，乡村医生和卫生员2987人。

一、临床医学

新中国成立以后特别是改革开放以来，龙岩的临床医学取得长足的进步，主要成果有：

1972—1976年，龙岩地区医院外科陈灼梅等人，用单方“三月泡”及“三日泡”合剂治疗泌尿道结石79例，其中38例排石，获1978年福建省科学大会奖。

1972—1978年，地区医科所、地区防治慢支协作组织以李述志、谢金森等3人为主，组织全区医药卫生人员对慢性气管炎进行了普查，并在民间验方的基础上研制出治疗慢支药物“排三散”，6年内先后对1050例慢支患者进行治疗观察，总有效率达96%，获省1978年科学大会奖。

1977年11月，龙岩地区二院尤元璋等人，将离体2小时10分的右肩胛进行再植成功，获省1978年科学大会奖。

1975—1978年，龙岩地区第一医院谢金森等人，在国内首先报告PVI终末电势(PTE-VI)改变与风湿性心脏病二尖瓣疾患左心房肥大扩张有关，提出它可作风心病二尖瓣疾患的诊断比二尖瓣型P波阳性率高，被省内外多处采用。1983年获省卫生厅科技成果二等奖。

1978—1980年，地区一院张兆麟等用山羊血红细胞代替绵羊血红细胞作E玫瑰花结形成试验作为机体免疫指标获得成功，为国内首创，获省卫生厅1983年医药卫生技术改进成果四等奖。

1986年，龙岩市立医院黄宝中、地区医科所蒋泉富、地区二院张美英等人协作，对本区大部分产妇不明原因的“产后腹病”病人，进行认真调查分析，确认为与长期使用含铅酒具、饮用含铅量高的酒有密切关系，对本区及省防治该病有明显的效果，获地区1979—1985年科技进步三等奖。

1997年11月18日，龙岩市首例心脏移植手术在龙岩市第一医院获得成功，这次手术由市第一医院和福建医科大学附属协和医院的胸心外科专家组成协作组完成，这在闽西医疗卫生事业发展史上具有里程碑的意义。

1998年9月16日，市一院为一位15岁的患者实施自体骨髓移植手术，为本省地(市)级医院首例。病人术后白细胞、血小板回升，骨髓恢复正常，康复出院。

1999年11月26日，龙岩市第一医院成功地运用从美国引进史赛克公司生产的"电视胸腹腔镜"，完成首例胆囊切除手术，患者数日内痊愈出院。该手术的成功，标志着市一院在微创外科方面上了一个新台阶。

1999年9月，闽西首家远程医疗会诊中心在龙岩市第二医院成立开通。远程医疗会诊是通过直拨电话进行交谈、咨询，利用必要设备将两家医院的终端计算机连接起来，直接传输医学图像与资料，可在微机显示屏前进行面对面的会诊。它不受地域、时间、空间限制，是目前计算机在医学上应用的一种先进的手段。

二、预防医学

改革开放以来，龙岩市重视重大疾病的预防和诊治工作。自1985年起，龙岩地区防疫站兰天水等人选用1/5万碘盐对"地甲病"严重区龙岩市江山乡供碘盐半年，通过两年半观察，防治效果显著，新发病率控制在0.3%以下。该成果由省地方病研究所推荐在全省应用，获地区1979—1985年科技进步二等奖。此后，龙岩市大力推行碘盐防治地甲病，1993年全区10个氟病区经改水、降氟等综合防治，病情得到有效控制。龙岩白沙、小溪、王坂，漳平象湖两个病区向省申请考核验收。1994年，改水降氟受益人数1.7万人，经省考核验收，龙岩地区已基本达到控制地氟病标准。

1985年6月至1986年12月，龙岩地区第三医院吴绍裘等，按照全国《精神疾病流行学调查手册》的规定，采取多级抽样的方法，在城乡框架33614户、170433人中，随机抽样1000户、4999人进行调查，得出全区各类精神病总患病率为6.8‰，总标化患病率为7‰，以此推算出全区预计有精神病人17000人，经省内外同行专家评审，认为本调查资料全面，论据明确，分析论证合乎逻辑，具有可比性，为本区制订精神病防治工作规划提供了科学依据，对本省精神病防治工作也很有参考价值，在省内属先进水平。该成果获地区1979—1985年科技进步二等奖。

到1994年，龙岩全区传染病总发病率20.316/10000，防治2号病成效显著，做到少发病，不流行。儿童计划免疫"四苗"(麻疹疫苗、小麻糖丸、卡介苗、百白破)接种率达到全国和省要求。麻风病的防治方面，各县(市)巩固"基本消灭"的成果，没有大的疫情反复。到2002年，已连续17年没有发生白喉，连续8年没有发生脊髓灰质炎病例。全市传染病报告发病率降至13.23/10000。2003年，全市乙类传染病发病率为14.12/10000，保持传染病低发病率水平。2008年，在武平、漳平、永定高氟病区开展流行病学调查，加强碘盐监测，启动碘盐缺乏病防治项目。做好麻风病防治工作，开展麻风病重点人群、疑似者的线索调查和家属体检工作。

到2011年，全市传染病发病率继续保持在较低水平，甲乙类法定报告传染病发病率70.535/10000，无报告甲类传染病，未发生人禽流感、非典、霍乱等重大传染病疫情和重大突发公共卫生事件。全年没有发生手足口病、流感、人感染高致病性禽流感、霍乱、鼠疫等相关疫情。结核病、艾滋病防控工作落实。免疫工作扎实，“七苗”接种率以县为单位保持在95%以上。完成3368人次的脊髓灰质炎疫苗查漏补种、两轮次12.6万名儿童脊髓灰质炎疫苗强化免疫接种、23.8万人次麻风疫苗查漏补种。地方病、慢性病等防治工作落实。龙岩中心城市顺利通过省级卫生城市复评，为创建国家卫生城市奠定坚实基础。创建省级卫生县城、省级卫生乡(镇)、省级卫生村以及卫生单位评比工作稳步推进，农村改厕项目和除四害工作持续开展，城乡环境卫生整洁行动取得阶段性成果。

三、基础医学

中华人民共和国成立初期，护理工作多由短期培训的初级护理人员担任，除给药、换药、注射和生活护理外，还兼做清洁卫生等工作。20世纪50年代中期，中专护校毕业生逐渐增多，队伍素质逐步提高。各县卫生院改为县医院后，病床增加，护理工作范围逐渐明确，制订了普通常规护理制度，设立护士长，实行分科分级护理，治疗、护理、查牌分工明确，各负其责，病房设有电铃，一般不用家属陪伴。1958年各县普遍举办护理人员学习班，经半年培训，充实到各县医疗卫生机构任助理护士。这年专区、县医院有护士269名，专区医院医护比例为1∶2.08，各县医院为1∶0.65。1962年对护理工作进行整顿，从规章制度、技术操作、消毒隔离等方面进行临床训练，提高了护理工作水平。“文化大革命”时期，护校停办，护理人员青黄不接，护理制度遭破坏。1978年始各种护理制度逐步恢复和健全，病房管理日趋好转，差错事故明显减少，同时多渠道、多形式培训护士、护理人员，紧缺局面有所缓解。至1987年，全区有护师62人，护士1315人，护理员338人，医护比例1∶1.13。

20世纪50年代初期护理技术水平低，仅限于普通注射、灌肠、导尿、洗胃等技术操作。1959年以后，大批卫生学校毕业生充实护理队伍，除一般正常护理工作外，逐步开展小儿头皮静脉输液、创伤缝合、腰椎腹腔穿刺、气管滴入、封闭疗法及小儿气管切开等护理新技术。1975年后，能开展心跳骤停、断手再植、开颅胸和大面积烧伤等难度较大的术后护理工作，同时还逐渐掌握电动呼吸机、小儿电动抢救台、电雾化机等抢救医疗器械的使用。1977年起，永定县医院开展中西医结合护理，运用中医基础理论，实行辨证施护，并总结临床护理经验，编写出版《中西结合辨证施护》一书，被省、地护士培训班作为教学材料。

图 4-17　1951 年 11 月，龙岩地区第一所公立医院——龙岩地区医院成立

1982 年 5 月 12 日，全区首次举行庆祝护士节活动，给从事护理工作 30 年以上的护士颁发荣誉证书、纪念章和纪念品。此后每年护士节均举办各种庆祝活动。1986 年后开始发放护龄补贴。

1993 年，全区开展了以初级卫生保健（简称初保）为主题的"卫生年"活动，推动初保工作加快步伐。乡（镇）的初保工作取得了很大进展，龙岩市东肖镇在全区第一个实现初级保健基本达标。

四、中医

中华人民共和国成立前龙岩地区内权贵者崇尚西医，普遍歧视和排斥中医，致使中医队伍日衰。1952 年开始，龙岩、连城县首办中医进修班，共培训个体中医 58 人。当年全区有个体（私业）中医药人员 815 人，占个体医生 77%，个体西医只占 23%。1956 年全区在联合诊所和公立医疗卫生机构的中医药人员有 237 人，占卫生技术人员 40.62%。1958 年，专区、县级医院的中医药人员有 34 人，仅占卫生技术人员的 3.89%。1963 年始，中医院校毕业生陆续分配来本区，并对部分中医药人员进行定职、定级。1965 年各级各类医疗卫生机构有中医药人员 894 人，占卫生技术人员的 30.4%。"文化大革命"期间，中医药工作被"一根针，一把草"取代，不少中医药人员下放、离队。至 1975 年，全区各级各类医疗卫生机构的中医药人员减至 735 人，占卫生技术人员的 19.7%。

1978 年后，本区中医工作重新走上正轨。1979 年进行职称评定及晋升。全区从集体所有制医疗单位和民间选拔 40 名中医药人员到全民所有制医疗机构任职。至 1987 年，全区各级各类医疗卫生机构有中医药人员 1020 人，但由于西医人员发展较快，因此中医药人员只占卫生技术人员的 17.81%。全区有个体开业中医 444 人。

中华人民共和国成立前，中医治疗经验记载不详，大多失传或秘而不传。新中国成立后，中医技术得到挖掘和发展。1955 年收集民间单、验、秘方 1078 件。1960 年始分批安排知名老中医药人员带徒，其中 1961 年、1979 年、1984 年共带徒 74 人。1978 年后相继整理出《郑起英医案》、《邓雪芳医案》、《郑国良医案医话选》。

广大中医药人员在临床实践中积累了丰富的经验。龙岩陈汝奎医师对瘟病颇有造诣，曾用中药治愈一例结核性脑膜炎，一例产后乙型脑炎，常被地、县医院聘请参与急重病例会诊，著有《中医治疗流行性乙型脑炎点滴体会》等论文。永定郑国良医师，立法处方甚为讲究，尊古而不泥古，以承气汤加石膏、知母治阳阴火盛灼筋之缩阳症；桃仁承气汤扩大应用于崩漏、产后劳伤、腰腿痛和术后（西医外科手术后）瘀阻胀痛，疗效显著。并自拟方剂制成"阳仪丸"、"调冲汤"治男女不育，据多年观察，疗效满意，求方索药者甚众。晚年著有多种论著。连城邓雪芳医师治疗妇科、内科杂病有独到之处。其祖传八代喉痈散和茸紫散，对治疗白喉和虚寒哮喘有较好的疗效，著有《新编痔瘘指南》等书。上杭刘盛昌医师对传染性肝炎治疗经验丰富，著有《52 例传染性肝炎分型施治》论文。傅德春医师对妇科感染性疾病，不拘前贤"产后有热须带温补"之说，善从温病施治，每每奏效。龙岩郑起英医师善治小儿病疳热羸弱、脾虚腹泻等症，著有《小儿疳热总编》、《小儿刚柔痉治验》等书。陈世泽医师能望目诊痔，自制枯痔丁，对翻花内痔用扎根法，曾名闻全省。李白克医师，创制生肌膏治疗痔疮甚效。上杭伤科医师郭寿荣，曾任京都永盛镖局镖师，治验丰富，疗效甚佳，著有《内功与正骨术》、《武术与伤科疗法》等书。龙岩徐守环善用"新伤七攻三补"，"老伤七补三攻"，正骨疗伤名闻数县。龙岩蛇伤医黄金源颇有声誉，其次子黄守华在祖传秘方的基础上，创制蛇伤膏、蛇药急救散，并在龙岩地区医科所制成"龙岩蛇药"，对治疗蛇伤有较好疗效。长汀叶华林承祖业，治疗眼疾远近闻名。

2010 年，全市开展二级中医医院等级评审工作。4 个农村中医特色专科通过省验收。开展中医"三名"工程建设考评，对达到建设标准的龙岩市中医院骨伤科、针灸科和长汀中医院骨伤科授予"名中医专科"称号，授予 2 人"名中医"称号。

2011 年，为贯彻落实《国务院关于扶持和促进中医药事业发展的若干意见》，发挥中医药在医改中的作用，龙岩市政府下发《关于扶持和促进中医药事业的实施意见》，采取一系列扶持中医药发展和中医人才培养的政策措施。中医重点专科（专病）、农村中医特色专科和基层医疗机构中医科建设取得进展，已有国家培育建设重点专科 1 个、国家级农村中医特色专科 4 个、省级重点专科 2 个、省级农村中医特色专科 6 个。甲、乙类乡（镇）卫生院和社区卫生服务中心中医科、中药房建设得到加强，配备了中医执业（助理）医师或中医本科毕业生。

五、药材及制药

中华人民共和国成立后，龙岩地区重视药材的栽培和制作。

（一）药材生产方面

新中国成立前，龙岩地区中药材种植的主要品种有乌梅、莲藕、荆芥、淮山等。1957—1959 年，地、县、医药公司相继办起药材培植场，进行中药材的引种试种。截至

1960年上半年,全区办起药材培植场40个,引种试种中药材95种,主要有郁金、姜黄、生地、白术、淮山、薏米、荆芥、泽泻、菊花等。

1964年,连城县医药公司在连城县宣和紫林办起以引种试种田七(三七)为重点的药材培植场。同时,种植白术、茯苓、黄连、木香、党参、黄芪等23种中药材,种植面积140亩。1966年,受省医药公司委托,承担省引种试种田七的任务,省医药公司拨款10万多元扶持。同年10月,从广西靖西县引种田七子条2万余株。次年,从云南文山州调入田七红子几万粒。经引种试种成功后,先后向上杭、武平、宁化、南靖、同安、龙岩等县公司提供了部分种子种苗。年产田七最高达150多公斤。1974年紫林药材培植场下放宣和公社管理,田七随之停产。

1971年,长汀县医药公司在县林业局的支持下,在楼子坝林场种植1万多株厚朴和少量杜仲。

1972年,永定县医药公司在坎市、抚市、下洋、湖雷、仙师等社队(场),建起药材种植基地,种植了肉桂、黄檗、巴戟天等28种药材。1975年,在下洋三八茶场,采取巴戟天野生转家种,种植20多亩,获得成功。1987年,永定县湖山林场培育出巴戟天种苗50多万株,有力地促进了南药巴戟天的生产。

1973年,省医药公司拨药材生产补助、扶持、试验费,有效地促进了全区药材种植的普遍开展。同年,由武平县医药公司倡导,武平县良种场从黑龙江、吉林引入6头梅花鹿(2雄4雌),进行驯养成功,至1987年发展到63头,其中有17头产茸、年产鹿茸7公斤,为本区北鹿南养获取药材提供了典型。该成果获省1978年科学大会奖。

1975年,龙岩地区医科所李述志等人组织科研人员对本区梅花十八崇的中草药资源进行首次系统性调查,发现药用植物300多种及发现蛇类新种2种。1983年,该研究成果被评为省卫生厅科技进步二等奖。同年,地区医科所连周光等人在上述基础上,对龙岩、上杭、漳平、连城4县采用抽样调查,编写出《龙岩地区药用植物名录》,收集记载全区药用植物1050种,"龙岩地区药用植物资源调查与开发研究"获1979—1985年龙岩地区科技进步三等奖。这年地区医药站、地区医科所组织专业队对本区7个县(市)进行中草药资源调查,历时1年,共收集中草药品种1065种,基本摸清了本区中草药资源分布与蕴藏量,"龙岩地区中草药资源普查"获龙岩地区1986—1987年科技进步三等奖。

1979年,地区农科所姜寿萱等4人,经3年多的栽培试验,筛选出适于密环菌生长的本区速生、高产、优质的树种,并基本上摸清了天麻在本区栽培的生长发育规律,总结了一套适于农家栽培天麻的方法,有效成分达到天麻质量标准,填补了省内种植天麻的空白,1985年全区推广5000平方米,并向全国5省区推广种麻1500公斤。该成果获省人民政府1986年科技进步三等奖。

1980年,地区科委、地区农科所和地区医药站廖寿坤等,从广西引进罗汉果薯块和种子分种于地区农科所、林科所和连城、上杭、武平、漳平、龙岩等县药场、良种场。经过4年多的栽培研究,基本摸清了罗汉果在本区的生长发育规律和雌株与雄株的生育特性，并通过采用雄株留长蔓越冬和薯块增温催芽以及科学水肥管理等措施，解决了花期不遇和采用种子育苗解决雄株不足等问题，有效地提高了罗汉果的产量和质量，填补了本省历史上种植罗汉果的空白。该成果获地区1979—1985年科技进步三等奖。

1981年，龙岩大池九曲岭农科所种植了罗汉果200余株，科技人员利用激素24—D1/10万分浓度，对罗汉果的花柱头、子房进行人工涂抹，结出无性果500余粒。1984年，武平象洞有性结果2万余个引种成功，通过地区科委鉴定，随后推广种植。

至1984年，全区用于药材种植的补助、扶持、试验费计15万多元，种植药材面积1.8万多亩。普遍种植的主要药材有乌梅、银花、栀子、厚朴、杜仲、黄檗、巴戟天、枳壳、射干等品种。

1985年起，由于中药材市场开放，药材价格大起大落，使药材产量时上时下。

（二）主产药材

(1)乌梅。上杭在明朝初年(1368年)就有乌梅生产，因其个大、肉多、色黑、柔软、味酸后转甜、质优而畅销中外，有“杭梅”之赞誉。新中国成立初期，上杭有梅林2000多亩。1955年起，长汀开始有乌梅加工生产。此后，乌梅加工技术逐渐推广到武平、永定、连城、龙岩。1968年，全区乌梅年收成量为5万多公斤，创历史最高纪录。“文革”期间，梅树大量被砍，再加上缺少管理，枯、老、病死不少，乌梅生产严重受挫。1973年起，医药商业部门重视发展乌梅生产，在上杭定点建立5000亩杭梅基地。1987年，上杭、长汀等县梅树扩种了800多亩。

(2)茯苓。1964年前，茯苓为野生，产量很少。1965年漳平、连城、武平从安徽、湖北等省引入鲜茯苓，进行“肉引”栽种成功。其余各县也相继引种。1972年，武平、漳平采用木片菌种栽种茯苓新技术，代替原“肉引”栽培法。同年，全区茯苓年收成量达4.3万多公斤，不但满足了本区配方用药需求，而且还调供区外、省外，并供外贸出口。1974—1979年是全区茯苓生产发展的鼎盛时期，产量逐年增加。1979年，全区茯苓年收成量高达62万多公斤。同年，因全国性盲目大面积种植，致使中药材市场上茯苓供过于求，产品大量积压，价格下跌，收购部门停止收购，严重挫伤药农种植茯苓的积极性。次年，全区茯苓种植基本停止。1983年后，茯苓生产虽有恢复，但因市场价格波动大，生产很不稳定。

(3)射干。1973年前，射干为野生，产量不高。1974年，武平、上杭、龙岩从江苏省连云港引种射干(大果种)成功。1976年，武平、上杭将本区野生射干(小果种)转为家种后，因其比种的射干品种适应性强、产量高、根状茎荫芽育苗率强，普遍被推广种植，而引种的射干品种则被自然淘汰。1980年，全区射干年收成量超过1.5万多公斤，一跃成为主要(大宗)药材产品，不仅满足区内的需求，而且还调供区外、省外。1985年，全区射干年收成量3.4万多公斤，创历史最高纪录。

（三）中药炮制

新中国成立前及成立初期，私营中药店(堂)，多属“前店后场”，规模小的有切、炮、炒、炙、飞；大的还有蒸、煮、焙、炮、煅等中药饮片炮制工艺。上杭、长汀、武平、永定、连城等地药材商多江西漳树人，其中药饮片炮制工艺多属樟树派；漳平、龙岩两地的中药饮片炮制工艺，有樟树派、金陵派。炮制的药材饮片，多自产自销。

1957 年全区各县药材公司成立，同时组建了中药饮片炮制加工厂(组)。初期，厂房简陋，工具原始，沿袭传统制法，手工噪作，“切片用药刀，切草用铡刀；飞砂手工擂，研药踩铁槽；炒(炙)药锅灶铲，煅药木炭烧；干燥竹席晒，浸洗水肩挑”。其炮制饮片还不足供应区内医院、诊所、药店的配方用药需要。

1976 年起，各县医药公司相继购置切片机、切草机、球磨机、炒药机、粉碎机、电干燥箱，同时新建厂房、烤药房、炒药房、晒药场等。其加工的产品，基本能满足区内用药需要。

截至 1987 年计，全区有中药饮片加工炮制厂 8 家，厂房(车间)面积 2959 平方米，机器设备 53 台，从业人员 96 人。加工炮制方法有：净选、切制、炒、炙、煅、蒸、煮、焯、烘、焙、煨、制霜、发酵、提净、水飞、复制等。

(四)主产药品

(1)惊风化痰丸。清末民国初年(1911 年)，长汀华严堂张济南继承明太医曾德宏华严堂研制的惊风化痰丸制法制成。1959 年长汀县医药公司组建了以生产原华严堂张济南所制的“惊风化痰丸”为主的中成药小组。1963 年长汀县医药公司中成药小组划归长汀县合作商店管理，成立“中成药生产合作小组”，主产“惊风化痰丸”。1982 年，全国药厂整顿，该项产品因达不到规定的卫生标准而停产。1985 年，长汀县科技实验站在华严堂张济南的后代张鸿熙、张世和的协助下，在长汀县策武乡筹建以生产“惊风化痰丸”为主的“汀州华严堂制药厂”，建厂房 600 平方米，购置了可年产 10 吨“惊风化痰丸”的全套机械设备，改手工操作为机械生产。1987 年筹备就绪。同年“惊风化痰丸”被列入 1987—1988 年省级星火计划项目。

(2)龙岩神曲。1919 年龙岩龙门镇惠俊堂、培善堂、升德堂、德济堂、大华药房等相继生产祖方神曲、茶饼。1955 年惠俊堂、大华药房 2 家合办龙门镇神曲加工厂。1958 年龙岩县医药公司接收龙门镇神曲加工厂，生产神曲、茶饼。1966 年后，因受“文革”影响，加上原料无法正常供给，神曲、茶饼被迫停产。1982 年曾申报省卫生厅恢复神曲生产，未获批准。

(3)万应茶饼。1932 年，永定陈东采善堂制药厂从广东大埔迁回陈东生产“万应茶饼”。1956 年实行公私合营，成立永定陈东公社采善堂制药厂，继续生产“万应茶饼”。1967 年更名为永定陈东公社药饼加工厂。1979 年命名为永定陈东制药厂。1984 年厂址迁到城关，名为“永定县采善堂制药厂”，主要生产万应茶饼。

自改革开放以来，龙岩地区中成药开发、西药生产均有较大幅度的增加。至 2005 年，全市有龙岩市天泉生化药业有限公司等 7 家药品、保健品生产企业和医用制氧厂。生产有川芎嗪、奈替米星、格拉司玉、西洋参含片、万应茶、医用氧等 36 个品种。企业重视新产品开发。天泉生化药业投入1100万元开发了奥美沙坦酯、依达拉奉等20种新产品;力菲克药业投入1100万元开发利拉萘酯、盐酸度洛西丁等24种新药、38种保健食品、40多种营养食品;采善堂投入700万元开发慈宁宫颗粒、定心丸、肝康复丸等品种。2013年,天泉药业有限公司承担的"甘草次酸酯制剂化学一类新药临床前研究"项目通过省科技厅组织的验收。该项目顺利通过验收标志我市在生物医药产业具备较强的科研能力。

六、计划生育与优生科学

龙岩地区育龄妇女的总和生育率在20世纪40年代是4.26,50年代是5.74,60年代为4.97。在高出生率时期,全区妇女的总和生育率每年约为5个。而以1971—1975年连续5年在5个以上为较高。1976年起开展了在自愿原则下的节育工作,才使出生率逐渐下降。1979年开始,龙岩地区对一对夫妇只生育一个孩子的办理独生子女证。

在中央制定关于晚婚、晚育、少生、优生等计划生育政策,特别是福建省人民政府1982年5月颁布《关于计划生育几个具体政策的规定(试行)》以来,龙岩地区结合本地的、各阶段的具体情况,制定了一些奖惩办法和对独生子女及其家庭的奖励与照顾措施,在辖区内实行,推动了计划生育工作的开展。1983年,全区对5%人口抽样调查表明:平均每个已婚育龄妇女有3个子女,农村妇女比城镇妇女平均多生育子女数1个以上。至1985年,全区实际计划生育率为43.96%。至2000年,龙岩全市上下紧紧围绕基本实现计划生育"三为主"(宣传教育为主、避孕节育为主、经常性工作为主)工作目标,坚持综合决策、综合治理,坚持抓早、抓紧、抓实,较好地稳定了低生育水平,综合治理人口问题的局面在全市初步形成。根据市计生委报表汇总和综合评估分析,1999年10月1日至2000年9月30日(计划生育统计年度),全市总人口286.9万人,人口出生31700人,人口出生率11‰,计划生育率91%,一孩率74.14%,二孩率24.69%,多孩率1.17%;早婚率0.21%,晚婚率62.7%;独生子女领证累计11.31万人,领证率19.65%;全年落实各种节育措施36815例,长效节育措施落实率89.59%,其中二女扎2337例,二女结扎率90.72%;计划生育合格村与基本合格村率80.75%。与"八五"期末相比,计划生育率提高18.5个百分点,一孩率提高2.1个百分点,晚婚率提高17个百分点,合格村与基本合格村率提高35个百分点;人口出生率下降0.95个千分点,多孩率下降4个百分点,早婚率下降5个百分点。

龙岩市将免费孕前优生健康检查项目列入民生龙岩建设、实施"生育文明,幸福家庭"促进计划的重要内容,在2010年上杭县国家级试点单位示范带动的基础上,2011年免费孕前优生健康检查覆盖到全市7个县(市、区),由人口计生部门具体实施。按照"先行试点、以点带面、全面铺开"的原则,出台了实施方案,成立了工作机构,落实了项目资金。各县(市、区)共新增投入518万元更新或配备孕前检查设备。采取公开招聘等方式,配备专业技术人员,建立了一支适应孕前优生健康检查服务能力的技术队伍。

全市各级计生服务机构共引进具备执业资格的技术人员38名。加强培训工作，采取科技大练兵、送出去学习、集中培训等多种形式强化对县、乡专业技术服务人员的培训，为提高服务能力和孕检质量提供了技术保证。全市累计为34857人提供了免费孕前优生健康检查服务，检测出高危人群4155例；接受优生咨询宣传48779人次。国家试点县上杭县累计开展孕前优生健康检查7322例、咨询宣传10124人次、查出高危人群343例。

第七节　科技队伍与科技管理机构

近现代时期，龙岩地区从事科技的人很少，在科技人员中，要数名医最多，但由于各种发明创造、科学技术都处于自发状态，没有也不可能有任何一种团体组织形式，因而人才也是独立存在和分散的，加上旧的生产关系，落后的生产力和战事频繁，山区闭塞，许多从事科技的人员外流谋生。到中华人民共和国成立时，全区仅有科技人员95人。中华人民共和国成立后，党和政府高度重视科技的发展，认识到科学技术是生产力，成立了龙岩地区科学技术委员会，专门管理龙岩地区的与科技创新相关的一切事务。特别是中国共产党十一届三中全会后，政府加大了科学技术的管理工作，制定了激励知识分子创新的相关机制，从而使科技队伍不断发展壮大，各层次人才辈出。

一、科技队伍的增长与构成

中华人民共和国成立后，中国共产党和人民政府重视科技事业的发展，科技人员逐年增加。至1952年1月，全区已有科技人员207人，其中医疗卫生人员127人、工程技术人员47人、农林技术人员27人，从事其他工作的科技人员6人。科技力量的分布为：在地区本级的75人，县132人。1956年第一个五年计划执行后，全区自然科技人员有了显著增长，据1957年统计，共达1209人，比1952年增长4.8倍，其中工程技术人员增长1.96倍，农林技术人员增长近10.9倍，卫生技术人员增长4.78倍。此后，尽管在1957年受到反右斗争严重扩大化和1959年的反右倾“拔白旗”的影响，知识分子受到打击，但随着经济建设的开展，科技队伍仍有较大增长，至1964年，全区有科技人员6027人，其中大专以上1536人，中专4396人。

“文化大革命”期间，由于受“左”倾错误的影响，批判所谓“反动学术权威”和“臭老九”，使许多知识分子蒙受不白之冤，有的惨遭迫害，有的被迫改行。但受中国共产党和人民政府培养教育的广大科技工作者并没有因此而消沉，许多人仍坚守科研岗位，坚持钻研科学技术，科技队伍在曲折中仍有所发展。1978年3月，全国科学大会后，全区大批受迫害的知识分子得到平反昭雪，改行的纷纷重返科技工作岗位，到6月，全区有科技人员10581人，与1957年相比，增加7.75倍，比1964年也增加0.76倍。科技组织向民间发展，群众性的科技团体、科技咨询服务和技术推广队伍脱颖而出，科技试验网点已遍布广大农村。1982年开始，通过进一步认真贯彻落实党的知识分子政策，实行优惠的经济待遇，鼓励科技人员从城市到农村，特别是到贫困山区，为经济建设服务，较好地扭转人才外流倾向，稳定山区人才。1987年，全区还从外地调进科技人员1169人，至此，全区自然科学技术人员发展到14594人。其中获得高级专业技术职称的18人，中级专业技术职称的891人。以后，龙岩市科技队伍不断壮大，到2013年底，全市有专业技术人员达46825人。

(一)闽西籍学部委员和科学院院士

图4-18　卢嘉锡

卢嘉锡(1915.10—2001.6)，男，汉族，祖籍龙岩市永定区坎市镇人，我国结构化学学科的开拓者和奠基人，著名的科学家、教育家和社会活动家。1915年10月26日生于厦门市，1934年毕业于厦门大学化学系，1939年获英国伦敦大学物理化学专业哲学博士，1985—1988年当选第三世界科学院院士、理事会理事、副院长，1987年获伦敦城市大学名誉科学博士学位，同年获比利时皇家科学院外籍院士称号。历任厦门大学化学系教授、系主任，理学院院长，研究部部长，校长助理，副校长；厦门市政协副主席。1955年被选为首批中国科学院学部委员(院士)；1960—1981年任福州大学教授、副校长，中国科学院福建分院副院长、中科院华东(后改称福建)物质结构研究所研究员、所长，福建省人大常委会副主任、省政协副主席；1981—1988年任中国科学院院长、主席团执行主席、学部委员，中国科学技术协会副主席；1988—1993年任中国科学院特邀顾问。1989年被中国科学院授予荣誉勋章。1993年获国家自然科学奖证书。1993年至1998年，任农工党中央主席、名誉主席，中国科学院院士。是第八届全国人大常委会副委员长，第七届、九届全国政协副主席。开拓中国原子簇化学研究领域，对中国原子簇化学的发展起了重要推动作用，由于卢嘉锡在原子簇化学方面的突出贡献，曾获得1991年中国科学院自然科学一等奖和1993年国家自然科学二等奖。2001年6月4日在福州逝世。

图4-19　卢衍豪

卢衍豪(1913.4—2000.2)，男，汉族，龙岩市永定区坎市镇人，地层古生物学家。1913年4月16日出生于永定县坎市镇。1937年毕业于北京大学地质学系，1941—1949年在中央地质调查所从事地层古生物研究。1951年任中国科学院古生物研究所副所长。1959年被选为全国地层委员会常务委员，1979年任副主任委员。1962年以来长期任中国古生物学会常务理事、副理事长。1983年任中国地质学会副理事长。1984年任中国古生物学会理事长。1955年加入九三学社，是第三、五、六、七届全国人大代表。1979年荣获江苏省劳动模范、全国劳动模范称号。1980年起任中国科学院地学部委员、常务委员。1983年被选为九三学社江苏省委员会副主任委员。1985年被选入1984/1985年英国名人传记出版社出版的《当代国际功绩卓著名人录》。他是中国地层与古生物学界具有重大国际影响的专家。他的《中国的三叶虫》、《中国的寒武系》、《中国的寒武—奥陶系界线及其附近的化石带》等重要著作是中国三叶虫古生物学、下古生界地层学(特别是寒武纪地层学及寒武—奥陶系界线划分研究)之奠基性经典。他提出的"生物—环境控制论"对中国和世界寒武—奥陶纪的动物群分布规律和岩相古地理研究,以及沉积矿产预测都有重要指导意义。在中国最早发表关于轮藻化石的论文,为微体古生物学研究的先驱。2000年2月在南京逝世。

卢佩章(1925.10—),男,汉族,龙岩市永定区坎市镇人,分析化学家。1925年10月生于浙江杭州。1948年毕业于同济大学理学院化学系,并留校任教。1958年在中国科学院大连化学物理研究所工作至今,先后任该所化学研究室主任、副所长、色谱研究所主任,《色谱》杂志主编,中国色谱学会名誉理事长。1980年当选为中国科学院院士。主要从事以色谱为主的分析化学研究,是中国色谱分析的先驱者之一。先后完成了"熔铁催化剂水煤气合成液体燃料及化工产品""液态燃料的费—托合成研究(气相色谱应用于产品的分析)"等项目;发展了腐蚀性气体色谱等一系列国防分析技术和仪器,填补了国内空白;开展了高效液相色谱的研究,研究成功K-1型细内径高效液相色谱柱,达到世界先进水平;领导开展了具有国际水平的色谱专家系统理论、技术及软件开发等方面的研究,为我国的色谱科研事业做出了卓越的贡献。至今荣获各种奖励20余项。曾获中国科学院"荣誉勋章"(1989年),被苏联授予"茨维特色谱勋章"(1990年),被美国传记研究所授予"世界终身成就奖"(1992年)。发表学术论文250余篇,编写出版《色谱理论基础》等7部专著,并出版了《卢佩章选集》,先后培养研究生30余名。

图4-20 卢佩章

谢联辉(1935.3—),男,汉族,龙岩市新罗区雁石乡人,植物病理学家,植物病毒学家,农业教育家。1935年3月出生于龙岩县(现新罗区)雁石乡,1958年毕业于福建农学院农学系,1960—1961年进修于北京农业大学植物病理学系。曾任福建农学院讲师、植物病毒研究室主任、副教授、教授、植物保护系主任,现为福建农林大学学术委员会主任、病毒研究所所长、植物病理学科主任、福建省植物病毒学重点实验室主任。1991年当选为中国科学院学部委员(院士)。他长期从事水稻遗传育种研究,为中国粮食安全做出重要贡献:1980年培育出优异种质——杂交水稻恢复系"明恢63"改变了中国靠引用外国品种作杂交水稻恢复系的被动局面。

图4-21 谢联辉

他还比较全面地研究了中国水仙、甘蔗、烟草、番茄和香蕉等植物的病毒种类、分布、发生和防治对策，报道了11个中国新纪录和5个中国大陆新纪录。主要论著有《植物病毒学》《植物病毒名称及其归属》《水稻病毒》等，发表论文150多篇。先后获得国家、省科技进步奖，省科技突出奖，国家优秀专家，全国杰出专业人才，福建省粮食作物育种技术与新品种培育重大专项首席科学家等荣誉称号。他主持承担的"杂交水稻恢复系的广适强优势优异种质明恢63"项目获2012年度国家科技进步奖二等奖。

图4-22　林尚安

林尚安（1924.6—2009.3），龙岩市永定区湖坑镇人，高分子化学家。1924年6月8日出生于永定县湖坑镇。1946年毕业于厦门大学化学系，1950年获岭南大学化学硕士学位。此后一直在中山大学任教。1960年、1978年晋升为副教授、教授。历任中山大学化学系主任、高分子研究所所长。1993年11月当选为中国科学院院士。长期从事聚烯烃优质材料合成及功能高分子研究，研制出新型多功能高效催化剂用于合成出超高分子量聚乙烯和乙烯气相高效聚合和多种烯烃之间的共聚合。首创出含稀土钛催化剂和多种新型茂金属催化体系用于分子设计柔性聚合反应，合成出多种等规和间规聚苯乙烯及共聚物，并研究其配位聚合机理与动力学。此外，对聚烯烃改性、合成功能高分子分离膜等方面的研究，也取得了成果。在国内外高分子学术界享有盛誉，为我国高分子学科建设和发展做出了重要的贡献。出版专著4部，发表高水平学术论文150多篇，申请获得发明专利20多项，曾获国家自然科学奖、国家级优秀教学成果特等奖、国家教委科技进步奖等国家及省部级科研、教学成果奖12项，及全国优秀教师和南粤杰出教师称号。曾担任中国化学会常务理事兼高分子委员会副主任委员，广东省化学会理事长，国务院学位委员会、国家自然科学基金委员会、中国科学院科学基金委员会、国家教委科技委员会化学评审组成员，国家教委《高等学校化学学报》、《高分子学报》编委，《中国大百科全书》高分子化学组副主编，全国自然科学名词审定委员会高分子学科组成员。2009年3月17日在广州逝世。

图4-23　林　鹏

林鹏（1931—2007.5），龙岩市新罗区西陂镇人，植物生态学、红树林湿地生态学专家。1931年出生于晋江安海镇。1955年毕业于厦门大学并留校任教。曾任厦门大学生命科学学院教授、博士生导师，生态学研究所所长，湿地与生态工程研究中心主任，兼任中国生态学会常务理事、国际红树林湿地生态系统学会理事会理事。2001年当选为中国工程院院士。他长期从事河口海岸红树林和陆地植被生态学研究，率先对中国六省区（包括台湾）红树林进行了系统调查和研究，是中国红树林生物量、生产力、物流能流等生态系统研究的开拓者，取得了丰硕的科研成果。特别是他在红树林湿地生态领域系统的创造性成就，使中国的红树林生态系统研究跨入当前世界海岸湿地生态学研究的前沿领域。专著《中国红树林生态系》填补了中国红树林生态系统学科的空白。科研成果先后获得国家级奖2项，省部级14项。2007年5月12日因公车祸，抢救无效逝世。

郭柏灵（1936.10— ），龙岩市新罗区龙门镇人，应用数学家。1936年10月23日生于龙岩市新罗区龙门镇。1958年毕业于复旦大学数学系，并留校任教。历任助教、助理研究员、副研究员、研究室主任。1963年调北京二机部参加“两弹一星”的研制工作。改革开放后，调至中国科学院应用物理与计算数学研究所工作，担任研究员、博士生导师。2001年11月当选为中国科学院院士。是国家自然科学基金会数学专家组评委。长期从事与物理有关的数学基础理论研究，特别是在非线性发展方程方面，对力学及物理学中的一些重要方程进行了系统深入的研究，给出了系统而深刻的数学理论。在无穷维动力系统方面，成功地研究了一批重要的无穷维动力系统，给出了有关整体吸引子、惯性流形和近似惯性流形的存在性和分形维数精细估计等理论，提出了一种证明强紧吸引子的新方法，并利用离散化等方法进行理论分析和数值计算，展示了吸引子的结构和图像。发表论文200余篇，出版专著7部。科研成果获国家自然科学奖，国防科工委科技进步一等奖。

图4-24 郭柏灵

谢华安（1941.8— ），龙岩市新罗区适中镇人，著名的杂交水稻育种专家、农学家。1941年8月16日生于龙岩市新罗区适中镇，1959年毕业于福建龙岩农业学校。1964年结业于福建农学院（函授）。历任福建永安县小陶农业中学、县农业中学、永安农业职业学校教师。1972年起任福建三明市农业科学研究所助理研究员、副研究员、副所长，1990年任所长、研究员。1996年至今历任福建省农业科学院院长、研究员，福建农林大学客座教授、硕士生导师、博士生指导小组成员，福建省农学会副会长，兼任福建省科协副主席。是农业部科学技术委员会常委。2007年当选为中国科学院院士。他长期从事杂交水稻育种工作，为中国杂交水稻的研究与推广并在国际保持领先地位做出了突出贡献。他研究创立了四项关键技术，并应用于育种实践，培育出中国稻作史上种植面积最大的水稻良种“汕优63”，获国家科技进步一等奖，被称为“杂交水稻之母”。由于他在杂交水稻领域的突出贡献，曾多次荣获从全国到省、市各级政府授予的科技先进工作者、标兵、双文明标兵及优秀共产党员的称号，是全国“五一劳动奖章”获得者以及国家有突出贡献的中青年专家，国家“八五”科技攻关先进个人，中华农业科教奖、王丹萍科学技术奖一等奖、福建省首届科学技术重大贡献奖、

图4-25 谢华安

国务院特殊津贴的获得者。1999 年获得陈嘉庚农业科学奖。2004 年，获福建省政府授予的“福建省杰出科技人员”荣誉称号。当选八届全国人大代表，九届、十届全国政协委员。

（二）国务院政府特殊津贴专家

国务院特殊津贴专家是党中央、国务院按照一定程序认定进行国务院政府特殊津贴的专家的称号，简称政府特贴专家。是党中央、国务院为加强和改进党的知识分子工作，关心和爱护广大专业技术人员而采取的一项重大举措。自开评以来，龙岩市范围内获得国务院政府特殊津贴专家共计 39 人。

表 4-5　龙岩市现有国务院政府特殊津贴专家名单

序号	姓名	性别	出生年月	工作单位	职称	取得资格时间
1	黄人骥	男	1936.10	龙岩市农业区划办	高级农艺师	1992 年
2	王鹤章	男	1937.03	龙岩市土肥站	研究员	1992 年
3	朱天亮	男	1927.10	龙岩市农科所	副研究员	1992 年
4	林滋銮	男	1933.04	龙岩市农科所	副研究员	1992 年
5	张兆璘	男	1930.12	龙岩市第一医院	主任医师	1992 年
6	李根发	男	1939.12	闽西职业技术学院	副教授	1992 年
7	林明海	男	1938.12	闽西职业技术学院	副教授	1992 年
8	卢豪魁	男	1938.09	龙岩市水技站	高级工程师	1992 年
9	张春良	男	1939.06	龙岩市职防院	主任技师	1992 年
10	颜启淡	男	1932.12	龙岩粉末冶金厂	高级工程师	1992 年
11	王仰高	男	1937.09	武平林化厂	高级经济师	1992 年
12	阮益初	男	1935.04	龙岩市园林处	高级工程师	1993 年
13	黄翠锦	女	1938.12	龙岩市农科所	副研究员	1993 年
14	郑庆升	男	1941.10	龙岩师专	研究员	1993 年
15	邱国辉	男	1940.11	连城县医院	主任医师	1993 年
16	吴汉六	男	1928.11	龙岩市第一医院	主任医师	1993 年
17	金　佛	男	1936.03	原地区水泥厂	高级工程师	1993 年
18	邓玉璇	女	1936.07	省艺校龙岩戏曲班	一级演员	1993 年
19	李双盛	男	1945.10	龙岩市农科所	副研究员	1993 年
20	傅锡成	男	1942.02	长汀县民政局	工程师	1993 年
21	林龙生	男	1957.11	武平县汽车配件厂	高级工程师	1993 年，后调省会单位工作

续表

序号	姓名	性别	出生年月	工作单位	职称	取得资格时间
22	陈景河	男	1957.10	上杭县矿产公司	高级工程师	1993年
23	陈克荣	男	1938.10	龙岩市水泵厂	高级工程师	1996年
24	段荣珍	女	1954.11	龙岩市第三医院	主任医师	1997年
25	沈敏海	男	1960.12	龙岩市第一医院	主任医师	1998年
26	江瑞荣	男	1963.02	龙岩市林业种苗站	高级工程师	1998年
27	王镇中	男	1941.05	武平科技情报所	高级工程师	1998年
28	林　群	男	1948.10	龙岩一中	中学高级教师	1999年
29	赵永建	男	1949.10	市林业科研所	高级工程师	1999年
30	曾宪辉	男	1956.09	上杭县紫金矿业公司	高级工程师	2000年
31	林国鑫	男	1947.06	龙净股份有限公司	高级工程师	2000年
32	郭　俊	男	1955.03	龙净股份有限公司	高级工程师	2001年
33	杨立明	男	1957.11	龙岩市农科所	高级农艺师	2002年
34	兰华雄	男	1959.07	龙岩市农业科学研究所	教授级 高级工程师	2006年
35	黄　炜	男	1963.12	福建龙净环保股份有限公司	高级工程师	2008年
36	李　良	男	1963.02	福建龙净环保股份有限公司	高级技师	2008年
37	郑东文	男	1968.09	龙岩烟草工业有限公司	高级技师	2011年
38	李泽彧	男	1962.01	龙岩学院	教授	2013年
39	杨小燕	女	1961.09	龙岩学院	教授	2013年

（三）福建省杰出科技人才获得者

郭俊，福建龙净环保股份有限公司副总经理兼电气总工程师，教授级高级工程师，全国首批“注册自动化系统工程师”。主持开发成功的电除尘器高压控制系统单片机控制技术、IPC电除尘器智能计算机控制系统等数十项对我国除尘行业发展具有重要意义的关键技术，填补了我国电除尘技术的多项空白，研究成果均达到国际先进水平，因而成为我国除尘技术重要学术带头人。已获省科学技术一等奖1项、二等奖2项、三等奖1项、国家环保总局科学技术二等奖1项、市科学技术奖一等奖2项。曾先后被授予“龙岩市地管优秀青年专业人才”、“龙岩市优秀知识分子”、“福建省省级企业技术中心先进工作者”、“享受国务院特殊津贴专家”等荣誉称号，2006年在澳大利亚举行的第十届国际电除尘会议上，被国际电除尘协会授予“国际电除尘协会名人”称号，成为国内第一位获得国际电除尘行业最高奖项的企业技术专家。2009年，获得福建省第二届杰出科技人才称号。

(四)龙岩市有突出贡献的科技工作者

郭俊，福建龙净环保股份有限公司副总经理兼电气总工程师，教授级高级工程师，全国首批“注册自动化系统工程师”。2007年，获得龙岩市首届科技突出贡献奖称号，龙岩市政府给予奖励20万元。

赵永建，龙岩市林业科学研究所党支部书记、研究员，教授级高级工程师。首次发掘出“类芦”、“斑茅”等优良水土保持草种，在水土流失治理技术上获得新突破，该研究成果成功解决了南方矿区废弃物地区植被恢复性治理难题。其主持完成的“福建水蚀荒漠化和矿山废弃物地区快速绿化技术研究”成果，在长汀及各类矿山水土流失治理应用中，取得显著成效，得到关君蔚、林鹏等院士的高度评价。2004年被中国水保学会推介到第十三届国际水土保持会议上作学术交流，该成果被科技部列为全国示范项目、星火计划项目。目前该成果在珠江流域七个省(区)得到大面积推广，取得了良好的社会经济效益与生态效益。主持研究的科研成果荣获省科学技术二等奖2项、三等奖6项。曾先后被授予“福建省优秀专家”、“享受国务院特殊津贴专家”、“全国林业科技先进工作者”、“全国绿化奖章”、“福建省十大林业科技标兵”、“龙岩市劳动模范”等荣誉称号。2007年，获得龙岩市首届科技突出贡献奖称号，龙岩市政府给予奖励20万元。

杨立明，龙岩市农业科学研究所副所长、高级农艺师，龙岩市政协委员，中国作物学会甘薯专业委员会理事，福建省旱作物专业委员会理事，福建省农作物品种审定委员会薯类专业组成员，国家甘薯鉴定委员会专家组成员。28年来一直工作在农业科研生产第一线，致力于新品种的研发，配制了数千个甘薯杂交组合，1991年选育成功5个新品种，均通过福建省品种审定，3个品种通过全国品种审定、鉴定，其中岩薯5号是我省第一个通过全国品种审定的甘薯品种，也是唯一获得国家农作物新品种后补助的甘薯品种，2004年被国家科技部列为“国家科技成果重点推广计划”项目；而“优质红心甘薯新品种(岩薯5号、龙薯1号、龙薯3号)示范推广”项目，2005年被列入国家星火计划项目，均被大面积推广应用，为我市农民增收、农业增效做出了突出贡献。龙薯1号及龙薯10号通过国家品种鉴定。主持研究的科研成果荣获省科学技术二等奖1项、三等奖2项，市科学技术奖一等奖3项，全国农牧渔丰收奖二等奖1项；曾先后被授予“享受国务院特殊津贴专家”、“龙岩市劳动模范”、“龙岩市管拔尖人才”、“龙岩市先进工作者”、“福建省职工自学成才奖”、“第九届福建省自学成才奖”等荣誉称号。2007年，获得龙岩市首届科技突出贡献奖称号，龙岩市政府给予奖励20万元。

兰华雄，龙岩市农业科学技术研究所副所长，教授级高级农艺师。在中国南方6省(区)示范推广资助选育的杂交水稻新品种2566万亩，新增社会经济效益38.32亿元；发表学术论文12篇，其中：国家级学报4篇；获得职务新品种权2项；获得省、市级科学技术奖12项。设计、组织实施龙岩市重大科技项目“杂交水稻新组合Ⅰ特优3381、特优17选育与示范”项目，获得2010年度龙岩市科技进步奖一等奖；主持抗衰老选育杂交水稻新品种选育课题，选育出水稻光温敏核不育系2个，奥龙优系列、福龙优系列杂交水稻新品种10个，获2011年度福建省科技进步奖二等奖；主持实施福建省重大科技项目“水稻核不育系与两系杂交稻新组合选育、引进与利用”获得2011年度龙岩市科技进步奖二等奖；设计、组织实施龙岩市重大科技项目“杂交水稻新组合II优5928选育与示范”项目，获得2012年度龙岩市科技进步奖一等奖。2010年被评为全国先进工作者，当年获评享受国务院特殊津贴。从2002年起担任中国农业技术推广协会理事，2011年起受聘担任中国种子集团水稻产业体系技术顾问。2014年，获得龙岩市第二届科技突出贡献奖称号，龙岩市政府给予奖励30万元。

邹来昌，紫金矿业集团股份有限公司副总裁，教授级高级工程师。完成的重大科技项目“黄金矿山碱性含砷废水处理研究及其工业化应用”，整体技术经鉴定达国际先进水平，获2008年福建省科学技术二等奖；实施的国家863计划项目“低品位次生硫化铜矿选择性浸出与酸铁平衡工程技术”，年实现新增产值4.6亿元、利润2.6亿元，获2009年福建省科学技术一等奖；完成的专利技术“一种低品位氧化金矿选矿方法”，获2010年福建省专利奖二等奖；主持龙岩市技术创新项目“黄金湿法萃取—电解提纯联合工艺”，年新增利润4353万元、税收1436万元，获龙岩市科技进步一等奖；完成的重大项目“难处理金精矿多功能一体化焙烧技术研究与工程化”，整体技术经鉴定达国际先进水平，获中国黄金行业协会科学技术一等奖；创造性发明了生产纳米级蒙脱土材料的插层剂、一种连续制备纯净金溶胶的方法、一种复杂硫化铜金精矿的浸出方法，并获得了3项发明专利。多次获得各级各类科研成果奖励，多次被各级各部门授予“科技工作者功臣”、“优秀青年专业人才”、“省级企业技术中心先进工作者”、“中国有色金属行业优秀科技工作者”、“中国黄金行业科技标兵”等荣誉称号，为紫金矿业的快速发展和上杭经济又好又快发展做出了突出贡献。2014年，获得龙岩市第二届科技突出贡献奖称号，龙岩市政府给予奖励30万元。

二、科技管理机构及科技干部管理

近现代时期，龙岩地区没有专门的科技机构。中华人民共和国成立后，中国共产党和人民政府重视科技工作，加强对科技工作的领导，逐步建立健全各级各类科技机构，促进了全区科技事业的发展。

龙岩地区科学技术委员会（简称地区科委）于1958年9月开始筹建，1959年9月正式成立，它既是同级党委领导科学技术的办事机构，又是同级政府主管科学技术工作的职能部门。由地委副书记王定华兼任科委主任，行署副专员彭再升等4人兼任副主任，下设办公室，配专职干部5人，1960年增至7人。1961年精简机构时，地区科委被撤销，保留科技办公室处理日常事务，隶属中共龙岩地委宣传部，专职干部减少到2人。1966年6月，“文化大革命”开始后，科技办公室处于瘫痪状态，1969年干部下放，科技办公室无形中消失。至1971年，才在地区革命委员会生产指挥处内设置科技组，归口计划组，有专职干部 4 人。1977 年 5 月，科技组从计划组分出，恢复地区科委，内设人秘科、计划综合科、普及科和情报研究所，工作人员增至 18 人。1983 年地区科协独立办公后，地区科委内部不再设普及科，增设管理科和情报科（对外称地区科技情报研究所）。1985 年，管理科改为交流开发科（后又重新恢复管理科，撤销交流开发科）。1997 年 5 月 1 日，龙岩撤地设市，龙岩地区科委也相继更名为龙岩市科委，2002 年 1 月龙岩市科委更名为龙岩市科技局。

表 4-6　新中国成立至 2013 年闽西科技管理机构变迁及负责人一览表

管理机构名称	时间	主要负责人	副职	备注
龙岩地区科委	1958.09—1961	王定华 （1958.09—1961）	彭再升（1958.09—1961）、 刘大夫（1958.09—1961）、 王建政（1958.09—1961）、 卞达五（1958.09—1961）	
精简机构时被撤销	1961—1977.05			
龙岩地区科委	1977.05—1997.05	刘光 （1985.01—1988.03）、 彭群芳（女） （1996.08—1997.05）	黄钦泉（1977.09—1979.03）、 杨　林（1977.05—1983.05）、 刘东明（1980.06—1985.05）、 陈　鸣（1982.10—1983.07）、 杨明奕（1983.07—1984.10）、 刘维春（1987.04—1987.09）、 江　流（1987.09—2000.10）、 张炳秋（1991.08—1997.05）	（1988.04—1996.08 ）江流主持工作
龙岩市科委	1997.05—2002.01	彭群芳（女） （1997.05—2000.03）、 吴奋强 （2000.04—2002.01）	张炳秋（1997.05—2000.11）、 赖钳勋（1998.10—2002.01）、 张子平（2000.08—2002.01）	1997 年 5 月龙岩撤地设市
龙岩市科技局	2002.01—2013.12	吴奋强 （2002.01—2011.02）、 邹　宇 （2011.10—2012.08）、 傅藏荣 （2012.10 至今）	赖钳勋（2002.01—2004.12）、 张子平（2002.01—2007.01）、 邓以昌（2005.11 至今）、 修仰旭（2008.11 至今）、 郭浠恒（2011.07 至今）、 谢军忠（2011.12 至今）、 周龙玉（副调研员） （2004.11 至今）、 廖玉标（2012.09 至今）、 蔡东阳（2013.08 至今）	

1959 年，龙岩地区 7 个县也相继建立了科学技术委员会。1961 至 1962 年在精简机构时，县科委全部撤销。1963 年后，连城、武平、龙岩先后恢复了县科委。“文化大革

命”期间，县科委处于瘫痪状态，直到1978年全国科学大会后，各县(市)科委才得以恢复，并逐步得到发展。

1983年3月，为了加强对全区科技工作的统一领导和协调各方面的工作，地委、行署决定成立龙岩地区科技工作领导小组，由地委副书记、行署专员郑霖任组长，行署副专员傅学明、地委宣传部长赵锋、地区科委副主任杨林任副组长，行署办公室、地区计委、经委、农委、财委、外经委、体改委、教育、卫生、人事、财政、工商、税务等有关部门的领导为领导小组成员。1987年12月，根据人事变动情况，行署对科技领导小组成员做了调整，由地委副书记、行署专员黄小晶任组长，副专员官清、林汝照和科委主任刘光任副组长，1988年3月刘光改任调研员后，主持科委工作的副主任江流接任副组长，同时增补科协为领导小组成员。科技领导小组下设办公室，办公地点设在地区科委。

地区科技领导小组成立后，各县(市)人民政府也先后成立了相应的县(市)科技领导小组，加强县(市)科技工作的统一协调和领导工作。

除此之外，2000年4月25日和7月20日分别成立龙岩市生产力促进中心和高新技术创业服务中心。这两个技术服务机构的成立，是本市加强科技中介服务机构建设、完善科技创新体系的又一重要举措。对加快本市企业技术进步、促进高新技术的发展和形成产业化起重要推动作用。

2003年，根据“数字福建·闽西工程”办公室的要求，完成市科技局内部网改造及市科技网中政务网的建设工作，经省经贸委批准，市科技局在龙岩市科技信息网控中心的基础上建立龙岩市电子商务认证中心(CA认证中心)，这是福建省第一个地级市的CA认证中心。项目主要包括电子商务应用安全基础设施、龙岩企业产品数据库、商品服务交易网络、BTOB、BTOC、电子数据交换系统等目标。该项目具备为企业提供信息发布、检索平台，为政府和企业进行网上办公、网上报税、网上招标、工商管理网上交易及网上银行业务提供安全通道，为电子商务的开展提供安全平台等功能，对完善龙岩市科技创新服务体系，提高龙岩市生产力促进中心的技术服务水平和造血功能具有重要意义。

为加强对科技干部的管理，1986年3月，龙岩地区成立了科技干部局(与地区人事局一套人员，两块牌子)，使科技干部的管理得到加强。

为了更好地调动科技人员干事创业的积极性，1980年3月，由龙岩地区科委牵头开展技术职称评定工作。地、县(市)分别成立科技干部技术职称评定工作领导小组及其办公室，具体负责对科技干部进行技术职称的套改、复查和考核晋升。至1983年8月，职称评定工作暂停，并用1年左右时间进行检查、总结和全面整顿。1986年3月，职改工作由科干局牵头，地、县(市)分别成立职称改革领导小组及其办公室，把原来的“职称评定”改为“职务聘用”，在企事业单位进行了专业技术职务评聘工作。

与此同时，于1986年7月，地、县(市)相继成立科学技术进步奖评审委员会及其办公室，负责科技成果的评审、奖励工作，以及向上推荐参加省、地科技进步奖的评奖项目。地区科技进步奖评审委员会由行署副专员黄小晶任主任，包括地区有关委、办、局的领导共29人组成。1988年4月,因人事变动,委员会主任改由行署副专员官清担任,部分副主任和委员也做了相应的调整。评审委员会办公室设在地区科委。

三、科研及检测机构

近现代时期,闽西的科研机构寥寥无几,中华人民共和国成立之后,由于党和政府高度重视科研所带来的成果,科研机构相继建立。

(一)专业研究所

(1)龙岩市科技情报研究所。成立于1978年1月。设有情报调研室、编辑出版室、图书资料室,直属地区科委领导,列地属科级事业编制。1983年后,为加强对科技情报工作的领导,地区科委增设情报科,对外仍称科技情报所。其主要任务是:负责收集国内外、省内外的科学技术情报资料,编辑出版有关刊物,介绍科研成果,推广先进技术,搞好科普工作。以后随着形势发展和机构逐步健全,任务也做了相应调整。所址设在登高中路科技大厦内。

(2)龙岩市科技开发中心。成立于1985年5月,直属地区科委领导,是在经济上实行独立核算、自负盈亏的科级事业单位,也是一个科研开发型的经济实体。中心的主要任务是:编制和组织实施"星火计划";建立和开拓技术市场;通过实施重点科技开发项目,逐步建立与健全技工贸、技农贸一体化和产前、产中、产后的全程服务体系。"中心"地址在登高中路科技大厦内。

(3)龙岩市稀土科学研究所。于1989年9月正式成立,属科级事业单位,为实行企业管理的技术开发型的科研机构,直属地区科委领导。其主要任务是:引进、研究、试验、示范和推广生产稀土的先进工艺;开发稀土新产品;开展稀土技术培训和咨询服务;推动稀土化工在工业、农业、医药卫生和高技术等各方面的应用;国内外稀土学术交流和协作,协调做好稀土生产中原材料供应和产品销售。内部设:分析测试室、应用化学研究室、地质选矿研究室、冶金研究室和办公室,是本省首家稀土专业科研机构。所址设在登高中路科技大厦内。

(4)龙岩市农业科学研究所(简称"农科所")。始建于1959年5月,是龙岩市研究粮食作物(水稻、甘薯、玉米)和经济作物(烤烟、柑橘、蔬菜)以及土肥、植保等专业的综合科研单位。建所初期,仅有科技人员10人,至1966年全所共有职工68人(其中干部28人,工人40人),试验土地70亩,设农艺组、植保组、土肥组。农科所地址因随形势变化迁移多处。建所初期设在龙岩市农场旧场部。1960年搬至谢洋,将龙岩县良种场场址划为农科所所址。1961年下半年又将地区畜牧场、地区小洋良种场并入农科所。1962年精简机构,撤销畜牧场,地区良种场搬回小洋,1963年定址小洋。业务上隶属福建省农业科学院,1965年该院将永定烤烟试验站并入农科所。1968年,将地区蚕种场、龙岩棉花试验站和龙岩县排灌站并入农科所。1970年又迁移至龙岩小池九曲岭村。

1978年经地委决定，将原小洋所址归还。1979年开始陆续搬回小洋，至1986年6月，科研中心全部迁回小洋。但因试验土地大部分在大池（330亩），部分在小洋（80亩），形成一所地跨两处的局面。1985年起，通过贯彻中共中央关于科技体制改革的决定，农科所开始试行所长负责制，行政上设办公室、科研科、生产科、政工科、宏观农业信息科。业务上设置水稻研究室、旱作物研究室、果蔬研究室、图书资料室、综合化验室，以课题组为基本研究单位。农科所属副处级事业机构，行政上归属地区农委领导；1987年起，事业经费划归地区科委统一管理。

（5）龙岩市烟草科学研究所（简称"烟科所"）。其前身是成立于1959年隶属福建省农科院的永定烤烟试验站，1965年12月并入地区农科所，设置烤烟研究室。1988年10月，成立地区烟草科学研究所。与地区农科所同一行政设置，专业研究人员由地区农科所统一调整安排。下设烟草育种研究室、烟草栽培研究室、烟草植保研究室、烟草调剂研究室。业务上归地区烟草公司主管，行政上归属地区农委领导，事业经费划归地区科学管理。

（6）龙岩市林业科学研究所（简称"林科所"）。创建于1960年5月，原址在龙岩马坑上坡坑。当时有干部5人，工人15人，分3个研究点。1962年下马。1978年10月重新组建，核定事业编制20人，定址在龙岩大池九曲岭村，与禾坑伐木场一起，统一领导管理。重建初期，共有干部10人，工人75人。1985年1月，由林业部科技司与福建省林业厅正式签订联合建设龙岩地区林业科技推广中心协议书，随之拨款25万元作为基建投资，暂设在大池林科所。翌年，林科所在龙岩市南城乌石路新建所址，龙岩地区林业科技推广中心合署所内，实行两块牌子，一套班子，统一领导管理。林科所从事林木种苗、造林技术、森林经营管理、林木病虫害防治以及森林采运、林产化工、木材加工等方面的科研与科技成果推广应用，下设营林研究、林工研究室、情报室、科技成果推广室及办公室，列为地属科级事业机构，行政归地区林业局领导。1987年起，事业费划归地区科委管理。

（7）龙岩市医药科学研究所（简称"医科所"）。成立于1973年8月。开办之初所址附设在地区防疫站，有职工5人。至1976年，迁到市卫协会址办公，独立管理。1982年9月迁到登高路新址。该所担负全区医药卫生科研任务，是本区临床科研及内外医药卫生信息交流等工作的主要力量。设有中医研究室、西医研究室、中草药研究室、蛇伤研究室、情报资料室等，列地属科级事业机构，行政上归属地区卫生局领导，1987年起，事业费划归地区科委管理。

（8）龙岩市科技创业园。2006年4月动工兴建的龙岩市科技创业园，地处龙岩经济技术开发区，主要由中小科技企业孵化区（孵化大楼）和入园科技企业创业区两部分组成。其中，综合孵化大楼建筑面积约6000平方米，主要是用于孵化初创型科技企业，内设20个孵化单元。科技企业创业区新建工业标准厂房6栋，总建筑面积约30000平方米，内设4～6个创业单元，主要是为孵化区毕业企业或引进的入园科技企业提供创业平台。进入龙岩市科技创业园的企业和项目除享受龙岩市经济开发区企业的优惠待遇外，龙岩市科技局对入园项目的科技开发给予倾斜支持，同时租金相对较低，因此入园企业有较低的创业风险。龙岩市科技创业园作为引进先进技术和发展高新技术的重要平台，对促进龙岩市企业与省内外高等院校、科研院所、泛珠江三角洲地区科技合作，提升龙岩市经济竞争力，促进“10+3”产业发展具有重要意义。2011 年，科技创业园获“创业孵化基地”授牌；龙岩市高新技术创业服务中心完成培训设施建设并与龙岩市英才学校合作设立培训基地开展科技创业培训业务，该基地获“创业培训基地”授牌，有 13 家企业入驻科技创业园，产业涉及新材料、电子软件和生物制药等 3 个领域。

(9)高新技术创业服务中心。2000 年 7 月，为推进“科教兴市”战略实施，培育高新企业和企业家，加速高新技术成果的转化，推进高新技术产业化。龙岩市成立高新技术创业服务中心，核定事业编制 4 名，人员编制从龙岩市科技情报所现有事业编制和在编人员中划转，经费按原渠道不变。

(二)厂(院)办研究所

(1)龙岩市粉末冶金厂粉末冶金研究所。该所是本区率先创办的厂办研究所，成立于 1979 年 1 月。供实验研究和测试使用面积 1700 平方米，有较齐全的供科研、开发新产品的小试、中试设备和具备小批量生产的条件。

(2)龙岩市水泵厂水泵研究所。成立于 1980 年 8 月，该所对内是设计科，对外称龙岩地区水泵研究所，可独立参加国内水泵行业的科技交流。

(3)龙岩除尘电控设备研究所。成立于 1984 年 1 月，是龙岩地区空气净化设备厂创办的厂办研究所。下设高压设计研制组、低压设计研究组、微型计算机应用开发研制组、机械结构设计研制组、综合组和科技图书资料室。所内供科研使用的贵重仪器设备达 20 多台套。

(4)龙岩市电除尘本体研究所。成立于 1984 年，该所的前身是地区农械厂电除尘器设计研究所；1986 年 7 月并入龙岩地区空气净化设备厂，更名为“电除尘本体研究所”。内设 3 个设计组，1 个后勤组，有仪器设备 38 套，其中进口仪器 11 套，国产仪器 27 套，与电控研究所共有 1 个科技情报资料室。该所除负责本厂生产新产品的实验、设计任务外，还承担有关电除尘器本体方面的科研任务，具备独立设计的机能。

(5)龙岩市心血管研究所。成立于 1988 年 10 月，该所隶属于地区第一医院，其研究人员由医院医务人员组成；科研经费及仪器设备由医院承担。内设有心血管内科、心血管外科、流行病学、心功能及超声心动图、心血管放射学、电生理等研究室。拥有美国产 SDU-500 型超声心动图机、呼吸机等设备。其主要任务是在本地区进行心血管疾病流行病调查，研究其病因及防治方法，为保障人民身体健康服务。

(三)民办研究所

龙岩市原无民办研究机构。1988 年通过贯彻福建省科技工作会议和“双放”工作座谈会精神，民办研究机构才异军突起，全区先后兴建了 6 个民办研究机构，共有专兼职科技人员50名(含后勤人员3名),其中地区有5个,即龙岩佳进电气自动化研究所、龙岩新星应用技术研究所、龙岩宏图应用化学研究所、龙岩新潮电子技术研究所、龙岩地区福友科技开发公司。这些民办研究机构,按照"四自"原则(自筹资金、自由组合、自主经营、自负盈亏),不占用国家预算资金和人员编制,对促进人才流动和科技与经济的密切结合,发挥了较好的作用。此后,民办研究机构得到较快发展。

(四)检测机构

(1)龙岩市标准计量所。该所的前身是成立于1979年11月的龙岩地区标准化所和原属龙岩地区科委领导的龙岩地区计量所(成立于1972年5月),1983年合并改称现名,属龙岩地区局一级的技术行政管理机构。下设综合办公室和标准、质量监督、计量管理3个科,以及节能技术服务中心和建材产品质量监督站。作为业务设置的龙岩地区计量所,下设长度、热电、力学3个室和办公室,主要开展长度、热工、力学、电学、化学五大类14个项目的计量检定工作。1983年3月增设的龙岩地区产品质量监督所,内设化学分析、电工电器、微生物3个室。

(2)龙岩市药品检验所(简称"药检所")。成立于1972年,其初附设在龙岩地区防疫站,1976年迁至龙岩市(现新罗区)卫协会与医科所合署办公。前身是龙岩地区药检组,1979年5月25日改名为"龙岩地区药品检验所",1983年迁到登高路新址。1984年经济开始独立,有干部职工6人。主要担负全区药品检定仲裁,拟(修)订药品标准和对生产、经营、使用单位的药品质量进行监督、检验。下设业务、中药、化验、生测等室。

(3)龙岩市环境监测站。成立于1977年4月,属龙岩地区环境保护领导小组领导。监测站机构设置有三次变更:成立之初至1983年,与龙岩地区环办合署办公。内设环境管理、行政后勤、大气物理、水化学等室。1983年至1986年,监测站独立办公,1986年,又恢复原来合署办公。

(4)龙岩市地震台、办公室。1970年10月,成立龙岩地区地震台,归口龙岩地区计划委员会;1974年底成立龙岩地区地震办公室,实行台、办合一,人员由1970年的12人增到16人。1975年后,各县相继成立了地震办公室,部分公社及厂矿共设立了55个测报点,测报人员达1058人。1980年,台、办分开,地震办隶属于龙岩地区科委领导,地震台归属福建省地震局直接领导。1981年地、县二级地震办和所有测报点撤销。

第八节　科技管理及成果

中华人民共和国成立之后,特别是1978年中共十一届三中全会以后,由于党和政府高度重视科学技术事业的发展,加大了对科技的投入和科技体制的改革工作,极大地调动了科研人员的积极性和创造性,使龙岩的科技成果不断涌现。闽西迎来了科学技术发展的春天。

一、科技经费与物质条件

经费是科技事业发展的物质保障。科技经费包括事业费和“三项费用”(即用于新产品试制、中间试验及重大科研补助的费用)两类。

龙岩市科技事业费主要来自上级科技局和地方财政拨款两个渠道，专款专用。1977年前，事业费含档案馆、计量所和棉花试验站的经费，每年8万～11万元左右，由行署统管。其中，每年7万～10万元之间，由地区科委掌握使用。1978—1981年，地区科委独立建账，含各县科委的事业费，每年在24万～32万元之间。其中，有60%左右分拨给各县，40%留地区科委掌管。1982—1983年，又先后将地区科协和情报所的事业费划出由各自掌管。这样，地区科委的事业费每年约保持在12万～13万元之间。1987年在科技体制改革的推动下，改革了科技拨款制度，地区科委、科协、科技情报所、农科所、林科所、医科所、烟科所等7个单位的科技拨款归口地区科委统一划拨。当年科委所属单位6个(烟科所划入地区农科所)共有正式编制259人，实有人员246人，划转经费总额为58.26万元，除武平县外6个县(市)共29个单位，实有人员209人，划转经费总额53.44万元。这就为实行经费包干、经费与任务挂钩的管理办法打下了基础。这类经费，主要用于行政、事业编制人员的工资、补助工资、职工福利、购置科技图书资料、外出学习考察、印刷科技情报资料、召开有关科技交流会议、举办科技成果展览以及车辆维修、房屋修缮、购买科技器材设备等。列入地区财政预算，每年由地区科委会同财政部门商定安排，有些年份省科委也增拨部分专项事业费。

科技“三项费用”以省科委下拨为主。有些年份地方财政也根据实际需要增拨部分“三项费用”。1979年前，省下拨本区的“三项费用”，有列入省科研计划内的专项经费与切块经费两种。切块经费一部分由地区科委直接安排使用，另一部分“切块”给各县(市)科委安排使用。1980年前，地、县对“切块”经费的管理，均实行专项管理，按项建账，无偿拨给承担单位使用。1980年科技拨款制度改革后，省科委规定省、地、县三级统一实行“专项管理，分级负责，同行评议，签订合同”的管理制度，至1984年，又进一步实行地市科技三项经费切块包干奖励制。从1986年起，随着科技体制改革的深化，又把原来以“切块”经费下达改为“有偿合同”办法。1987年，地区行署决定，地区每年由直属单位财政支出总额中划出不低于1%，各县不低于0.5%的资金作为科技“三项费用”，这是本地区科技拨款制度的一次飞跃。从此，改变了科技“三项费用”在地方无渠道的历史状况。

1993年以后，每年的科技投入有较大幅度增加，科技三项经费从1993年的567.8万元增至2013年的2690万元。经费来源主要包括市财政拨款、省科委(省科技厅)支持科技扶持老区经费等，主要用于科技创新平台建设以及环保设备制造业、机械加工业、矿产资源综合利用与加工业、工业新产品、新技术研发，农副产品加工，农业优良品种的选育与引进示范，医药新产品开发及医学临床研究等多个领域。2013年，下达经费

2690万元，带动全市社会研发投入6.2亿元，产生经济效益78.5亿元。策划生成和安排的“纳米晶碳化钨钴硬质合金工业制备技术研发与应用”、“龙岩市南方稀土功能材料公共技术服务平台建设”、“翅荚木遗传改良与工厂化快繁技术研究”等60个科技重大项目，紧紧抓住了产业重点领域科技创新和关键环节技术难题加以解决。

二、科技计划及管理

龙岩市科技计划及管理，主要体现在编制科技发展规划、年度计划，以及年度计划的实施等主要方面。

（一）科技发展规划的编制及实施

龙岩市科技发展规划的编制始于1959年。当时，由龙岩地区科委编制了《1960—1962年科学研究规划纲要（草案）》，1963年又编制了《1963—1967年科学研究规划纲要（草案）》，但由于受1958年“大跃进”浮夸风的影响，“纲要”的许多内容缺乏实现的条件，而流于形式。此后几年因“文化大革命”，规划工作未能摆上议事日程。1978年全国科学大会召开后，龙岩地区科委根据大会精神，组织地直各有关部门和各县科委、科研所，在编制各自规划的基础上，编制了《龙岩地区1978—1985年科学技术发展规划纲要》。“纲要”提出的目标是：“三年大治，打好基础，八年大变，赶中有超”。着重围绕工、农、医提出的问题，抓好粮油作物新品种、超高压电除尘设备等52个主要项目的研究和研制，从中又选定25个对本区国民经济和科技发展有重大影响的急需解决的项目，作为1980年的年度计划重点项目。在农业方面，有农业资源的调查与农业区划、三十烷醇中间试验及其推广应用等12项；工业方面，有萜烯树脂研制与松香腈、松香胺的中间试验与应用等9项；医药卫生方面，有心血管疾病的防治研究等4项。“纲要”最后还提出了7条实现规划的措施。1981年6月，又在原8年规划的基础上，突出本区特色，围绕农、林、牧、水产、轻纺工业、能源和矿产资源开发等7个主要方面，编制《龙岩地区“六五”科技发展规划》，同时制订了当年在农、林方面的科技成果重点推广计划共有80个项目，做到科学研究与科技成果推广一齐抓。1983年4月，地区科委还就本区工农业生产如何依靠科学技术新增生产能力，提高经济效益和工农业生产水平等问题，提出了本区《工业依靠科学技术作用增值的初步设想》和《闽西农业生产的设想》。材料上报后，得到省委书记项南和省老区建设委员会主任熊兆仁的重视。1985年5月，地区科委又根据省科委和地区行署的统一部署，编制了《科学技术“七五”发展规划纲要》，重点提出抓好烤烟良种“永定1号”、玉米“辽玉5号”、蔬菜之“豇豆28-2”、早中晚熟大白菜以及罗非鱼、草胡子鲶等39个试验研究和推广应用项目，以提高国民经济发展中依靠科技进步增长的因素的比例。

为深入贯彻落实《中央书记处关于科协工作的几点意见》、《中共福建省委、省政府进一步加强新时期科协工作的意见》，2010年龙岩市科协率先在全省设区市出台《龙岩市关于进一步加强新时期科协工作的意见》，突出落实巩固和加强科协人民团体的政治地位和作用，促进科普经费到位，龙岩市科技馆、科协干部队伍、组织建设和党的建设等重要问题，解决影响和制约科协事业发展的具体问题；市科协贯彻意见精神，研究制定《龙岩市科协事业发展"十二五"规划》和《龙岩市全民科学素质行动规划(2011—2015)》。

为进一步推动龙岩市企事业单位与院士(专家)及其创新团队的科技合作，加快借才引智、借力发展，2011年7月，龙岩市人民政府转发了市委组织部等五部门制定的《龙岩市促进院士(专家)工作站建设的若干规定》。从组织、人才、资金、信息等方面为推动院士专家工作站建设提供有力保障。每建设1个院士工作站，同级财政补助建站费30万元，建设1个专家工作站，同级财政补助建站费15万元。这一规定的出台，形成科协积极争取党政领导重视和相关部门支持，进一步加强和巩固科普工作大联合、大协作的良好局面，为科协事业健康可持续发展提供政策保障。2012年12月，龙岩市科协牵头组织开展了首批院士(专家)工作站的申报审定工作，共有福建紫金矿业集团有限公司等3家企事业单位设立的院士工作站和漳平木村林产有限公司专家工作站通过审定。到2013年年底，龙岩市共有5家院士(专家)工作站。各设站单位进一步深化了与院士(专家)及其团队的科研合作，此举加强了科技创新，加快了科研成果的转化，推动了龙岩市产业升级和发展方式转变。

(二)年度计划及实施情况

1984年底，龙岩地区科委为调查了解全区科学研究和新技术推广应用以及所产生的经济效益的情况，对本区从1979至1983年安排的205项科技计划项目做了调查，其中基本按计划任务要求完成或完成阶段性计划任务的有136项，占项目总数的66.34%。由于种种原因未能按计划完成而终止或中途转项的有69项，占33.66%。在完成或完成阶段性计划任务的项目中，有126项得到推广应用，其中已通过鉴定的64项；获省、部级奖的有19项，获龙岩地区(包括省厅局)级奖的有66项。总共收入科技三项经费224.9万元(省归口项目25个，投入经费58.4万元)，各承担单位完成计划取得成果的直接收入总计为73.79万元，推广应用的经济效益达1.07亿元。其中取得经济效益在百万元以上至千万元的成果有静电除尘器配套、7Y-I型农用运输车、选矿药剂——松醇油、推广应用三十烷醇、育成水稻良种77-175、烤烟良种永定1号及甘蔗良种选育与丰产栽培等7项。

1970—1987年，龙岩地区共安排省、地两级科研计划项目共671项，其中基本按计划完成或完成阶段性计划任务的有563项，占总项目数的83.9%，其余108项，由于多种原因未能完成计划而终止或中途转项，占16.1%。

1986—1992年，全区组织实施"星火计划"项目47项。投入经费267.61万元，其中星火科技贷款52万元。累计为全区增粮1亿多公斤，新增值1亿多元。在实施"星火计划"过程中，结合项目技术开发的要求，采取社会化方式，"七五"期间以来，举办各种类型星火实用技术培训近5000期，至1992年共培训30万人次。通过星火实用技术培训，农村人才脱颖而出，1992年年底有6人获省"青年星火带头人"称号。有一批星火项目和产品、新技术开发获得国家、省级星火奖和国家、省级新产品、优质产品称号。重点项目有：1989年"食用菌综合技术开发"，获国家星火科技奖；1990年"连城蜜饯型红心地瓜干"，获省星火计划项目奖；"烤烟优质适产栽培及烘烤技术开发"、"水稻垄畦栽培及其稻萍鱼体系技术开发"、"土壤识别与优化施肥"等3项均获省星火科技奖。1991年11月获全国星火计划成果博览会奖的项目有："烤烟优质适产栽培及烘烤技术开发"获金奖；"连城蜜饯型红心地瓜干"、"精制松香甘油酯产品开发"和"导电橡胶按键产品开发"3项获银奖。1991年10月，龙岩地区有江流、周子光、林槐城获全国"七五"星火计划管理先进工作者称号。1993年"龙岩地区机械电子工业公司"和"龙岩智电科技开发联营公司"被省科委正式批准为高新技术企业。

为进一步加强科技扶持龙岩老区，1993年，龙岩地区对计划进行了具体指导。首先，调整了部分未能按期实施的项目。对已确定的科技扶持龙岩老区计划项目进行了一次较全面的检查，撤销了7个前期工作不够落实、未能按期实施的项目，新安排9个项目，调整补助经费73.5万元。

1997年进行"山区斑节对虾淡化养殖试验"和举办2期有100人参加的"星火管理技术人才"的培训班。1998年，市科技开发中心与福建省海洋研究所合作，在新罗区大池镇实施"斑节对虾淡化养殖试验示范"项目，与市农业局联合在全市推广种植再生稻13.75万亩，平均亩产213.9公斤，比增81.69公斤。其中，连城莒溪壁州一农户亩产达560.18公斤，超世界纪录1.23公斤。1999年，"新型脱硫除尘装置"被列入国家级火炬计划，争取科技贷款指标1.12亿元；"长汀河田鸡产业科技开发"被列入国家级星火计划，争取科技贷款指标2000万元；"智能电除尘器控制系统"等3个新产品被列入国家级重点新产品试制计划，"智能电除尘器控制系统"还获得30万元的补助经费。

2013年，龙岩市星火计划工作以推进现代农业发展为主题，以产业技术创新和升级为手段，以促进农业增效、农民增收和农村可持续发展为根本任务，加大科技投入，加快农业科技成果转化，推进农业先进适用技术推广，不断创新，积极寻求与地方特色和优势资源相结合的新型发展模式，有力地推动了我市农业产业化、农村城镇化、农民知识化和农村信息化的进程，促进了农业增效、农民增收和新农村建设的稳步发展。一年来，龙岩市组织实施国家、省级、市县级星火项目80项，计划经费总额2270万元，其中国家科技富民强县项目1项、资助经费140万元，省级星火计划项目8项、资助经费150万元，市县级星火计划项目71项、下达经费1980万元。星火项目覆盖全市7个县(市)、区，138个乡镇，带动和辐射农民27万余人。这些项目正按计划进度开展各项工作。2013年实现农业产值189586万元，农民增收427元/人，促进了我市农业经济的发展。

(三)科技计划项目的实施管理

在科技计划项目实施管理方面，为了充分利用有限的科技切块经费，贯彻执行了专项管理，分级负责，同行评议，签订合同的办法，加快科技成果转化为直接生产力，龙岩市科委重点扶持各县科技实验站开展中间试验和示范推广工作。同时，优先安排能发挥本地优势、为近期生产服务，并具有一定苗头的投资少、周期短、效益大，以开发应用为主的重点突出项目。如7Y-1型农用运输车的试制、玉米制种、春烟套种夏玉米以及玉米地套种凤尾菇等试验。1980年扩大企业自主权后，工业企业的一般新产品试制不再列入科技计划，而增加编制科技成果推广应用的计划。

1984年，随着科技体制改革的深化，科技经费实行"切块包干"和"有偿合同制"，科技计划采取由下而上进行申报，而后根据包干经费数量，本着科学技术必须为经济建设服务和突出经济效益的原则，经过严格筛选、平衡，再经委务会研究确定。

为加强对高新技术园区建设的指导，1993年成立了龙岩地区高新技术产业开发园区建设指导小组，指导小组下设办公室，设在龙岩市科委，地区财政拨出5万元作为建立园区的前期经费。

龙岩地区狠抓重点项目的实施管理，1995年，"欧洲鳗的山溪水试养"、"珍稀食用菌品种引进开发"、"秋大豆新品种试种"、"罗氏沼虾优质高产养殖"、"氨化秸秆养牛综合技术研究"等都实施成功。一批1994年结转项目取得成果或初步成果，如："煤矸石山绿化研究"项目经专家鉴定认为是一项带有突破性的成果，对改善环境污染，提高煤矸石山的利用价值有重要意义；甘薯良种"岩薯5号选育与示范"项目，于本年在省内外推广种植，受到专家和农民高度赞扬，成为省内加工型甘薯接班新品种；"闽西黄牛改良"项目在本区建成；"山麻鸭高产系选育"项目本年选育鸭苗向社会提供，经选育的山麻鸭新品种年产蛋率明显提高。此外，新型净水器"聚合硫酸铁研制"、烤烟"包衣种子技术开发"、"梅花鹿南迁饲养"、"兰花品种开发"等项目实施情况良好，取得一定经济、社会效益。

为了促进科技与经济的有效结合，龙岩市科委认真抓好省、市科技计划项目的管理。1998年共安排"龙岩市现代科技信息网络与技术交易中心的建设"、"福优158的选育与示范"等市级科技计划项目40项，下达科技三项经费263万元(其中，重点新产品试制计划12项，安排经费63万元)，安排科技开发基金100万元。围绕本市经济与科技的发展，组织筛选"新型脱硫除尘装置"等58个项目推荐申报1998年度、1999年度福建省各类科技计划。其中，有14项被列入1998年度省科技计划，共下达科技三项费用195.1万元。本市龙净集团的"新型脱硫除尘装置的研制与开发"项目已被国家科委列为全国火炬计划项目，并给予科技贷款1.2亿元。15个省、市科技项目通过专家的评审或验收。其中，龙净股份有限公司的"智能电除尘器控制系统的研制"项目，已批量生产产品，新增产值800多万元，创税利100多万元。市农科所的"特优898"在省内外大面积推广，提前一年进入全国区试。

龙岩市科委根据科技兴农与企业技术创新两个工作重点，围绕科技十大工程，1999年安排"龙岩市现代科技信息网络与技术交易中心的建设"、"农业新品种、新技术的示范推广"等市级科技计划项目(含专项经费项目)共计35项，下达科技三项费用223万元。其中,"现代科技信息网控中心和技术市场建设"项目于年底全市科技大会召开前夕完成,并启用新馆址,剔除基建部分总投资180万元。同时,筛选30多个项目推荐申报福建省各类科技计划,经过努力,共有35个项目(含结转项目)被列入1999年福建省科技计划,共下达科技三项费用326.4万元。其中,"长汀河田鸡产业科技开发"、"紫金山金矿低品位物料综合利用研究"、"建立多媒体综合应用系统研究"、"闽岩糯新品种推广应用"、"高强度铁基粉末冶金结构件的研制"等5个项目被列入福建省重大科技项目,共下达科技经费155万元。

为加强科技示范和科技管理工作,促进农村技术市场试点工作不断深化。2000年龙岩市科委指导并进行第三批11个省级科技示范乡(镇)的验收工作,其中,新罗区铁山镇、永定县培丰镇获省政府表彰。通过科技的示范,科技经济综合实力明显增强。开展全市"十佳"农民科技示范户的评选活动,促进农科教工作的开展。上报被列入国家科技部扶持发展的本市"龙工"、"河田鸡有限公司"、"方明彩钢有限公司"等3家超亿元产值的民营科技企业基本情况以及梅花山自然保护区、河田鸡、白鹜鸭种质等生物资源的现状资料。做好省、市科技计划项目的申报编制安排工作。32个项目被列入福建省科技计划,下达科技经费323万元。其中,龙岩市农科所"甘薯新品种岩薯5号推广及其综合利用开发"、漳平市开发中心"特色花卉产业的科技开发"和市科技开发中心"龙岩咸酥花生产业科技示范工程"等3个项目被列入本年福建省重大科技计划项目,下拨经费115万元。2000年龙岩市级科技计划安排38个项目,下达市级科技三项经费250万元。3月,省科技厅将市科委推荐申报的龙净、喜鹊纺织、闽西紫金矿业和武平林化厂等4家企业认定为省级技术创新示范企业。组织3个科技项目推荐申报国家科技型中、小企业技术创新基金项目,并着手启动建设龙岩市科技项目库。

2001年,全市申报国家级科技计划项目取得突破。一是由福建紫金矿业股份有限公司和北京有色金属研究总院等单位联合承担的"生物冶金技术及工程化"项目,被国家科技部列入"十五"国家科技攻关计划,是本市企业首次承担国家科技攻关计划项目。二是全市本年共组织推荐3个项目申报国家科技型中小企业技术创新基金。其中,龙岩红龙禽业公司申报的"白色羽毛半番鸭"被列入2001年第三批国家中小企业技术创新基金资助计划,争取经费65万元。三是组织"河田鸡良种繁育及规模化养殖"等4个项目申请国家农业科技成果转化资金。四是武平林化厂申报的"B-140聚合松香"被国家科技部列入2001年国家重点新产品试制计划。五是龙净集团"智能电除尘器控制系统"等2个项目顺利通过省科技厅组织的专家论证,并向国家科技部推荐申报2002年国家火炬计划。

"龙岩市公共信息港的建设"、"紫金山铜矿生物提铜工业化试验研究"、"连城县白鸭产业科技开发与示范"、"闽西优质稻米产业化科技示范工程"等项目被列入2001年福建省重大科技项目计划,"火电厂输煤系统专用电除尘器的研发"等18个项目被列入2001年省级科技计划,共争取科技经费404万元,2001年下达330万元。组织推荐"高纯度二聚酸工业化生产试验中试"等10个项目,上报省技术创新资金管理中心,以争取福建科技型中小企业技术创新资金的资助，部分项目通过专家论证。组织40多个项目申报2002年福建省科技计划。同时，会同市财政局完成2001年龙岩市科技项目计划的编制下达工作，共有38个项目和9个专项经费被列入本年市级科技计划，下达科技三项费用303万元。另外，继续做好高新技术园区的申报、筹建工作。上半年组织3家企业向省申报高新技术企业。其中，三华彩印厂和三德水泥股份有限公司获批准，成为龙岩市新一批高新技术企业。至2001年年底，全市有高新技术企业7家。由龙岩卫东工业自动化设备有限公司申报的“工业用脉冲多极型电除尘器”和龙岩市红龙禽业有限公司申报的“白色羽毛半番鸭的开发应用”被列入2001年第四批国家创新基金资助计划(2002年实施)，分别获得80万元和60万元的经费支持；由长汀县河田鸡开发有限公司申报的“河田鸡良种繁育及规模化养殖”被正式列入2001年国家农业科技成果转化资金资助计划(2002年实施)，获得60万元的经费支持。由龙净股份有限公司申报的“智能电除尘控制系统”和武平林产化工厂申报的“规模化综合利用樟脑脱氢副产品”等两个项目被列入2002年国家级火炬项目计划。精心组织40多个项目申报福建省科技计划，由于精心准备，再加上项目具有区域特点突出、项目带动面广、技术创新较强的特点，因此共有“龙岩高岭土在催化载体方面的应用研究”等7个项目被列入2002年省重大科技攻关计划，11个项目被列入省重点科技攻关计划，共获得省级科技经费559万元。无论是立项数，还是科技经费总额，在全省八地市(厦门市除外)中都名列第一。此外，“双戊烯树脂生产技术研究”等5个科技项目被列入2001年福建省中小企业技术创新资金资助计划(2002年实施)，共争取省级创新资金240万元。同时由龙岩卓越新能源有限公司申报的“利用废动植物油生产生物柴油技术开发”等两个项目被列入2002年省创新资金资助计划，共争取省级创新资金140万元。组织有关专家对申报2001年、2002年的龙岩市科技型企业技术创新资金项目进行可行性论证，会同龙岩市财政局在项目单位实地了解项目及其经营状况，结合专家的评审意见，共安排市级创新资金项目16项、经费450万元；组织2002年市级科技计划申报立项工作，经过研究论证，将“烟气循环流化床脱硫技术的引进与开发”等52个项目列入2002年龙岩市级科技计划，共安排经费457万元。同时，实施“白色羽毛半番鸭的开发应用”、“河田鸡良种繁育及规模化养殖”、“水稻不育系与杂交稻新组合引进、选育及利用”、“山麻鸭配套系选育”等一批农业项目，共安排资金570万元。这些项目的实施，对调整龙岩市农业产业结构，推进农业产业化进程发挥重要的示范作用。

2003年，龙岩市科技局深入基层，为企业申报国家、省、市级各类科技计划项目做好服务工作，科技计划项目立项工作取得新的成绩。共组织4个项目推荐申报2003年国家科技计划，其中，由龙岩市林科所申报的项目“水蚀荒漠化和矿山废弃物地区快速绿化技术示范”被列入国家农业科技成果转化资金资助计划，由龙岩卫东环保科技有限公司研发的“输煤系统专用电除尘器”及龙岩卓越新能源有限公司申报的“生物柴油”被列入2003年国家级新产品，共争取国家级科技经费80万元。共组织50个科技项目上报省科技厅，其中“电—袋复合型高效除尘器”、“槐猪的保种与选育研究”、“优质红心甘薯新品种推广及脱毒种薯生产产业化”3个项目被列入2003年度省重大科技计划项目；“硬质合金螺旋刀片生产新技术的开发与应用”等2个项目被列入2003年省科技型中小企业技术创新资金资助计划；“原地浸析与膜浓缩分离单一高纯稀土工艺技术开发研究”等15个项目被列入2003年省重点科技计划项目，共争取省级科技经费471万元。全年共受理各类市级科技计划项目104项，共有60个项目或专项经费被列入2003年龙岩市科技项目计划，下达科技三项费用490万元；同时有6个项目被列入2003年度龙岩市科技型企业技术创新资金项目计划，共安排创新资金215万元。此外，“糯稻三系配套及优质杂交稻新组合选育与示范”、“青贮玉米品种引进、筛选及示范研究”、“龙岩茎叶两用芥菜游离小孢子培养纯化的研究与示范”、“洋兰产业化开发及辐照诱变育种利用”等4个项目被市科技局列为2003年市级重点科研项目。

2004年，全年列入国家、省各类科技计划项目共41项，争取科技经费1154万元，比上年增长110.6%。其中国家级科技项目9项215万元（国家科技攻关计划项目2项、国家火炬计划项目2项、国家级新产品项目1项、国家星火计划项目2项、国家科技成果推广计划项目2项），省级科技项目32项939万元（省重大科技计划项目4项、省重点科技计划项目20项、省科技型中小企业技术创新资金资助计划6项、国家级科技计划配套项目2项）。

2007年，共申报国家科技计划项目14项，有7个项目获立项，获国家科技经费资助1609万元，比2006年增长634.7%。其中国家“十一五”期间科技支撑计划项目1项、国家863计划项目1项、国家新产品计划项目3项、国家火炬计划项目1项、国家创新基金资助计划项目1项。龙岩卓越新能源发展有限公司组织实施的“油脂资源综合利用生产技术示范”项目和龙净环保股份有限公司承担的“大型燃煤电站锅炉烟气半干法脱硫技术与装备”项目分别被列入国家科技支撑计划和国家863计划，这在龙岩市历史上都是首次，标志着龙岩市在某些领域的科技创新能力跻身国内领先水平。此外，龙净环保股份有限公司申报的“电—袋复合型高效除尘器产业化”和龙岩卓越新能源发展有限公司申报的“利用废动植物油生产生物柴油关键技术在生产中的示范”2个项目被列入国家科技攻关计划，这是继紫金矿业股份有限公司之后，龙岩市再次独立承担国家科技攻关计划项目。省级科技计划方面，共有31个项目获立项，争取省级科技经费941万元，比2006年增长63.9%。其中工业科技领域立项13项，获591万元科技经费扶持；农业与社会事业科技领域立项18项，获350万元科技经费扶持。紫金矿业股份有限公司申报的“福建省低品位复杂有色（贵）金属矿产资源综合利用创新平台”项目和龙岩市理尚精密机械有限公司申报的“龙岩高精度工装模具科技服务平台建设”项目被列入区域创新平台项目，漳平市恒鸿发花果有限公司等企业申报的“漳平特色花卉产业化技术示范”被列入省重大科技专项项目，各获100万元科技经费扶持，这些项目以及其他一些科技攻关项目、创新资金项目、科技合作项目、成果推广项目、星火科技项目的实施，对增强全市科技创新能力，提升产业科技水平将产生重大影响。市级科技计划方面，共有94个项目申报当年度市科技项目和创新资金项目，其中科技计划项目72项，创新资金项目22项。经过评审、局办公会议研究以及市领导审定，市科技局下达2007年度市科技项目及创新资金项目计划，安排市级科技计划及专项经费项目50项，市科技创新项目20项，下达科技三项费用703万元，创新资金380万元。

2010年，龙岩市安排市级各类科技计划项目86项2006万元，其中科技型中小企业技术创新资金项目23项410万元。组织申报国家、省科技计划项目60项3050万元，获国家级科技项目立项10项1136万元，其中国家创新基金项目4项360万元、国家科技支撑计划项目2项650万元、国家“863”计划项目1项96万元、国家星火计划项目2项30万元、国家重点新产品计划项目1项；获省级科技项目立项49项1730万元，其中省区域重大项目11项660万元、省科技计划重点项目20项255万元、科技重大专项2项350万元、科技创新平台建设项目7项250万元、省创新资金项目3项60万元、其他项目6项155万元。

2011年7月，龙岩市作为全国唯一地级市代表在第四次全国社会发展科技工作大会上做典型发言。落实科技计划项目立项标准参照执行西部地区政策，科技部将龙岩市纳入西部地区“国家创新基金欠发达专项”支持范围；促成清华大学、中科院等科研院校和中国建材集团、中国非金属矿业公司等大型央企走进龙岩开展合作，中国建材集团与龙岩市政府签订战略合作协议，高档石膏板材等产业项目落地建设。针对龙岩台风暴雨频发，地质灾害严重特点，开展“龙岩强对流天气灾害及次生灾害关键技术研究”“南方红壤山地水土流失区生态修复”等课题研究；针对龙岩市地处福建省重点矿区，矿区职业病频发，防治十分薄弱特点，开展“闽西矿区污染引发相关疾病防治”等课题研究；针对水稻种植面积大，农民对杂交水稻良种需求迫切的现状，开展“抗衰老水稻新品种选育、示范与良种繁殖体系建议”等课题研究；针对龙岩市福建省畜禽养殖主产区，肉食品安全、疾病防控、养殖业污染严重等问题，开展健康养殖、生态养殖等一系列课题研究。

龙岩市科技部门加强与国家部门省直部门沟通协调，拓展落实中央苏区、参照执行西部地区以及国家可持续发展实验区平台政策。2013年，龙岩市列入科技部西部地区“国家创新基金欠发达专项”支持范围，部省会商纪要决定加大对福建革命老区、原中央苏区县科技扶贫工作的指导与支持，支持以长汀为重点、红壤水土流失重点县为对象打造我国南方红壤水土流失区的治理样板。依托国家可持续发展实验区平台成功申报国家科技惠民计划（全省唯一），科技文化融合项目获申报立项。2013年，共争取国家、省各类科技计划攻关项目42项、资助经费6340万元。其中，龙净环保公司“燃煤电站PM2.5新型湿式电除尘技术与装备”和“燃煤烟气循环流化床脱硫脱汞一体化及多污染物协同净化技术研究与示范”获国家863计划支持，争取经费786万元。“九龙江北溪流域农村生活污水处理技术应用示范”项目获国家科技惠民项目科技部立项，全省唯独我市仅有，项目总投资2100万元，争取国家科技经费866万元和省级配套500万元。“闽西客家和红色文化资源遗产的数字与文化旅游综合服务”项目被列入国家科技支撑计划，“甘薯产业化关键技术的开发与示范”被列入国家科技富民强县项目，“槐猪保重扩繁技术示范与推广应用”项目被列入国家农业科技成果转化项目，“生猪健康养殖综合配套技术的集成与产业化示范”项目被列入国家星火项目。

三、科技成果

科技成果的多少直接体现了本地的生产力水平。龙岩市取得的科技成果呈逐年上升的态势。

在1971年以前，龙岩地区很少安排科研项目及承担上一级的科研项目，科技成果管理制度不完善。1976年后，随着科学研究项目的增多，成果管理工作逐步加强。首先加强对科技成果的鉴定，鉴定内容按国务院1961年颁发的《新产品、新工艺技术鉴定暂行办法》或中国农业科学院颁发的《农业科学技术研究成果鉴定试行办法》的规定进行。重要成果由龙岩地区科委主持鉴定，或由有关主管部门与地区科委联合主持鉴定。一般成果由主管部门组织鉴定，龙岩地区科委派人参加。成果鉴定多采用召开技术鉴定会的形式，由科技人员对科技成果的技术指标、性能、水平、实用价值、推广范围及经济、社会效益等进行审查、评价，并做出结论，农业科技成果多采用召开现场会议形式，组织科技人员到实地验收，并提出评审意见。

1977至1978年，先后由龙岩地区科委单独或与重工业局等主管部门联合主持召开鉴定会，完成了电磁配铁秤、时间程序控制仪、铲运机等11项重大科技成果的鉴定。1979年后，科技成果鉴定逐年增加。从1985年起，根据《国家科学技术研究成果管理(试行)规定》，科技成果的技术鉴定，按成果的重要性及涉及面大小，分为国家、部、地区及基层四级鉴定。通过鉴定的科技成果，均由组织鉴定的单位发给鉴定证书，并由科委负责科技成果登记、存档(其中有项目计划任务书、申报书和技术鉴定书、技术总结报告等全套技术资料)，并指定专人负责保管。为了充分调动和发挥广大科技人员的积极性和创造性，推动本区科学技术的发展，1986年，经行署批准，成立龙岩地区科技进步奖评审委员会，各县(市)也相应成立县(市)科技进步奖评审委员会，地区行署还以岩署(1986)综196号通知，颁发了《福建省龙岩地区科技进步奖励办法》实施说明。地区科委(86)岩地科奖字第02号发出《龙岩地区科技进步奖评审方法》(暂行)，对奖励范围、条件、原则，奖励等级的划分，成果推荐、申报程序、要求，奖金来源和评奖的方法等，都做出了明确规定，指导全区科学技术进步评奖活动的开展。1988年编印了《龙岩地区1979—1985年科学技术成果汇编》和《龙岩地区1986—1987年科学技术成果汇编》。同时，建立科技成果档案300多份，从而使评奖工作、成果管理更臻正规化、制度化。1996年，完成1995年度地区科技进步奖励成果资料汇编工作，组织实施国家重点科技成果“水稻旱育稀植栽培技术示范推广”和“红黄壤大豆优良品种及配套技术示范推广”等。

由于龙岩地区科委的认真组织、申报，我区在历年的国家、省部级的科技进步奖中获得了较好的成绩。农村科技示范推广网络工程，已基本建立健全“金字塔”式的市、县、乡、村、户5级示范网络。

龙岩地区科委积极组织申报国家、省级新产品，争取科技贷款补助。1999年，组织申报国家级重点新产品中，福建龙净股份有限公司的"智能电除尘器控制系统(IPC系统)"和福建龙岩绿世界净化设备厂的"SDG型机立窑湿法静电除尘器"得到国家科技贷款补助。组织申报省级重点新产品4项，均被批准立项，分别是：龙岩智电科技开发联营公司的"智仆——多功能服务器"，漳平林港化工企业有限公司的"丙烯酸酯塑胶漆"和"木材防腐涂料"，漳平振福化工有限公司的"陶瓷专用稀释剂"。2000年，龙岩工程机械厂ZL50E轮式装载机申报国家级重点新产品被立项。市农科所、龙岩卷烟厂、龙工集团、紫金矿业集团均实现专利申请零的突破。组织全市9项优秀专利项目参加3月在北京举行的"中国专利十五年成就展"，其中，龙净集团公司"BE静电除尘器"和环星工业公司"立窑除尘器"获最佳项目奖，龙岩梅花山矿泉公司"低温高压混合工艺制备富氧饮用水"获优秀项目奖。2001年，市农科所"闽西优质稻米产业化科技示范工程"和市林科所"矿山废弃物山场绿化技术推广"2个项目被列入重点推广项目，分别获得45万元和10万元的资金资助。2002年，龙岩市科技局获得"省技术市场网络信息工作先进单位"称号。为更好地鼓励科技创新，2003年，龙岩市科技局起草《龙岩市科学技术奖励规定(办法)》。

科技成果不断转化，为生产服务。2004年，"甘薯新品种岩薯5号推广及其综合利用开发"等2个项目被列入国家科技成果重点推广计划，"微生态工程技术在SOD功能芥菜上的开发应用"等3个项目被列入省重点科技成果推广项目，"优质红心甘薯新品种推广及种薯生产产业化"等7个项目被列入省级重点科技成果转化项目。此外，推荐申报2005年度国家重点科技成果推广计划项目1项、省重点科技成果推广计划项目3项。2005年，漳平林业技术推广中心申报的"毛竹可持续经营技术示范"项目被列入国家农业科技成果转化资金项目，市农科所申报的"杂交稻新组合特优158的示范及产业化工程"被列入省重点科技成果推广计划项目。完成电—袋复合除尘器的结构布置和技术参数、选型计算方法和主要技术指标等关键技术的开发，掌握了项目的核心技术，成功研发工业样机。完成柔软蓬松涂料印花工艺技术的研究开发、相关助剂研发应用、数据试验、工艺实验室试验、大生产应用试验和调整、工艺参数确定、工艺技术应用总结等。新罗区生猪清洁生产的关键技术示范及推广，围绕生猪清洁生产内容，在现有生猪养殖技术状况的基础上，综合应用系列绿色饲料添加剂，重点从养殖污染的源头——日粮的营养进行调整，能根据不同猪龄猪群营养需求，估算营养需求参数获得饲料原料组成的动物营养平衡试验资料和方法。筛选复合添加剂配合比例进行复合添加剂成品研制。根据研制成品的配合饲料，于3月15日至4月10日在龙岩市新罗区东肖镇邓厝建刚养殖场进行试验，获得较好的试验效果。2006年，在"龙岩市与福州大学科技协作研讨会上"，龙岩市企业与福州大学项目成功对接24项。同时，龙岩市林业科学研究所申报的"福建水蚀荒漠化和矿山废弃物地区快速绿化技术成果应用"等3个项目被列入省重点科技成果推广计划项目。

为加强对科技成果转化重点企业认定工作，2011年，根据《国家科技成果转化引导基金管理暂行办法》,福建省科技厅启动了2011年度科技成果转化重点企业认定工作。经专家组评审推荐,认定77家科技成果转化重点企业,我市6家企业名列其中,分别是:福建龙净环保股份有限公司、龙岩卓越新能源发展有限公司、福建龙马环卫装备股份有限公司、福建赛特新材料股份有限公司、福建丰力机械科技有限公司、龙岩市亿丰粉碎机械有限公司。

2013年,龙岩市科技局充分利用"6·18"、北京科博会、深圳高交会等科技成果转化平台,通过征集和推介技术需求,开展形式多样的科技成果转化对接活动,有效推动了全市科技成果转化和产业发展。科技成果方面也取得丰硕成果。一年中,国家省市科技项目通过结题验收36个,在机械制造、节能环保、新材料、生物医药、现代农林业等领域攻关突破了一批产业核心关键技术,培育了经济增长新优势。成功实施"近净成型先进铸造技术研究"、"高性能三基色荧光粉的研发"、"复杂低品位银多金属矿高效选冶关键技术研究"、"甘草次酸酯制剂化学一类新药临床前研究"等项目,实现近净成型铸造、绿色铸造和工程机械产品铸件质量提升,对做强做大我市工程机械产业有着重要意义;利用稀土原料研制出高性能三基色荧光粉,项目产品通过飞利浦等大型照明企业客户认证,市场推广前景好;研发出具有完全自主知识产权的小型全液压驱动扫路机底盘,"环卫车道路刷洗装置"专利获国家专利优秀奖,增强环卫机械产业市场竞争力;研发出替代进口的自动调焦数控激光切割器并批量生产,有效提高数控激光切割机的整机加工性能;突破循环流化床粉煤灰短流程制备精碳粉工艺、精碳粉制备煤质活性炭和脱碳后尾灰制备轻质保温免烧砖等成套技术,获国家发明专利4项,实现粉煤灰高值化利用;乙型肝炎治疗药物甘草次酸酯制剂获得国家一类新药临床注册受理通知书。

图4-26 2007年4月8日,龙岩市科学技术大会召开

自2007年科技大会以来，龙岩市大力实施创新驱动发展战略，通过项目带动战略的深入实施以及营造和鼓励科技创新政策的贯彻落实，培育发展科技型、创新型企业，加大科技进步奖励等举措，不断推动科技进步和经济社会发展，涌现出了一大批科技含量高、发展前景好的科技成果。2008—2013年全市获省奖项目总数70项，同比2002—2007年增长100%。其中，省一、二等奖项目数28项，同比增长约155%；工业项目数达42项，同比增长250%，占获省奖项目总数的60%；机械项目数达24项，同比增长约243%，约占工业项目数的51%。获奖项目涉及工业、农业、社会事业、医疗等多个领域，呈现工业化、机械化转变，有力地推动了创新驱动发展战略的实施，为建设创新龙岩，推进闽西老区科学发展、跨越发展、加快崛起做出了贡献。

获奖项目主要呈现二个明显特点：一是工业项目比重大、获奖层次高，创新效益显著；二是机械产业项目多。据不完全统计，自2008年到2013年，项目实施新增利润1308652万元，新增税收943645万元。机械项目成果在2012—2013年两年新增产值29892.3万元，新增利税8033.4万元，节约资金248.2万元。

四、专利与知识产权

为加强专利与知识产权的管理，1992年6月，龙岩地区科委成立地区专利成果办公室，为科级事业单位。1998年4月，市专利成果办公室更名为市专利管理办公室。1999年成立龙岩市专利事务所。2001年，根据当时专利代理机构脱钩改制的有关精神，市专利事务所撤销。2004年，市政府成立龙岩市保护知识产权工作领导小组，下设保护知识产权办公室，挂靠市经贸委，与市整规工作领导小组综合办公室合署办公。2005年6月，龙岩市专利管理办公室更名为龙岩市知识产权局。2007年，市知识产权局列入参照公务员法管理事业单位。2010年7月，龙岩市知识产权局机构升格为副处级。

县(市、区)知识产权的管理也得到加强，2008年8月，新罗区知识产权局成立，成为全省首家明确编制、经费的县一级知识产权管理机构；其他县(市)科技局增挂知识产权局牌子；2009年，新罗区铁山镇成立知识产权办公室，成为全省首家乡镇设立的知识产权机构。

2011年，龙岩市政府首次召开全市知识产权工作会议，成立了龙岩市知识产权工作领导小组。2012年，出台了《龙岩市人民政府关于贯彻落实国家知识产权战略纲要的实施意见》、《龙岩市专利发展专项资金管理办法》、《龙岩市专利奖评奖办法》，制定了市企业发明专利清零行动的工作措施。2013年，出台了《龙岩市专利技术实施与产业化计划项目管理办法(暂行)》、《龙岩市专利权质押贷款工作指导意见》、《龙岩市举报假冒专利行为奖励规定(试行)》和《龙岩市知识产权维权援助暂行办法》等政策措施；6月，建立了龙岩市知识产权服务中心、福建专利技术(龙岩)展示交易中心及福建知识产权远程教育平台龙岩分站，开通“12330”知识产权维权举报热线。

专利权质押融资工作取得了明显的成效。2012年，侨龙专用汽车和永定益鑫机械

2家企业获得中国银行和农村信用社的专利权质押贷款1700万元。

由于对专利与知识产权的高度重视，1994年7月，龙岩地区科委被授予“多星杯全国专利知识竞赛福建最佳组织奖”。2013年，“环卫车道路刷洗装置”发明专利项目获中国专利奖优秀奖，填补市内空白。龙岩市知识产权局获全国知识产权系统人才工作先进集体称号。至2013年，全市共有国家级知识产权优势企业2家（龙净环保和紫金矿业）、省级知识产权优势企业12家、省级知识产权试点企业8家、市级知识产权试点单位57家；新罗区被确定为全国第一批知识产权强县工程示范县（全省唯一），永定县、武平县分别为国家、省知识产权强县工程试点县；省知识产权普及教育试点学校9所；龙岩共有7人获得专利代理人资格证书。

通过不断改善科技发展宏观环境，龙岩市初步形成了鼓励创新、重视知识产权保护的环境和氛围，专利事业呈快速发展趋势。全市专利申请受理、专利授权及获国家、省、市专利奖项逐年增加，仅2013年，全市专利申请受理3119件（含发明专利371件），专利授权1882件（含发明专利114件），分别比上一年增长29.3%和16.9%，每万人口发明专利拥有量1.292件，获第十五届中国专利优秀奖1项、获年度福建省专利奖4项、市专利奖25项，全年共登记技术合同28项，全市技术合同成交金额2545万元。

表4-7　龙岩市1985—2013年专利申请授权量

类别 年度	申请总量	发明	实用新型	外观设计	授权总量	发明	实用新型	外观设计
1985	10	4	6	0	0	0	0	0
1986	10	4	6	0	9	0	9	0
1987	9	0	9	0	9	1	8	0
1988	13	2	11	0	7	2	5	0
1989	7	1	6	0	4	1	3	0
1990	21	4	16	1	15	2	12	1
1991	21	5	15	1	16	2	13	1
1992	36	7	28	1	30	3	26	1
1993	28	12	16	0	21	4	17	0
1994	20	10	10	0	13	3	10	0
1995	36	9	25	2	30	4	25	1
1996	44	7	25	12	36	4	30	2
1997	71	16	36	19	52	5	37	10
1998	46	7	24	15	40	3	24	13
1999	52	13	21	18	46	5	25	16
2000	92	13	35	44	59	5	25	29

续表

类别／年度	申请总量	发明	实用新型	外观设计	授权总量	发明	实用新型	外观设计
2001	67	12	31	24	70	3	25	42
2002	83	7	38	38	78	5	29	44
2003	156	39	75	42	78	5	50	23
2004	120	21	68	31	81	6	51	24
2005	169	30	105	34	76	4	47	25
2006	282	42	130	110	112	7	84	21
2007	269	51	139	79	189	6	118	65
2008	387	86	184	117	197	9	140	48
2009	701	136	383	182	350	22	203	125
2010	983	199	540	244	780	27	506	247
2011	1598	308	909	381	1005	52	619	334
2012	2412	313	1341	758	1610	80	946	584
2013	3119	371	1965	783	1882	114	1439	329
合计 1985—2013	10862	1729	6197	2936	6895	384	4526	1985

表 4-8　1985 年以来龙岩市获国家、省、市专利奖项目一览表

专利名称	获奖等级(名称)	申报人(专利权人)	发明人
2010 年			
一种低品位氧化金矿选矿方法	省专利奖二等奖	紫金矿业集团股份有限公司	陈景河、曾宪辉、杨云忠、邹来昌
全套管大直径振动取土灌注桩施工方法	省专利奖三等奖	福建永强岩土工程有限公司	简洪钰、郑添寿
环卫车路面及路肩石刷洗装置	省专利奖三等奖	福建龙马环卫装备股份有限公司	李小冰
2011 年			
一种谐振开关驱动控制和保护电路	省专利奖三等奖	福建龙净环保股份有限公司	郭　俊、陈　冲、颜玉崇、邱江新、陈　颖、谢小杰、连金欣
一种低松比钨酸的制备方法	省专利奖三等奖	福建金鑫钨业股份有限公司	林丽萍、汤松照、林国新、蓝永祥、石世人

续表

专利名称	获奖等级(名称)	申报人(专利权人)	发明人
2012 年			
环卫车道路刷洗装置	省专利奖一等奖	福建龙马环卫装备股份有限公司	李小冰
一种复合芯材真空绝热板及其制备方法	省专利奖三等奖	福建赛特新材股份有限公司	汪坤明、胡永年、洪国莹
金矿堆浸中的自流静态吸附方法	市专利奖一等奖	紫金矿业集团股份有限公司	陈景河、杨云忠、曾宪辉
污水循环利用式道路清扫车给水装置	市专利奖一等奖	福建龙马环卫装备股份有限公司	黄秋芳、李小冰
电袋复合除尘器	市专利奖二等奖	福建龙净环保股份有限公司	黄　炜、林　宏、修海明、郑奎照、吴江华、阙昶兴
一种有机活性炭的制备方法	市专利奖二等奖	龙岩龙能粉煤灰综合利用有限公司	王德福
甘薯带根顶端苗的工厂化培育方法	市专利奖二等奖	龙岩市农业科学研究所	郭生国、杨立明、吴文明、林金虎、李守朋
联体砂浆桩墙的施工方法	市专利奖二等奖	永强岩土工程有限公司	简洪钰、许万强、郑添寿、张　强、陈万琴
集成式垂直垃圾压缩机	市专利奖二等奖	华洁环卫机械有限公司	赵金坤、许造林
一种高孔容二氧化硅的制备方法	市专利奖二等奖	福建正盛无机材料股份有限公司	汤道英、谭玉泉
带孔硬质合金型材挤压装置	市专利奖二等奖	福建金鑫钨业股份有限公司	张寿德、丁华堂、张阳生
建筑工程基坑快捷放线方法	市专利奖二等奖	福建成森建设集团有限公司	曹尔彬
硬质合金真空挤压成型剂及其制备方法	市专利奖三等奖	龙岩市华锐硬质合金工具有限公司	郭幸华
一种实木地板及其生产方法	市专利奖三等奖	龙岩纳美斯建材有限公司	石维春
一种真空铸造液压缸连接件的方法	市专利奖三等奖	永定县益鑫机械制造有限公司	谭华初、王冠仁
一种可食性耐水耐高温复合凝胶抗菌膜及其制备方法	市专利奖三等奖	森宝食品集团股份有限公司	庞　杰、徐秋兰、徐建全、孙玉敬、陈绍军

续表

专利名称	获奖等级(名称)	申报人(专利权人)	发明人
气动钉扣机	市专利奖三等奖	郑自典	郑自典
环保型烤烟育苗基质及其制备方法	市专利奖三等奖	福建省烟草公司龙岩市公司	曾文龙、姜林灿、赖碧添、黄光伟、邱志丹
轮辋轮辐总成的铸造方法	市专利奖三等奖	福建畅丰车桥制造有限公司	张兴禄、张福燕、杨如寿
高效粉碎机	市专利奖三等奖	福建丰力机械科技有限公司	郭彬仁、张志聪、刘荣贵、林楗勇
一种镍铁合金及其冶炼方法	市专利奖三等奖	连城庙前金属炉料厂	李大伦、李　倞、陈　默
一种卷烟制丝生产流程的自动控制方法	市专利奖三等奖	龙岩烟草工业有限责任公司	李晓刚、罗旺春、马庆文、林　慧、吴永生、曹　琦、郭剑华、马建化
一体化畜禽粪便固液处理装置	市专利奖三等奖	龙岩中农机械制造有限公司	庄茂成、李品高、苏志中、吴锦发、姚建川
一种连史纸的制造方法	市专利奖三等奖	邓金坤	邓金坤
复合槟榔芋片制作工艺	市专利奖三等奖	长汀盼盼食品有限公司	蔡金堎
步进式组合模	市专利奖三等奖	福建威而特汽车动力部件公司	黄元平、王建中、吴海航、林卫东
多功能箱体装置	市专利奖三等奖	福建省漳平木村林产有限公司	吴哲彦
2013 年			
环卫车道路刷洗装置	中国专利奖优秀奖	福建龙马环卫装备股份有限公司	李小冰
一种电袋复合除尘器	省专利奖一等奖	福建龙净环保股份有限公司	黄　炜、林　宏、郑奎照、朱召平、赖碧伟
大流量排水抢险车	省专利奖二等奖	福建侨龙专用汽车有限公司	林志国
金矿堆浸中的自流静态吸附方法	省专利奖二等奖	福建紫金矿业股份有限公司	陈景河、杨云忠、曾宪辉
污水循环利用式道路清扫车给水装置	省专利奖三等奖	福建龙马环卫装备股份有限公司	黄秋芳、李小冰

续表

专利名称	获奖等级(名称)	申报人(专利权人)	发明人
大流量排水抢险车	市专利奖一等奖	福建侨龙专用汽车有限公司	林志国
生物柴油连续精馏装置	市专利奖一等奖	龙岩卓越新能源股份有限公司	叶活动
一种香酥莱豆的加工方法	市专利奖二等奖	龙岩学院、连城县旅游食品厂	石小琼、苏绍洋、王卿朗、黄志仁
纳米蒙脱石的制备方法	市专利奖二等奖	紫金矿业集团股份有限公司	邹来昌、邱财华、黄怀国
冷阴极灯管全自动弯管机	市专利奖二等奖	德泓(福建)光电科技有限公司	(不公告发明人)
电除尘器顶部结构	市专利奖二等奖	福建龙净环保股份有限公司	戴海金、方　滨
一种富含胡萝卜素红薯营养羹的制备方法	市专利奖二等奖	福建省龙岩市农业科学研究所	何胜生、杨立明、雷文华、廖菊英、卢志兵、李建军
品牌卷烟柔性制丝分组加工工艺	市专利奖二等奖	龙岩烟草工业有限责任公司	林荣欣、陈庆平、李跃锋、苏汉明、江家森、刘志平、徐巧花、张　伟、陈河祥、李晓刚
一种节能环保水性冲压拉伸成型剂及其制备方法	市专利奖二等奖	福建中佰川生物润滑剂有限公司	范伟京
一体化多树种圆木多片纵解机	市专利奖二等奖	福建省得力机电有限公司	周富海
皮带轮电焊机	市专利奖三等奖	龙岩阿赛特汽车零部件制造有限公司	罗云峰、陈良昌、沈　芳、陈金星
石墨坩埚	市专利奖三等奖	福建兴朝阳硅材料股份有限公司	龚炳生
一种透镜式高压静电收尘电场的新配置方案	市专利奖三等奖	福建东源环保有限公司	陈学构、陈仕修
制动鼓疲劳试验机	市专利奖三等奖	福建畅丰车桥制造有限公司	张兴禄、杨金文、刘有明、卢森加
磁动钉扣机	市专利奖三等奖	郑自典	郑自典

续表

专利名称	获奖等级(名称)	申报人(专利权人)	发明人
一种测定工业硅中钛含量的方法及其缓冲释放剂	市专利奖三等奖	福建省上杭县九洲硅业有限公司	温思汉、谢建干
电子安定器	市专利奖三等奖	福建省长天节能照明有限公司	李庆忠
高自洁防污闪涂料及其制备方法	市专利奖三等奖	福建瑞森化工有限公司	陆志军、甘立英、李春连、臧　杰、陆建军
一种水合异龙脑脱氢后茴香醇杂质的转化方法	市专利奖三等奖	兰福光	兰福光
全套管薄壁灌注桩施工方法及活动内模	市专利奖三等奖	福建永强岩土工程有限公司	许万强、张　强、沈超坤、陈万琴、简洪钰、郑添寿
一种板面带凹槽的真空绝热板及其制备方法	市专利奖三等奖	福建赛特新材股份有限公司	蒲军文、洪国莹、谢振刚
一种稀土矿浸出废液及稀土生产煅烧余热的综合利用工艺	市专利奖三等奖	福建省长汀金龙稀土有限公司	雷少钦、陈楷翰、李来超
驱虫剂埃卡瑞丁的制备方法	市专利奖三等奖	长汀劲美生物科技有限公司	许鹏翔
一种豆粕发酵用的高效发酵剂以及应用该发酵剂进行豆粕发酵的工艺	市专利奖三等奖	福建龙岩闽雄生物科技有限公司	卢英华
易溃散铸造用砂聚合剂及其制备方法	市专利奖三等奖	龙岩市升伍旗车桥有限公司	卢延曾、洪宝山、卢开熙

五、科技体制改革

体制与经济有着密不可分的关系。科技体制改革不断深化，有效地促进了科技与经济的结合。

中共十一届三中全会以来，在“改革、开放、搞活”的方针指引下，龙岩地区科技事业健康发展。1982 年，党中央、国务院提出的“经济建设必须依靠科学技术，科学技术必须面向经济建设”的方针，为科技体制改革指明了方向。特别是 1985 年贯彻中央《关于科技体制改革的决定》后,科技体制改革在全区范围内全面地开展起来,有力地推动了科技事来的发展。主要有:1988年出台的《关于深化科技体制改革若干问题的决定》;1995年出台的《关于加速科学技术进步的决定》;1999年出台的《关于加强技术创新,发展高科技,实现产业化的决定》,2005年出台的《国家中长期科学和技术发展规划纲要(2006—2020年)》,2006年出台的《关于实施科技规划纲要增强自主创新能力的决定》。2007年,《中华人民共和国科学技术进步法》颁布及2012年中共中央、国务院印发《关于深化科技体制改革加快国家创新体系建设的意见》,更加完善了我国的科技体制,我国的科技事业迎来了大发展时期。

64年间,龙岩的科技体制进行了重大的改革。根据中央关于科技事业改革与发展的一系列方针政策,结合本地区实际,党委、政府先后出台了关于科技兴工、科技兴农、科技培训与教育、科技投入、放宽放活科技人员、建设科技示范乡镇、培育技术市场及发展民营科技事业等一系列配套政策措施,加强科技工作的领导,推动科技体制改革的不断深化。

(一)改革科技拨款管理制度

科技经费的下拨与管理关系到本地区科技事业的发展。为此,龙岩市出台了一系列管理办法,规范科技拨款管理制度。主要有:2001年龙岩市出台《龙岩市科技型企业技术创新资金管理暂行规定》,2005年龙岩市科学技术局、龙岩市财政局联合印发关于修订《龙岩市科技计划项目管理办法》和《龙岩市科技三项费用管理办法》的通知,2012年重新修订并印发了《龙岩市科技计划项目及经费管理实施细则》等,从而建立起了一整套较为完备的科技拨款管理制度。

为了促进科技与经济更加密切结合,本区从1986年开始,对科技拨款管理制度进行了改革,改变了以往科研任务和科研经费由政府计划下达的单一模式,建立本区科技投资的新体制。这种新的投资体制,主要包括三个方面:一是实行合同制。凡列入市、县(区)以上的科技计划项目,都签订计划合同,并按合同规定分期进行拨款,除部分应用研究和有明显社会效益而难以产生直接经济效益的科技项目给以无偿使用外,对经济效益好、具备偿还能力的项目,实行全部或部分偿还拨款。二是对科学事业费实行分类管理。对从事农(林)业科学研究和从事科技情报、标准、计量等技术基础工作的单位以及从事医药卫生、环境保护等社会公益事业的研究单位,按任务实行事业费包干,增人不增钱,减人不减钱。同时,鼓励他们积极挖潜创收;对部分或全部拨给事业费的技术开发类型的科技机构,从"七五"开始逐年减拨事业经费,直至完全停拨;对独立核算、自负盈亏、示拨事业费的技术开民类型科技机构,实行经费长期自理,自主使用。三是对科研事业实行归口管理,把过去由各主管部门划拨的科研事业费统一转给同级科委(科技局),实行统一管理。

这一改革,有力地促进科研机构逐步走向经费自立,打破了长期以来单一的"供给制",吃"大锅饭"的局面,促进了科技与经济的密切结合。地区农科所、林科所、医科所等进一步实行人员合理分流与重组，进入市场经济行列。负责行政、后勤的科室人员实行以岗位责任制为主的目标管理，负责科研、开发的科室人员实行以考核课题完成任务和水平为主的科研课题承包责任制，负责生产、经营的人员实行以利润为中心的经营承包责任制。科技人员和全体职工，允许停薪留职或发一部分工资，在所内外从事合法经营。同时，各科研、开发单位，狠抓生产经营开发，继续办好各类科技经济实体。1995年地区5个专业科研机构共创营业性收入650万元以上。地区科技情报所走出“山门”，在厦门市常设技术市场，建立“技贸交易处”，加强本区与沿海地区的技术交流，收到一定效果。

（二）科学技术成果商品化

长期以来，技术成果是以无偿转让的方式应用于国民经济的各个生产部门的。中共十一届三中全会之后，技术成果作为商品已进入本区的商品市场。在“放开、搞活、扶植、引导”的方针指导下，本区的技术市场从无到有，逐渐成为社会主义商品经济的组成部分，成为科技与经济密切结合的重要桥梁。主要表现在：(1)技术经营管理服务网络逐步建立，形成多层次、多渠道、多方式，各种所有制的技术经营体系。(2)开展技术贸易交流，培育农村技术市场。1997年长汀县开展“农村技术市场试点县”的建设工作取得成效，成为全省向国家科委推荐加入“全国农村技术市场示范县”的四个县(市)之一。积极向省科委争取“农村技术市场”和“技术经纪人事务所”建设经费，组织企业和县(市、区)开展技术难题招标和供需对接中介活动。技术贸易额逐年增长。据不完全统计，1991年，全区认定登记的各类技术合同不足10项，技术交易额31.7万元。到2013年底，全年共登记技术合同28项，全市技术合同成交金额2545万元。(3)推行专利制度。1985年《专利法》颁布以来，各地认真组织学习、贯彻实施，极大地调动了广大科技人员和人民群众发明创造的积极性。据不完全统计，从《专利法》实施以来到2013年，本区申报的专利项目共10862项，其中发明1729项，实用新型6197项，外观设计2936项。(4)加速企业技术改造，促进企业技术进步。2013年，全市研究开发合同和技术转让合同41份，合同金额5256万元，比1993年369万增加了4887万元。交易中，研究、开发机构是主要卖主，企业是最主要买主，各类工业企业在技术市场培育下，增强了技术吸收和开发的能力，同时，企业深入技术市场，增强了先进、适用技术的传播和扩散。

（三）改革科技人员管理制度

1978年以前，科技人员属部门或单位“所有制”，积压人才和浪费人才的状况相当严重。为了改变这种状况，促进科技人员合理流动。本区着重抓了两个方面工作：第一，改革职称评定工作，实行专业技术职称聘任制。1978年后，本区开始评定专业技术职称，从1985年开始，推行了专业技术职称聘任制度，实行聘用单位和受聘人员的双向选择，有效地调动了科技人员的积极性。第二，对科技人员实行放宽、放活的政策，为充分发挥科技人员作用创造了良好的条件。1989年，地委、行署做出了关于进一步放宽、放活科技人员管理的若干规定。在工资、福利、技术服务、户籍、组织关系等方面实行宽松政策，并在税收、信贷、风险投资等方面予以扶植和支持。到1993年，全区已有6万多人次的科技人员采取辞职、停薪留职、调离和自愿组合的方式，到社会上去承包、租赁、创办、领办企业或进行技术咨询、技术服务等。各个县(市)还采取了有效措施，吸引大批科技人员到农业第一线，为发展农村经济做贡献，在改革的大潮中，涌现一批由科技人员承包或创办，采取自由组合、自筹资金、自主经营、自负盈亏、自担风险的民营科技实体。1993年，这类民营科技机构已发展到68家，从业人员610人，其中有中、高级科技人员80多人，民营科技机构实行技工贸相结合，将科技转化为生产力。1993年，全区民营科技机构的营业额达4000多万元，形成固定资产1000万元以上，还取得了一批水平较高的科研成果，在1993年7月举行的第二届中国专利新技术、新产品博览会上，捧回了两块金牌、一块银牌、两个优秀奖。民营科技实业的出现，打破了由国家办科学的一统局面。它们的经营管理方式给全民所有制科研机构提供了经验。

1999年，全国技术创新工作大会后，龙岩市委、市政府分别召开市委一届五次全委(扩大)会议和市科技工作会议，贯彻全国技术创新工作会议和省委六届十次全会精神，对“十五”期间乃至2010年科技工作做了全面部署，表彰奖励了一批科技工作的先进单位和个人，制定出台了《关于依靠科技进步，加强技术创新，促进闽西生产力发展的决定》和七个配套性政策文件。该《决定》提出了依靠科技进步，加强技术创新，促进闽西新一轮大发展的指导思想、奋斗目标和主要任务，同时规定了加强技术创新的具体措施，即加强企业技术创新，促进产业结构优化升级；大力推进新的农业科技革命，促进农业产业化、现代化；突出重点特色，发展高新技术产业；深化科技体制改革，增强科技事业发展活力；改革科技投入机制，建立以企业为主的多元化科技投入体制；加大人才培养和引进力度，稳定现有人才队伍，为闽西发展提供人才保证和智力支持；加强对科技工作的领导，推进闽西生产力快速发展。

为大力实施和积极推进“人才强市”战略，龙岩市出台了相关科技人员激励管理政策。主要有：2006年龙岩市人民政府出台的《关于依靠科技进步加强技术创新促进闽西生产力发展的决定》、2008年出台的《关于修改引进人才经济补贴规定若干事项的意见》、2012年出台的《龙岩高新技术产业开发区引进人才优惠政策实施细则》和印发龙岩市人才住房政策补充意见(试行)的通知等。

(四)科技管理体系和科学普及网络逐步建立健全

1977年11月龙岩地区恢复地、县(市)两级科委。自此以后，科委、科协逐步得到充实和加强，至1985年，各县(市)、乡(镇)一级也相继建立了科委和科普协会，地、县(市)、乡(镇)三级还成立了科技领导小组，县(市)配备了科技副县(市)长，乡(镇)配备了科技副乡(镇)长和科技专干，行政村有1名村主干分工抓科技工作，各种专门学会、协会也有了新的发展。地区一级建立各种专业学会、协会59个，有会员4100多人，农村专业协会、研究会和厂矿科普协会遍布全区各个乡(镇)、村。四级科技管理体系和科普网络，有效地加强了科技工作的统一管理和科学技术的普及工作。与此同时，各级技术推广服务机构也得到充实和加强。

龙岩地区还加强了科技示范建设，建立了健全的县（市）、乡（镇）、村、户四级科技示范体系。全区7个县（市）中，上杭、连城、武平分别被列为市科技示范县、科技综合开发试点县和科技启动县，龙岩市被国家科委列为全国重点联系县（市）之一；建立科技示范乡（镇）22个，平均每个县（市）2～4个；建立科技示范村128个，平均每个乡（镇）1个；建立科技示范户27550户，占总农户数的5.1%。在科技示范乡（镇）中，已有10个科技示范乡（镇）通过省、地（市）的随意联合考核验收，并由省政府正式授匾。科技示范体系的建设，为农村科技进步，促进农村经济发展起到了很好的辐射作用。

（五）建立健全企事业单位科研机构

科研机构的建立将有效地推动科研的开展。1997年底已有15家集体办研究所。其中，有市第一医院心血管研究所、市第二医院肿瘤研究所、闽西食品研究所、佳丽纺织科学研究所、连城百花涂料研究所等。多家研究所取得可喜的成效，市第一医院的心血管研究所开展心脏移植手术获得成功，这在全国地市级医院是首例，在全国是第八例。市科委帮助市第二医院肿瘤研究所引进国外先进的仪器设备，节约资金20多万美元。连城百花涂料研究所建立中试基地，使产品在市场上处于领先地位。闽西食品研究所在市科委的扶持下，研究农副产品深加工技术，不断推向农村和乡镇企业，培育新的经济增长点，为全市农业产业化做出贡献。2010年，龙岩市科技局安排400万元科技经费，支持龙岩九健生物芯片技术研究所专项用于蛋白生物芯片关键技术的研发与引进。该所拥有世界上最先进的生物芯片技术和系统化统计分析技术，并有解决该技术实现产业化的完整方法，这一超越世界水平的技术的产业化将改变世界现有早期肿瘤检测方法。

（六）加强民营科技企业及科技类民办非企业的管理

为加强农村科技、民营科技工作，2001年，龙岩市科委印发《关于加强我市民营科技园区建设和管理的意见》，指导新罗区民营科技园区的申报、筹建事宜以及征地、规划、优惠政策等各种文字材料的起草汇编；审批民营科技企业8家和放活6个机关、事业单位的科技人员进入经济建设主战场。

为加强对科技类民办非企业的管理，2003年，龙岩市科技局对“科技类民办非企业设立”审查事项实行“告知承诺制”，实行“先上车、后买票”管理，改变以往“重事前审批，轻事后监管”的状况。把原有的“技术合同认定登记”审批事项改为审查事项，进一步缩减审批事项。对“省级科技型企业认定审核”和“高新技术企业申报审核”2项事项实行“一审一核”制，进一步方便群众办事。同时，根据市政府的要求，下放审批权限，对“技术合同认定登记”和“科技类民办非企业设立”2项事项的审批权下放到县（市）科技局，对于“省级科技项目审批”、“高新技术企业申报审核”、“省级科技企业认定审核”、“高新技术产品认定”4项上报事项，同意由县(市)自行审核后直接报省审批。

龙岩市科技局于2004年重新制定《龙岩市科技局服务指南》，对市级科技项目审批，国家、省级科技项目申报审核，高新技术企业申报审核，科技类民办非企业单位的设立审查等事项的设立依据、申报条件、申报程序、承诺期限等进行明确、详细的说明。市科技局还根据中央、省、市有关文件的精神，对各办理事项的申报程序进行简化，对办事承诺期限进行缩短。在申报程序上，强调各办理事项应全部由行政服务中心科技局窗口受理，杜绝两头受理的现象。

2010年，龙岩市科技局制定出台了《龙岩市科学技术局行政权力运行流程图册(试行)》，规定了科技类社会团体、民办非企业单位的登记审核及监督管理流程。2013年，市科技局根据“马上就办、办就办好”要求，重新调整了科技类民办非企业办理的有关事项，取消了民办非企业的变更，同时，将办理时限由10个工作日缩减为5个工作日。

(七)加强科技创新管理

“十一五”期间，龙岩市在科技工作体制改革和管理创新方面取得突破。主要成就：一是全力创建国务院批准的全国高新技术产业发展政策高地和实践基地——国家高新技术产业开发区。二是推进国家可持续发展实验区和产业示范基地建设，探索山区可持续发展道路。三是加大科技创新平台建设，突出平台支撑发展、整合资源和转化成果的作用，着力构建面向企业、支撑产业引领发展的科技创新平台。四是加强科技金融体系建设，鼓励支持外资、民资多形式参与搭建高新区融资平台，为中小高科技企业的创业者筹集创业资本，为科技骨干企业上市提供便利。五是授予9人2011年龙岩市首届技术创新人才奖，每人奖励12万元，激励科研一线人员创新创造，营造良好科技创新环境。六是建成福建省生猪健康养殖技术创新重点战略联盟，加快建设龙岩市畜禽养殖疫病防控公共技术服务平台、龙岩市先进机械设计制造公共服务平台、龙岩市科技信息公益性综合服务平台等面向企业、支撑产业、引领发展的科技创新平台。

2012年，龙岩市紧紧围绕“五个龙岩”建设任务，创新思路、主动作为，坚持企业技术创新工作导向，着力优化创新基础环境、创建高新产业基地、实施科技计划项目、建设科技创新平台、推进成果创造应用、服务社会民生进步，不断完善具有龙岩特色的区域科技创新体系，科技促进经济社会发展取得新成效。当年，出台了《关于深化科技体制改革加快创新龙岩建设的若干意见》、《龙岩市引进高层次创业创新人才暂行办法》、《龙岩市人民政府关于贯彻落实国家知识产权战略纲要的实施意见》一系列扶持科技发展的政策。

六、国际科技合作与交流

科学是无国界的，龙岩地区在着力提升本区科技水平的同时，加大了对外的科技援助。

本区承担国家对外经援任务始于 1964 年，当时选派连城詹百维、长汀陈德金前往西非马里，进行为期 1 年的传授剥料、踏料、抄纸、捞纸、焙纸等传统手工造纸技术。1969—1982 年，福建省第三建筑工程公司和龙岩公路分局先后派遣技术人员和工人 30 名，分赴也门、苏丹等 4 个国家援建公路、桥梁和综合体育场。1981—1989 年间，龙岩市农业技术干部郭榕生先后 3 次被选派往西非塞拉利昂共和国的马格巴斯农场联合企业工作。其中：前 2 次共 4 年从事土壤肥料的技术指导等工作，全面完成 1.92 万亩耕地土塘养分分析化验工作，并根据土壤渗透性强的特点，改进和创造了一套施肥办法，促进了甘蔗的整体生产平衡，获得了高产丰收。在第三次为期 2 年的援外中，又出色地完成了任务。塞国总统莫莫博士曾多次接见了他。1985 年地区畜牧水产局干部张日茂也被选派到该国布布业农场，从事为期 1 年的 1 个大型牛场和大型猪场的兽医技术工作，摸清了热带国家猪、牛发病规律及其特点，找出了相应的防治办法，还向黑人兄弟传授阉割、驱虫等技术，受到了该国外长接见。

龙岩市援外医疗工作。受原国家卫生部和福建省卫生厅委托，1987、2013 年派遣援塞内加尔医疗队，2005、2008 年派遣援博茨瓦纳医疗队，累计向塞内加尔和博茨瓦纳派遣医疗队 5 批、队员 20 名。先后为受援国群众诊疗约 5 万多人次，开展手术治疗近万例。不仅为受援国人民诊治了大量常见病、多发病，还治愈了不少疑难病症，成功开展了巨大肿瘤摘除等高难度手术，挽救了许多生命垂危的病人。通过病例讨论、学术交流、同台共诊、操作示范等方式，向当地医务人员传授专业理论与临床技术，为受援国留下了“不走的医疗队”。积极协助受援国健全医疗卫生规章制度，规范医院管理，完善医疗服务体系，促进了受援国卫生事业的发展。同时，出色完成了我国驻受援国外交和中资机构人员、华人华侨的医疗保健任务，成为我驻非人员的健康卫士。我市援外医疗队有 1 位队长荣获“塞内加尔共和国狮子勋章”，1 名队员获得“塞内加尔共和国骑士勋章”，3 名队员获得受援国卫生部嘉奖。在国家有关部委和省政府历次表彰大会上，我市共有 3 批医疗队、8 名队员和管理人员获得表彰。

龙岩市农业科学研究所援助菲律宾水稻种植技术。应菲律宾中国商会会长兼菲律宾金谷农业科技有限公司总裁许克宜先生邀请，龙岩市农业科学研究所派出由林金虎所长、兰华雄副所长等 2 位水稻专家组成的赴菲律宾出访考察组，于 2009 年 3 月 15 日～20 日考察了菲律宾的水稻种植状况。在此基础上，该所与菲律宾金谷农业科技有限公司形成了长期的合作关系，并与菲律宾中国商会签署了水稻种植技术协议，为中国专家与菲律宾民营企业开展了杂交水稻技术合作。合作主要内容是该所对菲律宾中国商会下属金谷农业公司在菲律宾南部来宝岛中部（面积 100 公顷）和保和岛北部（面积 56 公顷）建立的 2 个金谷农场，进行全面技术指导。从 2010 至 2014 年间，由该所兰华雄副所长负责菲律宾金谷农业科技有限公司在菲律宾南部建立的 2 个农场指导水稻种植并对这 2 个农场的工人进行技术培训。形式为网络远程指导，双方互动。4 年来，筛选出了适应这 2 个农场种植的 LP360、SL-8H 等 2 个杂交水稻新品种在菲律宾种植，比当地杂交稻和常规稻的单产高，增产幅度大。2011—2014 累计示范推广杂交水稻达

275公顷，比当地品种平均增产26.3%。累计增产粮食4226.1吨，新增农业利润464.9万元(已经折合成人民币)。所生产的稻米质优，已经成为菲律宾快餐专用米。销售价比一般稻米提高20%。

为促进龙岩地区科技进步，龙岩逐步引进外国的先进技术设备，并加强对外科技合作与交流。龙岩市较大量地引进技术设备始于1984年，漳平塑料厂引进香港低压聚乙烯吹膜制袋设备。至1988年，全区从日本、英国、联邦德国、香港等10个国家和地区引进设备的项目有20项(含侨商捐赠2项，利用外资3项)，用汇2189.03万美元，进口单机10批(含华侨捐送)，用汇484.43万美元，计用汇总额2673.46万美元。至1988年底，20项引进设备的项目，已投产15项，累计新增产值22257.3万元，创汇1477.3万美元。其中龙岩卷烟厂引进莫林8和莫林9.5卷接包机组及15万箱制丝设备，实现了年产值、税利超亿元，生产的"富健"牌过滤嘴香烟获全国首届博览会金牌。20个项目中，对较大外汇额的10余项，进行国外技术考察和学习，同时还邀请售出国或地区的工程技术人员到本区进行设备安装、仪器测试和技术指导。

龙岩地区空气净化厂的电除尘和本体研究所，为了设计和生产具有国际先进水平的电除尘器，于1987年引进美国通用电器公司环境服务部的电除尘技术，由该公司提供电除尘器试验研究、造型设计、结构设计的资料，用于电站和水泥厂的典型电除尘器的全套图纸、供电装置的成套技术资料以及造型和结构设计的计算机软件。该所派5名技术人员到美国培训了3个月，其中3人留下与美方搞联合设计3个月。通过培训，基本掌握了该公司的技术诀窍，能应用美方提供的技术，参照该公司的标准，进行独立设计。

除了对外援助外，还积极建设国际科技合作基地。2007年，依托福建龙净环保股份有限公司组建的工业烟气治理国际科技合作基地正式获得国家科技部审批认定，成为全国环保领域的第一家国际科技合作基地。基地自2007年11月认定以来，采取"项目—人才—基地—企业"相结合的国际科技合作模式，开展大量的环保领域大气污染物治理国际科技交流与合作，与澳大利亚伍龙岗大学、澳大利亚新南威尔士大学、美国能源与环境研究中心等单位在CFD气固两相流、嵌入式电袋技术开发等方面保持了紧密的技术合作关系，并引进了英国徐涛博士、日本千田修教授、美国吴慕正博士等海外高端人才，有力推动了公司国际市场的拓展以及管带机、脱硫副产物利用等新兴领域的快速发展。2009年，该公司与澳大利亚伍龙岗大学合作开发的"物料输送的料性研究及工业应用"项目获得科技部国际科技合作项目立项，并获得200万元资金资助，项目于2012年10月10日通过结题验收；2013年，与澳大利亚新南威尔士大学合作研发的"工业烟气净化装置气流和气固两相流数值模拟研究及应用"项目获得福建省科技厅国际科技合作立项支持100万元。

2010年，福建省长汀金龙稀土有限公司从日本购买引进全球领先的日本三菱化学发光材料生产技术及相关设备，其中包括节能灯用荧光粉、宽色域ccfl显示用荧光粉及PDP用荧光粉的生产技术，及40多项全球专利独家许可权，大大提升了发光材料的品质和生产技术，使公司在稀土发光技术方面得到了很大提升，从而快速地步入国际领先的水平。同时，引进的宽色域 ccfl 显示用荧光粉及 PDP 用荧光粉的生产技术，打破了国内 ccfl 冷阴极背光源荧光粉和 PDP 显示器用荧光粉被国外企业垄断的格局，有利于提升公司在国内外的竞争力。本项目引进的关键技术：(1)引进先进的烧结炉稳定产品的品质；(2)共沉淀工艺最佳温度、浓度等参数的确定及控制；(3)粉体灼烧温度、时间的控制；(4)高品质的稀土原材料前躯体的生产将建设一条全自动控制的前躯体生产线，为 PDP 荧光粉提供高纯度、粒度分布集中、品质稳定的稀土原材料前躯体。本项目实施已建成了年产 1600 吨的三基色荧光粉的生产线，于 2011 年 4 月正式投产，到 2013 年 6 月已生产销售高性能稀土三基色荧光粉 6245.01 万元。该项引进购买技术成果曾于 2013 年获得福建省科技厅购买科技成果补助资金 200 万元，为我市首次获得省科技厅该项补助经费。

福建丰力机械科技有限公司是一家专业从事超细粉碎机械研发、生产与销售一体化的高新技术企业，为使企业研发超细粉碎机械向大型化、系列化转变，该公司自 2010 年开始，与法国阿尔斯通技术有限公司、阿尔斯通电力有限公司合作，以公司的高效超细粉碎技术和阿尔斯通的大型化技术相结合，研究开发“大型矿物超细辊轮磨”，对超细矿物粉碎机压差系统、实时在线检测系统、传感器系统、细磨模块及粉流通道结构等进行创新性研究开发，研发出具有大型化、粉碎好、细度高、能耗低、使用寿命长等优点的粉碎机。该项合作获得福建省科技厅对外科技合作立项扶持 100 万元。

福建伟益锦纶科技有限公司是一家主要生产、销售特种差别化超细型多孔丝(锦纶、涤纶化纤单丝、有机复合导电纤维)等产品的专业公司。为提高公司的技术进步及产品质量竞争力，2013 年，该公司购买引进台湾景安股份有限公司“差别化锦纶纤维长丝高效节能生产新设备新工艺技术”，该项新设备新工艺生产的产品的废丝率小于 1%，产品优等品率达 96%以上，均高于行业平均水平。在整经织造过程中每百万米的断头率控制在 3 次/千条以下，远低于行业平均的 6～8 次/千条，不仅提高了生产效率，也提高了产品质量。项目投产实施后，可新增各类差别化超细锦纶 5000 吨，实现销售收入 1.6 亿元。

龙岩市方圆经济技术开发有限公司与台湾开得数位科技顾问有限公司合作开发“森林防火监控系统平台关键技术”，研究基于物联网、云计算、视频图像智能识别技术和嵌入式电子技术，运用 SDH 数据传输技术，通过林区实时视频进行智能识别分析处理，开发森林防火监控系统平台、林火智能识别和森林防火监测终端设备。本系统采用高维空间数据库建模，建立“林火动态变迁模型”数据库、多智能体引入林火扑救的现场指挥协调控制系统、光电信息、微电子、网络通信、数字视频、多媒体技术及传感技术，通过超视距、夜视、红外测温、移动视频监控等技术在森林防火系统中的应用技术属于国内领先水平。该项合作获得福建省科技厅对外科技合作立项扶持 100 万元。

2012 年，德泓(福建)光电科技有限公司与台湾德昕光电科技有限公司签订合作协议，共同开发“智能化 LED 照明系统”，通过对灯具和场景照明智能节能控制系统集成技术的研究，开发高效率的LED灯具和智能化控制系统。解决LED照明对人的生理和心理影响、LED如何与建筑、艺术等紧密结合及与自然采光的关联等问题，实现照明场景智能化和节能环保的要求，为照明行业扩展商业机会。该项目于2013年获得福建省科技厅对外科技合作立项扶持资金80万元。

2013年以来，福建龙泰安生物科技发展有限公司与台湾彰化田香安农场开始在漳平合作共建"环境空气净化调节植物工厂"，即采用"发光二极体(LED)照明设施"，来取代传统日照，以营养液的水耕栽植方式取代传统土耕，再藉由"光量"、"光质"、"湿度"、"二氧化碳浓度"的控制，所得的环境资讯通过电脑即时处理，控制在所期望的环境条件下，不使用泥土的绿室栽培植物工厂。该植物工厂可年产1亿株香药草植栽等系列产品。

福建梁野山农牧股份有限公司成立于2012年4月，是大北农集团种猪产业南方基地。2013年11月，在"第八届大北农科技奖颁奖大会暨中关村全球农业生物技术创新论坛畜牧科技创新分论坛"期间，公司与加拿大吉博克种猪育种公司签署了全球排他性种猪育种战略合作协议。12月公司与加拿大吉博克育种科技公司联合育种项目首批1480头原种猪抵达梁野山核心种猪场进行隔离，创造了中国种猪引种史上三项最高纪录(数量最多:1480头;品种最多:长白、大白、皮特兰、杜洛克四个品种;平均综合育种指数最高:EPV达136)。在未来公司还将发展若干项目，同时将使用基于BLUP程序的吉博克产权软件GeneExpert、SRT和STP进行管理，并将使用国内外顶级的生产管理系统协同大北农自主开发的财务信息系统配合使用。种猪产业将同时开展与国内外其他联合科研项目的开发与合作，重点研发公关方向为现代育种、疾病防控、均衡营养、系统免疫、特色肉质以及生态环保等功能相关的高科技分子育种体系。力争填补国内在高科技现代育种方面的空白，使国内育种科技达到国际顶级水平，并将构建高效、环保和健康的综合平衡现代养殖模式。种猪产业长期的目标是发展成为中国乃至世界顶级的育种科技公司并培育独特、高效且最具有综合竞争力和养殖效率的专门化基因品种和配套体系。

紫金矿业海外技术合作项目主要有:(1)澳大利亚诺顿金田有限公司。项目合作单位为澳大利亚诺顿金矿，2012年紫金矿业与其合作"诺顿金矿Navajo Chief和Janet Ivy低品位矿石的试验研究"，推荐采用粗碎—半自磨—分级—粗粒堆浸—细粒碳浸工艺，可较好解决成本问题，金浸出率超过80%，为诺顿今后低品位资源的开发提供技术依据。2013年紫金矿业与其合作"诺顿Enterprise金矿选冶技术研究"项目，验证了帕丁顿选厂流程可行性，提出工艺改进措施，通过重选—浮选—氰化工艺获得金总回收率在90%～97%之间，为今后帕丁顿选厂流程改进提供了技术依据。(2)塔吉克斯坦塔中泽拉夫尚有限公司。项目合作单位为塔吉克斯坦塔中泽拉夫尚有限公司，2012年5月—2013年12月，紫金矿业对塔罗氧化矿开展了一系列技术攻关合作研究，成功在塔吉克斯坦建立了世界上首条2000吨/天处理含铜氧化金矿原矿氨氰浸出生产线，该生产线整体工艺路线为"原矿露天采矿—矿石破碎—磨矿分级—浸出前浓密—氨氰浸出—矿浆除铜—三段洗涤—洗涤贵活性炭吸—合格载金炭解吸—电积—粗金泥除杂提纯—熔炼铸锭—1＃金锭”。此工艺首次大规模应用于含铜金矿原矿，表明紫金矿业处理含铜金矿的技术水平已迈入世界先进行列。项目申请专利5项，项目研究成果荣获2014年黄金协会一等奖。

此外，龙岩市还积极开展与周边地区的科技合作与交流。1997年，参加在晋江市举行的厦、漳、泉、龙四市第十一届科技协作会议，供需双方达成技术协作协议或合同8项，使本市与沿海地区的科技优势互补，共同提高，共同开发技术市场。在梅州市举行的闽粤赣湘边区第十次科技协作会议，围绕着“在新形势下，科委工作如何为经济增长方式的转变服务”，组织近200项科技成果项目进行交流，促进技术开发、技术贸易。1999年以来，积极参加厦、漳、泉、龙、明“三角五方”科技协作会议和闽、粤、赣、湘4省边区科技协作会议。市科委还参加“99福州国际招商月”活动，较好完成第二届“99中国（厦门）投资贸易洽谈会”龙岩市科技招商的有关工作，促进本市科技对外交流活动的开展。

积极承办科技协作会议，促进沟通与交流。2004年10月，由省科技厅办公室主办，龙岩市科技局承办的“福建省科技系统政务工作会议”在龙岩召开，省科技厅办公室及省厅直属单位办公室、各设区市科技局办公室负责人近40名代表出席会议。

积极与省内外高校、科研院所以及兄弟单位加强科技交流与合作，促进科技工作开展。2006年7月，“龙岩市与福州大学科技协作研讨会”召开，在这次研讨会上，龙岩市与福州大学签订了长期科技协作协议，龙岩市一大批企业与福州大学建立了产学研合作关系，项目成果成功对接24项。一大批科技型企业与省外高校建立产学研合作关系，如卫东环保、龙岩吉锋刀具有限公司分别与东南大学和中南大学建设长期科技协作协议。此外，积极组织参与福建省项目成果交易会，推荐的成果成功对接项目9项，签约金额近1000万元，征集企业技术难题6项。2008年5月14日，龙岩市人民政府、上海市徐汇区政府、上海技术交易所联合主办了“龙岩市2008年上海项目成果对接会”，这是龙岩市政府首次与省外地方政府及国家级技术交易中介机构合作，围绕机械、化工、矿产品深加工等产业开展项目对接，成功对接项目71项。2009年，漳平台缘开发建设有限责任公司与台湾茶协会合作申报省国际合作重点项目，获立项资助经费30万元。2013年12月6日，龙岩市科技局与厦门理工学院就平台搭建、项目合作、科技成果转化、产业基地建设、人才队伍交流和培养等签订合作框架协议，建立紧密动态长效合作机制，并将在我市组建厦门理工学院龙岩产业技术研究院。

第九节　科技群众团体与活动

中华人民共和国成立后，闽西的科技出现质的飞跃，这些成绩离不开科技群众团体的参与。科学技术群众团体在促进科学技术的繁荣和发展，促进科学技术的普及和推广，促进科学技术人才的成长和提高，促进科学技术与经济的结合等方面日益发挥着重大的作用。

一、科协组织

科学技术协会简称“科协”，是科学技术工作者的群众组织。在我国，科协是中国共产党领导下的人民团体，是党和政府联系科学技术工作者的桥梁和纽带，是国家推动科学技术事业发展的重要力量。龙岩地区科学技术协会(简称地区科协)，其前身是福建省科学技术普及协会龙岩专区办事处，筹建于1953年，1956年5月正式成立，1958年7月改名为福建省科学技术协会龙岩专区办事处。1960年3月，根据省科委、科协通知，撤销原地区科协办事处，成立龙岩专区科学技术协会，与专区科委合署办公。1961年精简机构时，其工作由科技办公室兼顾，一直到1966年6月前，都是“一套人员，两块牌子”。“文化大革命”期间，科技办公室无形中消失。1977年地区科委恢复建制后，在科委内部设立了普及科，承担科普方面的工作。1978年9月，地区科协恢复活动，并通过协商，产生了科协委员会，中共龙岩地委宣传部长兰天兼任科协主席。1981年10月，地区科协召开了第一次会员代表大会，通过了《福建省龙岩地区科学技术协会章程》，选举产生了第一届科协委员会。1983年机构改革后，地区科协与地区科委分别设置，地区科协内部设立了普及部、学会部、青少年科技工作部和办公室(后青少年科技工作部合并于普及部)，1984年6月增设科技咨询服务部。2003年机构改革，市科协核定办公室、普及宣传部、学生工作部三个职能科室。

1956年和1957年，龙岩、上杭、武平3县先后成立了县科学技术普及协会(1958年7月改名为县科学技术协会，简称县科协)。1961年，连城、永定、漳平、长汀4县也相继成立县科协。1962年精简机构后，武平、连城两县科协被精简。1966年“文化大革命”开始后，各县科协全部消失。1978年全国科学大会召开前后，各县科协先后得以恢复，并与县科委合署办公。1980年，长汀县首先召开科协第一次会员代表大会，选举产生了长汀科协第二届委员会(第一届委员会系民主协商产生)。1981年和1982年，漳平、龙岩等县(市)也分别召开了第一次会员代表大会，选举产生第一届委员会。此后，各县科协独立设置，归属党群口，列事业编制。

龙岩市科协第一次代表大会于1997年8月30—31日在龙岩召开。大会发出致全市科技工作者《为实施科教兴市战略，推进新一轮创业，建设新闽西而贡献聪明才智》的倡议书，编发《龙岩市1992年以来自然科学优秀论文摘要汇编》。同时修改通过新的《龙岩市科学技术协会章程》，表彰科协系统51个先进集体和129个先进个人。大会首次聘请市计委、经委、教委、农办、民政局、财政局、人事局等8个部门领导为市科协顾问。

龙岩市科协第一次代表大会召开后，对所属的各协会、学会进行了清理、整顿。龙岩市老科技工作者协会、机电工程学会、科普作家协会等11个市级学会、协会于1997

年先后易名、改变挂靠单位，并进行换届选举。龙岩市科协首次取消多年未开展活动的龙岩市工艺美术协会、龙岩市地名学研究会。1998 年，有 5 个市级学会召开代表大会或会员代表大会进行换届选举。2000 年，在原有 57 个学会中，龙岩市科协加强学会工作的指导，配合市民政局做好社团清理整顿工作，46 个学会取得社团法人地位。同时，结合学会的换届，对学会主要负责人人选认真把关，选出热心学会工作、有奉献精神的会员担任理事长、秘书长。同时，把学会管理的重点放到组织建设、开展学术活动和建设“科技工作者之家”上来，并通过召开学会秘书长座谈会，达到互相交流和促进的目的。在经费上，本着经费跟着活动走的原则，给予开展活动的学会以一定的支持。

表 4-9　龙岩市（原地区）科学技术协会历任领导一览表（自 1978 年恢复建制以来）

管理机构名称	时间	主席	党组书记	副主席	备注
龙岩地区科协技术委员会	1978—1980	兰　天（时任龙岩地委宣传部长）（1978—1980）		钟子平（1979—1980）、陈今生（兼）、郑文华（兼）	
龙岩地区科学技术协会第一届委员会	1980—1992	兰　天（1980—1982）、赖柏元（1983—1987）、简贵章（1987—1992）	简贵章（1987—1992）	钟子平（1980—1987）、赖柏元（1980—1983、1987.06—1997.09）、郑文华（兼）、卢如模（兼）、刘婷瑛（兼）	
龙岩地区科学技术协会第二届委员会	1992—1997	简贵章（1992—1997）	简贵章（1992—1997）	赖柏元（1992—1997）、王文兴（兼）、林滋銮（兼）、吴汉六（兼）、郑庆昇（兼）	
龙岩市科学技术协会第一届委员会	1997—2002	江　流（2000.04—2002.11）	江　流（2000.04—2002.11）	陈平平（1997.08—2002.11）、郑庆昇（兼）、邹　杰（兼）、林绍光（兼）、余庆阳（兼）	1997 年龙岩撤地设市
龙岩市科学技术协会第二届委员会	2002—2008	李新春（2002.11—2008.01）	陈家鸿（2002.11—2003.11）、赖钳勋（2004.12—2011.11）	陈家鸿（2002.11—2003.11）、赖钳勋（2004.12—2011.11）、陈平平（2002.11—2008.01）、郑庆昇（兼）、陈景河（兼）、陈益忠（兼）、余庆阳（兼）	

续表

管理机构名称	时间	主席	党组书记	副主席	备注
龙岩市科学技术协会第三届委员会	2008—2013	张琼珊(2008.01—2009.12)、郑玉琳(2010.01—2011.11)、赖钳勋(2011.11—2013.09)、张亮春(2013.09—)	赖钳勋(2008—2013.9)、张亮春(2013.09—)	陈平平(2008.01—2012.10)、陈玉美(2011.12—2012.10)、陈家国(2012.11—)、徐锦清(2013.09—)、陈益忠(兼)、林链凤(兼)、林跃鑫(兼)、邹来昌(兼)	

2008年,全年有5个市级学会完成换届工作。同年8月15日,市科协召开三届二次常委会,会上审议通过《龙岩市科协市级学会管理办法》。该办法的出台,促进学会管理更加程序化、制度化、规范化。市煤炭学会先后制定了《龙岩市煤炭学会章程》、《龙岩市煤炭学会收支、管理办法》等制度,使学会工作有章可循,大大提高工作效率,规范了学会的管理。市科协还组织开展与学会行政挂靠单位共建学会的试点工作,第一批共建学会的有市农业科技协会、市气象学会、市中医药学会3个学会。根据章程,市科协每年指导各学会按时换届,确保组织机构健全。2010年6月12日,龙岩市气象学会在上杭县古田山庄召开第五届会员代表大会,选举产生了新一届理事会。2012年6月25日,长汀县档案学会召开第四届会员代表大会,选举产生了新一届理事会成员、正副理事长和秘书长,表决通过了修改和补充后的新章程。2013年11月20日,连城县老科协召开第三次会员大会换届选举,选举出新一届县老科协理事会成员,表彰了2013年先进单位和先进个人并颁奖,聘请了七位顾问并发给聘书,八名会员转为名誉会员发给荣誉证书。2013年11月28日,上杭县退休科技工作者协会召开第三次会员代表大会,进行换届选举和工作总结、表彰先进。同年12月,永定县生猪产业协会召开年会暨第四届会员大会,进行了换届选举,经参会全体会员无记名投票,产生了由沈书永等15位养猪大户组成的第四届协会理事会成员。

图4-27　博士后科研工作站

全市、县(市、区)科协积极响应省科协要求组建企业科协的号召,深入企业一线开展宣传发动工作,全市共组建86家企业科协。标志着我市科技水平的院士(专家)工作站于2010年建立,至2013年,主要有福建省龙岩市农业科学研究所院士专家工作站、福建省紫金矿业集团有限公司院士工作站等5家院士(专家)工作站。

二、学术活动

为推动龙岩地区科技活动的开展，加强科学研究与社会生产相结合，地区各自然科学的学会、协会、研究会逐渐建立。龙岩地区在50年代初期，开始有卫生工作者协会和畜牧兽医协会，主要是把本行业分散在社会上的医务工作者或民间兽医人员组织起来，搞好本行业人员的管理教育，属于行业性专业人员的联合组织，不属于学术性的群众团体。1953年，福建省科学技术协会龙岩专区办事处筹建后，才有计划地在县、区一级和一些条件较好的基层单位建立学组或会员工作组。1978年地区科协恢复活动后，开始在地区一级建立17个自然科学专门学会，发展会员1200人。1981年10月，龙岩地区科协第一次会员代表大会后，学会、协会、研究会有了新的发展。到1987年底，龙岩地区一级已建立各种学会、协会、研究会47个，共5806人。其中各种专门学会37个，会员5164人；协会8个，会员495人；研究会2个，会员147人。到2013年底，龙岩市级一级学(协)会有54个。在科协组织领导下，它们都能针对本区的经济建设和生产实际的需要积极开展学术活动。

龙岩地区地理学会先后组织考察了河田的水土流失、梅花十八崁、漳平永福地形地貌、水流三州顶、永定茫荡洋草山资源、汀江源流等。每次考察完后，都进行学术讨论，提出关于资源保护、土地合理利用、环境保护等方面的建议，供有关领导和部门参考。如对河田的水土流失问题，首次提出了水土保持治理方案。龙岩地区科协根据该会考察梅花十八崁的结果，会同地区林业局首次联合上书地区行署和省政府，建议把梅花十八崁划为自然保护区。地理学会还参加了龙岩市城区规划工作，并把考察后形成的资料充实到中学的乡土地理教材中。龙岩地区档案学会召开档案学术研讨会，针对档案室升级后，企业档案管理水平如何进一步巩固提高，以及如何加强科技档案管理等进行了研讨，有2篇文章选送省“开发档案信息资源学术讨论会”并被评为优秀论文。地区地质学会基层党组对适中宝丰煤矿进行坑道水文地质考察，为避免矿井事故发生起到决定性作用。

龙岩地区医学会会员沈敏海的论文《缺血性中风颈动脉溶栓》一文，被1995年12月日本召开的第四届国际介入神经放射会议交流。地区中级人民法院副主任法医师詹芝山获香港运盛青年科技奖。青年科技工作者余莲、张辉雄获省青年科技奖。地区电力企业管理协会与龙岩地区电力公司联合举办调度自动化的研讨会，还与地区水电局联合召开“微机在电力系统中应用”的研讨会，这些成果都应用于电源建设、电网结构合理化等实际工作中。

市电机工程学会于1998年6月5日举办学术报告与高新产品推广会，将教授级高工的报告及外企产品的推广结合起来，取得良好效果。市防痨学会5人次参加省防痨学术交流会和省第六次呼吸道病学术交流会，交流论文8篇，论文《龙岩市结核性脑膜炎控制效果与对策评价》在《中华全科医学》刊物上发表并被评为优秀论文。市化工学会举办"1999—2002年闽西化工发展滚动计划"论证会。市地理学会采取年会、学术论文交流和野外考察相结合，取得较好效果。1998年上半年，市科协征集1994—1997年在省级以上刊物发表或省级以上学术会议交流的论文共132篇，评出1994—1997年度龙岩市自然科学优秀学术论文112篇，并颁发证书和奖金。从中遴选9篇参加省第三届福建青年学术年会征文，入选4篇，其中，市地质学会章健全工程师撰写的《龙永煤田聚煤盆地构造演化与富煤带保存的相关性研究》获优秀奖。还推荐论文参加省科协、省人事局1993—1995年省优秀学术论文评选，有6篇获三等奖。市科协从中发现一批青年优秀人才，向福建省第五届运盛青年科技奖推荐4人，向第四届福建青年科技奖推荐10名，市林学会高级工程师江瑞荣同时获得这两个奖项。

在2009年的福建省第八届自然科学优秀学术论文评选活动中，我市上送的8篇参选论文，获得一等奖1篇，二等奖1篇，三等奖2篇，其中龙岩学院吴善和教授的《推广与加强的幂平均不等式及其应用》获得一等奖，这也是地市科协一级上送的参选论文获得的最高荣誉。

自2002年起，龙岩市科协坚持每年举办学术年会(除2011年举办福建省科学年会中断一年外)。2008年，市科协与上杭紫金矿业公司联合举办龙岩市第七届学术年会。会上，王淀佐、陈毓川、邱定蕃、裴荣富、张文海等5位院士做了精彩的学术报告，在广大科技工作者中产生了深刻而广泛的影响。市级学会和县科协围绕本地相关产业发展，也举办了学术活动，为推动地方科技进步和事业发展做出积极贡献。同时，市农学会组织开展"闽西现代农业论坛"论文征集评审活动，龙岩市园艺学会年会，8位专家成员结合各自的工作实践，分别做了不同的专题报告。永定县科协召开首届学术年会，为学术交流和献计建言搭建平台。特别是2011年9月在龙岩召开的福建省科协第十一届学术年会，按照"大科普、学科交叉、为举办地服务"的定位，凸显年会特征、突出海峡两岸特色、突出综合交叉、突出为举办地服务出实效的要求，开展专题论坛和高水平的年会分会场学术交流等28项活动；涉及区域经济发展、汽车装备制造、稀土产业发展、国土资源开发利用、海西生态环境保护、水情水利水资源、现代农业、龙台农业、野生动植物保护和管理、生命科学、疾病预防、物联网和云计算应用、信息工程、新材料、旅游经济和档案资源建设与利用等等30多个领域50多个学科，共有9名"两院"院士，300多名专家和2900多名海峡两岸科技工作者参与年会，展现出"人数多、规格高，活动宽、领域广，形式新、亮点多，服务好、评价高"等特点，真正办成福建省科技界高规格、跨学科、有影响、有权威的科技盛会。2012年龙岩市科协第十届学术年会在长汀县召开。2013年10月31日，龙岩市第十一届、新罗区第四届学术年会在新罗区政府会议中心联合召开。各县、市科协、新罗区科协系统相关人员、科技人员近200人参加了会议。

一些学会和企业科协编印学术刊物作为平时学术交流的阵地。市医学会为加强学术交流，成立妇产科、病理科、儿科、物理与康复医学、骨科学分会。市医学会的7个专科分会均坚持每季度开展一次学术活动，其中，放射医学会学术活动讲究实效、生动活泼，把病理基础和X、CT、MRI多种现代教学手段结合起来，达到良好视听效果。龙岩市医学会林链凤等的论文《二尖瓣闭合性损伤的诊断与外科治疗》于2000年获福建省第五届自然科学优秀学术论文三等奖。市中医药学会会员王元撰写的《中药临床药学的尝试》在中国中医药学会举办的第三届黄河中医药学术研讨会上被评为优秀论文，市农学会会员林滋銮撰写的《3.85%病毒必克水乳剂防治农作物病毒病效果显著》被中国科学技术协会管理中心学术专家委员会、中国科学技术情报学会学术委员会等3家评为新时期全国优秀学术成果二等奖。

龙岩市通信学会方建宏的3篇论文入选《福建省第三届科技论坛——电子信息技术与新世纪福建经济发展专集》，游少敏、沈联海等22位科技工作者的论文收入《福建省第二届山区发展论坛论文集》。龙岩市林学会赵永健被评为"全省优秀科技工作者"，市地质学会陈景河被评为"全省优秀企业科协主席"，陈广先等138名科技工作者获得28项市政府颁发的"科技进步奖"。2001年，武平县青少年科技教育协会会员钟英撰写的论文《应用知识自行探索》入围参加全国青少年科技教育学术年会。

三、科普活动

科学普及，是指利用各种传媒以浅显的，让公众易于理解、接受和参与的方式向普通大众介绍自然科学和社会科学知识，推广科学技术的应用，倡导科学方法，传播科学思想，弘扬科学精神的活动。

(一)科技普及工作

龙岩地区科技普及工作始于1953年，当时主要活动形式是举办科普讲座、科技图片展览、放映幻灯片、出黑板报和在县报开辟《科学副刊》等。1959年10月，配合省农业厅、农科所在漳平召开的全省农业科学研究现场会，大力宣传漳平、永安、宁化3个县7个公社水稻大面积丰产和90多亩试验田的258项对比试验的成功经验。1960年举办了技术革新、技术革命展览会，展出3592项新产品、新工具、新技术，汇编了《技术革命红旗》(上下册)。1964年，地区科协在龙岩大众戏院门前首次创建"科普画廊"。同年，漳平县科协组建科普宣传队，寓科技于文娱之中，深受群众好评。1966年3月，该科普宣传队应邀在全国农村群众科学实验运动经验交流会上演出，被誉为文娱涉及科学领域的新创举。1968—1976年，科普宣传中断。1977年后逐步恢复，形式也趋多样化，全区各县(市)、乡(镇)恢复和新建了科普画廊、宣传栏；建立科普图书阅览室。同时还创办科普报刊，地区科协创办了《闽西科协园地》和《闽西科技工作者建议》，龙岩地区科普创作协会于1982年10月创办《科圃报》。县级龙岩市科协于1982年4月与科委、农委合办了《龙岩科技》，其余各县也办有《科普报》。

1984年，龙岩市早稻75%受到稻飞虱的严重威胁，市科协利用科普车随带录音机、挂图等深入6个乡镇，广泛宣传防治稻飞虱的方法，销售农村实用科技书籍200余册，解决疑难问题300多例。

2009年5月12日是国务院批准的首个国家“防灾减灾日”。根据中国科协办公厅下发的《关于积极开展防灾减灾科普宣传工作的通知》及《龙岩市人民政府办公室关于做好防灾减灾日有关工作的通知》的精神，结合科技、人才活动周活动，2009年5月8日，市科协、市化工学会、气象学会和新罗区科协及区属学会上街宣传防灾减灾知识、向市民免费发放防灾减灾宣传手册。通过活动，进一步增强公众防灾减灾意识，提高自救互救知识，形成全社会共同关心和参与防灾减灾工作的良好局面。2009年7月，市科协启动实施推进新农村建设先行先试重点工作项目，于6月8日至24日期间，特邀请了龙岩学院、市农科所、市农业局等教授、专家在新罗区、永定县的3个乡镇3个村开展企业管理、果树、竹业、茶叶和蔬菜实用技术培训，共有乡镇、村企业管理人员、农民技术人员、种植大户等430多人参加了培训。2012年，新年伊始，龙岩市科协联合新罗区科协轰轰烈烈开展科普过大年活动，拉开今年全市社会性大科普活动的帷幕。龙岩市科协联合新罗区科协策划了四场科普活动，先后深入龙岩城市中心广场、中城街道社区、东肖镇、雁石镇，利用科普文艺演出、猜灯谜、乡村庙会、冠名文体活动等春节期间群众喜闻乐见的活动形式，广泛开展科普宣传，群众参与踊跃。2012年3月，福建省“科普巡展海西行”启动仪式在长汀县举行。此次巡展以“体验科学，启迪创新”为主题，由福建省科技馆主办，长汀县科协、长汀县教育局承办，旨在进一步贯彻落实国务院《全民科学素质行动计划纲要》，积极推动形成讲科学、爱科学、学科学、用科学的良好社会风尚，提高我县公众的科学文化素质，此次巡展活动，省科技馆精心准备了60多件经典科普展品，有互动展品、科普展板科技动手做、趣味科学比赛、数字科技馆、科普助学等项目，面向公众宣传科学发展观，普及科学知识，倡导科学方法，传播科学思想，弘扬科学精神。2013年，市、区科协举办“庆新春、闹元宵”科普进社区文艺晚会，晚会通过科普知识有奖问答等环节把深奥的科学原理展现出来，让社区居民在元宵佳节的喜庆氛围中既愉悦了身心，又学到了科普知识。同时，也鼓励市民崇尚科学，支持环保，追求健康生活方式，共创社区美好生活。

龙岩市各学会依据各自优势，开展独具特色的学会活动。市中医药学会的“中医经典闽西行”中，10余名省、市、县中医专家为连城1000余名群众开展义诊、咨询、科普宣传服务。市气象学会参加由市政府在街心组织开展的以“防灾减灾从我做起”为主题的防灾减灾日宣传活动。通过摆放科普展板，发放雷电防护宣传小册子、气象灾害预警信号以及现场答询服务等方式，向市民开展防灾减灾和应急知识宣传，进一步增强市民对灾害风险的防范意识，提高灾害常识、防灾减灾知识和避灾自救互救技能，推进龙岩市综合减灾能力的建设。市药学会举办药学专题讲座，聘请药学专家讲授“抗菌药物的安全应用”。市农业科技协会专家组成员，应邀到连城县地瓜干主产区林坊乡举办薯脯加工专用型甘薯新品种的高产栽培、轻简栽培、病虫害综合防治技术培训班，发放技术宣传资料。市环境科学学会以“珍惜水资源、保护水环境”为主题，在学校进行一系列的环保知识讲座活动。市水利学会关注民生，全力服务乡村人饮工程。市烟草学会在各县

(市、区)继续开展推广稻草回田,改良植烟生态,保护烟田环境与推广烤房节能降耗又增效新技术等等。

此外,还积极举办科普讲座。1979年,地区科协举办了综合性、动态性和专业性科普讲座,主讲人除本地的科技人员外,还邀请了外地专家。1982年邀请省农科院教授在龙岩、长汀、上杭、武平举办稻瘟病防治技术讲座。后由地区科协加以整理,一方面编成广播宣传资料,扩大影响,另一方面利用资料再开讲座,介绍新科学、新技术,对全区防治稻瘟病起了积极作用。1984年,邀请中国科协讲师团冯之浚、刘化樵两位副教授讲《新技术革命与现代领导观念、科学决策》。

科技培训和科普宣传活动广泛开展,提高劳动者素质和科技水平。在各级党政领导的重视、支持下,实行农科教结合,大力开展科技培训、科普宣传。首次拍摄科技电视剧《不死的藤蔓》和星火科技专题片《烤烟优质适产栽培技术》、《连城地瓜干》等。1993年,地区科协被省农村妇女“学文化、学技术、比成绩、比贡献”竞赛活动领导小组授予“双学双比”协调单位先进集体称号。

科协组织充分利用“农函大”阵地,开展实用技术培训。大力扶持和发展“农村专业技术协会”(简称“农技协”),充分发挥“科普二传手”的作用。同时,通过农民技术职称的评定,推动科普工作深入发展。深入组织实施科普惠农计划,积极申报全国、省和各县(市)实施科普惠农新春计划,并取得较好成绩。

为更好地开展科普宣传,地区科委(市科技局)与闽西日报社、龙岩电视台等新闻单位联系和协作,借助这些媒体宣传国家科技政策和法律法规,普及科技知识,弘扬科学精神,在全社会营造爱科学、学科学、用科学的氛围。以发放科普宣传资料、举办科普报告及科技成果展示、举办科技培训班、开放科普教育基地、编发科技信息和刊物等形式,宣传科学发展观,宣传与人全面发展密切相关的公共卫生健康问题,提高了广大群众的科技素质,普及了科学知识。

深入农村,开展科普知识宣讲。龙岩地区科协科普宣讲团先后深入龙岩市万安、白沙、江山、苏坂等贫困乡、村,现场讲授反季节蔬菜、毛竹、食用菌、再生稻等实用技术,听课的农民数以千计。1997年3月初,龙岩市委、市政府组织由32名农业专家组成的“科教兴农”讲师团和由110名科技人员组成的农业科技咨询服务团,根据不同农事季节,常年下乡服务。

邀请专家开展科普讲座。1997年11月3日,中科院院士、教授蔡启瑞在科技宣传周的开幕式上做题为“优化利用化石煤料资源,创建能源化工先进体系”的学术报告,到会的有市直机关副科以上干部及新罗区有关领导、干部约800多人。蔡教授在学术报告后深入长汀县、新罗区调研,根据世界科技发展方向,结合闽西实际,从资源和环保角度,对本市煤炭资源的开发和综合利用,提出很好的意见;为本市实施新一轮创业、寻找新的经济增长点开拓了思路。1999年11月22—28日科技宣传周活动期间,邀请省委政策研究室特约研究员、高级农经师沈亚军到龙岩市及4县(市、区)巡回做“新世纪到来的农业发展问题”讲座。2011年6月15日,周恒院士及叶声华院士来龙岩,其中周恒院士赴龙岩学院做“建设创新型国家和培养创新型人才”的学术报告。10 月 21 日，被誉为“嫦娥之父”的欧阳自远院士应邀到龙岩学院作“嫦娥工程——中国人探月的梦想”的科普报告。2012 年 4 月，开展“科普巡展海西行”长汀站、连城站活动，中国工程院院士卢耀如、中国科学院院士宋振琪、谢华安，俄罗斯工程院院士沈照理，省、市科协领导及当地党政领导出席启动仪式。市科协、永定县科协和市老科协等单位邀请全国著名水稻专家、中科院谢华安院士前往永定县做“超级稻培育与推广”科普报告。

实施基层科普行动计划获得了全国、福建省的表彰。

表 4-10　龙岩市 2007—2013 年获全国、省“科普惠农兴村计划”农村专业技术协会、农村科普示范基地、农村科普带头人表彰名单

级别	时间	农技协	科普基地	带头人及籍贯/单位
全国	2007 年	新罗区生猪协会	武平县众益农业发展有限公司食用菌示范基地、连城县朋口镇兰花科普示范基地、漳平市永福镇杜鹃花科普示范基地	罗满珍（女），福建省龙岩市连城县文亨乡福坑村
	2008 年	无	无	陈进周，上杭县茶地乡茶地村
	2009 年	长汀县河田鸡产业协会、新罗区花生产业协会、连城县红心地瓜干协会	无	无
	2010 年	永定县无公害蔬菜协会、新罗区果树协会、漳平市茶叶协会、上杭县蓝溪镇瘦肉型猪养殖营销协会、永定县生猪产业协会、连城县罗坊乡坪上村茶叶协会	漳平市永福杜鹃花科普示范基地	李德雄，武平县园丁村；郑智华，永定县培丰镇文溪村老屋组
	2011 年	永定县裕农协会、长汀县三洲乡杨梅产销协会、漳平市西园乡蔬菜协会、永定县湖山乡蔬菜协会	连城县朋口镇兰花协会科普示范基地	陈金才，漳平市永福镇西山村
	2012 年	新罗区果树协会苏坂蜜柚分会、上杭县太拔乡茶叶协会、龙岩市新罗区竹业协会、上杭县官庄畲族乡油茶协会、漳平市水仙茶行业协会	长汀县策武镇树王银杏生态园基地	蓝招衍（畲族），永定县白岽村；周宗胜，连城县姑田镇郭坑村

续表

级别	时间	农技协	科普基地	带头人及籍贯/单位
全国	2013年	永定县巴戟天协会、永定县湖雷镇林业产业协会、武平县东留乡农副产品营销协会、新罗区养蜂协会、漳平市竹业协会双洋分会、长汀县河田镇伯湖村优质稻机械化生产协会	连城县白鸭养殖科普示范基地	陈志华，连城县庙前镇吕坊村
福建省	2007年	永定县养蜂协会、连城县罗坊乡坪上茶叶协会、长汀县河田鸡产业协会	武平县众益农业发展有限公司食用菌示范基地、连城县朋口镇兰花科普示范基地、漳平市永福镇杜鹃花科普示范基地	钟干清（畲族），上杭县南阳镇农技站； 陈莹莹（女），新罗区蔬菜花卉科技推广站； 林赞煌，漳平市南洋农技站； 兰招衍（畲族），永定招宝生态农庄有限公司
	2008年	连城县红心地瓜干协会、龙岩市新罗区花生产业协会、永定县无公害蔬菜协会	福建森宝食品集团股份有限公司（龙岩市新罗区）、上杭县古田镇绿海蔬菜示范基地、永定县吴银毛竹丰产新技术示范基地	林伟雄，永定县灌洋农业有限公司； 陈志华，连城县庙前镇畜牧兽医水产站； 张洪昆，龙岩市新罗区绿荷蔬菜生产基地
	2009年	龙岩市新罗区果树协会苏坂蜜柚分会、上杭县蓝溪镇瘦肉型猪养殖营销协会	龙岩市新罗区龙门镇洋畲柑橘示范基地、连城县白鸭养殖科普示范基地、永定县金砂美蕉基地	黄毅芬（女），连城县朋口镇朋口村； 翁永勇，永定县大溪乡坑头村； 黄聚贤，漳平市新桥镇食用菌协会； 李德雄，武平县城厢乡园丁村
	2010年	上杭县梅花山蔬菜协会、长汀县三洲乡杨梅产销协会、龙岩市新罗区养蜂协会、上杭县太拔乡茶叶协会、龙岩市新罗区竹业协会、永定县裕农协会	永定县仙师乡“六月红”早熟芋基地、长汀县大同镇光明村食用菌基地	张震华，龙岩市新罗区岩山乡山前村； 陈金才，漳平市永福镇西山村； 李　斌，连城县新泉镇杨家坊村养殖业协会

续表

级别	时间	农技协	科普基地	带头人及籍贯/单位
福建省	2011 年	上杭县茶叶协会、武平县食用菌协会、连城县新泉镇杨家坊村养殖业协会、武平县东留乡农副产品营销协会、新罗区铁山葡萄产业协会、上杭县畜禽渔营销协会	永定县红柿标准化栽培示范基地、新罗区东肖镇梅花山无公害蔬菜示范基地、长汀县策武乡树王银杏生态园基地	朱义林，武平县食用菌协会； 林小青(女)，永定县虎岗乡乐农农技经营服务部； 傅木清，长汀县河田乡上街村
	2012 年	连城县鸭兔养殖产业协会兔业分会、永定县湖雷镇林业产业协会、永定县巴戟天协会、漳平市竹业协会双洋分会、龙岩市新罗区蔬菜协会	永定县湖雷镇高效农业示范基地、连城县隔川乡松洋村养鱼科普示范基地、长汀县四都镇万亩丰产油茶林基地	黄德慧，武平县城厢乡东岗村； 俞水火生，长汀县三洲镇丘坊村
	2013 年	漳平市和平镇东坑村蔬菜协会、连城县文亨镇红衣花生协会、永定县美蕉协会、武平县中山渔业协会、上杭县茶地乡水稻抗病育种研究协会	新罗区梅花山无公害蔬菜示范基地、上杭县通贤乡鑫源乌兔养殖基地	谢烈森，新罗区雁石镇大吉村； 曾璞玉，漳平市双洋镇中村村； 张迪灿，永定县培丰镇文溪村； 李庆光，武平县城厢乡东岗村

(二)加强对青少年科普宣传

科协组织高度重视对青少年的科普宣传，举办各种科学竞赛活动。1993 年，地区各级科协所属的数学、物理、化学、生物、数理化等学会，与各中学和教育部门连年携手组织学科竞赛活动，约有 5000 多名青少年积极参赛、获省级以上奖 30 多人。12 月 4—31 日，在长汀一中举办了以“瞄准二十一世纪，培养科技蓓蕾”为主题的首届科技节活动，开设了 11 场科技知识讲座，播放了 3 场科技录像，组织了百科知识团体抢答赛，辩论会及演讲、书评、征文等 15 场比赛，“三小”活动收到小论文 510 篇和小制作、小发明 150 余件；举办了科技图片和“三小”作品展览，各类竞赛共评出一、二、三等奖若干名。在全国第二届生物百项科技活动中，长汀三中“全民性和全程性教育——环境教育系列活动”被评为全国优秀活动奖，上杭县旧县等 3 所中学获省优秀活动奖，9 个项目获省二、三等奖和鼓励奖；地区青少年科技辅导员协会被中国科协评为全国地方科协先进学会。地区珠算协会组织 3600 多名青少年参加海峡两岸珠算通讯比赛，荣获团体特等奖。举办了“鸡蛋撞地球”创新思维设计方案竞赛、电脑网络大赛和科普夏令营等。

1995年,龙岩地区在全省举办的计算机竞赛、生物百项科技活动评选和数学、物理、化学、生物等学科竞赛中,都获得省二等奖以上的奖励。1996年,刘鸿同学获NOI全国青少年计算机奥赛省一等奖,并于12月代表福建队参加在香港举行的内地与香港地区的中学生计算机友谊赛。永定一中卢华昌同学参加全国高中化学竞赛获省一等奖。1998年,永定一中江建森同学代表国家队赴德国参加"98国际生物学奥赛"获金牌奖,实现本市奥赛金牌零的突破。龙岩实验小学和永定一中两位学生代表国家队于12月赴香港参加国际青少年航模竞赛,3位老师获全国青少年航模比赛(个人)组织奖。在第九届省青少年发明创造作品科技论文比赛中,长汀一中1篇论文和1件作品各获二等奖。长汀一中林诚荣获全国优秀科技辅导员称号,新罗区青少年科技辅导员协会秘书长邹清获全国青少年科技活动优秀组织工作者称号。

2008年10月31日—11月2日首届龙岩市青少年科技创新大赛在龙岩一中体育馆隆重举行,并取得了圆满的成功。2008年在第九届"福建省青少年科技教育突出贡献奖"中,我市新罗区白沙中心小学姚景清和永定一中马华民两位老师榜上有名,被授予优秀科技辅导员的光荣称号。在2009年第十四届全国青少年信息学奥林匹克联赛福建赛区竞赛中,提高组的获奖名单中我市有16名学生获奖,其中9名一等奖,5名二等奖,2名三等奖,在普及组的获奖名单中,我市有6名学生获奖。2009年3月29日,由省科协、省教育厅、省科技厅、省环保局、省关工委和龙岩市人民政府共同举办的第24届福建省青少年科技创新大赛在龙岩一中体育馆闭幕。我市在去年市赛的基础上,选送50项项目参加本次大赛,经初评,有14项项目入围参加复赛。经过激烈的角逐,我市获得科技创新成果竞赛项目一等奖3个,二等奖5个,三等奖39个。这是我市自参加历届大赛以来取得最好成绩的一年——获一等奖项目数最多、奖牌数最多、首次有教师选手荣获省大赛优秀科技辅导员。在第24届全国青少年科技创新大赛中,我市共有6个项目(作品)被推荐参加本届大赛并获奖。2010年4月24—25日,在三明一中隆重举行的第八届福建省青少年机器人竞赛中,我市派出12支队伍参加了本届机器人竞赛的基本技能、FLL与足球的项目比赛,共获得一等奖1项,二等奖2项,三等奖8项。主题为"体验·创新·成长"的第26届省青少年科技创新大赛于2010年3月24—27日在泉州市科技馆隆重举行。本届大赛我市共推荐38个学生科技创新竞赛项目,有37个竞赛项目获奖,其中获一等奖1项,二等奖5项,三等奖31项;推荐科技实践活动项目4个,有3个项目获奖,其中获得一等奖1个,二等奖1个,三等奖1个;推荐少儿科学幻想画25幅,有9幅作品获奖,其中荣获一等奖2幅,二等奖5幅,三等奖2幅;推荐科技辅导员创新项目7项,有5项获奖,其中二等奖2项,三等奖3项。其中有5个项目还获得福建卢嘉锡科学教育基金会的表彰奖励。2010年7月在福州市举行的福建省第十届"暑期杯"珠心算比赛中,我市由智慧树珠心算教育培训中心和珠算协会共同选送的三位选手,经过不懈的努力取得2名一等奖、1名二等奖的优异成绩。漳平市菁城街道菁东社区青少年科普工作室组织5支FLL机器人竞赛队伍,参加2012年4月28日—29日在泉州科技中学举行的福建省第十届青少年机器人竞赛,参赛队员由漳平二中、漳平三中、漳平实验小学和漳平附小的学生组成。这是漳平市社区科普工作室首次组队参加福建省青少年机器人竞赛,竞赛5支队伍中有4队获得省三等奖的好成绩。第28届福建省青少年科技创新大赛于2013年3月22—24日在漳州正兴学校举行,我市选拔推荐学生科技竞赛项目38个、科技辅导员项目13个、科技实践活动5项、科幻画25幅参加本届省创新大赛。经过技能测试、公开展示、封闭问辩等环节的激烈角逐,我市共获得一等奖8个,二等奖20个,三等奖33个,永定三中卢雨畋同学的"正棋"等11个项目(作品)被推荐参加该年八月份在南京举行的第28届全国创新大赛,并有7个项目获得卢嘉锡科学教育基金会的奖励。无论是获一等奖项目或是推荐参加全国创新大赛项目数均创下历史最高水平,稳居全省第四位。

组织专家深入各地开展科普知识宣传。1996年4—11月,地、县二级科协直接组织65名专家深入到98所农村中学做科普报告,产生较大影响,开展大规模的青少年科技讲座活动在本区尚属首次。7月15—19日,地区电机工程学会举办青少年科技夏令营,组织46名营员参观,开展文体活动和智力竞赛。2001年龙岩市科协邀请袁正光教授进行科学思想巡回讲座。2008年,由福建省科协、上海市科协主办,龙岩市科协和市教育局共同承办的"2008中国青少年科学素质行动——中央苏区龙岩科技传播活动",于4月21日—24日在龙岩市上杭古田拉开帷幕。期间,市科协和上杭县委共同承办"国际科普英语夏令营",来自美国的7位外籍教师、龙岩市100位高中学生和40位老师参加这项活动。

2011年7月,中科院院士谢华安回到家乡新罗区适中镇,对中心村再生稻秧苗种植示范户谢洪进行现场指导。在院士的指导下,适中镇"再生稻栽培"党员专业服务工作室的成员迅速印发了防治纹枯病的通知400余份,张贴在各村路口及再生稻连片区域。由于纹枯病发生在秧苗底部近水面处,不易发觉,党员专业服务工作室成员还实地深入到每个示范片田间监测、采集样本,指导种植户识别、防治,及时确保了再生稻安全生产,达到丰产丰收的目的。

此外,龙岩地区青科辅协会组织各县(市)青科辅秘书长赴天津市参观全国青少年学生发明、创造和科学论文展览,扩大青少年科技工作者的视野。

充分利用省、市青少年科技创新大赛,普及科普知识。自2008年以来,龙岩市科协每年在不同县(市、区)举办首届青少年科技创新大赛。许多优秀科技项目、优秀科技实践活动、少儿科学幻想画等作品进入参赛。同时,建设并命名首批"龙岩市青少年科技教育基地学校"10所。组织参加全国、省青少年科技创新大赛,福建省青少年机器人竞赛,并取得好成绩。在第二十六届省青少年科技创新大赛中,有5个项目获得福建卢嘉锡科学教育基金会的表彰奖励。在全国第二十七届青少年科技创新大赛中,武平一中教师蓝伟文荣膺全国科技辅导员的最高奖项"全国十佳科技辅导员"。

表 4-11　龙岩市 2001—2014 年荣获省青少年科技创新大赛竞赛类一等奖项目

获奖项目名称	获奖时间	获奖者	所在学校	指导老师	备注
利用太阳能制取淡水的实验	2001 年	温泽嘉	龙岩七中	黄爱卿	该项目荣获全国一等奖，并代表国家参加在土耳其举行的“国际环境科研项目奥林匹克大赛”
汀州归龙山和大悲山南方红豆杉植物群落调查	2001 年	科学探索活动小组	长汀县第二中学	王小夏、童庆滨	
稀土矿、稀土添加剂与河田鸡产蛋率的试验研究	2003 年	俞晓冰、曾昭旺	长汀县第二中学	王小夏、袁廷秀	
碾米机的智能控制器	2009 年	朱俊欣	龙岩第一中学	梁泽君	
多功能培养装置	2009 年	张佳熠	龙岩市第七中学	邱红梅	
机车以恒定功率启动特点的实验探究	2009 年	卢聚彬	永定县第一中学	曹　闯	
福建茶组织培养初报	2010 年	孔令珊	龙岩市第六中学	陈龙建	
铁钉预钉器	2010 年	姚雯晶	龙岩白沙中心小学	姚景清、胡友庄	
掘进式清扫消毒水龙头	2010 年	饶超伟	龙岩红坊中学	苏烈岗	
袋栽香菇废筒用于扦插繁殖客家名贵草药“黄花远志”实验	2010 年	李文杰	长汀县实验小学	梁春火	
永定县低龄儿童住校现状调查与思考	2011 年	郑宝青	永定县第二中学	陈　浩、张发勤、卢建新	
自卸车货斗扣	2012 年	钟太林	武平县民主中心学校	彭雪峰	
声音显示器	2012 年	刘慧玲	永定县胡文虎小学	童晓红、游晓虹	
正棋	2013 年	卢雨畋	永定县第三中学	李大红、张林峰、苏才平	
防触电插座	2013 年	郑万年	永定县城郊中心小学	童建伟	

续表

获奖项目名称	获奖时间	获奖者	所在学校	指导老师	备注
治理水土流失显身手——丝瓜络用于植物栽培的试验	2013年	林鸿禄	长汀县实验小学	郭　华、黄建明	
武平县中山军家方言考察及保护对策研究	2013年	熊斐男 林柳晶	武平县第一中学	王胜祥、傅纪丹	

(三)科普活动形式多样

为增强社会化大科普意识,加强对农民、领导干部和青少年的科普工作,1998年9月中旬,龙岩市科协等单位联合举行"新机遇、新挑战——知识经济专家讨论会",并在《闽西日报》开辟"知识经济专家谈"专版。

在1999年11月22—28日科技宣传周活动期间,市科技宣传周活动组委会精心策划,制定活动方案,推动全市宣传周活动在内容和形式上创新。本届活动紧密结合当前实际,采取科技进入企业和"科普采风世纪行"等行之有效的方式,扩大科普教育面,宣传科教兴市战略,促进科技成果转化,进一步增强全社会科技意识,提高全民科技素质。

龙岩市科委参与组织市内各科研院所、学会、协会举办声势浩大的"科技宣传周"活动,专门邀请原中国科协研究中心主任、原中国科普研究所所长袁正光教授前来讲授"创新,新经济的核心"课题,邀请北京大学教授任定成举办大型科普报告会。

此外,龙岩市科技局依托《闽西日报》这一新闻载体于2006年开展"自主创新大家谈"、"自主创新在龙岩"活动,全市各级干部和广大群众深刻认识到增强自主创新能力是调整产业结构、转变经济增长方式的中心环节,是建设生态型经济枢纽,成为海峡西岸经济区重要增长极的现实需要,从而为省科技大会以及市科技大会的顺利召开创造良好的舆论环境。龙岩市科技局还会同市委宣传部、市文化局、市科协等部门,围绕"提升科学素质、共建和谐海西"这一主题组织开展科技宣传周活动。通过上街开展科普宣传咨询服务、深入乡村开展"科普惠农兴村"、深入社区开展"科普进社区"、走进校园开展"科普进校园"等形式,在全社会大力弘扬科学精神、宣传科学思想、传播科学方法,普及科学知识,形成人人关注创新、支持创新、参与创新的良好社会氛围,推动公众科学素质的提高,促进全市政治、经济、文化及和谐社会建设。

龙岩市科技局配合省科技厅开展《科技进步法》与自主创新政策宣传活动,组织市、县(市、区)科技管理干部,高新技术企业、创新型企业,以及承担过国家、省、市科技计划项目的企业负责人、技术骨干、财务负责人参加听讲。在"科技·人才周活动"期间,邀请一批专家、学者到龙岩调研,并开展各类科普活动;此外,积极开展"2008中国青少年科学素质行动——中央苏区龙岩科技传播活动";推动基层贯彻实施《全民科学素质行动计划纲要》,积极开展创建科普先进县(市、区)活动。

为使健康知识进万家，2011 年 9 月 14 日，省预防医学会、龙岩市卫生局、龙岩市科协共同举办“预防疾病　科学生活”健康博览会，内容涉及 21 世纪健康新概念、公共卫生与健康、慢性疾病与危险因素控制、健康知识与保健技能、健康和谐的小康社会。

四、业余科技教育与科技咨询服务

为使更多的民众接受科技知识，业余科技教育逐渐发展起来。1979—1983 年，龙岩地区科协开办了龙岩地区英语业余学校、科技日语速成班、高等数学班，共举办 30 期，学员 1348 人。其中英语班有 52 人取得福建省颁发的结业证书，有 3 人于 1981 年被农垦部、国家建委选送美国留学，有 25 人被送厦大、福师大外语系进修，4 人到龙岩师专外语班学习，1 人从小教晋升为中学英语教师，1 人考上北京外贸学院英文系深造；速成日语班有 69 人结业。1982 年，地区科协组织部分学员成立龙岩地区科技英文翻译组，为工厂企业、机关、事业单位翻译进口设备的技术资料，还为地委办公室、行署办公室、外贸局、龙岩师专等 7 个单位安装了日产的不同型号的复印机，首次在本区解决了复印机的安装、操作、维修问题。

1983 年以来，地区科协会同地区教育局在全区 123 个乡镇普遍建立起农业文化科技业余学校，开展科技业余教育，学员达 49362 人；在城镇举办工科技术业余学校共 46 所，有学员 10355 人。1987 年 11 月，又与地区农业局、老区办、扶贫办等 11 个单位联合组成校委会，成立中国农村致富技术函授大学龙岩地区分校，面向全区广大农村免费招生 1050 人，自费 200 人，共开办 4 个系、16 个专业。

撤地设市后，龙岩市各级政府增加科技投入，科技网络建设得到加强。市、县、乡、村四级科技网络初具规模，建有 24 个科技示范乡(镇)、153 个科技示范村和 4200 户科技示范户。市、县、乡三级成立农科教培训服务中心。全市有 85 个“五有”(有一支稳定的技术队伍有经营服务实体、有试验示范基地、有办公场所、有仪器设备)乡(镇)农技站。每个行政村配备 1～2 名农民技术员，有的村还成立科技组、科技活动室，所有乡(镇)和 80%的行政村建立文化技术学校。农村职业教育发展快，有职业中专 12 所，职业中学 20 所。市农业局还派出技术力量到各县(市、区)举办乡(镇)农技站长培训班，参训人员达 400 余人次。1998 年，市科协系统开展送科技下乡活动，请来省农大副教授郭雅玲深入“水仙茶乡”漳平市南洋镇实地考察，举办“水仙茶高产栽培技术与茶叶制作”培训班。10—11 月，聘请 8 名种养殖专家分赴江山、蛟洋等乡举办实用技术讲座。

(一)决策咨询

1982 年起，龙岩地区科协系统为促进领导决策民主化、科学化，倡导定期召开当地领导与科技人员的科技决策恳谈会。龙岩市以季谈会，连城、长汀县以双月谈的形式长期坚持下来。龙岩市科学工作者的建议有 70%以上被采纳应用。地区科协从 1983 年起，又从科技人员众多的科技论文中，不定期地选编《闽西科技工作者建议》，至 1987 年

10月已出刊26期供领导参考，为领导决策提供科学依据。

为了更好地发挥市科技专家在本市经济建设的重要作用，中共龙岩市委、市政府于1992年批准组建龙岩市科技智囊团，其任务是充分发挥专家学者的专业特长，从全市工业、农业、经济、基础建设和社会事业等多方面进行调研，从而提出相应的科学建议，为领导制定方针政策和实施经济社会发展措施提供良好的决策参考。龙岩市科技智囊团自2001编撰的《探索与对策》内部刊物，至2012年共115期，直接送给市、县领导及有关项目的相关部门，其中提交的各种调研文章314篇，分别在《闽西日报》、《闽西通讯》上刊登或作为呈阅件和政协提案等。召开各种形式的研讨会、座谈会、咨询会共185场。团员们意见和建议得到了市委、市政府和有关部门的认同和肯定。

龙岩地区科协充分发挥智囊团作用，积极为龙岩发展献计献策。1995年，《龙岩地区国民经济和社会发展"九五"计划和2010年规划纲要》讨论稿下达后，先后两次组织20多个学会50多名科技工作者和管理人员就《纲要》讨论稿进行全面研讨。对本区经济发展总量目标、发展速度和应采取的措施，农业和工业支柱产业的确立和今后发展的方向，科教兴区战略的实施对策等10大问题献计献策，使《纲要》内容更加完整全面。龙岩市科协积极组织科技人员参加市政府办召开的《政府工作报告》征求意见座谈会，多条建议被市领导采纳。特别在2009年，中共龙岩市委、市政府就《龙岩市政府工作报告》和学习国务院《关于支持福建省加快建设海峡西岸经济区的若干意见》，两次专门召开科技智囊团座谈会，听取市科技智囊团成员的意见和建议。特别是国务院支持海西发展意见出台后，智囊团成员就抓住中央支持海西建设、支持闽西老区建设的重大机遇，如何用足用活政策促进龙岩市快速发展，展开广泛调研和热烈讨论，提出10多条建议。

为贯彻市委、市政府关于整治龙津河的决定，市科技智囊团于1999年4月23日召开有市区划办、市项目开发中心顾问组、环保局、水电局等有关部门20位专家、学者参加的龙津河整治工作专家咨询会，分析龙津河水质现状和造成龙津河水质污染的主要原因。会议汇总8条建设性意见，以呈阅件的形式呈报有关领导。2000年8月8日，市科技智囊团办公室组织以"加快闽西发展"为主题的科技恳谈会。12名专家学者就《关于建设旅游观光农业示范区的建议》、《我市发展水泥工业的对策与措施》、《闽西教育持续发展的出路》等专题各抒己见，建议引起市委、市政府主要领导的高度重视。2003年，科技智囊团成员提出的《把龙岩建设成为东南沿海重要冶金基地建议》、《推进闽西新型工业化进程》、《整合闽西职业教育资源，促进闽西经济发展》等决策建议，受到市领导重视及有关部门关注。2005年，智囊团成员林庆林提出的《关于把发展物流业作为我市"十一五"规划重点产业的建议》一文，得到市委、市政府及有关部门的高度重视。智囊团针对养猪业发展、闽西交易城第二期开发项目、龙厦铁路龙岩境内走向及站场设置、创建龙岩工程学院的可行性等问题，展开调查研究，提交了《以科学发展观，抓好生态环保养猪事业》《对当前生猪价格下跌的应对措施》等调研报告，重点对发展所带来的污染提出意见和建议，对生猪价格急剧下跌提出对策和措施。在闽西交易城二期开发项目问题上，提出按照“相对集中，突出重点”的要求，加快启动二期工程的建议。2010年，市科技智囊团《关于我市发展现代物流业的建议》得到市领导的重视，市长黄晓炎做出批示，要求相关部门深入研究，抓好意见的落实。

2012年，市老科协提出的《发展壮大龙岩花卉产业探析》，得到市领导的关注和批示。10月份市政府召开花卉苗木会议，市政府工作报告中对老科协“花卉”调研报告所提建议被充分采纳。市科技智囊团提出“关于建设龙岩市院士专家工作站的相关建议”被列入市政协四届二次会议发言提案，并最终由市政府下文实施。

在龙岩市政协历次大会上，龙岩市科协充分调动科技工作者建言献策，为政府决策提供咨询。《重视尘肺病的重新抬头》提案提出后，市卫生局予以采纳并做出部署，开展防治工作，该提案也被市政协评为优秀提案。《关于加快规划建设闽西科技馆》提案，市政府办明确表示“市政府将责成有关部门抓紧做好前期工作，力争将闽西科技馆建设列入‘十五’计划并建设”；《发展我市农业技术推广体系的建议》提案被市政府采纳，经龙岩市人民政府办公室[2000]173号文下发，解决本市基层农技站体制管理长期没有解决的问题；市委组织部对《警惕农村基层组织家族化》提案的答复中，对科技工作者提出的选拔大中专毕业生到村级组织任职，优化村级干部结构建议做出肯定答复；关于《市容市貌的几个问题及建议》提案，市建委对时钟广告牌、夜间灯光、绿地与广场等问题提出相应的解决措施。2001年，《大力推进城市环境卫生运营企业化、市场化管理》提案被市政协评为优秀提案。

(二)技术咨询

1983年，龙岩地区科技咨询服务站及所属水利、电机、电子、农机等学会咨询服务组，面向社会开展有偿咨询服务。1984年，地区科技咨询服务站获准由站改为部。据1986—1988年统计，仅龙岩地区科协及所属学会科技咨询服务机构，便完成技术咨询服务项目共935项(其中无偿服务378项)，参加科技人员1484人次，实现金额57.724万元。如地区气象学会科技咨询服务分部，1984年9月至1988年，除继续搞好为农民、国防军事等公益事业服务外，还与地(市)水泥厂、砖瓦厂等单位签订气象咨询服务项目共200多个；地区水利、电机学会在开展咨询服务中，为龙岩地区争得500万元以上的水电项目投资，为一些电站改造增加发电量，增收80余万元，为新建和改造水电项目提供优化方案，节省投资40余万元；龙岩地区环境科学学会承做“永定啤酒厂环境影响评价”技术咨询和地区电机工程学会为“武平县电网架设方案的论证”等咨询项目，获1987年福建省科协科技咨询成果三等奖。在众多的科技咨询服务中，有90%以上是为地方中、小企业和乡镇企业服务的。

龙岩地区科协还通过学术交流和各项咨询活动，推动科学技术成果为经济建设服务。1994年，在龙岩地区“三干会”期间，地区科协与有关部门联合举办“94龙岩地区信息发布会暨科技成果展览”，其成果和信息在《电子商报》、《现代化工》等20家报刊发表，扩大科技成果推广面，同时采取建立多层次、跨行业的网络，推动技术市场健康发展。各专业学会也充分利用各自的专业技术优势，积极将研究成果转化为生产力，为经济建设服务。公路学会的科技人员利用学术成果为“先行工程”提供技术咨询，先后为福三线龙岩黉门前的一、二桥，319国道龙门路段的石牌前桥、龙岩雁石雁津大桥，龙岩恒发电业有限公司的厂内外公路与桥梁等工程进行技术服务，取得良好效果。

科技宣传周紧紧围绕“脱贫致富奔小康”主线，组成若干分队，带着农业科技深入7个县（市、区）的乡镇，给农民提供农作物病虫害综合防治、农村太阳能和沼气开发利用等技术咨询；举办“农业可持续发展”等专题讲座，举行“绿麻竹栽培”等专项实用技术培训。团市委常年开展服务农村青年脱贫致富，带动农村青年落实科技推广项目。全市15个农村青年科技图书站通过各种形式，如农村科技读物的出租、阅览、销售、征订等，服务农村青年。

附　录

附录一　大事年表

旧石器时代

距今六七万年前

武平有晚期智人活动。

距今约四万年前

宁化有晚期智人活动。

距今 17000 年前

漳平奇和洞有晚期智人活动。

距今约 17000～13000 年

漳平奇和洞人使用人工石铺地面建筑艺术，已经会使用和保存火，有了原始的捕鱼和狩猎技术。

新石器时代

距今 8000 多年前

奇和洞遗址留下了福建最早的新石器时代文化层。

早期

奇和洞人开始烧制原始粗陶，采用手工或手筑技术，又称泥条盘筑法，窑温在 500℃～900℃。

奇和洞人最早使用骨镞，制作了弓箭。

闽西先人掌握了钻孔技术，奇和洞人磨制出骨制鱼钩。

奇和洞人已经会制作和使用骨针。

奇和洞人开始使用掘杖或石锄、石锛、石斧、石刀等生产工具种植野生稻，驯养的物种有狗、羊、猪、牛等。

奇和洞人已经会使用煤炭作为燃料，广泛使用钻燧取火、钻木取火。

奇和洞人已经会制作和使用灶。

奇和洞人已经会制作和使用石网坠。

中期

奇和洞人开始使用杆栏式建筑。

奇和洞人在奇和洞内设计了泄洪沟，开始治理水害。

晚期

闽西出现了制陶、制革、纺织、制石、制玉、冶金等原始手工业。闽西古人已经掌握了治玉方法。

闽西巫师使用草药治疗。

闽西出现原始瓷。

连城出现了石祭坛单体建筑，用于祭祀活动。

东周

闽西出现青铜冶炼技术。

汉

西汉（前206—8年）

初期

闽西出现铁制工具。

中叶

禁卫军北军中尉王温舒率领第三路军讨伐闽越国东越王余善，开辟了虔化（今江西宁都境）至闽西的军事交通线。平东越王后，武帝迫迁闽越人到江、淮一带，开辟从闽西经闽北至江浙的通路。

三国

吴（222—280年）

被道教尊称为“葛仙公”、“太极仙翁”的葛玄（164—244年），云游到武平灵洞山炼丹,丹丸用于医疗治病。

西晋

北方汉族开始南迁,中医理论陆续引进闽西。

唐

垂拱三年(687 年)

“开漳圣王”陈氏父子在漳州辖地苦草镇(即龙岩)寓兵于农,推行均田制,推广屯田和先进农耕技术。

漳州刺史陈元光开发陆路西出漳州府翻越林田岭,抵苦草镇(即龙岩),而通闽西各地的驿道。

漳州刺史陈元光派遣部属刘珠华、刘珠成、刘珠福三兄弟开辟漳平九龙江北溪航道。

武周长安四年(704 年)

在今武平县发明了用飞籽封育马尾松林和用杉木萌芽条造林的人工造林技术。

开元二十四年(736 年)

汀州建立,逐步形成具有地方特色的区域性农业,谷类有秔(粳)糯、粟、豆、菽,水稻广泛采用育秧移植栽培。

开元年间(713—742 年)

汀州东门八卦龙泉开凿,为闽西现存最早的井。

长汀豆腐出现。

闽西驿制出现,汀州设有成功、温泉、双溪、上洪、龙岩 5 个驿站。

汀州府推广北方汉族先进的建筑技术,开始使用制式砖瓦建造城池、房屋,替代过去常用的茅草竹木。

大历四年(769 年)

汀州刺史陈剑在卧龙山之阳筑汀州府城。

大中初年(847 年)

汀州刺史刘岐在府城建造敌楼 179 间。

中期

闽西出现铁矿开采和冶炼。

汀州府出现个体手工裁缝技术。

末期

南迁汉人将北方新型灌溉工具——筒车传入闽西。

北方汉人南迁，带来了河田鸡的祖型鸡种，并加以培育。

南迁汉族在今连城李屋利用丰富的高岭土资源，开始锻烧瓷碗。

闽西出现了雕版印刷技术。

闽西出现利用嫩竹造纸。

南迁汉人将三合土技术传入闽西。

闽西出现最早的风雨桥建筑。

宋

北宋(960—1127年)

初期

上杭县中都镇仙村古塘为闽西现存最早的池塘建筑。

州官鲍瀚之重印中国古代数学精华典籍《算经十书》，为闽西最早版印的书籍。

太平兴国年间(976—984年)

闽西出现最早的山塘水库与湖库养鱼技术。

定光大师开凿的武平岩前蛟湖，面积达200多亩，是闽西最早的人工湖。

淳化年间(990—994年)

长汀县大同镇师福村定光陂水利工程建成。

咸平年间(998—1003年)

闽西上杭出现胆水浸铜的炼铜方法。

康定年间(1040—1041年)

永定等地出现煤的开采。

中期

引进“占城稻”，大豆种植有黄豆、黑豆、青豆3种。

客家土楼建造技艺出现。

南宋(1127—1279年)

绍兴年间(1131—1162)

号称“中华第一土塔”的大型单体土塔文明塔在龙岩县适中建成。

嘉定六年(1213年)

汀州知府赵崇模开辟上杭至峰市段航道。

端平三年(1236年)

著名法医鼻祖、长汀知县宋慈开辟长汀至回龙段航道,开创汀江与韩江联航。

景炎二年(1277年)

连城县开采黏土焙制砖、瓦,开采石灰石焙烧石灰。

末期

连城出现稻田养鱼技术。

传统铁制农具基本成型,沿用上千年。

漳平永福开始种植兰花,永福兰花被列为朝廷贡品。

闽西出现乌硝开采。

元

天历二年(1329年)

漳平双洋中村、吾祠厚德村开始种茶。

中期

畲族族群形成,畲族医药技术基本形成体系。

明

洪武年间(1368—1398年)

闽西引进小(大)麦栽培,传统种植为穴播,株行距0.4×1尺,火烧土盖种。

永乐二十一年(1423年)

龙岩县曹溪崎濑汤侯渠建成,新中国成立后改名为解放渠。

永乐年间(1403年—1424年)

上杭县稔田官村刘公陂建成,引水灌田500多亩。

永乐三年至宣德五年(1405—1430年)

大航海家、漳平人王景弘以正使太监身份协同郑和率领船队七次下西洋,并曾率领船队首次登上台湾岛。

正统年间(1436—1449年)

漳平陈景贤"以医衔领著,上京考试,中选医学训科之职"。

弘治十年(1497年)

出现池塘饲养圆吻鲴技术。

正德三年(1508年)

杭州太守邹学圣在连城四堡,开设书坊,开创了四堡雕版印刷业的先河。

嘉靖三十六年(1557年)

龙岩东宝山、颜畲山发现了与银铜矿共生的铅锌矿,并进行开采冶炼。

嘉靖三十七年(1558年)

龙岩县江山开采辉绿岩并用于建筑,称之为“青石”。

大旅行家徐霞客5次入闽,行经永安建溪和漳平宁洋溪,考察丹霞地貌,研究河流发育规律,得出“程愈迫,则流愈急”的科学结论。

嘉靖年间(1522—1566年)

连城庙前珠地开采铅锌矿,提炼共生之银。

漳平县出现土法生产蔗糖——红糖的技术。

闽西建筑上已用砂、石灰、黏土按3∶2∶1的比例,制成三合土,用于砌墙、铺设地板,并用石灰与纸浆混合粉刷墙壁。

中期

玉米、甘薯、烟草、玉蜀黍、麦、棉、马铃薯、花生、向日葵等作物传入闽西。

搅车、弹棉弓、纺车、织机等,和“错纱配色,综线挈花”等织造技术从江苏传入闽西。

今长汀河田出现了温泉养鱼的技术,以鲤为主,俗称“温水鱼”。

汀江的重要支流旧县河开始实现木船运货,最多时达150多艘。

闽西农副产品干制加工技术形成,主要有“闽西八大干(长汀豆腐干、连城地瓜干、上杭萝卜干、永定菜干、武平猪胆干、宁化老鼠干、清流笋干、明溪肉脯干)”和龙岩州的漳平笋干、龙岩米粉干。

万历年间(1573—1620年)

番薯由菲律宾吕宋一带引种入闽,不久即传入闽西,并培育出加温、酿热、露地三种育苗方式。

闽西出现卷烟技术,永定研制“条丝烟”成功。

漳平陈瑞珀、陈瑞琥任太医院吏目、医官。

天启年间(1621—1627年)

僧德宏在汀州设立“华严堂药房”,研制成中成药惊风化痰丸、灵宝金痧丸,治四时感冒、急慢惊风、小儿吐乳、塞凝气滞、伤寒痰堵等,疗效显著。

崇祯年间(1628—1644年)

上杭县汀江防洪工程赖溪堤建成。

清

初期

闽西客家人倒迁江西、四川，传播番薯物种。

永定人李乾祥最早将安溪茶种移植台湾。

上杭县蓝溪黄潭村黄潭陂建成。

康熙年间(1661—1722 年)

漳州府移民将烟草传入闽西。在永定、上杭一带几乎代替了水稻而成为最重要的作物，十之七、八的耕地都用于种植烟草。

郑氏台湾武平侯、长汀人刘国轩辅助郑成功收复台湾，成功将火器用于海战；任职天津卫左都督总兵期间，将客家水稻种植、水利技术传播到天津。

《连城县志》、《漳州府志》、《漳浦县志》等记载了举世闻名的流星雨。

上杭著名医师黄会友有祖传高超的补唇技术，善治兔唇，传播到琉球、日本。

永定苏仰泉在家乡古竹兴建规模宏大的制陶作坊，历经 300 多年而不衰。

康熙、雍正年间(1661—1735 年)

汀州府长汀县医学世家朱氏三兄弟朱佩章、朱子章、朱来章多次远赴日本传播中医，朱子章被当时日本宫廷称赞为“18 世纪旅日中国人中最杰出的人”，朱来章留下《朱来章治验》等较为系统的作品。

康乾盛世的约一个半世纪(1661—1795 年)

闽西开始探索多熟制和发展经济作物。

雍正年间(1723—1735 年)

永定人童祖宠发明副榜炉。

乾隆十七年(1752 年)

闽西人以砍花生产的方式，培育出人工香菇，以漳平象湖一带的香菇最为有名。

乾隆年间(1735—1795 年)

永定人胡焯猷积极传播大陆科技文化到台湾，被朝廷钦点为“文开淡北”。

嘉庆初年(1796 年)

连城人谢廷飏赴汀州府试，考取医学第一，送部奖博士。

嘉庆年间(1796—1820 年)

永定中医传奇人物卢福山根据中药学原理和 30 多年临床经验，选用砂仁、豆蔻、白蔻、檀香、木香、枳壳、山楂、肉桂等 30 多种地道中药材，经过传统中药制剂工艺技术，配制成著名的“万应茶饼”。

龙岩沉缸酒酿制工艺形成。

嘉庆、道光年间(1796—1850 年)

上杭县湖洋人邱正元融《易经》八卦原理于拳术中,创“八手法”,并演变至 384 式。

道光年间(1821—1850 年)

连城白鸭被列为珍品、贡品,有“铜嘴铁脚”之称。

中后期

长汀举人黄元英著《医鼎》、《医鼎阶》。

漳平人陈匹荀善治疑难杂症,有医作《陈匹荀验方集》传世,被誉为“妙手神医”。

光绪元年(1875 年)

上杭人伍益美开设酱油作坊,生产伍益美酱油。

光绪二十九年(1903 年)

1504 年创办的龙岩县武安社学改办为武安坊小学堂,实行新式教育,为闽西小学教育之开端。

丘逢甲在上杭县创办民立师范讲习所。

光绪三十二年(1906 年)

龙岩州中学堂附设师范讲习所。

永定华侨独资创办永定师范学校。

光绪三十四年(1908 年)

英国基督教伦敦公会在长汀县城东后巷创办亚盛顿医馆,1925 年改称汀州福音医院。

连城县开办县立师范学校。

光绪年间(1875—1908 年)

上杭庐丰人包育亨购回并仿制纺织机,传授纺织工艺。

上杭县城关人李梦兰开设活字版印刷作坊“兰滋轩”。

连城人李国旺投师香港英人学习照相技艺,在连城东街开设双明李照相馆,后改名“明鉴轩”。

上杭县庐丰医业世家包识生写成《伤寒论章节》一书,纠正了以前一些医家的谬误,引起医学界的重视。

宣统元年(1909 年)

上杭县城关设立“纺织工艺传习所”,招生 80 余人,聘广东梅县技师教习,6 个月结业后办起机织厂。

宣统二年(1910 年)

永定县的晒黄烟(条烟丝)在南洋勤业会获优质奖。

中华民国

民国元年(1912年)

龙岩人李炳旺经过技术改良,正式酿制成百年老字号沉缸酒。

长汀绅士组织“振兴植物研究会”。

永定坎市富豪卢实秋创办“丰大农场”,从事人工林造林活动。

民国三年(1914年)

永定县的晒黄烟(条烟丝)在巴拿马赛烟会上获奖,有“烟魁”之称,畅销东南亚各国。

龙岩、上杭、长汀3县开办电报业务。

民国四年(1915年)

龙岩县商民陈资铿在雁石鸡心歧兴建水龙潭煤矿,自矿山到河畔架设轻便铁路6公里,有运煤船20余艘。

民国七年(1918年)

连城县城关商人谢跃生创办维新书局,采用石印、铅字排版印刷工艺,印刷小学课本等出售,开创闽西铅字印刷业先河。

连城最早架设军用电话,是闽西境内有电话之始。

民国八年(1919年)

美国俄亥俄州基督教归正公会在龙岩县创办“爱华医院”(龙岩地区第一医院的前身)。开办时有简易病床数张,牧师1名,医生2名,施医兼传教。1924年冬设内、外、妇产、小儿科,1947年添置一台30毫安X光机。

日本人山村厚光在龙岩城塔巷开设西医诊所兼营照相,带来东洋摄影技术。

民国九年(1920年)

龙岩出现用硫铁矿石提炼硫黄,但限于土法炼硫。

北洋政府龙岩县官商共同组建公路筹备处,开筑龙岩南门外溪南坊经莲花山至崎濑,长15公里的闽西第一条草创路基。

民国十年(1921年)

长汀县毛铭新印刷所最早使用五彩石印及四开铅印机、八开圆盘铅印机等。

武平赖其芳毕业于北京国立工业专门学校,攻读应用化学,获工学士学位,是近代中国屈指可数的化工专家之一。

民国十二年(1923年)

邓子恢等在龙岩创办《岩声》杂志,宣传新思想新文化。

民国十三年(1924 年)

国民党政府创办武平县苗圃,培育桉树苗木。

长汀县在苍玉洞创办蚕业学校,培训农业科技人才。

赴法国勤工俭学的漳平陈祖康获得乌灵大学理科硕士,次年获法兰西西方工学院土木工程师职称。

民国十四年(1925 年)

武平县设蚕业班,培训农业科技人才。

上杭国民党驻军第 3 师第 5 旅旅长曹万顺倡办上杭福曜电灯公司,为闽西机械电力工业的开端。

连城姑田纸业商人创办连城—姑田—朋口—连城电话线路,沟通城乡电话通讯,1927 年被国民党收为官办,直属政府管辖。

民国十六年(1927 年)

长汀县军阀郭凤鸣、卢泽霖等在桥下坝玉皇阁以官商合办的形式,创办汀州电灯公司。

漳平县李希顺创办嘉禾碾米厂,购买 10 匹马力煤气机 1 台,碾米机 1 台,开始出现动力加工机械设备。

长汀、上杭县建成小型火电厂,城区大街设电灯。

民国十七年(1928 年)

驻龙岩军阀陈国辉首次从厦门购进 20 辆英国产雪佛兰客车、9 辆货车。

民国十八年(1929 年)

武平县谢顺英等合股购置手摇石印机 1 台,在城关开设武平民文印务社,印刷《闽西新闻》和《武平醒报》。

6 月

红四军在上杭蛟洋建立后方医院,1930 年春迁移至龙岩小池,更名为闽西红军医院。1931 年迁至上杭溪口复兴楼,设了中、西、内、外等医科室,并附设有制药厂。10 月,迁往白砂赖坑。1932 年 3 月医务人员随红军转移,医院停办。

民国十九年(1930 年)

1 月

上旬,闽西苏维埃政府在红四军随营学校的基础上创办了闽西红军学校,年底改为彭杨军事政治学校第三分校。1932 年 2 月,改名为中国工农红军学校,是我军第一所正规军校。1933 年 10 月,中革军委将中国工农红军学校整编为中国工农红军大学等五所军事院校。其中,中国工农红军大学简称“红大”,是中央苏区红军的最高军事学府。

2 月

龙岩县第二次工农兵代表大会通过《文化教育问题决议案》中,规定了“文化建设委员会”的组成，要求“恢复并建立一切学校”。

3月

18日，闽西第一次工农兵代表大会在龙岩召开，通过了《闽西第一次工农兵代表会议宣言》，做出关于文化等5项决议案，成立闽西苏维埃政府。决议案明确提出“废止国民党党化课本，另由闽西文化委员会编制新课本，或由县政府编制，经闽西政府批准”。

8月

2日，闽西苏维埃政府文化委员会制定了《闽西苏维埃政府目前文化工作总计划》，规定了各县、区乡劳动小学的三条设置原则。

8月

中共闽西特委成立闽西红军兵工厂，12月迁至永定虎岗，改名为闽粤赣军区兵工厂，由红军后勤部长兼军械处长毛泽民负责。1932年4月，该厂迁至长汀四都，后又奉省委命令，迁到上杭南阳，改名为福建兵工厂。

民国二十年(1931年)

国民党武平县政府首次设立建设科，内置农业技师数名，分管农业行政、技术指导等业务，兼管林业事务。

上杭湖洋人范振光聘请广东技师试制全釉彩瓷成功，改变过去只烧粗瓷、品种单一的状况。

国民党第四十九师的旅长杨逢年在龙岩东门外兴建小型机场，因毗邻东宫山，妨碍飞机起降而报废。

国民党第四十九师永定驻军分别在永定城关南门坝、坎市与抚市交界的大洋段，开辟两个小型机场，因地形过小，未使用而报废。

巴黎电工学院无线电工程师、连城人吴暾被中央交通部委任为上海国际无线电台工程师，是我国无线电事业的开拓者之一。

10月

中华织布厂在长汀城关新丰街许家祠兴建。

冬，中华苏维埃共和国中央临时政府将汀州电灯公司的机器拆迁至江西瑞金重装，开工生产发电。

民国二十一年(1932年)

虎标万金油在全世界95%的国家成功注册，有65个国家和地区设立了销售网点，年销售量多达200亿盒。

3月

18日，福建省第一次工农兵代表大会在长汀召开，选举成立福建省苏维埃政府，提出努力发展纸、烟、木材生产，促进果林、原始家畜饲养业，注意与发展农业经济，改良水利、种子，发展农业生产等任务。

5月

1日，在福建交通总局基础上，组建中华苏维埃共和国福建省邮务管理局。

5月

28日，福建省苏维埃政府文化部发布《特别通讯第二号——征求课目教材及优待办法》，公开征求学校教材，包括高级列宁小学自然、卫生、地理等。

民国二十二年(1933年)

漳平城关祥珍号纸制品店创办，使用木刻手工印刷小学生描红簿、旧式账本，信封等，1938年用石版印刷，经营印刷广告、商标、毕业证书及账簿等。

长汀福音医院更名为中央红色医院，并迁往江西瑞金，同瑞金红色医务学校合并组建为中央红色医院。

地质界学者侯德封、王曰伦、张兆谨等人完成从厦门至龙岩1∶200000地质路线测绘及矿产调查，著有《福建厦门龙岩地质矿产简报》，创建了"翠屏山组"。

5月

漳州至龙岩公路全线竣工并开始通车，闽西始有汽车运输。

民国二十三年(1934年)

龙岩电信局始设15瓦特功率的无线电台。

秋，龙岩留学生郭秉宽毕业于奥地利维也纳大学医学院，获医学博士学位，为龙岩第一个博士。

冬，国民党东路军第九师李延年部进驻长汀，在城郊征地400亩，以军事工程部队兴建机场。

民国二十四年(1935年)

武平县创办苗圃，划县城东门外地，从事路树培育，1940年改为县农场，作为农村生产科技机构，1943年又改为农业推广所，设技术推广员、助理员各2名，从事良种繁育、病虫害防治等农林技术工作。

龙岩县人张焕成在家乡龙门湖洋浦上溪兴建"巨轮水力电化厂"，引龙门溪水，带动30千瓦直流发电机发电，同时以食盐为原料，生产氯酸钾；抗日战争胜利后，利用电力发展碾米磨粉制面；新中国成立后，改为地方国营龙门水电厂，兼制水泥，是全区历史上第一座水电站。

龙岩县商会张景松牵头，在县城创办龙岩电气公司，后迁至东肖，更名白土电力厂。

5月

龙岩县鼠疫大流行，国民党绥靖第二区司令李默庵派工兵修筑惠民坝，引水入城疏沟驱鼠防病。

12月

1日，福建省第一个鼠疫防治机构——龙岩鼠疫区防疫所成立，负责指导闽西各县防治鼠疫。

民国二十五年(1936 年)

长汀县创办农业科研业务机构苗圃,专门从事农业科研与技术推广。

设于长汀的福建省第七行政督察署再征地 600 亩,拓宽改建,筑有飞机跑道 800 米,并由地方管理。

长汀县政府对社会医药事业予以整顿,规定中医应具有合格资历,并领有部颁医师执照方准开业。

冬,武平城关"武平开文印务局"创办,开始用铅字排版,后设有四开平台机和十开圆盘机各 1 台,采用铅字排版、脚踏印刷。

民国二十六年(1937 年)

为避日军破坏,晋江民生农校迁往上杭茶地,1938 年改为私立上杭力行农校,不久停办。

上杭县妇女会和商会在城关合办"妇女职业学校"。

龙岩城区中山路开始设直流电路灯,但不足百盏,仅限于下午 6 时至午夜 12 时供电照明。

11 月

厦门大学内迁长汀,校本部设于长汀县文庙,校长为萨本栋。

民国二十八年(1939 年)

上杭伍益美酱油获得汕头中华国货展览优等奖,并选送巴拿马国际博览会展出。

连城朋口为长汀、龙岩、永安、连城的长途电话、电报调度接转点,是闽西刚刚开通长途电话的中枢。

1 月

省政府创办福建自然科学研究所,附设在长汀厦门大学内,聘厦门大学校长萨本栋兼任所长。次年迁至永安。扩充后改称福建省科学研究院,下设工业、动植物、农林、社会科学等 4 个研究所,以及长汀河田土壤保肥试验区。

福建省农事试验场成立,场址初设连城,4 月迁永安。技术课分作物、园艺、病虫害、畜牧兽医和农艺化学五组。

30 年代

永定从漳州南靖引入正铁禾,又名铁禾、铁木香、白尾雕,为迟熟晚籼,具有产量高、耐肥、不易落粒、米质良好等综合优良性状,比一般老品种增产 20%左右。

民国二十九年(1940 年)

龙岩、永安、清流等县设立棉花推广区,开展棉花种植。

10 月

1 日,福建省地质土壤调查所在永安成立,12 月,该所陈旭、王宠从永安出发,到清流、宁化、连城、长汀进行为期四个半月的地质矿产调查。

11月

福建省研究院选定长汀县境内土壤冲刷最严重的河田作为试验区，开展土壤保肥试验，分别按控制砂、水流失，恢复植被植物，荒山荒地利用示范，增进土壤肥力等几部分进行，历时两年。这一试验在全国属首次。

12月

长汀河田土壤保肥试验区成立，隶属福建省科学研究院，开展水土流失治理研究，为全国最早的3个水土保持科研机构之一。

民国三十年(1941年)

龙岩县创办龙岩初级农业职业学校。

福建省政府建设厅在长汀设立农田水利工程处，办理闽西各县农田水利工程的设计与兴建事项。

龙岩铅字印刷业开始出现。

6月

福建省农改处在长汀、南平二地设立淡水鱼苗站，向闽西、闽北各县推广养鱼。

民国三十一年(1942年)

福建省龙岩高级农业职业学校在龙岩县大同乡后盂村创建。

龙岩人郭湧潮集资数千银元，创办力行电化厂，生产漂白粉、苛性钠，还电解食盐生产氯酸钾，作火柴的重要化工原料；因电力不足，他又在罗桥建一座约10千瓦的水力发电站。

漳平人唐永魁用细如鬃丝的麻竹二黄篾编织青丝竹篮，其作品在日本参加工艺美术展览获奖。

秋，福建省教育厅在连城姑田创办连城高级工业职业学校，设有造纸科2个班，学生40人。

民国三十二年(1943年)

国民政府的汉阳兵工厂一部迁来长汀河田洋坊，时有职工1000余名，主要生产捷克式轻机枪。

民国三十三年(1944年)

福建地质土壤调查所唐贵智在连城朋口发现膨润土。

民国三十四年(1945年)

龙岩、长汀、连城、武平、上杭等县设立农业推广所。

龙岩、连城、长汀等县均已发现钨矿。

漳平永福修建蓝田水电站，装机11千瓦，每日仅供数小时照明，1953年并入漳平县电厂为分厂。

龙岩县龙门塔前村罗德森、罗天明等人集资，在湖邦枫榔修建装机8.5千瓦的水电站，因有巨轮水力发电厂供应照明，所以改制卷烟。

民国三十五年(1946年)

龙岩、长汀、永定、上杭、武平、漳平、连城等7县，陆续建立农事试验场。

永定县引进晒黄烟特字401、特字400号，试种成功。

国民政府农商部福建矿产事务所高级技术员周仁沾、陈培源、杨锡光等人在龙岩、漳平双洋一带进行矿产地质调查，并于1950年出版《福建省龙岩、宁洋两县地质矿产报告》和《地质图》(1∶200000)，对地层做了较详细的划分和研究。

河田水土保持实验区向福建省科学研究院总结了封禁治理、示范推广、综合治理等经验，呈报了招聘各种人才的代电。

民国三十六年(1947年)

龙岩私营泉华汽车保修厂创办，专门修理、保养汽车。

民国三十八年(1949年)

9月

在振成印刷社和龙岩县印刷社的基础上组建《新闽西报》社印刷厂，印刷报纸、各种单据、文化用品等。

40年代

漳平从漳州南靖引入稻种"过山香"，又名白鲜种，为迟熟晚籼。国内著名土壤学家宋达泉、俞震豫、沈梓培、席承藩等，先后在龙岩、永定进行土壤专题考察，留下了土壤调查篇章。

中华人民共和国

1950年

3月

5日，龙岩召开全县农民代表大会，成立县农民协会筹备委员会。

1956年

9月

上海水力发电设计院和省工业、水利部门组成的福建省水利资源普查队，勘查了闽江(包括支流沙溪、建溪、富屯溪、大樟溪、尤溪)、九龙江、汀江、晋江等主要河流。普查证明本省水力资源异常丰富，有60多处可建大型水电站。

10月

10日，省林野调查队一行160多人开始对上杭、连城、龙岩交界的梅花十八洞原始森林和南靖的树海，以及华安、南靖至龙溪沿海一带绵延数百里长的亚热带森林进行林况调查。

1959 年

11 月

11 日，全省农业科学研究工作现场会在漳平县召开，听取漳平县委关于全党全民办农业科学的经验介绍，组织参观永福公社农科所和菁华公社桂林大队试验场。

1960 年

1 月

15 日，福建日报社就漳平县永福公社以农业科学研究所、农业技术推广站为中心，层层建立组织，形成科学技术网，大搞群众性的科学技术活动经验，发表题为《人民公社大搞科学技术研究，开展群众性的农业科学运动》的社论。

1962 年

3 月下旬至 4 月上旬，省科委副主任陈超凡到福州、厦门、龙岩等地召开科技人员大会，传达在广州会议上周恩来总理做的《关于知识分子问题的报告》和陈毅副总理为知识分子“脱帽”“加冕”的讲话精神。

1963 年

11 月，龙岩酒厂生产的沉缸酒，被第二届全国评酒会评为名酒，首次获国家金奖。

1964 年

9 月

25 日，省科委在龙岩专区小洋农场建立山地利用和红壤改良综合试验示范基地。

1969 年

2 月，漳平电厂制成全省第一台燃烧本省无烟煤的 10 吨/时沸腾炉。

1972 年

5 月，著名数学家华罗庚来福建指导“优选法”的推广应用，先后到福州、厦门、泉州、南平、三明、龙岩等 8 个地、市指导。

1975 年

冬，龙岩组织水稻育种队，前往海南岛进行杂交水稻繁殖制种。

1978 年

10 月

28—31 日，龙岩县科学大会召开，传达全国和省科学大会精神，通过 1978—1985 年龙岩七项科技发展规划。

1980 年

6 月

21 日，龙岩县科技干部技术职称评定工作领导小组成立。

12 月

2日，全国甘薯品种资源会议在龙岩召开，各省、市农科院(所)的代表参加会议。

1981年

4月，农业技术人员郭榕生被派往西非塞拉利昂共和国任农艺师、企业总经理等。1983年11月、1987年5月再次被派往塞拉利昂共和国，因成绩显著，荣获该国“马格布位卡克里发酋第四酋长”称号。

1982年

4月，龙岩市科委、科协和农委联合主办的《龙岩科技报》(旬刊)创刊。

12月

4日，省科委转发龙岩地区科委《关于建立县科技实验基地情况的报告》指出：龙岩地区科委加强县科委的自身建设，帮助漳平、长汀、武平、永定等4个县建立了科技实验站，既建立了县科委直接管理的技术实验基地，又解决了部分经费短缺的困难，是个好经验。

1983年

苏坂农技站获国家农委、科委等授予的全国农村科技推广先进集体称号。

1984年

6月

18日，福建省委书记项南来龙岩视察工作，并到苏坂农机站检查指导。他赞扬该站闯出一条科技人员专业化、科技服务合同化、科技成果商品化、科技管理企业化的新路子。

8月

15日，学习河北省太行山区“科技进山”的经验，省科委确定福安、连城、尤溪、建阳4个县为综合技术开发试点县(1985年增至8个县)。

9月

27日晚，厦门大学和龙岩市人民政府在登高公园龙凤阁正式签署为期六年的《建立全面科技、经济协作协议书》，厦门大学翁副校长和龙岩市市长简贵章代表双方签字。

9月，中共龙岩市委、市政府在厦门召开岩籍科技人员(90人)智力支乡会议。1985年6月和1986年1月分别在北京(150人)、福州(230人)召开智力支乡会议。

1985年

10月

14日，省科协组织山区工业技术考察团赴龙岩、漳平、永定、上杭、武平、长汀、连城等县(市)进行资源考察，探索山区以工致富的项目论证工作。

1986年

10月，福建省生态学会1986年学术年会在龙岩召开，与会代表实地考察中甲矿区水土流失情况，并就矿山开发与环境保护、生态平衡提出建设性意见。

本年，龙岩市农业局与市科委协作，在各乡镇实施“星火计划”，项目有土壤识别与优化施肥和垄畦栽培。年底，龙岩市获省科委授予“优化施肥”先进单位称号。

1987 年

12 月，龙岩地区卫生局长魏忠义带领龙岩地、市 14 名医务工作者（另有福州市 3 名），组成中国第七批援助塞内加尔医疗队，赴塞两年。1990 年回国前夕，塞国政府举行隆重授勋仪式，授予队长魏忠义“狮子将军”金质勋章，授予医疗队员“骑士勋章”。

1988 年

1 月

21 日，龙岩市被列为全国妇幼卫生项目扩展县之一。联合国儿童基金会提供无偿援助 2 万美元，地方财政提供配套经费 10 万元，全部用于改善县、乡、村妇幼卫生设备。

2 月

5 日，龙岩沉缸酒厂的新罗泉牌沉缸酒被中国酒文化研究会评为“中华名优保健酒”。

龙岩地区首批赴外女劳务人员 38 人离岩，到美国电话电报公司在新加坡开设的一家工厂工作。

11—12 日，由中国专利局技术开发公司、中央机关赴闽讲师团和福建省专利局组成的小分队，在行署食堂五楼会议室举办“专利技术信息发布会”。共展出中国专利技术开发公司带来的近 2000 项投资少、见效快的专利技术开发项目，和省专利局带来的 94 项专利技术。龙岩地区各县（市）、省地属厂矿和地直有关部门共 1204 人参观专利展览，洽谈项目。

3 月

从济南调来上海民航第十三大队的运 5 型农用飞机 2 架，于本月中旬在连城机场起落，为长汀、连城分别飞播 13 万亩和 8 万亩马尾松树种。

4 月

经广播电视部和福建省广播电视厅批准，建立本省首家县（市）级电视台——漳平电视台，下设新闻部、广告部、专题组和技术组。为了更好地发挥广播电视作用，该台与漳平人民广播电台新闻人员于 5 月以两台合一形式成立“广播电视新闻部”，亦为本省首创。

地委组织部贯彻中央组织部和省委组织部关于建立科技副县（市）长制度精神，为振兴农村经济和发挥知识分子的聪明才智，发出《关于建立科技副乡（镇）长制度的通知》，推动全区农村的科技进步和经济发展。

5 月

上旬，本省第一条木质纤维楞板生产线在漳平县动工兴建。

18 日，“闽西梅花山自然保护区”经国务院批准升格，改名为“福建省梅花山自然保护区”，列为国家森林和野生动物保护类型。

下旬，本区第一个星火计划项目“烤烟优质适产栽培及烘烤技术开发”在永定县通过省级验收。

龙岩市红坊乡东埔村郑强等5位农民引进最新科技成果，集资建成全省第一家夹筋强力纸袋厂。

6月

8—10日，中科院赴闽考察团一行10人，在科技咨询部主任蔡志新率领下，对龙岩地区部分厂矿和项目进行咨询，行署专员黄小晶以及地区计委、科委、行署办等部门负责人和技术人员与其进行洽谈。

14—18日，应龙岩地区行署邀请，上海科技考察团一行11人前来龙岩地区参加科技成果发布会和技术转让，他们带来了最新研究的科技成果3000多个项目。

7月

5—9日，省林业厅在永定县召开了建阳、三明、龙岩3地（市）林区疫情调查工作会议，并到实地考察了毛竹枯梢病、国外松褐斑病、板栗病等。

中旬，龙岩地区第一医院在20多例体外循环心脏直视手术获得成功的基础上，为一患者施行了二尖瓣置换手术获得成功。它标志着本区心脏外科手术有了突破性进展。

18日，全国各省、市昆虫学分类专家、教授39人由福建省农学院黄邦侃教授带领，到龙岩地区开展为期一周的科学考察活动。

8月

3日，在福建省1988年基层中学生航模比赛中，龙岩一中高二学生李培勇代表龙岩地区参加比赛，在PB（橡筋动力）项目比赛中夺得第一名。

9月

8日，龙岩地区第一家、全国第五家年产7000吨大幅面（4×8英尺）的硬质纤板厂在武平建成投产。

15—17日，福建省水土保持委员会在长汀县举行河田极强度水土流失第一期工程草灌乔综合治理鉴定会，参加会议有江西、广东、浙江、福建等有关领导、专家、教授90余人。17日顺利通过省级鉴定。

10月

9日，西德累根斯堡大学地学系教授科勒博士来闽西考察龙岩东宫下高岭土矿，并往武平、连城考察膨润土矿，开展4天的咨询指导。

上旬，福建省闽西地质大队在上杭紫金山金矿区发现了规模在中型以上的铜矿床，从而突破了福建省找铜几十年没有实质性进展的局面，引起了地矿部和福建省地矿局有关专家的关注。

18日，龙岩市复合水泥袋厂开发的纸布复合水泥袋通过省级鉴定，属第一类新产品，为国内先进水平，填补了福建省空白。

下旬，全国昆虫组赴梅花山考察团、福建农学院昆虫组在梅花山采集到一种世界珍稀昆虫——金斑喙凤蝶。

11月中旬,中国科技大学赵贵文教授来龙岩地区做科学考察。

1989年

1月

2日,由轻工部、国家食品学会主办,全国所有国优、部优、省优产品参加的首届中国食品博览会上,龙岩沉缸酒第九次获金奖,沉缸酒系列产品古阑延寿酒获银牌奖,养身酒获铜牌奖。漳平市罐头厂生产的清水春笋罐头获得银牌奖。

本月,龙岩卷烟厂被列入国务院发展研究中心管理世界中国企业评价中心、国家统计局工交司联合发布的"1989年中国500家最大工业企业"。

2月

13日,龙岩地区行署发出《关于授予龙岩地区1986—1987年度科技进步奖的决定》中,评出一、二、三等奖若干名,有58个受奖单位,121人获奖。其中技术水平达到或接近国内先进水平的有15项、省级水平的有12项。

4月

8日,福建农学院教授林蕃平等一行5人专程前来龙岩市,重点考察当地农作物、经济作物、畜牧水产等,撰写了《龙岩市农业发展方向及对策研究》的专题报告。

17日,龙岩地区科协首次召开科技恳谈会,邀请9名具有高中级职称的农业科技工作者就发展龙岩地区粮食生产对策进行研讨。行署主要领导参加了会议。会后编印了7期《闽西科技工作者建议》供地委、行署领导参考。

5月

2日,在中国科协第八次全国农村科普工作会议上,永定县科协被授予全国农村科普先进集体称号。长汀县大同乡种果户赖木生和龙岩市西陂乡养猪专业户陈湘木被评为全国农村科技致富能手。

5日,由龙岩雁石镇大吉村集资兴建的全龙岩地区唯一的村办高台滑坡式煤台通过验收,成为龙岩市东部煤区煤炭的重要发运点。

龙岩6000门市内程控电话和400线长途程控系统正式开通投产。

30日,由武平县平川蚊香厂生产的"高效无毒灭蚊片"通过湖北、河南、福建3省卫生防疫部门鉴定。

龙岩市黄坑煤矿被国家能源部评为标准化二级矿井,这是全省首次获得煤矿标准化的最高称号。

7月

17日,国家水利部农水司在长汀县召开"全国6省水土保持以工代赈工作会议",这是解放后在龙岩地区召开的首次全国性水土保持会议。

24日,在北京结束的首届国际博览会上,龙岩沉缸酒又获金奖,成交额达8万多美元。

9月

30日，由龙岩地区行署副专员李志明率领的龙岩地区卷烟厂考察团一行5人，前往英国伦敦莫林烟草机械有限公司进行为期10天考察，考察期间参观了该公司制造装配厂，商谈了技术引进和人员培训等问题。

全省地(市)医院首例心脏二尖瓣及主动脉瓣置换手术在龙岩地区第一医院获得成功。

漳平县水泥厂试产成功道路水泥，填补了福建省道路水泥的空白。

12月

26日，连城县造漆厂SO1-1双组份聚氨酯清漆和A4-896猪油氨茎醇酸烘漆2项产品通过鉴定，填补了福建省油漆空白。

龙岩无线电厂高压硅整流设备通过省级鉴定，该产品已达到国内同类产品先进水平。

本年，全龙岩地区地、县(市)统计系统进行微机远程通信获得成功，并与省局联网，使龙岩地区统计计算技术向现代化迈进一大步。

龙岩地区水土保持办、长汀县政府、长汀县水土保持办荣获省政府颁发的水土保持先进单位称号。

1990年

2月，福建省政府表彰在1989年取得显著成绩的10个科技示范乡镇，各奖给科技开发经费3万元。龙岩市红坊镇名列其中。

3月

20日，龙岩拖拉机厂生产的龙马牌7Y-1.5型农用运输车，在全国首届农用运输车用户有奖评选活动中，进入“全国十优”行列，并获“飞马奖”。

4月

9日，龙岩市东宝山农垦水泥厂生产的东宝牌425#普通硅酸盐水泥，荣获1989年农业部优质产品奖。

5月

7日，长汀县研制生产的稀土系列新产品荧光级氧化钇、钐铕钆富集物，被鉴定为国际水平新产品；氧化镧、镨钕富集物等为国内先进水平新产品。

下旬，应国家农业部邀请，联邦德国驻山东粮援项目协调员邵若泰和孟玉华女士到长汀、上杭进行为期2天的实地考察，了解龙岩地区农业发展情况和贫困地区人民的生活状况，并探讨提供有关营养保障援助项目的可能性。

6月

3日，由连城县食品公司冷冻厂新开发的连城红心地瓜干软糖、蜜饯，在中国妇女儿童用品40年博览会上，双双获得铜牌奖。这是龙岩地区送展产品中仅有的2个获奖产品。

21日，在英国里丁市召开的国际气象和大气物理协会第三次会议上，26岁的漳平籍气象物理学家、北京大学地球物理系副教授黄建平撰写的论文《月平均环流异常的观测理论和数值模拟研究》获好评。黄建平此后被英国皇家气象学会接纳为会员。

23日，永定县农业局局长胡超崤被授予“全国农业劳动模范”称号。

26日，第三代光源原料——三基色稀土荧光粉在上杭县矿产公司试产成功，填补福建省电子工业空白，同时开辟了上杭稀土资源开发新途径。

7月

3日，龙岩地区第一医院购置CO-HE-NE激光治疗机，在龙岩地区首次开展激光美容业务。

10日，龙岩染织厂、色织厂通过企业档案管理国家二级考评验收，实现龙岩地区企业档案管理国家二级零的突破。

8月

3日，福建省第一条竖井——潘洛铁矿洛阳矿区竖井建成。

8日，龙岩地区“八五”期间重点能源工程——北山煤矿通过设计会审。

上旬，长汀县大同乡农民赖木生被团中央、国家科委授予“全国农村青年星火带头人”称号。

13日，上杭县纸厂自1987年投资257万元进行制浆系统和纸机更新改造后，试产成功纱管原纸，填补福建省空白。该产品销往广东惠州、佛山、江西南丰等地。

15日，国务院批准撤销漳平县，设立漳平市（县级）。新设立的漳平市以原漳平县为行政区域，不增加机构和编制。12月1日，正式挂牌建市。

16日，梅花山自然保护区设计任务书被国家林业部批准，核定保护区范围：上杭、连城、龙岩3县（市）7个乡18个村32.25万亩，工程项目10项，总投资490万元（林业部投资200万元、省拨款150万元，地县自筹140万元）。

21日，由龙岩市和红坊镇联合投资235.4万元创建的闽西制药厂建成并投入批量生产，产品远销全国10多个省。

28日，上海1990中国纺织品评选揭晓，龙岩市第二被单厂生产的兴华牌被单、宫廷蚊帐双双获“金织奖”。

10月

15日，省科委重点扶持项目、上杭县组建实施的闽西“菜篮子”工程——上杭溪口温泉水产综合养殖场建成投产。

23日，全国工业炉科技情报网员大会在龙岩地区举行，来自全国机械、冶金、建材、化工、轻工等行业网员单位的64位代表参加。

下旬，河田水土保持站建站50周年学术研讨会在长汀县召开，到会代表来自闽台浙赣4省、55人。台湾省水土保持专家廖锦浚博士、林渊霖先生应邀到会并作学术报告。这是海峡两岸水土保持专家首次进行正式学术交流。

11月

2日，武平林产化工厂获国家质量管理奖审定委员会授予的1990年国家质量管理奖。

24日,龙岩地区被国家林业部列为“华南虎及其栖息地调查”的重点调查地区。

12月

上旬,连城县塑料彩印厂生产的塑料彩印复合膜(袋)和挂历,在北京举办的“中国包装10年成果展览会”上,获国家金奖。该厂厂长罗维功荣获“全国包装工业优秀工作者”称号。

18日,龙岩粉末冶金厂被机械电子工业部确定为重点企业。

本年,长汀汀州医院在全省县(市)医院中第一个开展眼科人工晶体植入术和角膜移植术获得成功。

1991年

4月,龙岩沉缸酒厂获部级质量管理奖。沉缸酒在1990年的国家首届轻工博览会上再获金牌。

8月

11—12日,美国中加州心脏研究所所长桑德斯博士及夫人一行4人到地区一院和永定进行友好访问。

10月

13—16日,永定中外合资三林化工有限公司与上海中卫消毒剂研究所合作,开发成功新一代消毒剂PVP碘附。它具有极强的杀菌去污性能而又无毒无害,国际上将其视为第四代消毒剂而广泛应用于医疗、食品、养殖等行业及广大家庭。

19日,福建省蔬菜科技协会成立大会在龙岩举行。协会是由从事蔬菜生产、流通、科研、教学工作的单位和个人组成的学术性群众团体。会议选举刘立身为会长。

11月,在全国星火计划成果博览会上,龙岩地区“烤烟优质适产栽培及烘烤技术开发”获金奖;“连城蜜饯型红心地瓜干”、“精制松香甘油酯产品开发”和“导电橡胶按键产品开发”3个项目获银奖。

26日,生态经济学家、中国生态经济学会常务副理事长石山来闽西调查,并就运用生态经济思想、综合开发山区、组织山区建设等问题同省委领导进行座谈。

12月

30日,福建省“七五”期间重大科研项目——梅花山国家级自然保护区历时4年来的综合科学考察通过验收。

1992年

1月,漳平桂林乡化工厂的“九龙牌”丙烯酸酯电冰箱静烘漆和无机填料厂的“阳山牌”刮刀涂布级高岭土通过省级鉴定,分别达到国内、国际水平,均填补了福建省空白。

龙岩东宝山水泥厂被国家农业部授予“七五”企业技术进步奖。

闽西地质大队、121煤田地质勘探队分别被全国总工会、国家计委、国家人事部、地质矿产部授予“全国地质勘查功勋单位”光荣称号。

2月

9 日，日本铁木真电视公司社长矢岛良彰一行 4 人组成的反映世界各地客家人在经济、科技等方面的建树和贡献的电视专题片《血脉相连》采访摄制组到永定采访拍摄。

14—16 日，阿曼苏丹国驻华大使萨利赫在我国原驻阿曼苏丹国大使袁鲁林陪同下，到龙岩地区考察访问。

22 日，在北京召开的评审自然保护区会议上，龙岩地区梅花山自然保护区被林业部和世界野生动物基金会评为 A 级(国际级)保护区。

23 日，龙岩地区庄稼医院正式挂牌营业。

24—26 日，全国容器育苗经验交流会在龙岩地区召开。

本月，龙岩市(县级市)获国家水利电力部表彰的 1990—1991 年度全国水利建设战线先进单位荣誉称号。

龙岩市(县级市)黄坑煤矿被国家能源部评为安全生产先进单位。

4 月，武平县林产化工厂被中国质量管理协会评为"全国质量效益型先进单位"。

5 月，经中国建材地质研究所和中国建材地质中心多年的勘探，在上杭县城关周围初步查明发现一处大面积石膏矿带，总储量在 300 万吨以上，是福建省首次发现的新矿种。

6 月，龙岩超级压光纸厂、龙岩三德水泥厂、漳(平)泉(州)铁路被正式列入国家"八五"计划大中型建设项目。

长汀县水土保持站被全国水资源与水土保持工作领导小组等 3 家评为"全国水土保持先进单位"。

7 月

22 日，中共龙岩地委、行署为认真贯彻党中央关于把经济建设真正转移到依靠科技进步和提高劳动者素质轨道上来的重大决策和省委五届三次全会精神，依靠科技进步发展闽西经济，结合本区实际情况，制定了《1991—2000 年龙岩地区振兴计划》。

本月，龙岩东宫下高岭土矿，经过投标，被轻工部列为"八五"全国标准化陶瓷原料基地。

8 月

22—28 日，龙岩方龙食品有限公司新开发的保健饮品方龙神饮——巴戟天汁，在全国第二届保健品营养品"百寿奖"博览会上获优秀新产品金奖。此前该产品曾被"1992 北京首届中华不老城"活动唯一指定为中老年专用保健饮料。

11 月

4—5 日，福建省中医内科第五次学术年会在龙岩召开，省内 90 多名专家学者到会，侧重于心脑血管方面的研究与交流。

8 日，被列为福建省"八五"期间重点应急能源工程、由福建省电力工业局与香港福联电力投资有限公司合作的漳平发电二厂开工。

12 月

16 日，国家火工技改项目——龙岩七〇八厂乳化炸药转产工程，通过了国防工办等专家的鉴定。

19日，闽西最大的合资项目龙岩三德水泥厂举行隆重奠基仪式，中国扶贫基金会会长项南、福建省委书记陈光毅、省长贾庆林、省人大常委会副主任游德馨致电祝贺，省领导林兆枢、张家坤、倪松茂，地委书记郑霖，行署专员黄小晶和有关单位领导参加了奠基典礼。

本月，龙岩无线电三厂研制、生产的JGF-60C直流高压发生器，在国家能源部举办的1992年度全国供用电及农电新产品新技术交流会上荣获金奖。

龙岩地区建立了全省第一个技术较先进的多功能综合利用微波传送网络。

1993年

1月

14日，龙岩地区科技咨询服务中心、龙岩地区电机工程学会荣获中国科协“帮扶”活动“金牛奖”、先进集体奖。

26日，福建省矿产储量委员会、福建省地质矿产局和省潘洛铁矿等单位组成的专家小组，在漳平市芦芝、月山、园潭、涵梅4村60平方公里范围内发现全省储量最大的优质辉绿岩矿（储量1亿立方米以上）。

2月

19日，龙岩市（县级市）液压件厂研制的“DF32型多路换向阀”通过省级鉴定。该产品填补了本省工程机械基础件项目空白。

20日，潘洛铁矿洛阳矿区坑采主体工程通过验收，填补了福建省铁矿石地下开采的空白。

24日，闽西经济建设促进会顾问熊兆仁、福州大学校长钱匡武等一行6人，到上杭主持该县科技成果转让洽谈会。这次洽谈会提供转让科技成果36项。

3月

1日，龙岩沉缸酒获首届国际名酒香港博览会特别金奖。这是该酒第三次获国际性大奖。

12日，龙岩沉缸酒厂生产的“罗泉”啤酒首批出口俄罗斯。

28日，龙岩市轮胎厂翻新的轮胎，经全国翻新轮胎里程试验会试验，获得里程、单耗两项第一名。

4月

18—20日，新加坡投资考察团一行9人，由银河集团董事局主席兼总裁张世鉴带领，参观了龙马工业公司、华龙机械厂、龙岩市酒厂、龙岩市纺织厂、曹溪开发区等。

23日，福建农学院廖镜思副教授一行3人，抵达上杭县对“杭梅品种资源及低产园改造系统”进行调查研究。该项目属省科委“科技扶老区”内容之一。

5月

21日，中国农科院烟草研究所所长苏德成、中科院学部委员谢联辉教授一行16人，深入永定县古竹、湖坑、岐岭等地考察烤烟优质高产工程的实施情况。

7月

本月，龙岩智电科技开发联营公司研制开发的国内首创产品——DSK多功能电脑水位控制仪，荣获第二届中国专利新技术产品博览会金奖。

8月

9日，长汀、武平等5县(市)的52个乡(镇)推广水稻旱育秧栽培技术通过省、地专家验收。

11日，以高级工程师康世荣为首的中国国际工程咨询公司专家组61人，对棉花滩水电站进行8天评估工作，顺利通过验收。

30日—9月8日，龙岩地区水土保持办公室主任陈光海参加在日本召开的国际水利学会第二十五届学术研究会。会上，他所撰写的《控制水土流失与减轻水旱灾害的研究》一文受到好评，他被吸收为该会会员，填补了福建省在国际水利学会无会员的空白。

9月

1日，龙岩邮电局与台商合资的海峡塑料管厂在龙岩建成试车。该管用于通信电缆管道、建筑预埋管道和动力线路保护，填补了华东地区邮电工业一项空白。

21日，龙岩龙马集团公司被国家统计局授予"中国100家最大交通设备制造业企业"称号。

10月

7日，漳平市农科所甲鱼科研基地首批投放养殖"中华鳖"，填补了龙岩地区人工养鳖空白。

16日，国家科委、水利部、能源部"八五"重点科技攻关项目龙岩市适中镇溪柄1级水电站破土动工。

28日，闽西"山鸡大王"永定县农民蓝招宝被共青团福建省委、福建省科委授予"青年星火带头人"称号。

11月

21日，龙岩地区人造板厂生产的混凝土建筑模板获1993年北美—中国国际建筑博览会银奖。

12月

1日，福建省综合性护理学术交流会在龙岩召开，全省各地市大医院、部队医院等近百人参加会议。

3日，龙马农用运输车在国家机械部装备司等3个单位举办的中国农用车质量万里行全国第一批农用运输车可靠性、考核性试验中，获"具有强烈质量意识的企业生产农用运输车"称号。

8日，由龙马绿源食品有限公司创制的"绿源"牌速溶茶获1993年香港国际食品博览会金奖。

28日，共青团福建省委、福建省科委等部门联合举办的"93福建省青年科技成果博览会暨名、特、优、新产品"展销会，永定啤酒厂的清爽型高级啤酒、永定矿务局涂料厂的金属牌防漏隔热灵和地区贮木场的微薄木装饰画产品均获金奖。龙岩地区林业公司“马来酐改性松香甘油酯制造法”获银奖，另有4项获金星奖。

1994年

4月

27日，福建省“八五”重点建设项目——漳平火电二厂第一台10万千瓦凝汽式汽轮发电机组正式发电并网。

30日，福建省重点建设项目的漳平发电二厂三号机组顺利通过72小时满负荷投产试运行，并直接转入试生产运营。

6月

18日，投资近700万元的瓦楞板生产线在龙岩地区贮木场试产成功。瓦楞板生产线为全国第四家。

24日，中央电视台一台在“神州风采”节目里播出《科技新星张晨曦》。张晨曦为龙岩市东肖镇人，1988年被国防科技大学评聘为副教授，1993年10月被批准为博士生导师，任国防科技大学计算机组织与系统结构教研室主任。

7月，龙岩市万安乡发现6本完整的用石板印刷、图文并茂的古代佛教经书。该书刊刻于明朝正德甲戌(1514年)三月，重刊于明朝万历癸酉(1573年)九月，至今已有400年以上历史。

8月

18日，福建漳平澳利生啤饮品有限公司的首条生啤酒生产线建成投产，并于当日通过中外防疫、技术监督、食品饮料(酒类)等有关专家的评审。该公司是澳利生啤集团(中国分公司)在闽的首家合作分公司。

9月

19日，龙岩矿务局开发研制的长寿节能信号灯通过中国电子节能技术协会电子节能产品认证委员会的技术认证。

10月

4日，经林业部同意，美国路易斯安那州立大学地理系博士生柯利思在本区国家级梅花山自然保护区进行为期半年的自然保护区建设及发展研究。

21—22日，新华社香港分社副社长张浚生，全国政协委员、港事顾问、恒通资源集团有限公司主席施子清先生一行，在省政协副主席刘金美，地委领导黄小晶、邱炳皓、丁仕达等陪同下，考察了龙岩高岭土联合公司东宫下高岭土矿、龙马集团、华龙集团公司、龙岩卷烟厂、龙岩市山麻鸭良种场、食用菌开发中心、种猪场等单位。

22日，龙岩机械电子工业公司举行新闻发布会宣布，该公司被中国环境保护产业协会、中国统计信息咨询服务中心、中国环境报社评为“94中国环保产业百强企业”，同时还被福建省科委确定为高新技术企业。

28日，龙岩地区新中国成立以来建起的最大的水电站——龙岩万安溪水电站隆重举行1号、2号机组投产发电庆典。

11月

15日，国家地矿部副部长张文驹一行4人深入龙岩、永定等地实地考察。

18日，福建省煤炭系统首家企业集团龙岩天宇工业集团有限公司成立。

12月

1日，漳平市永德铸造有限公司和漳平市耐磨材料厂联合投资220万元技改扩建的闽西最大的铸球生产线一期工程竣工投产。

8日，龙岩地区扶贫开发试验区暨龙岩工程机械厂扩建技改工程开工典礼举行。

16日，中共龙岩地委、龙岩行署召开表彰优秀知识分子、知识分子工作先进集体和先进工作者电视电话会议，授予李振营等20位同志"优秀知识分子"称号，龙岩一中等11个单位"知识分子工作先进集体"称号，苏振旺等12位同志"知识分子先进工作者"称号。

29日，18时48分，龙岩万安溪水电站单机容量1.5万千瓦的3号机组正式并网发电。至此，龙岩万安溪水电站3台机组已全部建成投产。

1995年

2月

7日，龙岩地区采用电视微波双向传回技术，成功召开地、县(市)、乡(镇)三级干部电视电话会议。

11日，由龙岩地区经济技术协作办、外经贸、监察局、经济技术开发公司领导组成的赴俄罗斯经贸洽谈小组对莫斯科、圣彼得堡、下新城进行为期10天的考察洽谈活动，与俄罗斯有关方面建立科技贸易合作渠道。

3月

7日，龙岩地区粉末冶金厂厂长颜启淡和龙岩一中特级教师任勇被中共之福建省委、福建省政府授予第三批"省优秀专家"的光荣称号，成为龙岩地区首批获此殊荣的优秀知识分子。

9日，龙岩市畜牧水产局被农业部、人事部、水利部等国家6个部委联合评为全国农业科技推广先进单位。

7—10日，美国牧草专家赫伯到上杭考察，推广草业工程。该项目是福建省与美国俄勒冈州缔结为友好省州后，为发展福建省内陆山多优势而实施的。

24日，中国农学会秘书长沈秋兴一行在省农学会秘书长黄金芳陪同下，深入考察龙岩地区粮食生产、各级农学会和农业技术协会发展情况。

30日，在北京举办的中国专利10周年成就展览会上，龙岩福雁原子灰厂生产的替代进口气干原子灰获银奖，龙岩航宇铝业有限公司的水火管式蒸汽锅、上杭的乌梅冲剂、连城的蜜饯型红心地瓜干获优质奖。

4月

13日，联合国粮农组织(FAO)总部高级官员格兰奇、联合国粮农组织亚太地区办事处高级官员邓特、亚洲湿热带地区水土保持网络(ASOOON)地区协调员本鲁，国家水利部水土保持司司长郭廷辅，以及来自印尼、马来西亚等11个国家的高级官员、专员在永定古竹、湖坑考察水土保持工作。

30日，龙岩佳丽公司生产的衍缝套件“临风”、“宝兰枝”在柳州全国家用纺织品大奖赛上分别获金、银奖。

5月

8日，漳平市从台湾引种芥菜获成功，并建立起全省首家芥末生产基地。

23日，龙岩地区第一医院成功地为1名肝癌患者进行本区首例CT定位下经皮肝穿刺注药术，治疗恶性肿瘤。

6月

5日，应龙岩地区、龙岩市(县级市)科协邀请，漳平市桂林中学生物教师陈尚义在龙岩市博物馆举办“闽西生物标本科普展览”，展出他10多年来采集的1000多种动、植物标本。

10日，永定县大溪卫生院退休医师游远丰的论文《蜂房膏外敷治疗69例肛漏的体会》及永定县医院妇产科主任赖艳萍的论文《153例异位妊娠发病因素的探讨》在全国第四届专科病学术研讨会上被评为优秀论文，获赴美参加中美传统医学国际学术会议。

13日，长汀县金属镁项目被列入国内贸易部1995年“星火计划”，这是福建省唯一列入该计划的项目。

13—14日，清华大学党委书记方惠坚和王可钦教授、谢树南教授一行3人前来龙岩地区考察，了解企业发展和应用科技的情况。

30日，长汀县策武乡发现一种国内罕见、全省唯一的香草品种——野生细梗香草，并进行了小面积人工栽培驯化。

7月

4日，福建省第一家利用回收高炉煤气发电的龙钢星光发电厂正式投入运行。

5日，龙岩福利翻胎厂成功开发翻胎工程机械23.5-25巨型轮胎，成为福建省第二家、福利企业首家具有翻胎能力的厂家。

6日，中尺度灾害性天气预警系统的闪电定位仪在龙岩建成并投入使用。这是当时世界上最先进的单站电监测和预警系统，有利于提高本区中尺度强风暴临近预报的准确性。

9日，龙岩地区第一医院在全省首例成功地运用冠状动脉内溶栓手术，治愈1名急性心肌梗死病人。

8月

15日，在漳平市溪南镇金满村探明一处连片十几平方公里的五彩玉石和黑熊华绿岩石矿区。经省地矿研究中心实地勘察，认为质量居全省第一，颜色为全国所罕见。

9月

12日，龙岩市(县级市)立医院儿科副主任医师曹锦强撰写的论文《闽西咪替丁治疗婴幼儿腹泻》和《硝苯地平治疗婴幼儿秋季腹泻51例》，获得美国举行的“首届国际人体科学大会优秀论文大奖赛”论文二、三等奖，并被收编入《国际人体科技学论文集》(英文版)。

12—16日，中国医学科学院肿瘤医院院长、著名头颈专家屠规益教授来岩讲学，并在龙岩地区第一医院进行诊疗活动。

26日，龙岩地区林委组织的首次在本地区无土煤矸石山上栽培植物试验在翠屏山煤矿获成功。

11月

8日，龙岩市曹溪镇、连城县庙前镇被授予“福建省第二批科技示范乡(镇)”荣誉称号。

16日，龙岩恒发火电厂顺利通过满负荷24小时连续转考核，质量达优良等级，并正式投入生产。

龙岩地区农科所、烟科所引进烤烟种子包衣技术获成功，填补福建省的空白。

20日，中外合资龙岩港龙化工有限公司双氧水项目奠基开工。这是国内首家外商直接投资的双氧水化工生产项目。

21日，经上海铁路局、西安交通大学、福州铁路分局组织专家进行技术鉴定，洋平供电段引进的我国首台电牵引供电接触网检测车顺利通过验收，正式投入运行。

30日，在全国农村科普工作暨农村专业技术协会经验交流会上，连城县科协荣获“全国农村科普工作先进集体”称号。

12月

4—5日，龙岩地区科学技术大会召开，大会以总结交流本地区科技改革与发展经验，部署全面实施科教兴区战略任务，依靠科技进步推动闽西迅速崛起为主题。地委、行署领导赵觉荣、游宪生等出席会议。省科委主任吴城亲临会议并发表讲话，出席会议代表约600人。

28日，福建生化学会第二届代表大会暨第四次学术会议在龙岩市召开。来自全省大专院校、科研院所、医疗等单位的专家、学者70多人出席会议。福建师大党委书记邱炳皓、地委副书记谢克金等到会讲话。

1996年

1月

1日，319国道牛岭隧道工程正式开工。隧道按二级公路山岭重丘区标准测设，全长1065米，加上接线全长12.55公里，预算总造价11092.8万元。隧道开通后将比原线缩短4公里，弯道减少123个。

18日，漳平铁路供电段在鹰厦线永安至漳平区段首次进行电气化铁路接触网悬挂改造试验取得成功，在福建省铁路史上属首次。

24日，中共福建省委宣传部副部长、福建日报社社长黄诗筠，龙岩地委委员、地区纪委书记林仁芳等带领科技、文化、教育和文艺团体联合组织文化下乡工作队慰问龙岩市小池乡农民。

2月

1日，龙岩天宇集团黄坑煤矿被煤炭部授予“甲级通风矿井”称号，是福建省唯一获此称号的县属煤矿。

4日，长汀县河田镇农民文化技术学校被国家教委授予“农村成人教育先进学校”。

8日，闽西最大的化工企业——福建省闽西化学实业有限公司在漳平市正式成立。

3月

12日，龙岩地区首例同种异体肾移植手术在地区一院圆满成功。龙岩地区一院成为全省第二家能做此手术的地(市)级医院。

12—14日，日本著名水稻专家原正市先生在行署副专员林汝照陪同下，考察本区水稻推广旱育稀植技术情况，并进行现场指导和学术讲座。

24日，龙岩市人民政府授予德国啤酒专家于尔根·施托克曼为龙岩市荣誉市民，以表彰他对龙岩人民的贡献。

4月

7日，经福建林业大学科学论证，马尾松寄生植物病害防治试验在漳平获得成功，填补了福建省马尾松病害防治领域的空白。

15日，漳平水仙茶饼(又名“纸包茶”)，在第二届中国农业博览会上获金奖。

18日，在福建省房屋结构工程质量大检查中，省三建公司负责施工的地区林委15层综合大楼获得全省唯一的高层优良工程。

30日，福建省闽西天龙变压器有限公司(原闽西变压器厂)生产的油浸式新型系列变压器通过国家电力部、机械部联合鉴定，经专家确认，产品达到国际90年代水平，并填补福建省该产品的空白。

5月

6日，龙岩万安溪水电厂面板堆石坝新技术全面推广与应用研究项目鉴定会在龙岩召开。该技术经过电力部组织的水电水利专家鉴定委员会验收，顺利通过鉴定。专家们认为：此项目成果总体上达到国际先进水平。

加拿大前林业部部长助理、林业局局长莱斯德和澳大利亚林业专家鲍勃·纽曼，在国家林业部国际合作公司高级工程师刘国仁陪同下，专程到福建梅花山国家级自然保护区参观考察。

6月

14日，龙岩地委召开科技智囊团首次成员会暨科技恳谈会，90位专家、学者和地委领导一起共商本区经济发展大计。

8月

6日，龙岩地区环境保护重点项目——龙岩污水处理厂工程可行性研究报告经省计委及有关专家组的会审评估顺利通过。

9月

22日，福建省水利厅、地区水电局委派水利设计专家24人赴长汀县调查、测量、规划、设计汀江流域治理、长汀城区防洪工程。

10月

3日,中科院院士、福建农大教授谢联辉应邀到龙岩市进行2天的科研考察,并向龙岩市农业系统干部做“城市化与水问题”的学术报告。

11日,国家级专家、全国人大代表、福建省农科院院长谢华安视察龙岩地区农科所,对该所水稻育种取得的成绩给予高度评价。

20日,国务院以国函(1996)100号文批准撤销龙岩地区和县级龙岩市,设立地级龙岩市,原县级龙岩市改为新罗区。龙岩市辖原龙岩地区的长汀县、永定县、上杭县、武平县、连城县和新设立的新罗区。原龙岩地区的漳平市由省直辖。12月23日,省政府以闽政(1996)文366号做出撤销龙岩地区,设立地级龙岩市的批复,除国务院批准设市有关内容外,把原龙岩地区的漳平市委托龙岩市代管。

26日,为期3天的第五次全国省级矿协联席会议在龙岩召开。中国矿协副会长夏国治、郭振西和各省(市)矿协领导参加会议。地委书记赵觉荣、行署专员游宪生到会祝贺。

12月

27日,武平县林化厂开发生产的聚合松香通过省级鉴定,填补福建省松香凝加工的一项空白,技术水平属国内领先。

1997年

2月

1日,国家农业部农作物品种审定委员会水稻专业组审定委员,全票通过地区农科所培育的早糯良种——闽岩糯的审定。这是龙岩地区历史上首次通过的国家审定水稻良种。

3月

20日,长汀兰圃屈伟培植的8株“汀州素”在广西北海市举行的全国兰花展览会上获金奖。

4月

11日,国家科委分别授予龙岩市和连城县为“全国科技工作先进县(市)”称号。

5月

8—10日,福建省水稻抛秧暨早稻苗情分析会议在上杭县召开。

7月

3日,龙岩超级压光纸纸厂于本日凌晨1时试产出纸。

25日,经国家卫生部批准,龙岩人民医院晋升为国家二级甲等医院。

永定县万成化工联合总公司合成氨精炼再生气合成年产650吨苯乙酸生产线一次投料取得成功,生产出首批合格苯乙酸产品,填补了本省工业生产上一项空白。该项目总投资780万元,是本省12个国家重点技术发展项目之一。

28日,在电力部召开的全国发电企业质量管理小组活动成果发布会上,漳平电厂荣获“电力部质量管理小组活动优秀企业”称号。同时，化学专业 QC 小组被评为“部优”QC 小组。

8 月

19 日，福建省技术监督局和福建省卫生厅对新罗区防疫站进行为期 2 天的计量认证审评结束。新罗区防疫站成为本市首家通过计量认证审评的防疫站。

31 日，为期 2 天的龙岩市科协第一次代表大会闭幕。参加大会正式代表 282 人，特邀代表 22 人，列席代表 37 人。省科协党组书记、副主席林思翔，副主席陈震和林野参加会议，市领导陈秀榕、杨金龙等出席闭幕式。市长游宪生发表书面讲话。大会选举简贵章为第一届委员会主席，陈平平、郑庆昇、邹杰、林绍洸、余庆阳为副主席。大会通过工作报告和有关章程等，并对龙岩市科协系统 51 个先进集体和 129 名先进个人进行表彰。

在沈阳市召开的“中国食用菌协会成立 10 周年暨 97(沈阳)全国食用菌双交会”上，长汀县被列入福建省 12 个食用菌生产基地县之一，在全国排列第 24 位。长汀县和新桥镇分别被评为全国食用菌生产先进县、镇。

10 月

25 日，武平县十方镇疯伤科医师肖曰元，应邀出席在北京举行的首届国际民族医药科技研讨会。其论文《446 例中风治疗初探》获研讨会论文二等奖。

11 月

3 日，以“可持续发展——人口・资源・环境”为主题的“97 龙岩市科技宣传周”活动拉开序幕。开幕式上，市委副书记陈秀榕发表讲话，中国科学院院士、物理化学家、厦门大学博士生导师蔡启瑞教授做题为“优化利用化石煤料资源，创建能源化工先进体系”的学术报告。

18 日，龙岩市第一医院首例心脏移植手术获得成功。这在全国属第八例、全省第三例，全国地、市级综合医院尚属首例。

20 日，闽西首条年产 3 万吨高浓度复混肥生产线在新罗区龙川复混肥厂建成投产。

12 月

7 日，长汀淡水养殖加工基地被列为全国首批 60 个光彩事业重点项目之一。

9 日，由福建省科委组织的省林业厅、省林科院等高级工程师和专家，对武平林化厂莰烯一步法水合制异龙脑生产药用合成樟脑中试项目进行鉴定，认为该技术克服了传统工艺的设备腐蚀和“三废”污染问题，降低了物耗，产品各项指标符合美国药典第二十一版要求。

10 日，漳平发电有限公司在 1996—1997 年度全国外商企业排序中被列为最大 500 家外商企业之一，也是全国电力系统 2 家入选者之一。

15 日，漳平市防汛办公室副主任郑世堂撰写的论文《城区防御特大洪水及防洪抢险救灾方案》，入选参加“非工程防洪措施”国际研讨会。

24 日，中国信息龙岩工作站成立和龙岩市科技信息网正式开通。国家科委扶贫办主任张景安、省科委副主任唐华、龙岩市领导等参加开通仪式并讲话。

下午，市委常委、副市长吴德厚在闽西宾馆会见日本国际开发研究所所长、学术界知名人士高桥一生夫妇。高桥一生对本市资源开发、保护等问题提出了意见。

25 日，长汀县绿竹无性繁殖育苗试验成功。用此项技术每株成本可节约 5～6 元，比分蔸造林成活率高出 2 倍以上，成林期缩短 1 年。

31 日，闽西科技馆落成，总建筑面积 5035 平方米。

1998 年

1 月

新罗区教育局聘请国防科技大学计算机学院教授张晨曦为全区中小学电脑教师举办讲座。

2 月

14 日下午，铁道部副部长蔡庆华等人到新罗区铁山区段货运站选址和大洋龙岩西客站选址，进行实地踏勘。

3 月

5 日，冶金部黄金局和福建省黄金局邀请长春黄金设计院、研究院和北京有色冶金设计研究总院的 7 名专家及中国黄金总公司、省经贸委、计委等 24 个单位 64 名代表，在上杭县召开紫金山金铜矿总体开发规划论证会。

5 月

4 日，龙岩市第三医院段荣珍在福建省纪念五四运动青年群英表彰大会上被授予福建省首届“十大杰出青年科技标兵”称号。

20 日，新罗区科委主任洪庭章被国家人事部、科学技术部评为全国科技系统先进工作者。

8 月

16 日，福州大学党委书记叶双瑜一行，应邀前来参加龙岩市举行科技成果项目信息发布会。会议期间，福州大学与市经委等 2 家企业签订了技术合作协议。

9 月

12 日，国家“九五”计划的重点工程棉花滩水电站顺利实现汀江截流。

16 日，龙岩市第一医院首例骨髓移植手术成功，是福建省地(市)级医院之首例。

28—29 日，由福建省卫生厅、福建省妇幼保健院专家和龙岩市妇幼保健院评审委员会，及龙岩市医疗机构评审委员会评审，批准武平县妇幼保健院为全省第一家一级甲等妇幼保健院。

30 日，漳平市获省政府授予的“福建省可持续发展实验区”牌匾，并被推荐进入国家级可持续发展实验区。

11 月

16—18 日，由农业部种植业管理司和中国农业科学院柑橘研究所共同主持的全国柚类科研生产协作组第五次会议在湖南省江永县召开。龙岩市选送的“苏坂蜜柚”和

“龙岩红柚”样品被评为柚类金杯奖。

30日，由上杭县农业局与龙岩市农业局共同投资创办的上杭县种子包衣剂厂一次性试产成功，这在福建省尚属首家。

12月

9日，中共龙岩市委举行科技恳谈会，龙岩市委领导张燮飞、黄坤明等与龙岩市科技智囊团的部分专家就如何抓住机遇，加快闽西经济发展等问题，进行座谈。

10—11日，福建省科委在龙岩市举行全省科技成果重点项目推广会议，专门推广龙岩绿世界净化设备厂生产的专利品“SDG型机立窑湿法静电除尘器”。

1999年

1月

15日，20时30分，龙岩超级压光纸厂高级新闻纸生产线正式投产，所产高级彩印新闻纸各项指标均达国际先进水平。

3月

30日，龙净股份公司研制生产的智能电除尘器控制系统通过国家级鉴定。该产品达到同类产品国际先进水平。

4月

12—17日，福建省青年博士团一行9人在龙岩市开展科技传播活动。

25日，漳平市通过全国科技工作先进市验收。

6月

1日，中国著名经济学家、中科院农村经济研究所所长陈吉元教授在新罗区会议中心做“农村经济发展问题”报告。

8日，福建省“国际型优质烟示范基地实地研讨会”在武平东留乡召开。

8月

13—14日，国土资源部地勘司司长仲伟志、矿产开发管理司司长曾绍金、执行监察局副局长徐继武等一行5人，到上杭紫金矿业集团公司调研，解决紫金山金矿采矿权问题。

16日，中共龙岩市委、龙岩市政府邀请中国中医研究院医学博士、著名专家张洪林教授到龙岩市做“崇尚科学，反对伪科学，揭批法轮大法”科普报告会。

9月

17日，连城朋口兰花开发公司参加中国“99昆明世界园艺博览会”兰花展览的28盆建兰，获1金2银2铜共5块奖牌。其中，“鱼枕大贡”获金奖。

20日，闽西首家远程医疗会诊中心在龙岩市第二医院成立。

10月

16—17日，全国黄金选冶新技术交流会在上杭召开。此前，紫金山铜金矿权转让合同在福州签订，标志着紫金矿业集团开发紫金山金矿业主地位正式确立。

26日，龙岩市农业局聘请中国农业科学院乔宪生、邓烈研究员到龙岩开办果树种植讲座。

11月

2日，由香港爱德(集团)独资400万元的长汀化工有限公司在南兴镇兴建。这是全国首家从植物中提炼天然愈刨木酚的工厂。

12月

14—18日，福建省副省长潘心城在龙岩就落实科教兴省战略，加快社会事业发展等问题进行调研。

27日，龙岩市技术市场开业并举办新技术、新成果展示会。

29日，龙岩污水处理厂正式投产运行。

2000年

1月

2—3日，中央电视台“心连心”艺术团在上杭古田会议会址前举行慰问演出。由首都著名的医疗专家和农业专家组成的“卫生小分队”和“科技小分队”一同前来为老区人民开展义诊和科技咨询服务。

14日，龙岩市污水处理厂获福建省人民政府“99省重点项目建设立功竞赛”活动优胜奖。

15日，新罗区江山乡农技站被国家农业部授予“全国农业技术推广先进单位”称号。

2月

20日，中国科学院院士、地质古生物学家、永定县坎市镇人卢衍豪在南京逝世，终年88岁。

3月

7日，经福建省著名商标委员会认定，“麒麟”水泥、“百花”油漆、“标致”饮料和“佳丽斯”床上用品为“99福建省著名商标”。

28日，经福建省农村技术市场试点县考核验收组实地考核，长汀县以953分顺利通过省农村技术市场试点县验收。

5月

12日，永定培丰镇、漳平和平镇通过省科技示范乡(镇)考核验收。

6月

1日，龙岩咸酥花生、连城红心地瓜干、长汀河田鸡被省名牌农产品认定委员会确定为福建省名牌农产品，有效期4年。

7月

24日，中国国际工程咨询公司专家组一行14人，来岩对龙岩市制定的“十五”规划及“十五”重点项目进行评估论证。31日下午，专家组向市政府反馈“十五”规划咨询意见，实事求是地从交通、水利、农业、旅游、建材、能源、城建等方面做专题反馈，提出意见和建议。

9月

23日，龙岩市科学技术普及讲座在市政府礼堂举行。来自北京的袁正光教授做“弘扬科学思想，迎接新世纪的到来”的主题报告。

10月

1日，连城培田古民居建筑群开始对外开放。培田古民居建筑群是南方乡土建筑的典型代表。

8—20日，在英国伦敦召开“拯救中国虎国际联合会”成立大会。梅花山国家级自然保护区管理处负责人应邀参加。龙岩率先在全国开展华南虎人工繁育、野化研究，引起与会专家极大兴趣。

12月

14日，北京大学环境生物专家秦火保教授考察龙岩顺德生态原始家畜饲养业综合有限公司等企业。

24—27日，福建省政府“一控双达标”领导小组到龙岩市进行验收，结果表明：主要污染物排放总量控制和工业污染源达标工作符合国家和省验收标准，同意总量控制工作通过预验收，工业污染源达标工作通过验收。

27日，福建紫金矿业公司黄金冶炼厂顺利通过ISO9002质量体系和产品质量认证，成为国内同行业首家双双获得金锭生产质量体系和产品质量国际标准认证的企业。

2001年

1月

15日，国家文化部、全国妇联联合授予上杭县临江镇85岁的退休干部姜洪儒“全国科技读书示范户”荣誉牌匾和证书。

2月

10日，连城县朋口省级重大技术密集区、福建省“星火计划”项目，通过省、市专家组验收。

3月

22—24日，以中科院动物研究所专家蒋志刚组成的国家级专家组经过两天的参观、考察、评议，审定通过了福建梅花山拯救华南虎繁育野化暨保护区总体规划和可行性研究报告评审。

5月

29日，龙岩七中初三(1)班学生温泽嘉带着科技小制作项目“太阳能＋海水＝淡水”，赴土耳其安塔利亚参加第九届国际环境科研项目奥林匹克赛。这是龙岩市中学生小科技制作首次出国参赛。

6月

4日，祖籍永定坎市浮山村的著名科学家、教育家和社会活动家，第八届全国人民代表大会常务委员会副委员长，中国人民政治协商会议第七、九届全国委员会副主席卢嘉锡在福州逝世，享年86岁。

28日，由国土资源部、北京科技大学、国家武警黄金指挥部等7名专家组成的专家组对《福建省上杭县紫金山铜金矿区西北矿段金矿地质勘探报告》进行了全面评审。确认上杭县紫金山铜金矿区西北矿段金矿的保有工业储量为金属量 109573 公斤，平均品位 1.57 克/吨。确认紫金山金矿为全国特大型金矿。

8 月

7 日下午，台湾屏东科技大学园艺系教授颜昌瑞应邀来本市开设“台湾果树新品种新技术”讲座。

8 日，厦门大学材料系、化学系博士生导师丁马太等应邀来龙岩对有关企业进行技术、信息咨询和企业诊断服务。

11 月

16 日，“中国烟草龙岩技术中心”在龙岩卷烟厂正式挂牌，标志着国家烟草专卖局把龙岩卷烟厂作为技术创新基地。

12 月

9 日，新罗区籍的中科院研究员、教授、博士生导师郭柏灵和厦门大学教授、博士生导师林鹏分别当选为中国科学院院士和中国工程院院士。

27—29 日，新当选为中国科学院院士的郭柏灵回母校龙岩一中并到龙岩师专讲学。

31 日，龙净股份有限公司研制的 GGAJ02K 型电除尘用整流设备经省级鉴定，达到当代国际先进水平。

2002 年

2 月

22 日，英国豪力动物园专家佛里博士、英国广播公司(BBC)和美国《地理》杂志特派记者、法国人维乌尼克・弗朗西斯瓦夫妇一行来到梅花山考察采访华南虎拯救工程情况。

3 月

10 日，佳丽公司的“佳丽斯”(床上用品)商标被国家工商行政管理总局认定为中国驰名商标。

18 日，中国工程院院士林鹏回母校龙岩一中做报告。

26 日，龙岩市第二医院参加国家“十五”科技攻关项目——“脑卒中规范化外科治疗技术推广应用研究”启动。

4 月

3 日，龙岩特钢厂下岗职工刘克勤设计的“中速直接转向立交桥”获国家专利。12 月 13 日，他发明的“高速直接转向式”和“中速直接转向式”立交桥，同时荣获日内瓦国际专利技术成果博览会和英国伦敦国际专利技术成果博览会金奖。刘克勤不仅被日内瓦全球发明家委员会任命为全球发明家成员、国际专利事务评估者，还被英国伦敦应用技术研究院聘为研究员。

5 月

1—4 日，中国闽西第二届商品交易会暨首届农业新技术新产品展示推介会在闽西交易城举行。

17日，龙岩市瘦肉型猪产业化第一期安全肉工程被福建省政府列为2002年全省42个重点项目之一。

28日，被列入国家“十五”重点科技攻关项目的紫金山铜矿生物冶金技术及工程化项目启动。

29日，龙岩市九龙江流域生猪养殖废水污染治理项目通过省级验收。

7月

27日，萨本栋在长汀故居修复落成。萨本栋，中国著名的物理学家、电机工程学家和教育家，国立厦门大学第一任校长。

29日，龙岩市政府在上杭县举行福建紫金矿业股份有限公司博士后科研工作站授牌仪式。6名博士与紫金矿业公司签订进站工作协议。

9月

1日，福建佳丽斯家纺有限公司生产的“佳丽斯”床上用品被确定为2002年中国名牌产品。“佳丽斯”成为闽西首家集中国驰名商标、中国名牌产品于一身的“双料”名牌。

3日，龙岩市培育的特优898杂交稻新组合在全国超级稻展示中居参试品种第二名，单产达到1069.9公斤。

25日，中国建筑学会生土建筑分会2002年学术会暨福建土楼建筑文化研讨会在龙岩市举行。中科院院士、原建设部副部长周干峙，原建设部副部长宋春华等参加开幕式。中共龙岩市委常委、常务副市长江棣章在开幕式上讲话。

27日，河田绿色优质稻被国家绿色食品发展中心认定为绿A食品。

28日，福建省重点建设项目——龙岩红炭山粮食储备库工程顺利完工。该粮库总投资4242万元，采用国内最先进的粮情自动检测系统、计算机管理系统等，粮食进出仓全过程机械作业，是龙岩市机械化程度最高的现代化粮库。

10月

11—13日，“院士八闽行”龙岩分团在龙岩市进行考察、咨询、技术指导、诊断、洽谈项目和探讨合作、举办学术报告等活动。成员有：自然资源考察专家石玉林、焊接工艺专家林尚扬、锅炉专家林宗虎、水文地质工程学家卢耀如、生物学家杨锦宗等，均为中国工程院院士。

20日，国际咨询组织矿冶专家维纳·塞夫顿博士到福建紫金矿业股份有限公司进行技术项目咨询，为期15天。

30日，凌晨2∶23—4∶58，梅花山中国虎园4号母虎再次顺利产下3只虎崽，其中，两只体重均约1.1公斤，另一只约0.9公斤。母虎和虎崽一切正常。这标志着梅花山华南虎繁育技术实现新突破。

11月

26日，国家林业局全国野生动植物研究与发展中心与英国“拯救中国虎”国际联合会及南非中国虎项目中心共同签署一项关于中国虎（又名华南虎）野外放归计划的协议。这是中国首次通过跨国合作保护境内的世界最濒危动物。

本月，中国科学院研究员林金星博士（新罗区苏坂乡美山村人）荣获2002年国家杰出青年基金，并入选中国科学院旨在培养科技帅才的“百人计划”。

2003年

2月

26—28日，水利部在龙岩市召开全国岩质边坡快速植被恢复新技术培训会议。

3月

22日，应龙岩一中邀请，中国科学技术大学副校长、中科院结构开放实验室主任侯建国教授为龙岩一中高一、高二学生做了一场生动的纳米技术讲座。

4月

2日，漳平市“香石竹优质种苗研制项目”在和平镇获得成功，填补了香石竹（俗称康乃馨）种苗脱肪生产的省内空白。

8日，新罗区农业综合开发科技推广示范项目获国家批准立项。项目建设期分为3年，每年财政投资410万元。主要建设有应用瘦肉型猪金字塔式繁育体系、集约化养猪、无规定动物疾病检疫、绿色饲料配方等先进技术，以及应用“猪—沼—果”生态养殖模式。8月25日，该项目顺利通过国家农业综合开发办的审核，正式列入国家级农业综合开发项目，并批准正式实施。

8月

11日，龙岩市农科所申报的“优质红心甘薯新品种推广及脱毒种薯生产产业”、福建龙净环保股份有限公司申报的“电—袋复合型高效除尘器”、上杭县绿琦槐猪育种场申报的“槐猪的保种与选育”3个项目被列入2003年度福建省重大科技项目计划。

18日，全国第十二次银杏学术研讨会在长汀县召开。

22日，龙岩市农科所蓝华雄等人共同在云南省永胜县涛源乡培育的“特优898超高产展示”项目亩产为1233.1公斤，刷新2001年福建省三明市农科所选育的Ⅱ优明86在该地超级稻展示丰产田创下的亩产1196.5公斤的世界纪录。

25日，龙岩市科技局组织龙岩市林科所申报的“水蚀荒漠化和矿山废弃物地区快速绿化技术示范”项目，被确定为2003年度国家农业科技成果转化资金重点资助项目。

本月，由龙岩市林业科学研究所历时3年研究的“类芦快速绿化技术”成果推广项目通过专家评估，获得国家科技部的审定立项，实现闽西林业科技成果在国家级推广项目上零的突破。

9月

2日，福建省亚热带资源与环境重点实验室、福建师范大学自然地理学博士点长汀工作站揭牌。长汀县水土保持博士工作站正式成立。

17日，龙岩市科技局和科学技术协会通过中国—以色列国际农业培训中心，邀请以色列花卉专家Eliezer Spiegel先生和Yael Skutalski女士到龙岩市举办花卉技术培训班，全市120多名花卉产业管理人员和种植大户参加学习。

10月

8日，“上杭紫金山金矿低品位物料综合利用研究项目”被科技部评为“优秀火炬计划项目”。

中旬，应英国伦敦“拯救中国虎”国际联合会发起人全莉的邀请，国家林业局同意由福建梅花山国家级自然保护区“中国虎园”华南虎繁育野化研究所派出一名研究人员，随带上海动物园两只华南虎虎崽，前往南非参加中国虎野化训练工作。这标志着中国虎野化工程迈入国际间的技术交流合作阶段。

11月

1日，龙岩市农科所选育的三系杂交稻恢复系武恢898和杂交稻组合特优898、特优158三个水稻品种获国家品种权保护。这是龙岩市首次申请农作物品种权保护并获得成功。

29日至12月2日，由全国野生动植物研究与发展中心和拯救中国虎国际基金会邀请的国内和国际野生动物保护和栖息地评估专家组到龙岩市梅花山自然保护区考察。考察组由南非籍的Jeremy、比利时籍的Mare和全国野生动植物研究与发展中心的陆军、北京林业大学的胡德夫博士等组成。专家们实地考察了梅花山自然保护区的生态环境、地形地貌等。

2004年

1月

18日，龙岩市首家生活垃圾无害化处理场——黄竹坑垃圾处理场投入运营。

19日，福建(永定)棉花滩水电站工程获中国建筑工程最高奖——“鲁班奖”(国家优质工程)。

22日，漳平“西园苦瓜”被农业部列为全国重点农作物推广新品种。

联合国教科文组织正式受理土楼申报世遗项目。

25日，院士亭在永定县坎市镇云山公园落成。该亭是为了纪念该镇出了卢衍豪、卢嘉锡、卢佩章三位中国科学院院士而建立的，并刻有《院士亭记》。

28日，新罗区顺利通过2001—2002年度全国科技进步考核，荣获全国科技进步先进县(市、区)称号。

3月

29日，科普报告团中央苏区(龙岩)行在龙岩一中主会场正式启动。在为期5天的活动中，专家们分赴新罗、上杭、连城、永定、长汀等地举行科普报告。

4月

3日，卫生部专家、世界银行卫生第九项目官员波罗密·怀特先生一行9人，在龙岩市血站、医院等单位检查督导血液管理工作。

5月

5日，龙岩悦华木竹制品有限公司成功研制出竹加工新产品——竹集成板材，从而填补了该项目的国内空白。竹集成板材主要用于生产高档家具，是高档木材的替代品。

12 日，长汀新桥远山波尔羊公司与内蒙古家畜改良站胚胎移植中心携手合作，在福建省首次实施波尔羊胚胎移植，成功产下首批 60 多头纯种波尔羊。

7 月

5—6 日，长汀通过国家烟叶标准化示范县验收。

8 月

5 日，龙岩红炭山七〇八化工有限公司被国防科工委民爆安全认证中心授予职业安全健康体系认证书，成为福建省煤炭企业第一家通过安全体系认证的企业。

28 日，中国柑橘学会 2004 年学术年会在龙岩市召开，国内外 12 位专家学者做专题报告。

9 月

11 日，“龙工”获“中国名牌产品”称号。

15 日，国家信息产业部副部长苟仲文到上杭古田调研，指出“要用先进信息产业为‘三农’服务”。

16 日，杂交水稻育种专家谢华安获福建省首次科学技术重大贡献奖。这是他继获得陈嘉庚科学奖和香港何梁何利科学与技术进步奖之后的第三个大奖。

24 日，龙岩市 2004AA241180 甘薯高效育种技术及优质、高产、多抗、专用新品种选育课题被列入国家“863”计划。

25 日，经国家质量监督检验检疫总局认定，颁发给连城县连城白鸭原产地标记注册证。

27 日，美国核子医学会颁发 2004 年度最高荣誉，上杭籍旅美华人孔繁渊获大奖。

10 月

11 日，长汀县林业局退休高级工程师林木木发现并命名的“汀州润楠”，通过了国家级植物分类学专家组审定，确认为樟科润楠属的新种。

18 日，由我国著名杂交水稻制种育种专家、闽西籍国家级有突出贡献专家刘文炳研究员，经过 10 年培育出水稻超级稻Ⅱ优 6 号，平均亩产突破 1200 公斤大关，创世界单产新纪录。

11 月

2 日，龙岩市优质超级稻选育取得重大突破，新组合“两优 5998”公顷产 11128.5 公斤。

12 月 23 日，全国同行业第一家、国家认定企业技术中心——龙净环保技术中心揭牌。

2005 年

2 月

14 日，上杭县被农业部评为 2004 年全国粮食生产先进县。

4 月

20—24 日，由福建省科协、福建省老区办与福建省关工委联合主办的 2005 年“省科普报告团老区行”在漳平市、武平县两地开展科普报告活动。报告团以中国科学院院士、福建省农林大学植物病毒研究所所长谢联辉为团长一行 6 人，两县(市)共 1.36 万人分别听取了多场报告。

6 月

本月，龙岩市委编办批复同意市专利管理办公室更名为市知识产权局，其性质为龙岩市科技局直属正科级事业单位，核定事业编制 3 名。

10 月

15 日，福建省科协第五届学术年会卫星会议暨龙岩市科协第四届学术年会在龙岩召开。本届年会由市科协主办、龙岩市中医药学会承办。年会主题是：现代中医发展战略与思路。

19 日，龙岩市科技创业园建设正式启动。市科技创业园选址在市新罗区经济技术开发区，园区面积 4 公顷，按统一规划，分两期实施。

2006 年

1 月

17 日，中共龙岩市委、龙岩市政府表彰第五批市管拔尖人才、省赴闽西专家服务团，同时成立龙岩市人才协会。

2 月

22 日，由国家信息化测评中心主办、互联网周刊等联合承办评选的“2005 年度中国企业信息化 500 强”在北京揭晓，龙岩卷烟厂、紫金矿业集团有限公司榜上有名，分列第 162 位和 294 位。龙岩卷烟厂已连续 3 年获此殊荣。

28 日，浙江嘉兴海盐县在上杭县通贤乡举行向龙岩市捐赠生物气化炉仪式，共向龙岩市捐赠生物气化炉 20 台。

4 月

11 日，引入“超市”经营模式，以特色产业基地为依托的龙岩市首个“新农村优秀人才超市”在永定县开张。

20 日，国家环保科学院院士王志锋等 11 位专家在龙岩，对龙净公司自主研究、开发、制造的大型机组烟气循环流化床干法脱硫装置项目进行技术鉴定，一致认为，这一脱硫工艺开创了国内外成功先例。

22—24 日，由中国科学院原副院长孙鸿烈等 6 位院士和 10 多位专家组成的中国水土流失与生态安全综合科学考察院士专家团到龙岩考察指导水土保持工作。

5 月

20 日，龙岩市发布《龙岩市 2005—2006 年度紧缺急需人才引进目录》，对“引进人才”和“规模工业企业在岗毕业生”首次实施生活津贴、补贴发放。

6 月

19 日，应第四届中国・福建项目成果交易会组委会的邀请，南非及澳大利亚矿山安全与救援专家访问团一行 9 人到龙岩进行访问，前往福建煤电股份有限公司进行矿山安全与救援的现场指导。

7月

19日，浙江大学、闽西职业技术学院数控实训基地正式成立，同时成立反求与快速成型技术中心，开创两校合作办学的成功模式。

20日，漳平五一国有林场与国家林业局林木种苗总站等单位正式签订《国家级林木种质资源库项目建设协议》。

福建省"数字福建"试点县——上杭县顺利完成"数字福建"横向接入工程。该工程共投资90多万元，为22个乡(镇)政府、55个县直机关单位开通电子邮件邮箱账号，实现与全省政务信息网的连接。

22—24日，龙岩市与福州大学科技协作研讨会暨福州大学建设与发展战略研讨会2006年年会在龙岩召开，会上举行福州大学与龙岩市科技合作协议、项目成果对接的签字仪式，并召开校企合作座谈会。

本月，长汀食用菌有限公司21吨卷心菜顺利进入日本市场，成为日本实施"肯定列表制度"以来龙岩市首家输日农产品的企业。

8月

1日，龙工集团研究开发的CDM620液压挖掘机顺利下线，标志着龙工研发新产品的技术已经达到同类产品国际先进水平。

4日，上海市安济医疗救助基金会"安济健康直通车"专家代表团一行19人来到龙岩，对受灾较为严重的长汀、永定、连城等3县开展送医送药和专家义诊活动。

9月

9日，漳平五一林场培育的闽林牌马尾松良种，被选送50克种子，作为全省选送的唯一林木种子，搭载"实践八号"育种卫星进行太空育种试验。

10月

19日，在厦门举行的海峡两岸农业合作成果展览暨项目推介会上，龙岩市共签约闽台农业合作项目10个，总投资超1.125亿元，其中利用台资7300万元人民币。

19—20日，福建省科协、福建省老区办、福建省关工委以服务老区、贴近生活、弘扬科学精神为宗旨，以院士、专家科普报告会为主要形式，联合开展"科普报告团老区行"，分别在闽西监狱等6处开讲。

11月

3日，填补国内空白的太阳能级硅项目——连城县桑杏硅业科技有限公司在连城工业园区开炉点火，正式建成投产。

3日，福建省科协第六届学术年会卫星会议暨龙岩市科协第五届学术年会在承办单位龙岩学院举行。本届年会主题：龙岩新一轮发展。市属学会、各县(市、区)科协学会工作负责人、论文作者70多人参会。

9日，漳平市被科技部批准为国家可持续发展试验区，这是福建省继东山县之后的第二个国家级实验区。

25日，在福建省首届三级综合性医院临床医师技能大赛中，龙岩市第一医院代表队取得团体总分第二名、荣获二等奖，内科医师吴勐和儿科医师吴炽勇分别获得内科和儿科个人二等奖。

26—27日，中国科协书记处书记宋南平等一行4人到龙岩考察科协工作。

12月

13—17日，全国民营企业家2006福建经济论坛在龙岩召开。来自全国各地的民营企业家、龙岩市部分企业家代表共300多人参加论坛开幕式。全国工商联副主席、中华工商时报社社长沈建国出席并讲话。论坛邀请清华大学特聘教授孙虹钢和国家行政学院许晓平教授，分别举行"太极思维与关键员工管理"、"领导能力与发展"专题演讲。

2007年

1月

5日，国家"973"项目"生物冶金基础研究"专家交流会在上杭召开。

2月

16日，闽西籍水稻育种专家刘文炳收到上海大世界基尼斯总部发放的"大世界基尼斯之最——连续最多年培育高产水稻的人"的证书。该证书确认刘文炳主持培育的II优6、II优28、II优4886杂交稻，于2004年、2005年、2006年，分别实现单产1219.9公斤、1229.97公斤、1279.7公斤，连续3年刷新水稻世界单产纪录。

3月，龙岩市水稻育种专家兰华雄被确认为2006年度享受国务院特殊津贴人员。

4月

29日，龙岩市首个"循环经济园"福建紫金恒发循环经济工业园在新罗区雁石镇开园，园内首个项目紫金恒发年产400万吨旋窑水泥生产项目开工。

福建塔牌水泥有限公司(武平)300万吨旋窑水泥、新加坡新达科技集团武平林化产品深加工项目开工建设，投资总额分别为12亿元和2亿元。

新加坡上市公司新达科技集团董事局主席、三达膜科技(厦门)有限公司董事长蓝伟光博士再次向"蓝启林慈善教育基金会武平分会"捐款300万元，使武平县蓝启林慈善教育基金总额达到500多万元。5月12日，蓝伟光博士被省政府授予"福建省捐赠公益事业突出贡献奖"金质奖章。

本月，上杭县首批10个"农民科技书屋"挂牌投入使用。

龙岩沉缸酿酒有限公司的"沉缸酒"和永定采善堂制药有限公司的"采善堂"入选福建省首批"福建老字号"。

5月

2日，龙岩市公安局DNA实验室和指纹中心库投入使用。指纹中心库拥有50万份指纹、20万份掌纹库容，其比对速度与准确率属全省第一，并且在全省率先具有现场及嫌疑人掌纹录入比对功能，成为全省第一个安装应用美国科进5.0版本指、掌纹自动比对系统的设区市。

本月，经中国农科院茶叶研究所有机茶研究与发展中心认证，武平县城厢乡扮水村

15.33公顷乌龙茶、绿茶生产茶园、加工厂及产品，分别获得“有机转换产品认证证书”、“有机茶加工证书”、“有机茶标志准用证证书”。这是龙岩市第一个获得颁证的有机茶基地。

6月

30日，龙岩市首个非晶合金变压器生产项目在新罗龙州工业园区开工建设，总投资7500万元。

本月，福建省121地质队新查明一处煤炭资源储量达3460万吨的大型煤矿井田。该井田位于新罗区白沙镇，勘查区面积近13平方公里，煤质优，开采技术条件相对简单。

7月

23日上午，国家非金属矿深加工工程技术研究中心龙岩分中心在龙岩高岭土有限公司挂牌成立。该“分中心”由科技部国家非金属矿深加工工程技术研究中心与龙岩高岭土有限公司合作创建，聘请苏州中材非矿设计研究院、中国轻工陶研所、武汉理工大学、厦门大学、中南大学、澳大利亚南澳大学等国内外院士、教授、专家担任技术指导，并承担具体研发项目。

9月

9日，在杭州举行的全国林业产业大会上，新罗区林业局被评为“全国林业产业突出贡献奖·先进单位”荣誉称号，成为全省获此殊荣的两个单位之一。

21日，长汀县举行“核心农户与实体”示范工程启动仪式，由10名高级农艺师组成的“专家讲师团”为来自全县10个试点村的30名“农民讲师团”成员进行农业“五新”技术培训。

10月

20日，落户长汀的闽兴汽车有限公司研发的ZZ3256、M3646自卸车成功下线，闽兴汽车公司成为全省首家加入中国重汽集团改装行列的企业。

本月，紫金矿业和龙岩工程机械2家企业入选“中国科技名牌500强”。

紫金矿业跻身“2006年中国大企业集团竞争力十强”，成为福建省和中国黄金行业登上该权威榜的第一家企业。

11月

18日，上午，龙岩卷烟厂精品“七匹狼”卷烟专用生产线技改项目举行奠基典礼。

12月

5—6日，由塔吉克斯坦公使衔参赞利科耶夫、马达加斯加大使维克·希科尼纳、秘鲁商务参赞乔士·齐纳、加拿大商务专员罗博特、印度尼西亚参赞易旺、南非驻上海总领事馆商务专员华茜乐、刚果（金）一等参赞阿鲁马·姆兰巴、津巴布韦参赞思纳特·玛坎迪、澳大利亚商务专员（一秘）张涛等16位外国驻华使领馆官员组成的访问团专程应邀到上杭县，访问紫金矿业集团股份有限公司。

2008 年

1 月

16 日，国家发改委、商务部重点鼓励引进项目中美合资“环保能源型”企业沃科诺(福建)环保能源有限公司成立暨签约仪式在闽西宾馆隆重举行。

19 日，新罗区获得“2005—2006 年度全国科技进步先进区”荣誉称号。这是该区自 1997 年以来连续 5 届荣膺“全国科技进步先进区”称号。

4 月

2 日，漳平市水仙茶综合生产标准化示范区项目通过国家标准化管理委员会的审查，列入第六批全国农业标准化示范区建设。

12 日，科技部副部长曹健林到龙岩市调研考察。

18—19 日，中国环保产业协会会长、原国家环保总局副局长王心芳，中国环保产业协会副会长陈尚芹、刘启风，中国环保产业协会秘书长杜林等一行 6 人到龙岩考察。

7 月

1 日，新罗区在龙州工业园区举行“6·18”项目成果转化创业园动工仪式，该创业园总投资 5000 万元，总建筑面积 3.2 万平方米，这是福建省创建的首家“6·18”项目成果转化创业园。

10 日，菲律宾共和国农业部副部长吉稣斯·帕拉斯、马来西亚瑞华机构董事总经理拿督黄天隆率两国政府、企业界代表一行 19 人到连城考察。

18 日，福建森宝食品集团股份有限公司投资近 2.3 亿元的具有世界最先进水平、年屠宰能力达到 200 万头生猪的现代化冷鲜肉生产线正式投产。

23 日，克里斯·伍德华教授等 4 位世界自然保护联盟(IHCN)专家和丹霞地貌申遗专家组组长彭华教授一行到连城考察。

26 日，土楼民间艺人李福渊连破“四格”限制，高票通过评审，获得专业技术职称，成为福建省首位获得艺术专业职称的农村乡土特殊人才。

8 月

11—12 日，台湾东华大学管理学院院长吴中书率领的台湾经济学术参访团到漳平台湾农民创业园考察。

10 月

10 日，全省首家县级 120 急救网络——长汀县急救中心正式成立并开通。

16 日，新罗区铁山镇获省科技厅批准，成为福建省首个“省级可持续发展实验区”乡(镇)。

23 日，新龙马汽车有限公司在闽西宾馆隆重举行“新龙之星”豪华客车下线仪式。该公司开发的 FJ6120HA 等系列“新龙之星”豪华客车顺利研制成功并通过汽车产品公告和国家高等客车的审查。

26 日，漳平举办首届台湾高山茶茶王赛。漳平台品茶业有限公司选送的高山茶荣获“茶王”称号。

11月

19日，全国人大台湾农民创业园管委会负责人到漳平考察。

24日，全国环保产品标准化技术委员会电袋复合式除尘设备工作组在龙岩市举行成立大会。

12月

2日，漳平市气象局被中国气象局授予“全国气象科普教育基地”称号。

6日，由福建中医学院中医系和市卫生局、科协主办，市中医药学会承办的“中医经典闽西行”活动在市中医院广场启动。

2009年

3月

11日，福建森宝食品集团有限公司博士后科研工作站在森宝公司揭牌，这是福建省畜牧食品行业中首家博士后科研工作站。

20日，国家知识产权局下发《关于确定首批实施国家知识产权强县工程区县(市、区)名单的通知》，龙岩市新罗区名列其中。

24日，福建省表彰突出贡献企业家暨纪念企业“松绑放权”二十五周年大会在福州召开，龙岩紫金矿业董事长陈景河、龙净环保总经理黄炜、龙岩烟草工业公司总经理赖鞍山等3位企业家获得“福建省第二届突出贡献企业家”称号。

27日，第二十四届福建省青年科技创新大赛在龙岩举行。

4月

8日，中科院院士谢华安深入新罗区适中镇中心、中溪、保丰等村的再生稻苗基地进行调研。

12日，国家活畜禽遗传资源委员会家禽专业委员会在武平县对象洞鸡遗传资源进行现场考察及鉴定。

13日，国家科学技术部下发通知，同意天津市东丽区、龙岩市等9个市(县、区)为国家可持续发展实验区。龙岩是福建省唯一入选的设区市。

18—19日，中国工程院院士卢耀如教授一行到龙岩调研九龙江流域污染治理工作。

25日，紫金矿业金锭产品使用的图形商标被认定为“中国驰名商标”，成为中国有色金属行业的首批“驰名商标”。

25—27日，国家地质公园专家组到连城考察冠豸山申报国家地质公园工作。

5月

16日，龙岩市在厦门金雁酒店举行闽台茶产业交流合作恳谈会。19日，中国科协党组成员苑郑民，福建省科协党组书记、副主席叶顺煌一行6人到龙岩考察。

6月

22日，国防科技大学校长张育林少将一行到龙岩考察，并瞻仰古田会议会址。

29日，龙州工业园区在海南三亚召开的中国城市品牌大会、中国开发区(工业园区)招商引资高层论坛上获“中国十大最佳投资环境工业园区”称号，这是福建省唯一获此殊荣的工业园区，是龙州工业园区继4月“全国百佳科学发展示范园区”之后取得的又一重要成果。

31日，福建省首个远程控制天气系统在永定投入使用，成功实施人工防雹增雨作业。该系统的建成，填补福建省利用高海拔山区地形人工催化影响天气的空白。

7月

7—8日，海峡两岸(福建)农业合作试验区工作会议在龙岩召开。

10月

20日，2009年全国汽车标准化技术委员会专用汽车分技术委员会年会、汽车行业标准“电瓶车”审查会在龙岩召开。

24—27日，中共龙岩市委书记张健率队往上海、山东，考察工程机械、汽车及零部件产业园区和相关企业。

11月

18日，第六届中国龙岩投资项目洽谈会、第二届海峡西岸经济区合作论坛、首届海峡机械博览会在龙岩举行。全国政协副主席、农工党中央常务副主席陈宗兴宣布开幕。投洽会以“突出实效、构筑平台、资源共享、合作共赢”为宗旨，签约合同项目127项，总投资112亿元，拟利用外资和市外资金91亿元。

12月

4日，在2009年度(第五届)消费者信赖的“质量500强”、“行业十大质量品牌”大型消费者公益调查活动中，福建“佳丽斯”产品获“2009中国行业十大质量品牌”床上用品类第七名。

17日，长汀经济开发区入选“海西十佳品牌工业园区”。该区共落户企业300多家，就业人员4.5万人。

23日，联合国教科文组织在北京举行世界遗产证书颁发仪式，向以永定客家土楼为代表的福建土楼等近三年来被列入世界遗产名录的五处中国世界遗产颁发证书。

同日，龙岩卓然变电所投入运行，标志福建500千伏电力“高速公路网”建成。

31日，福建省龙岩坑口火电厂二期工程竣工投产。龙岩坑口火电厂采用先进的循环流化床锅炉燃烧技术燃用本地劣质无烟煤进行火力发电，填补了福建省300兆瓦循环流化床锅炉发电机组的空白，标志着全国最大的循环流化床锅炉基地诞生，龙岩电力产业发展迈上一个新台阶、龙岩资源型产业转型升级和产业结构调整取得新突破。

2010年

1月

12日，紫金矿业有限公司“低品位难处理黄金资源综合利用国家重点实验室”成为全国第二批56个企业国家重点实验室之一，实现龙岩市国家重点实验室从无到有的历史性突破。

14日，首届中国农产品区域公用品牌价值评估结果发布，连城红心地瓜干以26.31亿元的品牌价值名列“百强”第22位。

15 日，长汀“远山”商标被认定为中国驰名商标。

23 日，厦门大学与新罗区人民政府产学研合作暨厦门大学软件研发中心签约授牌仪式在新罗区龙州工业园区举行。

28 日，国家烟草专卖局局长姜成康到龙岩调研，强调烟草行业要发挥特色优势，提升质量效益，促进持续发展。

3 月

5 日，中国科学院城市环境研究所与上杭县政府在古田举行共建古田数字生态园签约仪式，古田将建立全球第一个数字生态园。

8 日，上午，龙岩市在闽西宾馆 6 号楼多功能厅举行龙岩市人民政府与美中联合商会正式签订友好合作框架协议暨绿色科技园项目签约仪式。美中联合商会会长林志共，美国得克萨斯州迪迈国际公司总裁罗杰(Roger Cormier)，龙岩市人民政府市长黄晓炎、副市长温锡浩等出席签约仪式。

5 月

22 日，连城鑫晟大科技有限公司被确定为连城县首个国家高新技术企业，该公司核心产品袋泡竹炭净化和营养保健剂填补了国家饮用水和粮食净化领域的空白。

6 月

17 日，福建畅丰车桥制造有限公司“院士专家工作站”在龙岩经济开发区揭牌成立。这是继紫金矿业之后龙岩市成立的第二家院士专家工作站。

7 月

27 日，福建高校服务海西“闽西行”启动仪式暨龙岩“6·18”项目成果对接会在闽西宾馆举行。

8 月

12 日上午，龙工配件园项目在龙岩经济开发区高新园区隆重举行开工典礼，开启建设世界级工程机械产业基地的新征程。

9 月

4 日，紫金矿业入选“2010 中国企业 500 强”，位列第 283 名。同时，紫金矿业还入围“2010 中国企业效益 200 佳”，位列第 70 名；入围“2010 中国制造业企业 500 强”，位列 145 名。

11 月

9 日，由中国稀土学会、福建省经贸委、龙岩市人民政府主办，长汀县人民政府承办，市经贸委、新罗、永定各县(市、区)人民政府等 11 家单位协办的中国海西稀土发展论坛在龙岩市举办，参加会议嘉宾 180 人。

11 日，全国无公害畜产品认证工作现场会在龙岩市召开。

15 日，位于连城工业园内的福建鑫晶刚玉科技有限公司蓝宝石晶体制造项目实现投产，顺利生产出 18 公斤级、15 公斤级的大尺寸人造蓝宝石，生产技术在国内乃至亚洲属领先地位。

18日上午，投资8亿元的以晴科技生态园项目一期建成开业庆典仪式在连城工业园区举行。

24日，中科院副院长詹文龙院士一行7人到龙岩考察调研，考察团一行瞻仰了古田会议旧址，并到长汀金龙稀土有限公司、龙岩稀土工业园等地调研。

12月

25日，志高集团与福建联美集团举行龙岩志高动漫科技产业园项目总包合作协议签约仪式。

2011年

1月

30日，龙岩市农业产业化龙头企业协会会长、福建盼盼食品集团董事长、总裁蔡金垵荣膺“2010年福建十大经济年度杰出人物”荣誉称号。

3月

31日，市政府出台《龙岩市企业人才住房建设实施方案(试行)》，重点解决规模产值大、纳税贡献多、带动能力强、科技含量高以及成长性好的企业人才“住房难”问题，启动实施企业人才住房建设。2011年首期安排在龙岩经济开发区1号地块和南方小区。

4月

3日，龙岩市育成的杂交水稻新品种福龙两优863通过省新品种审定，这是世界上人工杂交育成的第一个籼型抗衰老杂交水稻栽培品种。

17日，“上杭槐猪”地理标志证明商标被国家工商总局商标局核准注册，这是上杭县获得的首枚地理标志证明商标。

5月

6日，龙岩人民医院举行三级乙等综合医院揭牌仪式。这是福建省首次批准县级二级综合医院晋升为三级医院，全省仅4家县级医院通过评审。

6月

18日，龙岩市人民政府、教育部科技发展中心、福建省教育厅在福州香格里拉酒店共同举办“高校—龙岩企业技术创新”高峰论坛暨项目签约仪式。

7月

2日，全国科普惠农兴村先进揭晓，龙岩市5单位和1人上榜。

9日，中国科学院院士谢华安到上杭古田考察中国(古田)创意农业园区建设情况。

9月

11日，经农业部稻米及制品质量监督检验测试中心检验，上杭县庐丰乡上坊村水稻基地的施硒稻米硒含量为0.15毫克/千克，根据国家标准评为富硒米。

14—15日，福建省科协第十一届学术年会分会场活动——“电子政务暨物联网应用与发展”论坛在上杭古田山庄隆重举行。

17日，以“学习科学知识·推动跨越发展·服务海西建设”为主题的2011年龙岩市社会科学普及宣传活动周在中心城市街心广场拉开帷幕。

23—24 日，海峡两岸 LED 产业代表团一行到连城县考察该县光电产业发展情况，其中来自台湾的客商有 9 位。

28—30 日，第二十五届厦、漳、泉、龙、明“三角五方”科技协作会议在连城召开。

10 月

9—13 日，中国科技发展战略研究院工作人员到龙岩市调研创建国家高新技术开发区工作，并协助龙岩市编制《龙岩市国家高新技术产业开发区总体规划》。

11 月

10 日，连城县《气象探测环境保护专项规划》正式颁布实施，成为福建省首个颁布实施的县域气象专项规划。

20 日，在第三届海峡两岸现代农业博览会·第十三届海峡两岸花卉博览会上，龙岩市花卉展团荣获展馆设计布置金奖和最佳组织奖，花卉展品荣获 3 金 5 银 13 铜。

21 日，科技部“十二五”国家科技支撑计划项目——“城市脆弱性分析与综合风险评估技术与系统研发”子课题应用示范工作会在龙岩市召开。

12 月

25 日，龙岩市创建国家高新技术产业开发区战略研讨会在北京举行。

2012 年

1 月

29—31 日，中共福建省委书记孙春兰先后赴长汀县调研水土流失治理工作，到漳平调研农业科技创新工作。

19—20 日，国家知识产权局局长田力普在福建省政府副省长洪捷序、福建省知识产权局局长罗旋的陪同下到龙岩考察。

3 月

2 日，龙岩经济开发区获国务院批准升级为国家经济技术开发区，定名为龙岩经济技术开发区，规划面积 3 平方公里，实行现行国家级经济技术开发政策。这是全市第 1 个、福建省山区地级市中首个获批的国家经济技术开发区。

26 日上午 9 时，福建省“科普巡展海西行”长汀站启动仪式隆重举行。

30 日，福建省举行数字福建项目集中开通仪式，龙岩市电子政务一体化平台在仪式上开通。龙岩电子政务一体化平台利用云计算技术，构建市、县、乡三级协同办公、行政审批、政务目录及数据交换等系统。

4 月

6 日，第十届“6·18”“中国高校专家闽西企业行”龙岩市项目推介会在龙岩举行。

6 日，中国地质科学院研究员、中国工程院院士卢耀如，中国科学院院士宋振骐、谢华安和俄罗斯工程院院士沈照理一行到连城，考察冠豸山国家地质公园申报世界地质公园准备情况，并出席 2012 年省“科普巡展海西行暨水土保持主题展”（连城站）启动仪式。

7—8 日，国家工业和信息化部调研组在长汀调研稀土产业发展情况。

13日，漳平奇和洞遗址考古发现入选2011年度全国十大考古新发现，这是全市首个获此荣誉的文物考古项目。

27日，龙岩市创建省级高新技术产业园区总体发展规划和产业发展规划顺利通过专家评审。

同日，福建省首个乡镇YBC(中国青年创业国际计划)工作站落户新罗区西陂镇。

5月

16日，以“携手龙岩·合作共赢”为主题的龙岩市千名企业家大会在龙岩人民会堂开幕。大会表彰了为龙岩发展做出突出贡献的企业家及企业。李新炎等22位企业家被授予“龙岩市光彩事业突出贡献企业家”，龙岩烟草工业有限责任公司等5家企业被授予“龙岩市十一五经济发展突出贡献企业”。

17日，水利部在长汀召开总结推广长汀水土流失治理经验座谈会，贯彻落实习近平副主席的重要批示精神，进一步推动全国水土流失防治工作。水利部部长陈雷出席会议并讲话，中共福建省委副书记、福建省省长苏树林致辞。

21日，永定县科协联合老科协、农办、农业局、科技局，邀请全国著名水稻老专家、中科院院士谢华安做“超级稻培育与推广”科普报告。

6月

18日，龙岩市政府与教育部科技发展中心、省发改委、省教育厅在福州举行龙岩市项目说明会暨“蓝火计划”启动仪式。会上举行龙岩市“蓝火计划”启动仪式和中国高校技术转移中心龙岩中心授牌仪式，市政府与北京科技大学开发部签订战略合作框架协议，与北京科技大学、中南大学、上海师范大学分别签订共建硬质合金行业技术转移中心、有色金属和硬质合金行业技术转移中心、稀土行业技术转移中心合作协议。

7月

3日，龙泰新能源材料科技产业园项目在龙岩签约。

16—17日，中共福建省委常委、政法委书记苏增添到龙岩开展加快建设具有福建特色区域创新体系专题调研。

20日，中共福建省委副书记、福建省长苏树林深入长汀县调研水土流失治理工作。

27日，福建省政府正式批准在龙岩设立省级高新技术产业园区，园区范围涉及长汀、永定、新罗三个县区，规划面积达132.9平方公里，是全省面积最大的高新技术产业开发区。

31日，中共龙岩市委、龙岩市人民政府在龙岩人民会堂举行铜产业产值“破百亿”总结奖励暨首届市政府质量奖颁奖大会，表彰为铜产业产值“破百亿”做出突出贡献的紫金矿业(集团)股份有限公司等8家企业、上杭县铜业局等12家单位、王矿金等28位先进工作者。

8月

8日，德泓光电(福建)科技有限公司董事长沈清全与日本三菱威宝大中华区总裁Brian代表双方签署合作协议，德泓光电正式获得三菱威宝的中国区唯一总代理权。

本月，永定县申报的“永定红柿良种标准化栽培与加工关键技术应用与推广”项目，获得国家科技富民强县专项行动计划立项。

9 月

13 日，长汀水土保持院士专家工作站在地处河田镇的县水保工作站内揭牌成立。

15 日，中国中小城市科学发展评价体系研究成果发布会暨第九届中国中小城市科学发展高峰论坛在北京举行，首度推出“2012 年度中国市辖区综合实力百强”(全国百强区)，新罗区榜上有名，位列第 100 位。

10 月

15 日，上杭国家现代农业示范区现代农业生产发展资金项目建设正式启动实施。该项目总投资 1003.09 万元。

16—17 日，福建省人大常委会原主任袁启彤一行赴漳平调研国家级台湾农民创业园建设发展工作。

18 日，漳平在“第八届中国茶业经济年会”上获“2012 年度全国十大生态产茶县”称号。

19 日，龙岩市农科所“福建省院士专家工作站”揭牌。

19—21 日，福建省政协副主席李祖可带领由福建省政协部分委员、有关专家组成的科技、文化、卫生“三下乡”活动服务队深入连城四堡、姑田、揭乐等乡镇，开展为期 3 天的“三下乡”活动，提供科普宣传、义诊、书法绘画、农业技术推广等各种惠民服务。

25 日，福建省第十二届学术年会暨龙岩市科协第十届学术年会在长汀隆重召开。本次年会的主题是“推进水土治理，促进生态城镇建设”。

11 月

1 日，福建省副省长洪捷序等到长汀县三洲镇万亩杨梅基地和河田镇水土保持科教园，检查指导长汀县科技治理水土流失工作。

2 日，龙岩高新技术产业开发区在永丰新区举行揭牌成立仪式。

6 日，“数字永定”地理空间框架建设项目设计书通过专家评审，标志着“数字永定”县级数字城市建设正式启动。

8 日，龙岩举行为期两天的知名企业技术交流暨新产品推介会。沃尔沃建筑设备(中国)有限公司、美国卡特彼勒(中国)公司、徐工集团挖掘机械有限公司、三一重机有限公司、永力建基(中国)有限公司，以及安尼康(福建)环保科技有限公司等企业参与。

16 日，在深圳国际会展中心召开的国家企业技术中心授牌表彰大会上，福建森宝食品集团股份有限公司被授予“国家认定企业技术中心”，是 2012 年福建省唯一获得国家认证的技术创新型企业，也是福建省首个被国家认定企业技术中心的农业企业。

26 日，福建省(长汀)水土保持研究中心成立揭牌仪式在长汀县水土保持科教园举行。

12 月

1 日，工信部部长苗圩带领相关司室和国家稀土办负责人到龙岩调研稀土产业发展情况。中共福建省委常委、福建省副省长张志南等陪同调研。

8日，漳平市举行海峡两岸现代农业与绿色生态水耕有机果菜产业发展政策支撑研讨会，两岸20名农业专家参会，商讨推进现代农业和生态文明建设、转变经济发展方式等方面的议题。

9日，福建省生猪健康养殖技术创新重点战略联盟授牌仪式在龙岩举行。

12日，第三届中国海西稀土产业技术成果对接会在长汀召开。对接会期间，举行了项目推介签约仪式；举行了7个项目的开工典礼，总投资32亿多元，其中最大项目为总投资22.38亿元的豪美铜铟镓硒C1GS薄膜太阳能电池项目。

17日，无机化学发展战略研讨会开幕式在上杭古田举行，来自全国各地的专家学者近60人参会。

18日，福建新龙马汽车股份有限公司年产15万辆汽车项目建设落成，首款微客新车下线，标志着闽西结束了只能生产商用车不能生产乘用车的历史。

28日上午，国家安监总局、省安监局和市安监局等单位的有关领导为荣获“全国科普教育基地”的新罗区中小学生安全生产教育基地授牌。该基地于10月被中国科学技术协会命名为“全国科普教育基地”，示范期为2012—2016年，是中国首家安全生产系统的“全国科普教育基地”。

2013年

1月

10日，全国生物能源产业技术创新战略联盟工作会议暨国家科技支撑课题进展汇报会在龙岩市召开。

22—23日，福建省知识产权局副局长李冬根、黄平等领导带领有关处室负责人来到紫金矿业和龙净环保两家国家级知识产权优势企业调研并做指导。

29日，龙岩市科技局在科技创业园举办了科学技术奖申报辅导培训班，邀请福建省奖励办周浙闽副主任到龙岩市讲授省、市科学技术奖申报业务知识。各县(市、区)科技局和有关单位共计86人参加了学习培训。

2月

21日，龙岩市、区知识产权局，在新罗区东肖镇举办“科技、文化、卫生三下乡”活动。

22日，福建省科技型企业备案暨高新技术企业认定、复审、专项检查工作会议在市科技创业园召开。各县(市、区)科技局、各新区、园区科技局(经发局)等单位负责人共30多人参加了会议。

3月

11—12日，福建省科技厅发展计划处负责人一行到龙岩市调研承担2011年省重大专项的福建龙净环保股份有限公司、龙工(福建)挖掘机有限公司和福建(长汀)金龙稀土公司等3家企业科技创新平台建设项目执行情况。

12日，龙岩市召开2013年科技暨知识产权工作会议，并颁发龙岩市2012年度市科学技术奖及专利奖。

27日，科技部基础研究司张先恩司长一行到龙岩市考察科技工作及紫金矿业“低品位难处理黄金资源综合利用国家重点实验室”建设情况。

同日，国家科技部在龙岩市召开“龙岩高新区升级工作专家调研会”。省科技厅何静彦副厅长，高新处负责人等相关人员陪同参加调研活动。先后考察了龙净环保、龙工挖掘机等企业，并对龙岩市企业在“以升促建”科技创新方面取得的成绩给予高度评价。市领导张兆民、邱荣、杨闽、郭丽珍、李新春，市直有关单位负责人，新罗、长汀、连城等三个县(区)主要领导参加了会议。

4月

24日，“闽西客家和红色双重文化遗产的数字化与文化旅游综合服务”(项目编号：2013BAH28F00)通过项目可行性论证、课题评审及预算评审评估等工作，正式列入国家科技支撑计划。该项目总投资2822万元，获得国家支撑计划专项经费822万元。

27日，龙地市科技局在科技创业园举办了“龙岩市专利文献检索与信息利用培训班”，听取国家知识产权局专利文献部赵欣老师授课。全市知识产权系统管理人员、试点单位及知识产权中介机构负责人共100余人参加了培训。

5月

13—14日，福建省科技厅星火计划办公室陈舒副主任一行深入龙岩新奥生物科技有限公司、连城福农食品有限公司、连城健尔聪食品有限公司、连城冠江铁皮石斛有限公司、永定鼎福来食品有限公司等5家企业进行星火计划项目调研，还与龙岩学院、闽西职业技术学院、市农业局、林业局、农办、农科所、林科所等单位领导及专家举行座谈会，详细了解龙岩市农业科技创新与成果推广应用的情况。

15日，福建省知识产权局郑敏姜副局长带领省知识产权信息公共服务中心人员来龙岩市调研专利信息化工作。

16日，由龙岩市林科所承担的“林下药用植物的选择与种植技术研究”、“生物柴油能源树种的引种筛选及丰产栽培技术研究”两个项目，通过龙岩市科技局验收。“优良用材林树种任豆树的培育技术研究”通过市科技局评审。

6月

19日，龙岩市知识产权服务中心、福建专利技术(龙岩)展示交易中心暨福建省知识产权远程教育平台龙岩分站在市科技创业园揭牌成立。国家知识产权局专利管理司曹冬根副司长、福建省知识产权局李冬根副局长、龙岩市政府郭丽珍副市长参加了仪式。

20日，福建省人大法制委员会委员、教科文卫工委副主任陈星、福建省知识产权局副局长黄平一行5人到龙岩市调研《福建省专利促进与保护条例(修订草案)》，龙岩市人大常委会副主任杨闽等领导陪同调研。

7月

2日，龙岩市的“‘闽真2号’真姬菇新品种工厂化生产及热能循环利用新技术示范推广”等8个项目被列入2013年度省星火科技计划项目，项目总投资2283万元，共获省科技经费150万元。

22日，连城县的“甘薯产业化关键技术开发与应用示范”项目被列入2013年国家科技富民强县专项行动计划项目，获140万元国家科技经费支持。

8月

2日，龙岩市“槐猪保种扩群技术示范与推广应用”项目被列入科技部农业科技成果转化紫金项目，获科技部经费资助60万元。

8日，龙岩市烟草工业有限责任公司、龙能粉煤灰综合利用有限公司、侨龙专用汽车有限公司、德泓光电科技有限公司4家企业入选2013年度省知识产权优势企业培育工程。

10日，中国农技协常务副理事长、中国科协农技中心主任张晓军到上杭县古田镇、茶地乡开展调研。

28—29日，福建省科技厅陈秋立厅长率福建省知识产权局局长林伯德及相关处室负责人在龙岩市开展专题调研活动。龙岩市政府副市长郭丽珍等陪同调研。

9月

12日，龙岩市市长张兆民调研龙岩市科技局科技工作，从找准定位、找准着力点、唱好主角、突出重点四个方面提出了具体要求。

16日，第二届中国创新创业大赛（福建赛区）暨首届福建创新创业大赛在福州举行决赛和颁奖仪式，龙岩市两家企业获二等奖，取得参加全国创新创业大赛资格；三家企业获优胜奖。

26日，福建侨龙专用汽车有限公司总经理林志国成功入选“福建最美科技工作者”候选人，成为6名候选人之一。

10月

9日，龙岩市德泓（福建）光电科技有限公司被评为优秀创新型企业；福建威而特汽车动力部件有限公司、福建精艺机械有限公司和福建亿林节能设备股份有限公司被评为良好创新型企业。

11—12日，科技部社会发展司司长助理张景霖带领专家组对漳平市国家可持续发展实验区建设进行验收考察。福建省科技厅党组成员、福建省知识产权局局长林伯德，龙岩市科技局以及漳平市政府领导等分别陪同验收考察和参加汇报会。

11日，龙岩市知识产权局获全国知识产权系统人才工作先进集体称号。

15日，龙岩市人民政府与清华大学紫荆控股有限公司签署《组建龙岩紫荆创新研究院合作协议》，共建龙岩紫荆创新研究院。龙岩市常务副市长张天洲与紫荆控股有限公司总裁刘传文分别发表讲话。

16—17日，龙岩学院副院长邹宇带领龙岩市科技局领导一行赴内蒙古鄂尔多斯市考察鄂尔多斯紫荆创新研究院的建设工作，为即将开展的龙岩紫荆创新研究院建设工作取经。

22日，龙岩市政府郭丽珍副市长到市科技创业园、市科协开展调研并提出具体指导意见。

30日上午，龙岩市农村专业技术协会成立暨第一次会员代表大会召开，会议审议通过了龙岩市农村专业技术协会《章程》、《选举办法》和《会费收取标准和管理办法》、顾问名单，选举产生了龙岩市农村专业技术协会第一届理事会理事、常务理事、理事长、副理事长和秘书长。

11月

5日，龙岩市科技局与厦门理工学院达成政产学研合作协议，同意就建立人才专家库、开展校地政产学研科技项目对接与交流、科技成果转化等方面开展合作。

7—8日，中国工程院院士、中国工程院原副院长沈国舫一行来岩，对龙岩市“生态文明建设”开展调研考察。

11日，福建龙马环卫装备股份有限公司的“环卫车道路刷洗装置(200710009232.3)”荣获中国专利奖优秀奖，填补了龙岩市无国家专利奖的空白。

11—13日，福建省星火办领导就龙岩市申报2014年度省星火计划项目开展调研，并就申报项目提出宝贵指导意见。

29日—12月1日，福建省科技厅在厦门举办创新方法(TRIZ)培训班。龙岩市科技局组织龙岩市24家企业及单位的有关人员参加培训。

12月

6日，龙岩市科技局与厦门理工学院正式签订产学研合作框架协议。

9日，龙岩市本级及七个县(市、区)全部通过科技进步考核，连续三届实现“满堂红”，市本级被评为全国科技进步先进市，新罗区、永定县、上杭县、武平县被评为全国科技进步先进县(市)。全市共20人荣获“全国县(市)科技进步考核先进个人”称号。

22日，龙岩市科技局组织福建龙净环保股份有限公司参加“海外科技专家汤友志博士专场推介会”，并就“Airborne烟道气同时脱硫脱硝脱汞技术”与汤博士进行了初步的交流和探讨，寻求合作共赢。

本年，龙岩市农业与社会发展领域有6个项目被列入国家科技计划项目，争取国家科技经费3265万元。其中国家科技惠民项目1项、国家科技支撑计划项目2项、国家科技富民强县项目1项、国家农业科技成果转化紫金项目1项、国家星火项目1项。

附录二　龙岩市获国家级、省(部)级、市级科技奖项目

表1　龙岩地区获1978年全国科学大会奖项目

项目名称	完成单位
沸腾炉劣质煤	漳平电厂
锅炉烧白煤	龙岩电厂
单相保护磁力起动开关	连城县西山煤矿

表 2 龙岩地区获 1978 年福建省科学大会奖项目

项目名称	完成单位	主研人员
水稻良种珠六矮	龙岩地区农科所	廖世芳、黄汝江、王学栋、叶菊连
水稻良种岩革晚二号	龙岩地区农科所	廖世芳、黄汝江、王学栋、叶菊连
水稻良种红珍龙	长汀县濯田良种场	邱泉观
甘薯良种岩齿红	龙岩地区农科所	朱天亮
甘薯良种 7-3	龙岩地区农科所、农校	朱天亮
甘薯良种 8-6	龙岩地区农科所、农校	朱天亮
甘薯良种岩高丰	龙岩地区农科所	朱天亮、施清清
烟草良种闽烟 2 号	龙岩地区农科所	温锡鉴
烟草良种闽烟 4 号	龙岩地区农科所	温锡鉴
烟草良种闽烟 6130	龙岩地区农科所	温锡鉴
柑橘良种黄斜本地早 3 号	龙岩地区农科所、福州罐头厂	李根发、林汝照
甘薯亩产超万斤	龙岩大洋大队耕山队	
冬种甜菜试种成功	漳平永之福公社	
河田鸡选育	长汀河田公社	
北鹿南养成功	武平良种场	
闽西青脊竹蝗初步观察	龙岩地区林业局	沈集增
闽西早季温泉制种成功	永定杂交水稻良种指挥部	
深井泵	龙岩水泵厂	田本仁、张海平
农村微型水轮机组	武平县农械厂	兰衍义、林跃栋等 5 人
稀土硅铁合金炉底板	洋平县通用机械厂	
维棉深色染色新工艺	龙岩染织厂	
被单自动筛网印花机	龙岩染织厂	
沉铜平面打印刷新工艺	龙岩师专大专班物理科	郑庆升、陈泉来、苏育波
GGAT(02)0.2/60 型可控硅自动控制高压硅整流设备	龙岩无线电厂	郑长明、王春富
GJX5/100 局部尘源控制设备	龙岩无线电厂	王树程、刘树根
JGF-300 型晶体管高压发生器	龙岩无线电厂	陈仁河、马腾鸾
热压焦新技术应用于工业生产	龙岩地区钢铁厂	
膨润土在铸造生产上的应用	连城县膨润土矿	

续表

项目名称	完成单位	主研人员
沸腾炉劣质煤	漳平电厂	
电机保护装置——单相保护磁力起动开关	连城西安山煤矿	俞景星
锅炉烧白煤	龙岩电厂	
治疗慢性气管炎中草药——排三散	龙岩地区医科所、龙岩地区慢性气管炎协作组	
草药“三月泡”治疗泌尿道结石	龙岩地区医院	
中西医结合治疗急腹症	龙岩地区医院	
若干金属与非金属元素在健康人尿中含量测定	龙岩防疫站	
分离出付百日咳杆菌菌株	上杭县防疫站	郭仰霖
右肩胛带完全离断再植一例成功	龙岩地区第二医院	尤元璋等 6 人
液氮冷冻治疗机及临床应用	龙岩地区医院	杨其昌、廖珍昌
1973—1975 年死亡回顾调查资料分析	龙岩地区及各县卫生局	

表 3　中华人民共和国成立至 2013 年龙岩市获国家级科技奖项目一览表

项目名称	获奖等级(名称)	完成单位	主要完成人
1985 年			
我国褐稻虱迁飞规律的阐明及其在预测预报中的应用	国家科技进步奖	省农科院植保研究所	
华南前汛期暴雨成因及预报研究	国家科技进步奖	龙岩地区气象局	李真光
1988 年			
食用菌综合开发—香菇综合开发	国家星火科技奖	闽西科技开发交流服务中心	蔡衍山

表 4　中华人民共和国成立至 2013 年龙岩市获省(部)级科技奖项目一览表

项目名称	获奖等级(授奖单位)	完成单位	主要完成人
1979 年—1985 年			
杉木种子园	三等奖(中央林业部)	上杭县立新林场	
我国水稻抗瘟病抗原的筛选	一等奖(农业部技术改进)	龙岩地区农科所	陈锦云

续表

项目名称	获奖等级(授奖单位)	完成单位	主要完成人
超高压电收尘器处理铅烧结烟气工业实验	四等奖(国家冶金部)	龙岩地区空气净化厂	
柑橘罐藏品种选育	二等奖(国家轻工业部)	龙岩地区农科所	
连城县曲溪至东溪段林区公路	国家优质工程银质奖(国家质量奖审定委员会)	龙岩地区林业工程公司	邱禄盛、赖世荣、林柚荣、章　金、李立梧
漳平县下林双曲拱大桥	林业基建优质工程三等奖(中央林业部)	龙岩地区林业工程公司	周海华
连城县综合农业区划	三等奖(全国农业区划委员会)	连城县农业区划办	游子清、朱喜钦、巫甘霖、廖培植、黄婉婵
1986 年			
红萍富集钾的生理研究	二等奖(农牧渔业部)	龙岩地区农科所	
漳平县下林双曲拱大桥	林业基建优质工程三等奖	龙岩地区林业工程公司	周海华、陈剑文
1987 年			
国内外无烟煤加工利用及其发展趋势调研报告	四等奖(地矿部)	闽西地质大队	李佩霞
闽江流域沙溪水系地质、水文地质、环境地质报告	四等奖(地矿部)	闽西地质大队	黄振新
1988 年			
烤烟优质适应栽培及烘烤技术开发	省星火奖	永定县烟草公司	吴接才
淡水养殖——池塘丰产稻鱼兼作综合技术开发	省星火奖	连城县水产技术推广站	王振丰
全国烤烟优质适产栽培技术研究	二等奖(农牧渔业部科技进步)	龙岩地区农科所	
烤烟优质适产栽培及烘烤技术开发	省星火奖	永定县烟草公司	吴接才
1989 年			
GGAJ02E 型微机控制高压硅整流设备	二等奖(水电部、国家环保局科技进步)	龙岩空气净化设备厂	
龙岩市马坑铁矿床地质特征及成矿地质条件研究	三等奖(地矿部科技)	省第八地质队	谢家亨
台湾海峡石油地质和工作情况调研报告	三等奖(地矿部科技)	省第八地质队	蒋炳栓

续表

项目名称	获奖等级(授奖单位)	完成单位	主要完成人
1990年			
连城红心地瓜干蜜饯技术开发	省星火奖三等奖	连城县山珍技术开发公司	黄富祥
龙岩地区综合农业区划、全国农业区划委员会	二等奖(农业部优秀科技成果)	龙岩地区农业区划办	黄人骥
1990年—1994年			
福建省烤烟引种与两种更新(协作项目)	省星火奖二等奖	省烟草公司、龙岩地区烟草分公司	骆启章
容器育苗造林技术推广应用	省星火奖三等奖	省林木苗种总站、龙岩地区林委	汤亮华
蔬菜遮阳网覆盖堵淡栽培新技术应用研究及大面积推广	省星火奖三等奖	龙岩市蔬菜科技生产服务站	廖小雪
RJ型家用煤灶节能热水器	省星火奖三等奖	龙岩地区民用节能炉灶推广分站	陈天赏

表5　中华人民共和国成立至2013年龙岩市获福建省人民政府科技进步奖项目一览表

项目名称	获奖等级(名称)	完成单位	时间	主要完成人
1979年—1985年				
福建省洪水调查	二等奖(省科技奖)	龙岩水文分站	1986.12	
小肠结炎耶氏菌研究	二等奖(省科技奖)	龙岩地区卫生防疫站、武平县卫生防疫站	1983.6	林锦光
三十烷醇在农业上应用推广	三等奖(省科技奖)	龙岩地区科技情报所、漳平县科技实验站	1981.6	游卫东
加成法印制电路新工艺	三等奖(省科技奖)	龙岩师范大专班物理科	1982.3	郑庆升、陈泉来、苏育波
烤烟新品种“永定一号”选育	三等奖(省科技奖)	永定县农科所	1982.8	卢万太
水稻良种“77-175”的选育	三等奖(省科技奖)	龙岩地区农科所	1983.6	黄汝江、李双盛、叶菊连、王学栋
“三环唑”防治稻瘟病的试验	三等奖(省科技奖)	龙岩地区农科所	1983.12	林滋銮、陈锦云、马松河
紫胶生产技术研究及推广	三等奖(省科技奖)	龙岩地区林业局	1985	
WN-1型混凝土减水剂	三等奖(省科技奖)	漳平县造纸厂	1985	林竞远、杨跃东、兰　昌、庄树启

续表

项目名称	获奖等级(名称)	完成单位	时间	主要完成人
闽 Q/SG1371-84"Hj41A 埋弧焊剂"技术标准	三等奖(省科技奖)	长汀电子材料厂	1986.12	张逢昱、林 麟、马桂金、刘文华
大面积推广种植之豇豆 28-2 以及栽培技术的研究	三等奖(省科技奖)	龙岩地区副食品分公司	1986.12	林绍洸、简泉庆、张廉洁、郭崇森、林根照
柑橘罐藏良种——本地早 3 号	三等奖(省科技奖)	龙岩地区农科所	1986.12	李根发、陈 勉
天麻引种栽培试验研究	三等奖(省科技奖)	龙岩地区农科所	1986.12	姜寿萱、黄昌礼、邱惠琴、邓福孝
甘薯良种大南伏	四等奖(省科技奖)	龙岩地区农科所	1980.4	朱天亮
电子一钟式通用时间程序控制仪	四等奖(省科技奖)	龙岩第四中学	1981.6	徐日沾
福建省水稻"三寒"及其防御技术研究和春播期中期预报方案	四等奖(省科技奖)	龙岩地区气象局	1982.8	
5HDX-1.2 谷物烘干机	四等奖(省科技奖)	上杭县农机研究所	1982.8	
F 型液态减水剂	四等奖(省科技奖)	福建省三建公司试验室	1983.6	柯斯基
推广"CA10B 发动机技术改造的应用"	四等奖(省科技奖)	龙岩地区林保厂	1983.6	
推广"国外松引种育苗技术"	四等奖(省科技奖)	上杭县立新林场	1983.6	
治疗慢支新药消痰咳片研制	四等奖(省科技奖)	龙岩地区医药研究所	1983.6	
"7Y-1"型农用运输车研制	四等奖(省科技奖)	龙岩地区拖拉机厂	1983.12	赖拱秀、张再坚、章秀珍、魏镇平、陈金木
1988 年—1989 年				
电除尘器微机控制供电装置 GGAj02-MC 自动控制高压硅整流设备	二等奖(省科技奖)	福建省电力试验研究所、龙岩空气净化设备厂	1988	施为尧、苏新荣、郑长明、张炳旺
大面积推广种植之豇 28-2 以及栽培技术研究	三等奖(省科技奖)	龙岩地区副食品分公司	1988	林绍洸
柑橘罐藏良种——本地早 3 号	三等奖(省科技奖)	龙岩地区农科所		陈 勉
埋弧焊及标准	三等奖(省科技奖)	长汀电子材料厂		张逢立

续表

项目名称	获奖等级(名称)	完成单位	时间	主要完成人
烤烟综合标准	三等奖(省科技奖)	永定县烟草公司		曾鸿棋
籼型糯稻新品种——闽糯580	三等奖(省科技奖)	福建省农科院稻麦所、龙岩地区农科所	1989	郑九如、姚俊明、李双盛、林文彬
龙岩地区森林火险与气象因子相关研究	三等奖(省科技奖)	龙岩地区气象局	1988	许沂金、陈 楠
硼合金铸铁汽车缸套	三等奖(省科技奖)	武平县汽车配件厂	1988	林龙生、黄庆有、兰锦标、蔡京标
S2-630/2500 塑料注封成型机	三等奖(省科技奖)	龙岩塑料机械厂	1989	甄乐火、汤贵昌、林国良、林浩宁、林善飞
福建省地方标准 FD-BT/LY1486《脂松香综合标准》	三等奖(省科技奖)	龙岩地区标准计量所、龙岩地区林业局	1989	张明金、郑俊周、张则钦、葛彩铭、洪守志
1990 年—1994 年				
长汀河田极强度水土流失区第一期工程草灌乔综合治理的研究	二等奖(省科技奖)	长汀县水土保持委员会、长汀县水土保持站、福建省水电厅、福建省林业厅、福建省农业局	1990	兰在田、傅锡成、吴如三、刘永泉、冯泽幸
TYM65-60、BTYM100-120 化工离心泵	三等奖(省科技奖)	龙岩水泵厂	1990	陈克荣、林育民、张海平、陈 伟、石荣添
新型松脂蒸馏的研制(协作项目)	三等奖(省科技奖)	福建省林学院、武平林化厂	1990	陈慧珠、王仰高、黄桂兴、方紫贻、王万金
平走式五道火管烤房技术	三等奖(省科技奖)	漳平市烟草公司	1992	郑淦兴、李子信、童旭华、张民辉、许国忠
FL2815 系列农用运输车	三等奖(省科技奖)	龙岩拖拉机厂、平和农用运输车厂、龙溪收割机厂、惠安机械厂、福建汽车厂	1992	江宗瑶、卢坤生、蔡国庆、张少荣、陈永昌
LDL 宽间距立式电除尘器	三等奖(省科技奖)	龙岩无线电厂	1991	邱一希、傅长辉、陈杭明、张学军、戴向军
JGF-60C 晶体管直流高压发生器	三等奖(省科技奖)	龙岩无线电三厂	1991	饶国才、章一平、何彦、刘永贵

续表

项目名称	获奖等级(名称)	完成单位	时间	主要完成人
农用碳铵代替草酸沉淀稀土矿山生产试验	三等奖(省科技奖)	龙岩地区稀土办、龙岩地区科委	1992	周炳珍、张炳秋、郑和峰、黄育咸、林仁春
福建省优质烟栽培技术开发研究(协作项目)	三等奖(省科技奖)	省烟草公司、龙岩地区烟科所、龙岩市烟草公司、清流县烟草公司	1992	曾鸿棋、黄翠锦、吴正举、张金汉、江青根
马尾松优良种源选择及其应用的研究(协作项目)	三等奖(省科技奖)	福建省林科所、邵武市卫闽林场、大田县桃源林场、南安县罗山林场、永定县仙崇林场	1992	傅玉狮、粱一池、吴火灶、吕文芳、黄祯澈
黑荆树主要病害的研究(协作项目)	三等奖(省科技奖)	福建省林学院、长汀县水保局、尤溪县林委、三明市林委、长汀县水土保持试验站	1992	蔡秋锦、罗学升、吴绍新、张再福、刘永泉
100MW 锅炉灭火保护装置研究(协作项目)	三等奖(省科技奖)	省电力试验研究所、漳平电厂	1992	陈祥桐、高剑峰、沈奈才、李恒元、李庆年
龙岩地区农村经济发展规划研究	二等奖(省科技奖)	龙岩地区行署办公室		赖学连、黄人骥、江维民、刘友洪、王福顺
1066 例罪犯 MMPI 模式分析	二等奖(省科技奖)	龙岩地区第三医院		段荣珍、詹芝山、倪跃先、吴绍裘、连达沂
紫云英新品种选育研究	二等奖(省科技奖)	福建省农科院土肥所、三明市、龙岩地区农科所		林多胡、陈云平、叶永泰、张尚兴、蔡阿瑜
潘洛铁矿大格高排土场设计与滑坡泥石流防治研究	二等奖(省科技奖)	潘洛铁矿、南昌有色冶金设计院、中科院兰州冰川冻土研究所、中科院武汉岩土力学研究所		王文超、周国良、周庆龙、李培基、彭光忠
烤烟 K326 品种栽培及加工技术规范的研究	三等奖(省科技奖)	上杭县烟草公司		兰庆华、袁洪斌、周维礼、林桂华、郑开强
马尾松嫁接种子园营建技术研究	三等奖(省科技奖)	漳平五一林场		洪尚德、倪华欣、李大江、蒋锡安、陈敬德

续表

项目名称	获奖等级(名称)	完成单位	时间	主要完成人
白血病与冷纤维蛋白原血症107例分析	三等奖(省科技奖)	龙岩地区第一医院		张兆璘、余　莲
松香生产连续蒸馏塔微机控制系统	三等奖(省科技奖)	龙岩地区计算机应用开发中心、武平县林产化工厂		周任银、肖朝阳、杨洪斌、饶兰祥、石松生
塑料挤出复合机改一机两用设备	三等奖(省科技奖)	连城县塑料彩印厂		罗维功、江修桂、林云杰、张　程
龙岩地区土地资源调查汇总	三等奖(省科技奖)	龙岩地区土地管理局		詹志松、林震潮、卢　军、卢乃济、陈成昌
球式热风炉及高风温应用	三等奖(省科技奖)	龙岩钢铁厂、马鞍山钢铁设计研究所		张　克、陈　平
福建省重要天气分析和预报(前汛期暴雨)(协作项目)	三等奖(省科技奖)	福建省气象局、龙岩地区气象局、南平地区气象局		叶榕生、林仙祥、黄一晶、林文浦、黄光华
马尾松高产脂类型后代选择的研究(协作项目)	三等奖(省科技奖)	福建省林科所、福建省莱舟林业试验场、建瓯县水西林场、连城县邱家山林场、		郑元英、邹高顺、张祖望、丁　羽、曾凡峰
控制爆破采煤工艺试验研究(协作项目)	三等奖(省科技奖)	省煤炭工业研究所、龙岩矿务局		汪德金
福建省蔬菜品种资源调查征集(协作项目)	三等奖(省科技奖)	福州市蔬菜科学研究所、龙岩地区副食品分公司、三明市经作局、福建省农业厅		魏文麟、林碧英、林绍光、姜绍丰、赵碧如
配合真空短时处理在金柑贮藏上的应用	三等奖(省科技奖)	闽西职业大学		石小琼
烤烟优质高产工程	三等奖(省科技奖)	福建省烟草公司龙岩分公司		杨思辉
麻风病防治研究	三等奖(省科技奖)	龙岩地区卫生防疫站		陈开森
液压缸计算机辅助设计	三等奖(省科技奖)	龙岩市液压件厂		林新辉
闽西稀土、高岭土、膨润土资源开发利用战略对策研究	三等奖(省科技奖)	龙岩地区稀土所		高　歌
汀江流域综合开发规则	三等奖(省科技奖)	龙岩地区计委		周　文
漳平市土地变更调查	三等奖(省科技奖)	漳平市土地管理局		陈厦生

续表

项目名称	获奖等级(名称)	完成单位	时间	主要完成人
福建省杉木第一代改良种子园建园材料选择与高产技术的研究	二等奖(省科技奖)	省林科所		沈荣贞
笋竹两用林丰产结构体系的研究(协作项目)	三等奖(省科技奖)	福建林学院、长汀县林委		郑郁善
安全系统工程管理研究与实施	三等奖(省科技奖)	福建省永定县矿务局		沈斐敏
蔬菜遮阳网覆盖堵淡栽培新技术应用研究及大面积推广	三等奖(省星火奖)	龙岩市蔬菜科技生产服务站		廖小雷、林根照、邱柏炎、蔡一平、郭笑玲
RI型家用煤灶节能热水器	三等奖(省星火奖)	龙岩地区民用节能灶推广站		陈天赏、李均胜、范一平、刘德芹、黄少弘
1995年				
高山反季节蔬菜栽培技术试验示范	三等奖(省科技奖)	龙岩地区农科所		谢炳元、罗绮霏、陈金福、陈丰章、吴德兵
烤烟G-80品种的栽培和烘烤技术研究	三等奖(省科技奖)	漳平市烟草公司		陈启明、苏德川、童旭华、李子信、范孔斌
马尾松种源区内林分遗传变异及其阶段选择研究	三等奖(省科技奖)	龙岩地区林委		江瑞荣、梁一池、廖宝生、范敦厚、兰永兆
422A马来酐改性松香甘油酯	三等奖(省科技奖)	龙岩地区林产工业公司		林　捷、戴彪然
CGAjO$_2$H型高压静电除尘用整流设备	三等奖(省科技奖)	龙岩机械电子工业公司		郭　俊、涂二生、连金欣、刘　正、陈百寿
AYL系列离心油泵	三等奖(省科技奖)	龙岩水泵厂		陈克荣、杨建平、谢建强、蒋　琳、罗柏达
龙岩地区专业预报服务系统	三等奖(省科技奖)	龙岩地区气象咨询服务中心		谢孙炳、吴荣娟、林志雄、林雪蛾、李　伟
CK-快干醇酸漆和AK-快干氨基漆	三等奖(省科技奖)	连城百花化学股份有限公司		李修尧、邓信松、江汉德、杨家淳、罗凤蛾

续表

项目名称	获奖等级(名称)	完成单位	时间	主要完成人
龙岩地区土地利用总体规划研究	三等奖(省科技奖)	龙岩地区土地管理局		张辉雄、章溧斌、卢乃济、陈成昌、陈江伟
无残压放电记录器	三等奖(省科技奖)	龙岩电业局		蔡师民
1996年				
杉木良种推广技术研究	三等奖(省科技奖)	漳平五一国有林场		陈敬德、倪华欣、陈建衡、林　敏、陈泽祥
血中糖化物质测定对糖尿病病情的估价	三等奖(省科技奖)	永定县医院		姜添荣、苏振文、张定荣、杜凤娇、张闾珍
KB型单级单吸空调离心泵	三等奖(省科技奖)	长汀县水泵厂		吴纪瑞、李文炎、邱晓荣、胡海燕、黄其文
高密高毛毛巾	三等奖(省科技奖)	福建省龙岩毛巾厂		顾丽娜、张梅芬、蒋丽萍、石伟芬、陈清河
涂料级高岭土生产试制研究	三等奖(省科技奖)	龙岩市铁山高岭土选矿厂		邱汉民、邹日程、邹秀照
1997年				
闽岩糯选育及示范	二等奖(省科技奖)	龙岩地区农科所		李双盛、姚俊明、游月华、兰志斌、卢炳茂
闽西社会林业发展研究	三等奖(省科技奖)	龙岩地区林委		张春霞、杨汉章、许文兴、范启有、童长亮
火炬松引种家系遗传测定技术研究	三等奖(省科技奖)	龙岩地区林科所		赵永建、邱进清、邓　恢、梁一池、廖伟成
水合异龙脑脱氢后处理工艺研究	三等奖(省科技奖)	武平县科委		王镇中、王万金、凌育坤、兰福光、冯　琦
螺旋毛毛巾捻旋技术研究	三等奖(省科技奖)	龙岩毛巾厂		顾丽娜、蒋丽萍、张梅芬、王福华、史伟芬

续表

项目名称	获奖等级(名称)	完成单位	时间	主要完成人
依靠科技进步推进龙岩老区经济发展	三等奖(省科技奖)	龙岩地区科学技术委员会		吴　城、李伟民、卢椿树、江　流、张炳秋
无土煤矸石山绿化技术研究	三等奖(省科技奖)	龙岩地区林业科学研究所		张炳荣、卢群勋、王福顺、陈海宁、卢鉴华
防粘技术在纤维板生产中的应用	三等奖(省科技奖)	武平县纤维板厂		王镇中、陈利洪、王晓东、钟文昌、李日安
马尾松造纸林速生丰产栽培技术综合研究	三等奖(省科技奖)	龙岩地区林科所		赵永建、廖宝生、卢群勋、邓　恢、张秀华
心得安在治疗门脉高压出血时的B超动态观察	三等奖(省科技奖)	武平县中医院		钟炳安
锁骨骨折傅薇固定器的研制和临床应用	三等奖(省科技奖)	永定县医院		林爵荣、黄锦芳、郑　菁、黄金淮、简永平
1998年				
300MW机组配套BE型电除尘器	二等奖(省科技奖)	福建龙净股份有限公司		林国鑫、林泽国、周跃强、陈纪缓、杨文贞
ZL30D轮式装载机	二等奖(省科技奖)	福建省龙岩工程机械厂		李新炎、杨一岳、钟佩钤、郑作舟、蓝福寿
涤纶高弹棉柔松被	三等奖(省科技奖)	福建省龙岩佳丽纺织装饰用品公司		陶勇强、赖建新、李　坚、金咏红、鲁幼根
漳平市社会发展综合实验区(可持续发展实验区)总体规划	三等奖(省科技奖)	中国共产党漳平市委员会		陈　雄、陈建寿、管齐扬、吴榕明
1999年				
马尾松优良基因资源收集与再选择研究	二等奖(省科技奖)	福建省龙岩市林业科学研究所		赵永建
变电站无人值班自动化系统	三等奖(省科技奖)	福建省龙岩市卫生防疫站		李　立
龙岩电业局MIS实用化开发	三等奖(省科技奖)	福建省龙岩电业局		邹　杰

续表

项目名称	获奖等级(名称)	完成单位	时间	主要完成人
毛巾全幅印花技术研究	三等奖(省科技奖)	福建省龙岩毛巾厂		顾丽娜
2000年				
岩薯5号新品种选育推广及其利用	二等奖(省科技奖)	福建省龙岩市农业科学研究所		杨立明、陈赐民、黄光伟、朱天文、郭其茂
智能电除尘器控制系统	二等奖(省科技奖)	福建龙净股份有限公司		涂二生、郭　俊、连金欣、钟　素、郑国强
自然热循环环保烤房的研制	三等奖(省科技奖)	福建省烟草公司漳平分公司		陈启明、陈德清、沈焕梅、刘奕平、童旭华
覆土地栽香菇高产技术研究	三等奖(省科技奖)	长汀县科技局		陈广生、黄　剑、赖继秋、卢淦祥、饶火火
观赏竹引种及利用研究	三等奖(省科技奖)	福建省龙岩市林业科学研究所		邓　恢、赵永建、黄素兰、郑清芳、廖宝生
与碳铵联产三聚氰胺新工艺	三等奖(省科技奖)	福建省上杭县金鑫三聚氰胺有限公司		陈进松、李华员、袁德山、兰发其、陈寿庚
载金炭无氰解吸电积设备及工艺研究	三等奖(省科技奖)	福建省闽西资金矿业集团有限公司		陈景河、邹来昌、兰福生、黄孝隆、兰茂仁
2001年				
山麻鸭高产系的选育	三等奖(省科技奖)	龙岩市山麻鸭原种场		林如龙、黄荣才、黄华平、王祥福、陈红萍
股骨粗隆带钩弯钢板的研制与应用	三等奖(省科技奖)	永定县坎市医院		黄锦芳、郭团年、简永平、赖选魁
BCTMP制浆造纸混合废水处理设备与工艺研究	三等奖(省科技奖)	福建省龙岩市造纸实业公司		陈宗鼎、游少敏、郭亦根、魏镇民、翁炳旺
2002年				
GGAJO_2K型高压静电除尘用整流设备	二等奖(省科技奖)	福建龙净环保股份有限公司		郭　俊、连金欣、邱江新、郑国强、谢小杰

续表

项目名称	获奖等级(名称)	完成单位	时间	主要完成人
优质、高产笋用竹——花吊丝竹繁殖技术及示范推广研究	三等奖(省科技奖)	福建省龙岩市林业科学研究所 龙岩市新罗区林业委员会		邓　恢、赵永建、陈水强、张　薇、尤志达
龙津河流域水土流失生物措施综合技术研究	三等奖(省科技奖)	龙岩市林业科学研究所 龙岩市新罗区林业委员会		赵永建、陈力平、邓　恢、林夏馨、林红强
致病性李斯特氏菌病原学流行病学研究	三等奖(省科技奖)	上杭县卫生防疫站 上杭县预防保健研究所		郭仰霖、王培玉、谢登辉、曾凡伟、郭大为
基于双 Raid5 三网结合地市县新闻快速制作系统	三等奖(省科技奖)	龙岩电视台		陈　泓、谢钦福、李寿水、许　健、郑浩生
紫金山金矿采空区处理研究	三等奖(省科技奖)	福建紫金矿业股份有限公司 赣州有色冶金研究所		陈景河、胡　胜、邹　帆、曾宪辉、刘献华
新一代多普勒天气雷达（CINRAD/SA）系统高山站环境研究	三等奖(省科技奖)	龙岩市气象局		谢孙炳、童以长、张治洋、邱炳炎、陈　冰
2003 年				
特优 898 选育与示范	二等奖(省科技奖)	龙岩市农科所、武平县农业局、龙岩市种子公司		兰华雄、兰志斌、徐淑英、吴文明、兰兴庆
福建水蚀荒漠化和矿山废弃物地区快速绿化技术研究	二等奖(省科技奖)	龙岩市林科所、福建省水土保持委员会办公室、福建省林业科学研究院		赵永建、邓　恢、杨学震、林夏馨、张炳荣
公路隧道软弱围岩支护系统可靠性分析的应用与研究	二等奖(省科技奖)	龙岩漳龙高速公路有限公司、铁道部第四勘察设计院、中铁西南科学研究院		赖世桂、黄　波、吴江敏、陈礼伟、陈善棠
甘薯脱毒育苗及应用研究	三等奖(省科技奖)	龙岩市农科所、福建省农业厅农技推广总站		陈炳全、翁定河、杨立明、张志勇、林　武
龙岩市消除碘缺乏病防治研究	三等奖(省科技奖)	龙岩市卫生防疫站		陈建安、兰天水、陈志辉、蓝永贵、陈惠琴

续表

项目名称	获奖等级(名称)	完成单位	时间	主要完成人
盐酸川芎嗪氯化钠注射液	三等奖(省科技奖)	龙岩市天泉生化药业有限公司		邓国权、李国帜、林中滦、王宗成、廖荣寿
2004 年				
工业用脉冲多极型电除尘器	二等奖(省科技奖)	福建卫东环保科技股份有限公司		邱一希、卞永岩、卞立宪、张庆原、张　鸿、黎本拥、游卫东
紫金山露天采场陡帮开采工艺的研究与应用	三等奖(省科技奖)	紫金矿业集团股份有限公司		陈景河、罗映南、胡月生、陈家洪、刘献华、刘荣春
2005 年				
甘薯新品种龙薯 1 号选育推广及其利用	三等奖(省科技奖)	龙岩市农科所		杨立明、郭其茂、吴文明、何胜生、兰兴庆
特早熟蜜柑稻叶引种及配套栽培技术研究与推广	三等奖(省科技奖)	新罗区经济作物技术推广站		张琼英、余平溪、罗红梅、付飞珊、王建丽
马尾松速生高产优良家系遗传测定及其应用的研究	三等奖(省科技奖)	龙岩市林业种苗站		江瑞荣、邱进清、季孔庶、廖柏林、何卫东
公路隧道纤维喷混凝土力学性能、施工工艺及装备的试验研究	三等奖(省科技奖)	龙岩漳龙高速公路有限公司		林跃进、苏兴矩、罗朝廷、赖世桂、陈文林
火电厂输煤系统电除尘器的研发——MZ系列煤粉专用电除尘器	三等奖(省科技奖)	福建卫东环保科技股份有限公司		卞永岩、卞立宪、张庆原、张　鸿、游卫东
2006 年				
电除尘用高频高压整流设备	一等奖(省科技奖)	福建龙净环保股份有限公司		
桉树实木利用树种选育及木材开发利用研究	二等奖(省科技奖)	龙岩市现代林业技术开发中心		
漳平杜鹃花栽培技术规范及产品质量标准制定应用	二等奖(省科技奖)	漳平市创绿园艺有限公司		

续表

项目名称	获奖等级(名称)	完成单位	时间	主要完成人
BEL 型电除尘器	二等奖(省科技奖)	福建龙净环保股份有限公司		
甘薯新品种龙薯 3 号选育	三等奖(省科技奖)	龙岩市农业科学研究所		
利用废动植物油生产生物柴油工艺技术	三等奖(省科技奖)	龙岩卓越新能源发展有限公司		
利用中国首台高山 CINRAD/SA 确立灾害性天气预测报的体系研究	三等奖(省科技奖)	福建省龙岩市气象局		
早熟芋新品种“六月红”选育及配套技术研究	三等奖(省科技奖)	福建省永定县农业技术推广站		
2007 年				
FE 型电袋复合式除尘器	二等奖(省科技奖)	福建龙净环保股份有限公司		黄　炜、林　宏、郑奎照、吴江华、阙昶兴、邹　标、廖增安
紫金山露天采场深溜井安全高效运行的研究	二等奖(省科技奖)	紫金矿业集团股份有限公司		陈景河、罗映南、刘荣春、解殿春、赖富光、黄孝隆、刘献华
茎用芥菜新品种“龙芥 1 号”的选育与示范推广	三等奖(省科技奖)	龙岩市新罗区种子站		林炎照、赖永红、李广昌、张双照、林水明
华南虎散养繁殖与半野化技术研究	三等奖(省科技奖)	福建梅花山华南虎繁育研究所		黄兆峰、丘云兴、傅文源、林开雄、罗红星
大型机组烟气循环流化床干法脱硫装置	三等奖(省科技奖)	福建龙净环保股份有限公司		张　原、林春源、林驰前、易江林、罗　龙
HLM-930 型超细内分级离心环辊磨	三等奖(省科技奖)	闽西丰力粉碎机械有限公司		郭彬仁、刘荣贵、杨建平、章仕亿、林榩勇
高纯度二聚酸工业化生产技术	三等奖(省科技奖)	连城县百新科技有限公司		张雄军、杨　村、于宏奇

续表

项目名称	获奖等级(名称)	完成单位	时间	主要完成人
2008年				
烧结机烟气选择性脱硫技术	一等奖(省科技奖)	福建龙净脱硫脱硝工程有限公司		欧阳元、陈冠群、林金柱、林建军、梁伯平、江荣才、余志杰、陈深灿、郭光章、赖毅强
集约化白羽肉鸡场重大疫病的预防与控制技术研究	二等奖(省科技奖)	龙岩学院		杨小燕、赖友辉、戴爱玲、李晓华、沈绍新
黄金矿山碱性含砷废水处理研究与及其工业化应用	二等奖(省科技奖)	紫金矿业集团股份有限公司、贵州紫金矿业股份有限公司		陈景河、邹来昌、华金铭、邓一明、谭贵宽、王立岩、曾繁欧
CDM6060履带式液压挖掘机	二等奖(省科技奖)	福建龙工集团有限公司、龙工(上海)机械制造有限公司技术中心		郑可文、丁鲁建、朱　刚、李小玲、石　清、孙利兵、李战锋
甘薯新品种龙薯9号选育	三等奖(省科技奖)	龙岩市农业科学研究所		杨立明、郭其茂、吴文明、何胜生、苏　保
槐猪的保种与选育研究	三等奖(省科技奖)	上杭县绿琦槐猪育种场、福建省畜牧总站、龙岩家畜育种站		蓝锡仁、吴锦瑞、陈玉明、张能贵、邱阳生
地方性氟中毒防治研究	三等奖(省科技奖)	龙岩市疾病预防控制中心		陈建安、兰天水、陈志辉、兰永贵、陈惠琴
福建山区输电线路雷击事故性质监测装置研究	三等奖(省科技奖)	龙岩电业局		郑佩祥、黄海涛、王炎源、叶　杰、吴　凡
CMCX型矩阵清灰长袋脉冲除尘器	三等奖(省科技奖)	福建龙湖环保科技有限公司		张炳荣、马永平、陈有训、吴昌平、陈达敏
FLM5162GSL清洗扫路车	三等奖(省科技奖)	福建龙马环卫装备股份有限公司		张桂丰、李小冰、陈　隆、曾祥林、谢永芳
LG856轮式装载机	三等奖(省科技奖)	福建龙工集团有限公司、中国龙工控股有限公司技术研究院		陈　超、蓝福寿、颜晓云、王彦章、汪　锋

续表

项目名称	获奖等级(名称)	完成单位	时间	主要完成人
QGT-LC22040 数控激光切割头与导光系统—反射镜座	三等奖(省科技奖)	龙岩理尚精密机械有限公司		邱禄魁、戴玉花、苏志中、吴冰龙、杨永尊
龙岩短时灾害性天气预警系统	三等奖(省科技奖)	龙岩市气象局		童以长、罗保华、章聪颖、张深寿、冯晋勤
应用生物保鲜及远红外干燥技术开发生产低硫低糖松软薯脯	三等奖(省科技奖)	龙岩学院闽西食品研究所、连城健尔聪食品有限公司		石小琼、沈君锋、陈大明、李继飞、马景蕃
2009 年				
低品位硫化铜矿生物提铜大规模产业化应用关键技术	一等奖(省科技成果奖)	紫金矿业集团股份有限公司、北京有色金属研究总院		陈景河、温建康、阮仁满、邹来昌、黄松涛、姚国成、罗映南、武　彪、陈家洪、巫銮东
LQZ 型气力输送系统	二等奖(省科技奖)	福建龙净环保股份有限公司		邱生祥、曹强利、江兴涛、王永松、张进明、廖晓军、袁　礼
福建山区公路边坡工程建造成套技术	二等奖(省科技奖)	福建省高速公路建设总指挥部		黄祥谈
高黏度微细粒氰化浸金渣选矿综合利用和产业化示范研究	二等奖(省科技奖)	紫金矿业集团股份有限公司、昆明理工大学、贵州紫金矿业股份有限公司		陈景河、邓一明、刘全军、徐碧良、甘永刚、曾繁欧、邱林
燃煤污染物控制技术创新工程	二等奖(省科技奖)	福建龙净环保股份有限公司		
蝴蝶兰品种引进选育及产业化关键技术研究与示范	二等奖(省科技奖)	龙岩市农业科学研究所、新中(龙岩)园林有限公司		张永柏、廖福琴、黄发茂、刘添锋、谢业春、严炳成
干式石灰消化器研制开发	三等奖(省科技奖)	福建龙净脱硫脱硝工程有限公司		易江林
YFM168 型超细粉碎机的研究与开发	三等奖(省科技奖)	龙岩市亿丰粉碎机械有限公司		王清发、连钦明、连钦元、郑丽珍、王焕澄
FLM5071GSL 清洗扫路车	三等奖(省科技奖)	福建龙马环卫装备股份有限公司		陈敬洁、陈永奇、陈　隆、黄耀武、廖艳华

续表

项目名称	获奖等级(名称)	完成单位	时间	主要完成人
公路隧道洞口段照明参数研究	三等奖(省科技奖)	福建省高速公路有限责任公司		郑琼水
杭晚蜜柚品种选育与优质高产栽培技术研究	三等奖(省科技奖)	上杭县园艺科技示范场		刘福喜、陈益忠、廖镜思、谢天永、李月娥
山麻鸭配套系选育	三等奖(省科技奖)	龙岩市山麻鸭原种场、福建省畜牧总站		林如龙、江宵兵、董　暾、陈江萍、吴锦瑞
速生耐寒桉树良种选育及产业化开发技术研究	三等奖(省科技奖)	龙岩市林业科学研究所、福建省林木种苗总站、福建省林业科学研究院、福建农林大学林学院		赵永建、丘进清、方玉霖、蓝贺胜、梁一池
环境友好型木材物流系统研究	三等奖(省科技奖)	福建农林大学		邱荣祖
2010年				
汽车前轴节能材型精密锻造技术与装备	二等奖(省科技奖)	福建畅丰车桥制造有限公司、北京机电研究所		赖凤彩、蒋　鹏、王灿喜、李亚军、杨金文、黄朝武、张兴禄
BEH高效节能型电除尘器	二等奖(省科技奖)	福建龙净环保股份有限公司		郭　俊、廖增安、陈丽艳、戴海全、郑国强、章华熔、林国鑫
煤炭分布式智能生产执行系统MES研制与应用	二等奖(省科技奖)	厦门大学		罗　键
基于智能手机的一体式GSM路测系统	三等奖(省科技奖)	中国移动龙岩分公司		陈文建、雷日东、黄斌毅、邱琰琛、朱少敏
全套管大直径振动取土灌注桩施工方法	三等奖(省科技奖)	福建永强岩土工程有限公司、龙岩市建设工程质量监督站		许万强、郑添寿、王　健、黄苍胜、张强
大气飘尘中致癌PAH高选择性、快速、灵敏检测技术	三等奖(省科技奖)	龙岩学院、龙岩市环境监测站		何立芳、章汝平、陈克华、拓宏桂、丁马太

续表

项目名称	获奖等级(名称)	完成单位	时间	主要完成人
马尾松优良种质材料收集及定向选育研究	三等奖(省科技奖)	三明学院		梁一池
漳平水仙茶标准化技术研究与示范	三等奖(省科技奖)	漳平市农业技术推广中心、漳平市科技开发中心		范孔斌、许流远、邓长海、郑文海、郭力群
2011 年				
IPEC 电除尘器节能优化控制系统	二等奖(省科技奖)	福建龙净环保股份有限公司		谢小杰、郑国强、郭　俊、李建阳、皮中霞、谢再铖、李仁贵
福建电网气象信息预警系统研究与应用	二等奖(省科技奖)	龙岩市气象局		
含炭难选冶含金固体废弃物综合回收新技术	二等奖(省科技奖)	福建金山黄金冶炼有限公司、紫金矿业股份有限公司		廖元杭、衷水平、吴在玖、吴永胜、黎志栋、张新振、申开榜
低品位难处理黄金资源综合利用创新工程	二等奖(省科技奖)	紫金矿业集团股份有限公司		
马尾松高世代种子园建园材料联合选择及果园式技术	二等奖(省科技奖)	漳平五一国有林场		洪永辉、胡集瑞、陈亚斌、施恭明、陈惠敏、林文奖、黄以法
水稻优质早籼光温敏核不育系奥龙 IS 选育与利用	二等奖(省科技奖)	龙岩市农业科学研究所、湖南省怀化奥谱隆作物育种工程研究所		兰华雄、张振华、吴厚雄、徐淑英、林金虎、李玉华、陈世建
LG860 轮式装载机	三等奖(省科技奖)	龙工(福建)机械有限公司		陈　超、詹永红、蓝福寿、季明君、李小玲
大型循环流化床锅炉燃烧无烟煤关键技术的研发与应用	三等奖(省科技奖)	福建省雁石发电有限责任公司		苏建民
JLM 系列旋风剪搓磨	三等奖(省科技奖)	福建丰力机械科技有限公司		郭彬仁、刘荣贵、张志超、杨建平、林樾勇
LG520D 振动压路机	三等奖(省科技奖)	龙工(福建)机械有限公司		陈　超、徐益道、张鸿博、贾晨阳、蓝金水

续表

项目名称	获奖等级(名称)	完成单位	时间	主要完成人
福建环保型(无泥炭土型)烤烟育苗基质开发与应用	三等奖(省科技奖)	福建省烟草公司龙岩市公司		曾文龙、姜林灿、赖碧添、黄光伟、邱志丹
甘薯新品种龙薯10号选育	三等奖(省科技奖)	龙岩市农业科学研究院		杨立明、郭其茂、罗维禄、何胜生、吴文明
2012年				
特大型电袋复合除尘技术开发与应用	一等奖(省科技奖)	福建龙净环保股份有限公司		黄　炜
工程机械液压系统和关键部件技术的研发及其应用	二等奖(省科技奖)	福州大学		陈淑梅
福建省糖尿病和代谢综合症流行病学和机制研究	二等奖(省科技奖)	福建省立医院		陈　刚
大型循环流化床锅炉脱硫剂一级喷吹系统	三等奖(省科技发明奖)	福建龙净环保股份有限公司		潘仁湖、邱生祥、江兴涛、田　青、曹强利
1100278槽/P15Z-85a6槽旋压皮带轮	三等奖(省科技奖)	福建威而特汽车动力部件有限公司		黄元平
从铁钼型矿石中回收低品位钼的工艺技术	三等奖(省科技奖)	福建马坑矿业股份有限公司		余祖芳
矿山井下防透水型固定式避难所关键技术研究	三等奖(省科技奖)	龙岩龙安安全科技有限公司		汪金洋
生态轻质膨松化高比率木棉/涤纶新型复合纺纱技术与产品	三等奖(省科技奖)	福建省金泰纺织有限公司		于伟东
黄金冶炼废水综合处理工艺研究与产业化应用	三等奖(省科技奖)	紫金矿业集团股份有限公司		刘亚建
马尾松多层次种质资源保存、创新和快繁利用的研究	三等奖(省科技奖)	福建省漳平五一国有林场		洪永辉
2013年				
塔内氧化—钙基强碱—石膏湿法烟气脱硫装置	一等奖(省科技奖)	福建龙净环保股份有限公司		陈泽民

续表

项目名称	获奖等级(名称)	完成单位	时间	主要完成人
汽车转向节经济型锻造技术与装备	二等奖(省科技奖)	福建畅丰车桥制造有限公司		王灿喜
难处理金精矿焙烧新工艺研究与工程化	二等奖(省科技奖)	福建金山黄金冶炼有限公司		廖元杭
大坝远程监控与健康诊断系统研究	二等奖(省科技奖)	福建棉花滩水电开发有限公司		陈瑞兴
菜用型马铃薯新品种闽薯1号选育	二等奖(省科技奖)	福建省龙岩市农业科学研究所		汤 浩
5吨D系列节能型装载机	二等奖(省科技奖)	龙工(福建)机械有限公司		蓝福寿
复杂多金属银金矿及尾矿资源综合利用技术研究与应用	二等奖(省科技奖)	紫金矿业集团股份有限公司		鲁 军
南方集约化养猪场粪污高效分离与循环利用集成技术	二等奖(省科技奖)	福建省农业科学院农业工程技术研究所		林代炎
高分断高压真空负荷开关—熔断器组合电器	三等奖(省科技奖)	福建逢兴机电设备有限公司		苏太育
FLG5140TPS52E大流量排水抢险车	三等奖(省科技奖)	福建侨龙专用汽车有限公司		林志国
儿童病毒性脑炎发病与流行的病原学及流行病学研究	三等奖(省科技奖)	福建省龙岩市疾病预防控制中心		陈前进
特早熟温州蜜柑技术体系及标准综合体	三等奖(省科技奖)	龙岩市农情科教管理站		胡来华
早熟红柿品种“早红”选育及其关键配套技术	三等奖(省科技奖)	福建省农业科学院果树研究所		金 光
酸性集料沥青混凝土路用关键技术研究	三等奖(省科技奖)	龙岩永武高速公路有限公司		沈锦洪

表6 中华人民共和国成立至2013年龙岩市级科技奖项目一览表

项目名称	获奖等级(名称)	完成单位	主要完成人
1979年—1985年			
节能产品1S50-32-200 1S65-50-160、1S80-50-200水泵及其水力模型	一等奖(科技进步奖)	龙岩地区水泵厂	张海平、袁祖君、张榕春、林少溪、胡定初

续表

项目名称	获奖等级(名称)	完成单位	主要完成人
硫酸生产排渣工程	一等奖(科技进步奖)	漳平硫酸厂	黄烟成
1号卷烟纸	一等奖(科技进步奖)	龙岩市造纸厂	宋增池、郭文辉、王棉忠
R175喷油泵总成、喷油器总成、柱塞偶件引进消化改进	一等奖(科技进步奖)	上杭油泵油嘴厂	邱杨华、林家力、段德椿、刘树兰、钟如庆
甚高频电话自动中转接口	一等奖(科技进步奖)	龙岩地区气象局	俞加扬
龙岩地区第二次土壤普查成果	一等奖(科技进步奖)	龙岩地区土壤肥料技术站	王鹤章、卢贤庚、李钟新、曾源昌、廖庆和
柑橘优良新品种系温早2号的选育	一等奖(科技进步奖)	福建省龙岩地区农业科学研究所	李根发、林汝照、黄瑞芳
塑料贴面板生产技术引进和创优	二等奖(科技进步奖)	上杭县装饰板厂	汤开荣、张绍安、赖福茂、周聪贤
变速箱体专机生产线	二等奖(科技进步奖)	龙岩地区拖拉机厂	高世译、章秀珍、林仁金、林永深、曾木生
锰硅合金	二等奖(科技进步奖)	龙岩马坑钢铁厂	王建华、曾广权、李浩东、简华章
DDX系列电除尘器低压控制系统	二等奖(科技进步奖)	龙岩地区空气净化设备厂	赖良智、林柏茂、廖　欣、游少键、陈子寿
硅片镀镍前的化学粗化工艺、活化工艺在硅片镀镍中的应用	二等奖(科技进步奖)	龙岩空气净化设备厂	杜长坚、黄钦铭、张蔚银、张笑萍
汀江6JS-150型磨浆机	二等奖(科技进步奖)	长汀县灌田农机厂	王业璠、王咸意、郭仲珊、林宗椿、陈钦铭
窄流道不锈钢叶轮普通砂型整体铸造	二等奖(科技进步奖)	龙岩水泵厂	罗柏达、林绍溪、胡定初、郭彬仁、吴汉明
用硼砂代替硼铁合金熔制气缸套	二等奖(科技进步奖)	武平汽车配件厂	林龙生、陈炳坤、麻惠荣
中低产田协作攻关	二等奖(科技进步奖)	杨梦雄	杨梦雄、卓晋影、张念明、简鸿勤、姜开炎
春烟套种夏玉米	二等奖(科技进步奖)	龙岩地区农校	何明和、邱景竹、翁稚山
烤烟优质适产栽培技术研究	二等奖(科技进步奖)	龙岩地区农科所	黄翠锦、卢万太、邱惠琴、沈焕梅、张金汉
大面积稻田养鱼高产技术推广(坑塘式的稻田养鱼)	二等奖(科技进步奖)	龙岩地区水技站	薛树先、廖步佐、王振丰、林全长

续表

项目名称	获奖等级(名称)	完成单位	主要完成人
福建省企业标准闽 Q/JB785-82《GGAJO2 系列高压硅整流设备》	二等奖(科技进步奖)	龙岩空气净化设备厂	陈焕其
制定采用国外先进标准的省企业标准闽 Q/LY1387-84《松香》	二等奖(科技进步奖)	武平县林产化工厂	林镜福、王仰高
龙岩地区第一医院门诊楼设计	二等奖(科技进步奖)	龙岩地区建筑设计院	林俊声、赵晓玲、张培和、张日明、邱秀梅
龙岩市总体规划	二等奖(科技进步奖)	龙岩地区建委规划工作办	马伯钦
土坝灌浆技术	二等奖(科技进步奖)	永定县水电局	曾宪浪、卢扬中、李善祥、张均源、翁明学
飞机播种造林	二等奖(科技进步奖)	龙岩市林业局	章国良、林宝泉、李繁荣、刘金湖
用重松节油倍半萜烯聚合 L0—萜烯树脂	二等奖(科技进步奖)	长汀县科技实验站	上官以斌、康耀月、王光木
龙岩市江山乡 1/5 万碘盐防治地甲病效果观察	二等奖(科技进步奖)	龙岩地区卫生防疫站	兰天水、陈彩章、游在森、兰永贵、邱国良
福建省龙岩地区精神疾病流行学调查研究	二等奖(科技进步奖)	福建省龙岩地区第三医院	吴绍裘、卢穗万、邱春峰、陈美珍、陈琪声
蔗糖溶血、热溶血、酸溶血检查 236 例各种血液病患者的初步观察	二等奖(科技进步奖)	龙岩地区第一医院	张兆磷、任家智、林喜华
心痛定治疗冠心病心梗合并急性泵功能衰竭 27 例疗效观察	二等奖(科技进步奖)	龙岩地区第一医院	陈黛西、吴汉六
龙岩市铁山乡罗厝煤矿新区找煤	三等奖(科技进步奖)	龙岩市煤炭工业公司	谢荣兴、张国才、郑传锦、郭达高、高阿福
φ2.75x10M 盘式机立窑卸料篦子传动装置改造	三等奖(科技进步奖)	龙岩地区水泥厂	林以乐、林方连
机立窑配料、稳料系统	三等奖(科技进步奖)	地区水泥厂	林以乐、曹福盛、刘嗣荣
“TE”系列电子式温度指示调节仪	三等奖(科技进步奖)	龙岩市上洋仪表厂	马国强、刘炳辉、刘江敏
磷肥湿法生产工艺流程系统装置	三等奖(科技进步奖)	漳平硫酸厂	陈候生

续表

项目名称	获奖等级(名称)	完成单位	主要完成人
L3.3-13/320六级氮氢压缩机技改为L3.3-17/320七级氮氢压缩机	三等奖(科技进步奖)	漳平化肥厂	陈实水、温应育
FWR-63-9粉末冶金王带式铜基烧结炉	三等奖(科技进步奖)	龙岩地区粉末冶金厂	庄将志、陈钟煌、陈鸿鹏、王任寻
CJ22-W-45/1X4.5型水轮机	三等奖(科技进步奖)	永定县水轮机厂	林新培
蠕墨铸铁的试制和应用	三等奖(科技进步奖)	龙岩地区水泵厂	林育民、胡完初、林绍溪
中深孔爆破采煤法	三等奖(科技进步奖)	武平县煤矿	陈桂康、温新华、练得钧
变幻触媒升温应用远红外加热技术	三等奖(科技进步奖)	漳平化肥厂	温应育
GT型光电跟踪自动调网器	三等奖(科技进步奖)	龙岩市造纸厂	柳新民、林乃椿
儿童食品——康乐糕	三等奖(科技进步奖)	龙岩市食品厂	麻炳海、胡守诚
龙岩地区水土流失普查成果	三等奖(科技进步奖)	地区水土保持办公室	陈光海、钟龙柱、张永德、林永春、邓以昌
龙岩地区1984—1986年水稻主要病虫害综合防御配套技术研究	三等奖(科技进步奖)	龙岩地区植保站	赖学连、苏昌苞、林雪梅、林仁国、罗克昌
龙岩地区气象局微机开发、应用、推广成果	三等奖(科技进步奖)	龙岩地区气象局预报科	卢福隆、陈道轩、吴荣娟
推广拖拉机检车节能新技术	三等奖(科技进步奖)	龙岩地区农机总站	林崇椿、陈广宇、姚世民、邱振焕、王伟荣
全区草山资源普查	三等奖(科技进步奖)	龙岩地区畜牧水产局	张长江、吴锦瑞、何侨
细绿萍有性繁殖技术利用	三等奖(科技进步奖)	长汀县农业局土壤肥料技术推广站	刘仕昌、邱国鉴、李珊珊
应用草甘膦防除果园杂草	三等奖(科技进步奖)	龙岩地区农科所	谢炳源、李素娇、范启亮
连城土壤普查	三等奖(科技进步奖)	连城县土壤肥料技术站	邱振爱、杨榆生、林振惠、连增元、马河生
上杭县综合农业区划	三等奖(科技进步奖)	上杭县农业区划委员会办公室	袁以文、丘应勤、徐信昌、肖美宗、廖金才
龙岩地区简明农业气候区别	三等奖(科技进步奖)	龙岩地区气象局	邱炳炎
天宝蕉引种与推广	三等奖(科技进步奖)	漳平县经济作物推广站	曹建明、李炳欣、陈元复、黄家义

续表

项目名称	获奖等级(名称)	完成单位	主要完成人
千亩杂交水稻制种基地建设	三等奖(科技进步奖)	龙岩市苏坂乡农技站	刘有庆、卢贞木、林景坤、李大明、林仁荣
稻瘿蚊发生规律研究	三等奖(科技进步奖)	龙岩地区农科所	陈炳金
双杂双高产模式	三等奖(科技进步奖)	龙岩地区水产技术站	杨梦熊、陈汀江、蔡梓英、兰志斌
革胡子鲶引进试养	三等奖(科技进步奖)	龙岩地区水产技术站	陈活林、潘清玉、薛钟寿
武平县农业经济资源调查及其利用现状评价	三等奖(科技进步奖)	武平县农经专业组	王金兆、练国宁
晚稻 A60 的选育与推广	三等奖(科技进步奖)	龙岩地区农科所	黄汝江、李双盛、叶菊莲、陈金福
连城县"寒三"气候规律和防御措施	三等奖(科技进步奖)	连城县气象站	谢孙炳、张杰兴、祝义明
罗汉果引种栽培技术	三等奖(科技进步奖)	龙岩地区医药站	廖寿坤、罗楼昌、林村照
武平县六甲水库桐树坑抗拱渡槽的设计与施工	三等奖(科技进步奖)	武平县水电局	张华通、林化馨、肖增坤、叶君树、石兆富
龙岩地区水资源调查及农业水利化区划报告	三等奖(科技进步奖)	龙岩地区水电局	郭开元、马柏秀
连城县基本电气化规则	三等奖(科技进步奖)	连城县水电局	郑育俊、侯约瑟、陈步芳、林锡兴、刘文铸
八十年代新型的降阻剂——膨润土长效降阻剂的试验与应用	三等奖(科技进步奖)	龙岩地区水电局、地区工业学校	林 浩、张庭俊、汤景星
南阳倒虹吸管工程	三等奖(科技进步奖)	龙岩市水电局	林 浩、张庭俊、汤景星
非职业性铅中毒 100 例报告	三等奖(科技进步奖)	龙岩市立医院、地区医科所、地区第二医院	黄宝中、蒋泉富、郑火星、张美英、廖红花
侵袭性大肠杆菌对人的致病性	三等奖(科技进步奖)	龙岩地区防疫站	林锦光、傅梓宾、陈前进、姜鸿超
龙岩地区药用植物资源调查与开发研究	三等奖(科技进步奖)	龙岩地区医药科学研究所	连周光、蒋泉富、林兴山、邹学湖、朱菁生
充血性心力衰竭患者血清 r-谷氨转肽酶含量及其临床意义的探讨	三等奖(科技进步奖)	龙岩地区第一医院	谢金森、吴汉六、连秀珍、谢江太、杨兆华

续表

项目名称	获奖等级(名称)	完成单位	主要完成人
喉部分切除术	三等奖(科技进步奖)	龙岩地区第一医院	邹　如、徐浩文、宋世节
肝门体表投影位置的测量	三等奖(科技进步奖)	永定县医院外科	潘贤樟、邱定锦、赖庆安
运用气功巩固支气管哮喘疗效	三等奖(科技进步奖)	龙岩地区第一医院	陈雪萍
闽西土特产调研	三等奖(科技进步奖)	龙岩地区科技情报所	赖芗民、苏志鹤
提供“改善二醋酸纤维异味技术”的情报服务	三等奖(科技进步奖)	龙岩地区科委	牟建勇、工贻华、陈　鸣
龙岩地区地方标准早籼良种 78130、79106,矮梅早 3 号,乌珍 1 号栽培技术规范	三等奖(科技进步奖)	连城县农业技术	吴大沧、陈永、陈日标
福建省企业标准——闽 Q/Ny973-82《甘薯品种龙岩 8-6》	三等奖(科技进步奖)	龙岩地区农科所	朱天亮、李常达
龙岩地区 12 种木材平衡含水率的测定	三等奖(科技进步奖)	闽西大学、地区林科所	陈永德、华泉生、廖伟成
松香腈研制与推广应用	三等奖(科技进步奖)	连城县林产化工厂	陈汉清、黄德声、黄祯辉、戴树涛
龙岩地区林业区划	三等奖(科技进步奖)	龙岩地区林业局规划队	曾源昌、张炳荣、黄祯辉、简德盛、林木木
提高杉木种子园产量技术措施	三等奖(科技进步奖)	漳平县五一林场	陈敬德、倪华欣、侯　蜂、曾水金、沈荣贞
ZS5 超高装卸桥的支腿设计	三等奖(科技进步奖)	漳平县林业委员会、贮木场、小溪伐木场、福建林学院	苏庆桂、曾国脱、张火明、施瑞林、田镇江
七小时砼强度快速测定研究与应用	三等奖(科技进步奖)	福建省第三建筑工程	柯斯基
上杭城镇总体规划	三等奖(科技进步奖)	龙岩地区键位规划工作队	郭济平、李龙章、陈秋贤、李烘昆、曾庭金、李正良
公路桥荷载横向分布简化计算	三等奖(科技进步奖)	龙岩市规划办	李正良
龙岩市《城市区域环境噪声标准》适用于区划分	三等奖(科技进步奖)	龙岩地区环境保护监测站	赖良材、黄印省、彭绍先、林仁花、卓瑶光

续表

项目名称	获奖等级(名称)	完成单位	主要完成人
墙面装饰——干粘石	三等奖(科技进步奖)	福建省第三建筑工程公司	陈敬村、叶阳高
闽Q/YC1438.9-85《烤烟"开窗"烘烤技术规程》及其研究	三等奖(科技进步奖)	龙岩地区农业局经作站	陈海东、邓宝贞、杨思辉、沈焕梅、张金汉
CJ22-W-45/1x4.5型水轮机	三等奖(科技进步奖)	永定县水轮机厂	林新培、刘湘畴、阙祯煊、曾　庆、胡杏初
1986年—1987年			
龙马牌7Y-1B型农用运输车	一等奖(科技进步奖)	龙岩地区拖拉机厂	曾木生、林炳煌、林仁金、张高峰、张桂丰
MGCZ-115型重力谷糙分离机	一等奖(科技进步奖)	龙岩地区粮机厂	张美昌、陈先兴、许炳和、陈欠水、章潮翰
漂粉精	一等奖(科技进步奖)	龙岩市化工厂	黄仁杰、张德仙、郭上裕、张祖谷、陈耿光
"闽糯580"示范推广应用	一等奖(科技进步奖)	龙岩地区农科所、连城文川乡农技站	姚俊明、李双盛、阙泽芹、陈必芹、罗跃州
省地方标准《脂松香综合标准》	一等奖(科技进步奖)	龙岩地区林业局	张明金、郑俊周、张则钦、葛彩铭、洪守志
烟花浸膏	二等奖(科技进步奖)	上杭县香料厂	林茂瑞、郑禄和、王瑞仁
养身酒、古兰延寿酒	二等奖(科技进步奖)	龙岩市酒厂、上海中医院	陈瑞华、张蔚勇、苏迈华、张俊贤
黄酒人工老熟新技术中间试验	二等奖(科技进步奖)	龙岩市酒厂、福建省物构所	李镇钦、陈其卿、张惠玲、颜　敬、黄小婷
进口汽车缸套带他产品的研制	二等奖(科技进步奖)	武平县汽车配件厂	林龙生、黄庆有、张京沪、蔡金标、黄标锦
Y型离心泵	二等奖(科技进步奖)	龙岩地区水泵厂	陈光荣、张海平、谢健强、杨建平、赖露龙
合成氨氢氮比微机控制系统	二等奖(科技进步奖)	航天部第508研究所龙岩市合成氨厂	张鸿烈、陈士文、陈清鸿、毛素惠、邱敬平
开发新产品80g/m²扑克芯级、90g/m²扑克面纸	二等奖(科技进步奖)	龙岩地区造纸厂	吴胜钊、阙初元、张美群、陈益群、卢群英
龙岩地区剑名综合农业区划	二等奖(科技进步奖)	龙岩地区农业区划办、科委、农业局	黄人骥、赖芗民、张振坤、吴学静

续表

项目名称	获奖等级(名称)	完成单位	主要完成人
大面积推广种植大白菜F1及其栽培技术的研究	二等奖(科技进步奖)	龙岩地区副食品分公司蔬菜科	简泉庆、林沼沅、魏泉龙、邱长源、张谦洁
省地方标准FDB/JD 1436-86雾化青铜粉	二等奖(科技进步奖)	龙岩地区粉末冶金厂	吴世赐、陈文顿、颜文友、谢金龙
论著《初中学习方法与能力培养》	一等奖(科技进步奖)	福建省龙岩第一中学	任　勇
论著《高中学习方法与智能培养》	二等奖(科技进步奖)	龙岩第一中学	赖安章
双向拉伸聚丙/聚乙烯彩印复合薄膜和包装袋	三等奖(科技进步奖)	连城县塑料彩印	罗维功、江修桂、沈在楚、林云杰
新产品—CQJ-80型高效铅烟净化器	三等奖(科技进步奖)	长汀县经济技术、轻工机械厂	马通昱、段有生、吴木长、李晓冰
大面积推广应用地膜覆盖栽培蔬菜的技术	三等奖(科技进步奖)	龙岩市蔬菜科技生产服务站	林根照、简泉庆、邱柏炎、魏泉龙、郑利深
龙岩地区畜禽品种资源调查及其利用	三等奖(科技进步奖)	龙岩地区家畜育种站	关奇勋、陈森太
WCM-5型锉磨机	三等奖(科技进步奖)	龙岩地区林科所、林业汽车保修厂等	邓　恢
低产混生毛竹林的改造技术研究	三等奖(科技进步奖)	中国林科院亚林所、长汀县林业局等	洪顺山、林夏馨、范俊荣、廖代林、谢上泉
上杭县重要资源普查	三等奖(科技进步奖)	上杭县中药资源普查办公室	
梅花山自然保护区与毗邻地区鼠型动物及其体外寄生虫的初步调查	三等奖(科技进步奖)	地区卫生防疫站	李　立、陈年辉、洪振薄、廖灏溶
冻干及液体麻疹疫苗的临床反应和免疫后五年效果的观察	三等奖(科技进步奖)	地区卫生防疫站	李　立、张月花、刘文和、彭楚韶、林振光
关于人工孵化眼镜蛇的资料	三等奖(科技进步奖)	地区医科所、龙岩黄金源蛇药店	黄守华、张映同、黄晓军
地区中药资源普查	三等奖(科技进步奖)	龙岩地区医药站、医科所等	廖寿坤、李文江、蒋泉富、宋青山、连周光
急性白血病与高尿酸血症84例	三等奖(科技进步奖)	龙岩地区第一医院	张兆璘、余　莲、林喜华、任家智

续表

项目名称	获奖等级(名称)	完成单位	主要完成人
《bgmp-15i 型象用电动钢磨》省地方标准	三等奖(科技进步奖)	武平县岩前机械厂	钟旭光、邱富晋
山麻鸭品种标准 FDB/NY1848-87	三等奖(科技进步奖)	龙岩市畜牧兽医站等	关奇勋、林如龙
黄岗、六甲、溪源水库渔业资源调查	三等奖(科技进步奖)	龙岩地区畜牧水产局、地区水电局等	卢豪魁、陈活林、黄宣发、章远影
1988 年—1989 年			
龙马牌 7Y-1.5(LM3015)、7Y-1.5(LM3015-1)型农用运输车	一等奖(科技进步奖)	龙岩地区拖拉机厂	陈敬洁、廖德峰、李晓冰、卢伟民、张志明
高效能单相异步发电机	一等奖(科技进步奖)	长汀县电机厂	邹锦荣、邱元德、邱昌诚、邱永泉、邱树桥
龙岩地区综合农业区划	一等奖(科技进步奖)	龙岩地区农业区划办公室	黄人骥、林敏辉、吴学静、赖艿民、孙荣建
长汀县河田极强度水土流失区第一期工程草灌乔综合治疗研究	一等奖(科技进步奖)	长汀县水土保持委员会、长汀县水保站、长汀县河田镇政府、地区水保办	兰在田、傅锡成、刘永泉、冯泽幸
GJX 系列高压硅整流设备	二等奖(科技进步奖)	龙岩地区无线电厂	邱一希、张炳荣、刘树民、郑振祥、许文庆
烟叶升级综合处理技术	二等奖(科技进步奖)	龙岩烟厂	黄慰洲、郭　政、俞春煌、杨达辉、林平
TYM-65-60B、TYM100-120B 化工离心泵	二等奖(科技进步奖)	福建省机械工业厅	陈克荣、林育民、张海平、陈　伟、石荣添
XWD 旋转清灰高压静电除尘器	二等奖(科技进步奖)	永定县环保设备厂	卢清闲、苏雪明、阙祯煊、林新培、胡杏祁
福油 1 号、2 号引进推广及丰产稳产配套栽培技术研究	二等奖(科技进步奖)	长汀县农业局	丁　文、黄发辉、黄永义、付文通、兰志斌
中低产田综合治理技术攻关	二等奖(科技进步奖)	龙岩地区中低产田攻关办	杨梦雄、林槐城、张念明、赖招源、郑云峰
杜长大瘦肉型猪配套体系引进推广	二等奖(科技进步奖)	龙岩市副食品基地办公室	魏泉龙、邱正平、陈茂河、郭达鸿、张秀文

续表

项目名称	获奖等级(名称)	完成单位	主要完成人
烤烟新品种4-4选育与推广	二等奖(科技进步奖)	龙岩地区农科所、龙岩地区烟草分公司、龙岩市烟草公司	郭企彦、周道金、童玉焕、邱仁标、张金汉
深孔滚压工艺	三等奖(科技进步奖)	龙岩市液压件厂	林新辉、黄汉辉、章炳洪、郑国炎、林汉忠
27"欧拜克自行车电镀半链罩"	三等奖(科技进步奖)	龙岩市自行车配件厂	黄清尘、李紫岚、邓维蓉、廖荣兆、陈盛财
利用回收松节油复合催化合成松油醇	三等奖(科技进步奖)	长汀县选矿药剂厂	谢金生、王代腾、李佳凤、王玉珍、伍桂桂
28g/m² 滤嘴棒纸	三等奖(科技进步奖)	龙岩市造纸厂	杨　影、陈跃辉、翁炳旺、蔡钟华、洪天中
闭路电视兼容有线广播	三等奖(科技进步奖)	龙岩市人民广播台	李添富、杨维兴、黄炳照
DX-10丙烯酸塑料清漆	三等奖(科技进步奖)	漳平县桂林化工厂	刘炳林、刘子晃、朱庭光、陈光敏
S01-1聚氨酯清漆	三等奖(科技进步奖)	连城县造漆厂	邱信飞、杨家淳、童章毅
进口汽车制动鼓	三等奖(科技进步奖)	连城县汽配厂	陈廷章、吴允忠、林永生、陈　映、陈祥鑫
聚录乙烯微孔发泡晴雨运动鞋研制	三等奖(科技进步奖)	龙岩市塑料厂	魏俊彬、黄家志
2吨/时锅炉微机控制系统	三等奖(科技进步奖)	龙岩地区计算机应用开发中心	周任银、方紫贻、杨洪武、钟晓华、饶兰祥
高铬耐磨铸球	三等奖(科技进步奖)	漳平市耐磨材料厂、市工程咨询中心、市经济技术开发办、市标准计量所	陈庆扬、陈国贤、何炎书、林清波、黄跃霞
稀土微肥在烤烟上应用试验研究	三等奖(科技进步奖)	地区烟科所	邱惠琴、黄翠锦、章伯勋、卢勋章、童旭华
龙岩地区气象服务厅行业指标汇编及周年气候分析应用	三等奖(科技进步奖)	龙岩地区气象局业务科	吴金福、章钦梅、朱瑞初、张筱洪、林燕琼
龙岩地区1987年价值型林业投入产生表的编制及其应用研究	三等奖(科技进步奖)	龙岩地区林业局	钟森瑞、张和根、赖　健、孙开铭、黄丽霞
水库优化调度	三等奖(科技进步奖)	上杭矶头水电站	黄福荣
芦下坝水轮发电机组增容技术改造	三等奖(科技进步奖)	芦下坝水电站	

续表

项目名称	获奖等级(名称)	完成单位	主要完成人
省地方标准《双向拉伸聚丙烯\聚乙烯彩印复合薄膜和包装 FDB/SG2123-88》	三等奖(科技进步奖)	连城县彩印厂	罗维功、江修桂
早籼常规水稻综合标准	三等奖(科技进步奖)	连城县农业技术推广站、龙岩地区标准化	吴大沧、陈日标、陈永步、江天瑞、吴振新
龙岩地区地方性甲状腺肿防治成果初级	三等奖(科技进步奖)	龙岩地区防疫站	兰天水、陈吉祥、兰永贵、张志超、陈建安
锁骨骨折复位固定器的研制和临床应用	三等奖(科技进步奖)	永定县医院	林爵荣
心室区域性传导延缓对左前支阻滞诊断的意义	三等奖(科技进步奖)	龙岩地区第一医院	陈黛西、李冬香
血液病贫血与心力衰竭	三等奖(科技进步奖)	龙岩地区第一医院	张兆璘、余　莲、林喜华
育龄期妇女及回产期母婴破伤风抗体水平监测	三等奖(科技进步奖)	龙岩地区防疫站	李　立、曾贞元、梁建宁、付梓宾、刘志良
拟特征标序列收敛的零一律与遍历测度的关系	三等奖(科技进步奖)	龙岩师范	林一星
1990 年—1991 年			
LDL 宽间距立式电除尘器	一等奖(科技进步奖)	龙岩无线电厂	邱一希、付长辉、陈杭明、张学军、戴向军
电磁锤振打器	一等奖(科技进步奖)	龙岩除尘器厂	林永深、林亚平、邱炼青、李立新
FWO3-01、FWO3-02，高纯三氧化钨	一等奖(科技进步奖)	龙岩粉末冶金厂	何国英、魏玉恒、阙杨华、陈培成、洪代林
球式热风炉及高风温的应用	一等奖(科技进步奖)	福建龙岩钢铁厂	陈　平、张　克
1 号高炉扩容设计	一等奖(科技进步奖)	福建龙岩钢铁厂	马子乾、何　东、张　克、何文轩、艾洪栋
农用碳铵代替草酸沉淀稀土矿山生产试验	一等奖(科技进步奖)	地区稀土办、地区科委、上杭县矿产公司	周炳珍、张炳秋、郑和峰、黄毓碱、林仁春
JGF-60C 型直流高压发生器	一等奖(科技进步奖)	龙岩无线电三厂	饶国才、章一平、何　彦、刘永贵

续表

项目名称	获奖等级(名称)	完成单位	主要完成人
610mm 封闭式全链罩	一等奖(科技进步奖)	龙岩自行车配件厂	黄清尘、李紫岚、邓维蓉、廖荣兆
低糖番薯蜜饯(脯)	一等奖(科技进步奖)	龙岩市食品厂	陈宪平、林金庭、林仁雨
岩糯 655 选育及示范	一等奖(科技进步奖)	龙岩地区农科所	李双盛、姚俊明、李守明、陈必芹、刘家文、柯文荣
平走式五道火管烤房技术	一等奖(科技进步奖)	漳平市烟草公司	郑淦兴、李子信、童旭华、张民辉、许国忠
长汀传统食品	一等奖(科技进步奖)	长汀县经委	黄马金、黄霞林、刘胜桂、李炳昌、许河深
烤烟 K326 综合标准技术研究	一等奖(科技进步奖)	上杭县烟草公司	兰庆华、袁洪斌、周维礼、林桂华、郑开强
白血病与冷纤维蛋白原血症 107 例分析	一等奖(科技进步奖)	龙岩地区第一医院	张兆璘、余　莲
WDL 宽间距卧式电除尘器	二等奖(科技进步奖)	龙岩无线电厂	付长辉、戴向军、张学军、苏文杰、刘伟文
KGYAj-115/50/40 电除尘脉冲供电设备	二等奖(科技进步奖)	龙岩空气净化设备厂	杜金辉、郭　俊、饶水炎、连金欣、陈百寿
FL1508、FL1508I、FL1508II、FL1508 型农用运输车	二等奖(科技进步奖)	龙岩拖拉机厂	陈金水、林益金、龚子波、吕美伦、廖德峰
492Q 粉末冶金机油泵齿轮	二等奖(科技进步奖)	龙岩粉末冶金厂	林南成、颜宝塔、王信平、罗兆相、汤黎欣
RJ 型家用煤灶节能热水器	二等奖(科技进步奖)	地区民用节能炉推广分站	陈天赏、李均胜、范一平、刘德芹、黄少弘
ZS4S1X 喷油嘴偶件	二等奖(科技进步奖)	龙岩油泵油嘴厂	魏秉江、张景辉、刘维城、郑永跃
QYJ-8 型桥板式汽车液压举升机	二等奖(科技进步奖)	龙岩地区林业汽车保修厂	试制小组
利用牛仔布边角料生产高级纸巾工艺技术	二等奖(科技进步奖)	龙岩市造纸厂	林国强、翁炳旺、罗立忠、黄大鹏、林佳荣
单板计算机控制负压送料系统在火柴自动连续机上的应用	二等奖(科技进步奖)	长汀火柴厂	刘福生、梁荣华、陈良武、兰田、邱加元
510、610、660mmMTB 车架	二等奖(科技进步奖)	龙岩市自行车配件厂	黄清尘、李紫岚、邓维蓉、廖荣北、赖泉明
丙烯酸酯电冰箱静电烘漆	二等奖(科技进步奖)	漳平市有机化工厂	朱庭光、叶立敏、刘炳林、刘子晃、卢锦德

续表

项目名称	获奖等级(名称)	完成单位	主要完成人
刮刀涂布级高岭土	二等奖(科技进步奖)	漳平市桂林无机填料厂	欧诚贵、卢锦德、叶立敏、刘子晃、李纯林
研制开发全塑装饰板	二等奖(科技进步奖)	上杭县装饰板厂	林华昌、廖占丕、周聪贤、谢锦华、陈福春
250HW-5 混流泵	二等奖(科技进步奖)	长汀水泵厂	吴纪瑞、吴福清、李文炎、张建林、牛正建
机立窑水泥厂节能技术	二等奖(科技进步奖)	长汀县水泥厂	黄国雄、许上松、赖加堂、王则均、曾祥海
萜烯树脂	二等奖(科技进步奖)	长汀选矿药剂厂	李佳凤、谢金生、王光木、王玉珍、王代腾
FD 法脱硫技术引进和空气自喷射再生流程	二等奖(科技进步奖)	永定县化肥厂	曾庆妙、陈光武、苏连新、张祖清
夏仙牌 11°普通淡色啤酒采用国际标准	二等奖(科技进步奖)	永定县啤酒厂	廖伟平、黄清辉、邱定锋、卢福章、张木根
水稻缺素“黄化病”防治试验及示范推广	二等奖(科技进步奖)	龙岩地区土肥站	林荫国、黄燕翔、王建珍、邱玲玲、张志紧
雄性罗非鱼制种及养成技术	二等奖(科技进步奖)	龙岩地区水产技术推广站、龙岩地区农业开发办	刘元楷、黄衍泰、翁雪芬、卢豪魁、曹任宏
梅花山保护区森林资源调查与规划	二等奖(科技进步奖)	龙岩地区林业勘察设计院	王福顺、简德胜、赖涛珊、梁益鸿、林信良
抗污染树种试验研究	二等奖(科技进步奖)	地区林科所	江瑞荣、赵永建、章振欣、陈根跃、吴柏峰
FL1105 型农用运输车	三等奖(科技进步奖)	龙岩拖拉机厂	魏镇平、陈友俭、邱伟林、江宗瑶、林景斌
SO4-1 各色聚氨酯磁漆	三等奖(科技进步奖)	连城县造漆厂	邱信飞、杨家淳、童章毅
D6-25、D46-50 多级离心水泵，DG6-25、DG36-50 多级锅炉给水泵	三等奖(科技进步奖)	龙岩水泵厂	陈克荣、张海平、杨建平、林育民、王永松
保温撇渣器的应用	三等奖(科技进步奖)	福建省龙岩钢铁厂	李绍坤、肖雄志、蔡培良、周学华、林涨铭
铁氧体扬声器磁铁	三等奖(科技进步奖)	龙岩粉末冶金厂	吴世赐、赖煌钦
进口木浆生产拷贝纸工艺技术	三等奖(科技进步奖)	龙岩市造纸厂	翁炳旺、黄志弘、杨　影、曹阿胜、蔡锦华
自发面粉	三等奖(科技进步奖)	龙岩市面粉厂	张朝阳、黄若璋、张仙英、蒋晓忠
进口轻型汽车制动鼓系列研制	三等奖(科技进步奖)	连城县汽车配件厂	钱士生、张祥鑫、林永水、黄春鸣、陈廷章

续表

项目名称	获奖等级(名称)	完成单位	主要完成人
BJ130 汽车传动轴	三等奖(科技进步奖)	连城县农械厂	林家杰、黄维铭、林长明、罗明琨、童贤章
杭梅浓缩果汁和杭梅饮料生产技术	三等奖(科技进步奖)	上杭县杭梅饮料公司	黄伟光、林伟钦、葛彩铭
龙岩地区坡地资源调查和开发利用研究	三等奖(科技进步奖)	地区农业区划办	吴坤光、黄人骥、黄学龙
棘胸蛙生殖腺发育及人工繁殖的研究	三等奖(科技进步奖)	龙岩地区畜牧水产局	刘元楷、苏向阳、李荣招、黄星光、卢阳明
多微灵在杂交水稻制种中的应用示范	三等奖(科技进步奖)	龙岩地区农科所	黄志澄、吴文明、张炼生、赖伦英、胡长庆
玉米良种选育	三等奖(科技进步奖)	龙岩地区农科所	施开鸿、兰贵喜、林　腾、郭生河、洪金应
稀土在水稻上的应用及示范推广	三等奖(科技进步奖)	龙岩地区土肥站	王鹤章、钟桃英、卢贤庚、练敬仁、张建丽
稀土微肥在柑橘上的应用	三等奖(科技进步奖)	闽西职业大学	王在明、林庆槐
夏秋袋栽香菇	三等奖(科技进步奖)	龙岩市食用菌办、龙岩市江山科委	吴炳昌、陈列新、林仁国、廖礼良、林益清
人工培植牛黄技术开发	三等奖(科技进步奖)	龙岩市万安乡畜牧兽医工作站	俞友河、陈善坤、李国兴、刘金湖
长汀县“烤烟高畦单行种植试验与推广”	三等奖(科技进步奖)	长汀县烟草公司	李文钦、曹睿玄、陈溪明、曾庆和、廖国安
杂交狼尾草的引进开发利用研究	三等奖(科技进步奖)	上杭县畜牧水产局	廖金财、郑子平、黄祖祯、邱敏祥
水稻耐氨固 N 菌应用推广研究	三等奖(科技进步奖)	上杭县农技站	黄河源、林元盛、周维礼、游文丰、赖福全
百户万斤柑橘科技示范	三等奖(科技进步奖)	连城县莒溪乡果茶站	林晋浩
连城县农业后备资源调查综合研究	三等奖(科技进步奖)	连城县区划办	廖培植、林长明、华长生、邱建英、廖　红
连城县农业水文地质区划	三等奖(科技进步奖)	连城县农业区划办	廖培植、张兴华、华长生、罗昌汉、林长明
武平县土地利用现状调查	三等奖(科技进步奖)	武平县土地管理局	张彩祥、廖荣兴、詹志松、练进生、钟万春
桐锦松引种试验	三等奖(科技进步奖)	龙岩市林业局	刘金湖、李繁荣、邱杰芳、华晓丹
龙宝健美霜	三等奖(科技进步奖)	龙岩地区医药科学研究所	黄守华、邱炳源、杨　琳、林笃江、蒋泉富

续表

项目名称	获奖等级(名称)	完成单位	主要完成人
LARKPB-700 袖珍计算机在药学计算机上的应用	三等奖(科技进步奖)	龙岩地区医药科学研究所	邱渭棠、林兴山
髌骨横断性骨折丝线疗法	三等奖(科技进步奖)	上杭县医院	林桃新、游松椿、杨哲先、游开发、邓添发
上杭县旧县乡坝上桥设计	三等奖(科技进步奖)	地区交通规划设计室	林伍湖、邱德章、林跃进
20%克瘟灵井岗霉素悬浮剂防治稻瘟病、纹枯病试验示范	三等奖(科技进步奖)	地区农科所	林滋銮、林仁国、吴应桂、陈锦云、董成荣
水库竹筏框架浮式网箱养殖罗非鱼	三等奖(科技进步奖)	漳平市畜牧水产局	雷建成、黄星光、卢阳铭
永定县土地利用变更调查	三等奖(科技进步奖)	永定县土地管理局	卢振强、卢春平、张辉雄、卢南浩、詹志松
1992 年			
国道 319 线龙岩地区板寮岭隧道及接线工程改进设计	一等奖(科技进步奖)	龙岩地区板寮岭隧道及接线工程管理办公室	陈金水、林伍湖、邱榕木、黄　波、苏兴矩、陈善堂
萜稀酚酚树脂	一等奖(科技进步奖)	龙岩地区林产工业公司	林　捷、洪法来、戴彪然、郑俊周
DF32 多路换向阀	一等奖(科技进步奖)	龙岩市液压件厂	郑国炎、邱景辉、章炳洪、詹崇德、赵　勇
龙岩地区农村经济发展规划研究	一等奖(科技进步奖)	行署办公室	赖学连、黄人骥、江维民、刘友洪、王福顺
蔬菜遮阳网覆盖堵淡栽培新技术应用研究及大面积推广	一等奖(科技进步奖)	龙岩市副食品基地科技生产服务站	廖小雪、林根照、邱柏炎、蔡一平、郭笑玲
金山 57、岩齿红秋甘薯栽培技术规范研究与应用	一等奖(科技进步奖)	长汀县农特技术推广站	林中晃、黄发辉、丁　文、黄永义、俞开启
马尾松嫁接种子园营建技术研究	一等奖(科技进步奖)	国营漳平五一林场	洪尚德、倪华欣、李大江、蒋锡安、陈敬德
1066 例罪犯 MMPI 模式分析	一等奖(科技进步奖)	龙岩地区中级人民法院、龙岩地区第三医院	段荣珍、詹芝山、倪跃先、吴绍裘、连达沂
龙岩地区基本消灭麻风病防治研究	一等奖(科技进步奖)	龙岩地区卫生防疫站	陈开森、赖惠川、郑禄祥

续表

项目名称	获奖等级(名称)	完成单位	主要完成人
客服供电责任弓网事故的生产组织方案研究	一等奖(科技进步奖)	福州铁路分局漳平供电段	郑　东、陈灿华、邱亦俊、郑　润、陈四清
汀江流域综合开发规划	一等奖(科技进步奖)	龙岩地区计划委员会	周　文、邓以昌、郭开元、江维民、张鸣飞
龙岩地区资源调查汇总	二等奖(科技进步奖)	龙岩地区土地管理局	詹志松、林震潮、卢　军、卢乃济、陈成昌
DYI II6-25 型多级离心油泵	二等奖(科技进步奖)	福建省龙岩水泵厂	陈克荣、杨建平、雷建智、邱碧霞、蒋　琳
ZG1a 系列的液压油缸	二等奖(科技进步奖)	龙岩市液压件厂	林新辉、林旭场、翁可敏、王灿喜、陈　瑶
L-苹果酸新工艺应用开发	二等奖(科技进步奖)	长汀万隆生化公司	曾广生、兰春云、赖生全、邱兴荣
甘薯岩粉一号选育与示范	二等奖(科技进步奖)	龙岩地区农业科学研究所	朱天亮、朱天文、施清清、杨立明、陈赐明
温州蜜柑特早熟品系引种研究	二等奖(科技进步奖)	龙岩市经济作物技术推广站	张琼英、刘小明、刘学敏、钟国源、邱仰周
烟后作杂交水稻中制后再生制种技术	二等奖(科技进步奖)	永定县农业技术推广中心(杂交水稻制种办公室)、龙岩地区种子公司	卢炳茂、胡长庆、卢锦荣、廖旭芳、林柏生
烟坑稻栽培技术试验示范	二等奖(科技进步奖)	永定县农业技术推广中心、永定县科学技术委员会	廖玉芬、黄蜂伟、王　棋、谢梅福、曾寿汀
HbH 病高铁血红蛋白还原试验假阳性的克服方法	二等奖(科技进步奖)	龙岩地区第一医院	张兆璘、余　莲、任家智、林喜华、李玉闽
运用“肾主骨”理论,进行颈椎病探讨	二等奖(科技进步奖)	龙岩地区第一医院	李时朴
血中糖化物质测定对糖尿病病情的估价	二等奖(科技进步奖)	永定县医院	张定荣、姜添荣、苏振文、杜凤娇
93 例老年人肺心病患者青紫舌与气血关系的分析	二等奖(科技进步奖)	龙岩地区第一医院	谢金森、林慕洪、杨兆华、林　琪、连秀珍
围产儿死亡危险因素与围产保健	二等奖(科技进步奖)	龙岩市妇幼保健所	江雪宜

续表

项目名称	获奖等级(名称)	完成单位	主要完成人
龙岩市土地利用现状调查	三等奖(科技进步奖)	龙岩市土地管理局	汤满山、谢兴龙、张思友、詹志松、林金平
D12-25、D25-30、D46-30 型,DG12-25、DG25-30、DG46-30 型多级锅炉给水泵	三等奖(科技进步奖)	福建省龙岩水泵厂	陈克荣、杨建平、王永松、邱碧霞、陈 玮
开发研制胶印书刊纸	三等奖(科技进步奖)	龙岩地区造纸厂	陈幼西、阙初亢、张美群、郭奕根、卢群英
立窑水泥生料两磨共用进配料工艺生产技术	三等奖(科技进步奖)	龙岩市农垦东宝山水泥厂	陈根跃、储有章、吴俞平、陈闽华、卢杨芬
脂松节油产品采用国际标准	三等奖(科技进步奖)	永定林化厂全面质量管理办公室	温富荣、赖兰光、张振有、陈秀玲
永定县城关 35 千伏 2x6300 千伏安变电所应用“四合一”微机集控台新技术与防雷防洪防潮的技术措施	三等奖(科技进步奖)	永定县电力公司	苏洪加、郑尚融、江庆泰、熊顺芳
XSQ-2.5 型消声器	三等奖(科技进步奖)	漳平市农业机械厂	赖金日、许 波
二氢月桂烯“环化—酯化”一步反应法制取玫瑰麝香	三等奖(科技进步奖)	漳平市香料厂	郭茂道、郭平山、张亦鸣、郑万安、蒋云炜
STD 工业控制机 10 吨/小时沸腾炉控制系统应用技术	三等奖(科技进步奖)	武平县合成氨厂	吴景东、刘润生、吴麟祥、郑技楚、钟钧永
奉化壳淋积型稀土矿生产中节省酸用量的工艺	三等奖(科技进步奖)	长汀县经济技术开发办、长汀县工程咨询中心	兰自淦、段友桃
岩薯 27 选育与示范	三等奖(科技进步奖)	龙岩地区农业科学研究所	朱天亮、杨立明、陈赐民、朱天文、黄昌礼
龙岩地区“四伏”、“四荒”资源调查评价	三等奖(科技进步奖)	龙岩地区农业区划办公事	郭厚祥、黄人骥、吴坤光
水稻喷施叶面宝增产效应	三等奖(科技进步奖)	连城县农业技术推广站	吴大沧、项启海、罗贻东、曾先慎、邓永财
垄畦载再生稻	三等奖(科技进步奖)	永定县农机中心推广部	罗胜奎、黄峰伟、杨添煌、王琪、徐根祥

续表

项目名称	获奖等级(名称)	完成单位	主要完成人
永定县森林资源连续清查报告(第一次复查)	三等奖(科技进步奖)	永定县林业规划设计队	林信良、卢顺加、陈连生、王高红、廖阿庆
B超诊断下胸段及腰段椎管内占位性病变	三等奖(科技进步奖)	龙岩地区第一医院	沈敏海、陈　坚、余庆阳、吴世琦、林　琪
多方位结合防治蛔虫病的一些见解	三等奖(科技进步奖)	龙岩市妇幼保健所	江雪宜
血清果糖胺测定方法讨论和评价	三等奖(科技进步奖)	永定县医院	苏振文、姜添荣、张定荣
肝叶切除术在治疗肝内胆管结石中的应用	三等奖(科技进步奖)	永定县医院	潘贤樟、罗建化、赖伟明
肥皂栓尿道取石术的研究和临床应用	三等奖(科技进步奖)	永定县医院	林爵荣、郑　菁
居民死因与恶性肿瘤监测	三等奖(科技进步奖)	永定县卫生防疫站	卢华兴、曾金光、林振先、沈衍茂、谢晃明
高蛋白优质米开发	三等奖(科技进步奖)	龙岩市农业科学研究所	徐景川、邱炳寿、吴德彬、林仁庆、张秀文
山区民办科技发展问题的症结与出路	三等奖(科技进步奖)	龙岩地委政研室、龙岩地区科委	沈海铭、江流、郑文稚、钟广、林崇元
龙岩地区乡镇企业调研	三等奖(科技进步奖)	龙岩地区科技情报研究所	林炳源、吴锦波、金建时
长汀纸史	三等奖(科技进步奖)	长汀县纸史编纂领导小组办公室	黄马金、柯德桂、沈在、李建江、王景通
1993年—1994年			
LM2010、LM2010P、LM2010D、LM2012X、LM2010K、LM2008X型农用运输车	一等奖(科技进步奖)	福建省龙岩市拖拉机厂	魏镇平、陈金木、龚子波、陈友俭、廖德峰
6202(202E)、6204(204E)、6205(205E)、6206(206E)、6208(208E)、6304(304E)、6305(305E)等七种深沟球轴承	一等奖(科技进步奖)	福建省龙岩轴承厂	章天荣、陈　敏、张本英、陈辉平、邱金春
咀烟生产贮丝柜PLC电器控制改进设计	一等奖(科技进步奖)	龙岩卷烟厂	李海民、陈万年
造纸涂料级高岭土生产试制研究	一等奖(科技进步奖)	龙岩市铁山高岭土选矿厂	邱汉民、邹日程、邹秀照

续表

项目名称	获奖等级(名称)	完成单位	主要完成人
白煤炉熔炼硼合金铸铁粉浇注汽缸套新工艺	一等奖(科技进步奖)	武平汽车配件厂	林龙生、徐哲汉
烤烟优质高产工程	一等奖(科技进步奖)	福建省烟草公司龙岩分公司	杨思辉、童旭华、张炳秋、吴顺炎、张金汉
高山反季节蔬菜栽培技术试验示范	一等奖(科技进步奖)	龙岩地区农业科学研究所	谢炳元、罗绮霏、陈金福、李守朋、吴德彬
龙岩地区专业预报服务系统	一等奖(科技进步奖)	龙岩地区气象咨询服务中心	谢孙炳、吴荣娟、林志雄、林雪娥、李伟
龙岩地区钩端螺旋体病防治研究	一等奖(科技进步奖)	龙岩地区卫生防疫站	林锦光、李　立、廖寿恒、刘志良、曾水生
长汀县河田镇氟中毒流行因素调查	一等奖(科技进步奖)	龙岩地区卫生防疫站	蓝天水、陈建安、陈吉祥、张亚平、张志超
AC 发泡剂	二等奖(科技进步奖)	龙岩市化工厂	张海清、张德仙、陈元辉、廖寿生、黄仁杰
龙岩地区土地利用总体规划	二等奖(科技进步奖)	龙岩地区土地管理局	张辉雄、章溧斌、卢乃济、陈成昌、陈江伟
高炉铁水直浇铸件	二等奖(科技进步奖)	龙岩钢铁厂马坑分厂	张发棋、戴炳宗、黄炳章、简华章、黄文星
PS-920 型膏状强化施胶剂	二等奖(科技进步奖)	龙岩地区林产工业公司	戴彪然、洪法来、林　捷、郑俊周、李　华
闽西稀土高岭土膨润土资源开发利用战略对策研究	二等奖(科技进步奖)	龙岩地区稀土科研所	高　歌、张炳秋、曾元芳、周炳珍、王镇中
JGF-C 型直流高压发生器	二等奖(科技进步奖)	龙岩无线电三厂	刘永贵、何　彦、饶国才
CK-快干醇酸清、磁漆	二等奖(科技进步奖)	连城百花化学股份有限公司	杨家淳、邓信松、罗凤娥、李修尧、罗顺阳
AK-快干氨基烘干清漆及磁漆	二等奖(科技进步奖)	连城百花化学股份有限公司	李修尧、江汉德、杨家淳、罗凤娥、邓信松
液压缸计算机辅助设计	二等奖(科技进步奖)	龙岩市液压件厂	林新辉、吴大庆、林旭扬、郑国炎、方永宏
灵芝酒研制	二等奖(科技进步奖)	武平县酒厂	钟增华、钟元川、石七香、施霖、钟夏秀
防粘技术在纤维板生产中的应用	二等奖(科技进步奖)	武平县纤维板厂	王镇中、陈利洪、王晓东、钟文昌、李日安
X-109 丙烯酸酯涂料无苯稀释剂	二等奖(科技进步奖)	漳平市有机化工厂	刘炳林、朱庭光、叶立敏、刘子晃、卢锦德

续表

项目名称	获奖等级(名称)	完成单位	主要完成人
厌氧塘和化学混凝法处理碱法草浆黑液的研究	二等奖(科技进步奖)	龙岩市环保局	邱殷毅、章非娟、杨海真
龙岩地区渔业发展规划研究	二等奖(科技进步奖)	龙岩地区畜牧水产局、龙岩地区小电局	韦冀闽、潘清玉、黄宣发
植物配合真空短时处理在金橘贮藏上的应用	二等奖(科技进步奖)	闽西职业大学、闽西食品研究所	石小琼、王在明、林　麟、谢建微、邱秀梅
“菜篮子”工程技术研究	二等奖(科技进步奖)	龙岩地区农业科学研究所	虞天龙、陈淮川、杨启德、陈赐民、张思远
蔬菜新品种引种选育与示范推广	二等奖(科技进步奖)	龙岩地区农业科学研究所	谢炳元、陈金福、罗绮霏
再生稻高产栽培技术研究与应用	二等奖(科技进步奖)	龙岩地区农业技术推广站	邹　宇、卓晋影、林建军、王晚生、林盛桂
木薯新品种引进推广	二等奖(科技进步奖)	龙岩地区农业技术推广站	邹　宇、许应元、赖恩照、黄河源、赖芗民
土壤识别与优化施肥成果推广	二等奖(科技进步奖)	龙岩地区土壤肥料技术站	林槐成、姚建川、赖招源、叶少川、江　流
漳平市土地变更调查	二等奖(科技进步奖)	漳平市土地管理局	陈厦生、刘良才、詹志松、林震潮、卢　军
李氏杆菌病调查诊断	二等奖(科技进步奖)	上杭县畜牧兽医站	邱星辉、郭仰霖、张能贵、陈加秋、丘宇裘
粘瘦型水稻土配方施肥技术规范与推广应用	二等奖(科技进步奖)	连城县土肥站	邹振爱、李昌涛、罗中明、项启海、曹宗发
切开复位、多跟螺纹钉内固定术治疗股骨颈骨折	二等奖(科技进步奖)	龙岩地区第二医院	张碧煌、邱如诚、郑　飞、严照明、颜国诚
布鲁氏杆菌(B.Canis)病实验诊断	二等奖(科技进步奖)	龙岩地区卫生防疫站、福建省卫生防疫站、中国预防医学科学院	林锦光、傅梓宾、陈前进、于恩庶、尚德秋
白内障现代囊外摘除加后房型人工晶体植入术	二等奖(科技进步奖)	福建省汀州医院五官科	范俊能、陈宪明、罗汉辉、曹东方、温力勤
笋竹两用林丰产结构体系的研究	二等奖(科技进步奖)	长汀县林委	郑郁善、洪　伟、张田华、范俊荣、刘玉宝
闽西烟叶梗分离技术研究	三等奖(科技进步奖)	龙岩卷烟厂	初衷田、何森业、江海鸿、蒋荣坤、黄闽龙

续表

项目名称	获奖等级(名称)	完成单位	主要完成人
利用山土试制空心砖	三等奖(科技进步奖)	福建省龙岩青草盂机砖厂	朱锦涛、徐贵江、饶荣翔、王幼明、林鸿明
IR50-32-125、IR50-32-160、IR50-32-200、IR65-50-125、IR65-50-160、IR65-40-200、IR80-65-125、IR80-65-160、IR80-50-200、IR100-80-125、IR100-80-160型单级单吸热水离心泵	三等奖(科技进步奖)	福建省龙岩水泵厂	陈克荣、杨建平、石荣添、林国宾、郭　玲
SX-2000UA直流数显微安表	三等奖(科技进步奖)	龙岩无线电三厂	饶国平、饶国才
农用七水硫酸镁	三等奖(科技进步奖)	龙岩市科技开发站微肥厂	陈渭清、张加华、吴金煌、林光岩
工业用七水硫酸镁生产技术开发	三等奖(科技进步奖)	龙岩市科技开发站微肥厂	张加华、陈渭清
运用矿化剂技术降低水泥熟料烧失量并用石灰石替代部分石膏生产425号R型普通水泥	三等奖(科技进步奖)	龙岩市曹溪水泥厂	陈潮华、张劲松
PL2815钢板弹簧总成	三等奖(科技进步奖)	永定县水轮机厂	苏雪明、吕贞明、阙祯煊、曾庆潘、罗德群
复合甘油研制	三等奖(科技进步奖)	永定县金隆精细化工公司	苏禄昌、谭华初、胡海祥
多元素碳铵粒肥研制	三等奖(科技进步奖)	永定县化肥厂	吴科才、陈光武、黄初贤、江流贤
摩托车制动鼓衬圈	三等奖(科技进步奖)	武平县汽车配件厂	林龙生、兰锦标、谢星光、林明亮、王冠仁
4102QB(A151K、CK2)、6105QA、485Q等柴油机缸套	三等奖(科技进步奖)	武平县汽车配件厂	林龙生、兰锦标、林发麟、林明亮、王冠仁
微机在水泥生产上的应用—水泥立窑偏火自动控制应用	三等奖(科技进步奖)	武平县农垦水泥厂	熊建华、钟俊芳、林锦富、林顺祥、魏忠玉
水泥生料配料微机控制技术应用	三等奖(科技进步奖)	武平县农垦水泥厂	谢瑞英、钟俊芳、熊建华、罗时强、魏忠玉
豪华式影剧软座椅技术开发	三等奖(科技进步奖)	长汀县古城钢木家具厂	刘祥淮、谢建华、邓兴荣、彭德海、刘明森

续表

项目名称	获奖等级(名称)	完成单位	主要完成人
抗菌灵营养素	三等奖(科技进步奖)	长汀县兴农激素厂	何则渭、付成松、陈维晖、谢民潮、涂 宏
BJ212 汽车传动轴	三等奖(科技进步奖)	连城县传动轴厂	温仁富、邱松宗、童贤章、江和聪、江茂华
DB 多功能丙烯酸酯涂料	三等奖(科技进步奖)	漳平市有机化工厂	刘炳林、朱庭光、刘子晃、叶立敏、陈龙辉
乙位紫罗兰酮	三等奖(科技进步奖)	漳平市香料香精有限公司	郭茂道、郭平山、王天启、郑万安、张亦鸣
闽西珍稀动植物资源调查研究	三等奖(科技进步奖)	龙岩地区农业区划办公室	孙荣建、黄人骥、王福顺、黄学龙、罗小波
依靠科教兴农、振兴大池经济	三等奖(科技进步奖)	龙岩地区农科所、龙岩市大池乡科委	张楚文、杨炎周、梁嘉勋、谢炳元、吴文明
新型高效肥料、职务生长调节剂在烤烟上的应用研究	三等奖(科技进步奖)	龙岩地区烟科所、龙岩市烟草公司	章伯勋、黄翠锦、陈碧玲、卢勋章、蔡玉作
烤烟新品种选育、引进与示范种植	三等奖(科技进步奖)	龙岩地区烟草科学研究所	郭企彦、梁嘉勋、童玉焕、杨思辉、周道金
水稻生物钾肥菌剂试验示范推广	三等奖(科技进步奖)	龙岩地区土肥站	王鹤章、阙定庚、黄燕翔、廖加美、王建珍
龙岩市农业区域开发总体规划研究	三等奖(科技进步奖)	龙岩市农业区划办公室	郭福忠、卢俭万、林里里
龙岩市水稻简写灌溉千亩示范推广	三等奖(科技进步奖)	龙岩市灌溉试验站	陈协鑫、叶椿华、陈植木、邓学良、郭淑梅
粮烟高产高效优质不同栽培模式研究	三等奖(科技进步奖)	上杭县科技情报所、上杭县农技站	潘乔福、黄河源、郭立春、张洪亮、林元盛
烟草抑芽剂“一点灵”试验示范推广	三等奖(科技进步奖)	上杭县科委、福建教育学院	邹开煌、李育春、丁仁富、袁镇康、李青山
植物抗寒剂 CR-4 在早稻育秧上的应用研究	三等奖(科技进步奖)	上杭县科技情报所、上杭县农业技术推广站	潘乔福、黄河源、薛德乾、李育春、林立文
柑橘冻害调查、分析与管理技术	三等奖(科技进步奖)	连城县莒溪镇果茶技术推广站	林晋浩
制定“汕优 10 号组合”、“汕优 10 号制种规程”、“汕优 10 号栽培技术规范”	三等奖(科技进步奖)	漳平市农业科学研究所	范孔斌、马义荣、吴岚芳、黄加盛、黄天南

续表

项目名称	获奖等级(名称)	完成单位	主要完成人
漳平市水稻气候资源与水稻生产布局区划	三等奖(科技进步奖)	漳平市气象局、漳平市农业区划办公室	吴敦训、刘金全、黄文斌、吴荣升
慢性肺源性心脏病合并红细胞增多症25例临床分析	三等奖(科技进步奖)	龙岩地区第一医院	余　莲、张兆璘、谢江泰
人体血清破伤风抗体测定在儿童百日破疫苗接种质量评价中的应用	三等奖(科技进步奖)	龙岩地区卫生防疫站	李　立、刘文和、闫建平、廖寿恒、曾水生
闽西农村儿童感染头虱与药物灭虱效果观察	三等奖(科技进步奖)	龙岩地区卫生防疫站	李　立、卢华兴、周家标、包伟民
小剂量多巴胺治疗慢性肺心病心衰疗效观察	三等奖(科技进步奖)	永定县医院	邓华宝、杜观娇、张定荣、罗建文、赖善福
病毒性肝炎血清分型与流行病学调查研究	三等奖(科技进步奖)	永定县卫生防疫站	卢华兴、苏龙成、林振先、曾金光、王树春
激光在医学上的临床应用	三等奖(科技进步奖)	永定县医院激光室	黄金淮、陈家新、李清菊、张定荣
上杭县恶性肿瘤的调查分析与防治对策	三等奖(科技进步奖)	上杭县医院	郑佳祥、杨哲先、范永宣、吴祖光、蔡育光
依靠科教、振兴曹溪镇经济	三等奖(科技进步奖)	龙岩市曹溪镇科委、闽西大学、龙岩地区工业学校	陈　智、邱福坤、张日升、李根发、陈朝发
长汀县2000年科技、经济、社会综合发展规划	三等奖(科技进步奖)	长汀县人民政府	雷德森、张宝华、程　文、丘佳俊、朱　斌
1995年			
GGAJO2H型高压静电除尘用整流设备	一等奖(科技进步奖)	龙岩机械电子工业公司	郭　俊、涂二生、连金欣、刘　正、陈百寿
高密高毛毛巾生产试制研究	一等奖(科技进步奖)	福建省龙岩毛巾厂	顾丽娜、张梅芬、蒋丽萍、史伟芳、陈清河
AYL型离心油泵	一等奖(科技进步奖)	龙岩水泵厂	陈克荣、杨建平、谢健强、蒋琳、罗柏达
KB型单级单吸空调离心泵	一等奖(科技进步奖)	长汀县水泵厂	吴纪瑞、李文炎、邱晓荣、胡海燕、黄其之

续表

项目名称	获奖等级(名称)	完成单位	主要完成人
早糯新品种闽岩糯	一等奖(科技进步奖)	龙岩地区农科所、龙岩地区种子公司、长汀县种子公司	李双盛、姚俊明、游月华、兰志斌、黄荣光
马尾松种源区林分遗传变异及其阶段选择的研究	一等奖(科技进步奖)	龙岩地区林业委员会、福建林学院	江瑞荣、梁一池、廖宝生、范敦厚、兰永兆
422A 型马来酐改性松香甘油酯	一等奖(科技进步奖)	龙岩地区林产工业公司	林　捷、戴彪然
碘盐质量研究	一等奖(科技进步奖)	龙岩地区卫生防疫站	陈吉祥、兰天水、陈建安、张亚平、陈彩章
GJXO3 型高压硅整流设备	二等奖(科技进步奖)	龙岩机械电子工业公司	邱一希、廖晓军、林驰前、吴子朋
JGF-D 型微机控制直流高压发生器	二等奖(科技进步奖)	龙岩无线电三厂	饶国才、苏新荣、刘永贵
猴头菇酒研制	二等奖(科技进步奖)	武平县酒厂	钟增华、钟元川、石七香、施　霖、钟夏秀
孔板波纹规整填料在φ450 铜洗塔上的作用	二等奖(科技进步奖)	连城县合成氨厂、化工部上海化工研究院填料中心	陈昌胜、江道青、任伟民、倪宾武
香珍笋	二等奖(科技进步奖)	漳平市罐头厂	张汀先、叶艾芋、刘茂才、陈惠生
水文自动测报系统	二等奖(科技进步奖)	龙岩地区黄岗水库	林燕宾、饶子仁、关庆胜、杨　闽、马柏秀
粮食高产综合技术开发	二等奖(科技进步奖)	龙岩地区科技开发中心、龙岩地区农技站	姚建川、张念明、邹　宇、廖汉福、叶少川
乙霜青防治烟草青枯病技术研究	二等奖(科技进步奖)	龙岩地区烟科所	卢洪兴、曾　军、邱志丹、张玉珍、沈书屏
杭梅低产园综合改造	二等奖(科技进步奖)	上杭县农业局	张毓章、廖镜思、黎占梅、吴寿姑、丘庭有
杭梅品种资源调查及良种选育	二等奖(科技进步奖)	上杭县农业局	廖镜思、吴寿姑、丘庭有、张毓章、黎占梅
河田水土流失区板栗栽培技术研究	二等奖(科技进步奖)	长汀县水土保持站	付锡成、刘永泉、罗学升、修　平

续表

项目名称	获奖等级(名称)	完成单位	主要完成人
闽西地区人兽共患寄生虫虫种分布及人体肠道线虫感染的流行病学研究	二等奖(科技进步奖)	龙岩地区卫生防疫站	李 立、温卫珊、张月花、何春荣、王炳发
改良抽心包埋结扎术252例报告	二等奖(科技进步奖)	龙岩地区第一医院	丁春英、章素心、游春娇
缺血性中风患者颈动脉分叉处病变B超研究	二等奖(科技进步奖)	龙岩地区第一医院	沈敏海、任志红、陈 坚
心室假腱索临床与超声表现(附100例分析)	二等奖(科技进步奖)	龙岩地区第一医院	谢金森、连秀珍
漳平市土地利用总体规划	二等奖(科技进步奖)	漳平市土地管理局	刘良才、陈夏生、张辉雄、章溧斌、刘漳明
潘田采区南矿山体斜坡综合治理方案研究	二等奖(科技进步奖)	福建省潘洛铁矿	许庆达、陆锦回、张寿盘、刘锦法、陈维铉
TYZ型特种化工泵	三等奖(科技进步奖)	龙岩水泵厂	陈克荣、杨建平、石荣添、林瑞磷、罗国槐
提花喷花毛巾生产试制研究	三等奖(科技进步奖)	福建省龙岩毛巾厂	顾丽娜、张梅芬、蒋丽萍、史伟芬、陈清河
稀土远红外涂料的研制及其在烤房中的应用	三等奖(科技进步奖)	龙岩地区稀土科学研究所	詹湖强、谢锦详、童旭华、楼向荣、张炳秋
袋泡高级梅草茶技术开发	三等奖(科技进步奖)	永定县下洋镇佳美果品产	吴茶裕、张均洲、黄添娣、张 华
乌梅冲剂研制开发	三等奖(科技进步奖)	上杭县制药厂	邱德福、胡和斌、黄万贵、李华昌
连城红心地瓜深度加工技术开发	三等奖(科技进步奖)	连城县山珍食品厂	黄恒春、黄一景、周子光、谢文芳、黄富祥
TG1系列伸缩式套筒液压缸	三等奖(科技进步奖)	长汀县通用机械厂	曾昭勇、郑宜昆、兰德鑫
33S-L1OH换向阀	三等奖(科技进步奖)	长汀县通用机械厂	曾昭勇、郑宜昆、兰德鑫
HQ1303WY活鱼运输车	三等奖(科技进步奖)	漳平市交通运输公司、福建省机械科学研究院	陈金瑞、吴新茂、周肇阳、朱彭年、甘振欧
烤烟外引品种优质适产栽培	三等奖(科技进步奖)	武平县烟草公司	林雷通、王良球、聂元如、陈庆宪

续表

项目名称	获奖等级(名称)	完成单位	主要完成人
猴头菇综合技术开发	三等奖(科技进步奖)	武平县农业经济开发公司、武平县食用菌研究所	郑文权、张平方、钟爱民、刘启德
增产菌推广应用	三等奖(科技进步奖)	连城县植保站	罗克昌、林晋浩、江天富、李锦锋
烤烟 G-80 品种的栽培与烘烤技术研究	三等奖(科技进步奖)	漳平市烟草公司	陈启明、苏德川、童旭华、李子信、范孔斌
漳平市实施水许可制度基础调查	三等奖(科技进步奖)	漳平市水利电力局	李龙泉、邹福明
漳平市农业区域开发总体规划研究	三等奖(科技进步奖)	漳平市农业区划办公室	刘金全、陈夏生、张元柏、许惠媛
巴西豇豆栽培试验研究	三等奖(科技进步奖)	龙岩地区林科所、龙岩“莲花生态应用”研究所	郭躬发、黄素兰、何明和、赵永建、邓　恢
火炬松松梢螟的防治研究	三等奖(科技进步奖)	龙岩地区林业科学研究所	邓　恢、黄达延、林红强、李其金
永定县“3288”林业工程速生丰产林调查规划设计	三等奖(科技进步奖)	永定县林业规划队	陈荣顺、卢鉴华、廖阿庆、饶丽娜、张中开
武平县城环境规划研究	三等奖(科技进步奖)	武平县环保局	兰为芳、徐祥生、邱淑贞、张贵盛、刘绍伟
孕产妇 HBV 血清感染标志和胎传频率调查	三等奖(科技进步奖)	龙岩地区红斑性肢痛症防制研究	林锦光、刘志良、曾水生、严志平
白血病与男子乳房发育症	三等奖(科技进步奖)	龙岩地区第一医院	张兆璘、余　莲
重要治疗泌尿系结石 96 例临床观察	三等奖(科技进步奖)	龙岩地区第一医院	李时朴、郑涉贞
114 例出血坏死性上颌窦炎影像分析	三等奖(科技进步奖)	龙岩地区第一医院	卞纪平、邱隆炳、刘　铁
促红细胞生成素治疗慢性肾衰贫血的血液学研究	三等奖(科技进步奖)	龙岩地区第一医院	余　莲、廖丽元、林冲云
毒植物中毒急救手册	三等奖(科技进步奖)	龙岩地区第一医院	谢金森、连秀珍、黄庆山、张永良、赖小平
自发性气胸 369 例临床研究	三等奖(科技进步奖)	永定县医院	邓华宝、廖福祥、胡绍曦、杜凤娇
原发性痛风诊断方法与经验	三等奖(科技进步奖)	永定县医院	邓华宝、张定荣、杜凤娇

续表

项目名称	获奖等级(名称)	完成单位	主要完成人
胃癌围手术期输血预后探讨	三等奖(科技进步奖)	上杭县医院	郑佳祥、范永萱、杨哲先、刘永生、蔡育光
上杭县日常地籍调查	三等奖(科技进步奖)	上杭县土地管理局	阙祥荣、吕丁武、巫汉南、刘尧涛、梁常标
漳平市国土规划	三等奖(科技进步奖)	漳平市国土规划办	管齐扬、陈夏生
连城县科技开发规划研究	三等奖(科技进步奖)	连城县人民政府	黄一景、周子光、邓大强、叶国栋、谢文芳
空气除湿干燥脱水豆豉技术应用	三等奖(科技进步奖)	永定县正发食品有限公司	陈初明、郑朝照、赖家旺、阮永其、郑满昌
经皮穿刺置管引流治疗化脓性心包炎	三等奖(科技进步奖)	永定县医院	林爵荣、张定荣、黄锦芳、简永平、汪振耿
龙岩市土地利用总体规划	三等奖(科技进步奖)	龙岩市土地管理局	陈远銮、连农基、陈启江、张辉雄、章溧斌
胸腺因子D生产技术引进及应用	三等奖(科技进步奖)	上杭县科委	林元盛
8°超级清爽型啤酒的研制	三等奖(科技进步奖)	连城县啤酒厂	邓智钿
水稻种植机械化及栽培配套技术研究	三等奖(科技进步奖)	龙岩地区农科所	吴文明
“春烟—稻—玉米”三熟制种玉米高产栽培研究	三等奖(科技进步奖)	龙岩地区农科所	兰贵喜
周年供应池塘养鱼牧草技术开发	三等奖(科技进步奖)	上杭县畜牧水产技术服务中心	郑子平
松木粉、象草粉复合栽培香菇研究	三等奖(科技进步奖)	连城县林业委员会	黄灯发
油桐林立体经营模式的研究	三等奖(科技进步奖)	连城县林业委员会	欧阳准
原竹检验标准研究	三等奖(科技进步奖)	长汀县林业委员会	李敬卿
东莨菪碱配合抗疟药治疗脑型疟疾的疗效观察	三等奖(科技进步奖)	龙岩地区第一医院	黄君健
胃镜检查术前不用药物研究	三等奖(科技进步奖)	龙岩地区第二医院	罗炳洪
单椎肿瘤肿瘤样病变影像诊断	三等奖(科技进步奖)	龙岩地区第一医院	林　琪

续表

项目名称	获奖等级(名称)	完成单位	主要完成人
白血病患者血清唾液酸的变化及其临床意义的探讨	三等奖(科技进步奖)	龙岩地区第一医院	余　莲
不同剂量利凡诺羊膜腔内注射引产效果及安全性比较	三等奖(科技进步奖)	龙岩地区第一医院	李　健
紫草合剂治疗小儿急性化脓性扁桃体腺炎	三等奖(科技进步奖)	龙岩地区第二医院	兰启防
利尿剂联合化疗药腹腔注射治疗恶性肿瘤腹水	三等奖(科技进步奖)	龙岩地区二院	卢介珍
新生儿破伤风发病因素及免疫预防研究	三等奖(科技进步奖)	龙岩地区卫生防疫站	李　立
地方性氟中毒防治效果研究	三等奖(科技进步奖)	龙岩市卫生防疫站	邱国良
补肾育嗣汤治疗排卵障碍性不孕125例	三等奖(科技进步奖)	龙岩市立医院	李小平
永定县疾病监测研究与应用	三等奖(科技进步奖)	永定县卫生防疫站	卢华兴
婴幼儿死亡原因医学监测	三等奖(科技进步奖)	永定县卫生防疫站	卢华兴
431例尿石症调查与分析	三等奖(科技进步奖)	上杭县医院	郑佳祥
应用滤纸条采集末梢血检测乙肝表面抗原	三等奖(科技进步奖)	上杭县卫生防疫站	郭仰霖
钙拮抗剂联合应用治疗预防顽固性偏头痛发作100例对照研究	三等奖(科技进步奖)	武平县医院	谢剑灵
颈内动脉持续加压注射药物治疗中风偏瘫	三等奖(科技进步奖)	武平县医院	谢剑灵
龙岩地区“八五”科技重点项目发展计划	三等奖(科技进步奖)	龙岩地区科技情报研究所	金建时
1996年			
钨酸(采用国际标准)	一等奖(科技进步奖)	福建龙岩粉末冶金厂	杨奇华、洪代林、汤松照、陈培成、黄东振

续表

项目名称	获奖等级(名称)	完成单位	主要完成人
螺旋毛毛巾捻旋技术研究	一等奖(科技进步奖)	龙岩毛巾厂	顾丽娜、蒋丽萍、张梅芬、时国强、史伟芬
杉木良种推广技术研究	一等奖(科技进步奖)	漳平市五一国有林场	陈敬德、倪华欣、陈建衡、林　敏、林文奖
补肾开合方并穴位注射男性射尿症不育	一等奖(科技进步奖)	龙岩地区第二医院	张敏健
心得安在治疗门脉高压出血时的B超动态观察	一等奖(科技进步奖)	武平县中医院	钟炳安
造气工段微机油压控制系统	二等奖(科技进步奖)	永定县化肥厂	陈光武、林灿青、张信和
肉鸭三元杂交技术应用与开发	二等奖(科技进步奖)	漳平市畜牧水产局	陈建钟、陈肇天、连玉意、雷建成
热风干燥栲槠类木材试验研究	二等奖(科技进步奖)	龙岩地区林科所	赖允豪、邓　恢、黄昌松、邱瑞海
马尾松赤枯病大面积防治研究	二等奖(科技进步奖)	龙岩市森林病虫害防治检疫站	张琼珊、郑　宏
漳平市《林业标准化县》示范	二等奖(科技进步奖)	漳平市林业委员会	苏庆桂、邓煌基、陈正林、阙茂文、徐国华
梨状肌病变与腰椎间盘突出症的关系	二等奖(科技进步奖)	龙岩地区第一医院	余庆阳、任志红、刘　锦、曹俊寿、李　线
中医多途治疗胆道感染、胆石症的临床研究	二等奖(科技进步奖)	龙岩地区第一医院	伍德娜、林　平、连秀珍
肝动脉栓塞化治疗中晚期	二等奖(科技进步奖)	龙岩地区第一医院	杨联坤、陈开红、张振清、叶明星、张兆璘
闽西肺血吸虫病疫源地分布初步研究	二等奖(科技进步奖)	龙岩地区卫生防疫站	李　立、温卫珊、何春荣、程锦珍、兰天水
胸腺因子D生产技术引进及应用	三等奖(科技进步奖)	上杭县科委	林元盛、丁仁富、林　旭、胡和斌、黄万贵
8°超级清爽型啤酒的研制	三等奖(科技进步奖)	连城县啤酒厂	邓智钿、吴大权、邓文龙、张世森、俞善春
水稻种植机械化及栽培配套技术研究	三等奖(科技进步奖)	龙岩地区农科所	吴文明、林宗椿、林东健、张永河、张凌飞
“春烟—稻—玉米”三熟制种玉米高产栽培研究	三等奖(科技进步奖)	龙岩地区农科所	兰贵喜、郭其茂、黄峰伟、林盛桂、郭立春

续表

项目名称	获奖等级(名称)	完成单位	主要完成人
周年供应池塘养鱼牧草技术开发	三等奖(科技进步奖)	上杭县畜牧水产技术服务中心	郑子平、邱敏祥、温小红、李光照、邱达华
松木粉、象草粉复合栽培香菇研究	三等奖(科技进步奖)	连城县林业委员会	黄灯发、罗柏美、黄茂华、李炎祥、吴振革
油桐林立体经营模式的研究	三等奖(科技进步奖)	连城县林业委员会	欧阳准、余义彪、许晓金、黄元生、詹光汉
原竹检验标准研究	三等奖(科技进步奖)	长汀县林业委员会	李敬卿、曹长江、张球福、熊庆强、吴昌奎
东莨菪碱配合抗疟药治疗脑型疟疾的疗效观察	三等奖(科技进步奖)	龙岩地区第一医院	黄君健
胃镜检查术前不用药物研究	三等奖(科技进步奖)	龙岩地区第二医院	罗炳洪、邱秀珊、罗　卉、张坚娟
单椎肿瘤肿瘤样病变影像诊断	三等奖(科技进步奖)	龙岩地区第一医院	林　琪、马小敏、余庆阳
白血病患者血清唾液酸的变化及其临床意义的探讨	三等奖(科技进步奖)	龙岩地区第一医院	余　莲、张兆璘、谢丹萍、郭笑如
不同剂量利凡诺羊膜腔内注射引产效果及安全性比较	三等奖(科技进步奖)	龙岩地区第一医院	李　健、陈淑兰、游元香、林　琳
紫草合剂治疗小儿急性化脓性扁桃体腺炎	三等奖(科技进步奖)	龙岩地区第二医院	兰启防
利尿剂联合化疗药腹腔注射治疗恶性肿瘤腹水	三等奖(科技进步奖)	龙岩地区二院	卢介珍、吴永良、刘晓兰、杨德铭、陈万泉
新生儿破伤风发病因素及免疫预防研究	三等奖(科技进步奖)	龙岩地区卫生防疫站	李　立、刘文和、廖寿恒、胡淑勤、茅莉莉
地方性氟中毒防治效果研究	三等奖(科技进步奖)	龙岩市卫生防疫站	邱国良、邱一楠、邱景湖、陈荣添、刘志平
补肾育嗣汤治疗排卵障碍性不孕125例	三等奖(科技进步奖)	龙岩市立医院	李小平
永定县疾病监测研究与应用	三等奖(科技进步奖)	永定县卫生防疫站	卢华兴、王树春、林振先、曾忠林、曾金光
婴幼儿死亡原因医学监测	三等奖(科技进步奖)	永定县卫生防疫站	卢华兴、曾金光、林燕凤、王树春、林振先
431例尿石症调查与分析	三等奖(科技进步奖)	上杭县医院	郑佳祥、范永宣、杨哲先、刘永生、游松椿

续表

项目名称	获奖等级(名称)	完成单位	主要完成人
应用滤纸条采集末梢血检测乙肝表面抗原	三等奖(科技进步奖)	上杭县卫生防疫站	郭仰霖、王培玉、王东虹、曾凡伟、邓富玉
钙拮抗剂联合应用治疗预防顽固性偏头痛发作100例对照研究	三等奖(科技进步奖)	武平县医院	谢剑灵、钟裕磷
颈内动脉持续加压注射药物治疗中风偏瘫	三等奖(科技进步奖)	武平县医院	谢剑灵、罗荣先
龙岩地区"八五"科技重点项目发展计划	三等奖(科技进步奖)	龙岩地区科技情报研究所	金建时、赖芗民、吴锦波、林炳源、江　洪
1997年			
300MW机组配套BE型电除尘器	一等奖(科技进步奖)	福建龙净企业集团公司	林国鑫、林济国、周跃强、陈纪缓、杨文贞
ZL30D轮式装载机	一等奖(科技进步奖)	龙岩工程机械厂	李新炎、杨一岳、钟佩钤、郑作舟、蓝福寿
水合异龙脑脱氢后处理工艺研究	一等奖(科技进步奖)	武平县科委	王镇中、王万金、凌育坤、兰福光、冯　琦
岩紫糯35选育及示范	一等奖(科技进步奖)	龙岩市农科所	李双盛、姚俊明、兰志斌、王发荣、林国荣
火炬松引种家系遗传测定技术研究	一等奖(科技进步奖)	龙岩市林科所	赵永健、邱进清、邓　恢、梁一池、廖伟成
龙岩地区消灭丝虫病的防治策略及流行病学监测研究	一等奖(科技进步奖)	龙岩市卫生防疫站	
民系社会林业发展	二等奖(科技进步奖)	龙岩市林委	张春霞、杨汉章、许文兴、范启有、童长亮
闽西马尾松种子综合标准	二等奖(科技进步奖)	龙岩市林业苗种站	江瑞荣、廖宝生、陈广华、张秀华、刘志辉
丝光毛巾纱线丝光技术研究	二等奖(科技进步奖)	龙岩毛巾厂	顾丽娜、陆培林、邱文珍、王洪山、丘小华
真空软包装笋系列产品研究开发	二等奖(科技进步奖)	闽西食品研究所	石小琼、魏泉龙、陈文生、罗焕荣、陈大明
紧凑型三基色稀土节能荧光灯	二等奖(科技进步奖)	上杭县光华照明有限公司	林春华、林津泉、兰福泉、龚文全
聚合硫酸铁研制	二等奖(科技进步奖)	漳平市科委	黄石印、游朱湘、唐文华、黄寿奎、叶季平
淡水鲳引种、繁殖及养成试验	二等奖(科技进步奖)	龙岩市水产技术推广站	卢豪魁、陈活林、陈建国、胡育芳、卢友龙

续表

项目名称	获奖等级(名称)	完成单位	主要完成人
无土煤矸石山绿化技术	二等奖(科技进步奖)	龙岩市林业科学研究所	张炳荣、卢群勋、王福顺、陈海宁、卢鉴华
漳平马尾松高产脂优树选择的研究	二等奖(科技进步奖)	漳平市久鸣林业采育场	吴端正、蔡邦平、梁一池、邓煌基、刘建立
卖淫妇女性传播疾病监测研究	二等奖(科技进步奖)	龙岩市卫生防疫站	陈前进、王炳发、傅梓宾、张月花、金建潮
急性黄疸型病毒性肝炎血清学分型与流行病学研究	二等奖(科技进步奖)	龙岩市卫生防疫站	李　立、余新莲、吴　海、王成钦、吴梅江
有机磷农药中毒洗胃溶液温度的研究	二等奖(科技进步奖)	龙岩市第一医院	郑惠玉、林庆春、涂木秀、杨纤尘、简晓春
缺血性中风患者血清抗心磷脂抗体检测及临床意义的研究	二等奖(科技进步奖)	龙岩市第一医院	沈敏海、林锦祥、王晓健、李庆和、林岳生
白血病患者血清透明质酸测定及临床意义	二等奖(科技进步奖)	龙岩市第一医院	余　莲、张兆磷、郭永炼、李玉闽、邹小婷
护理质量控制研究	二等奖(科技进步奖)	龙岩市第二医院	陈秀云、郭雪琴、罗炳洪、杨　青
单侧多功能外固定支架在治疗四肢复杂性骨折的临床应用	二等奖(科技进步奖)	龙岩市第二医院	张碧煌、邱如诚、郑　飞、严照明、颜国城
在押罪犯精神疾病流行学调查	二等奖(科技进步奖)	龙岩市第三医院	段荣珍、倪跃先、詹之山、连达沂、吴绍裘
C001、C002白花泡桐优良品种造林推广	三等奖(科技进步奖)	龙岩市林科所	邓　恢、张秀华、苏庆桂、熊庆强、赵永建
漳平市“科技兴市”战略研究	三等奖(科技进步奖)	漳平市科委	候　峰、管齐扬、郑享椿、叶季平、李健兴
灭吐灵促进乳汁分泌的临床观察	三等奖(科技进步奖)	龙岩市第一医院	丁春英、黄发盛、黄燕萍、林　燕
食品级液体二氧化碳开发	三等奖(科技进步奖)	龙岩市合成氨厂	王春熙、蒋朝辉、黄建华
电子清纱器在棉纺工艺上的应用	三等奖(科技进步奖)	龙岩市新罗区棉纺织厂	程燕飞、林洛平、郑淑娟、胡雪娥
开流管式磨机节能增产技术研究	三等奖(科技进步奖)	龙岩市新罗区新兴水泥使用新技术开发有限公司	林坤铭、林连彬、邱国潮、廖仁琪、邹昌董
DKH型汽车电器控制盒	三等奖(科技进步奖)	龙岩市西安电子电器厂	魏钧铭、饶国干、吕美伦

续表

项目名称	获奖等级(名称)	完成单位	主要完成人
电网微机调度自动化系统	三等奖(科技进步奖)	永定县电力公司	郑尚融、苏洪如、江庆泰、黄永龙、柯凌伟
TM-12HZ型小型拖拉机	三等奖(科技进步奖)	长汀县通用机械厂	曾昭勇、江宗瑶、吴振华、兰德鑫、郑宜昆
塑料营养钵育苗技术试验及大面积推广	三等奖(科技进步奖)	龙岩市新罗区蔬菜科技生产服务站	邱柏炎、王顺梅、蔡一平、褚强漳、章健民
龙岩市新罗区"八五"农业资源综合分析研究	三等奖(科技进步奖)	龙岩市新罗区农业区划委员会办公室	郭福忠、洪庭章、林里里、洪　琼、卢俭万
甘薯"苦丝病"发生与防治技术研究	三等奖(科技进步奖)	连城县植保植检站	罗克昌、胡方平、江夭富、李云平、蒋日盛
水土流失区种植菌草栽培食用菌技术研究	三等奖(科技进步奖)	连城县科委	林占喜、周子光、黄国勇、谢文芳、杨斯良
丘地尾水库"立体农业"综合技术示范	三等奖(科技进步奖)	连城县莒溪镇人民政府	林晋浩、张栋、沈君锋、池建忠、林木件
长汀县农业综合技术开发	三等奖(科技进步奖)	长汀县农业综合开发办公室	黄发辉、钟添林、张宝华、吴标隆、吴腾水
持续颈硬膜外麻醉下手法治疗冻结肩	三等奖(科技进步奖)	龙岩市第一医院	余庆阳、范流林、李　线、余丽珍
被末梢血液稀释的正常人骨髓象分析	三等奖(科技进步奖)	龙岩市第一医院	张兆磷、任家智、林喜华、林　岩
老年肺不张纤维支气管镜检查分析	三等奖(科技进步奖)	龙岩市第一医院	谢江泰、林慕洪、卢恺明、钟素成
联合测定血清透明质酸、唾液酸对原发性肝癌的诊断价值探讨	三等奖(科技进步奖)	龙岩市第一医院	赖小平、张兆磷、钟涌元、李玉闽、黄梅英
参葛冠心汤治疗冠心病心绞痛	三等奖(科技进步奖)	龙岩市第二医院	兰启防
乳腺结构不良囊肿病与乳汁潴留囊肿诊治分析	三等奖(科技进步奖)	永定县医院	赖庆安、潘贤樟、李定娘
自身傅薇疗法治疗胸腰椎压缩性骨折	三等奖(科技进步奖)	永定县中医院	王占道
永定县人兽共患传染病调查研究	三等奖(科技进步奖)	永定县卫生防疫站	卢华兴、王树春、沈衍茂、曾金光
丙谷胺小剂量左旋咪唑消炎痛治疗胆道蛔虫症	三等奖(科技进步奖)	永定县湖雷医院	赖基贤、邓华宝、兰招衍、苏志平

续表

项目名称	获奖等级(名称)	完成单位	主要完成人
人群幽门螺杆菌感染的流行病学调查与分析	三等奖(科技进步奖)	上杭县医院	郑佳祥、华敦洪、赖洪喜、游松椿、苏育光
上杭县污染源调查	三等奖(科技进步奖)	上杭县环境保护局	张师添、杨寿先、罗五四
1998年			
LM-12CZ、LM-12Z型小型拖拉机(变型运输机)	一等奖(科技进步奖)	福建龙马集团公司	林益金、黄荣明、江兴涛、赖仲文、汤淑华
龙岩电业局MIS实用化开发	一等奖(科技进步奖)	龙岩电业局	邹　杰、黄海涛、邱向京、章　敏、谢　忠
特优898杂交稻新组合培育与配套技术研究	一等奖(科技进步奖)	龙岩市农科所	兰华雄、卢炳茂、徐淑英、杨天煌、卢锦荣
岩薯5号新品种选育与示范推广	一等奖(科技进步奖)	龙岩市农科所	杨立明、陈赐民、黄光伟、朱天文、陈妹幼
马尾松造纸林速生丰产栽培技术综合研究	一等奖(科技进步奖)	龙岩市林科所	廖宝生、越永建、卢群勋、邓　恢、张秀华
龙岩市开发整治综合规划	一等奖(科技进步奖)	龙岩市计划委员会	简洮庆、廖志添、李朝和、陈清林、姚俊明
同种异体原位心脏移植术	一等奖(科技进步奖)	龙岩市第一医院	林链凤、谢金森、黄君健、邱明义、廖崇先
FL1505I、FL1505IP、FL1505IAM型农用运输车	二等奖(科技进步奖)	龙马集团福建龙马农用车制造有限公司	李晓冰、丘永杰、倪奕金、卢伟明、陈胜飞
洗涤高弹棉柔松被	二等奖(科技进步奖)	龙岩佳丽纺织装饰用品公司	陶勇强、赖建新、李　坚、金咏红、鲁幼根
火炬松主要病害综合纺织技术研究	二等奖(科技进步奖)	龙岩林委	刘广祥、沈友爱、童文钢、杨　君、何冠平
SDG型机立窑湿法静电除尘器	二等奖(科技进步奖)	龙岩绿世界净化设备厂	马永平、林春源、赖良材、罗荣健、宋建新
新S9系列配电变压器	二等奖(科技进步奖)	闽西天龙变压器有限公司	李德林、黄生源、黄永春、吴振宽
变电站无人值班自动化系统	二等奖(科技进步奖)	龙岩电业局	邹　杰、蔡师民、刘　升、叶　杰、郭丽珊
毛巾全幅印花技术研究	二等奖(科技进步奖)	福建省龙岩毛巾厂	顾丽娜、蒋丽萍、王福华、史伟芬、朱黎华
龙岩市公路桥梁管理系统(CBMS)应用研究	二等奖(科技进步奖)	龙岩市公路局	苏琼花、张勇全、练丽琴、廖振明、钟嘉升

续表

项目名称	获奖等级(名称)	完成单位	主要完成人
烟草包衣种子技术引进与育苗配套技术研究	二等奖(科技进步奖)	龙岩市烟科所	梁嘉勋、郭企彦、童玉焕、郭生国、丘志丹
农田鼠情监测与灭鼠技术研究	二等奖(科技进步奖)	武平植保植检站	练德进、刘思松、余全茂、邱锦良、兰胜仁
异长叶烯新技术研究	二等奖(科技进步奖)	连城县林产化工厂	陈国民、陈庆霖、张钧明、江继成、项纪和
正番鸭携带霍乱弧菌与霍乱流行关系的研究	二等奖(科技进步奖)	龙岩市卫生防疫站	张月花、陈前进、林慕洪、王炳发、傅梓宾
类红白血病反应的临床研究	二等奖(科技进步奖)	龙岩市第一医院	余　莲、张兆璘、郑鹏远
有生育力男子精液质量研究	二等奖(科技进步奖)	龙岩市第二医院	张敏建、邓平荟、罗炳洪、张金富、章素心
鞘膜积液老中医散发特治研究报告	二等奖(科技进步奖)	龙岩市第二医院	兰启防
漳平市新安溪流域水资源保护规划	三等奖(科技进步奖)	漳平市科委	管齐扬、常怡国、何　伟、管洪震、陆艳芳
电能计量抄表自动化系统	三等奖(科技进步奖)	龙岩电业局	邹　杰、黄海涛、高秀珍、赖坤明、许元斌
矶头水电厂1号机增容改造	三等奖(科技进步奖)	龙岩市矶头水电厂	林玉民、张华明、陈兆钰、郭传芳、黄兆俊
粮仓温度巡检计算机系统引进应用	三等奖(科技进步奖)	上杭县粮食局	罗梓南、黄天隆、陈哲明
PU革马靴冷定工艺技术开发	三等奖(科技进步奖)	福建省长汀鞋业有限公司	邱光邦、丘金红、郑奎玲、华丛辉、丘荣华
磨砂皮(TPR)运动鞋底工艺技术研究	三等奖(科技进步奖)	福建省长汀鞋业有限公司	邱光邦、丘金红、郑奎玲、华丛辉、丘荣华
溶液结晶法生产五水偏硅酸钠	三等奖(科技进步奖)	青岛化工学院漳平化工厂	李大根、唐文华、张村亮、张振和
胶合板模早拆体系技术推广应用	三等奖(科技进步奖)	漳平市建筑公司	卢庆坚、吴炳山、蔡国兴、黄李培、郑桂忠
漳平市“烟—稻丰产栽培主要气象因子模式”研究	三等奖(科技进步奖)	漳平市气象局	吴敦训、黄文斌、曾财兴、温荣德
日本鞘瘿蚊生物学特性及防治的研究	三等奖(科技进步奖)	永定县林业局	沈友爱、卢鉴华、刘广祥、林　昌、郑阳平
龙岩市生物多样性保护工程规划	三等奖(科技进步奖)	龙岩市林委	王福顺、余国连、吴玉钱、杜小惠、郑建英

续表

项目名称	获奖等级(名称)	完成单位	主要完成人
龙岩市放射性污染源调查及对策研究	三等奖(科技进步奖)	龙岩市环境监理所	陈永炘、陈文辉、陈水柏、彭绍光、张海洋
AAMD-ABS 福建省龙岩市区常模的研究	三等奖(科技进步奖)	龙岩市第三医院	陈美珍、段荣珍、张笑英、张美英、叶建菁
李斯特氏菌的实验研究	三等奖(科技进步奖)	上杭县卫生防疫站	郭仰霖、王培玉、潘敏楠、曾凡伟、郭大为
再生障碍性贫血患者生长激素测定的临床意义	三等奖(科技进步奖)	龙岩市第一医院	余　莲、张兆璘
疏肝益肾法治疗未破裂卵泡黄素化综合征	三等奖(科技进步奖)	龙岩人民医院	李小平、张敏建
踝关节韧带损伤早期诊断与治疗的研究	三等奖(科技进步奖)	永定县坎市医院	黄锦芳、吴荣昌、游旭初、罗史导、郭团年
中西医结合治疗胫腓骨骨折 946 例	三等奖(科技进步奖)	永定县中医院	王占道、林逢善、王杨梅、顾沛兴、赖灿斌
永定县农村居民营养状况调查研究	三等奖(科技进步奖)	永定县卫生防疫站	邓友文、苏志台、徐替芬、张洪龙、张鉴存
1999 年			
智能电除尘器控制系统	一等奖(科技进步奖)	福建龙净股份有限公司	涂二生、郭　俊、连金欣、钟　素、郑国强
载金炭无氰解吸电积设备及工艺研究	一等奖(科技进步奖)	福建省闽西资金矿业集团有限公司	陈景河、邹来昌、兰福生、黄孝隆、兰茂仁
LM1605、LM1605B、LM1605BP、LM1605IB、LM1605IBP、LM1605IBW 型农用运输车设计	一等奖(科技进步奖)	福建省龙马农用车制造有限公司	林益金、郑审煌、江兴涛、邱俊武、廖琳玲
再生稻超高产栽培示范	一等奖(科技进步奖)	龙岩市农技站	赖招源、郑云峰、王兰标、张清华、李崇信
马尾松优良基因资源收集与再选择研究	一等奖(科技进步奖)	龙岩市林科所	廖宝生、赵永建、梁一池、兰贺胜、邓　恢
儿童四苗联合免疫安全性免疫应答与推广效应研究	一等奖(科技进步奖)	龙岩市卫生防疫站	李　立、刘志良、刘文和、廖寿恒、闫建平
BCK-代数结构问题研究	一等奖(科技进步奖)	龙岩师专数学系	黄益生、谢　桦、陈福元
LM23101BP、LM23101BPD、LM23101BW 型农用运输车设计	二等奖(科技进步奖)	福建省龙马农用车制造有限公司	倪亦金、黄荣民、赖仲文、邱伟林、汤淑华

续表

项目名称	获奖等级(名称)	完成单位	主要完成人
LM-20Z型拖拉机(变型运输机)设计	二等奖(科技进步奖)	福建龙马农用车制造有限公司	林益金、黄荣民、邱伟林、董　新、卢伟明
787卷筒双面胶版纸	二等奖(科技进步奖)	福建省龙岩市兴发造纸厂	孙仁火、游仁村、张美群、卢群英、郑克洲
多色彩纬毛巾生产技术研究	二等奖(科技进步奖)	龙岩毛巾厂	顾丽娜、时国强、徐敏芳、段永春、王光强
PCGS全自动恒压变量供水控制设备	二等奖(科技进步奖)	龙岩科发电子研究所	廖　欣、陈平周、李青坪、张建红、谢石隆
科技计划项目管理系统	二等奖(科技进步奖)	上杭县微机应用研究所	丘维雄、李育春、丘增雄、黄勇强
漳平市社会发展综合实验区	二等奖(科技进步奖)	中共漳平市委	陈　雄、陈建寿、管齐扬、吴榕明
永定早熟芋优质、高产综合技术开发与研究	二等奖(科技进步奖)	永定县农业技术推广站	黄峰伟、王沛林、赖齐洪、张祖德、张海燕
漳平市无公害蔬菜标准化示范区建设	二等奖(科技进步奖)	漳平市农业局	范孔斌、吴余旺、李　智、刘鹰强、林平川
白血病患者血清层蛋白含量变化及临床意义	二等奖(科技进步奖)	龙岩市第一医院	余　莲、张兆磷、郭笑如、郭永炼
低浓度甲醛污染对旅店从业人员健康影响的研究	二等奖(科技进步奖)	龙岩市卫生防疫站	陈建安、蓝天水、杨文芳、林　健
DICK固定器治疗胸腰椎骨折影响因素分析	二等奖(科技进步奖)	龙岩市第一医院	吴福春、林权德、章丽芳
腰椎管单开门成形术治疗腰椎管狭窄症	二等奖(科技进步奖)	龙岩市第一医院	邱永荣、余　丰
经套管多枚螺纹钉内固定治疗股骨粗隆间骨折及股骨颈骨骨折	二等奖(科技进步奖)	龙岩市第二医院骨科	严照明、张碧煌、颜国城、张振兴、张环照
症状拨动状态帕金森氏病患者评价与康复治疗初步研究	二等奖(科技进步奖)	龙岩市第一医院	沈敏海、沈敏海、林锦祥、邓雪珍、吴永红
护理操作致细菌污染因素分析的系列研究	二等奖(科技进步奖)	龙岩市护理学会	郑惠玉、陈家芬、张丽华、杜亚英、陈秀云
普鲁卡因加中药治疗肺结核顽固性咯血的研究报告	二等奖(科技进步奖)	龙岩市第二医院	黄永清
FL1505II、FL1505IIW型农用运输车设计	三等奖(科技进步奖)	李晓冰	李晓冰、丘永杰、林建国、陈金益、董　新

续表

项目名称	获奖等级(名称)	完成单位	主要完成人
枫叶牌高级系列香水研制开发	三等奖(科技进步奖)	漳平市香料厂	郑万安、陈大忠、李　智、叶丽敏、沈伯梁
县乡人口统计年报表处理系统	三等奖(科技进步奖)	上杭县公安局	饶国栋
闽西减轻农业自然灾害规划研究	三等奖(科技进步奖)	龙岩市农业局	赖招源、林绍光、魏孟火、马素明
橡胶坝在埠头电厂的应用	三等奖(科技进步奖)	连城县水电局	郑育俊、侯明澄、张仁鸿、罗道良
玉米高产高效栽培技术研究与开发	三等奖(科技进步奖)	上杭县农情科教项目管理站	江添茂、蓝桂成、薛德乾、林桂英、赖贵青
奥普尔液肥在烤烟生产上示范推广	三等奖(科技进步奖)	漳平市土肥站	吴余旺、刘鹰强、王永贵、林仰河、陈启明
提高苏铁种子发芽率试验示范推广	三等奖(科技进步奖)	漳平市农业科学研究所	刘鹰强、林仰河、江业德、林日珲、张保民
梅蚜种群调查与药剂防治	三等奖(科技进步奖)	上杭县杭梅站	温晓钦、赖晓春、郭开金、薛德乾、傅松英
远程医学技术及医院信息管理系统的开发与应用	三等奖(科技进步奖)	龙岩市第一医院	沈敏海、卢玲坤、钟丽玲、王政荣、张琼瑶
腰椎间盘突出症的脊椎造影分型与治疗	三等奖(科技进步奖)	龙岩市第一医院	余庆阳、林　祺、邱丽红、戴　逵、邱隆炳
胃、十二指肠疾病患者外周血T淋巴细胞业群的观察及中医证型的关系	三等奖(科技进步奖)	龙岩市第一医院	林群莲、蔡师敏、黄发盛
《西咪替丁、硝苯地平治疗婴儿秋季腹泻》的研究	三等奖(科技进步奖)	龙岩人民医院	黄锦强、黄兵暖、韩　宏、陈恩明、邱德胜
PCR监测石蜡包埋组织中结核菌的探讨	三等奖(科技进步奖)	龙岩市第一医院	郑雪梅、倪继军、熊红梅、李捷燕、黄春鑫
重型脑出血急性分阶段康复护理	三等奖(科技进步奖)	龙岩市第一医院	卢青英、张秋华、邓雪珍、吴水红
精神病人弓形虫抗体研究	三等奖(科技进步奖)	龙岩市第三医院	连达沂、段荣珍、徐丽荣、邱惠娟、倪跃先
应用O型管道行家庭CAPD	三等奖(科技进步奖)	福建省龙岩人民医院	陈安安、卢穗万、蔡丽苑
中西医结合治疗顽固性心衰的临床研究	三等奖(科技进步奖)	福建省永定县中医院	陈元和、朱炳荣、陈晓红

续表

项目名称	获奖等级(名称)	完成单位	主要完成人
理胰汤治疗急性胰腺炎的临床研究	三等奖(科技进步奖)	福建省永定县坎市医院	陈全寿、卢菊兰、黄锦芳
乙醇、普鲁卡因混合液局部封闭治疗跟骨骨刺	三等奖(科技进步奖)	漳平市医院	庄长明、陈亚燕
2000 年			
电力系统配网自动化系统	一等奖(科技进步奖)	龙岩电业局	邹　杰、刘　升、叶　杰、王焱源、郭丽珊、赖祥生、戴新文
聚合松香开发	一等奖(科技进步奖)	武平县林产化工厂	钟庆有、林晓清、林镜福、蔡东明、李富生、刘富林、李文昌
二系法杂交水稻应用研究	一等奖(科技进步奖)	龙岩市农科所	吴文明、兰华雄、李双盛、卢春生、温振承、黄志澄
自然热循环环保烤房的研制	一等奖(科技进步奖)	福建省烟草公司漳平市公司	陈启明、陈德清、沈焕梅、刘奕平、童旭华、林培章
覆土地栽香菇高产技术研究	一等奖(科技进步奖)	长汀县科技局	陈广先、黄　剑、赖继秋、卢淦祥、饶火火
电力通信监控技术研究	二等奖(科技进步奖)	龙岩电业局	黄海涛、郭丽珊、修榕康、李天生、江荣铭、章达鸿
变电站微机防误操作系统	二等奖(科技进步奖)	龙岩电业局	黄海涛、彭长福、李天生、章　敏、苏有军、郭　敏
溶剂型 TBL-丙烯酸路标涂料研制	二等奖(科技进步奖)	漳平市科技开发中心	许流远、郑少春、候　峰、唐文华、刘炳林、朱庭光
BCTMP 制浆造纸混合废水处理设施设备与工艺研究	二等奖(科技进步奖)	龙岩市造纸实业公司	陈宗鼎、游少敏、郭奕根、魏镇民、翁炳旺、翁迎丰
水稻软盘旱育抛秧高产栽培技术推广	二等奖(科技进步奖)	龙岩市农技站	傅新才、林盛桂、郑云峰、李俊和、林建军、郭福贵
闽西名优水果基地高优技术试验示范	二等奖(科技进步奖)	龙岩市经作站	陈益忠、王建荣、王在明、刘腾火、张毓章
观赏竹引种及利用研究	二等奖(科技进步奖)	龙岩市林科所	邓　恢、陈立平、黄素兰、简丽华、傅志球
系统性红斑狼疮患者血清透明质酸研究	二等奖(科技进步奖)	龙岩市第一医院	余　莲、余　丰
生理弯曲与椎体复位对胸腰椎骨折椎管减压的研究	二等奖(科技进步奖)	龙岩市第一医院骨科	吴福春、林以德、蒋建清、姚覆渊
二尖瓣闭合性损伤的诊断与外科治疗	二等奖(科技进步奖)	龙岩市第一医院	林链凤、邱明义、林江泉、吴　健

续表

项目名称	获奖等级(名称)	完成单位	主要完成人
急性缺血性中风患者颈动脉内溶栓及溶栓后康复治疗研究	二等奖(科技进步奖)	龙岩市第一医院	沈敏海、林锦祥、任志红、卢青英、吴永红
电力客户营销管理系统的研究开发	三等奖(科技进步奖)	龙岩电业局	邹　杰、高秀珍、邹保平、张祝华、陈　宏
漳平市城区空气质量检测点优化研究	三等奖(科技进步奖)	漳平市环保监测站	汤录昌、刘晓辉、朱雪荣、吕成柱、肖忠慎
苦丁茶引种栽培试验研究	三等奖(科技进步奖)	龙岩市林科所	邓　恢、郭躬发、苏玉华、何明和、俞庆槐
漳平市优质稻早季示范及高产栽培技术研究	三等奖(科技进步奖)	漳平市农业技术推广站	刘鹰强、范孔斌、林玉明、詹春风、王　宾
开放性胫腓骨骨折内固定手术的并发症分析研究	三等奖(科技进步奖)	龙岩市第二医院	邱如诚、张碧煌、张振兴
射频消融治疗房室结折返性心动过速	三等奖(科技进步奖)	龙岩市第一医院	陈开红、谢金森、熊凯宁、许春萱、邓玉莲
大黄治疗上消化道出血用量指标及副反应的临床研究	三等奖(科技进步奖)	龙岩市第一医院	林　平、伍德娜、邱二金、陈　丝
结肠康颗粒研制及剂改研究	三等奖(科技进步奖)	龙岩市第二医院	钟永祥、卢秀琼、兰启防、张祥斌、钟绿萍
通宣胶囊的研制及临床应用研究	三等奖(科技进步奖)	龙岩市第二医院	钟永祥、王启才、卢秀琼、吴志勇、兰启防
骨科床膝垫整复胸腰椎骨折临床研究	三等奖(科技进步奖)	上杭县医院	游开发、王立祥、杨哲先、邓添发、赖洪善
钢针撬拨发管状骨骨折应用研究	三等奖(科技进步奖)	武平县城关卫生院	兰德初、莫家栋
磷酸锌粘固剂的液体新用途—锡焊煤剂的临床应用	三等奖(科技进步奖)	漳平市医院	刘国清、王怀璞
2001 年			
福建省上杭县紫金矿低品位($<1.0*10^{-6}$)综合利用研究	一等奖(科技进步奖)	福建省紫金矿业股份有限公司	陈景河、曾宪辉、杨云中、邹来昌、陈家洪、赖富光、刘文洪
水合法合成樟脑脱氢副产油的综合回收利用	一等奖(科技进步奖)	福建省武平林产化工厂	姚元根、钟庆有、刘富林、朱明华、钟继东、高迪兴、林镜福

续表

项目名称	获奖等级(名称)	完成单位	主要完成人
龙岩市洪水预警报系统	一等奖(科技进步奖)	龙岩市水利电力局	林燕琼、王富元、张国福、陈子胜、李占开、邱集煦
甘薯脱毒育苗及应用研究	一等奖(科技进步奖)	龙岩市农科所	陈炳生、曾　军、张志勇、蔡建荣、兰志斌、杨立明、陈赐民
马尾松、固氮树种混交林营建技术与混交效益研究	一等奖(科技进步奖)	龙岩市林业科学研究所	陈立平、陈水强、卢聚文、王益和、邹　倩、简丽华、傅志球
基于双Raid5三网结合地市县新闻快速制作系统	一等奖(科技进步奖)	龙岩电视台	陈　泓、谢钦福、李寿水、许　建、郑浩生、王豪杰、王　皓
潘洛铁矿边坡监测预报与降雨因素相关理论的分析研究	二等奖(科技进步奖)	福建省潘洛铁矿	钟　铁、严　明、刘发枝、许春洪、许庆达、吴瑞清
山麻鸭高产系选育	二等奖(科技进步奖)	龙岩市山麻鸭原种场	林如龙、黄荣才、黄华平、王祥福、陈红萍
龙岩市村美水库五心变厚砌石拱坝设计	二等奖(科技进步奖)	龙岩市水利电力勘测设计院	张长风、王灿奎、蔡鼎荣、赖志军、王耀斌
在碘缺乏病防治中碘盐的稳定性研究	二等奖(科技进步奖)	龙岩市卫生防疫站	兰天水、陈建安、张亚平、陈吉祥、陈惠琴、邱卿如
车载型X线机摄高仟伏肺胸片应用研究	二等奖(科技进步奖)	龙岩市职业病防治院	王治国、黄清垣、饶达音、王杜华、徐宗荣、刘玉贵
股骨粗隆带钩弯钢板的研制与应用	二等奖(科技进步奖)	永定县坎市医院	黄锦芳、郭团年、简永平、赖选魁
上杭县李斯特氏菌病发病及病菌携带调查研究	二等奖(科技进步奖)	上杭县卫生防疫站	郭仰霖、曾凡伟、王培玉、郭大为、谢登煌
磁化传递增强TOF-MRA对脑肿瘤诊断价值的研究	二等奖(科技进步奖)	龙岩市第一医院	林　祺、沈敏海、罗孙明、杨　修
陶瓷专用稀释剂研制	三等奖(科技进步奖)	漳平市振幅化工有限公司	李大根、李长泰、许文章、许流远、黄石印
低铬合金铸铁磨球的研制	三等奖(科技进步奖)	漳平电厂电力修造厂	林上辉、饶志忠、郑俊熙、吕尚谋、吴锦贤
锅炉耐热钢喷燃器的研制	三等奖(科技进步奖)	漳平电厂电力修造厂	李建明、饶志忠、杨浩文、钟德建、吴锦贤
上杭县医院信息管理网络系统	三等奖(科技进步奖)	上杭县医院	刘永生、邱维雄、华松年、黄仲雄、范莲英

续表

项目名称	获奖等级(名称)	完成单位	主要完成人
多子芋深加工技术研究	三等奖(科技进步奖)	闽西职业大学	石小琼、邓金星、刘锦华、张映斌、刘明忠
经皮椎间盘切吸治疗腰椎间盘突出症并腰椎管狭窄	三等奖(科技进步奖)	刘永生第一医院	余庆阳、曹俊寿、刘　锦、李　线
成人白血病血清生长激素的研究	三等奖(科技进步奖)	龙岩市第一医院	余　莲、张兆璘
风湿病患者血清层粘蛋白的研究	三等奖(科技进步奖)	龙岩市第一医院	余　莲、余　丰
急性心肌梗塞 Q-Td 与预后关系的探讨	三等奖(科技进步奖)	龙岩人民医院	陈安安、邓宇春、张阿娜、张淑娟
农村居民两周患病率、慢性病率与疾病死亡的相关性研究	三等奖(科技进步奖)	永定县卫生防疫站	阙秀文、徐才芳、卢华兴、吴伟煌、沈衍茂
2002 年			
GGAj02K 型高压静电除尘用整流设备	一等奖(科技进步奖)	福建龙净环保股份有限公司	郭　俊、连金欣、邱江新、郑国强、谢小杰、余季延、李文芹
公路隧道软弱围岩支护系可靠性分析的应用与研究	一等奖(科技进步奖)	龙岩漳龙高速公路有限公司、铁道第四勘察设计院、中铁西南科学研究院	赖世桂、黄　波、吴江敏、陈礼伟、陈善棠、林跃进、曾海东
新一代多普勒天气雷达(CINRAD/SA)系统高山站环境研究	一等奖(科技进步奖)	龙岩市气象局	谢孙炳、童以长、张治洋、邱炳炎、陈　冰、侯杭辉、邹昌雪
公路隧道湿喷混凝土综合技术研究	二等奖(科技进步奖)	龙岩漳龙高速公路有限公司、铁道第四勘察设计院、中铁西南科学研究院	陈善棠、赖世桂、罗朝廷、林跃进、曾美珍
紫金山金矿采空区处理研究	二等奖(科技进步奖)	福建紫金矿业股份有限公司、赣州有色冶金研究所	陈景河、胡　进、邹　凯、曾宪辉、刘献华、陈家洪
河田鸡良种选育研究	二等奖(科技进步奖)	长汀县河田鸡开发有限公司、长汀县科技局	王文祥、金光钧、李韶标、邱跃平、刘庆长

续表

项目名称	获奖等级(名称)	完成单位	主要完成人
优质、高产笋用竹——花吊丝竹繁殖技术及示范推广研究	二等奖(科技进步奖)	龙岩市林科所、龙岩市新罗区林委	林夏馨、黄素兰、傅志球、邹　倩、腾华卿
马尾松速生高产优良家系遗传测定及其应用的研究	二等奖(科技进步奖)	龙岩市林业种苗站	江瑞荣、廖柏林、何卫东、卢鉴华、戴德升
龙津河流域水土流失生物措施综合治理技术研究	二等奖(科技进步奖)	龙岩市林科所、龙岩市新罗区林委	王益和、简丽华、陈森庆、杨时桐、张　薇
MRU对尿路疾病诊断价值的研究	二等奖(科技进步奖)	龙岩市第一医院	林　琪、张永良、张燕生、黄文、罗孙明
高岭土扫尾矿的综合利用研究	三等奖(科技进步奖)	福建九州龙岩高岭土公司、东宝山高岭土选矿厂	陈文瑞、杨幼义、郭阿明、黄　波、徐树泰
蝴蝶兰引种栽培与组培繁殖技术研究	三等奖(科技进步奖)	龙岩市农科所	张永柏、黄萍萍、刘添锋、廖福琴、黄爱勤
珍稀食用菌引进与开发	三等奖(科技进步奖)	龙岩市食用菌生产指导小组办公室	饶益强、饶火火、张子平、石小琼、汤明华
U型渠械槽节水技术应用创新	三等奖(科技进步奖)	龙岩市农业开发办公室、长汀县农业开发办公室	罗国富、黄发辉、林火兰、钟添林、吴腾水
水稻高产群体质量优化调控技术研究与示范应用	三等奖(科技进步奖)	永定县农业技术推广站	张祖德、罗胜奎、黄峰伟、廖旭芳、王桑基
白血病患者血清IV型胶原的研究	三等奖(科技进步奖)	龙岩市第一医院	余　莲、张兆璘
咪唑安定在小儿基础麻醉苏醒时间的研究	三等奖(科技进步奖)	龙岩市第一医院	余丽珍、钟秀靖
神经松懈加神经外膜内置管给药治疗灼性神经痛	三等奖(科技进步奖)	龙岩市第二医院	王超平、张碧煌、严照明
自制疏肝通络“乳痛散”配合运径仪外治乳腺增生病的临床研究	三等奖(科技进步奖)	龙岩市第一医院	林　平、丁春英、任志红、黄发盛、俞碧霞
纤维支气管镜的临床急诊应用价值探讨	三等奖(科技进步奖)	龙岩市第一医院	钟素成、吴永泉、谢江泰、卢凯明

续表

项目名称	获奖等级(名称)	完成单位	主要完成人
以抗结核病为主配合中药治疗肺结核持续高热	三等奖(科技进步奖)	龙岩市第二医院	黄永清、黄庆山、刘　隽、吴志勇
椎体整合器内固定治疗腰椎滑脱症	三等奖(科技进步奖)	龙岩市第二医院	严照明、颜国城、张振兴
永定县生态公益林建设区划研究	三等奖(科技进步奖)	永定县林业局	林信良、林仁昌、王文浪、廖艳林、姜林芳
2003 年			
福建省水蚀荒漠化和矿山废弃物地区快速绿化技术研究	一等奖(科技进步奖)	龙岩市林科所、福建省水土保持站、福建省林业科学研究院	王益和、腾华卿、黄素兰、简丽华、陈荣茂、王福顺、陈森庆
远方用电数据采集监控系统研究与应用	一等奖(科技进步奖)	龙岩电业局	黄海涛、戴新文、廖衡章、梁富光、修凤道、梁开栋、叶　杰
龙岩市消除碘缺乏病防治研究	一等奖(科技进步奖)	龙岩市卫生防疫站	陈建安、兰天水、陈志辉、蓝永贵、陈惠琴、陈吉祥、张志超
火电厂输煤系统电除尘器的研发	二等奖(科技进步奖)	龙岩市卫东环保科技有限公司	卞永岩、游卫东、卞立宪、张庆原、张　鸿、赖仲文
应用预应力锚索加固桥台技术研究	二等奖(科技进步奖)	龙岩市公路局	涂幕溪、张渭庭、张勇全、苏琼花、练丽琴、刘　坤
公路隧道纤维喷混凝土力学性能、施工工艺设备的试验研究	二等奖(科技进步奖)	龙岩漳龙高速公路有限公司、铁道第四勘察设计院、中铁西南科学研究院	林跃进、苏兴矩、罗朝廷、赖世桂、陈文林、陈善棠
连城白鸭良种选育及开发技术研究	二等奖(科技进步奖)	连城县畜牧水产技术服务中心	刘富祥、江宵兵、罗火星、陈忠宣
盐酸川芎嗪氯化钠注射液新药开发	二等奖(科技进步奖)	龙岩市天泉生化药业有限公司	邓国权、李国帜、林中滦、王宗成、廖荣寿、谢晓春
生大黄粉治疗上消化道出血的系列临床研究	二等奖(科技进步奖)	龙岩市第一医院	林　平、伍德娜、邱二金、陈　丝
3D-MRSCP 的成像技术及其对胆胰管疾病诊断价值的研究	二等奖(科技进步奖)	龙岩市第一医院	林　祺、杨先荣、林　栋、罗孙明、黄　文
星级服务在护理管理中的应用研究	三等奖(科技进步奖)	龙岩市第二医院	陈秀云、林珊瑚、杨　青、黄庆山

续表

项目名称	获奖等级(名称)	完成单位	主要完成人
电力设备管理信息系统开发	三等奖(科技进步奖)	龙岩电业局	叶　杰、付海伦、谢　忠、黄鸿标、陈德枫
龙岩咸酥花生生产产业化科技示范工程	三等奖(科技进步奖)	龙岩市科技开发中心、新罗区农业局	张清华、林蔓莉、廖汉福、刘　敏、张俊曦
甘薯细菌性黑腐病发生流行与防治技术研究	三等奖(科技进步奖)	连城县植保站、连城县揭乐乡农技站	罗克昌、李云平、陈路招、林　意、陈聚元
白血病脑出血与脑膜白血病的临床比较研究	三等奖(科技进步奖)	龙岩市第一医院	余　莲、张兆璘、谢丹萍
四肢长骨骨折支架外固定与第三种骨折愈合方式临床研究	三等奖(科技进步奖)	龙岩市第二医院	丘如诚、张碧煌、张振兴、陈开明
血液及血制品感染因子监测研究	三等奖(科技进步奖)	龙岩市卫生防疫站	陈前进、俞新莲、张月花、赖惠川、黄开华
中药治疗高脂血症的临床研究	三等奖(科技进步奖)	龙岩市第二医院	黄永清、黄庆山
硫酸奈替米星葡萄糖注射液新药开发	三等奖(科技进步奖)	龙岩市天泉生化药业有限公司	邓国权、李国帜、林中滐、王宗成、廖荣寿
半腹膜外筋膜内子宫切除加宫颈再造术研究	三等奖(科技进步奖)	龙岩市第二医院	陈　玲、邱伍英、张　玲、曾昭珍、吴东林
高血压病中医证型与盐敏感性及胰岛素抵抗关系的临床研究	三等奖(科技进步奖)	长汀中医院、福建省人民医院、汀州医院	吴启锋、熊尚全、温茂祥、杨永东、兰东辉
肥厚扩张型心肌病临床研究	三等奖(科技进步奖)	永定县医院	邓华宝、赖　勤、沈炳煌
闽岩糯开发推广与杂交稻新组合示范	一等奖(科技成果推广奖)	龙岩市农科所	李双盛、兰华雄、吴文明、游月华、梁金平、王阳青、兰兴庆
甘薯新品种岩薯5号推广及其综合利用开发	二等奖(科技成果推广奖)	龙岩市农科所	吴文明、王阳青、张楚文、黄昌礼、杨立明、郭其茂
二系列优质稻两优2186示范推广	二等奖(科技成果推广奖)	新罗区种子站、新罗区科技情报所	林炎照、李广昌、赖永红、付飞珊、张其宾、汤永波

续表

项目名称	获奖等级(名称)	完成单位	主要完成人
闽西优质稻米产业化科技示范工程	三等奖(科技成果推广奖)	龙岩市农科所、龙岩市种子站、上杭县中都镇科委	兰志斌、兰华雄、李双盛、吴文明、兰兴庆
中低海拔地区蔬菜新品种新技术引进、试验、示范与推广	三等奖(科技成果推广奖)	龙岩市经作站、龙岩市农科所	曾宪华、李建生、严良文、王阳青、陈岩泉
除草剂——田草光、抛秧灵引进与推广应用	三等奖(科技成果推广奖)	龙岩市龙门化工发展有限公司	杨　影、黄品仁、俞海涛、付飞珊、王兰标
2004 年			
工业用脉冲多极型电除尘器	一等奖(科技进步奖)	福建卫东环保科技股份有限公司	邱一希、黎本拥、卞永岩、卞立宪、张庆原、张　鸿
甘薯新品种龙薯 1 号选育与示范	一等奖(科技进步奖)	龙岩市农科所	杨立明、郭其茂、吴文明、何胜生、兰兴庆、苏秋芹、陈赐民
紫金山露天采场陡帮开采工艺的研究与应用	二等奖(科技进步奖)	紫金矿业集团股份有限公司	陈景河、罗映南、胡月生、陈家洪、刘献华、刘荣春
LHJ100A 型液压垃圾压缩机	二等奖(科技进步奖)	龙岩华洁机械工贸有限公司	高世泽、倪永毅、陈书炸、张　琳、吴兆敏、朱晓丹
人造多彩鹅卵石制备方法研究	二等奖(科技进步奖)	龙岩市富厦园林有限公司、龙岩市现代林业技术开发中心	程　远、黄素兰、程锦富、邓　恢、陈力平、滕华卿
竹单板贴面装饰板的研制开发	二等奖(科技进步奖)	龙岩市木材行业协会人造板研究开发服务部、龙岩悦华竹木制品有限公司	赖威、张国华、陈福祥、苏悦东、叶孙裕
上尿路结石的临床研究	二等奖(科技进步奖)	龙岩市第一医院	张永良、林瑞祥、张燕生、陈建德、余　丰、陈钦棋
系统性红斑狼疮患者血清 IV 型胶原的测定及其临床研究	二等奖(科技进步奖)	龙岩市第一医院	余　莲、张兆鲊
肝门区胆管癌的 CT 表现与病理对照研究	二等奖(科技进步奖)	龙岩市肿瘤研究所(龙岩市第二医院)	阙松林、黄庆山、邱丹红、张文昌,张胜琴、苏友恒

续表

项目名称	获奖等级(名称)	完成单位	主要完成人
FGX型气箱脉冲袋式除尘器	三等奖(科技进步奖)	龙岩西湖环保科技有限公司	张炳荣、马永平、陈有训、吴昌平、陈达敏
香石竹优良种苗繁育技术研究	三等奖(科技进步奖)	漳平市地方国有林管理站、福建省农科院地热所	黄宇翔、蔡志勇、李国银、柯　肪
漳平杜鹃花栽培技术规范及产品质量标准制定应用	三等奖(科技进步奖)	漳平市创绿园艺有限公司、漳平市农业标准化委员会办公室、漳平市生产力促进中心	范孔斌、谢永开、许流远、乐玉仁、陈子望
西园苦瓜选育与推广	三等奖(科技进步奖)	漳平市农业科学研究所、漳平市种子管理站、龙岩市种子站	林仰河、王　宾、兰兴庆、许流远、陈清芝
白色羽毛半番鸭的开发应用	三等奖(科技进步奖)	龙岩市红龙禽业有限公司	陈红萍、翁雪芬、董　暾、林如龙、邱永连
改良法寰枢椎融术治疗枢椎齿状突骨折并寰枢椎脱位	三等奖(科技进步奖)	龙岩市第二医院	严照明、王超平、颜国城、张振兴、詹志川
血清果糖胺测定快速鉴别隐性2型糖尿病与应激性血糖增变的临床研究	三等奖(科技进步奖)	永定县中医院	赖基贤、林丽芬、沈加贤
新型钢板在骨折治疗中的临床应用与研究	三等奖(科技进步奖)	龙岩市第一医院	邱永荣、詹儒东、邱汉民、卢海川
B超引导下应用穿刺支架经皮肾穿刺活检的临床研究	三等奖(科技进步奖)	龙岩市第二医院	陈勇平、詹安南、卢彩城、廖伟增
腔隙性脑梗塞在高血压中危险度的临床研究	三等奖(科技进步奖)	永定县医院	邓华宝、赖　勤、杨泉礼、马国忠
非霍奇金淋巴瘤与p53蛋白表达关系的研究	三等奖(科技进步奖)	龙岩市第一医院	黄春鑫、林链凤、李捷艳
米非司配伍米索前列醇不同途经给药用于中期妊娠引产的临床研究	三等奖(科技进步奖)	龙岩市第二医院	陈　玲、曾昭珍、吴东林

续表

项目名称	获奖等级(名称)	完成单位	主要完成人
心包积液的心电图诊断价值	三等奖(科技进步奖)	龙岩人民医院	黄村华、黄　蕾、张艳红、张淑娟
2005年			
利用废动植物油生产生物柴油	一等奖(科技进步奖)	龙岩卓越新能源发展有限公司	叶活动、丁以钿
龙岩市农业高新技术示范园区综合配套技术研究与应用	一等奖(科技进步奖)	龙岩市农科所	吴文明、王阳青、朱天文、兰志斌、雷文华、曾宪华、张楚文
快慢羽雏鸡公母鉴别、专用饲料及饲养配套技术	一等奖(科技进步奖)	森宝实业有限公司	赖友辉、刘佃章、华绍桂、许正金、游莉英、陈尔卫、陈宏伟
特早熟蜜柑稻叶引种及配套栽培技术研究与推广	二等奖(科技进步奖)	新罗区经济作物技术推广站	张琼英、余平溪、罗红梅、付飞珊、王建丽、张洪昆
龙岩市1999—2003年流行性感冒监测研究	二等奖(科技进步奖)	龙岩市疾病预防控制中心	陈前进、张月花、兰天水、曹春远、俞新莲、何　云
台湾加工专用型花生的引种与示范研究	二等奖(科技进步奖)	龙岩市农科所	卢春生、苏秋芹、吴文明、卢凤初、唐兆秀、廖福琴
灯用烯土三基色荧光粉生产新工艺	二等奖(科技进步奖)	上杭光华照明有限公司	林春华、李育春、陈文勇、林津泉、赖新莲、陈衍潘
新工艺开采稀土示范	三等奖(科技进步奖)	长汀县老区稀土开发中心	李心德、汤洵忠、赖永福、王芹勇、朱燕金
黄蜜浆与质子泵抑制剂对上消化道出血的临床研究	三等奖(科技进步奖)	龙岩市第一医院	林　平、连铭锋、张　强、张烈湖、杨建明
高纯度长叶烯生产新技术	三等奖(科技进步奖)	连城县鸿和精细化工有限公司	项纪和、曹正鸿、余承各、李正龙、张　梅
青贮玉米品种引进、筛选及示范研究	三等奖(科技进步奖)	龙岩市农科所	谢业春、吴文明、张添运、杨立明、王阳春
白血病患者血清腺苷脱氨酶测定及临床意义	三等奖(科技进步奖)	龙岩市第一医院	余　莲、张兆璘
法莫替丁氯化钠注射液	三等奖(科技进步奖)	龙岩市天泉生化药业有限公司	邓国权、谢晓春、徐广鑫、李国帜、秦怀国
利用粗甲醇生产国标甲醛新工艺	三等奖(科技进步奖)	龙岩连润化工有限公司	邓漳荣、陈　阳、江贤惠、陈亮、杨达伟
盐酸格拉司琼葡萄糖注射液	三等奖(科技进步奖)	龙岩市天泉生化药业有限公司	邓国权、谢晓春、徐广鑫、李国帜、秦怀国

续表

项目名称	获奖等级(名称)	完成单位	主要完成人
一期截骨内固定治疗股骨颈骨折的临床研究	三等奖(科技进步奖)	龙岩市第一医院	邱永荣、邱汉民、卢海川
2006 年			
大型机组烟气循环流化床干法脱硫装置国产化研究与应用	一等奖(科技进步奖)	福建龙净环保烟气循环流化床	
冲击式破碎压实机在修复旧水泥路面中的应用及技术体系研究	一等奖(科技进步奖)	龙岩市公路局长汀分局	
M-SKYY31240C 数控冲床自转模座的研制	二等奖(科技进步奖)	龙岩理尚精密机械有限公司	
集约化肉鸡场重大疫病的控制与净化	二等奖(科技进步奖)	龙岩学院	
莲藕新品种“莲香一号”引进示范推广	二等奖(科技进步奖)	新罗区种子站	
三种颈椎前路钢板在颈椎外科中的应用	二等奖(科技进步奖)	龙岩市第二医院	
福建甘薯种质资源鉴定评价与创新利用研究	三等奖(科技进步奖)	龙岩市农科所	
红柿标准化栽培及其深加工科技产业化示范研究	三等奖(科技进步奖)	永定县客家福红柿系列食品科技开发有限公司	
巨按优良无性系选育及快繁技术研究	三等奖(科技进步奖)	龙岩市林科所	
改良低离子聚胺多个样本交叉配血试验研究	三等奖(科技进步奖)	龙岩人民医院	
花式剪绒毛巾的研制	三等奖(科技进步奖)	龙岩喜鹊纺织有限公司	
食用菌专用林营建技术研究	三等奖(科技进步奖)	龙岩市林科所	
神经精神狼疮患者脑脊液层粘蛋白透明质酸测定及临床研究	三等奖(科技进步奖)	龙岩市第一医院	
三种子宫切除术的对比分析研究	三等奖(科技进步奖)	龙岩市第二医院	

续表

项目名称	获奖等级(名称)	完成单位	主要完成人
宫腔镜检查135例分析的临床研究	三等奖(科技进步奖)	龙岩市第二医院	
阿昔洛韦葡萄糖注射液	三等奖(科技进步奖)	福建天泉药业股份有限公司	
盐酸克林霉素氯化钠注射液	三等奖(科技进步奖)	福建天泉药业股份有限公司	
2007年			
龙岩短时灾害性天气预警系统	一等奖(科技进步奖)	福建龙岩市气象台	童以长、罗保华、章聪颖、张深寿、冯晋勤、吴荣娟、周振湘、曹长尧、廖义樟、罗小金、王新强、林若钟、刘　君
福龙马牌FLM5050TSL型扫路车	一等奖(科技进步奖)	福建龙马专用车辆制造有限公司	陈永奇、袁丹红、陈　隆、曾祥林、谢永芳
水稻优质早籼光温敏雄性核不育系奥龙1S选育	一等奖(科技进步奖)	龙岩市农业科学研究所	兰华雄、徐淑英、林金虎、马益虎、彭玉林
岩溶地区高层建筑地基处理技术综合应用研究	一等奖(科技进步奖)	福建永强岩土工程有限公司、闽西职业技术学院	简洪钰、郑添寿、罗东远、许万强、陈富强、张　强、王健凡
黄金湿法电解联合提纯工艺研究与应用	一等奖(科技进步奖)	紫金矿业集团股份有限公司	陈景河、邹来昌、林泓富、罗映南、简椿林、廖占丕、章永仁、徐月莲、陈庆萍、兰立英、江福茂
甘薯新品种龙薯9号选育与推广	二等奖(科技进步奖)	龙岩市农业科学研究所	郭其茂、杨立明、吴文明、何胜生、林金虎、卢凤初、王阳春、林子龙
马尾松无性系种子园优质高产稳定技术研究	二等奖(科技进步奖)	福建省漳平五一国有林场	洪永辉、黄楚光、赖涛珊、陈亚斌、胡集瑞、林文奖、陈惠敏
槐猪的保种与选育研究	二等奖(科技进步奖)	上杭县绿琦槐猪育种场、福建省畜牧兽医总站、龙岩家畜育种站	蓝锡仁、吴锦瑞、陈玉明、张能贵、邱阳生、曹永林、黄祖桢、李宏生、严继雄、廖长春、廖琼妃
超级稻组合引进筛选与示范	二等奖(科技进步奖)	建省龙岩市农业技术推广	江添茂、兰华雄、郑云峰、吕荣海、兰兴庆、赖晓春、薛德乾、林建军、吴鑫桃、罗胜奎

续表

项目名称	获奖等级(名称)	完成单位	主要完成人
成年动物正常肝细胞基本培养法筛选暨胆红素代谢活性研究	二等奖(科技进步奖)	福建省龙岩市第二医院	黄永清、陈南清、丘如诚、魏明禄、吴志勇、石艳芬
CMCX型矩阵清灰长袋脉冲除尘器	二等奖(科技进步奖)	福建龙湖环保科技有限公司	张炳荣、马永平、陈有训、吴昌平、陈达敏、赖作财、刘益斌、吴国林
BDFYB100/6、80/6型反吹圆柱袋式除尘器	三等奖(科技进步奖)	龙岩市百林环保科技有限公司	张狄杰、谢　春、谢　键、郭湧洲、江培龄、赖必达、陈健琪、杜泉珍、连芹娟、陈春鸿、郭　斌
富贵籽人工繁育及设施栽培技术与产业化示范	三等奖(科技进步奖)	武平县梁野园艺科技开发中心	朱德林、林天照、朱天林、刘远华、聂河兴、熊兴隆、钟华荣
二羟丙茶碱氯化钠注射液	三等奖(科技进步奖)	福建天泉药业股份有限公司	邓国权、徐广鑫、谢晓春、邓志明、陈钟培、卢仲森
富硒葛苓羹开发综合技术的研究与应用	三等奖(科技进步奖)	福建龙岩红头马食品有限公司、福建农业科学院农业工程技术研究所	沈恒胜、陈君琛、魏泉龙、陈彬华、郭笑玲、李怡彬、罗焕荣
全废纸脱墨制浆生产高白度文化用纸技术	三等奖(科技进步奖)	福建省长汀县瑞华纸业有限公司	魏镇民、游仁村、黄大鸿、翁炳旺、陈跃辉、陈益群、黄仁男
硅胶发泡胶保温管	三等奖(科技进步奖)	福建上杭舟硅橡胶制品有限公司	林庆广、石建国、石建华、兰瑞华、石玉兰、郭永生、胡桂英
台湾农作物优良品种引进示范研究	三等奖(科技进步奖)	龙岩市农业科学研究所	张志勇、吴文明、梁金平、黄萍萍、苏国藩、杨立明、王阳青
使用林地可行性调查与评价	三等奖(科技进步奖)	福建省龙岩市林业调查规划所	张盛钟、庄晨辉、卢春英、黄楚光、郑建英、沈启昌、王有昌
曼地亚红豆杉繁殖及栽培技术研究	三等奖(科技进步奖)	龙岩市红豆杉生态科技开发有限公司、福建农林大学、新罗区林业局、福建省龙岩市林科所	郑郁善、苏庆桂、陈力平、黄楚光、杨晓东、邱元龙、腾华卿

续表

项目名称	获奖等级(名称)	完成单位	主要完成人
龙岩市桉树区域产业化技术研究	三等奖(科技进步奖)	龙岩市现代林业技术开发中心、新罗区林业局	廖宝生、陈力平、方镇坤、赵永建、邓　恢、郭躬发
人工诱导野生花卉——虎舌红观赏性状优化研究	三等奖(科技进步奖)	福建省漳平市永福花卉研究所	陈子望、蔡幼华、李福江、陶荫春、叶季平、张永柏、陈巧妍
紫薇良种筛选及紫薇园艺新产品开发研究	三等奖(科技进步奖)	上杭县蛟洋文昌阁紫薇园艺场	傅龙顺、傅文源、廖镜思、罗红星、廖美东、陈兆凤、林超强、刘永盛、傅培荣、傅永成、阮益初
黄冈土坝坝体劈裂加坝基高喷灌浆防渗加固新技术的应用研究	三等奖(科技进步奖)	龙岩市黄冈水库管理中心	陈耿平、钟曙光、刘尚玲、饶敏敏、王灿奎、邱集煦、王岳松、杨　闽
成年动物肝细胞冻存复苏后成活率与胆红素代谢活性的研究	三等奖(科技进步奖)	福建省龙岩市第二医院	黄庆山、陈南清、孙家敏、伍通和、陈源清、邹淑玲
冠心病与C反应蛋白的相关性研究(附139例分析)	三等奖(科技进步奖)	福建省龙岩市第一医院	陈开红、黄国勇、方　勇、李卫国
经口气管导管固定方法的改进	三等奖(科技进步奖)	福建省龙岩市第一医院	肖丽萍、张　娜、李彩香、章惠燕、陈家芬、陈秀云
空心钉内固定加股方肌肌骨瓣移植治疗青壮年股骨颈骨折	三等奖(科技进步奖)	福建省龙岩市第二医院	张振兴、严照明、张碧煌
妇科腹腔镜手术在肥胖患者中的临床应用	三等奖(科技进步奖)	福建省龙岩市第二医院	黄文蓉、郭　亚、赵人宪、林　莹
2008年			
杂交稻新组合特优158的示范推广及产业化工程	一等奖(科技进步奖)	龙岩市农业科学研究所	王阳青、游月华、林金虎、吴文明、兰华雄、卢春生、李双盛
YFM168型超细粉碎机的研发	一等奖(科技进步奖)	龙岩市亿丰粉碎机械有限公司	王清发、连钦明、连钦元、郑丽珍、王焕澄、冯曲梅
山麻鸭配套系选育	一等奖(科技进步奖)	龙岩市山麻鸭原种场、福建省畜牧总站	林如龙、江宵兵、董　暾、陈红萍、吴锦瑞、廖汉福、张清华
基于智能手机的一体式GSM路测系统	一等奖(科技进步奖)	中国移动龙岩分公司	陈文建、雷日东、黄斌毅、邱琰琛、朱少敏、苏　华、林　恒

续表

项目名称	获奖等级(名称)	完成单位	主要完成人
紫金山金铜矿露天地下联合开采的相互影响关系研究	二等奖(科技进步奖)	紫金矿业集团股份有限公司	陈景河、陈家洪、李瑞祥、孔繁琼、解殿春、廖德兴
龙岩高岭土在催化剂载体方面的应用研究	二等奖(科技进步奖)	龙岩高岭土有限公司、厦门大学化学化工学院	陈文瑞、李启福、郭阿明、杨幼义、林长江、林敬东
10KV全方位旋转绝缘平台带电作业方法的研究与设计	二等奖(科技进步奖)	福建省龙岩电业局	黄永忠、戴新文、梁开栋、刘庆梁、刘启标、温中庆
猪瘟、猪伪狂犬和猪繁殖呼吸综合症快速诊断技术的研究	二等奖(科技进步奖)	龙岩学院	杨小燕、李晓华、戴爱玲、沈绍新
EM生物技术在食用菌栽培的应用研究及推广	二等奖(科技进步奖)	龙岩市星火微生物研究所、福建长汀县华美科技有限公司、闽西绿欣农业发展有限公司	饶火火、饶益强、卢建坤、李建生、钟锦生、王燦基
异种成年肝细胞在基础药理实验和生物人工肝应用方式的研究	二等奖(科技进步奖)	龙岩市第二医院	孙家敏、陈南清、罗冬生、苏文芳、陈爱静
O157大肠杆菌监测研究	二等奖(科技进步奖)	福建省龙岩市疾病预防控制中心	陈前进、曹春远、郭维植、王炳发、何　云、金健潮
鸡腿菇工厂化栽培技术研究	三等奖(科技进步奖)	武平县众益农业发展有限公司	张亚锋、钟孟义、兰福耀、熊兴隆、林天照
植物纤维高强轻质隔墙板	三等奖(科技进步奖)	龙岩闽中远新型建材有限公司	陈南和、陈亮光、洪　中、刘发清、林晓莉
松轻油生产莰烯技术	三等奖(科技进步奖)	龙岩毅丰香料有限公司	连志基、连明聪、张加华、严正义、黄水源
槟榔芋深加工综合技术研究与开发	三等奖(科技进步奖)	福建省长汀盼盼食品有限公司	盖桂林、赵国富、程永波、黄登雄、杨清流
福龙马牌FLM5070ZYS型压缩式垃圾车	三等奖(科技进步奖)	福建龙马环卫装备股份有限公司	李小冰、罗龙明、张　丽、曾祥林、谢永芳
行业运用综合接入平台	三等奖(科技进步奖)	中国移动龙岩分公司	赖传和、江文周、李跃龙、温贵先、汤瑞财
GPMS车辆实时高度管理系统	三等奖(科技进步奖)	福建省龙岩电业局	刘永清、邓春桓、傅海伦、郭丽珊、张泮炎

续表

项目名称	获奖等级(名称)	完成单位	主要完成人
大气飘尘中致癌PAH高选择性、快速、灵敏检测方法研究	三等奖(科技进步奖)	龙岩学院化学与材料学院、龙岩市环境监测站	何立芳、章汝平、陈克华、丁马太、拓宏桂
棚式袋袋发酵法生产有机肥技术	三等奖(科技进步奖)	福建省龙岩市晟农生物科技有限公司、龙岩市土壤肥料技术站	黄燕翔、江胜滔、黄华平、黄逸敏、郭丽芳
阿魏酸钠氯化钠注射液	三等奖(科技进步奖)	福建龙岩天泉药业股份有限公司	邓志明、李国帜、徐广鑫、谢晓春、卢仲森
LED绿色家用照明和应急照明灯的研制	三等奖(科技进步奖)	龙岩智科电子有限公司	张　健、饶国干、杨连生、许龙星
闽西中、低海拔地区反季节地栽香菇技术研究与推广	三等奖(科技进步奖)	永定县食用菌站、永定县农科所	张树镇、王增洪、廖旭芳、王新基、余定光
超级稻超高产配套栽培技术研究	三等奖(科技进步奖)	永定县种子管理站	廖煌忠、卢锦荣、黄峰伟、邱富基、谢秀松
香菇、木耳菌草栽培技术示范推广	三等奖(科技进步奖)	漳平市科技开发中心	许流远、苏日柏、蒋中峰、王毅、李福江
吸烟冠心病患者冠状动脉介入术结果分析	三等奖(科技进步奖)	龙岩市第一医院	陈开红、李卫国、方　勇、黄国勇
白血病患者血清肿瘤特异性生长因子水平变化及其与治疗效果的关系	三等奖(科技进步奖)	龙岩市第一医院	余　莲、陈隆天
经尿道前列腺气化电切术治疗高危前列腺增生症	三等奖(科技进步奖)	龙岩市第一医院	余　丰
RF-II型固定器结合椎体整合器内固定治疗腰椎滑脱症	三等奖(科技进步奖)	龙岩市第二医院	严照明、王超平、颜国城、张振兴、陈开明
2009年			
紫金山铜矿安全高效地下开采工艺研究	一等奖(科技进步奖)	紫金矿业集团股份有限公司	陈景河、罗映南、杨立根、邹南荣、龙　翼、廖德兴、王培武
龙薏1号的选育与示范推广	一等奖(科技进步奖)	龙岩龙津作物品种研究所	林炎照、李广昌、施金峰、杨秋岩、谢毅钦、林水明、赖永红

续表

项目名称	获奖等级(名称)	完成单位	主要完成人
全套管大直径振动取土灌注桩施工方法	一等奖(科技进步奖)	福建永强岩土工程有限公司、龙岩市建设工程质量监督站	许万强、郑添寿、王　健、黄苍胜、张　强、陈万琴、沈超坤
福建环保型(无泥炭土型)烤烟育苗基质开发与应用	二等奖(科技进步奖)	福建省烟草公司龙岩市公司	曾文龙、姜林灿、赖碧添、黄光伟、邱志丹
物料超细与改性加工一体化粉碎机	二等奖(科技进步奖)	福建丰力机械科技有限公司	郭彬仁、刘荣贵、杨建平、张志聪、林楗勇
优质加工型花生新品种"龙花163"的选育	二等奖(科技进步奖)	福建省龙岩市农业科学研究所	卢春生、苏秋芹、林金虎、卢凤初、廖福琴
杂交水稻新组合T优55898选育与推广应用	二等奖(科技进步奖)	福建省龙岩市种子站、龙岩市农科所、福建农林大学作物科学学院	兰兴庆、卢凤初、兰华雄、周元昌、林炎照、涂宇春
随机50gGCT和HbA1C对妊娠糖尿病的诊断意义	二等奖(科技进步奖)	龙岩人民医院	陈安安、邱笑琴、傅丽华、林晋浩、段淑荣
多级联动的水利信息一体化系统建设与应用	二等奖(科技进步奖)	龙岩市水利局、龙岩市人民政府防汛抗旱指挥部办公室、福州四创软件开发有限公司	林燕琼、江伟文、李冠灵、章健民、王灿奎
广义凸函数与幂平均不等式的推广加强及应用	三等奖(科技进步奖)	龙岩学院数学与计算机科学学院	吴善和
毛竹林生态可持续开发技术研究	三等奖(科技进步奖)	漳平市竹业开发研究中心	阙茂文、上官明蓬、李士坤、李　旭、苏庆桂
棉花滩水库气象服务保障系统	三等奖(科技进步奖)	龙岩市气象局、福建省棉花滩水电开发有限公司	杨为城、王世勋、童以长、吴荣娟、马卡安
小剂量灯盏花素治疗胎儿生长受限研究	三等奖(科技进步奖)	龙岩市第一医院	王　谨、丁春英、张　力、刘志芳、陈李红
两种不同方式次全子宫切除术的临床研究	三等奖(科技进步奖)	龙岩市第二医院	陈　玲、李　霖、邱伍英、侯顺玉、吴东林
弥漫性结缔组织病血浆内皮素水平变化及意义	三等奖(科技进步奖)	龙岩市第一医院	余　莲

续表

项目名称	获奖等级(名称)	完成单位	主要完成人
供电报装与用电项目服务全程电子商务系统	三等奖(科技进步奖)	龙岩电业局	刘永清、傅海伦、邱进煊、黄颖志、陈小龙
漳平市水仙茶标准化技术厂家与示范	三等奖(科技进步奖)	漳平市农业技术推广中心、漳平市科技开发中心	范孔斌、许流远、邓长海、郑文海、郭力群
优质稻标准化栽培及加工产业化	三等奖(科技进步奖)	上杭县农业技术推广站、福建省农业科学院水稻研究所	吕荣海、游晴加、钟卫胜、薛德乾、袁永贵
西洋参多维饮料的研制与开发	三等奖(科技进步奖)	福建省力菲克药业有限公司	林冠雄、翁雪荣、许友赤、廖荣寿、徐瑞兰
茎用芥菜种质资源鉴定筛选与利用研究	三等奖(科技进步奖)	龙岩市新罗区蔬菜花卉科技推广站、福建农林大学蔬菜研究所、龙岩泰华实业有限公司	陈莹莹、林碧英、郭曼霞、饶文星、傅飞珊
阶梯式台区中后端电压优化装置的研究与应用	三等奖(科技进步奖)	龙岩电业局	郑佩祥、黄永忠、戴新文、梁开栋、刘庆梁
龙岩市艾滋病流行病学和行为干预措施研究	三等奖(科技进步奖)	龙岩市疾病预防控制中心	陈前进、闫建平、郑禄祥、罗招福、李士荣
倒置沉淀法去除血浆中脂质的研究	三等奖(科技进步奖)	龙岩市中心血站	林文凤、翁　卫、温耀辉、杨肇华、姜添荣
联合卒中单元的建立、实施及效果研究	三等奖(科技进步奖)	龙岩市第一医院	张百祥、刘铭耀、钟　裕、连铭锋、简庆荣
基于省公司生产综合管理系统的设备主人制管理系统开发	三等奖(科技进步奖)	龙岩电业局	黄永忠、何春庆、郭　敏、阙灿娣、陈苏芳
环保节能集成灶产品的开发与应用	三等奖(科技进步奖)	福建纳诺康电器工业有限公司	蔡春修、郑永强、张　凯、余天军、蔡伟锋
JM1200DS型电动清扫车	三等奖(科技进步奖)	漳平市和兴机械制造有限责任公司	江宗瑶、陈春森、陈海龙、陈夏辉

续表

项目名称	获奖等级(名称)	完成单位	主要完成人
2010年			
含炭难选冶含金固体废弃物综合回收新技术	一等奖(科技进步奖)	紫金矿业集团股份有限公司、福建金山黄金冶炼有限公司	廖元杭、李胜春、吴永胜、衷水平、黎志栋、简椿林、林鸿汉
甘薯新品种龙薯10号选育	一等奖(科技进步奖)	龙岩市农业科学研究所	杨立明、郭其茂、何胜生、吴文明、林金虎、林子龙、陈根辉
中压架空电力线宽带通信电杆耦合装置的研究	一等奖(科技进步奖)	福建省电力有限公司龙岩电业局	黄永忠、戴新文、梁开栋、林泓生、李宗辉、王国度
杂交水稻新组合I特优3381、特优17选育与示范	一等奖(科技进步奖)	龙岩市农业科学研究所	徐淑英、兰华雄、林金虎、兰兴庆、彭玉林、马益虎、苏国藩
LG860轮式装载机	二等奖(科技进步奖)	龙工(福建)机械有限公司	陈 超、詹永红、蓝福寿、季明君、李小玲、唐 哲
从铁钼型矿石中回收低品位钼的工艺技术	二等奖(科技进步奖)	福建马坑矿业股份有限公司、北京矿冶研究总院	余祖芳、刘建远、陈跃升、陈宁青、杨 敏
110278 槽/P15Z-85a6槽旋压皮带轮	二等奖(科技进步奖)	福建威而特汽车动力部件有限公司	黄元平、王建中、罗广梅、杜泉珍、林苏华、张炎隆
水稻新品种T优158选育及示范推广	二等奖(科技进步奖)	龙岩龙津作物品种研究所	李广昌、张其宾、林炎照、赖永红、游月华、林警周
龙岩市地震快速反应系统研制	二等奖(科技进步奖)	龙岩市地震局	陈德津、蔡宗文、危福泉、刘其寿、杨佩琴、刘景忠
云烟87品种推广应用研究	二等奖(科技进步奖)	龙岩市烟草公司武平分公司	石健林、林中麟、林雷通、童德文
铜萃取剂的新工艺研究	三等奖(科技进步奖)	紫金矿业集团股份有限公司、福建紫金选矿药剂有限公司	邹来昌、彭钦华、吕卫强、刘本发、甘永刚
辣椒碱软膏的开发和应用	三等奖(科技进步奖)	福建省力菲克药业有限公司	翁雪荣、林冠雄、许友赤、廖荣寿、陈敏炎
高精度锡青铜箔生产技术及产品	三等奖(科技进步奖)	福建紫金铜业有限公司	上官庆平、王矿金、周建辉、邱丽梅、江平富
LG520D单钢轮振动压路机	三等奖(科技进步奖)	龙工(福建)机械有限公司	陈 超、徐益道、张鸿博、贾晨阳、蓝金水

续表

项目名称	获奖等级(名称)	完成单位	主要完成人
银杏叶提取物对肉鸡疫功能影响的研究	三等奖(科技进步奖)	龙岩学院生命科学院	杨小燕、黄其春、李　焰、何玉琴、郑新添
优质牧草新品种“龙牧引1号”示范推广及其综合利用研究	三等奖(科技进步奖)	福建省龙岩市农科所	吴文明、谢业春、杨立明、朱天文、张文斌
菜豆深加工技术研究与应用	三等奖(科技进步奖)	龙岩学院闽西食品研究所、上杭县古田绿海蔬菜有限公司	石小琼、钟卫胜、袁永贵、陈根海、苏绍洋
移动掌上应用办公平台	三等奖(科技进步奖)	中国移动龙岩分公司	陈　健、汤瑞财、温贵先、阙　钢、张志奇
智能 IVR 接口研发和应用	三等奖(科技进步奖)	中国移动龙岩分公司	黄斌毅、陈文建、雷日东、朱少敏、童长顺
基于知识管理的配电协同设计平台	三等奖(科技进步奖)	龙岩电业局	刘　升、刘永清、邱进煊、傅海伦、陈石川
增强 fFLAIR 序列对颅内疾病诊断价值	三等奖(科技进步奖)	龙岩市第一医院	林　祺、林荣良、陈金银、陈衍贵
3D-FSPGR 动态增强联合 DWI 诊断肝内小结节病变	三等奖(科技进步奖)	龙岩市第二医院	阙松林、张文昌、黄永清、陈俊辉、陈学飞
中枢神经系统白血病患者脑脊液及血清层黏蛋白、透明质酸测定及临床研究	三等奖(科技进步奖)	龙岩市第一医院	余　莲、余丽珍、李玉闽、陈隆天、张兆麟
龙岩市疫苗针对疾病人群免疫现状研究	三等奖(科技进步奖)	龙岩市疾病预防控制中心	罗招福、陈前进、吴　海、陈庆平、曹春远
加压疝气带治疗婴儿脐疝的应用研究	三等奖(科技进步奖)	永定县医院	林太鸿、李春娘、张耀巧、卢恩文、李清菊
肝硬化、肝癌所致脾功能亢进的介入治疗(部分脾动脉栓塞术)	三等奖(科技进步奖)	龙岩市第二医院	谢旺荣、王艳春、黄　蓉、郭　红、郭益丽
急诊介入治疗急性心肌梗死的临床观察	三等奖(科技进步奖)	龙岩市第一医院	黄国勇、陈开红、方　勇、李卫国、麻云清
急性脑出血后全身炎症反应综合症发生情况的研究	三等奖(科技进步奖)	龙岩市第一医院	陈明生、康德宣
应用于生物人工肝的一种新型高效的肝细胞材料	三等奖(科技进步奖)	龙岩市第二医院	陈南清、伍通和、付丽芳、陈俊辉、廖红华

续表

项目名称	获奖等级(名称)	完成单位	主要完成人
JM700DL 型电动垃圾车	三等奖(科技进步奖)	漳平市和兴机械制造有限责任公司	江宗瑶、陈春森、陈海龙、陈夏辉
2011 年			
三氧化硫烟气调质系统	一等奖(科技进步奖)	龙净环保股份有限公司	刘全辉、廖增安、陈文瑞、邹 标、张芳泉、陈励华、黄明辉
马铃薯新品种闽薯 1 号选育	一等奖(科技进步奖)	龙岩市农业科学研究所、福建省农业科学院作物研究所	梁金平、张志勇、曾 军、吴文明、汤 浩、黄萍萍
矿山井下防透水型固定式避难所关键技术	一等奖(科技进步奖)	龙岩龙安安全科技有限公司、厦门一体网智能科技开发公司	汪金洋、姜益丰、陈宁清、吴梅发、谢旺旭、沈汉鑫
精品“七匹狼”卷烟专用制丝生产线控制系统建设	二等奖(科技进步奖)	龙岩烟草工业有限责任公司	林荣欣、李晓刚、罗旺春、詹建胜、李跃锋、张 伟
黄金冶炼废水综合处理工艺研究与产业化应用	二等奖(科技进步奖)	紫金矿业集团股份有限公司黄金冶炼厂、紫金矿业集团股份有限公司紫金矿冶设计研究院	刘亚建、朱秋华、张永锋、陈期生、甘永刚、廖小山
大流量排水抢险车	二等奖(科技进步奖)	福建侨龙专用汽车有限公司	林志国、张功元、阙彬元、赖东琼
水稻核不育系与两系杂交稻新组合选育、引进与利用	二等奖(科技进步奖)	龙岩市农业科学研究所	兰华雄、林金虎、徐淑英、吴文明、兰志斌、林炎照
水稻免耕栽培技术研究与示范推广	二等奖(科技进步奖)	龙岩市农业技术推广站	江添茂、吕荣海、肖锦添、郑云峰、李建生、王 俊
梅花山华南虎现有种群遗传结构分析	二等奖(科技进步奖)	福建梅花山华南虎繁育研究所	傅文源、林开雄、黄楚光、丘云兴、张文平、罗红星
儿童病毒性脑炎发病与流行的病原学及流行病学研究	二等奖(科技进步奖)	龙岩市疾病预防控制中心	陈前进、杨秀惠、罗招福、严延生、何春荣、吴水新
新型整流变压器	三等奖(科技进步奖)	福建龙净环保股份有限公司	黄笑笑、池锦富、郭 俊、谢小杰、潘兴珍

续表

项目名称	获奖等级(名称)	完成单位	主要完成人
内镜超声对弥漫浸润性胃癌的诊断价值	三等奖(科技进步奖)	龙岩人民医院	林　东、卢穗万、陈丰颖、陈淑梅、黄美珍
LG512DD 双钢轮振动压路机	三等奖(科技进步奖)	龙工(福建)机械有限公司	陈　超、卢祥城、王　康、徐益道、郑少海、刘正红
LYSY10 移动式垃圾压缩机	三等奖(科技进步奖)	福建龙马环卫装备股份有限公司	李水冰、邹　震、郑金明、黄达焱、谢永芳
高效节能圆木多片开料机	三等奖(科技进步奖)	福建省得力机电有限公司	周富海、周富樑、周富涛、周富存、周富群
FZZ01-02121-59 型辐板折叠旋压汽车皮带轮	三等奖(科技进步奖)	福建威而特汽车动力部件有限公司	黄元平、王建中、罗广梅、杜泉珍、黄丽芳
S11-M 系列节能降耗电力变压器的研发	三等奖(科技进步奖)	福建省闽西天龙变压器有限公司	黄永春、李德林、蔡景泉、兰福泉、张正勤
“龙芋 1 号”选育及示范推广	三等奖(科技进步奖)	龙岩龙津作物品种研究所、龙岩市农业科学研究所	赖永红、黄萍萍、林炎照、林金虎、黄一赐
漳平市农产品安全质量标准化示范	三等奖(科技进步奖)	漳平市科技开发中心	范孔斌、许流远、马义荣、林日金、王　毅
台湾峦大杉、肖楠等优良用材树种引进	三等奖(科技进步奖)	龙岩市林业科学研究所	苏庆桂、邓　恢、黄楚光、王益和、赖涛珊
中小型养猪场粪污生态处理与循环研究	三等奖(科技进步奖)	龙岩市农情科教管理站、龙岩尤特西农业发展有限公司	胡来华、胡集瑞、陈亚斌、林文奖、陈惠敏
地区电网运行集中监控系统	三等奖(科技进步奖)	龙岩电业局、积成电子股份有限公司	梁富光、陈南辉、郑旺华、郭升鸿、曹　勇
福建省煤矿生产安全风险管理系统开发与应用	三等奖(科技进步奖)	福建煤电股份有限公司、中国矿业大学	周必信、林柏泉、吴德雄、周　延、黄竟文
复方川参通注射液结合中药治疗慢性细菌性前列腺炎临床疗效观察研究	三等奖(科技进步奖)	龙岩市第二医院	郑文通、吴志勇、邓平荟、彭明建、林燕青
血清胆红素水平与冠状动脉病变程度的关系	三等奖(科技进步奖)	龙岩市第一医院	方　勇、陈千生、黄国勇、陈开红

续表

项目名称	获奖等级(名称)	完成单位	主要完成人
白血病患者血清 a-L-岩藻糖苷酶活性及其与治疗效果的关系	三等奖(科技进步奖)	龙岩市第一医院	余　莲、林　芳
斜角进针法在床边肾活检中的应用体会	三等奖(科技进步奖)	龙岩市第一医院	吴森超、林冲云、王福珍
全自动电脑针织横机——橡皮罗拉—定位机构	三等奖(科技进步奖)	福建省长汀台帆机电有限公司	施纯清、张宏伟、江　平、邹忠汉、郑明坤
HFD6511 型翻料机	三等奖(科技进步奖)	龙岩市红峰工程机械有限公司	丘永杰、傅伟民、林建国、林清辉
2012 年			
难处理金精矿焙烧新工艺研究与工程化	一等奖(科技进步奖)	福建金山黄金冶炼有限公司	廖元杭、吴在玖、黎志栋、申开榜、衷水平、张新振、林鸿汉
杂交水稻新组合Ⅱ优 5928 选育与示范	一等奖(科技进步奖)	龙岩市农业科学研究所	林金虎、徐涉英、兰华雄、兰兴庆、彭玉林、马益虎、卢凤初
人为诱发大面积岩溶塌陷灾害治理	一等奖(科技进步奖)	福建永强岩土工程有限公司	许万强、郑添寿、张　强、孔秋平、陈万琴、钟志明、丁志明
汽车转向节经济型锻造技术与装备	二等奖(科技进步奖)	福建畅丰车桥制造有限公司	赖凤彩、王灿喜、扬金文、张兴禄、黄朝武、李亚军
5 吨 D 系列节能型装载机	二等奖(科技进步奖)	龙工(福建)机械有限公司	蓝福寿、张寒杉、颜晓云、陈世清、邱明哲、吴承鑫
CCRI-Ⅲ型安全型乳化炸药全连续生产系统	二等奖(科技进步奖)	福建省民爆化工股份有限公司	郑忠惠、杨荣生、颜建议、王庆土、徐鸿儒
闽西南黑兔保种选育及健康养殖技术研究	二等奖(科技进步奖)	龙岩市通贤兔业发展有限公司	谢喜平、丁晓红、陈彦锋、孙世坤、廖春逃、陈仁河
山区公路长下坡路段避险车道的设计与设计方法研究	二等奖(科技进步奖)	龙岩市公路局	赖世桂、胡昌斌、张渭庭
龙岩市结核病防治研究	二等奖(科技进步奖)	龙岩市疾病预防控制中心	宋　瑛、曾水生、胡职权、郑建莉、林文革、林小燕
自体外周造血细胞移植联合髓芯减压治疗早中期股骨头缺血性坏死的临床研究	二等奖(科技进步奖)	龙岩市第一医院	余　莲、陈隆天、邱永荣、黄锦芳、赖　勤、黄建清

续表

项目名称	获奖等级(名称)	完成单位	主要完成人
高尿酸血症与造影剂肾病间的关系	二等奖(科技进步奖)	龙岩市第一医院	陈开红、陈丽玲、方　勇、李卫国、黄国勇
复杂多金属银金矿及尾矿资源综合利用技术研究及应用	三等奖(科技进步奖)	紫金矿业集团股份有限公司、陕西紫金矿业有限公司	陈景河、鲁　军、廖新华、巫銮东、吴开荣、甘永刚
HDX5160TDY 型移动应急电源车	三等奖(科技进步奖)	龙岩市海德馨汽车有限公司	李家焕、张志民、邱芳灵、刘　峰、曹　通
花生新品种龙花 243 的选育	三等奖(科技进步奖)	龙岩市农业科学研究所	卢春生、苏秋芹、廖福琴、林金虎、卢凤初、吴　烨、江　巍
人参氨基酸口服液的开发和应用	三等奖(科技进步奖)	福建省力菲克药业有限公司	林冠雄、翁雪荣、许友赤、林龙英、郑文钰
智能型现场多功能防护系统	三等奖(科技进步奖)	福建省漳平市供电有限公司	戴新文、陈甲全、陈大金、张福娣、张　琳
大型燃煤电厂用电袋除尘器控制系统	三等奖(科技进步奖)	福建龙净环保股份有限公司	邹　标、董庆武、赖耿峰、郑国强、胡建文
精品“七匹狼”卷烟专用生产线香料自动配送系统	三等奖(科技进步奖)	龙岩烟草工业有限公司	林荣欣、张　伟、李晓刚、徐巧花、江天河
FLM5071ZZZ 自装卸式垃圾车	三等奖(科技进步奖)	福建龙马环卫装备股份有限公司	李小冰、罗龙明、巫镇辉、朱德生、谢　永
高效节能安全型钉扣机	三等奖(科技进步奖)	福建高达机械有限公司	郑自典、范小乾、郭世俊、林富华、郑明坤
朱增生性肠炎 PCR 诊断技术的研究	三等奖(科技进步奖)	龙岩学院	杨晓燕、郑新添、戴爱玲、李晓华、陈星星
龙岩斜背茶的保护与开发	三等奖(科技进步奖)	龙岩春光园艺发展有限公司	张恋芳、王建丽、陈益忠、邱发春
特早熟温州蜜柑技术体系及标准综合体	三等奖(科技进步奖)	龙岩市浓情科教管理站、新罗区经济作物技术推广站	胡来华、林育健、陈庆生、王建丽、张洪昆
山麻鸭配套系选育及推广应用	三等奖(科技进步奖)	龙岩市红龙禽业有限公司	林如龙、江宵兵、陈红萍、赖立新、董　暾
菜豆新品种“龙菜 1 号”选育及应用研究	三等奖(科技进步奖)	龙岩龙津作物品种研究所、龙岩市农业技术推广站	张其宾、林警周、江添茂、黄一赐、蒋春艳、林炎照、李建生

续表

项目名称	获奖等级(名称)	完成单位	主要完成人
朱砂根缩顶病防治技术研究	三等奖(科技进步奖)	武平县梁野花卉协会、福建农林大学	聂耀红、马万沐、陶萌春、廖柏林、刘梓富
大坝远程监控	三等奖(科技进步奖)	福建棉花滩水电开发有限公司、河海大学、国电南京自动化股份有限公司	陈瑞兴、杨为城、丁勇明、徐世元、郑东健
大型多功能呼吸机无创通气治疗急性肺水肿	三等奖(科技进步奖)	福建省龙岩市第一医院	卓　越、涂尚贵、李永顺、金宁双
颈前路空心螺钉内固定治疗齿状突骨折	三等奖(科技进步奖)	福建省龙岩市第二医院	严照明、张振兴、颜国城、王超平、张环照
循经刺血结合电针治疗腰椎间盘突出症	三等奖(科技进步奖)	龙岩人民医院	邱晓虎、曹榕娟、谢晓焜、杜银生、易珊姝
2013年			
复杂低品位银金铜多金属矿高效选矿关键技术研究与应用	一等奖(科技进步奖)	武平紫金矿业有限公司	巫銮东、邱廷省、陈兴章、孙忠梅、方夕辉、张千新、甘永刚
紫芝新品种武芝2号选育及栽培新技术示范	一等奖(科技进步奖)	武平县食用菌技术推广服务站	钟礼义、邱东方、李永城、陈体强、邱福平、邓　琳、李　晔、刘新锐
龙岩市生猪主要疫病防控关键技术的研究	一等奖(科技进步奖)	龙岩学院生命科学学院	杨小燕、黄其春、戴爱玲、黄翠琴、郑新添、李晓华、尹会方
企业异构数据分类编码与集成交换管理平台的研究与应用	一等奖(科技进步奖)	紫金矿业集团股份有限公司	黄晓东、井福荣、史玉杰、古发辉、李小春、曾传璜、李国斌
新型干法水泥旋窑SNCR脱硝技术和装置	二等奖(科技进步奖)	福建龙净环保股份有限公司	罗如生、李　华、钟德强、王婉贞、戴海金、董庆武、张芳泉
大尺寸电子级蓝宝石晶体的研究	二等奖(科技进步奖)	福建鑫晶精密刚玉科技有限公司	黄小卫、裴广庆
柔性化试验平台技术研究	二等奖(科技进步奖)	龙岩烟草工业有限责任公司	林　郁、李晓刚、张　伟、廖和滨、徐巧花、陈庆平、李跃锋
连城地瓜干标准化加工及综合利用关键技术的研究与应用	二等奖(科技进步奖)	龙岩学院闽西食品研究所	石小琼、杨永林、李　坚、林云功、林标声、吴振城、熊建生、陈雪梅

续表

项目名称	获奖等级(名称)	完成单位	主要完成人
杂交水稻新品种谷优16选育及示范推广	二等奖(科技进步奖)	龙岩龙津作物品种研究所	林炎照、游年顺、林警周、黄利兴、林水明、李广昌、赖永红、谢梅艳
汀江流域智能发电调度一体化系统	二等奖(科技进步奖)	福建省电力有限公司龙岩电业局	梁富光、黄鸿标、卢晓明、张世钦、廖占红、王清凉、林　榕
利拉萘酯原料及乳膏的开发和应用	二等奖(科技进步奖)	福建省力菲克药业有限公司	许友赤、翁雪荣、林冠雄、丁炬平、邓晶晶、林龙英
水体中主要有毒有机污染物快速分析检测技术	三等奖(科技进步奖)	龙岩学院化学与材料学院、龙岩市环境监测站	何立芳、章汝平、陈克华、邱如斌、张夏红、胡志彪
体化多树种圆木多片开料机	三等奖(科技进步奖)	福建省得力机电有限公司	周富海、周富樑、周富涛
茶叶芯层婴儿纸尿裤	三等奖(科技进步奖)	龙岩市柯佳茶业有限公司	柯海水、柯明春、吴冬亮、伍锡福、李文杰、柯海串、戴丽娟
糯稻新品种龙糯496的选育与示范	三等奖(科技进步奖)	龙岩市农业科学研究所	游月华、王阳青、黄水明、卢凤初、李双盛、苏国藩、陈萍萍
“六月红”早熟芋产业化关键技术集成研究与应用	三等奖(科技进步奖)	永定县经济作物技术推广站	张祖德、王沛林、郑衍琪、卢锦荣、黄峰伟、廖旭芳、黄萍萍、赖建江、郑明锋、李建生
武平绿茶关键配套技术及标准化研发与示范	三等奖(科技进步奖)	福建省武平县梁野山茶业有限公司	刘德红、钟德民、刘汉炳、王秀萍、危天进、林天照、陈常颂、刘德发
优良用材林树种任豆树的培育技术研究	三等奖(科技进步奖)	龙岩市林业科学研究所、龙岩市科技开发中心	邓　恢、王益和、廖伟成、蔡长福、简丽华、苏庆桂、钱丽琴、滕华卿
野生胡蔓藤驯化栽培技术及其开发应用研究	三等奖(科技进步奖)	福建省锐泰生物科技有限公司	邱　敏、施开鸿、陈春霞
永定县水稻测土配方施肥技术与配方肥研发应用	三等奖(科技进步奖)	永定县农业局土壤肥料技术站	沈清标、曾小梅、江秀珍、林海柱、张富春、陈有强、
矿用可移动式救生舱关键技术研究	三等奖(科技进步奖)	龙岩龙安安全科技有限公司、厦门一体网智能科技开发有限公司	汪金洋、吴梅发、沈汉鑫、谢旺旭、徐　蔚、梁钱辉

续表

项目名称	获奖等级(名称)	完成单位	主要完成人
龙岩市地震快速反应信息发布管理系统的研发与应用(龙岩市防震减灾市民服务系统)	三等奖(科技进步奖)	龙岩市地震局	俞开建、刘景忠、蔡宗文、危福泉、刘其寿、杨佩琴、王绍然、陈　梅、许晓娟、郑建志
棉花滩水电站机组间负荷最优分配研究	三等奖(科技进步奖)	福建棉花滩水电开发有限公司、南京金水尚阳信息技术有限公司	马卡安、杨为城、金惠英、徐世元、陈士永
原发性肝癌和癌旁组织中NK细胞受体表达及意义的临床与基础研究	三等奖(科技进步奖)	龙岩市第二医院	江金华、严汀华、周志锋、陈　强
中青年冠心病患者危险因素及经皮冠状动脉介入治疗的临床分析	三等奖(科技进步奖)	福建医科大学附属龙岩第一医院	李卫国、陈开红、陈丽玲、江晓波
代谢综合症患者血清IL-18水平变化及临床意义	三等奖(科技进步奖)	龙岩人民医院	魏　权、卢　俊、黄奋明、张春春
糖尿病及糖调节受损危险因素及胰岛β细胞功能分析	三等奖(科技进步奖)	龙岩市第一医院	魏　雯、涂　梅、陈　彤、陈　阳
改良吞咽造影检查在脑卒中后吞咽障碍中的应用	三等奖(科技进步奖)	福建医科大学附属龙岩第一医院	张百祥、华何柳、王秀玲、何毅娴、邓开盛、王晓洁
男性会阴部手术后伤口暴露疗法与伤口细菌感染和愈合情况的研究	三等奖(科技进步奖)	上杭县医院	刘华昌、莫晓云、李才荣、黄燕明、黄锦坤、饶兴阶
铜冶炼炉渣选矿高效回收铜集成技术研究与应用		紫金铜业有限公司、紫金矿业集团股份有限公司	吴健辉、刘春龙、巫銮东、刘　春、孙忠梅、陈新珍、徐其红、丘敢兴、简椿林、李思勇、温志森、彭晓斌

参考文献

[宋]《临汀志》,胡太初编撰,赵与沐纂,长汀县地方志编纂委员会整理,福州:福建人民出版社,1990年。

[明]《南荣集》,熊人霖著,崇祯十五年刻本。

[清]《临汀考言》,王简庵著,收入《四库未收书辑刊》,四库未收书辑刊编纂委员会编,北京:北京出版社,2000年。

[清]《雩都县志》,康熙元年(1661年)刻本。

[清]《汀州府志》,乾隆十七年(1752年)刻本。

[清]《泰和县志》,光绪五年(1879年)刻本。

[清]《长汀县志》,光绪五年(1879年)刻本。

《永定县志》,民国二十五年(1936年)刻本。

《长汀县志》,民国三十一年(1942年)铅印本。

《武平县志》,民国三十年(1941年)点校本。

陈景磐:《中国近代教育史》,北京:人民教育出版社,1979年。

中共龙岩地委党史资料征集研究委员会、龙岩地区行政公署文物管理委员会编:《闽西革命史文献资料》第一至第六辑(1923—1931年),1981年。

[日]木宫泰彦:《日中文化交流史》,上海:商务印书馆,1984年。

马齐彬、黄少群、刘文军:《中央革命根据地史》,北京:人民出版社,1986年。

谢济堂:《闽西苏区教育》,厦门:厦门大学出版社,1988年。

《龙岩地区志》,上海:上海人民出版社,1992年。

《龙岩市志》,北京:中国科学技术出版社,1993年。

《永定县志》,北京:中国科学技术出版社,1994年。

《上杭县志》,福州:福建人民出版社,1993年。

《武平县志》,北京:中国大百科全书出版社,1993年。

《长汀县志》,北京:生活·读书·新知三联书店,1993年。

《连城县志》,北京:群众出版社,1993年。

《漳平县志》,北京:生活·读书·新知三联书店,1995年。

《宁化县志》,福州:福建人民出版社,1993年。

李文生主编:《汀州客家研究》第一辑,1993年,内部刊物。

李思孟、宋子良主编:《科学技术史》,武汉:华中科技大学出版社,2000年。

曹树基:《中国移民史》第6卷,福州:福建人民出版社,1997年。

吴福文:《客家探论》,北京:北京燕山出版社,2000年。

钟德彪、苏钟生:《闽西近代客家研究》,北京:北京燕山出版社,2000年。

葛文清:《全球化、现代化视角中的客家与闽西》,北京:北京燕山出版社,2000年。

张耀清主编:《历史记忆——闽西文化遗产》,厦门:海潮摄影艺术出版社,2007年。

傅柒生主编:《苏区历史和精神研究》,北京:中央党史出版社,2013年。

傅柒生主编:《文博论坛》,北京:中央党史出版社,2013年。

李逢蕊、王东:《胡文虎评传》,上海:华东师范大学出版社,1992年。

中共龙岩地委党史资料征集研究委员会编:《闽西革命根据地史》,北京:华夏出版社,1987年。

中共龙岩市委党史研究室编:《闽西人民革命史》,北京:中央文献出版社,2001年。

龙岩地区地方志编纂委员会编:《龙岩地区年鉴(1988—1992)》,北京:中国大百科全书出版社,1994年。

龙岩地区地方志编纂委员会编:《龙岩地区年鉴(1993)》,北京:中国大百科全书出版社,1995年。

龙岩地区地方志编纂委员会编:《龙岩地区年鉴(1994)》,北京:方志出版社,1995年。

龙岩地区地方志编纂委员会编:《龙岩地区年鉴(1995—1996)》,北京:方志出版社,1996年。

龙岩市地方志编纂委员会编:《龙岩年鉴(1997)》,北京:方志出版社,1997年。

龙岩市地方志编纂委员会编:《龙岩年鉴(1998)》,北京:方志出版社,1998年。

龙岩市地方志编纂委员会编:《龙岩年鉴(1999)》,北京:中国社会科学出版社,1999年。

龙岩市地方志编纂委员会编:《龙岩年鉴(2000)》,北京:中国社会科学出版社,2000年。

龙岩市地方志编纂委员会编:《龙岩年鉴(2001)》,北京:海潮摄影艺术出版社,2001年。

龙岩市地方志编纂委员会编:《龙岩年鉴(2002)》,北京:海潮摄影艺术出版社,2002年。

龙岩市地方志编纂委员会编:《龙岩年鉴(2003)》,北京:方志出版社,2003年。

龙岩市地方志编纂委员会编:《龙岩年鉴(2004)》,北京:方志出版社,2004年。

龙岩市地方志编纂委员会编:《龙岩年鉴(2005)》,北京:方志出版社,2006年。

龙岩市地方志编纂委员会编:《龙岩年鉴(2006)》,北京:方志出版社,2007年。

龙岩市地方志编纂委员会编:《龙岩年鉴(2007)》,北京:方志出版社,2007年。

国家文物局主编:《中国文物地图集·福建分册》,福州:福建省地图出版社,2007年。

龙岩市地方志编纂委员会编:《龙岩年鉴(2008)》,北京:方志出版社,2008年。

龙岩市地方志编纂委员会编:《龙岩年鉴(2009)》,北京:方志出版社,2009年。

龙岩市地方志编纂委员会编:《龙岩年鉴(2010)》,北京:方志出版社,2010年。

龙岩市地方志编纂委员会编:《龙岩年鉴(2011)》,北京:方志出版社,2012年。

龙岩市地方志编纂委员会编:《龙岩年鉴(2012)》,北京:方志出版社,2013年。

福建省科学技术厅编:《福建科技年鉴(2001—2008)》,福州:福建科学技术出版社,2002—2009年。

福建省地方志编纂委员会编:《福建省志科学技术志》,北京:方志出版社,1997年。

祝周:《永定先民与台湾》,载于台湾"永定同乡会":《永定会刊》第三期,1979年。

赵昭昞:《龙岩地区的自然环境与环境保护》,载于《福建师范大学学报(自然科学版)》1985年第2期。

赖承华:《动植物资源的基因库——梅花山》,载于《龙岩师专学报》1986年第3期。

刘正刚:《清代四川的广东移民经济活动》,载于《中国社会经济史研究》1992年第4期。

李才金:《龙岩市东宫下高岭土矿的考察及其评价》,载于《福建地理》1994年第1期。

[日]林浩:《客家文化新论》,载《客家学辑刊》1997年第1～2期。

姜兆福、李占开:《龙岩市水资源问题与对策》,载于《水利科技》2003年第3期。

蒋剑芬:《龙岩市矿产资源开发厂家》,载于《福建论坛(人文社会科学版)》2005年第1期。

福建省第三次全国文物普查领导小组办公室:《福建省第三次全国文物普查不可移动文物名录——龙岩市(送审稿)》,2010年。

王文俊:《福建龙岩地区土壤有机碳储量特征及其影响因素》,载于《第四纪研究》2012年第2期。

龙岩地区科学技术委员会、龙岩地区科学技术协会编:《龙岩地区科技志》,1990年3月。

龙岩地区科学技术委员会编:《龙岩地区科委科技年鉴》(1988—1992年),1993年6月。

龙岩地区科学技术委员会编:《龙岩地区科委科技年鉴》(1992—1995年),1996年7月。

福建省龙岩市科学技术局编:《福建省龙岩市科学技术进步成果汇编》(2002年),2002年12月。

福建省龙岩市科学技术局编:《福建省龙岩市科学技术进步成果汇编》(2003年),2003年12月。

福建省龙岩市科学技术局编:《福建省龙岩市科学技术进步成果汇编》(2004年),2004年12月。

福建省龙岩市科学技术局编:《福建省龙岩市科学技术进步成果汇编》(2005年),2005年12月。

福建省龙岩市科学技术局编:《福建省龙岩市科学技术进步成果汇编》(2007 年),2008 年 3 月。

福建省龙岩市科学技术局编:《福建省龙岩市科学技术进步成果汇编》(2008 年),2009 年 5 月。

福建省龙岩市科学技术局编:《福建省龙岩市科学技术进步成果汇编》(2009 年),2010 年 5 月。

福建省龙岩市科学技术局编:《福建省龙岩市科学技术进步成果汇编》(2010 年),2011 年 5 月。

福建省龙岩市科学技术局编:《福建省龙岩市科学技术进步成果汇编》(2011 年),2012 年 5 月。

后　记

全面系统地记述闽西自有人类活动以来，科学技术的产生、发展、繁荣的历史，反映闽西在农业、林业、水利、工业、采矿业、建筑业、医药业、交通等方面所取得的辉煌成就，这是一个崭新的课题，《闽西科学技术史》的问世将填补闽西科学技术历史方面研究的空白。龙岩市科技局高度重视闽西科学技术史研究工作，于2013年6月将《闽西科学技术史》列为基础研究重点项目——“闽西科技发展历史的研究分析”(2013LY48)的研究成果。

本课题立项之后，龙岩市科技局委托龙岩学院张雪英教授和中共龙岩市委党史研究室主任苏俊才，以及科长吴锡超、讲师林秋柏、教员黄嘉淯等编撰课题组成员就《闽西科学技术史》一书的撰写体例、结构、内容等进行了认真商讨、部署，他们深入调研，收集了大量的资料并进行了梳理。经过编撰组成员一年多艰辛的努力，终于成书付梓。

在本书的编撰过程中，得到龙岩市政府副市长郭丽珍，龙岩学院党委书记林和平、院长李泽彧、副院长邹宇等领导的关心指导。得到龙岩市科技局、龙岩学院科研处、中共龙岩市委党史研究室、龙岩市科协、龙岩市知识产权局、龙岩市方志办、龙岩市档案局、中央苏区(闽西)历史博物馆及各县(市、区)科技局的大力支持。邱荣洲、张侃、邓泽村及龙岩市科技局、科协的老领导对本书的写作进行了具体的指导。徐锦清、李守朋、刘伟荣、游友荣、林永录、梁伟坚等同志为本书的撰写提供了大量的资料。同时，在写作过程中，参考了龙岩市方志办等单位的研究成果。书中的插图部分是中共龙岩市委党史研究室、龙岩市方志办、中央苏区(闽西)历史博物馆、龙岩市博物馆等单位提供的。在此，对上述机构和同志一并表示感谢。

由于本书的编撰时间仓促，加上资料不全，研究水平有限，错误、缺点在所难免，恳请广大读者批评指正。

编　者

2014年9月

图书在版编目(CIP)数据

闽西科学技术史/张雪英，苏俊才主编. —厦门:厦门大学出版社，2015.6
ISBN 978-7-5615-5474-6

Ⅰ.①闽… Ⅱ.①张… ②苏… Ⅲ.①自然科学史-福建省 Ⅳ.①N092

中国版本图书馆 CIP 数据核字(2015)第 140723 号

责任编辑 韩轲轲
封面设计 李嘉彬
责任印制 朱 楷

厦门大学出版社出版发行
(地址:厦门市软件园二期望海路 39 号 邮编:361008)
总 编 办 电 话:0592-2182177 传真:0592-2181406
营销中心电话:0592-2184458 传真:0592-2181365
网址:http://www.xmupress.com
邮箱:xmup@xmupress.com
厦门集大印刷厂印刷
2015 年 6 月第 1 版 2015 年 6 月第 1 次印刷
开本:787×1092 1/16 印张:27.5 插页:6
字数:630 千字
书号:ISBN 978-7-5615-5474-6/K·665
定价:78.00 元